装备科技译著出版基金

全球国防工业经济学

[英]基斯·哈特利(Keith Hartley)
[法]简·贝林(Jean Belin) 主编
郝朝艳 王萍萍 等译
陈 波 审校

国防工业出版社
·北京·

著作权合同登记　图字:01-2022-7033 号

图书在版编目(CIP)数据

全球国防工业经济学 / (英) 基斯·哈特利, (法) 简·贝林主编;郝朝艳等译 . — 北京:国防工业出版社, 2025. 7. — ISBN 978-7-118-13798-9

Ⅰ. E0-054

中国国家版本馆 CIP 数据核字第 2025E92K81 号

The Economics of the Global Defence Industry
1st Edition 9781138608092
which is authored/edited by Keith Hartley, Jean Belin

※

国防工業出版社 出版发行

(北京市海淀区紫竹院南路 23 号　邮政编码 100048)
雅迪云印(天津)科技有限公司印刷
新华书店经售

*

开本 710 × 1000　1/16　**印张** 32　**字数** 560 千字
2025 年 7 月第 1 版第 1 次印刷　**印数** 1—2000 册　**定价** 198.00 元

(本书如有印装错误,我社负责调换)

国防书店:(010)88540777　书店传真:(010)88540776
发行业务:(010)88540717　发行传真:(010)88540762

翻译人员

主　　译:郝朝艳　王萍萍

参译人员(按姓氏笔画排序):

孔祥雨　朱敬轩　刘丹丹　刘妍娟　刘晓宇

闫少迪　李　响　李宛霖　张艺博　张华清

岳贞英　郑慧礼　赵艳婷　段昊月　祝小茜

祝茜茜　顾　爽　唐　岱

审　　校:陈　波

译者前言

国防工业是国家的战略性产业，是一国国防建设和国家安全重要的物质和技术基础，也是综合国力和大国地位的重要标志和体现。全面了解全球国防工业现状、发展、趋势及其影响因素并进行深入分析，不仅一直是国防经济学及相关学科的重要研究议题，也具有重要的现实经济、安全意义。然而，目前国内外关于国防工业的学术研究尚缺乏全面分析的权威性著作。这一方面是受到了数据可获取性的限制，另一方面是现有研究的重点仍聚焦于美国、俄罗斯和西欧国家等传统武器生产国，对于新兴武器生产国和某些较有特点的国家的国防工业则关注不多。目前，国内引进的关于世界国防工业较为权威的著作主要包括，国防工业和国防采办领域的知名专家美国学者雅克·甘斯勒（J. S. Gansler）的四本专著，分别对二战结束后、冷战期间、冷战结束后以及21世纪美国国防工业进行了介绍与分析，以及新加坡南洋理工大学拉惹勒南国际研究院高级研究员理查德·毕辛格主编的《现代国防工业：政治、经济与技术议题》。然而，这些书籍仍然以美国等传统武器生产国为研究对象，并且重点议题仍然放在冷战结束对国防工业的影响。其中，最新的一本《21世纪的国防工业》也大约是十年前的作品了。

近十年来，世界政治、经济、安全格局剧烈变化，这将对国防工业产生长远、深刻的影响。特别是大国竞争的加剧，单边主义、保守主义逆势回流，新一代工业与信息技术领域的战略竞争日趋激烈，都加速了当前全球国防工业格局的调整步伐。目前，全球国防工业呈现出一些明显的变化和特点。

第一，冷战刚刚结束时，由于国防支出缩减导致国内市场收缩，欧洲和美国的防务企业通过公司间协议、分包、合资和并购等形式扩展市场。随着经济全球化程度不断加深，武器技术快速发展导致武器研发和生产成本不断攀升，规模经济和专业化分工节约成本、分担风险的好处成为防务企业全球化发展的重要动因。然而，全球化同样带来了风险，在经济制裁威胁日益严峻、新冠疫情全球肆虐的背景下，出现的关键技术和部件“卡脖子”问题和供应链断裂问题，突显了供应链弹性对于防务企业的重要性，也使得防务企业不断调整供应链结构，并将更为慎重地选择关键技术和零部件供应商。

第二，尽管全球防务领域的并购整合从未停止过，但从2017年开始，似乎出现了一波新的合并重组。西方国家自2014年开始对俄罗斯实施制裁，使俄罗斯的军事工业受到严重打击。为突破逆境、提升创新能力、适应市场环境，俄罗斯主动寻求转型，通过成立国家控股公司，将原有数量众多的国有军工企业在同领域中进行合并，重组后形成了61个大型国防工业综合体。而更多的美国和欧洲防务公司则是为了应对军事技术的先进性和多样性需求，促使公司增加新的能力，扩展业务领域，进行了大型防务企业之间“合纵连横”式的整合，或者从其他防务公司和民用公司收购高技术业务部门。例如，雷声与联合技术公司的合并、联合技术收购罗克韦尔·柯林斯、L3技术公司和哈里斯公司的合并等并购活动，创造了更大型的防务企业，这也将逐步改变全球军工生产结构。

第三，韩国、以色列、土耳其、印度和阿拉伯联合酋长国等新兴武器生产国的武器生产和出口能力日益提升。韩国在舰船、飞机、陆地系统、弹药和电子产业等所有主要的武器生产领域都具备了一定的生产能力。近年来，韩国将武器出口转向菲律宾、印尼、泰国等亚洲国家，武器出口竞争力节节攀升。以色列凭借和北约国家的良好关系，通过“引进-改进-研发-出口”短时间奠定了较好的国防工业基础。随着以色列在关键技术领域的突破和创新，成为中东地区的军工强国。土耳其和印度有着雄心勃勃的目标，强调武器装备本土化生产，近年来，通过不断增加国防开支，致力于建设本国高水平的武器生产能力和全面的国防工业基础。阿联酋是全球十大武器进口国之一，很早就将补偿贸易作为武器进口协议的条款内容，以通过联合生产、技术转让建设并促进本国国防工业基础的发展。阿联酋的EDGE集团成立于2019年11月，由25家较小的实体合并而成，拥有5个核心领域：平台和系统、导弹与武器、网络防御、电子展与情报以及任务支持。该集团以其可观的规模，位列“SIPRI 100强”军工生产和军事服务公司第23位。尽管无论从防务业务规模还是武器出口能力看，这些新兴武器生产国还无法与美国、欧洲等传统军工强国相比，但新兴武器生产国不断发展的势头也势必对全球国防工业格局带来影响。

第四，2014年美国提出第三次抵消战略，旨在通过技术创新，开发和应用能够“改变未来战局”的新兴技术和颠覆性技术，在新一轮军事竞争中抵消对手未来潜在的军事技术优势，保持美国的绝对优势地位。当前以人工智能、机器学习、量子计算、信息技术、网络安全、大数据等为代表的新兴技术领域成为各国创新战略纷纷瞄准的重点领域。但众所周知，当前技术更新的速度远远快于武器采办周期，如何将前沿技术及时、迅速地应用于军事领域，意味着获取技术的方式需要改变。我们可以观察到的是，美国国防部与技术领先的商业公司建立了更多的合作和采购关系，这些公司包括全球最具创新能力的公司，如微软、谷歌、亚马逊、甲骨文、IBM等。其中最引人注目是美国国防部欲将一项价值100亿美元的云基础设施系统（联合企业防御基础设施，Joint Enterprise Defense Infrastructure）合同授予微软公司。尽管这项合同引起了微软主要竞争对手亚马逊的抗议，但大型商业技术公司直接参与如此大规模军事合同引发了一个问题，这是否意味着国防工业的构成和结构会进入到一个新的变化阶段？

在大国竞争持续加剧，世界格局加速调整，世界安全风险不断上升的背景下，军事实力是国家安全、应对冲突风险的重要依托，而国防工业的创新和生产能力则为军事实力的基本保障和支撑。对国防工业及其影响因素的新近变化进行全面了解与分析，对于准确把握当前及未来一段时间内全球国防工业格局的变化、趋势、问题与挑战，准确评价各国国防工业在世界市场的地位，具有重要意义。此外，如韩国、以色列、新加坡、南非虽然不具有与美国、俄罗斯等国家相竞争的武器生产能力，但它们在某些武器技术和产品上具有独特优势，其国防工业的发展经验也值得关注与总结。这对国内全面理解与评估全球国防工业具有重要的参考价值。

与现有国内外国防工业方面的著述相比，这本由国防经济学领军学者基斯·哈特利组织编写的《全球国防工业经济学》具有以下几个方面的价值和特点：第一，全面性。本书在写作时就以"百科全书"为定位，旨在全面介绍全球国防工业，不仅涵盖传统武器生产国，还要包括在大多数研究中被忽略或并未太多关注的武器生产国。书中每一章都遵循共同的格式，使得国防工业的国际比较更加容易和清晰。而各章节在共同的分析框架内，也考察了各国的独特性，使得章节间在内容、具体实例和理论观点方面又有具有互补性，使得书的整体内容远不止其各部分之和。第二，及时性。本书英文版于2020年初出版，是关于世界国防工业的最新经济学著作。书中使用数据最新更新至2017年、2018年，这对于我们准确认识当前经济、安全、技术条件与国防工业的相互影响非常具有参考意义。第三，学术性和普适性。本书采用了规范的经济学分析框架和经济学概念、语言，具有严谨的学术逻辑，但却并非高深的理论著作，适合于对国防工业感兴趣的学生、研究人员、政策工作者以及一般读者阅读、参考。

国防工业相关数据的可获得性是该领域学术研究的一大限制，许多数据或者无法公开获取，或者零散且准确性较差。而《全球国防工业经济学》一书中对于所涵盖的武器生产国都提供了相应的数据资料和数据来源，这对于国防经济、产业政策、国际关系、战略与安全等领域的学者和实际工作者来说，是一份宝贵的资料。这也是我们翻译这本著作的重要原因之一。但也需要提醒读者的是，这本书的章节作者大部分是欧美学者，对于其国家竞争对手如俄罗斯等国家的数据准确性要特别注意。例如，本书中经常使用的斯德哥尔摩国际和平研究所军工工业数据近来也不断受到批评，如一位俄罗斯军事专家指出，该数据大约排除了一半的俄罗斯军工企业，因此，对于评价俄罗斯军工行业的整体状况是没有意义的。同时，鉴于国防工业的敏感性，对于欧美国家国防工业的数据也很难保证完全准确。然而，无论如何，这些数据蕴含的信息总是可以帮助我们去更多地了解全球国防工业，而且相较于网络、媒体上的资料和数据，学术著作的可信度还是较高的。建议读者根据书中提供的数据来源，详细了解数据收集方法、范围、指标定义，这样更有助于鉴别数据资料的可靠性和适用性。我们严格按照英文原著进行了翻译，书中内容不代表译者和出版社观点。

本书的出版首先是译者和校对者辛勤工作的成果,国防工业出版社和张冬晔编辑给予了大力支持和帮助,在此深表感谢!感谢装备科技译著出版基金的资助!

郝朝艳

二〇二五年三月一日

“在前所未有的全球大变革背景下，社会、经济、技术和工业革命带来经济和政治的巨大不确定性，我们必须了解当前影响全球国防工业结构、行为和绩效的各种因素。本书为读者提供了一个专业、详细但易于理解的全球国防工业分析，它考虑到了世界的多极化挑战。”

德里克·布拉登

西英格兰大学名誉教授

基斯·哈特利

献给我的妻子，维尼弗雷德，以及我的家人们：亚当、瑞秋、奥利弗和伊莫金·哈特利；

献给露西·哈特利教授，塞西莉亚·埃利斯、马丁、马修·雅各布、凯瑟琳·奥利维亚和索菲·伊丽莎白·埃利斯博士。

简·贝林：

献给我的妻子和我的家人们：埃米尔和罗拉。

作者介绍

约马纳·阿玛拉(Jomana Amara)是位于加利福尼亚州蒙特利尔的海军研究生院(Naval Postgraduate School)的经济学教授。她的研究兴趣包括国际经济学、国防经济学、健康经济学和公共部门经济学。

jhamara@nps.edu

拉克斯曼·库马尔·贝赫拉(Laxman Kumar Behera)是新德里国防研究与分析研究所(Institute for Defence Studies and Analyses,IDSA)的研究助理。他的研究兴趣包括印度的国防经济,重点是国防工业、军事支出、武器采办和补偿贸易。

laxmanbehera@gmail.com

简·贝林(Jean Belin)是高等国防研究所(Institute of Higher National Defence Studies, IHEDN)国防经济系主任和法国波尔多大学的助理教授(GREThA, UMR CNRS 5113)。他的研究兴趣包括与国防工业融资的相关问题,以及法国国防工业在国家创新体系中的作用。

jean.belin@u-bordeaux.fr

理查德·A. 毕辛格(Richard A. Bitzinger)是新加坡南洋理工大学拉贾拉特南国际研究学院(S. Rajaratnam School of International Studies, RSIS)军事转型项目(Military Transformations Program)高级访问学者。他的研究兴趣包括亚太地区安全与防务问题,包括区域国防工业和区域武器生产、军事现代化和力量转型,以及武器扩散。

isrbitzinger@ntu.edu.sg

罗布·伯克(Rob Bourke)是澳大利亚堪培拉的退休公务员和顾问。他的研究兴趣包括澳大利亚的国防工业政策。

rob.bourke58@gmail.com

迈克尔·布尔佐斯卡(Michael Brzoska)是德国汉堡大学和平研究与安全研究所(Institute for Peace Research and Security Studies)高级研究员。地址是德国汉堡贝姆·施伦普83号,20145。他也是斯德哥尔摩国际和平研究所的副高级研究员。他的研究兴趣包括气候变化对安全的影响。

brzoska@ifsh.de

劳尔·卡鲁索(Raul Caruso)是意大利米兰圣心天主教大学(Catholic University of the Sacred Heart)经济政策系和CSEA经济政策副教授,也是位于阿尔巴尼亚蒂拉纳“我们的良师益友”的天主教大学(Catholic University)和平教育、一体化与合作欧洲中心(European Centre of Peace Science, Integration and Cooperation, CESPIC)主任。他是《和平经济学、和平科学与公共政策》(Peace Economics, Peace Science and Public Policy)的主编。他的研究兴趣包括和平经济学、军事支出、冲突经济学和国际政治经济学。

raul.caruso@unicatt.it

赵南勋(Namhoon Cho)是韩国国防分析研究所(Korea Institute for Defense Analyses, KIDA)高级研究员。地址为韩国首尔东大门区清凉里37号,02455。他的研究兴趣包括朝鲜的军事、经济和无核化进程。

chonh@kida.re.kr

克里斯托弗·马克·戴维斯(Christopher Mark Davis)是牛津人口老龄化研究所(Oxford Institute of Population Ageing, OIPA)的教授,牛津大学全球和地区研究所(Oxford School of Global and Area Studies)高级研究员。他的研究兴趣包括苏联和俄罗斯的人口统计学、健康、老龄化、经济和国防经济学等领域。

christopher.davis@wolfson.ox.ac.uk

保罗·邓恩(Paul Dunne)是开普敦大学经济学教授。地址是南非开普敦市隆德伯西,7701。他的研究兴趣包括军事支出、冲突与和平的经济学分析。

John.Dunne@uct.ac.za

安东尼奥·丰弗里亚(Antonio Fonfría)是西班牙马德里康普顿斯大学(Campus de Somosaguas)经济学教授。地址是马德里波苏埃洛-德阿拉尔孔,28223。他的研究兴趣包括国防经济学、产业政策、产业组织和国际经济学。

afonfria@ccee.ucm.es

雷蒙德·弗朗克(Raymond Franck)是美国空军学院(USAF Academy)海军研究生院名誉教授。他的研究兴趣包括国防采办实践和军事创新。

cfranck215@aol.com

基斯·哈特利(Keith Hartley)是英国约克大学经济学名誉教授。他的研究兴趣包括国防经济学、采办、契约、合作和防务产出测度。

kh2@york.ac.uk

凯蒂尔·哈特巴赫·霍夫(Kjetil Hatlebakk Hove)是挪威国防研究所(Norwegian Defence Research Establishment, FFI)战略分析和联合系统处(Strategic Analyses and Joint Systems Division)的高级研究员,地址是挪威萧勒2027号,25号邮箱。他的研究兴趣包括不断上升的成本和国防规划。

Kjetil.Hove@ffi.no

克里斯托弗·W.休斯(Christopher W. Hughes)是华威大学国际政治与日本研究系教授。地址是考文垂,CV4 7AL,华威大学政治与国际研究系。他的研究兴趣包括日本的国际关系与安全政策、日本防卫政策、美日同盟关系、日本-朝鲜关系、日本国防工业的政治经济学。

C.W.Hughes@warwick.ac.uk

丹尼斯·贾克明(Denis Jacqmin)是布鲁塞尔和平与安全研究与信息组织(Group for Research and Information on Peace and Security, GRIP)的研究员。地址是布鲁塞尔鲁汶路467号,1030,和平与安全研究与信息组织。他的研究兴趣包括小武器和轻武器管制、常规武器转让管制以及乌克兰的政治和安全发展。

d.jacqmin@grip.org

克里斯托弗罗斯·卡罗尼亚斯(Christoforos Kalloniatis)是希腊陆军少校/金融军团。他是塞萨利大学(University of Thessaly)经济学系的学术助理,也是爱琴大学(University of the Aegean)社会学系社会和政治机构实验室的学术助理。地址是希腊米提琳81100,米提琳,尼亚波利。他的研究兴趣包括国防经济与政策、欧盟共同安全与防务政策、公共部门经济学、环境经济学。

ckallon@env.aegean.gr

莎拉·基什伯格(Sarah Kirchberger)是基尔大学(Kiel University)安全政策研究所亚太战略与安全中心(Center for Asia-Pacific Strategy and Security at the Institute for Security Policy)主任。地址是德国基尔霍尔斯布鲁克8-10,D-24103。她的研究兴趣包括中国军事,特别是海军、现代化和亚太地区的跨国军事技术合作。

SKirchberger@ispk.uni-kiel.De

柯林·科(Collin Koh)是新加坡南洋理工大学拉贾拉特南国际研究学院(S. Rajaratnam School of International Studies, RSIS)国防与战略研究所(Institute of Defence and Strategic Studies)研究员。他的研究兴趣包括海事和国防工业研究。

iscollinkoh@ntu.edu.sg

克里斯托斯·科利亚斯(Christos Kollias)是塞萨利大学(University of Thessaly)经济学系应用经济学教授,《国防与和平经济》编辑,希腊欧洲和外交政策基金会(Hellenic Foundation for European & Foreign Policy)副研究员。地址是希腊沃洛斯38333,罗德镇78号,28hs。他的研究兴趣包括国防经济学、恐怖主义和犯罪的经济学分析、政治经济学、公共部门经济学和宏观经济政策。

kollias@uth.gr

盖伊·兰姆(Guy Lamb)是开普顿大学(University of Cape Town)安全与暴力倡议系(Safety and Violence Initiative)主任。地址是开普敦7701,隆德伯西。他还是南非斯泰伦博什大学(University of Stellenbosch)国际和比较政治研究中心(Centre for International & Comparative Politics)副研究员。他的研究兴趣包括军备控制、预防暴力、建设和平和警务。

Guy.Lamb@uct.ac.za

迭戈·洛佩斯·达·席尔瓦(Diego Lopes da Silva)是斯德哥尔摩国际和平研究所(SIPRI)的研究员。他的研究兴趣包括发展中国家的军费支出和武器生产。

diego.lopes@sipri.org

马丁·伦德马克(Martin Lundmark)是瑞典国防大学(wedishDefence University)国防与安全系统科学(Systems Science for Defence and Security)讲师、副教授。他的研究兴趣包括国防创新、国防工业、国防出口、国防合作和战略国防采购。

Martin.Lundmark@fhs.se

朱利安·马利扎德(Julien Malizard)是高等国防研究所(Institute of Higher National Defence Studies, IHEDN)国防经济系主任,也是波尔多大学的副研究员(UMR 5113 GRESA)。他的研究兴趣包括国防预算、国防活动的经济影响和武器贸易。

julien.malizard@fdd-ihedn.fr

斯特凡·马可夫斯基(Stefan Markowski)是位于波兰热舒夫的信息技术与管理大学(University of Information Technology and Management)管理系教授和主任。他的研究兴趣包括国防采购、国防工业、军事联盟和移民经济学。

s.markowski@adfa.edu.au

海林·马森(HélèneMasson)是战略研究基金会(Foundation for Strategic Research,FRS,巴黎)的高级研究员,负责国防和工业部(Defence & Industry Department)。她的研究兴趣包括军备领域的公共政策、商业战略和国防出口与合作。

h.masson@frstrategie.org

罗恩·马修斯(Ron Matthews)是位于什里弗纳姆克兰菲尔德大学(Cranfield University)英国国防学院(UK Defence Academy)国防经济系主任。他的研究兴趣包括广义的国防经济学,特别是补偿贸易和国防工业发展。

r.g.matthews@cranfield.ac.uk

约翰尼斯·莫尔(Johannes Mohr)是基尔大学(Kiel University)安全政策研究所(Institute for Security Policy)非常驻研究员和博士生。地址是德国基尔D-24103,霍尔斯滕布鲁克8-10。他的研究兴趣包括中国对外直接投资以及这些投资的战略影响。

jmohr@ispk.uni-kiel.de

埃夫蒂基亚·尼古拉伊杜(Eftychia Nikolaidou)是开普顿大学经济学教授。地址是南非开普敦7701,隆德伯西。她的研究兴趣包括军事支出、冲突与和平经济学,金融发展与增长,以及银行危机。

Efi.Nikolaidou@uct.ac.za

乔恩·奥拉夫·佩德森(Jon Olav Pedersen)是挪威国防研究机构(Norwegian Defence Research Establishment, FFI)创新和工业发展部(Innovation and Industrial Development Division)高级研究员。地址是挪威克耶勒2027,25号信箱。他的研究兴趣包括国防工业的创新过程。

Jon-Olav.Pedersen@ffi.no

克里斯托弗·E. 彭尼(Christopher E. Penney)是加拿大议会预算办公室(Canada's Parliamentary Budget Office)高级经济和金融分析师。他的研究兴趣包括国防经济学、国防采购的政治经济学、成本计算方法和财务风险分析。

Christopher.penney@parl.gc.ca

安东尼·皮耶克斯(Antoni Pieńkos)是位于波兰华沙的华沙战略倡议研究所(Warsaw Institutefor Strategic Initiatives)分析部门主任。他的研究兴趣包括欧洲国防工业合作、欧洲海军力量、北约和海上安全。

antoni.pienkos@wiis.org.pl

吉尔·平查斯(Gil Pinchas)任职于特拉维夫大学(Tel Aviv University)科勒尔管

理学院(Coller School of Management)。地址是以色列特拉维夫市6997801,P.O.B.39040。他的研究兴趣包括国防预算的优化配置和规模,国防工业的作用和结构。

gilpench@mail.tau.ac.il

卡洛斯·马丁·森佩雷(Carlos Martí Sempere)任职于格拉尔大学(Instituto Universitario Gral)。地址是马德里E28006,古铁雷斯·梅拉多,公主路36号。他的研究兴趣包括国防经济学、产业组织、创新、系统工程和国防作为一个复杂的适应性系统。

carlos.marti.sempere@gmail.com

塞拉米·塞兹金(Selami Sezgin)是位于土耳其埃斯基谢希尔的埃斯基谢尔奥斯曼齐大学(Eskisehir Osmangazi University)经济系的经济学教授。他的研究兴趣包括国防经济学、恐怖主义经济学和公共财政。

selamisezgin@ogu.edu.tr

塞努尔·塞兹金(Sennur Sezgin)是位于土耳其埃斯基谢希尔的埃斯基谢尔奥斯曼齐大学(Eskisehir Osmangazi University)经济系的经济学副教授。她的研究兴趣包括国防经济学、恐怖主义经济学和政治经济周期。

sennursezgin@ogu.edu.tr

宾扬·所罗门(Binyam Solomon)是加拿大国防研究与发展研究院(Defence Research and Development Canada, DRDC)的高级国防科学家,也是卡尔顿大学(Carleton University)的助理研究教授。他的研究兴趣包括政治经济学、国防管理、维和经济学和时间序列方法。

Binyam. solomon@carleton.ca

阿舍·蒂什勒(Asher Tishler)是特拉维夫大学(TelAviv University)科勒管理学院(Coller School of Management)名誉教授。地址是以色列特拉维夫市,P.O.B.39040,6997801。他的研究兴趣包括降低高级网络攻击的风险,国防预算的最优分配和规模,生产率、工资和资历,国防工业的作用和结构,以及军事情报的作用。

ashert@tauex.tau.ac.il

罗伯特·怀利(Robert Wylie)是位于澳大利亚堪培拉的新南威尔士大学(University of New South Wales)堪培拉校园商学院的客座研究员。他的研究兴趣包括军事技术创新系统的功能动力学和澳大利亚工业国防政策的演变。

r.wylie@adfa.edu.au

前　言

这本书是2015年5月28日—29日在波尔多大学(University of Bordeaux)召开的一次学术会议的成果,这次会议由高等国防研究所(Institute of Higher National Defence Studies, IHEDN)国防经济系主任简·贝林(Jean Belin)召集组织。会议结束后,基斯·哈特利(Keith Hartley)和简·贝林商议出版一本关于世界国防工业的著作以推进他们之间的合作。他们共同商定了要研究的国家和作者名单。本书由劳特里奇出版社出版,并纳入了国防经济学研究系列丛书(Studies in Defence Economics Series)中。

编写著作需要时间来计划和组织。本书也不例外,而且特别具有挑战性,因为它需要来自世界许多国家的多位作者共同完成。最初,我们计划所有章节在2018年10月底前提交,留出一些时间进行讨论和修改,并在2019年3月至4月向出版社提供终稿。但同所有"好的"国防项目一样,延误不可避免地发生了!

许多人为本书提供了帮助。作者们必须耐心地处理我们的许多要求,我们感谢所有在准备如此庞大而复杂的著作方面给予支持的人们。尤尔根·布劳尔(Jurgen Brauer)是劳特里奇国防经济系列丛书的联合编辑,他特别鼓励我们要坚持完成这个想法。基斯·哈特利参加了由斯德哥尔摩国际和平研究所(SIPRI)奥德·弗伦特(Aude Fluerant)组织的2018年SIPRI武器生产数据(Arms Production Data)研讨会,也获益颇多。最后,我们要感谢制作人员,特别是编辑克里斯蒂娜·曼迪扎(Christiana Mandizha)、海伦·基托(Helen Kitto)和科林·摩根(Colin Morgan)。

遗憾的是,我们的一位作者,巴德·乌迪斯(Bud Udis)去世了。巴德·乌迪斯教授(1927— 2018)是一位杰出的经济学家、教育家和学者。在普林斯顿大学完成博士学位后,他在科罗拉多大学博尔德分校度过了其大部分学术生涯。他的研究集中于影响国际国防市场的经济和政策问题,他的部分作品已成为国防经济学的经典著作。[①]

① 雷蒙德·弗朗克准备了这份悼词。

目　　录

第1章　全球国防工业：概览

基斯·哈特利　简·贝林

1.1　引言：目的和目标

目前，市场上缺乏关于世界国防工业的最新经济学书籍，本书填补了此类文献的空白。本书具有两个特点。第一，原创性，国防工业是稀缺资源的重要和主要使用者，但人们对这个行业知之甚少。第二，权威性，本书的每位作者都是其所撰写国家国防工业领域的学术权威。本书将这些专家聚在一起，所著的每个章节都遵循标准的格式，对全球国防工业的知识和理解做出了独特、超群的贡献。

1.2　选择国家的标准

本书使用多项标准来选择要进行研究的国家。2016年斯德哥尔摩国际和平研究所100强（以下简称为“SIPRI 100强”）军火公司名录提供了入手点。有企业进入100强的几乎所有国家都被囊括在本书中。这些候选的国家显然包括如美国、俄罗斯、英国、法国、德国和意大利。接下来，就需要为每个国家的国防工业确定作者。

编辑根据学者们的知识基础、专长和时间安排进行了选择。一些作者是一流的国防经济学家；另外一些则是研究单个国家的专家。出版商对书籍的篇幅提出了额外要求，这限制了本书章节数量及所包括的国家。

SIPRI 100强武器生产商是关于武器生产和军事服务公司的全面、公开的数据库。它每年发布在《斯德哥尔摩国际和平研究所年鉴》（SIPRI Yearbook）中，并且可以从斯德哥尔摩国际和平研究所的数据库中获取。这份数据给出了每家武器生产商的名称、所在国、按当前价格和不变价格计算的年度武器销售额、总销售额、武器销售额占总销售额比例以及公司利润总额和总就业人数，也给出了子公司的数据（SIPRI，2018a）。

100强包括私营和公共公司，但不包括隶属于武装部队的制造或维修单位。该数据库包含了经济合作与发展组织（OECD）国家及发展中国家（不含中国）军火生产商的财务和就业信息。这些数据基于公开来源和公开信息（例如，公司年度报告、期刊文章和报纸）。该数据库建立于1989年，目前的版本涵盖2002年以来的数据，包括俄罗斯军火公司的数据。对于斯德哥尔摩国际和平研究所而言，收集这些数据是一项昂贵又耗时的工作，但其成果能为相关国防工业研究提供宝贵、原创性的贡献。如果没有斯德哥尔摩国际和平研究所军火工业数据库(SIPRI Arms Industry Database),本书也不可能完成。同时,本书研究了不同国家的国防工业,这对SIPRI 100强企业名单也是一个补充。

表1.1呈现了本书所涵盖的国家以及2016年各个国家进入100强的军火公司数量。在按国家划分的100强军火公司中,美国的军火公司占据主导地位,几乎占总数的40%。欧洲国家占总数的26%。此外,韩国、日本、印度和以色列总计占2016年公司总数的20%。

表1.1　2016年各国100强军火公司数量

国家及地区	各国的100强军火公司数量
美国	38
俄罗斯	10
英国	8
法国	6
跨欧洲	2
意大利	2
德国	3
西班牙	1
希腊	0
波兰	1
乌克兰	1
瑞士	1
瑞典	1
挪威	1
土耳其	2
以色列	3
韩国	7
日本	5
加拿大	1
澳大利亚	1
巴西	1
印度	4

（续表）

国家及地区	各国的100强军火公司数量
新加坡	1
南非	0

资料来源:SIPRI(2018a)。

说明:

(1) 100强根据2016年斯德哥尔摩国际和平研究所军火工业数据库的军火销售额进行排名。子公司除外。

(2) 跨欧洲公司是指所有权和控制权结构属于一个以上欧洲国家的公司。

还有两个国家,希腊和南非,虽然它们也没有排名前100的公司,但也被考虑在内。希腊的国防工业正面临严重的财政和经济问题。南非是发展中国家,也是一个非洲大陆国家。直到最近,南非的丹尼尔(Denel)公司才进入了100强军火公司之列。

本书不可能包括所有国家。比利时、捷克、芬兰和荷兰没有被涵盖进来。尽管如此,通过纳入欧洲主要武器生产国可以抵补这部分的缺失。对于其他地区,一些南美和亚洲国家没有被考虑(如阿根廷和印度尼西亚),但通过加入该地区的其他国家可以平衡这些缺失。另外值得注意的是,伊朗也没有被涵盖进来,因为找不到熟悉该国国防工业的专家。总体来讲,选择国家的关键准则是它们拥有进入SIPRI 100强军火生产商名录的公司。所有在2016年有公司跻身于100强的国家都包括在了本书中。

100强的名单不是静态的,它在不断变化。会有新的进入者和退出者,反映着国防支出的增加和减少,以及新技术和产业重组情况。企业合并创造了新的公司,有着新的名称和新的产品(如军事外包、无人机和无人驾驶飞行器)。一些大型军火公司是近几十年来才成立的。例如,1900年前并没有飞机制造公司,1945年后才出现了航空公司和导弹公司。类似的,2016—2017年也发生了一些变化。2017年,100强中有42家美国军火企业,紧随其后的是俄罗斯,有10家公司,英国有7家。挪威唯一一家2016年100强公司没有进入2017年100强之列,而韩国在2016年有7家100强企业,在2017年减少到了4家(SIPRI,2018b)。

100强公司还不包括生产弹药、步枪和轻武器的专业小型军火企业。据估计,小武器生产领域大约涉及1000家公司和100个国家。然而,一些生产小武器的国家,如巴西、加拿大、德国、印度、意大利、俄罗斯、瑞士、土耳其、英国和美国,都已涵盖在本书中了。此外,100强军火企业也生产一些小型武器。

1.3　本书的结构

国防或军火工业(这些术语会交替使用)引发了关于我们知道什么,不知道什么,以及我们需要知道什么以进一步理解和讨论国防工业政策选择的问题。这本书从每个国家国防工业的已知信息出发来研究这些问题。

表1.1给出了本书所包括的国家。我们要求每一章节的作者遵循标准格式，即引言、论证摘要、行业描述、案例研究及结论。更详细地，每章使用如下标准格式：

第一，国防支出的简要统计描述，包括年度国防研发和采办支出、武器装备进口和武器装备出口数据。数据包括1980—2017年的年度数据，覆盖了冷战结束前后的各个年份。如果可以获取官方发布的数据，则采用这些数据；如果此类数据不可获得，作者需要明确数据缺失情况。当没有官方数据时，我们要求作者确定并考察可替代的数据来源（如行业协会数据、公司数据等）。通过这种方式，本书明确了世界国防工业数据的主要缺失情况。

第二，国防工业的定义及其规模和趋势的数据（如1980—2017年年度销售额和就业数据），并明确国防工业主要分布地点。这一节包括对一国的国防工业历史和行业变迁的简短概述。就业数据区分为直接和间接（供应链）就业人数，以及熟练和非熟练（如有的话）研发人员所占比例。如果可以获得一些辅助性数据，还可以描述国防工业的区域分布。确定国防工业官方数据缺失情况将是一个重要的研究成果。

第三，产业结构将评估该国国防工业是竞争性的、寡头垄断的还是国家垄断的，要包括产业结构的长期趋势和竞争机会。在数据允许的情况下，可将2016年和2017年的领军军火企业和前10大军火企业与1980年的领军企业及前10大企业进行比较。另外还要描述进入这个行业的条件，包括国家在采办方面的偏好。同样，在数据允许的情况下，要描述和评估关于本国/全球供应链及其趋势的信息。

第四，产业行为涉及价格和非价格竞争以及长期行为趋势。这部分内容将介绍国家采办政策，包括对本国装备的偏爱、竞争在采办中的作用以及采用的各种合同形式（如成本加成、固定价格和目标成本激励）。对利润规则和规章制度也要进行描述和评价。

第五，产业绩效。本书报告并评估了各种绩效指标数据。其中包括国防工业生产率和盈利能力、防务装备的出口和进口。在可能的情况下，还会与可比的民用行业（如整体经济、汽车、制药等行业）进行比较。其他绩效指标包括主要防务项目（如航空母舰、潜艇、坦克、战斗机）成本超支和延误情况。本书提供了某些技术“旋出（spin-offs）”和“旋入（spin-ins）”的例子，并指出各国国防工业的优势和弱点。

第六，产业前景，即在未来50年内（至2070年）面临的挑战及可能的生存状态。未来的国防工业会是什么样子：其主要企业能生存下来吗？新的公司会出现吗？如果是，会在哪些产品领域？新的商业组织模式会出现吗？未来的防务企业是否会与今天的军火公司完全不同？（Hartley，2017）

第七，每一章都包含有对一国国防工业的关键评估：优势、劣势及未来前景。在采用传统的结构-行为-绩效模型的同时，我们也要求作者运用其他分析方法（如博弈论、公共选择模型）。我们鼓励作者就其所撰写国家国防工业未来的挑战和前景发表自己的意见和看法。

第八，本书的结尾处是一个总体性结论，编辑总结出一些共同的主题、问题、挑战及数据可用性情况。

每章的标准格式只是一种“完美的建议”。需要认识到，并非所有的作者都能严格遵循这些指导原则，他们的实际做法也会偏离“理想”。但即使这种偏离“理想”标准的行为也会提供信息。

总体而言，近来，随着全球性剧变使原本公认的经济和政治惯例受到质疑，人们对国防工业领域的兴趣也有所增强。出现了两个发展势头。一是国防领域的重大发展，例如新技术和军事革命（如网络战、空间系统、无人机和无人驾驶飞行器），以及持续削减国防预算的压力。二是新的战略威胁的出现，如全球恐怖主义、所谓的“无赖国家”以及来自伊朗和朝鲜的核威胁。

1.4　结　　论

国防工业是世界上最重要的行业之一，且是一个能够决定人类文明的未来的行业，本书对此提供了一项权威、最新和富有洞见的研究。这是一个与全球变暖议题相比分量相当的主题。大量的专业章节作者为读者提供了该领域目前可获得的最好的知识。每章都遵循共同的格式，使得不同国家和国防系统之间可以进行比较，因此给读者提供了大于单个部分之和的信息。

人们对全球国防工业知之甚少，目前还没有一本书能提供对这个行业最新的全面分析。总体来说，本书填补了现有文献的一个重大空白，在全球国防工业的经济学分析上还没有著作能与之媲美。每一章节都对知识做出了独到贡献，每一章节都遵循标准格式，以便进行国际比较。这本书可以成为国防与和平经济学、产业经济学、国际关系、战略研究和公共采购等领域的重要教材和参考资料。

参考文献

Hartley, K (2017). *The Economics of Arms*, Agenda, Newcastle.

SIPRI (2018a). *SIPRI Arms Industry Database 2016*, Stockholm, Stockholm International Peace Research Institute.

SIPRI (2018b). *SIPRI Arms Industry Database 2017*, Stockholm, Stockholm International Peace Research Institute.

第2章 美国国防工业

约马纳·阿玛拉 雷蒙德·弗朗克

2.1 引 言

美国国防工业因其规模庞大而成为一个独一无二的案例。它的最大客户是美国国防部(DoD)和从事国防相关工作的非国防工业部门。2017年,全球国防支出估计为1.7万亿美元,美国国防支出约为6100亿美元,约占全球国防支出总额的36%(SIPRI,2018a)。

在按防务收入对公司进行排名的2018年《防务新闻网》(Defense News)[①]百强榜单中,前10名中有5家美国公司,前百强中有39家美国公司(Defense News Top 100 List,2018)。此外,斯德哥尔摩国际和平研究所(SIPRI)军火工业数据库将英国宇航系统股份有限公司作为英国宇航系统公司的美国子公司,与其他六家美国公司一起被列为前10强。[②]事实上,英国宇航系统的美国子公司创造的收入占其收入总额的40%以上(SIPRI,2018b)。美国公司占前十大公司防务总收入的69%(Aitoro,2018)。

2017年,美国国防工业出口约为759亿美元(Mehta,2017)。美国在研究和开发(R & D)方面的支出为792亿美元,采办支出为1240亿美元,是谷歌、微软和苹果公司研发和采购支出总和的两倍多。同年,全球国防研发支出为1160亿美元,采办支出为3100亿美元(Janes's IHS,2018a)。由于美国国防工业的高竞争力和《购买美国货法案》(Buy America Act,优先采购美国本国产品,对大多数外国产品要施加一个惩罚性评估系数),美国国防部的大部分支出花费在国内市场上。在2007年的一份报告中,国防部估计,它将所有合同中不到0.5%、国防项目和部件合同中约1.5%授予了外国承包商(DoD,2008)。

最大的例外是英国宇航系统公司,它是一家英国公司,将美国视为其主要市场,也是最有前景的市场之一(BAE,2018,2019)。英国宇航系统成为特例的原因有很多。首先,英国和美国之间长期存在的"特殊关系"促成了英国宇航系统参与

① 防务新闻网(www.defensenews.com)是一家关注全球防务新闻的新闻机构,它将防务收入定义为支持军事、情报和国土安全产品和服务的销售收入。防务新闻网的收入数据有多种来源:公司提交的数据、分析师提供的数据、来自如日本等国国防部的合同数据。

② 防务新闻网排行榜前10大防务企业与SIPRI榜单前10大公司相同。不过,排名存在一些差异。这是由有两个原因导致的:一是波音公司正在组建"全球服务"部门,其中涉及一些先前与防务有关的活动;二是金刚石—安泰公司(Almaz Antey)(俄罗斯)的技术问题,包括卢布与美元间的换算,以及国防活动报告不太详细。

美国市场，其中包括了在从原子弹到F-35的国防采办计划方面的密切合作。除此之外，美国和英国合作的传统帮助英国宇航系统建立了与美国国防部之间的信任。最近，美国将英国视为美国国家技术工业基础的一部分，这可能会加强这一关系(DoD，2018，11)。其次，英国宇航系统的战略包括了收购美国两大高机密军事装备供应商，桑德斯公司(Sanders)和特雷科尔公司(Tracor)。再次，英国宇航系统与美国政府间有一个特别的安全协议，类似于一个"防火墙"，防止美国分支机构的高管(所有美国公民)和英国的母公司之间交换高度敏感信息。最后，有"很难说英国宇航系统公司到底是英国公司还是美国公司"的说法。并且，美国公民持有该公司相当大一部分股份(Wayne，2006，C1)。

《简氏世界国防工业》(Janes' World Defense Industry)将271家美国公司列为重要的防务公司。有趣的是，简氏并没有列出苹果、亚马逊、谷歌母公司(Alphabet)、微软等公司为技术领先企业(分别为全球第一、第二、第三和第四大最有价值的公司)，也没有提供业务中防务部分的数据，因此很难确定市场规模(Jane's HIS，2018b)。尽管美国国防市场具有吸引力，但依然存在缺乏信息的情况。简氏市场潜力指数(Market Potential Index，MPI)评分(0~5分)根据若干因素评估了93个世界防务市场的吸引力。美国市场的最终评分为4.38分，仅次于日本的4.39分，位于第二。美国是唯一一个在整体国防投资和国防工业能力方面均排名前五的国家。

本章的分析以由博弈论扩充的标准微观经济学和公司战略文献的交叉研究为基础：例如，《竞争战略》(*Competitive Strategy*，Porter，1980)，《竞合策略》(*Coopetition*，Brandenburgle & NaleBuff，1996)。

我们的方法也反映了"可竞争性"(与进入壁垒相反，参见鲍莫尔、潘泽尔和威利(Baumol，Panzer & Willig，1988)的著作，特别是第10章)。除了解美国防务市场的进入壁垒外，还需要了解制约美国防务市场庞大、复杂的政策和监管结构。因此本章将用相当大的篇幅对此进行介绍。

2.2　美国国防工业的经济环境

2.2.1　美国国防部支出

美国国防工业在很大程度上依赖于美国的政府支出。图2.1显示了从1980年至2018年美国国防支出情况，大致分可为四个不同时期：第一个时期是20世纪80年代里根政府的大规模建设时期；第二个时期是冷战结束后与"采办假期(procurement holiday)"有关的支出下降时期；第三个时期是2001年世界贸易中心(World Trade Center)遭到袭击后，采取各种应急行动的时期；第四个时期是2011年《预算控制法案》(Budget Control Act)颁布后的时期。如图2.1中的虚线所示，国防支出数据随时间呈上升趋势。但如果不考虑海外应急行动的支出，美国国防支出没有上升趋势。

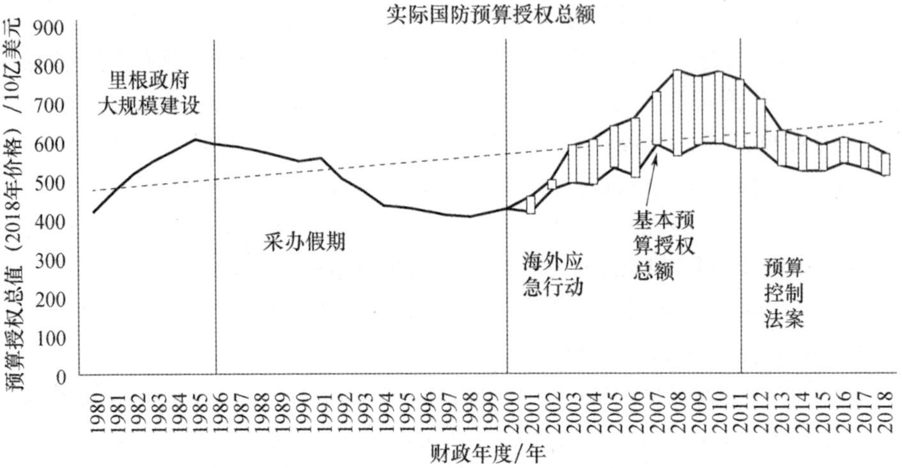

图 2.1　不变美元价格表示的国防预算授权总值(2017 年美国国防部审计长“绿皮书”)

在后“9·11”时代,预算授权总额(Total Obligation Authority,TOA)包括了各种应急行动经费,超过了国防部“基本”的预算授权总额。上面的曲线和下面的曲线,即与基本预算授权总额之间的差异,反映了这一现象。

随着冷战的结束,美国国防预算开始稳步下降,并且这种下降在当时无法预期何时结束。如图 2.2 所示,里根政府大规模建设带来了大量新装备,削减支出的合理途径是减少采办,这就意味着更少的国防预算,韦恩(Wayne,1998a)在报道中提到,减少国防预算将对美国国防工业基础产生极大影响。

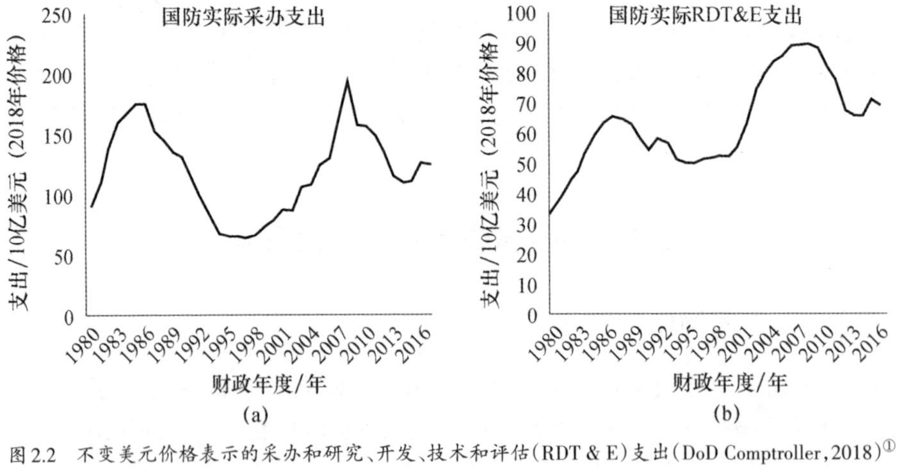

图 2.2　不变美元价格表示的采办和研究、开发、技术和评估(RDT & E)支出(DoD Comptroller,2018)①

① 参见表 6.1 和表 6.2。国防部采办支出随着里根政府执政和“其他突发事件”的增加而增长,在 20 世纪 90 年代的采办假期中降低,又于 2001 年后增加(2008 年出现了一个有趣的高峰,这是对应伊拉克战争的支出“激增”),然后由于 2011 年的《预算控制法案》采办支出下降了。

2.2.2　国防工业基础的合并

1993年,美国时任国防部部长阿斯平(Aspin)和副部长佩里(Perry)认为,国防工业进行一些整合是必要的,并在五角大楼的一次晚宴上向大型防务公司的高管们宣布了这一观点。[①]这次晚宴传递的主要信息是,大型防务企业需要整合才能生存,国防部将通过提供财政激励,并在反垄断审查时支持合并来促进整合。防务公司的高管们非常欢迎整合,正如诺曼·奥古斯丁(Norman Augustine,时任马丁·玛丽埃塔公司(Martin Marietta)的首席执行官)后来所说:“除非愿意合并,否则将无法生存。没有其他选择。”(Altoro,2016)

美国政府确实这么做了。它为波音公司和麦克唐纳-道格拉斯(McDonnel-Douglas)公司的合并提供了有力支持。它还允许将重组费用作为可偿还成本的一部分,这相当于对重组过程直接和间接地提供重大支持(Gartzke,2010,114,116)。

随后,国防工业基础内部进行了大量整合。一项研究(Tirpak,1998)当时估计,51家公司将合并成5家。据报道,整合涉及的资金价值总计为550亿美元(Wayne,1998b)。其中最重要的合并包括诺斯罗普公司与格鲁曼公司(在1994年4月)、洛克希德公司与马丁·玛丽埃塔公司(1994年8月)、波音公司与麦克唐纳·道格拉斯公司(1996年12月)的合并。

大规模并购的时代在1998年戛然而止。随着洛克希德·马丁公司和诺斯罗普·格鲁曼公司提议合并,以及司法部和国防部新领导层的出现,人们形成了一个共识:洛克希德·马丁公司和诺斯罗普·格鲁曼公司之间如果合并就太过分了。韦恩(Wayne,1998b)、里克斯和科尔(Ricks & Cole,1998)在当时对这些事件进行了精彩的报道。

本章作者认为,人们应该把“最后的晚餐”看作是准许、鼓励和加速国防工业整合的长期趋势。反映防务公司经合并后数量越来越少的可视化图表往往描述的就是这种现象(如比亚洛、费舍尔和科尔(Bialos,Fisher & Koeh,2009,639))。

1998年对合并的否决似乎结束了一个时代,开启了另一个时代。诺斯罗普·格鲁曼公司和洛克希德·马丁公司的案例打击了大型公司的合并。这种情况延续了大约20年,在此期间也有很多并购活动,但大多数是大公司收购小公司。

然而,最近的情况似乎预示着另一个大规模整合的时代。哈里斯公司(Harris)董事长兼首席执行官比尔·布朗(Bill Brown)(Mattiolietal,2018b)表示,“肯定需要更大的投资,这对规模有要求”。

尽管如此,美国公司在全球前十大防务收入排行榜上仍占据显著位置。表2.1显示了在全球前十大排名中至少出现过一次的美国公司排名情况。2018年前10大公司中有5家美国公司,2009年和2000年分别有7家。洛克希德·马丁公司、雷神公司、诺斯罗普·格鲁曼公司、波音公司和通用动力公司,这五大公司一直是十大防务公司榜单中的常客。

① 这顿晚餐被称为“最后的晚餐”。

联合技术公司(United Technologies)一直处于边缘。有时勉强在前十名中,有时不在。通用电气公司(General Electric)在2000年的榜单中排名第五位,但在其他年份一直缺席前十大排名。不过,它仍然是美国的主要防务生产商,在2018年排名第22位。L3通信公司(L3 Communications)在2009年进入了前10名,但在2018年,它又回到了第12位,主要因为该公司于2017年出售了一个部门。总体而言,近几十年来,美国五大巨头公司的相对位置相当稳定,因为它们适应了市场的变化,保持着行业领导者的角色。

表2.1 美国大型防务企业收入排名的稳定性(2018年防务新闻百强榜)

公司	2018年排名	2009年排名	2000年排名
洛克希德·马丁	1	1	1
雷神	2	6	3
诺斯罗普·格鲁曼	4	4	4
波音	5	3	2
通用动力	6	5	5
联合技术	11	10	10
L3通信	12	9	46
通用电气(GE)或通用电气航空部(GE Aviation)	22	18	5

表2.2显示了截至2018年,百强国防工业企业中值得关注的有代表性的并购案例。其中5宗交易涉及的公司都是综合排名前100的大企业。其他的合并,如波音公司收购荷兰皇家航空公司(KLX),也都涉及重大交易金额。

大规模并购并不局限于大型国防工业企业参与。例如,泛图集团(Trans Digm)和埃斯特林公司(Esterline)的合并不涉及任何大型国防工业企业参与者,详见表2.2。不过,这两家公司在国防市场上都很活跃,交易价值高达40亿美元。

表2.2 近期值得注意的国防工业并购活动

公司(表明在2018年防务新闻网百强榜单中的排名)	交易类型	交易价值	状态(至2018年10月)	数据来源
波音(5)和巴西航空工业公司(69)商业部门	合资企业	37亿美(波音有80%的权益)	等待巴西批准	波音(2018)
波音(5)和千年空间系统(Millennium Space Systems)	收购	未公开	2018年完成	欧文(Erwin,2018)
波音(5)和荷兰皇家航空公司	收购	32亿美元	2018年宣布	埃金(Eakin,2018)
通用动力(6)和CSRA(39)[①]	收购	70亿美元	2018年已完成	富勒(Fuller,2017)

（续表）

公司（表明在2018年防务新闻网百强榜单中的排名）	交易类型	交易价值	状态（至2018年10月）	数据来源
哈里斯（19）和L3通信（12）	合并	150亿美元	2018年宣布	马蒂奥利、西米卢卡和卡梅隆（Mattioli, Cimilluca & Cameron, 2018）
哈里斯（19）和埃克里斯（Exelis）	收购	46亿美元	2015年已完成	海尔曼（Heilman, 2015）
诺斯罗普·格鲁曼公司（4）和轨道ATK（30）	收购	80亿美元	2018年已完成	马蒂奥利、西米卢卡和卡梅隆（2018）
罗克韦尔·柯林斯公司（41）和B/E航空航天公司	收购	60亿美元	2017年已完成	罗克韦尔·柯林斯（2017）
泛图集团和埃斯特林科技公司	收购	40亿美元	2018年10月宣布	埃斯特林（2018）
联合科技（11）和罗克韦尔·柯林斯公司（41）	收购	230亿美元	2018年批准	巴茨（Bartz, 2018）

① 对于每一项收购，本表左栏中列出的都为第一家公司收购第二家公司。

② 交易金额会有所不同，这取决于数据来源和日期。这可能反映出正在进行的谈判的状况，但公开文献对这个问题并不清晰。

③ 根据现有报道，合资公司涉及巴西航空工业公司的商业运营部分。但这些报告也表明，新兴的战略联盟很可能包括制造和销售巴西航空工业公司的KC-390（军用运输机）。

④ 2018年防务新闻网排名确定了前100大公司。

除了并购的规模和价值巨大之外，涉及同一公司多起合并和收购活动的快速实现也是这一时期的特征之一。例如，罗克韦尔·柯林斯公司在2017年收购了B/E航空航天公司，然后联合技术公司在第二年收购了罗克韦尔·柯林斯公司。没有大规模国防工业合并的时代很可能已经至少结束了一段时间。因此，尽管五大防务公司之间的合并仍是禁区，但其他合并显然仍在进行中。

1993年以来波音公司的并购活动：一个说明性案例。

从1993年至2017年，波音公司进行了69次收购，其中大部分收购规模相对较小。然而，据《防务新闻》（Defense News，2018）报道，其中有6家公司的估值超过10亿美元。按照当年的美元价格计算，价值最高的是1996年的麦克唐纳·道格拉斯公司，超过130亿美元，其次是1996年的罗克韦尔国际航空公司（Rockwell International Aerospace），价值为38亿美元。在1998年洛克希德·马丁公司和诺斯罗普·格鲁曼公司的合并案被否决后，某种程度上波音公司的大规模收购受到了限制。2000年，波音公司以21亿美元收购了休斯电子卫星公司（Hughes Electronics Satellite），以31亿美元收购了杰佩森·桑德森公司（Jeppesen Sanderson）。后来，波音公司在2006年以21亿美元收购了艾维尔(Avail)公司,在2009年以10亿美元收购了沃特(Vought)公司在南卡罗来纳州的工厂。波音公司的商业部门推动了一些收购,如收购沃特的生产设施,而防务业务部门则主要推动了其他收购,如收购麦克唐纳·道格拉斯公司。许多收购同时受益于这两个部门。

最近波音公司的收购活动包括两项相当大型的交易,一项是与巴西航空工业公司(Embraer)共建合资商业企业,另一项是收购荷兰皇家航空公司(表2.2)。然而,波音最近的并购活动通常针对相对较小的公司,这些公司提供的能力被认为能对波音的整体业务有所帮助。

2.2.3 国防工业企业的多元化

在20世纪90年代,传统观点认为,大型防务企业应在其业务范围内纳入更多商业业务,国防基础应更多地与工业基础融合在一起。特别是,在2010年前[①],洛克希德·马丁公司的收入中只有25%来自国防业务(Wayne,1998a)。而洛克希德·马丁公司的防务销售收入占总收入的比例从1998年的64%上升到2010年的93%(Defense News Top 100, 2018)。

如果国防工业基础越来越融入总体经济,那么当时人们预期,到21世纪,(国防工业)集中率[②]将有所下降。有两项关于防务市场集中率的审慎研究,一项针对美国(Greenfield & Brady,2008),另一项针对国际市场(Dunne & Smith,2016)。格林菲尔德和布雷迪(Greenfield & Brady,2008)只分析了美国,使用了1958—2006年的集中数据(图2.3)。在1990—2006年间,前100大防务企业的集中率变化并不大(如虚线表示的趋势线所示)。邓恩和史密斯(Dunne & Smith,2016)给出了类似的结果。

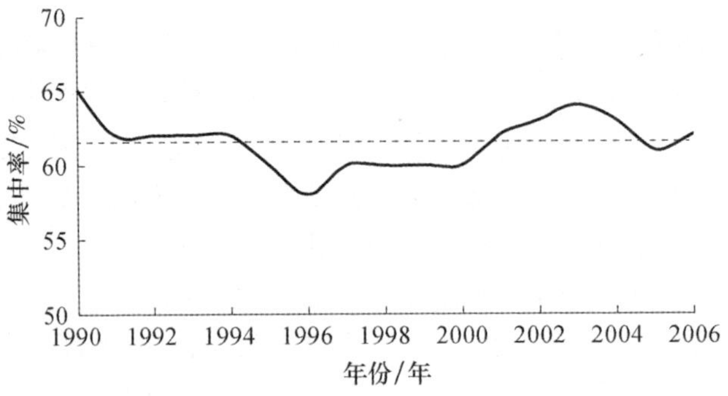

图2.3 1990—2006年百强企业中美国企业的集中率(改编自格林菲尔德和布雷迪(2008))

① 疑有误,至少应在1998年前,否则前后数据出现矛盾。译者注。

② 投资百科(Investopedia,2018)将集中率计算为一个行业中指定数量的最大的几家公司所占市场份额百分比之和。在这种情况下,我们考虑前100家公司的集中率(以国防采办总额的百分比衡量)。

2.2.4　采办来源选择(选择承包商)

随着主要的采办机构越来越关注管理流程(Laird,2018),并且需要更快地部署新能力,各军种可能会使用特殊(非临时的)方法来满足对于速度的要求。一些机构已经运行了很长时间,如美国空军“大狩猎”特种项目办公室(Air Force's Big Safari,1952)。其他机构则相对较新,如美国空军快速能力办公室(U.S.Air Force Rapid Capabilities Office),美国陆军的类似机构,以及美国国防部部长办公室(OSD's)的战略能力办公室(Strategic Capabilities Office)。

由于需要有效应对严重的军事威胁,但成本不能过高,因此美国国防部不太可能在新系统中突破技术极限。因此,国防工业部门可以预期政府会更强调技术上可接受的最低价格(Lowest Price Technically Acceptable,LPTA)的选择标准。除此之外,这涉及固定成本开发合同和相关风险从国防部转移到中标者。

这是美国国防部在2011年空中加油机(KC-*X*)项目中进行选择的基本方法,意味着胜出的波音公司将承担更大风险。这也是国防部最近在如MQ-25无人机、T-X教练机和替代洲际弹道导弹支援直升机(ICBM)等项目中选择承包商的方法(Insinna,2018b;Kendal,2018;Sanders,2018)。以技术上可接受的最低价格标准选择承包商似乎更能抵制申诉,而申诉可能会大大推迟采办计划。

由于国防工业部门承担更大风险,只有大型、多元化、有偿付能力的防务公司才有能力负担大型采办项目。例如,波音公司在KC-46(波音公司KC-*X*的版本)的开发合同上损失了35亿美元(而且还在增加)(Insinna,2018)。然而,波音公司的规模足够大,盈利能力也很强,可以从容地应对此类事件。波音公司即将收购荷兰皇家航空公司(KLX),涉及的不仅仅是KC-46的超支问题。波音公司表示,此类事件对当前的财务管理没有产生重大影响(Reuters,2018)。

波音公司在最近的项目(MQ-25、T-X和UH-1替代品)中也面临着类似的风险,原因有很多。首先,军民两用型公司的定位深深植根于波音公司的企业文化之中。其次,波音公司当前的领导层认为,进入这两个市场会非常有助于提高盈利能力和降低不确定性(Thompson,2018)。再次,它可以利用利润丰厚的商用客机业务在防务市场中缓冲国防市场风险(反之亦然)。最后,波音接受在短期内承受重大损失,把这看作是良好的长期投资的一部分,回报将是未来的商业机会(Cameron,2018)。目前,波音公司似乎已早早适应了这个显然是新兴的防务市场了。其他公司也注意到了这一点,显然也打算相应地改变其公司战略(如洛克希德·马丁(Warner,2018a))。因此,人们可以预期,美国市场本已强大的进入壁垒只会加强。值得注意的是,欧洲主要的机身(airframe)生产商莱昂纳多公司(Leonardo)和萨博(Saab)公司是波音2018年成功提议的合作伙伴,而不是主要参与者。根据《预算控制法案》,这一趋势可能会继续下去;具有长期、高价值、赢家通吃(winner-take-all)采办来源选择方式的大型项目可能会强化这一趋势。

2.2.5 美国政府是国家垄断者

美国政府基本上是美国防务企业的唯一客户，是一个国家垄断者，防务企业向其他客户出售产品通常需要得到美国政府的同意。格林菲尔德和布雷迪（Greenfield & Brady，2008，63-66）很好地总结了这种情况的微观经济学基础。同时，美国防务市场受到国家通过各种法律规章施加的约束。美国国防部通过需求流程确定销售的产品，政府为产品开发买单。

尽管美国政府是国家垄断者、规则制定者和产品开发者，但它的主导地位并不是绝对的。

第一，美国政府不是一个统一的整体。它是由固有的相互独立、有时是相互争议的部门构成三权分立的结构。例如，弗兰克和乌迪斯（Franck & Udis，2017）得出结论，美国政府有时更像一个"争吵的委员会"，而不是标准经济理论中的独裁者。这有助于解释国防部为KC-*X*空中加油机选择采办来源的尝试。有时，波音和空客这两个竞争对手利用了这个"委员会"的争吵，这似乎赋予了它们对采办过程的否决权（Franck, Lewis & Udis，2008，特别是第2页和第36页）。

第二，第一等级承包商的数量从长期看在减少。1993年"最后的晚餐"要求进行合并，加速了这种转变。同期的某位观察家指出，"权力已经从国防部转移到国防承包商身上。当五角大楼可利用的机会越来越少时，其影响力就随之减小了。"（Wanye，1998a）

第三，在选择了项目采购来源之后，权力关系就发生了显著变化，这在交易成本经济学文献（如威廉姆森（Williamson，1996）中被称为"根本性转变（fundamental transformation）"）。赢得合同的公司成为如F-35等相关产品的唯一供应商，具备了一定的垄断地位。这导致双边垄断，这与格林菲尔德和布雷迪（Greenfield & Brady，2008，66）中总结的模型相一致。国防部和洛克希德·马丁公司之间每年就F-35的价格进行谈判就是一个例子。然而，作为国家垄断者，国防部可以如同在《批量生产9》（Production Lot 9）中那样（Clark，2016），强行规定一个价格。

对政府权力的第四个限制是投标申诉（bid protests），旨在通过质疑采办决策使竞争性规范的执行有利于自己。投标申诉或其可能性可以增加防务企业对国防部的谈判能力。

2.2.6 国防工业中的就业

对国防工业的就业情况进行估计，即便可能，也是困难的。对国防就业进行调查的研究人员，特别是那些进行国际比较的研究人员，可能会遇到一些严重的数据问题。最重要的是，对于什么是国防工业的就业目前没有明确的标准定义。例如，定义中首先包括那些在最终产品生产企业工作的人。其次考虑主要生产商的供应商，即由防务生产所"引致"的就业。哈特利（Hartley，2017，第32页）指出，对于是否将最终产品生产商的供应商(第33页)或供应链的较低层级(有些公司没有意识到与防务企业有联系)(第30页)纳入就业估计,各国的界定并不统一。哈特利还评论了对美国国防工业就业的不同估计,从最低的80万人到最高的350万人(第33页)。本节我们将使用航空工业协会(Aeronautical Industries Association,AIA)和一家积极参与国防领域的全球咨询公司,德勤(Deloitte)公司的最新估计。

航空工业协会与埃信华迈(IHS Markit)发展了一种方法,使用一些专有信息:数据来源于人口普查局(Census Bureau)、劳工统计局(Bureau of Labor Statistics)和美国科学促进会(American Association for the Advancement of Science)。表2.3描述了航空工业协会的研究结果。

除各种公司报告外,德勤公司还利用美国劳工统计局的数据,对北美行业分类系统(North American Industry Classification System,NAICS)中特定代码行业的直接就业情况进行了估计。接下来使用经济分析局(Bureau of Economic Analysis)的区域投入产出建模系统(Regional Input-Output Modeling System,2018)估计与其他行业的关联。然而,目前尚不清楚这种特殊方法能捕捉到多少非国防就业。尽管德勤公司在这方面做出了认真的努力,但是否获得了准确的估计值仍值得怀疑。

表2.3 国防工业就业估计值(AIA,2018,特别是第1页;Deloitte,2016,特别是第5页)(所有数字以千人为单位)

数据来源/年份/年	国防工业	商用航空航天	直接就业总计	间接就业	总就业
航空工业协会/2016	355	488	843	1587	2430
德勤公司/2014	845	331	1233	2909	4141

虽然航空工业协会和德勤公司的方法都是可信的,但它们涉及的方法和数据并未完全披露。因此,这些估计可能无法复制和验证。此外,报告的结果差异很大,这可能是由于基本方法的差异造成的。

2.3 国内外运营环境

联邦政府的工业和监管政策是理解美国国防工业事务的关键。

2.3.1 《联邦采办条例》

美国国防工业政策符合《联邦采办条例》(Federal Acquisition Regulation,FAR)的规定。《联邦采办条例》由美国联邦总务署(General Services Administration,GSA)、国防部和美国国家航空航天局(National Aeronautics and Space Administration,NASA)联合发布,明确的目的是为“行政机构在获取商品和服务时使用”(GSA,2018)。进一步的指南包括程序、指引和信息(Procedures, Guidance and Information,PGI)、《国防部联邦采办补充条例》(Defense Federal Acquisition Regulation Supplement,DFARS)、各军种,陆军(AFAR)、海军(NFAR)和空军对《联邦采办条例》的补充规定(GSA,2018)。

整个《联邦采办条例》系统似乎旨在全面规定联邦政府在购买商品和服务时允许采取的行为,包括允许偏差的情况。《联邦采办条例》的内容冗长、复杂,使得防务企业在一般经济活动中与商业公司打交道时存在困难。一份管理国防供应商基础政府论坛的总结报告指出,"根据复杂的《联邦采办条例》运作是有挑战的,这阻碍了小型和创新型企业与政府合作",特别是在生物技术等行业(GAO 2006,7)。

另一个影响似乎是通过《联邦采办条例》的"变通办法"鼓励国防采办。这些举措包括设立空军快速能力办公室(Air Force Rapid Capabilities Office)、国防部战略能力办公室(Strategic Capabilities Office)(Franck,Hildebrandt & Udis,2016),以及使用"其他交易权限"(Other Transactional Authorities,OTA)。现有法律授权某些合同可采用这些措施,并提供了"专门针对新理念和新技术制定采办安排的机会,而不要求采办过程使用复杂且晦涩难懂的传统政府合同"(Radthorne,2008)。

2.3.2 投标申诉

1984年的《合同竞争法案》(Competition in Contracting Act,CICA)是美国国防部投标申诉制度的法律基础。投标申诉的目的是减少联邦政府采购中的欺骗行为或错误风险,并增强竞争。此外,投标申诉提供了一个分散的自利性监督者网络,以确保采购过程符合竞争规则,允许投标失败者再次申诉,从而鼓励潜在供应商竞争防务业务(Meles,2018,669)。

有理由认为申诉制度运作得相当好。兰德公司最近的一项研究(Arena et al,2018,特别是第17~18页)指出申诉具有以下特点:

(1) 承包商通常赞成申诉,但政府官员则不喜欢;

(2) 申诉相对少见,但近年来有所增加;

(3) 在没有证据的情况下,申诉不太可能立案;

(4) 如果申诉不成功,申诉率会下降。

兰德的报告建议对现行制度进行一些调整,例如强调要更高质量地向投标失败者报告申诉情况。

美国审计总署(General Accountability Office,GAO)2017财年提交的一份关于申诉活动的报告称,17%的申诉活动会持续,通常是由于采办来源选择的错误或不当造成的。美国审计总署还指出,受到影响的机构自行采取纠正措施,解决了大部分申诉,其原因并没有向美国审计总署报告(GAO,2018,1-2)。

1. 一个说明性的案例:KC-*X*

有了波音公司和诺斯鲁普·格鲁曼公司这两个成熟的竞争者,美国空军本可以干净利落地完成KC-*X*承包商的选择。相反,这却是一个始于2001年的漫长过程,即从第一个加油机资本重组计划,也就是从租赁100架波音767型加油机开始。美国空军随后于2003年5月签订了100架KC-46的租赁合同。然而,由于美国空军一名重要官员的不当行为,该项目随后被暂停了(Cahlink,2004)。

美国空军在2007年重新启动了KC-*X*的选择程序,波音公司和诺斯鲁普·格鲁曼-欧洲宇航防务集团(NG-EADS)提交了方案。2008年2月29日,美国空军将合同授予了诺斯鲁普·格鲁曼-欧洲宇航防务集团。波音公司于3月11日对合同授予提出申诉,6月18日,美国审计总署以美国空军未能遵守自己的选择规则为由,做出了有利于波音公司申诉的裁决。

最后,在2009年,美国空军发布了一份需求方案说明书(Request for Proposals,RFP)草案,其中包含179架飞机的固定价格开发合同,合同重点是成本(Air Force Materiel Command,2009)以及旨在防止申诉的简化标准。除其他方面的含义之外,这一事件表明,合同授予申诉可能会严重拖延采办进程(最终在2011年选定了波音公司的KC-46)。

2. 投标申诉的其他方面

投标申诉也有缺点。申诉及其解决过程会提高停工要求和项目延误导致的交易成本。战略竞标者可以就威胁进行申诉,以此影响竞争本身,或者从规避风险或仓促行事的项目经理那里获取一些优势。梅莱斯(Melese,2018,670)称这种做法为"联邦邮件(fedmail)"。

为了避免投标申诉的风险,项目经理在投标过程中加入了防止申诉的方法。一种方法是简化选择标准,也许是类似于技术上可接受的最低价格(LPTA)方法,这是相对容易的抗辩申诉方法。例如,美国空军根据技术上可接受的最低价格的变化制定对最终KC-*X*来源的选择方案(2011年),如图2.4所示。第一阶段是基于"372条"通过/失败测试进行评估。投标人需要通过所有的技术验收。接下来的一步涉及总投标价格(Total Proposed Price, TPP),根据对运营效率、生命周期燃料费用和相关建设费用的分析进行修正,从而得出总评估价格(Total Evaluated Price,

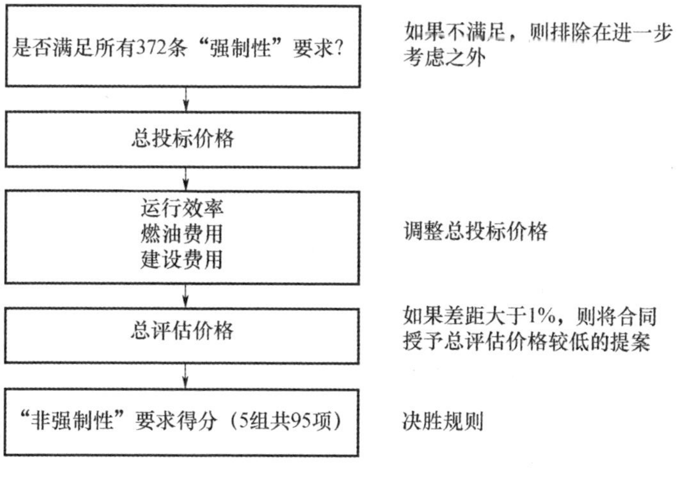

图2.4 对(2011年)KC-*X*采办来源选择标准的概况,改编自2010年美国国防部简报

TEP)。如果总评估价格和总投标价格非常接近(在1%以内),那么空军就使用一个决胜规则,即根据提案中“有则更好”的特点进行评分(Franck,Lewis & Udis,2008)。

这使得评估过程要投入大量人力,需要完整和仔细地记录所有(372×2次)通过的竞争对手,他们需要在技术上是可接受。正如国防部副部长林恩(Lynn)所说,“我们认为,我们已经建立了一个明确、透明和公开的程序。我们已经执行了这一程序,这不会成为申诉的理由”(OASD[PA],2011)。这种方法很可能成为国防部未来采用的主要模式。

另一种防止申诉的可能方法是说明只有一个潜在投标人可以满足技术要求。以总统直升机项目(Presidential Helicopter)为例,美国空军显然排除了满足修改后技术规格且赢得最初竞争的机体厂商,并且在第二轮中只收到了一份投标。

综上所述,投标申诉出现了一个喜忧参半的局面。施瓦茨和曼纽尔(Schwartz & Manuel,2015)很好地描述了这方面主要问题。

2.3.3 美国外国投资委员会

包括美国在内的一些国家担心对本国经济活动的外国投资会影响国家安全。因此,他们建立了现行制度进行监控,并可能会禁止产生重大国家安全风险的外国投资活动(Masters & McBride,2018)。

1975年,联邦政府成立了美国外国投资委员会(Committee on ForeignInvestment in the United States,CFIUS)。该委员会负责审查外国公司涉及国家安全利益的投资,执行1950年《国防生产法案》(Defense Production Act,DPA)的规定(Treasury,2018a)。

随着时间的推移,美国外国投资委员会的使命越来越苛刻、复杂,美国政府也越来越担心整体绩效体系不够完善(CFR,2018,2)。因此,美国政府加强了外国投资委员会的监管制度。1988年,《国防生产法案》的埃克松-弗洛里奥修正案(Exon-Florio Amendment)“授权总统在有可靠证据表明外国控股权益可能威胁国家安全时,可暂停或禁止外国收购、兼并或接管美国公司。”

2007年,《外国投资和国家安全法》(Foreign Investment & National Security Act,FINSA)为美国外国投资委员会提供了更多的立法指导。并且,《外国投资和国家安全法》增加了委员会成员,并要求提高高层参与度和问责制度(Treasury,2018b)。2018年,美国颁布了《外国投资风险评估现代化法案》(Foreign Investment Risk Review Modernization Act),至少部分原因是出于对其所谓“武器化投资”的担忧(Master & McBride,2018)。虽然现在评估现代化制度的影响还为时过早,但美国外国投资委员会根据《外国投资和国家安全法》否决了几项投资,例如,得克萨斯州达拉斯市的速汇金公司(Money Gram)和中国蚂蚁金服在2018年初提出的12亿美元的投资提议(Yoon-Hendricks,2018)。

2.3.4　出口管制:《国际武器运输条例》

有两个例子说明了美国出口管制的影响。首先,法国的观点是:“我们受美国人摆布。满意吗? 不,但我们别无选择。”(法国国防部长弗洛伦斯·帕利(Florence Parly));其次,英国的观点:“我鼓励英国工业部门围绕《国际武器运输条例》(International Trade in Arms Regulations,ITAR),设计并生产不受该条例制约的物项。”(英国国会众议院国防选择委员会主席詹姆斯·阿尔布斯诺(James Arbuthnot))。

如引言所述,美国是防务产品和服务的主要出口国。然而,军售的后果可能超出了交易本身。因此,美国政府在军火出口控制方面考虑了各种国家安全和其他政策目标(DDTC,2018)。出口管制制度的立法基础包括1976年的《武器出口管制法》(Arms Export Control Act,AECA)和1979年的《出口管理法》(Export Administration Act,AEA)。虽然美国政府授权国务院、商务部和财政部三个联邦部门签发出口许可证,但国防部、国土安全部和情报部门也参与了出口管制系统的运作。国务院的《国际武器运输条例》和商务部的《出口管理条例》(Export AdministrationRegulations,EAR)包含了出口管制制度的管理规定。

美国政府基本将《国际武器运输条例》制度适用于希望向“非美国人”出售军火或其他涉及国家安全商品和服务的“美国人”。美国境内所有经营涉及国家安全商品和服务,包括技术数据的经济实体,必须根据《美国军需品清单》(U.S. Munitions list)的内容,在国防贸易管制局(Directorate of Defense Trade Controls)进行登记(DDTC,2018)。任何希望将此类商品和服务出售给非美国实体的美国实体必须获得出口授权,其中包括对再转让和再出口的限制,并且无论卖方将商品转让多少次,该限制都持续有效。再转让授权通常与原始授权一样耗时,如违反授权规定将引致重大刑事或民事处罚。此外,出于安全考虑,向卡塔尔、阿联酋和阿曼等其军队大量使用非本国装备的国家出售武器存在出口限制。

2.3.5　评估出口管制制度

出口管制制度本身有许多好处。然而,其中也有很多可避免的不好的结果,这些难以列举,更无法量化。有一些这方面的轶事和传闻。美国阻止委内瑞拉向美国的对手伊朗出口F-16战斗机(AP,2006)。同年,美国还阻止向委内瑞拉提供航空运输。

对于私营部门的参与者来说,出口管制的直接成本包括处理授权请求的过程。例如,波音公司大约有100名全职员工在波音-787商业项目中处理《国际武器运输条例》的相关事务(Gates,2006)。

与出口管制制度有关的一些成本也难以量化。其中包括,如上文中提到的,与英国和法国等长期军事盟友关系的恶化。也许最重大的成本是消费者和生产者的行为扭曲。美国的盟国报告称,它们正在认真考虑减少与美国的军事关系、装备采购和联合生产，以避免受制于《国际武器运输条例》(Altmeyer,2018)。波音公司采取了一些相当奇特但昂贵的措施来减少波音-787飞机受到《国际武器运输条例》的管制(Gates,2006)。

2.3.6 出口管制制度改革

“在某种程度上，人们需要把目光从军事问题上移开，看看全球市场是如何变化的”(盖茨(Gatas,2006a)引用洛伦·汤普森(Loren Thompso)的观点)。一段时间以来，一些美国政府机构，如美国审计总署，对出口管制制度表示不满(2007年9月)。2009年8月，在奥巴马政府的第一个任期内，总统指示对该制度进行全面审查。审查的结论是，现行制度不仅不全面，(在执行过程中)还遭到了严重的破坏。最重要的建议是重新集中精力，更好地保护真正关键的技术，即“皇冠上的珠宝”(White House,2010)。在奥巴马总统的支持下，这些建议还强调，重点是要转向单一控制清单、单一的主要执法机构、单一的许可证颁发机构和单一的信息技术系统。

实施措施包括两项行政命令(White House,2010,2013)。但截至2018年，全面实施改革所需的立法尚未列入国会议程。特朗普政府继续推进出口改革，但政策重点不同。也在2018年，新的常规武器转让(Conventional Arms Transfer,CAT)政策出台了(根据NSPM-10,2018年4月19日)。该政策使批准的对外军售申请大幅增加了(Mehta,2018)①。

美国是主要的武器出口国，也是主要的武器进口国(根据斯德哥尔摩国际和平研究所武器转让的“趋势指示值”(SIPRI TIV)，排名第17位)。②然而，外国防务公司很难进入美国市场。欧洲宇航防务集团(EADS)试图成为美国国防部的主要供应商就是一个并不成功的案例。③欧洲宇航防务集团是一家多元化和盈利能力强的企业，拥有强大的多种防务业务能力，以及一条成功的商业航空运输线。在21世纪头十年，它拥有大量资源并(在许多方面)进入了美国防务市场。④

进入21世纪时，对欧洲宇航防务集团未来盈利能力的评估喜忧参半。虽然空客部门是商用客机的主要供应商，但欧洲各国政府分担开发风险的压力越来越大。航空市场具有周期性，并非可以一直盈利。在2003年前后，对欧洲宇航防务集团盈利能力威胁因素的五力模型(Five Forces,Poter,1980)评估结果与表2.4非常类似。

---

① 其他因素也可能会涉及其中，比如中东和环太平洋地区的国际紧张局势的加剧。

② 斯德哥尔摩国际和平研究所度量武器转让的主要单位是“趋势指示值”(Trend Indicator Value,TIV)，而不是直接的资金价值。参见www.sipri.org/databases/milex给出的进一步解释。

③ 欧洲宇航防务集团于2014年成为“空中客车集团”。这个讨论是弗朗克、路易斯和乌迪斯(Franck,Lewis & Udis,2008,106-114)文章的一个简化版本。

④ 2002年，欧洲宇航防务集团的收入在防务公司中排名第7，主要是因为它在欧洲的市场地位(Defense News,Top 100)。

表2.4　21世纪初对欧洲宇航防务集团/空中客车公司的五力评估

影响因素	盈利能力的威胁因素	说明
内部竞争	中到高	在商业周期低迷阶段产能过剩;多元化程度不如波音
进入威胁	低	规模经济、政治关系
替代和互补	低	大规模航空运输几乎没有替代品;存在大量互补品
供应商力量	低	许多供应商;几乎没有买家
买方力量	各不相同	在飞机销售低迷时,买方竭力讨价还价

欧洲宇航防务集团计划通过瞄准美国市场来增加其防务业务,但存在着巨大的进入壁垒。首先是与拥有市场信息、军事技术和政治关系的老牌美国企业展开竞争;其次是强烈的购买美国产品的情绪;最后,当时美国与法国之间的关系并不那么融洽。然而,在20世纪90年代美国合并潮之后,市场上还有容纳更多公司的空间。例如,波音公司是美国空军空中加油机(KC-*X*)替代品的唯一国内供应商,而欧洲宇航防务集团是波音公司最可靠的替代者。

为了利用KC-*X*和其他机会,欧洲宇航防务集团做出了重大努力,使自己更像是一家美国公司。它在美国境内建造或收购生产能力。至少选择了一些地区以影响美国国会的态度。欧洲宇航防务集团聘请了熟悉本地市场的高管,还与拥有相关市场知识和客户关系的大型航空航天公司诺斯罗普·格鲁曼公司(Northrop Grumman,NG)合作。诺斯罗普·格鲁曼-欧洲宇航防务集团(NG-EADS)的公关活动将KC-*X*项目描绘成一个具有大量美国特征的美国系统。简言之,欧洲宇航防务集团选择通过多元化方式进入美国防务市场,来保护其盈利能力。在五力模型(Five Forces Model)的框架中,这可以解释为欧洲宇航防务集团在寻求一个新的、风险较小的市场利基(Poter,1980,重点是第16章)。欧洲宇航防务集团在那时进入美国市场的前景总结在表2.5中。

表2.5　21世纪初欧洲宇航防务集团进入美国国防市场的前景评估

市场前景	欧洲宇航防务集团的情况	说明
自身的规模经济	有利	大型、成熟的防务供应商
企业声誉、品牌忠诚度、对在位企业的保护	非常不利	紧张的美法关系;强烈的购买美国产品的情绪
获得分销渠道、原材料、技术、良好的地理位置	一般有利	成熟的企业; 与美国系统存在互操作性问题
相对于在位企业的市场优势	非常不利	美国公司更容易与政府联系
预计的报复	有利	在欧洲受到很好的保护

欧洲宇航防务集团精心设计的进入战略并没有完全成功。诺斯罗普·格鲁曼-欧洲宇航防务集团团队在2008年赢得了第一次KC-X采办选择,但波音公司成功地对此结果进行了申诉,并在2011年的再次竞争中获胜。目前,空客集团(原欧洲宇航防务集团)对美国国防部的销售十分有限。英国宇航系统是目前美国国防部主要供应商中唯一一家非美国公司,排名第9(Ausink,2018)。

2.4 国防工业的未来发展趋势

国防部未来将面临多重挑战,包括安全和金融环境的变化、加速技术创新的需要、国防工业环境的变化和实际单位成本的上升等。美国作为唯一超级大国的地位将变得更加脆弱,因为应对如中国和俄罗斯等新兴竞争对手的资源显然是有限的(如美国海军学院论文集10月封面文章)。

国防部将在21世纪20年代及以后面临严重的预算压力,这是战备、现代化、兵力规模以及津贴增长等方面的竞争性需求导致的结果。美国政府预计,到2028年,政府津贴支出将达到国内生产总值的15%左右,联邦债务利息将达到国内生产总值的3%。可自由裁量的支出将占国内生产总值的6%左右,其中约一半用于国防(国会预算办公室(Congressional Budget Office,CBO),2018,特别是66页和84页)。

此外,2011年,国防部在服务合同上的支出总额,包括从文书和行政工作到车辆维修、研发方面,略低于2000亿美元,占国防部合同支出总额的50%以上,占国防部全部预算的近三分之一。2000—2011年,国防部服务合同支出以年均7.2%的速度增长,国防部预计这种增长将继续改变国防部所使用的国防工业的性质。这可能会减少用于现代化的资金。最后,防务企业越来越依赖全球金融市场,而全球金融市场是根据投资回报而不是国家安全来行事的。

国防部通过及时对付发票,以及一种被称为进度付款的机制为合同提供资金,在进度付款机制中,公司在产品交付前可根据已完成的工作得到相应支付。《2017年国防授权法案》(2017 National Defense Authorization Act)第831条鼓励国防部在补偿防务公司时使用绩效付款方式。因此,作为对采办规则进行的一系列更广泛修订以及加强问责任制的一部分,负责采办和维持的国防部副部长(Undersecretary of Defense for Acquisition and Sustainment)希望改变公司根据绩效指标获得现金流的方式(Mehta,2018)。国防部的激励措施目前没有反映出进度、工程、成本和绩效之间的权衡,也没有始终如一地奖励那些控制成本的公司,使得这一举措更为复杂。

美国的第三次抵消战略(Third Offset Strategy)强调通过颠覆性技术和作战方式的创新发展不对称优势,充分利用已方优势和对手劣势。这些创新包括高超音速系统、深度增强现实、量子计算、学习系统、行为学习、人机协作和战斗合作、网络赋能的网络系统、大数据和生物科学，如生物传感器、不断增长的自定义生物体(growing custom organisms)以及生物灵感工程。[①]

作为科技界的外展服务，并为了鼓励颠覆性技术发展，五角大楼采取了一系列举措，如在硅谷建立一个前哨基地——国防创新实验单元(Defense Innovative Unit-Experimental, DIU-X)[②]，负责加速以国防为目的的商业创新，随后在波士顿和奥斯汀也建立了类似的基地。对于国防数字服务，国防部允许技术人员进入五角大楼；国防创新委员会(Defense Innovation Board)由技术领导人组成，就应对未来挑战的创新手段提供独立的意见和建议。

虽然国防部官员正在促进与高科技公司建立更紧密的联系，鼓励与高技术公司合作，并从全国范围而不仅是国防工业基础采购商品和服务(Wayne, 1998a)，但仍有一些抑制因素可能阻碍这一雄心勃勃的议程。这些因素包括财务因素，如对利润率的限制。例如，2014年苹果和谷歌创造了约30%的利润率，而洛克希德·马丁公司F-35战斗机利润率还未达到两位数。另一个因素涉及保护知识产权，政策趋势是削弱对公司知识产权所有权的保护。此外，应对巨大的监管负担以及政治体系的不稳定可能会让公司感到厌烦(Thompson, 2015)。尽管如微软和亚马逊等一些公司已宣布愿意向国防部出售技术并与之合作，但其他公司，如谷歌则拒绝了，因为公司内部员工强烈反对将他们的工作变成武器(Sanger, 2018; Shane, Metz & Wakabayashi, 2018)。最后，随着技术发展日益国际化，美国的出口管制制度需要调整，要发现全球范围内的创新源泉，并认可外国资本拥有企业所有权(Berteau, 2011)。

对于美国国防工业未来面临的挑战，目前还没有简单的解决方案，但最重要的是，美国国防部可以采取一些举措更好地管理不确定性，并向工业部门发出明确的需求信号。首先，美国需要更好地阐明国家安全战略和国家军事战略，制定明确的行动方针。这将有助于更好地确定预算和各军种需求的优先次序，并指导预算削减，包括处理战备与现代化之间内在的紧张关系。在削减预算的情况下，如果把重点放在战备上，那么减少现代化计划，就依然可行。国防部需要确定国防工业基础的哪些部分是最脆弱的，找到更好的方式来支持国防工业基础，并将这些信息纳入预算决策之中。

国防工业基础的脆弱性和风险问题引起了美国政府的关注(DOD, 2018; GAO,

① 这里列举的是汇总了多种来源的预测情况，包括大众媒体(例如，伯内特(Burnett, 2018))。

② 根据私下讨论，国防创新单元受到了一些批评，包括它选择定位于国防领域，使公司难以进入，并创造了一个不利于思想交流的环境。国防创新单元的发展经历了几个不同阶段。它最初由国防采办人员组成，对于需要促进与初创企业和创新公司互动的新型环境中，他们缺乏专业知识。国防创新单元随后经历了一段时期，他建议初创企业必须与主要的国防承包商合作，与国防部开展业务，而不是促进直接互动。之后，国防创新单元建立了性能指标，这可能会将国防创新单元与业界的联系推向错误的方向。其中包括衡量国防部与初创企业之间的合作数量以及国防创新单元所花费的资金。

2018;White House,2018b)。主要关注的内容包括劳动力质量(人力资本)、整个美国工业基础的衰退、政府采办实践以及国防工业竞争对手的政策。这些问题能在多大程度上得到改善仍有待观察。此外,美国还需要明确地阐明目标,以便技术手段具有目的性。

参考文献

Aerospace Technology. 2014. "Boeing Agrees to Acquire ETS Aviation." May 26. www. aerospace-technology.com/news/newsboeing-agrees-to-acquire-ets-aviation- 4276964/.

AIA (Aerospace Industries Association). 2018. "Facts and Figures: U. S. Aerospace and Defense." www.aia-aerospace.org/wp-content/uploads/2018/07/2018_-Annual- Report_Web.pdf.

Aitoro, Jill. 2018. "The List is Here: The Largest Defense Companies on the Globe, Revealed." *Defense News*, www. defensenews. com/top-100/2018/08/09/the-list-is- here-the-largest-defense-companies-on-the-globe-revealed/.

Altoro, Jill. 2016. "30 Years: A Norm Augustine Retrospective." *Defense News*, October 25. www.defensenews.com/30th-annivesary/2016/10/25/30-years-a-norm- augustine-retrospective/.

AP (Associated Press). 2006. "Venezuela Defense Minister Backs off Fighter Jet Sale to Iran." Accessed December 11. www. foxnews. com/story/venezuela-defense-minis ter-backs-off-fighter-jet-sale-to-iran.

Arena, Mark V., Brian Persons, et al. 2018. *Assessing Bid Protests of U.S. Department of Defense Procurements: Identifying Issues, Trends, and Drivers*, RAND Corporation, RR- 2356-OSD, DOI: https://doi.org/10.7249/RR2356.

Ausink, Paul. 2018. "America's 15 Biggest Defense Contractors." *24/7 Wall St.*, July 2. https://247wallst.com/special-report/2018/07/02/americas-15-biggest-defense-con tractors/.

BAE Systems. 2018, 2017. "Annual Report." www.annualreports.com/HostedData/ AnnualReports/PDF/LSE_BA_2017.pdf.

Bartz, Diane. 2018. "U.S. Approves United Tech Purchase of Rockwell Collins." *Reuters*, October 1. www. reuters. com/article/us-utc-m-a-rockwell-collins/us-approves-united-tech-purchase-of-rockwell-collins-idUSKCN1MB3V1.

Baumol, William J., John C. Panzer, and Robert D. Willig. 1988. *Contestable Markets and the Theory of Industry Structure* (revised ed.). Jovanovich: Harcourt Brace.

Bender, Michael C., Gordon. Lubold, Kate. O'Keeffe, and Jeremy. Page. 2018. "U.S. Edges Toward New Cold-War Era with China." *The Wall Street Journal*, October 12. www.wsj.com/articles/u-s-edges-toward-new-cold-war-era-with-china-1539355839.

Berteau, David J. 2011. Creating a 21st Century Defense Industry: Statement Before the House Armed Services Committee Panel on Business Challenges Within the Defense Industry." Center for Strategic & International Studies. November 17. www. csis. org/analysis/creating-21st-century-defense-industry.

Bialos, Jeffrety., Christine E. Fisher, and Stuart L. Koehl. 2009. "Fortresses & Icebergs: The Evolution of the Transatlantic Defense Market and the Implications for U. S. National Security

Policy." Washington, D.C.: Center for Transatlantic Relations. https://apps.dtic.mil/dtic/tr/fulltext/u2/a531716.pdf.

Bloomberg. 2013. "Company Overview of CPU Technology, Inc." Accessed December 11. www.bloomberg.com/research/stocks/private/snapshot.asp?privcapId=1475851.

Boeing. 2014a. "Boeing Acquires Government Software Development and Services Firm Ventura Solutions." June 27. http://boeing. mediaroom. com/2014-06-27- Boeing-Acquires-Government-Software-Development-and-Services-Firm-Ventura- Solutions.

Boeing. 2014b. "Boeing Acquiring AerData to Expand Airplane Maintenance and Leasing Records Management Capabilities." May 27. http://boeing. mediaroom. com/ 2014-05-27-Boeing-Acquiring-AerData-to-Expand-Airplane-Maintenance-and-Leas ing-Records-Management-Capabilities.

Boeing. 2015a. "Boeing Acquires 2d3 Sensing to Enhance Imaging and Intelligence Services." April 10. http://boeing. mediaroom. com/2015-04-10-Boeing-Acquires- 2d3-Sensing-to-Enhance-Imaging-and-Intelligence-Services.

Boeing. 2015b. "Boeing Acquires Leading Provider of Pilot Training Software." *PR Newswire*, October 12. www.prnewswire.com/news-releases/boeing-acquires-lead ing-provider-of-pilot-training-software-300157691.html.

Boeing. 2018. "Boeing and Embraer to Establish Strategic Aerospace Partnership to Accelerate Global Aerospace Growth." *PR Newswire*, July 5. www.prnewswire.com/ news-releases/boeing-and-embraer-to-establish-strategic-aerospace-partnership-to-accelerate-global-aerospace-growth-300676467.html.

Brandenburger, Adam M., and Barry J. Nalebuff. 1996. *Co-opetition*. New York: Doubleday.

Bureau of Economic Analysis. 2018. *RIMS II: An Essential Tool for Regional Developers and Planners*. Washington, D.C.: BEA. www. bea. gov/sites/default/files/methodolo gies/RIMSII_User_Guide.pdf.

Burnett, Derek. 2018. *Inventing the Soldier of the Future*, Reader's Digest, September.

Cahlink, George. 2004. "Ex-Pentagon Procurement Executive Gets Jail Time." *Government Executive*, October 1. www.govexec.com/dailyfed/1004/100104g1.htm.

Cameron, Doug. 2018. "Defense Companies Battle Over Price." *The Wall Street Journal*, October 24. www.wsj.com/articles/defense-companies-battle-over-price- 1540408079.

CBO (Congressional Budget Office). 2018. *The Budget and Economic Outlook: 2018 to 2028*. Washington, D.C.: CBO. www.cbo.gov/system/files?file=115th-congress- 2017-2018/reports/53651-outlook.pdf.

Clark, Colin. 2016. "F-35: DoD Forces Lockheed to Accept Its Price for LRIP 9", *Breaking Defense*, https://breakingdefense.com/2016/11/jpo-to-lockheed-no-more- talkie-heres-lrip-9-deal/.

Corrin, Amber. 2015. "5 Policies that Shaped the Pentagon." *Federal Times*, December 14. www.federaltimes.com/management/2015/12/14/5-policies-that-shaped-the- pentagon/.

Davis, Thomas M. 2017. "Northrop-Orbital: A Sound Merger in Law and Policy." *Breaking Defense*, December 21. https://breakingdefense.com/2017/12/northrop- orbital-a-sound-idea-in-law-and-policy/.

DDTC (Department of State, Directorate of Defense Trade Controls). 2018. "Registration."

www.pmddtc.state.gov/.

Defense News Top 100 List. 2018. *Defense News*. Accessed October 20. https://people. defense-news.com/top-100/.

Deloitte. 2016. "US Aerospace and Defense Labor Market Study." February. www2. deloitte. com/content/dam/Deloitte/us/Documents/manufacturing/us-ad-labor- market-study-2016.pdf.

DoD (U.S. Department of Defense). 2008. "Foreign Sources of Supply FY2007 Report." Annualreport of United States Defense Industrial Base Capabilities and Acquisitions of Defense Items and Components outside the United States. www.hsdl. org/?view&did=713562.

DoD 2018, (US Department of Defense), Fiscal Year. 2017. "Annual Industrial Capabilities Office of the Under Secretary of Defense for Acquisition and Sustainment Office of the Deputy Assistant Secretary of Defense for Manufacturing and Industrial Base Policy." www.dsiac.org/sites/default/files/reference-documents/ousd_asd_ fy2017_annual_industrial_capabilities_report_20180412.pdf.

DoD Comptroller. 2017. "National Defense Budget Estimates for FY17 ('Green Book')." https://comptroller.defense.gov/Portals/45/Documents/defbudget/ fy2017/FY17_Green_Book.pdf.

DoD Comptroller. 2018. "National Defense Budget Estimates for FY18 ('Green Book')." https://comptroller.defense.gov/Portals/45/Documents/defbudget/ fy2018/FY18_Green_Book.pdf.

Dunne, Paul J., and Ron P. Smith. 2016. "The Evolution of Concentration in the Arms Market." *The Economics of Peace and Security Journal* 11 (1): 12-17. doi:10.15355/ epsj.11.1.12.

Eakin, Britain. 2018. "Merger of United Technologies, Rockwell Collins Gets Go-Ahead." *Court House News*, October 2. www.courthousenews.com/merger-of- united-technologies-rockwell-collins-gets-go-ahead/.

"Economic Report of the President." 2000. Washington, D.C.: Government Publishing Office. www.gpo.gov/fdsys/pkg/ERP-2000/content-detail.html. Table B-1.

"Economic Report of the President." 2003. Washington, D.C.: Government Publishing Office. www.gpo.gov/fdsys/browse/collection.action?collectionCode=ERP& browsePath=2003&isCollapsed=true&leafLevelBrowse=false&isDocumentResult s=true&ycord=0. Table B-1.

"Economic Report of the President." 2018. Washington, D.C.: Government Publishing Office. www.gpo.gov/fdsys/pkg/ERP-2018/content-detail.html. Table B-2.

Erwin, Sandra. 2018. "Boeing to Acquire Millennium Space Systems." *Space News*, August 16. https://spacenews.com/boeing-to-acquire-millennium-space-systems/.

Esterline. 2018. "TransDigm to Acquire Esterline Technologies in $4 Billion All Cash Transaction." October 10. www.esterline.com/Newsnbsp;PressCenter/EntryId/ 6232/TransDigm-to-Acquire-Esterline-Technologies-in-4-Billion-All-Cash-Transac tion.aspx.

Etherington, Darrell. 2017. "Boeing to Acquire Aurora Flight Sciences in Bet on Autonomous Flight." *Tech Crunch*, October 5. https://techcrunch.com/2017/10/ 05/boeing-to-acquire-aurora-flight-sciences-in-bet-on-autonomous-flight/.

Feldman, Noah. 2012. *Cool War: The Future of Global Competition*. New York: Random House.

Fleurant, Aude., Alexandra. Kuimova, Nan. Tian, Pieter D. Wezeman, and Siemon T. Wezeman 2018. "The SIPRI Top 100 Arms-Producing and Military Services Companies, 2017." www.sipri.org/

sites/default/files/2018-12/fs_arms_indus try_2017_0.pdf.

Franck, Raymond, Gregory Hildebrandt, and Bernard Udis. 2016. *Toward Realistic Schedule Estimates*, Monterey, CA USA: Naval Postgraduate School, Proceedings of the 13th Annual Acquisition Research Symposium, Vol I, 95-116, Naval Postgraduate School.

Franck, Raymond, Ira Lewis, and Bernard Udis. 2008. "Echoes across the Pond: Understanding EU-US Defense Industrial Relationships. Acquisition Research Sponsored Report Series. NPS-AM-08-002." Monterey, CA: Naval Postgraduate School. https://my. nps. edu/documents/105938399/108621172/NPS-AM-08-002.pdf/ 6f8ad5b6-d617-44b5-b17f-074189c8c3d5.

Franck, Raymond and Bernard Udis. 2017. "Quarrelsome committees in US defense acquisition: the KC-X case" , *Defence and Peace Economics*, 28: 3, 344-366, DOI: 10.1080/10242694.2015.1073488.

Fuller, Sarah L. 2017. "10 Significant Aviation Investments, Mergers, Acquisitions in 2017." *Aviation Today*, December 19. www.aviationtoday.com/2017/12/19/5-sig nificant-2017-investments-mergers-acquisitions/.

GAO (Government Accountability Office). 2018c. "Implementation of Exon-Florio and Related Amendments. December. GAO/NSIAD 96-12." Washington, D.C.: GAO. www.gao.gov/assets/230/221994.pdf.

GAO (US Governmental Accountability Office). 2018. "Defense Industrial Base: Integrating Existing Supplier Data and Addressing Workforce Challenges Could Improve Risk Analysis, Report to the Chairman of the Committee on Armed Services." House of Representatives, GAO-18-435, www.gao.gov/assets/700/692458.pdf.

GAO (US Government Accountability Office). 2006. "Managing the Supplier Base in the 21st Century: Highlights of a GAO Forum, GAO 533-SP", www.gao.gov/new. items/d06533sp.pdf.

Gartzke, Ulf. 2010. "The Boeing/McDonnell Douglas and EADS Mergers: Ethnocentric vs. Regiocentric Consolidation in the Aerospace and Defence Industry and the Implications for International Relations." London: London School of Economics and Political Science. http://etheses.lse.ac.uk/266/1/Gartzke_Boeing%20-%20McDon nell%20Douglas%20and%20EADS%20Mergers.pdf.

Gates, Dominic. 2006a. "Separation Anxiety: The Wall Between Military and Commercial Technology." *Seattle Times*, January 22. http://old.seattletimes.com/html/ businesstechnology/2002754224_boeingitar22.html.

Gates, Dominic. 2006b. "How B-2 Data Wound Up in 787 Program." *Seattle Times*, January 22. http://old. seattletimes. com/html/businesstechnology/ 2002754229_boeingitarsidebar22.html.

Government Accountability Office (GAO). 2007. "Clarification and More Comprehensive Oversight of Export Exemptions Certified by DoD Are Needed. September. GAO 07-1103." Washington, D.C.: GAO. www.gao.gov/assets/270/268269.pdf.

Greenfield, Victoria., and Ryan R. Brady. 2008. "The Changing Shape of the Defense Industry and Implications for Defense Acquisitions and Policy." Proceedings of the 5th Annual Research Symposium, Monterey, CA: Naval Postgraduate School. www. dtic.mil/dtic/tr/fulltext/u2/a493916.pdf.

Gross, Charles. 2015. "Boeing Acquires 2d3 Sensing for $25M." *Yahoo Finance*, April 10. https://finance.yahoo.com/news/boeing-acquires-2d3-sensing-25m-090401382. html.

GSA (General Services Administration). 2018. Federal Acquisition Regulation (FAR), www.gsa.gov/policy-regulations/regulations/federal-acquisition-regulation-far.

Harrison, Todd., and Seamus P. Daniels. 2018. "Analysis of the FY2019 Defense Budget." Washington, D.C.: Center for Strategic and International Studies. www. csis.org/analysis/analysis-fy-2019-defense-budget.

Heilman, Wayne. 2015. "Merger Creates Third Largest Defense Contractor in Colorado Springs." February 7. https://gazette. com/business/merger-creates-third-largest- defense-contractor-in-colorado-springs/article_c6b0b881 -d6f0-5f49-ba59- 690d22cba4a7.html.

IMMA (Institute for Mergers and Acquisitions). 2018. "M&A Boeing: Top 10 Deals". https://imaa-institute.org/project/boeing/.

Insinna, Valerie. 2018a. "US Air Force awards $9B Contract to Boeing for Next Training Jet." *Defense News*, September 27. www. defensenews. com/breaking-news/2018/ 09/27/reuters-air-force-awards-9b-contract-to-boeing-for-next-training-jet/.

Insinna, Valerie. 2018b. "Boeing Adds $179M in Cost Overruns to KC-46 Aircraft as Delivery Draws Near." *Defense News*, October 24. www.defensenews.com/industry/ 2018/10/24/boeing-adds-another-179m-in-cost-overruns-to-kc-46-as-delivery- draws-near/.

Investopedia. 2018. "Concentration Ratio." October 14. www. investopedia. com/ terms/c/concentrationratio.asp.

Jane's HIS. 2018b. "Defense Industry." Accessed October 19. https://ihsmarkit. com/ products/janes-world-defense-industry.html.

Jane's IHS. 2018a. "Defense Budgets." Accessed October 19. https://ihsmarkit. com/ products/janes-defence-budgets.html.

Kendall, Frank. 2018. "Boeing and the Navy Place A Big, Risky Bet on the MQ-25 Unmanned Air Vehicle." *Forbes*, September 12. www.forbes.com/sites/frankkendall/ 2018/09/12/boeing-and-the-navy-place-a-big-and-risky-bet-on-the-mq-25- unmanned-air-vehicle/#72abb2024bbd.

Laird, Robbin. 2018. "A Visit to EOS in Australia: A Payload Company Innovates for 21st Century Operations." *Second Line of Defense* (SLDInfo.com), August 20. https:// sldinfo.com/2018/08/a-visit-to-eos-in-australia-a-payload-company-innovates-for- 21st-century-operations/.

Masters, Jonathan, and James McBride. 2018. *Foreign Investment and U.S. National Security*. Washington, D. C.: Council on Foreign Relations. www. cfr. org/backgrounder/ foreign-investment-and-us-national-security.

Mattioli, Dana., Dana. Cimilluca, and Doug. Cameron. 2018a. "Boeing Nears Deal to Buy Aerospace-Parts Specialist KLX." *The Wall Street Journal*, April 27. www.wsj. com/articles/boeing-nears-deal-to-buy-aerospace-parts-specialist-klx-1524850049.

Mattioli, Dana., Dana. Cimilluca, and Doug. Cameron. 2018b. "Harris, L3 Technologies Announce Merger Plan." *The Wall Street Journal*, October 15. www. wsj. com/art icles/military-communications-firms-harris-l3-near-deal-to-combine-1539443888.

Mehta, Aaron. 2017. "US Clears Record Totals for Arms Sales in FY12." *Defense News*, September 13. www. defensenews. com/pentagon/2017/09/13/us-clears-record-total-for-arms-sales-infy17/.

Mehta, Aaron. 2018a. "State Department Cleared $70 Billion in Foreign Military Sales Requests for FY18." *Defense News*, October 10. www. defensenews. com/global/ 2018/10/05/state-department-cleared-70-billion-in-foreign-military-sales-requests- for-fy18/.

Mehta, Aaron. 2018b. "Facing Industry Pressures, Pentagon Backs Off Contract Payment Changes." *Defense News*, October 2. www.defensenews.com/pentagon/2018/ 10/02/facing-industry-pressure-pentagon-backs-off-contract-payment-changes/.

Melese, Francois. 2018. *Cost-Benefit Analysis of Bid Protests: A Representative Bidder Model*, Monterey, CA, USA: Naval Postgraduate School, SYM- AM-18-072.

OASD [PA] (Office of the Assistant Secretary of Defense (Public Affairs). 2011. News briefing with Deputy Secretary Lynn and DOD senior leaders to announce the Air Force KC-46A tanker contract award. www.defense.gov/Transcripts/Transcript. aspx?TranscriptID=4776.

Oden, Michael. 1999. "Cashing In, Cashing Out, and Converting: Restructuring of the Defence Industrial Base in the 1990s." In: *Arming the Future: A Defence Industry for the 21st Century*, edited by Ann R. Markusen, and Sean S. Costigan, 74-105. New York: Council on Foreign Relations Press.

Pendleton, John H. 2018. *Air Force Readiness: Actions Needed to Rebuild Readiness and Prepare for the Future (testimony)*. Government Accountability Office 19-120T. www. gao. gov/assets/ 700/694923.pdf.

PMA (Department of State, Bureau of Political-Military Affairs). 2018. *U.S. Arms Sales and Defense Trade. Fact Sheet*. www.state.gov/t/pm/rls/fs/2018/280506.htm.

Porter, Michael E. 1980. *Competitive Strategy: Techniques for Analyzing Industries and Competitors*. New York: Free Press.

Radthorne, Daniel. 2008. An Overview of "Other Transaction Authority," Procurement Playbook, www.procurementplaybook.com/2018/02/other-transaction- authority-an-overview/.

Reuters. 2018. "Boeing to Buy Aerospace Parts Maker KLX for About $3.2 Billion in Cash." May 1. www. cnbc. com/2018/05/01/boeing-to-buy-aerospace-parts-maker- klx-for-about-3-point-2-billion-in-cash.html.

Ricks, Thomas E., and Jeff. Cole. 1998. "How Lockheed and Northrop Had Their Merger Shot Down." *The Wall Street Journal*, June 19. www.wsj.com/articles/ SB898139629613188500.

Rockwell Collins. 2017. "Rockwell Collins Completes Acquisition of B/E Aerospace." April 13. www.rockwellcollins.com/Data/News/2017-Cal-Yr/RC/ FY17RCNR25-BEAV-Close.aspx.

Sanders, Chris. 2018. "Boeing Wins First Leg of $2.4 Billion Helicopter Deal from U.S. Air Force." *Reuters*, September 24. https://uk.reuters.com/article/us-boeing- pentagon/boeing-wins-first-leg-of-2-4-billion-helicopter-deal-from-u-s-air-force- idUKKCN1M42JC.

Sanger, David E. 2018. "Microsoft Says it Will Sell Pentagon Artificial Intelligence and Other Advanced Technology." *The New York Times*, October 26. www.nytimes. com/2018/10/26/us/politics/ ai-microsoft-pentagon.html?action=click&module= Top%20Stories&pgtype=Homepage.

Schwartz, Mose and Kate M. Manuel. 2015. *GAO Bid Protests: Trends and Analysis*, Washington, DC: Congressional Research Service, R40227.

Shane, Scott., Cade. Metz, and Daisuke. Wakabayashi, 2018. "How a Pentagon Contract Became an Identity Crisis for Google." www. nytimes. com/2018/05/30/technology/google-project-maven-pentagon.html.

SIPRI (Stockholm International Peace Research Institute). 2018a. "Military Expenditure Database." Accessed October 20. www.sipri.org/databases/milex.

SIPRI (Stockholm International Peace Research Institute). 2018b. "Arms Industry Database." Accessed October 20. www.sipri.org/databases/armsindustry.

Stynes, Tess., and Doug. Cameron. 2016. "Boeing Agrees to Acquire Liquid Robotics." *The Wall Street Journal*, December 6. www. wsj. com/articles/boeing- agrees-to-acquire-liquid-robotics-1481058792.

Thompson, Loren. 2015. "Five Reasons Why Silicon Valley Won't Partner With the Pentagon." *Forbes*, April 27. www.forbes.com/sites/lorenthompson/2015/04/27/ five-reasons-why-silicon-valley-wont-partner-with-the-pentagon/#7f626c204de9.

Thompson, Loren. 2018. "Boeing CEO Dennis Muilenburg Has A Strategy That Will Work in Both Good Times and Bad." *Forbes*, April 26. www. forbes. com/sites/lor enthompson/2018/04/26/ boeing-ceo-dennis-muilenburg-has-a-strategy-that-will-work-in-both-good-times-and-bad-times/# 67232ee74a7b.

Tirpak, John A. 1998. "The Distillation of the Defense Industry." *Air Force Magazine*, July. www.airforcemag.com/MagazineArchive/Pages/1998/July%201998/0798indus try.aspx.

Treasury, U.S. Department. 2018a. "The Committee on Foreign Investment in the United States (CFIUS)." Accessed October 19. https://home.treasury.gov/policy-issues/international/the-committee-on-foreign-investment-in-the-united-states- cfius.

Treasury, U.S. Department. 2018b. "CFIUS Reform: The Foreign Investment & National Security Act of 2007 (FINSA, summary)." Accessed October 19. www.treas ury.gov/resource-center/international/foreign-investment/Documents/Summary- FINSA.pdf.

Treasury, U.S. Department. 2018c. "Summary of the Foreign Investment Risk Review Modernization Act of 2018." www. treasury. gov/resource-center/international/ Documents/Summary-of-FIRRMA.pdf.

Tu, Michael. 2016. *Reexport and Retransfer Controls*. Taipei, Tawian: EXBS STCs Roundtable. www.trade.gov.tw/App_Ashx/File.ashx.

Warner, Ben. 2018a. "Lockheed: DoD Focused on Lowest Price in Recent Competitions; May Affect LM Participation in Future Bids." *USNI News*, October 23. https://news.usni.org/2018/10/23/37506.

Warner, Ben. 2018b. "Boeing Lands Contracts with Upfront R&D Investing." *USNI News*, October 25. https://news.usni.org/2018/10/25/boeing-lands-contracts-with- upfront-rd-investing.

Wayne, Leslie. 1998a. "The Shrinking Military Complex; After the Cold War, the Pentagon Is Just Another Customer." *The New York Times*, February 27. www. nytimes.com/1998/02/27/business/shrinking-military-complex-after-cold-war- pentagon-just-another-customer.html.

Wayne, Leslie. 1998b. "Lockheed Cancels Northrop Merger, Citing U.S. Stand." *The New York Times*, July17. www.nytimes.com/1998/07/17/business/lockheed-can cels-northrop-merger-citing-usstand.html.

Wayne, Leslie., 2006. "British Arms Merchant with Passport to the Pentagon." *New York Times*, August 16, C1. www.nytimes.com/2006/08/16/business/worldbusi ness/16defense.html.

White House. 2010. *Fact Sheet on the President's Export Control Reform Initiative*. April 20. www.whitehouse.gov/the-press-office/fact-sheet-presidentsexport-control-reform- initiative.

White House. 2013. *Executive Order* 13637. Administration of Reformed Export Controls. https: //en.wikisource.org/wiki/Executive_Order_13637.

White House. 2018a. "National Security Presidential Memorandum Regarding U. S. Conventional Arms Transfer Policy (NSPM-10)." www. whitehouse. gov/presiden tial-actions/national-security-presidential-memorandum-regarding-u-s-conven tional-arms-transfer-policy/.

White House. 2018b. "Assessing and Strengthening the Manufacturing and Defense Industrial Base and Supply Chain Resiliency of the United States, Report to President Donald J. Trump by the Interagency Task Force in Fulfillment of Executive Order 13806." https://media. defense. gov/2018/ Oct/05/2002048904/-1/-1/1/ASSESSING-AND-STRENGTHENING-THE-MANUFACTURING-AND%20DEFENSE-INDUS TRIAL-BASE-AND-SUPPLY-CHAIN-RESILIENCY.PDF.

Williamson, Oliver E. 1996. *The Mechanisms of Governance*. New York: Oxford University Press.

Yoon-Hendricks, Alexandra. 2018. "Congress Stengthens Reviews of Chinese and Other Foreign Investments." *The New York Times*, August 1. www.nytimes.com/ 2018/08/01/business/foreign-investment-united-states.html.

第3章　俄罗斯国防工业(1980—2025)：系统性变革、政策、绩效和前景

克里斯托弗·马克·戴维斯

3.1 引　　言

自1900年以来，俄罗斯是世界最大规模的国防工业拥有者之一，尽管其国防工业体制具有明显的连续性，但经历了不同的政治和经济体系，有过失败（第一次世界大战期间），也有过成功（第二次世界大战期间；Davis，1999，2014）。在冷战期间，苏联国防工业作为中央计划经济高度优先发展的一个部门，生产出大量具有创新性和实用性的现代武器（Davis，2002）。20世纪90年代，由于俄罗斯国防工业的优先地位降低和整体经济崩溃，俄罗斯国防工业综合体（OPK）受创。①然而，自2000年以来，由于俄罗斯经济的复苏和国防工业重新获得优先发展地位，俄罗斯国防工业再次成为世界上最强大的国防工业之一。

由于俄罗斯国防工业综合体在过去四十年发展复杂，本章将其分为三个时期（1980—1991年、1992—1999年和2000—2019年），每一时期分为四个小节：①国防支出和武器及军事装备的对外贸易；②政治经济体制、国防部门的组织、国防工业的优先地位和特点；③国防工业企业的结构、条件和绩效；④军事采购和国防工业转型。

在苏维埃社会主义共和国联盟（Unionof Soviet Socialist Republics，USSR，以下简称苏联）和俄罗斯，学者们获取国防工业综合体的官方信息一直具有挑战性（严格的审查制度），因此，俄罗斯的官方材料需要外国政府、国际组织和学者的估计与评估进行补充。由于本章的字数限制，苏联和早期过渡时期部分的参考文献主要是过去的出版物，其中引用了几百条文献。关于当代部分（2000—2019年）的参考文献是更加全面的，这也应该是读者最感兴趣的内容。

3.2 苏联和俄罗斯的国防支出及对外军事贸易：1980—2019年

3.2.1 苏联：1980—1991年

苏联给予国防部门高度优先地位，并分配大量资源支持其行动。苏联还出口

① 本章遵循俄罗斯目前的做法，即用缩写OPK（Oboronno-Promyshlennyy Kompleks）代表国防工业综合体，而不是用苏联时代的军事工业综合体的缩写VPK（Voenno-Promyshlenny Kompleks）。

了大量的武器和军事装备(Weaponsand Military Equipment,WME)。

由于苏联指令型经济中价格制定随意且预算有误导性,它们不能衡量或控制实际资源流动,本小节主要基于西方对苏联国防支出和对外军事贸易重新构建的数据进行分析①。

1. 1980—1991年国防支出

表3.1表明,以当期价格计算,苏联官方的国防预算支出从1965年的130亿卢布增至1988年的200亿卢布。第二行提供了在苏联国防工业综合体工作的马斯柳科夫和格卢博科夫(Maslyukov & Glubokov,2005)的估计。根据弗斯和诺尔(Firth & Noren,1998)对"模块构建法"的解释,第三行中,美国中央情报局(U.S. Central Intelligence Agency,CIA)的估算更为合理,从330亿卢布增加到1630亿卢布。美国中央情报局估计,实际国防支出(以1982年卢布价格表示)从1965年的660亿增加到1988年1250亿的峰值。苏联预算统计数据表明,该国的国防负担(国防支出占国内生产总值的比例)在2.3%~2.5%之间,但美国中央情报局计算得出,按当期卢布价格计算,国防负担从1965年的13.2%增长到1988年的17.8%,达到最高值,而在1982年不变价格下,国防负担从16.0%下降到15.5%(Davis,2002)。

1985年,购买武器和军事装备的支出(相当于采购)占国防支出比例最大,为43%,其次是军事研发(Military R & D,MRD),为21%。苏联对武器和军事装备的生产和采办实行中央计划,但在1985年,引入了一项试验性的"国家军备计划"(State Armaments Programme,Gosudarstvennaya ProgrammaVooruzhennii,GPV),目的是(但未实现)采用国家军事命令(State Military Orders, Gosudarstvennyy Oboronyy Zakaz,GOZ)将"国家军备计划"和主要客户,即国防部(Ministry of Defence,MoD)联系起来(Zatsepin,2012,见3.c(1)节)。

2. 1980—1991年武器和军事装备的进口及出口

由于苏联的自给自足政策、西方的经济限制以及苏联国防工业的发达程度,苏联在武器和军事装备方面的对外贸易是非常有利于出口的。表3.2显示,苏联向华沙条约组织、第三世界社会主义国家(如越南)和不结盟国家(特别是印度)出口的武器和军事装备的价值从1980年的170亿美元(以当期美元价格计算)增加到1987年219亿美元的峰值。在1975—1985年期间,苏联交付了15000辆坦克、5600架战斗机和66艘水面舰艇(DoD,1986)。

苏联没有进口主要武器,甚至都没有从华沙条约成员国那里进口。表3.2表

① 本书用"国防支出"一词来描述支持国家国防活动而分配的资源,包括武装部队的正式国防预算支出以及其他预算类别的国防相关支出。这与美国中央情报局(CIA,1986)、弗斯和诺尔(Firth & Noren,1998)、美国国防情报局(DIA,2017)、国际战略研究所(IISS,2000—2019)和北约(NATO,2018)的定义一致。然而,其他机构和学者使用"军事支出"一词,通常包括相同的内容,包括:联合国(United Nations,2002)、扎瓦希里(Zatsepin,2007)、美国军备控制和裁军署数据库(ACDA Database,2018)、斯德哥尔摩国际和平研究所(SIPRI,2000—2018)。读者可查阅所引用的资料来源,以了解术语和度量方面的差异。

明,1980—1989年,进口的武器和军事装备平均在12亿(以当期价格计算)美元左右波动,但在华沙条约解散后降至零。为了规避西方的经济战,苏联实施了大型、尖端武器项目的贸易转移计划(如通过第三国为国防工业综合体获取受到限制的装备)和技术间谍活动(“特殊信息(spetsinformatsiya)”系统:CIA1985和3.a(9)节)。

表3.1　1965—1991年苏联的国防支出

指标	单位	1965年	1970年	1975年	1980年	1985年	1988年	1989年	1990年	1991年
国防支出										
苏联的国防支出(苏联官方)	十亿(当期卢布价格)	12.8	17.8	17.4	17.1	19.1	20.2	75.2	69.1	96.6
苏联的国防支出(M & S 2005)	十亿(当期卢布价格)	22.3	29.2		48.9	63.4	76.9	77.3	71.0	
苏联的国防支出(CIA)	十亿(当期卢布价格)	33.0	46.9	68.0	94.0	126.2	163.3	160.1	160.0	250.6
苏联的国防支出(CIA)	十亿(1982年卢布价格)	66.3	82.2	97.3	105.7	111.9	124.8	116.5	109.7	98.7
美国国防支出(Conversion)	十亿(1982年卢布价格)	80.9	101.4	73.2	88.1	127.2	154.1	147.5	140.6	135.5
苏联国防采办支出(CIA)	十亿(1982年卢布价格)	32.8	41.5	47.8	49.1	47.9	52.7	46.9	42.5	38.2
苏联军事建设支出(CIA)	十亿(1982年卢布价格)	5.7	4.4	4.8	5.9	5.7	6.1	5.9	6.0	5.4
苏联军事人员支出(CIA)	十亿(1982年卢布价格)	9.6	11.4	12.5	13.3	13.6	13.8	13.5	12.8	11.6
苏联军事O & M支出(CIA)	十亿(1982年卢布价格)	9.3	12.8	16.1	18.1	21.0	24.0	22.0	21.6	19.4
苏联军事RDT & E支出(CIA)	十亿(1982年卢布价格)	8.9	12.1	16.1	19.3	23.7	28.2	28.2	26.8	24.1
苏联国防支出(CIA)	十亿(1988年美元价格)	190	222	255	270	284	297	286	264	217
美国军事支出(CIA)	十亿(1988年美元价格)	220	260	192	211	283	299	296	286	252
苏联军事支出(SIPRI)	十亿(2016年美元价格)	NA	NA	NA	NA	NA	243.1	225.4	190.7	NA

(续表)

指标	单位	1965年	1970年	1975年	1980年	1985年	1988年	1989年	1990年	1991年
军事负担										
国防支出/GDP当期卢布价格(CIA)	%	13.2	12.2	13.7	14.8	15.9	17.8	15.6	15.4	12.1
国防支出/GDP固定卢布价格(CIA)	%	16.0	15.4	15.5	15.3	14.9	15.5	14.3	13.8	13.6

C.戴维斯(Davis)于2019年编制。

数据来源:Davis(2002),其中使用了Noren(1995)、Firth & Noren(1998)和IISS(1980—1990)《军事平衡》的数据。该表根据Maslyukov & Glubokov(2005)和SIPRI数据库的统计数据进行了补充。

表3.2 1980—1991年苏联的武器和军事装备进口及出口

指标	单位	1980年	1981年	1982年	1983年	1984年	1985年	1986年	1987年	1988年	1989年	1990年	1991年
美国军备控制和裁军署(U.S. Arms Control and Disarmament Agency,ACDA)													
苏联出口的武器和军事装备	十亿美元(当期美元价格)	17	17.8	18.9	19.4	19.4	17.3	21.5	21.9	21.7	19.8	14.2	6.6
	十亿美元(1991不变美元价格)	27.7	26.6	26.6	26.2	25.1	21.6	26.1	25.8	24.6	21.5	14.8	6.6
苏联的总出口	十亿美元(当期美元价格)	76.4	79.4	87.2	91.7	91.5	87.2	97.1	107.7	110.7	109.3	101.0	68.0
	十亿美元(1991不变美元价格)	125.1	118.5	122.5	123.8	118.8	108.8	117.9	126.8	125.6	118.6	105.0	68.0
苏联总出口中武器和军事装备所占比例	%	22.2	22.4	21.7	21.2	21.2	19.8	22.2	20.3	19.6	18.1	14.1	9.7

（续表）

指标	单位	1980年	1981年	1982年	1983年	1984年	1985年	1986年	1987年	1988年	1989年	1990年	1991年
世界武器和军事装备出口中苏联武器和军事装备出口所占比例	%	47.4	39.9	38.4	38.5	34.5	34.1	42.7	37.5	39.9	39.6	37.2	26.0
苏联武器和军事装备进口	十亿美元（当期美元价格）	1.3	1.0	1.0	1.5	1.4	1.2	1.3	1.3	1.2	0.9	1.0	0.0
	十亿美元（1991不变美元价格）	2.1	1.5	1.4	2.0	1.8	1.5	1.6	1.5	1.4	1.0	0.1	0.0
苏联总进口	十亿美元（当期美元价格）	68.5	73.2	77.9	80.4	80.4	83.3	88.9	96.0	107.3	114.7	139.0	78.0
	十亿美元（1991不变美元价格）	112.1	109.3	109.4	108.7	104.0	103.0	108.0	113.0	121.7	124.4	144.6	78.0
苏联武器和军事装备进口占总进口的比例	%	1.9	1.4	1.3	1.9	1.7	1.4	1.5	1.4	1.1	0.8	0.1	0.0

C.戴维斯（Davis）于2019年编制。

数据来源：ACDA（1990，1992）世界军事支出和武器贸易（World Military Expenditure and Arms Trade，WMEAT）。

3.2.2　俄罗斯:1992—1999年

20世纪90年代,俄罗斯政治体制破碎、脆弱,在一个运转不畅的经济体中国防的优先地位低下,导致国防支出和武器和军事装备出口下滑。

1. 1992—1999年的国防支出

表3.3表明,在高度通货膨胀情况下,以当期卢布价格表示的国防支出的官方统计数据是增加的。然而,实际国防支出指数(1992=100.0)的估计值,在1998年降至39.9的低点(Noren,1995;Gaddy,1996;Firth & Noren,1998;Davis,2002)。官方的《国家防务》(*National Defence*)预算涵盖了武装部队(不包括军事和文职人员的养老金)、运营和维护、武器和军事装备采购、军事研发、军事建设和军事原子能计划的花费(Zatsepin,2007)。然而,由于其他预算项目的支出,这些项目包括内陆和边境服务部队、道路建设和铁路部队、民防和工业动员措施,总国防支出增加了约30%。

国际战略研究所(International Institute for Strategic Studies,IISS)估计,以美元计算,俄罗斯国防支出从1992年的1460亿美元(以1997年美元价格表示)下降到1998年的550亿美元,减少了62%。斯德哥尔摩国际和平研究所(Stockholm International Peace Research Institute,SIPRI)和北大西洋公约组织(North Atlantic Treaty Organization,NATO)对以美元表示的国防支出和指数下降的估计也可参见表3.3。

用于人员和运营维护(Operations & Maintenance,O & M)的国防支出比例从1991年的30%上升到1996年的52%,而武器和军事装备采购的占比则从40%左右下降到16%(Kuzyk,1999)。俄罗斯用于武器和军事装备采购和军事研发的实际支出指数的估计值从1991年的100分别下降到1996年的9.5和7.5。根据俄罗斯官方统计数据,国防支出占国内生产总值的比例(按当期卢布价格计算)从1992年的4.5%下降到1998年的2.1%,而根据斯德哥尔摩国际和平研究所数据计算国防负担则从4.4%下降到2.7%。

表3.3　俄罗斯联邦国防支出,1992—1999年

指标	单位	1992年	1993年	1994年	1995年	1996年	1997年	1998年	1999年
国防支出(单位:卢布)									
国防预算授权	百万,当期价格	901	8327	40,626	59,379	80,185	104,318	92,763	107,083
国防预算支出	百万,当期价格	855	7213	28,500	49,600	63,891	79,692	68,004	135,116

（续表）

指标	单位	1992年	1993年	1994年	1995年	1996年	1997年	1998年	1999年
支出占授权的比例	%	94.9	86.6	70.2	83.5	79.7	76.4	73.3	126.2
其他国防支出	百万，当期价格	427	3607	14,250	25,237	31,011	38,551	32,897	62,102
总国防支出	百万，当期价格	1282	10,819	42,750	74,837	94,902	118,243	100,901	197,218
IISS的国防预算支出	百万，当期价格	855	7210	28,028	47,800	63,900	79,700	56,700	116,000
GDP	百万，当期价格	19,006	171,510	610,745	1,540,500	2,145,700	2,521,900	2,684,500	4,476,100
实际GDP指数	1992=100	100.0	91.3	79.7	76.4	73.8	74.5	71.1	73.4
实际国防支出指数	1992=100	100.0	86.0	83.3	55.4	48.7	52.1	39.9	46.8
国防支出（单位：美元）									
IISS国防支出	10亿美元，1997年价格	146.0	114.0	101.0	86.0	73.0	64.0	55.0	56.0
IISS国防支出指数（1997年美元价格）	1992 = 100	100.0	78.1	69.2	58.9	50.0	43.8	37.7	38.4
SIPRI国防支出	10亿美元，1995年价格	47.5	41.9	40.5	25.7	23.4	24.9	18.1	22.4

(续表)

指标	单位	1992年	1993年	1994年	1995年	1996年	1997年	1998年	1999年
SIPRI国防支出	10亿美元,2017年价格	48.7	42.5	40.2	26.5	25.0	27.3	16.2	18.0
SIPRI指数(1995年美元价格)	1992 = 100	100.0	88.2	85.3	54.1	49.3	52.4	38.1	47.2
SIPRI指数(2017年美元价格)	1992 = 100	100.0	87.3	82.5	54.4	51.3	56.1	33.3	37.0
NATO指数	1992 = 100	100.0	76.3	60.5	47.3	42.0	36.8	31.5	34.1
国防预算分配									
人员+运行与维护	%	55.4	50.0	54.4	53.7	51.3	46.4	54.5	51.9
采购	%	20.5	18.3	20.8	17.3	16.5	20.1	20.8	19.4
军事研发(R&D)	%	8.3	7.2	6.0	8.3	8.1	11.1	13.2	11.4
基础设施	%	13.5	16.5	11.8	10.3	9.5	4.8	4.0	2.9
养老金	%	5.0	5.5	4.9	8.2	12.3	13.3	13.5	10.9
核及其他	%	2.3	2.6	2.2	2.2	2.3	4.3	7.5	3.4
国防负担									
国防预算在总预算的占比	%	16.0	16.6	20.9	21.3	18.4	19.7	16.4	18.0

（续表）

指标	单位	1992年	1993年	1994年	1995年	1996年	1997年	1998年	1999年
官方国防支出/GDP	%	4.5	4.8	6.6	3.7	3.8	3.1	2.1	2.6
SIPRI国防支出/GDP	%	4.4	4.2	4.5	3.8	3.8	4.0	2.7	3.1

C. 戴维斯（Davis）于2019年编制。

资料来源：Davis（2002）、Firth & Noren（1998）、IISS（1990—2019）、NATO（2000）、SIPRI年鉴（2000—2018）、SIPRI数据库（2019）。

2. 1992—1999年武器和军事装备的出口及进口

表3.4表明，在20世纪90年代，俄罗斯武器和军事装备出口额在17亿~35亿美元内波动（约占总出口额的4%：Fel'gengauer，2010）。俄罗斯平均每年交付的武器数量下降到不足1988年苏联武器出口的六分之一。亚太地区占俄罗斯武器出口额售的43%（中国是最大的客户），中东占24%。

北约对向俄罗斯出售技术的许多限制都有所放松。这导致俄罗斯与防务相关的合法进口量增加了，尤其是电子产品，从1992—1994年的0，增长到1999年的4.7亿美元（占武器出口的15%）。俄罗斯的贸易转移体系变得不再活跃，其技术间谍活动的强度较低（Davis，2016，2017）。

表3.4　1992—1999年俄罗斯武器和军事装备出口及进口

指标	单位	1992年	1993年	1994年	1995年	1996年	1997年	1998年	1999年
武器和军事装备出口									
（1）国防工业综合体2016									
武器和军事装备总出口	10亿美元，当期价格	2.3	2.5	1.7	3.0	3.5	2.6	2.6	3.4
（2）美国军备控制和裁军署（ACDA）和国际战略研究所（IISS）									
武器和军事装备出口（ACDA）	10亿美元，当期价格	2.5	3.5	1.7	3.5	3.0	2.6	2.2	3.1
	10亿美元，1999年价格	2.9	3.9	1.8	3.7	3.1	2.7	2.2	3.1

(续表)

指标	单位	1992年	1993年	1994年	1995年	1996年	1997年	1998年	1999年
总出口(ACDA)	10亿美元,当期价格	43.0	44.3	67.5	81.1	88.6	88.3	74.9	74.7
	10亿美元,1999年不变价格	49.1	49.3	73.7	86.6	92.8	90.7	76.0	74.7
武器和军事装备出口占总出口比例(ACDA)	%	5.8	7.9	2.5	4.3	3.4	2.9	2.9	4.2
武器和军事装备出口(IISS)	10亿美元,当期价格	2.5	3.2	1.5	3.7	3.4	2.7	2.4	3.3
	10亿美元,1997年价格	2.8	3.4	2.9	3.7	3.6	2.7	2.9	3.4
俄罗斯占世界武器和军事装备出口比例(ACDA)	%	5.4	7.2	6.8	7.9	7.0	4.5	5.1	6.6
武器和军事装备进口									
(3)美国军备控制和裁军署(ACDA)									
武器和军事装备进口	百万美元,当期价格	0.0	0.0	0.0	5.0	40.0	30.0	40.0	470.0
	百万美元,1999年价格	0.0	0.0	0.0	5.0	42.0	31.0	41.0	470.0
总进口	百万美元,当期价格	37.0	32.8	50.5	61.0	74.9	76.1	63.8	43.6
	百万美元,1999年价格	42.2	36.5	55.1	65.1	78.4	78.2	64.8	43.6
武器和军事装备进口占总进口的比例	%	0.0	0.0	0.0	0.0	0.1	0.0	0.1	1.1

C. 戴维斯(Davis)于2019年编制。

资料来源:①Oboronno-Promyshlennyy(2016);②ACDA(1992—2000),WMEAT在线数据库;IISS(1990—2019)军事平衡;③ACDA(1992—2000)。

3.2.3 俄罗斯:2000—2019年

在21世纪第一个十年,随着经济复苏,俄罗斯重新确立了国防的高度优先地位,国防工业综合体绩效改善,俄罗斯的实际国防支出和武器出口增加了。

1. 2000—2019年国防支出

表3.5的第一行显示了来自统计年鉴的官方国防预算支出。第二行是转型经济研究所(IET,2000—2019)对由正式国防预算支出的估计值,从2000年的1917亿卢布(当期价格)增加到2016年37776亿卢布的最高值。这两行都包含了2016年和2017年清偿国防工业债务的支出(分别为7900亿卢布和1870亿卢布)(IET,2000—2019;IISS,1990—2019)。国防预算包括武装部队、动员、核武器综合体、国际军事义务和军事研发方面的支出。其他预算类别中与国防相关的支出包括国家安全、军事建设、军队的社会支持和养老金方面的部分支出(IET,2000—2019;Davis,2002;Oxenstierna & Westerlund,2013)。国防支出总额从2000年的2922亿卢布(当期价格)增加到2016年的49130亿卢布。实际国防支出总额指数(2017年卢布价格)从2000年的100.0增加到2016年265.8的最高点,几乎是前者的三倍。

表3.5给出了以当期美元价值计算的转型经济研究所(IET)和国际战略研究所(IISS)给出的国防支出数据。根据斯德哥尔摩国际和平研究所估计,以(2017年)不变美元表示的国防支出从2000年(指数为100)的243亿美元上升到2016年(指数为340)826亿美元的最大值,但随后下降到2018年(指数为264)的642亿美元。

国家防务订单(State Defence Order,GOZ)(当期价格)从2000年的719亿卢布缓慢增长到2010年的5091亿卢布,从2017年的719亿卢布增长到1286亿卢布(IET,2000—2019;Oxenstierna & Westerlund,2013)。随后,由于实施了2011—2020年国家军备计划(State Armaments Programme,GPV)而加速增长到2016年21060亿卢布的峰值(IET,2000—2019;IISS,1990—2019;SIPRI,2000—2018)。2000—2014年,国家防务订单在总国防支出中的占比从24.6%增加到48.5%。国家防务订单中武器采购(VVT)在总国防支出中的占比从2005年的14.4%增加到2015年的27.7%。

据转型经济研究所(2000—2019)的计算,国防支出总额(卢布)占GDP比重从2001年较低的3.4%增长到2016年较高的5.7%,然后下降到2018年的4.1%。据斯德哥尔摩国际和平研究所估计的以美元为单位的国防支出占GDP比重呈现出相似的趋势。

表3.5　(a) 2000—2018年俄罗斯联邦国防支出

指标	单位	2000年	2001年	2002年	2003年	2004年	2005年	2006年	2007年	2008年	2009年	2010年	2011年	2012年	2013年	2014年	2015年	2016年	2017年	2018年
国防支出(卢布):Rosstat(RSE and RvT),转型经济研究所(Institute of the Economy in Transition,IET)和国际战略研究所																				
国防预算 Rosstat	10亿卢布,当期价格	191.7	247.7	295.4	355.7	430	581.8	683.4	834	1043.6	1191.2	1279.7	1517.2	1814.1	2105.5	2480.7	3182.7	2982	2854.2	2770
国防预算 IET	10亿卢布,当期价格	191.7	247.7	295.4	355.7	430	578.4	686.1	839.1	1031.6	1192.9	1278	1537.4	1846.3	2111.7	2470.6	3163.8	3777.6	2854.2	2828.4
其他国防预算 IET	10亿卢布,当期价格	100.5	53.3	129.4	194	148.8	196.8	264.5	299.5	405.1	557.5	600.7	626.8	840.2	888	977.2	1129.6	1135.5	1402.6	1397.4
总国防预算 IET	10亿卢布,当期价格	292.2	301	424.8	549.7	578.8	778.6	947.8	1133.5	1448.8	1748.7	1880.3	2164.2	2686.5	2999.7	3447.8	4293.4	4913	4256.8	4225.8
国防预算 IISS	10亿卢布,当期价格	191.7	247.7	295.4	355.7	430	581.4	681.8	831.9	1040.9	1188.7	1276.5	1516	1812	2106	2479	3181	2982	2666	2830
其他国防预算 IISS	10亿卢布,当期价格	95.9	123.9	147.7	177.9	215	290.7	371.2	385.1	529.2	670.6	483	513	693	681	745	845	849	1046	1105

（续表）

指标	单位	2000年	2001年	2002年	2003年	2004年	2005年	2006年	2007年	2008年	2009年	2010年	2011年	2012年	2013年	2014年	2015年	2016年	2017年	2018年
总国防支出 IISS	10亿卢布，当期价格	287.6	371.6	443.1	533.6	645	872.1	1053	1217	1570.1	1859.3	1760	2029	2505	2787	3224	4026	3831	3712	3935
总国防支出 IET	10亿卢布，2017年价格	1938.8	1714.5	2092.8	2380.2	2083.6	2349.3	2483.2	2609.4	2827.4	3346	3150.9	3099.4	3517.5	3763.5	4044.1	4687.6	5176.4	4256.8	3831.3
总国防支出 IET	指数，2000年为100，10亿卢布，2017年价格	100	88.4	107.9	122.8	107.5	121.2	128.1	134.6	145.8	172.6	162.5	159.9	181.4	194.1	208.6	240.8	265.8	218.7	197.3
国防支出（当期和固定美元）：IET，IISS，SIPRI																				
国防预算 IET	10亿美元，当期价格	6.8	8.5	9.4	11.6	14.9	20.6	25.1	32.6	42	37.5	42.1	51.6	58.3	66.1	64.6	52.2	56.4	48.9	45.1
总国防支出 IET	10亿美元，当期价格	10.4	10.3	13.6	17.9	20.1	27.5	34.9	44.3	58.3	55.1	61.9	73	85.4	94	90	70.7	73.3	72.9	67.4
国防预算 IISS	10亿美元，当期价格	5.1	7.5	8.4	10.6	14.9	18.7	24.9	32.2	40.5	38.3	41.9	51.6	58.8	66.1	64.5	51.9	46.6	45.7	45.3

（续表）

指标	单位	2000年	2001年	2002年	2003年	2004年	2005年	2006年	2007年	2008年	2009年	2010年	2011年	2012年	2013年	2014年	2015年	2016年	2017年	2018年
总国防支出IISS	10亿美元,当期价格	7.7	11.3	12.6	15.9	23.6	25.7	38.8	47.6	63.3	57.2	62.9	77.4	88.2	99.2	84	66.1	57.2	63.6	63.1
国防支出SIPRI	10亿美元,2016年价格	20.4	22.1	24.4	25.6	26.8	30.4	33.7	36.7	40.3	42.3	43.1	46	53.3	55.9	59.9	64.6	69.2	55.3	53.3
国防支出SIPRI	1992=100,2016年美元价格	100	108.3	119.6	125.5	131.4	149	165.2	179.9	197.5	207.4	211.3	225.5	261.3	274	293.6	316.7	339.2	271.1	261.6

注:(1)转型经济研究所和国际战略研究所按当期卢布价值估计的国防预算总额包括来自官方国防预算的支出和来自其他预算类别的与国防相关的支出。详细的数据见这些机构的出版物;

(2)以2018年卢布价格标示的实际国防支出及相关指数表明,自2010年以来,实际国防支出的增速适度,但随后在2016年达到峰值;

(3)转型经济研究所和国际战略研究所估计的是以当期美元价格表示的国防支出;

(4)以2016年美元价格表示的实际国防支出指数的增长超过以2000年卢布价格表示的实际支出指数。

C. 戴维斯(Davis)于2019年编制。

数据来源:Sources: IET (2000—2019); TsAST(2006, 2016); Rosstat (2000—2018) Rossiiskii Statisticheskii Ezhegodnik (RSE); Rosstat(2019) Rossiyav Tsifrakh (RvT); IISS, 1990—2019 Military Balance; SIPRI Database (2019)。

表 3.5 （b） 2000—2018 年俄罗斯联邦国防支出

指标	单位	2000 年	2001 年	2002 年	2003 年	2004 年	2005 年	2006 年	2007 年	2008 年	2009 年	2010 年	2011 年	2012 年	2013 年	2014 年	2015 年	2016 年	2017 年	2018 年
国家防务订单（GOZ）中武器采购（VVT）、军事研发（MRD）和 VVT 维修支出：转型经济研究所和战略与技术分析中心（Tsentr Analiza Strategii Tekhnologii，TsAST）																				
总 GOZ IET	10 亿卢布，当期价格	71.9	63.0	82.3	120.0	147.5	227.1	270.8	337.3	420.6	500.2	509.1	707.6	888.4	1283.0	1,676.1	1767.1	2106.0	1468.6	1297.4
总 GOZ IET	10 亿卢布，2000 年价格	71.9	54.1	61.1	78.3	80	103	107	117	124	144	129	154	177	243	295	290	334	221	177
总 GOZ IET	% 增长率	NA	−12	30.6	45.8	22.9	54	19.2	24.6	24.7	18.9	1.8	39	25.5	44.4	30.6	5.4	18.9	−30	−12
GOZ 占国防支出的比例 IET	% 占总国防支出的比例	24.6	20.9	19.4	21.8	25.5	29.2	28.6	29.8	29	28.6	27.1	33	33.5	42.9	48.5	41	42.8	34.5	30.7
总 GOZ TsAST	10 亿卢布，当期价格	NA	NA	NA	NA	NA	187	237	303	365	454	490	575	677	894	1450	1800	1600	1400	1300
GOZ VVT TsAST	10 亿卢布，当期价格	NA	NA	NA	NA	NA	112	116	145	201	254	319	368	447	550	943	1188	1040	910	845
GOZ VVT TsAST	% 占 GOZ 的比例	NA	NA	NA	NA	NA	60	48.8	47.9	55	56	65	64	66	61.5	65	66	65	65	65
GOZ 军事研发 TsAST	10 亿卢布，当期价格	NA	NA	NA	NA	NA	62.8	72.7	97.7	91.3	123	108	115	122	165	218	252	304	346	312
GOZ 军事研发 TsAST	% 占 GOZ 的比例	NA	NA	NA	NA	NA	33.7	30.7	32.3	25	27	22	20	18	18.5	15	14	19	24.7	24

(续表)

指标	单位	2000年	2001年	2002年	2003年	2004年	2005年	2006年	2007年	2008年	2009年	2010年	2011年	2012年	2013年	2014年	2015年	2016年	2017年	2018年
GOZ 维修 TsAST	10亿卢布,当期价格	NA	NA	NA	NA	NA	11.8	48.5	60	73	77.2	63.7	91.4	108	178	290	360	256	144	143
GOZ Repair TsAST	占GOZ百分比	NA	NA	NA	NA	NA	6.3	20.5	19.8	20	17	13	15.9	16	19.9	20	20	16	10.3	11
国防负担(国防支出/GDP):转型经济研究所和斯德哥尔摩国际和平研究所																				
总国防支出在GDP中占比 IET	%	4	3.4	3.9	4.2	3.4	3.6	3.5	3.4	3.5	4.5	4.1	3.6	3.9	4.1	4.4	5.2	5.7	4.6	4.1
总国防支出在预算中占比 IET	%	14.9	12.4	12.4	13.9	12.4	11.4	11.3	10	10.2	10.9	10.7	10.7	11.5	11.8	12.5	14.5	15.7	13.1	12.5
总国防支出在GDP中占比 SIPRI	%	3.3	3.5	3.8	3.7	3.3	3.3	3.2	3.1	3.1	3.9	3.6	3.4	3.7	3.8	4.1	4.9	5.5	4.2	3.9

注:(1)国家防务订单(GOZ)支出系列考虑了2011—2018年为军事采购提供资金的贷款计划的相关的支出和偿还。转型经济研究所年度报告对细节进行了讨论;

(2)2011—2015年,国家防务订单(GOZ)中的武器采购、军事研发和维修份额相对稳定,因此可以使用转型经济研究所的总估算值来预测2018年相应部分的支出;

(3)尽管在估计方法上存在差异,但转型经济研究所和斯德哥尔摩国际和平研究所对国防负担的估计基本相似。

C. 戴维斯(Davis)于2019年编制。

数据来源: IET (2000—2019); TsAST (2006, 2016); Frolov(2016a, 2017a , 2018a) Ispolnenie, v 2015 godu, v 2016 godu, v 2017 godu;SIPRI Database(2019)。

2. 2000—2019年武器和军事装备出口及进口

表3.6显示,俄罗斯武器和军事装备出口额从2000年的37亿美元(当期价格)增加到2013年的157亿美元。俄罗斯一直是仅次于美国的第二大武器和军事装备出口国。2000—2006年,中国是其主要客户,但随后几年,印度成为其主要买家。2013年后,俄罗斯的武器和军事装备出口因经济制裁而受到干扰。然而,由于俄罗斯的大部分武器贸易都是与未实施制裁的国家进行的,因此到2018年,俄罗斯的出口恢复并达到160亿美元左右(Davis,2016,2017;DIA,2017;IISS,2018,2019;TsAST,2016;Frolov,2015b,2016b,2017b,2018b,Itogi)。

《武器出口》(*Eksport Vooruzhenii*)杂志预测,2019年武器和军事装备出口价值将与2018年相似,航空和防空装备在销售中占主导地位(Frolov,2018c,Perspektivy)。

俄罗斯合法的武器和军事装备进口仍不多,其价值在2003年达到29亿美元的峰值,但2015年下降到2亿美元。2013年后的经济制裁严重减少了俄罗斯从乌克兰和北约国家的军事相关进口量。作为应对,俄罗斯更积极地通过第三国进行贸易转移,以从外国获得受到限制的两用技术。

3.3 冷战时期的苏联国防工业:1980—1991年

3.3.1 国防工业组织及其与经济政治体系的关系

1. 国防工业的定义

波扎罗夫(Pozharov,1981,116-117)总结了苏联对于经济和军事力量之间关系的观点:

> 为把经济实力转化为军事力量,必须提供武器装备产品、作战技术和其他军事物资,合理分配并按时交付部队,为有效利用这些物资创造一切条件。一个特殊的社会有机体服务于这些目标——军事经济。军事经济的规模和效益标志着国家的军事经济实力……

宏观经济层面的经济实力可用国内生产总值来衡量,而部门层面的经济实力则可通过与国防工业综合体相关的民用经济部门的生产能力来衡量,例如机械制造和钢铁行业(Davis,1990a,2002,2017;Knorr,1957,1973)。军事力量更直接地取决于图3.1所示的国防部门六个经济机构的表现:武装部队、军事供应、国防工业、军事研发、对外军事贸易和中央防务局。这些机构参与防务市场的情况如图3.1所示。

表3.6　俄罗斯武器和军事装备出口及进口(联邦统计局Federal'naya Sluzhba Gosudarstvennoi Statistiki, 2000—2018)

指标	单位	2000年	2001年	2002年	2003年	2004年	2005年	2006年	2007年	2008年	2009年	2010年	2011年	2012年	2013年	2014年	2015年	2016年	2017年	2018年
(1)国防工业综合体和战略和技术分析中心																				
武器和军事装备总出口	10亿卢布,当期价格	3.7	3.8	4.8	5.4	5.8	6.2	6.4	7.6	8.4	9.0	10.4	13.2	15.1	15.7	15.0	15.0	15.0	15.0	16.0
俄罗斯国防产品出口公司(Rosoboroneksport)的出口	10亿卢布,当期价格	3.0	3.3	3.0	5.1	5.1	5.2	5.3	6.2	6.7	7.4	8.7	10.9	12.9	13.2	13.0	13.0	13.0	13.0	13.4
	%在总出口中占比	81	87	83	94	88	84	83	82	80	82	84	83	85	84	87	87	87	87	84
其他产品出口	10亿卢布,当期价格	0.7	0.5	0.8	0.3	0.7	1.0	1.1	1.4	1.7	1.6	1.7	2.3	2.2	2.5	2.0	2.0	2.0	2.0	2.6
(2)美国军备控制和裁军署(ACDA)和世界军费支出和武器转让(WMEAT)																				
武器和军事装备出口	10亿卢布,当期价格	4.3	4.6	3.7	4.3	5.7	4.2	6.6	5.4	6.8	5.6	7.2	9.4	10.6	10.8	11.6	10.1	11.9	NA	NA
武器和军事装备进口	10亿卢布,当期价格	1.2	1.5	2.1	2.9	1.9	1.7	1.3	1.1	1.2	1.2	0.7	0.6	0.6	0.5	0.7	0.2	0.1	NA	NA
武器和军事装备占总出口比例	%	3.8	4.1	3.0	2.8	2.8	1.5	2.0	1.4	1.3	1.6	1.6	1.6	1.8	1.8	2.1	2.6	3.6	NA	NA
武器和军事装备占总进口比例	%	1.9	2.0	2.5	2.9	1.4	1.0	0.6	0.4	0.3	0.5	0.2	0.1	0.1	0.1	0.2	0.1	0.0	NA	NA

C. 戴维斯(Davis)于2019年编制。

数据来源:(1) 2000—2005: Oboronno (2016); 2006—2010: Tsentr Stratigicheskykh Razrabotok (2017); 2011—2015: TsAST (2016), Frolov (2017b) Itogi; 2016—2018 Frolov(2018b) Itogi;(2) 2000—2016: ACDA (2000—2018) WMEAT。

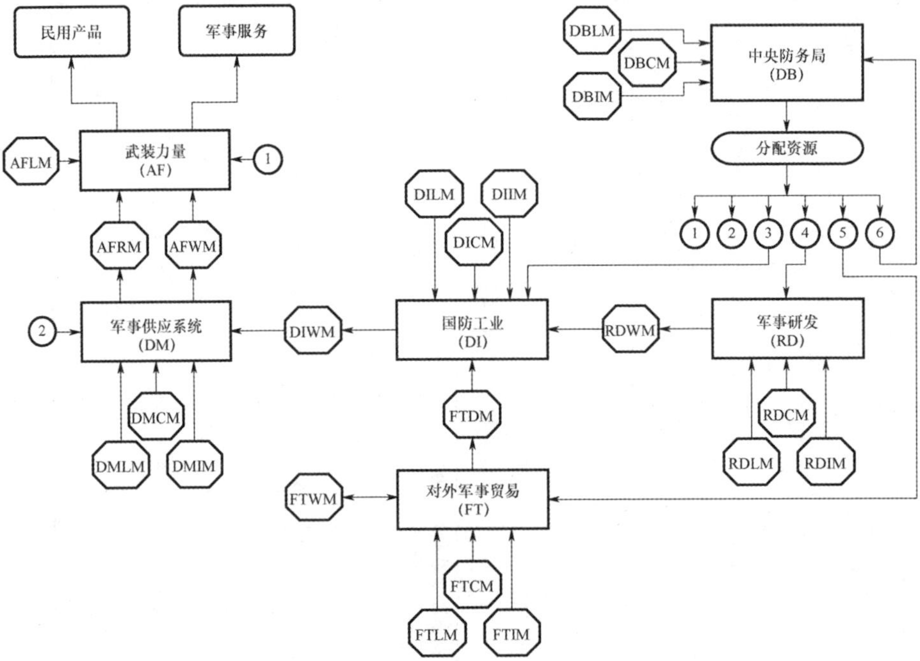

图 3.1　苏联和俄罗斯联邦国防部门的机构和市场

注:以八角框表示的防务部门市场体现了进出防务部门,以矩形框表示的六个国防机构之间的主要商品和服务流动情况。它们没有表示出给供应商的支付,以及从机构回流向国家的税收或利润。中央防务局(Central Defence Bureaucracy)使用计划和预算分配资源,计划和预算用椭圆框和六个圆形框表示。

AFLM　武装军队人力资源市场(Armed Forces Labour Market)

AFRM　武装军队零售市场(Armed Forces Retail Market)

AFWM　武装军队军事商品市场(Armed Forces Military Commodity Market)

DMLM　军事供给劳动力市场(Military Supply Labour Market)

DMCM　军事供给资本市场(Military Supply Capital Market)

DMIM　军事供给中间产品市场(Military Supply Intermediate Goods Market)

DIWM　国防工业军事产品市场(DefenceIndustry Military Commodity Market)

DILM　国防工业劳动力市场(DefenceIndustry LabourMarket)

DICM　国防工业资本市场(DefenceIndustry Capital Market)

DIIM　国防工业中间产品市场(DefenceIndustry Intermediate Goods Market)

RDWM　军事研发军事技术市场(Military R & D Military Technology Market)

RDLM　军事研发劳动力市场(Military R & D LabourMarket)

RDCM　军事研发资本市场(Military R & D Capital Market)

RDIM　军事研发中间产品市场(Military R & D Intermediate Goods Market)

FTDM　对外军事贸易本国市场(Military Foreign Trade Domestic Market)

FTLM　对外军事贸易劳动力市场(Military Foreign Trade Labour Market)

FTCM　对外军事贸易资本市场(Military Foreign Trade Capital Market)

FTIM　对外军事贸易中间产品市场(Military Foreign Trade Intermediate Goods Market)

FTWM　对外军事贸易世界市场(Military Foreign Trade World Market)

DBLM 中央防务局劳动市场(Central Defence Bureaucracy Labour Market)

DBCM 中央防务局资本市场(Central Defence Bureaucracy Capital Market)

DBIM 中央防务局中间产品市场(Central Defence Bureaucracy Intermediate Goods Market)

C. 戴维斯(Davis)于2019年编制。

数据来源:根据戴维斯(Davis,1990b,2002)中的图绘制。

2. 苏联政治经济体系及其组织中的国防工业

3.5节中的图3.2展示了一个与国防工业相关的政治经济系统的五模块模型,该模型在苏联和俄罗斯联邦时期均适用。苏联共产党(Communist Party of the Soviet Union,CPSU)领导层决定了国家安全战略、军事指导原则、国家优先事项和国防政策(模块1:Davis,1986,1992b)。中央国家机构将领导层的决定形成计划并实施(模块2)。协调是以强制性的规划和定量配给为基础的(模块3)。国防工业企业在苏联共产党中央和国家机构的监督下运作。国防工业企业的管理者与其各政府部门的纵向关系比供应商和客户(如军队)的横向关系更为重要。政府部门的家长式作风(宽松的控制)确保了企业存在预算软约束(模块4)。国防的高度优先地位使其避免遭遇短缺经济的许多绩效问题(模块5:Davis,1988a,1990b,2002,2014)。

戴维斯(Davis,2002)在图3.2中将1991年苏联国防工业综合体的纵向组织关系用六个机构表示出来。苏联国防委员会(Defence Council USSR)位于国家安全结构的顶端(Maslyukov & Glubokov,2005;Voenno-Promyshlennyy Kompleks,2005)。军事工业委员会(Military Industrial Commission,MIC)管理国防工业,它由九个负责主要生产军事产品的部门、三个负责主要生产民用产品的部门和国防部组成(CIA,1986;DoD,1987;Almquist,1990)。

3. 保护苏联国防工业的高度优先地位

苏联有一个制度化的优先事项体系,有助于确保无论经济环境如何,都能实现苏联共产党领导的重要目标。表3.7列出了在制定和执行规划的过程中使用的与优先事项相关的指标和工具。它们以数学统计指标表示,用于评估苏联高度优先的国防工业(Davis,1988a,1989;Davis,1990b,2002,2014)。

表3.7 俄罗斯国防工业的优先地位和相关指标(20世纪80年代、20世纪90年代和21世纪10年代)

优先级指标	20世纪80年代的高优先地位	20世纪90年代的低优先地位	21世纪10年代的高优先地位
在规划/预算制定期间			
国防在领导层目标函数中	高级别/字典式排序	低级别/国防和其他目标间进行权衡	合理的高级别,但仍在国防和其他目标间进行权衡
资源分配对出现问题的响应	快速响应	无响应	一般响应

（续表）

优先级指标	20世纪80年代的高优先地位	20世纪90年代的低优先地位	21世纪10年代的高优先地位
工资和劳动力条件	相对较高	相对较低	国家资助的部门相对较高，但不如成功的私营部门企业高
预算使用充分符合财务规范	慷慨的	小气的	慷慨的
在规划/预算执行期间			
产出	坚定承诺实现规划	无国家规划，在维持产出方面最小化	合理地坚定承诺实现规划
预算约束	软约束	相对宽松的约束	软约束
供应计划	坚定承诺实现规划	无法承受供应链中断	合理地坚定承诺实现规划
投资计划	雄心勃勃，坚定承诺实现规划	几乎无投资，无法承受投资不足	雄心勃勃，适度地承诺实现规划
投入品存货	大量投入品存货	清空投入品存货	合理的投入品存货
生产能力储备	大规模动员能力	动员能力减弱	恢复动员能力
短缺强度	低	高	低

C. 戴维斯（Davis）于2019年编制。

注解和资料来源：戴维斯（Davis，1988，1989，2002）给出了优先指标的概念基础，以及对20世纪90年代苏联计划经济和俄罗斯转型经济中对这些指标的评估。作者在研究了俄罗斯和西方有关资料的基础上，评估了21世纪俄罗斯国家资本主义经济中的这些指标。

4. 苏联的产业政策和国防工业

传统的苏联工业政策是以对重工业和国防工业大量投资为基础，来促进工业化的快速发展并增强军事实力的（Davis，1999，2014）。苏联制定了特殊的体制安排来支持工业政策，如国防部门的军事工业委员会。国有工业企业被设计成大规模、垄断和纵向一体化的企业，不受国际竞争的影响。这些政策使苏联发展成世界第二大工业强国，但到了20世纪80年代，苏联工业的特点是增长减速、技术进步缓慢、劳动生产率低下、效率低下。

5. 企业和军事研发机构的数量

20世纪80年代中期，苏联国防工业由13个部委管控下的1100家企业组成（CIA，1986；DoD，1988；Gaddy，1996；Kuzyk，2006）。防务企业的物资供给来自3500家民用工厂，这些民用工厂通常没有受到高度优先保护。军事研发网络包括920个研究所和设计局。

6. 国防工业的产出和销售:军用和民用

国防工业生产了大量武器,且数量不断增加(表3.8)。这反映了短缺经济的一个特征,即"数量驱动"(图3.2和表3.9)。

国防工业企业还生产各种民用消费品(如电视机、冰箱、客车(尤其是莫斯科人牌汽车)、中间产品(如化学品、电子元件)和资本设备(如客机、拖拉机))(Almquist,1990;CIA,1986)。国防工业产出中,民用部分约占40%。国防工业综合体的产品质量高于民用企业生产的同类产品。到1989年,戈尔巴乔夫政府的转型方案要将国防工业综合体产出中的民用份额提高到51%(Kuzyk,2006)。

表3.8　1965—1991年苏联国防工业生产和武装部队使用的武器

指标	单位	1965年	1970年	1975年	1980年	1985年	1990年	1991年
国防工业生产								
洲际弹道导弹(ICBM)	数量	100	380	150	200	100	125	100
潜射弹道导弹(SLBM)	数量	15	170	175	175	100	65	50
地空导弹(SAM)	数量	5200	25,000	40,000	50,000	50,000	47,000	43,000
轰炸机	数量	46	7	20	30	50	40	30
战斗机/战斗机轰炸机	数量	850	1000	1200	1300	650	575	250
直升机	数量	80	390	630	750	600	175	350
坦克	数量	2600	3300	2500	3000	3000	1300	850
装甲车辆	数量	1700	3500	4300	5500	3500	4400	3000
自行火炮	数量	200	600	900	900	1000	400	300
潜艇	数量	14	15	10	13	8	12	6
主要作战舰艇	数量	12	5	10	11	8	8	3
来自国防工业的武装部队武器库存								
坦克	数量	28,000	38,000	42,000	50,000	52,600	54,000	54,400
GF直升机	数量	300	800	1550	2000	4300	4500	4500
AF战斗机/攻击机	数量	2300	2850	3550	5000	5900	4335	4905
洲际弹道导弹	数量	281	1472	1469	1338	1371	1378	1006

（续表）

指标	单位	1965年	1970年	1975年	1980年	1985年	1990年	1991年
战略核弹头总数	数量	882	2327	3565	7488	9997	11,252	10,164

C. 戴维斯(Davis)于2019年编制。

资料来源：基于戴维斯(Davis,2002)中的表Ⅳ,该表使用了来自国防部(1981—1990年)《苏联军事力量》(Soviet Military Power),国际战略研究所(1969—1991年)《军事平衡》(各年份)和自然资源防护委员会(Natural Resources Defense Council,1997)的资料。

表3.9　俄罗斯国防工业企业的特点(20世纪80年代、20世纪90年代和21世纪10年代)

特点	20世纪80年代苏联短缺经济时代	20世纪90年代俄罗斯转型经济时代	21世纪10年代俄罗斯国家资本主义时代
国防工业企业的产出侧			
产出市场	卖方市场,国防工业占主导地位	存在惯性,卖方市场占主导地位	国防工业作为卖方仍然很重要,但逐渐转向买方市场
对品数量的态度	数量驱动(努力持续增加武器产量)	由于惯性,保持了最初的数量驱动,但逐步尝试关注收入	由于惯性,保持了最初的数量驱动,但随后转向收入最大化
对产品质量的态度	相对忽视质量(但军方检查人员有助于保持认定一致的标准)	对质量问题有更高的认识,但没有足够的投资来提升质量	市场竞争更加激烈增加了提高产品质量的压力
最终产品库存	最小化产品库存	不可销售的产品库存增加	产品库存低
国防工业企业内部的生产			
管理层对风险的态度	管理者规避风险(但武器设计者之间存在一定的竞争)	转型时期的不确定性强化了许多管理者的风险规避	竞争和更高的财务回报促使管理者承担更多风险
技术创新	国防工业的技术创新比民用工业好,但比西方慢	由于投资不足,技术创新微乎其微	经济复苏、支出增加和政府需求刺激创新
技术水平	国防工业的技术水平高于民用部门,但低于西方	俄罗斯与发达国家的技术差距加大	国防工业的技术水平落后于北约国家,但差距略有缩小
生产稳定性	强制替代减少,国防生产的瓶颈减少	攻坚压力减轻,但生产瓶颈加剧	高度优先地位有利于国防工业生产,但受到经济扰动的影响(GFC,制裁)
投入品库存	储存投入品/维持与动员规划有关的大量库存	经理违反动员规定,出售有价值的投入品库存	适度的动员相关库存,但可靠的贸易消除了囤积的需要
动员能力	大规模动员的生产能力	合法和非法减少动员能力	重新强调动员,但低于苏联时期的标准

(续表)

特点	20世纪80年代苏联短缺经济时代	20世纪90年代俄罗斯转型经济时代	21世纪10年代俄罗斯国家资本主义时代
国防工业企业的投入侧			
预算约束	预算软约束	转向相对的预算硬约束	相对宽松的预算约束
投资行为	投资饥渴(不断努力启动新项目和扩大产能)	为国防工业转型和武器出口项目获得投资的努力不成功	国防工业企业努力从国防工业预算和国家军备计划中获得投资
投入品市场的条件	国防工业投入品的短缺程度低于民用经济	投入严重短缺	可靠投入的新常态,但在2013年经济制裁后,供给受到干扰

C. 戴维斯(Davis)于2019年编制。

注释和资料来源:苏联和俄罗斯经济体系中的国防工业企业特征的指标来源于科尔内(Kornai,1980,1992)和戴维斯与沙雷姆扎(Davis & Charemza,1989)提出的短缺经济概念。对苏联和转型初期国防工业企业的条件和行为的评估是基于作者过去已出版的研究成果(Davis,1988a,1989;Davis,1990b,2002),以及对21世纪10年代俄罗斯国家资本主义经济相关新材料的分析。

7. 就业

20世纪80年代中期,国防工业综合体中军事相关就业人员中有270万人从事军事生产活动,120万人从事军事研发活动,110万人提供社会保障(如医疗保健:Gaddy,1996)。国防工业综合体还雇佣了270万人从事民用生产和研发,还有90万人提供保障。另有140万人主要在民用工业中从事军事生产。因此,苏联在军事相关的生产和研发方面的总就业人数为640万人(约占全国劳动力的5%:Kuzyk,2006;Maslyukov & Glubokov,2005)。

苏联国防工业企业拥有大量劳动力有三个原因:①他们在短缺经济中运作,因此囤积了大量劳动力;②公司为满足战争动员的要求,保留了多余的工人;③他们是纵向一体化的,要向雇员提供社会服务。

高度优先的国防工业能够向其雇员,特别是精英人员提供丰厚的工资和福利。然而,与安全问题有关的限制性就业条件使越来越多的年轻、高素质工程师和科学家不愿意接受国防工业综合体中的职位,这些限制性条件禁止工作人员通过从事非法私人活动赚取额外收入(Davis,1988ab)。

8. 地理位置

苏联的国防工业企业和军事研机构在其15个加盟共和国及约150个地区之间的分布并不均衡。重要机构主要分布在"斯拉夫共和国",俄罗斯拥有约80%的国防工业企业(Gaddy,1996,18,193)。雇佣国防工业工人最多的五个地区是:斯维尔德洛夫斯克(350,000人)、列宁格勒(现圣彼得堡,318,000人)、莫斯科市(300,000人)、下诺夫哥罗德(257,000人)和莫斯科地区(225,000人)。然而,出于国家安全的原因，许多国防工业企业位于偏远地区，这些地区中国防工业就业占比最高的3个分别是乌德穆尔蒂亚(57%)、卡鲁加(47%)和马里埃尔(46%)。许多拥有重要国防工业企业和/或军事研究机构的大城市是“封闭”的(如彼尔姆、伊热夫斯克)。

9. 西方经济战争时期苏联国防工业的对外经济关系

苏联在军事对外贸易方面有三个主要目标：①出口武器和军事装备以支持社会主义盟友并赚取硬通货；②最小化合法的武器和军事装备进口，以保持自给自足；③秘密获取外国先进的军事技术。苏联对外贸易的国家垄断意味着交易由中央计划，使用非市场汇率，并且由政府组织进行。尽管苏联出口了大量的武器和军事装备(表3.2)，但盖迪(Gaddy，1996，90-93)估计，由于以货易货和补贴，它实际上只获得了表面硬通货收入的56%。

在北约巴黎统筹委员会(Coordinating Committee，Cocom)的指导下，所有经济合作与发展组织(Organization for Economic Co-operation and Development，OECD，以下简称为“经合组织”)工业化国家都参与了针对苏联持续和全面的经济战(Davis，2016)。针对苏联所采取的不可接受的行动(如1979年入侵阿富汗；1981年在波兰实施戒严)，实施了补充制裁。

苏联无法从资本主义国家合法地购买武器和军事装备，但从华沙条约成员国进口了军事相关商品(Davis，2016)。然而，苏联有一个大型的秘密贸易转移计划，以获取受到限制的材料和设备，并建立了一个单独收集外国军事相关技术的“特别情报”系统(CIA，1985，1986；Hanson，1987；Kostin & Raynaud，2011)。美国国防部(1986)估计，20世纪80年代，国防工业综合体每年从其秘密的情报机构收到约4000件硬件和20,000份文件。

3.3.2 计划经济中的国防工业企业：结构、行为和绩效

1. 计划(短缺)经济中的苏联国防工业企业

表3.9通过描述国防工业企业行为对图3.2(Davis，1988a，2002，2014)进行了补充。在产出方面，企业在“卖方市场”中运作，并不断试图扩大产量(“数量驱动”)。与民用企业相比，它们更注重产品(尤其是武器)质量，由于需求过剩，成品库存较低。在投入方面，它们的高度优先地位确保其拥有“预算软约束”，遭遇短缺的情况不那么严重，甚至表现出“投资饥渴”。在生产方面，管理人员倾向于规避风险，技术创新缓慢，与国际标准相比，技术水平较低，战争动员的要求意味着国防工业企业有大量的投入品库存，储备了大量生产能力。

2. 结构

在苏联，所有国防工业综合体中的国防工业企业和军事研发机构仍为国家所有，在各部委的等级体系中运作。虽然有很强的纵向控制能力，但管理的特点之一是家长式作风。企业是垄断且纵向一体化的，以避免依赖优先地位较低的民用供应商。它们维持社会保障项目，以便动员相关的过剩能力和大量投入品存货。国

防工业企业占地面积大,雇佣人数多,部分原因是为了简化规划。根据卫星图像,苏联国防工业的实际规模在冷战后期扩大了50%(DoD,1988)。

能够进入国防工业综合体完全取决于中央计划者的决策。通常是在现有的大型企业中建立新的生产和研究设施。由于只关注生产武器和军事装备而忽视了效率,几乎没有企业退出。在20世纪80年代,主要生产工厂数量保持稳定。

3. 管理

国防工业企业由中央计划管理,在卖方市场上销售民用商品和军用商品,几乎没有竞争。阿姆奎斯特(Almquist,1990)表明,国防工业管理者能够制约武装部队和军事研发科学家的要求,因此对武器系统的实际要求不会过高。

由于数量驱动和预算软约束(如没有项目失败的财务风险),国防工业企业具有"扩张驱动"和"投资饥渴"。中央情报局(CIA,1986,3-4)评价,"国防工业的资本投资一直保持在高水平""它们也有机会获得最好的设备"。然而,在短缺经济中,即使是高度优先事项也不能充分保护国防工业企业免受投资项目延期完成的影响。

在图3.1中,通过国防工业中间产品市场的定量配给,将中间产品供给分配给防务企业。在20世纪80年代,国防工业所吸收的国民经济产品的占比如下:冶金部门20%、化工部门17%、能源部门17%。然而,国防工业的3500个民用供应商中,大多数企业优先级较低,导致交货不规律。根据阿姆奎斯特(Almquist,1990,144)的文献中提道:

> 国防工业管理者的著作表明,在供应问题上,苏联国防工业可能无法避免经常假定的那些问题;显然,管理者对他们可能拥有的所有特殊保护都不满意。

4. 绩效

总的来说,由于国防工业企业具有高度优先地位和数量驱动,能够实现国家计划的目标(表3.9)。中央情报局(1986)认为,"苏联历来强调数量而非复杂的设计",并通过"广泛增长"扩大武器生产。

国防工业企业有不同质量标准的生产线,从高到低排列为:苏联武装军队的武器和军事装备、出口的武器和军事装备、民用产品。防务企业强调设计的简单性,并倾向于生产不太复杂的单任务武器(CIA,1986,23)。

在国防工业中,价格、成本和利润等价值指标意义不大,因为经济体系是以数量信号和指标为基础的(Kornai,1980,1992)。在整个苏联时期,资本和劳动生产率水平一直很低。

苏联国防工业综合体生产了一些出色的武器和军事装备,如坦克和战斗机(DoD,1988)。苏联从事军事研发的科学家和工程师提出了复杂的武器概念和设计。然而,国防工业公司的管理人员在技术创新方面不愿意承担风险。他们倾向于对现有的生产线进行渐进改良,因为他们只要在数量上完成生产计划就能得到奖励,但投入不足可能会推迟技术创新项目,并导致计划不能顺利进行(Almquist,1990)。中央情报局(1986)发现,苏联国防工业在生产技术方面落后于北约标准,并在使用中保留过时的装备。

在冷战时期的大部分时间里,苏联国防工业都有稳定的生产条件,因为它不受短缺经济和西方经济战争的影响。然而,在20世纪80年代,优先保护地位被削弱,国防工业面临越来越多的供应不稳定、被迫使用替代品和生产瓶颈等问题(CIA,1986,17;Davis,1988a,1990b;Almquist,1990;Gaddy,1996)。

3.3.3 苏联关于采购和国防工业转型的政策

苏联政府关于国防工业政策在军事采购、民用生产和国防工业转型上的重点是随时间推移而变化的。

1. 采购

苏联根据以数量为导向的计划向军队提供武器装备。这并不是如北约市场经济那样的“采购”,因为价值指标不影响决策,武装部队也不是真正的客户。国防规划有效确保了大量现代化武器的生产并分配给武装部队。

1985年,苏联国防当局执行了一项中期国家军备计划(State Armaments Programme,GPV),该计划规定将武器和军事装备交付给武装部队,并通过国家防务订单(State Defence Order,GOZ)分配的资源提供资金购买武器(Maslyukov & Glubokov,2005;Zatsepin,2007,2012)。然而,这些程序创新的有益影响微乎其微,武器和军事装备的采购量在1990年下降了8%,在1991年下降了25%(Gaddy,1996)。

2. 国家指导下的国防工业向民用生产转型(konversiya)

在冷战时期的大部分时间里,军事生产是国防工业的首要任务。改革(perestroika)之初,国防工业综合体被视为一种积极模式,并努力将其成功的组织形式和程序转移到民用领域(Davis,1992a)。

1988年开始正式裁军之后,启动了大规模的“国家国防工业转型方案”(Maslyukov & Glubokov,2005)。一个关键目标是将国防工业产出中的民用份额从1988年的40%提高到1995年的60%。然而,这一转型计划是在“十二五”规划中期意外提出的,当时经济形势恶化,国防工业管理人员并不确定新政策的可持续性。因此,到1991年,国防工业转型进展甚微(Davis,1992a;Gaddy,1996)。

3.4 转型经济崩溃下的俄罗斯联邦国防工业:1992—1999年

3.4.1 政治经济体制中的国防工业及其组织

1. 俄罗斯政治经济体制转型中的国防工业

1992—1999年,俄罗斯形成了一种混合式的政治经济体制。俄罗斯中央领导层降低了国防工业综合体的优先地位[①]。虽然优先地位被削弱了,但由于国防工业综合体有权提供预算资金和援助,它对国防工业企业来说仍然很重要。从“直接官僚控制”(如规划)转向了间接控制(如非正式的信号和隐性补贴)(Kornai,1992)。在图3.1所示的国防部门市场中,货币和价格处于半活跃状态,数量过程(尤其是以货易货的过程)仍然具有影响力。与横向关系相比,纵向关系对国防工业企业仍然更为重要。卖方市场和预算软约束仍广泛存在。长期严重的物资短缺困扰着所有的国防机构。

2. 国防部门战略和组织的发展

俄罗斯联邦继承了苏联约80%的国防工业综合体组织(Fel'Gengauer,2010)。俄罗斯最初的国家安全战略反映了政府改革者的信念,即国家没有面临严重的威胁,国防工业综合体是一个障碍,军事力量在国际事务中的重要性日益降低(Allison,1997)。然而,在1994—1999年间,中间派形成了一种共识,即俄罗斯在内部(如伊斯兰分裂主义)和外部(如北约扩张)面临着严重的军事挑战,武装部队将在阻止和解决冲突方面发挥至关重要的作用。俄罗斯公布了计划以提升军事研发,引入了与国家防务订单(GOZ)有关的新的国家军备计划(GPV)。然而,持续低迷的经济表现破坏了改善国防工业综合体的努力(Gaddy,1996;Davis,2002)。

关于国防工业综合体的纵向组织,总统办公室在安全理事会(Security Council)的支持下是最高决策机构。军事工业委员会被撤销。国防工业企业和军事研发机构经过多次重组,归属于不同机构(Kuzyk,1999;Kuzyk,2006)。[②]

3. 低优先地位对俄罗斯国防工业的影响

在整个20世纪90年代,俄罗斯政府给予国防部门较低的优先级,接受了与民用项目之间此消彼长的关系(表3.7)。其间并没有分配资源解决国防工业综合体的问题,国防领域中员工的实际工资和福利在这段时间开始恶化。政府对国防组织是否实现产出日标漠不关心,也没有保障它们的供给。然而,“租金管理系统”(RMS)提供的资源被用来拯救濒临破产的防务企业,因此预算软约束仍然存在。

4. 俄罗斯的产业政策和国防工业

俄罗斯政府在经济转型过程中对国防工业的影响较小,其目标和政策工具也不同(Davis,1999)。最初的主要工业目标是将大多数企业(但不是国防工业的核心)私有化,分散决策并使其对市场力量做出反应,促进企业重组,打破垄断,与外

① 盖迪和伊克斯(Gaddy & Ickes,1998,2005,2010)使用其“虚拟经济”和“租金管理系统”(RMS)模型,对20世纪90年代俄罗斯政治经济系统的变化进行了深入评价。他们揭示了国家如何从能源部门获得“租金”(价值),并将其重新分配,以支持缺乏竞争力的制造业部门,如国防工业,这些部门增加值为负,且从事易货贸易。

② 控制国防工业的中央机构是:1991—1992年工业部;1992—1993年俄罗斯国防工业委员会;1993—1996年国防工业国家委员会;1996—1997年国防工业部;1997—1998年经济部;1999年至21世纪经济部以及工业和科学部。

国产品竞争并吸引外国投资。然而,1993年后,支持重工业和国防工业,鼓励组建金融-产业集团(Financial-Industrial Groups)促进国防工业转型的措施就越来越多了(见3.4.3节中第2小节)。

5. 企业和军事研发机构数量

俄罗斯继承了大约900家国防工业企业和800家设计局、科学研究所和实验工厂(Gaddy,1996)。其中许多公司被并入金融-产业集团或其他形式的控股公司,以提升弹性,促进纵向一体化和技术创新。

6. 国防工业的产出和销售

如表3.10所列,国防工业总产出指数(1991=100)从1992年的77.7下降到1998年的18.0,下降了77%。1998年的军事产出指数下降至9.2。战斗机的年产量从150架下降到1997年最低的35架,坦克产量从500辆下降到1997年最低的5辆。民用产出指数下降到1998年最低的25.8。由于受到优质进口产品的竞争,对防务企业的传统产品(如电视机)及其转型后生成的产品,其民用需求都很弱。军事研发的产出类似地下降了,这对新武器系统的发展产生了不利影响。根据北约的悲观估计(2000,27):“俄罗斯的武器开发错过了十年,可能不能通过人力和技术资源弥补损失”。

然而,1999年,国防工业的大部分部门开始恢复生产。当年的总产出中,20%用于武装部队的武器和军事装备,34%用于出口的武器和军事装备,26%用于民用资本货物,9%用于民用消费品,11%用于民用货物出口。

表3.10 1992—1999年俄罗斯国防工业生产和武装部队武器情况

指标	单位	1992年	1993年	1994年	1995年	1996年	1997年	1998年	1999年
国防工业生产									
国防工业总产出指数	1991 =100	77.7	62.4	38.4	29.3	21.3	18.5	18.0	23.9
国防工业军事产出指数	1991 =100	49.6	32.4	20.9	15.5	11.9	8.8	9.2	12.5
国防工业民用产出指数	1991 =100	99.7	85.3	52.8	40.3	28.4	28.0	25.8	33.1
洲际弹道导弹和潜射弹道导弹	数量	55	35	25	10	10	10	10	10
轰炸机	数量	20	10	2	2	1	0	0	1
战斗机/战斗轰炸机	数量	150	100	50	20	25	35	40	40
直升机	数量	175	150	100	95	75	70	40	75
坦克	数量	500	200	40	30	5	5	15	30
装甲车	数量	700	300	380	400	250	350	250	300

(续表)

指标	单位	1992年	1993年	1994年	1995年	1996年	1997年	1998年	1999年
潜艇	数量	6	4	4	3	2	2	2	0
国防工业提供的武装部队武器库存									
坦克	数量	29,000	25,000	19,500	19,000	16,800	15,500	15,550	15,500
GF 直升机	数量	3200	3500	2600	2600	2450	2565	2300	2300
战斗机	数量	5885	5525	2880	2175	2195	2015	2015	1530
洲际弹道导弹	数量	950	898	818	771	755	755	755	771
战略核弹头总数	数量	9609	8938	8032	7379	7259	6678	6534	6315

C. 戴维斯(Davis)于2019年编制。

数据来源:根据戴维斯(Davis,2002)的表Ⅵ,其中使用了来自加迪(Gaddy ,1996),国际战略研究所(IISS,1990—2019)《军事平衡》,NATO (2000)和自然资源保护委员会(1997)的材料。

7. 就业

俄罗斯国防工业的就业人数从1988年的540万下降到1995年的300万(Gaddy,1996,PG,115)。但是,国防工业综合体在军事生产方面的就业下降幅度更大,从270万减少到60万,而国防工业综合体在民用生产方面的就业从270万减少到240万。军事研发人员从1988年的120万减少到1999年的40万左右。

国防工业综合体雇员的实际工资和福利大幅削减。到1996年,国防工业工人的月工资仅为全国所有行业平均工资的60%(Kuzyk,2006)。而且国防工业综合体员工经常无法定期拿到工资("拖欠工资"现象)。雇员之所以容忍这种情况,是因为他们住在公司的房子里,继续在防务公司获取社会服务,但他们的积极性受到了影响。

国防工业企业的管理人员绝望地将生产或库存中的军用和民用工业品出售,换取消费品,提供给工人以替代工资。工作条件和薪酬的恶化导致国防部门劳动力大量流出,特别是那些处于职业生涯早期的劳动力。国防工业综合体员工的平均年龄从1990年的39岁上升到2000年的58岁(Kuzyk,2006)。

8. 地理位置

国防工业综合体中的国防工业企业和军事研发机构集中在莫斯科、圣彼得堡和23个地区(如乌拉尔)(Gaddy,1996,149)。20世纪90年代,由于资本投资严重不足,国防工业的进入或退出几乎可以忽略不计,生产设施分布没有太大变化。然而,由于员工决定离开目前地处偏远且没有吸引力的国防工业综合体,国防就业的地区分布发生了巨大变化。

9. 经济战争和紧急制裁缓和时期俄罗斯国防工业的对外经济关系

20世纪90年代,贫困的国防工业对外贸易的主要目标是通过出口武器和军事装备获取可兑换货币或有吸引力的易货商品。中央对武器贸易的控制减弱了。由于俄罗斯公司出售的是为武装部队生产但不再需要的武器，它们可以以较低价格出售，并仍能获得可观的利润。但军事贸易的很大一部分是通过以货易货的方式进行（Fel'gengauer，2010）。武器和军事装备出口创造了国防工业收入的四分之三，但这些收入不足以为其现代化提供资金（DIA，2017）。

随着冷战的结束，西方针对俄罗斯的经济战也停止了（如北约的巴黎统筹委员会于1994年解散：Davis，2016）。北约国家保留了较少的限制性出口管制。20世纪90年代，俄罗斯可以合法地直接从北约国家进口更多的机械和商品，但实际交易由于俄罗斯硬通货不足而受到限制。俄罗斯最大的防务伙伴是乌克兰，但两国之间的贸易已从国内贸易转变为对外贸易。在这些年中，中国和印度为俄罗斯企业提供了新的出口机会，因为它们的工业化快速发展，同时，北约防务企业在20世纪90年代决定将零部件生产外包给第三世界国家成本更低的制造商。

俄罗斯继续实施更小规模的非法贸易转移和技术间谍活动。但是，资源不足的俄罗斯国防工业通常无法利用获取的原型和技术信息。

3.4.2 转型经济中的俄罗斯国防工业企业：结构、行为和绩效

1. 混合转型经济中的俄罗斯国防工业企业

表3.9总结了20世纪90年代不断演变的混合经济体制中俄罗斯国防工业企业的发展和特点。在这十年中，无效的改革政策和糟糕的经济表现对国防工业综合体产生了负面影响。

2. 结构

在20世纪90年代初期，政府规划要求国防工业综合体900家企业中的约500家保留为国有实体，而其他公司则要私有化（Noren，1994；Gaddy，1996；Maslyukov & Glubokov，2005）。然而，私有化进展缓慢，到1997年，国防工业综合体的股权结构为：国有企业占46.1%，国有股份制公司占33.6%，民营企业占20.3%。国防工业企业的集中管理被削弱了，理论上获得了更大的自主权。然而，在当时混乱的经济环境中（实际GDP下降40%，通货膨胀超过1000%），如果国防工业企业能够从家长式的国家获得帮助，那么企业的纵向关系就仍然至关重要。

由于严重缺乏投资，以及对外国参与的限制，国防工业的高度集中和纵向一体化几乎没有任何改变。防务企业虽然资金不足，但仍然维持着大量的社会保障安排。许多企业日益贫穷，为了筹集运营资金和工资，它们开始出售战略储备以及与动员相关的设备（Oxenstierna & Westerlund，2013）。

20世纪90年代，如果以建筑面积衡量，俄罗斯企业的规模没有显著变化，但如果以就业或销售收入来衡量，其规模严重缩小。进入和退出国防工业综合体的情况几乎不存在。

3. 行为

国防工业的强制性计划被取消了，人们预期将会出现图3.1所示的以市场为基

础的协作。然而,由于宏观经济的灾难性表现和微观层面改革的失败,政府加强了对国防工业综合体官僚主义式的间接控制。对国防工业企业来说,以货易货变得更加重要。到1997年,大公司70%的交易是在以货易货的基础上进行的(Gaddy & Ickes,1998)。

军品市场的横向关系仍由国防工业主导,而武装部队是处于弱势地位的客户。这反映了一个事实:例如,1998年,政府只能向国防工业支付国家防务订单所需总款项的25%。国防部欠国防工业的债务大幅上升。在向武装部队提供武器和军事装备方面,国防工业企业之间的竞争很少。相反,由于进口不断增长,国防工业生产的民用商品市场却是一个买方市场。

国防工业的大规模交易市场和资本市场(图3.1中的国防工业军事产品市场(DIWM)和国防工业民用产品市场(DICM))没有按预期方式运作。防务企业的管理者及其供应商已经合作了几十年,他们分散了决策,利用企业间信贷继续按正常的数量条件进行贸易,并正确地预期到债务最终将由政府清偿(Noren,1994)。由于投资减少了约90%,与国防工业资本项目相关的扩张动力消失了。留存下来的资本存量恶化了。

中央政府的改革者希望对国防工业企业实施严格的预算限制,这将导致大规模破产。然而,中央和地方政府中其他有影响力的决策者对此置之不理,继续向陷入困境的防务企业提供隐性补贴(如容忍它们不支付电费),国家控股银行的贷款补贴和税收减免。

4. 绩效

20世纪90年代,国防工业企业管理者的主要目标是确保企业生存下来。国防工业企业最初通过生产苏联时代的武器和军事装备继续保持生产数量,这是通过分散企业间信贷,使用资本存量,不断获得当期投入和有经验的劳动力才得以实现的。

由于严重的经济困难,国防工业企业的产品质量严重下降(Kuzyk,1999)。武器和军事装备的卖方市场没有成功转向买方市场,意味着提升产品质量的压力很小。无论如何,没有任何投资来改善这一状况。

以市场为导向的成本、价格、利息和利润等价值指标对国防工业影响不大。拥有武器和军事装备出口权的公司几乎能够以任何硬通货价格,或有吸引力的易货物品,换取苏联时代以卢布成本生产的产品。由于销售收入下降、资本存量老旧、工人积极性低落,防务企业的资本和劳动生产率恶化。

在比苏联时期更不确定的环境中,国防工业的技术创新受到投资不足和管理人员规避风险的阻碍:军事研发投资仅是之前的十分之一;70%的生产技术已过时;国防工业半数以上的设备完全磨损。由于日益加剧的短缺、瓶颈和强制替代,国防工业企业内部生产条件恶化。

3.4.3　俄罗斯采购和国防工业转型政策

20世纪90年代的政治和经济条件变化导致采购量大大减少,俄罗斯再次努力进行彻底的国防工业转型。

1. 采购

虽然政府中的改革者没有实现最初缩小国防工业综合体规模的伟大目标，但1992年的实际情况是武器采购减少了57%，军事生产减少了38%（Gaddy，1996）。1996年，政府通过了《1996—2005年国家军备计划》，该计划基于一项将稀缺资源集中用于优先级最高的武器项目，并向防务企业保证销售量的战略（Korotchenko & Mukhin，1999；Babakin，2016）。《1998—2000年国防工业重建和转型方案》（*Programme for the Reconstruction and Conversion of Defence Industry During，1998—2000*）对该计划进行了补充。

总体而言，官方采购计划和方案对国防工业综合体的发展产生的积极影响微乎其微。由于组织缺陷和资金不足（仅分配了公布预算的23%），《1996—2005年国家军备计划》未能成功实施（IET，2010；Oxenstierna & Westerlund，2013；NATO，2015；Babakin，2016；DIA，2017）。1997年，政府拨出280亿卢布用于购买武器和军事装备以及进行军事研发，但实际只提供了80亿卢布（Fel'Gengauer，2010）。1998年政府批准的国家防务订单价值为250亿卢布，但只提供了30亿卢布。从1992年至1999年，以2016年不变美元价格计算的采购价值从83亿美元降至29亿美元，下降了65%。

2. 20世纪90年代国家指导下的俄罗斯国防工业转型

改革派政府对国防工业综合体推行“深度转型”政策，旨在促使军事生产的重大转型，将防务企业转移到民用经济中。1992年2月，政府通过了《国防工业转型法》（*On Conversion of the Defence Industry*），并在接下来的两年里，出台了14个联邦和1000多个地区、部门或企业转型方案（Gaddy，1996）。1997年，政府通过了一项关于《1998—2000年俄罗斯联邦国防工业重建和转型》的补充法律。

然而，所有的经验评估都表明，过去十年间几乎没有取得任何成就，主要原因是缺乏资金。转型项目在1995年只获得国家预算授权资金的18%，1996年获得了33%。另一个问题是，俄罗斯进口的消费品越来越多，质量比国防工业的产品要好，价格却更低（Fel'Gengauer，2010）。

3.5 2000—2019年经济复苏和国际紧张时期的俄罗斯联邦国防工业

3.5.1 国防工业与经济、政治体系的关系以及组织变化

1. 俄罗斯国家资本主义政治经济体制中的国防工业

在21世纪最初十年中，俄罗斯政治经济体系的特点如图3.2所示。在弗拉基米尔·普京的领导下，总统权力得到加强（2000—2008年、2012—2024年：模块1）。改善国家安全和国防规划的目标被给予高度优先性。国家机构增加了权力，并

继续拥有国防工业综合体的大部分机构(模块2:Monaghan,2014)。政府利用租金管理系统(Rent Management System,RMS),继续对国防工业综合体进行间接的官僚控制,并表现出家长式作风(Gaddy and Ickes,2005:模块3)。纵向关系主导横向关系,国防工业企业经理与政府官员就国家军备计划相关的生产目标和预算软约束进行谈判(模块4)。宏观经济绩效有所改善,但微观经济层面仍存在严重问题。

主要模块和因果性

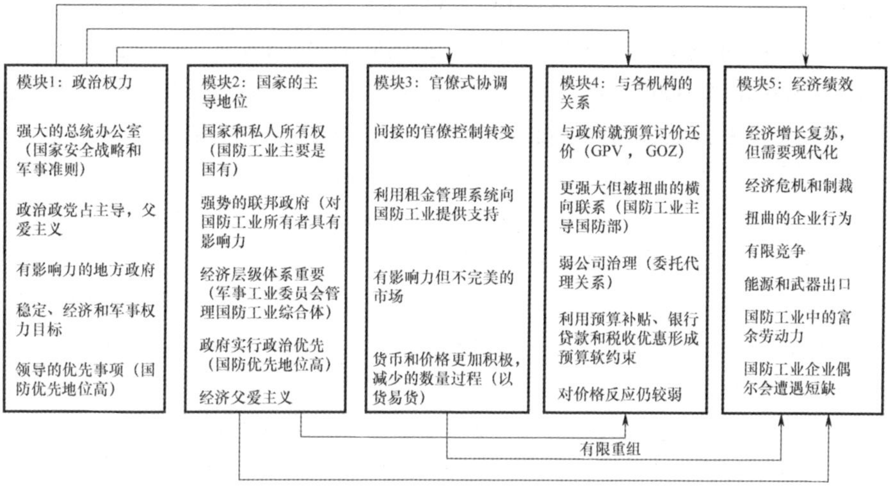

图3.2　2019年俄罗斯政治经济体系中的国防工业

C. 戴维斯(Davis)于2019年编制。

资料来源:根据科尔奈(1992)著作中的图15.1进行改编以描述俄罗斯国防工业综合体,该图用于刻画总体短缺的情况。有关特征和概念的更多信息请参阅戴维斯(1988a,2002,2016)。

图中的缩写:GPV=国家军备计划,GOZ=国家防务订单。

2. 国家安全战略和国防工业组织的发展

普京政府修订并通过了《国家安全概念和军事准则》(*National Security Concept and Military Doctrine*),它对外部威胁的评估更加悲观,并呼吁加强军事力量(Kontseptsiya,2000;Voennaya Doktrina,2000)。国防的更高优先地位反映在增加军事支出(3.2.3节)和恢复国防工业综合体的雄心勃勃的计划中,两项法令详细阐述了这一点,即2000年的《关于促进俄罗斯联邦军事生产集中化和合理化的措施》(*About Measures to Promote Concentration and Rationalization of Military Production in the Russian Federation*);2005年的《至2010年及更长时期内俄罗斯联邦国防工业综合体发展领域的主要政策》(*The Main Policies of the Russian Federation in the Field of the Development of the Defence-Industrial Complex in the Period out to 2010 and in a Long-Term Perspective*)(Kuzyk,2006)。

2012年,政府制定了《至2020年国防工业发展的联邦目标规划》(*Federal Tar-*

geted Programme for the Development of the Defence Industry to 2020)。在此期间,俄罗斯通过了三项国家军备计划(至2005年、至2010年和至2015年),但由于组织问题和资金不足,这些计划均未生效。但覆盖2011—2020年的项目的资金更加充足,并取得了良好的成果(见3.5.3节:IET,2010;IISS,2011—2019;Oxenstierna & Westerlund,2013;DIA,2017)。

在后乌克兰危机时期,俄罗斯领导层批准了新版的《军事准则(2014)》(*Military Doctrine*)和《国家安全概念(2015)》(*National Security Concept*),将北约确定为俄罗斯最大的威胁(President,2014,2015;DIA,2017,15)。政府采取行动应对西方和乌克兰经济制裁带来的挑战(Davis,2016,2017)。2018年通过了新的《2018—2027年国家军备方案》(Connolly & Boulegue,2018)。然而,从2016年起,政府下达给国防工业和军事研发机构一项新的任务,即加快向民用生产转型(见3.5.3节中第2小节)。

图3.3显示了2019年俄罗斯国防工业综合体的具体组织及其纵向关系,这些关系与图3.1中确定的六个经济机构有关联。总统是最高统帅。军事工业委员会于2007年重新建立,以改善国防工业生产、采购、军事研发和军事对外贸易方面的协调(Oboronno,2015)。普京总统2014年就任军事工业委员会主席。自2008年以来,国防工业的大部分组成部分都由工业和贸易部管理(Min Prom Torg:Kuzyk,2006)。许多国防工业企业通过纵向整合并入了国有控股公司,其中最重要的是国有高新技术公司(Rostekhnologii,或Rostekh,于2007年11月成立)(IET,2010)。军事对外贸易的关键机构是俄罗斯国防产品出口公司(Rosoboroneksport,国有高新技术公司的子公司),它控制了武器和军事装备约85%的出口额(Oboronno,2006;DIA,2017)。

3. 21世纪初俄罗斯国防部门的高度优先地位

表3.7评估了21世纪初国防工业综合体的高度优先地位。这段时期国防预算比过去更加重要,但规划(如与国家军备计划和国防工业现代化相关的规划)仍然很重要。在制定规划/预算期间,领导层愿意接受在国防与民用之间的权衡,为国防分配了充足的资源,以便为通过的方案提供资金,提高了国防工业综合体的工资,改善了工作条件,并在国防预算中采用了宽松的财务准则。

在执行阶段,政府展现出适度且坚定的承诺,确保国防规划和预算得以执行。对维持战争动员计划中规定的库存和储备生产能力予以更多重视。防务企业和研究机构的预算约束相对不严格,短缺程度较低。

4. 2000—2019年俄罗斯国防工业政策

俄罗斯在2000—2019年期间通过并实施了许多影响国防工业的产业政策:格里夫(Gref)《2010年战略》(涵盖2000—2010年)、《2020年战略》(2012—2020年),2014年12月31日“关于俄罗斯联邦产业政策”的第488-FZ号联邦法案(Ryazantsev,2018),以及《2018—2024年期间俄罗斯库德林战略》(*Kudrin Strategy for Russia*)(在2018年5月关于至2024年改革的总统令体现了这一战略,参见2000—2019年转型经

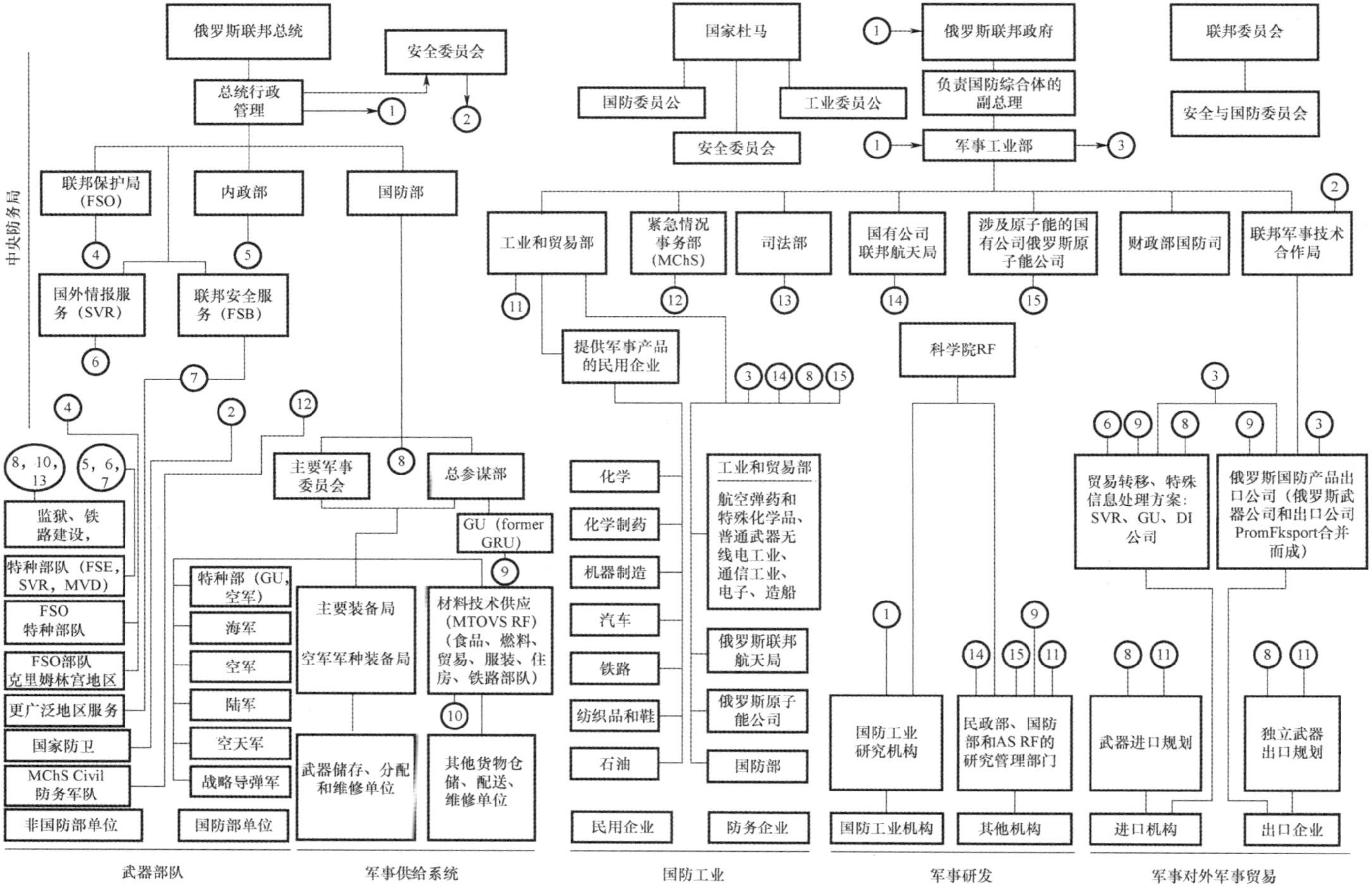

图3.3　2019年俄罗斯国防工业综合体组织

C. 戴维斯（Davis）于2019年编制。基于戴维斯（2002）中与图4相关方法的图表。

资料来源：俄语书籍、文章和在线资料、西方报道和作者的访谈。

济研究所报告的工业部分)。不变的目标使经济多样化,摆脱对能源和原材料出口的依赖,加快技术创新,提高制造业竞争力,增加工业品出口(Kuzyk,2006)。为了应对经济制裁,2013年后增加的目标是促进进口替代(Connolly & Hanson,2016)。

5. 数量和规模

由于增加、合并、破产以及从生产军用品向民用品转型,列入权威的“工业和贸易部国防工业综合体组织登记册”(*Ministry of Industry and Trade Register of Organisations of the Defence-Industrial Complex*)的国防工业企业和军事研发机构的数量从1997年的1700个左右变动到21世纪初的1400个。表3.11显示了2014年1339个国防工业综合体组织的分布情况(Min Prom Torg,2014;Zatsepin,2014)。其中875个在行政上隶属于俄罗斯工业和贸易部(Min Prom Torg),分布在其7个分支机构中。其他国防组织隶属国防部(169个)、俄罗斯联邦航天局(Ros Kosmos)(80个)和俄罗斯原子能公司(Ros Atom)(43个)。在民用经济部门中有86个组织。国防工业综合体的组织数量在2018年上升到1355个(Ryazantsev,2018)。

其中许多组织隶属于大型国防控股公司。例如,2018年,俄罗斯国防技术公司控制了国防工业综合体名单上约500家公司。表3.12列出了其他主要的大型企业集团。俄罗斯国防工业企业在建筑面积和就业人数方面规模很大,但与外国企业相比,其销售额却不大。2018年,只有6家俄罗斯公司入选世界100强防务企业(Defense News,2018)。最大的公司是金刚石-安泰(Almaz Antey),排名第8位,较2017年的第11位有所上升(表3.12)。

表3.11 2014年国防工业综合体注册名单中的国防工业企业和军事研发机构:按隶属于工业和贸易部分支机构和其他组织的数量排序

<table>
<tr><th colspan="2">组织</th><th>在分支机构中的数量</th><th>在组织内的数量</th></tr>
<tr><td rowspan="7">俄罗斯工业和贸易部</td><td>航空</td><td>189</td><td rowspan="7">875</td></tr>
<tr><td>弹药和特殊化学品</td><td>94</td></tr>
<tr><td>普通武器</td><td>100</td></tr>
<tr><td>无线电工业</td><td>154</td></tr>
<tr><td>通信业</td><td>102</td></tr>
<tr><td>电子业</td><td>108</td></tr>
<tr><td>造船业</td><td>128</td></tr>
<tr><td colspan="2">俄罗斯联邦航天局</td><td colspan="2">80</td></tr>
<tr><td colspan="2">俄罗斯原子能公司</td><td colspan="2">43</td></tr>
<tr><td colspan="2">国防部</td><td colspan="2">169</td></tr>
<tr><td colspan="2">教育和科技部</td><td colspan="2">14</td></tr>
<tr><td colspan="2">俄罗斯科学院</td><td colspan="2">38</td></tr>
</table>

(续表)

组织	在分支机构中的数量	在组织内的数量
分支机构和其他政府部门	34	
民用经济部门	86	
企业和机构总数	1339	

C. 戴维斯(Davis)于2019年编制。

数据来源:Min Prom Torg,2014。

表3.12 2018年防务新闻网世界百强防务企业中的俄罗斯企业

2017年排名	2016年排名	公司	2017年防务收入/百万美元	2017年防务收入/百万美元	国防收入变化	2017年总收入/百万美元	防务收入占比
8	11	金刚石-安泰	9125.02	6581.69	39%	9125.02	100%
14	14	联合飞机公司	6197.25	5636.84	10%	7746.56	80%
25	32	战略导弹公司	3573.95	2866.24	25%	3624.21	99%
36	—	俄罗斯直升机	2735.16	2652.01	3%	4250.24	64%
46	45	乌拉尔车辆公司	1865.00	1584.29	18%	2626.77	71%
48	50	无线电电子技术公司	1677.48	1365.52	23%	1973.50	85%

注:防务新闻网联系了这些公司,并完成了调查,这项调查报告了公司的年度总收入以及来自国防、情报、国土安全和其他国家安全合同的收入。

C. 戴维斯(Davis)于2019年编制。

数据来源:Defense News(2018)。

6. 国防工业的产出和销售

2000年,国防工业生产指数(1991=100)总额为36.1,军事产出为29.4,民用产出为43.8(表3.13)。在接下来的十年中,国防工业产出年均增长率很高:总额为11.6%;军事产出为15.0%;民用产出为8.9%。2011年总产出达到1991年的水平(指数值为99.4)。在2011—2018年,国防订单价值增加了,几乎得到了全部资金(Oboronno,2016;Itogi,2017;Bystrye,2018;Min Prom Torg,2018;OPK Rossii,2018)。尽管由乌克兰导致的西方经济制裁干扰了国防工业的生产,但其总产出指数从2013年的120.0攀升到2018年的189.7(Postanovlenie,2019)。特别是从2011年开始,所有类型武器的生产和销售都出现显著增长(Connolly & Sendstad,2018;见3.5.3节中第1小节采购一节)。

表3.12显示,进入防务新闻网百强企业的6家俄罗斯防务企业的总销售额从2016年的200亿美元增加2017年的250亿美元。与美国公司(有39家进入100强)相比,这些企业销售额较低,但大致相当于欧洲主要国家的销售额。

表3.13　2000—2018年俄罗斯国防工业产出

(1)国防工业综合体总产出、军事产出和民用产出年增长率和生产指数:转型经济研究所(IET)及作者的估计												
指标	单位	2000年	2001年	2002年	2003年	2004年	2005年	2006年	2007年	2008年	2009年	2010年
国防工业综合体总产出(IET)增长率	%	25.3	7.6	16.5	16.3	3.3	3.8	12.2	15.4	5.1	4.3	17.4
国防工业综合体总产出(IET)指数	1991=100	36.1	38.8	45.2	52.6	54.3	54.4	63.2	73.0	76.7	80.0	93.9
国防工业综合体军事产出占比	%	54	55	56.0	57.0	58.0	59.0	61.0	63.0	64.0	65.0	66.0
国防工业综合体民用产出占比	%	46	45	44.0	43.0	42.0	41.0	39.0	37.0	36.0	35.0	34.0
已发布的国防工业综合体总产出增长率	2000—2010年年均增长率: 11.6 %											
估计的国防工业综合体军事产出增长率	2000—2010年年均增长率:15.0 %											
估计的国防工业综合体民用产出增长率	2000—2010年年均增长率: 8.9 %											
指标	单位	2011年	2012年	2013年	2014年	2015年	2016年	2017年	2018年	—	—	—
国防工业综合体总产出(IET)增长率	%	5.8	6.4	13.5	15.5	12.9	10.1	5.3	5.2	—	—	—
国防工业综合体总产出(IET)指数	1991=100	99.4	105.7	120.0	138.6	156.5	171.4	180.4	189.7	—	—	—

(续表)

指标	单位	2011年	2012年	2013年	2014年	2015年	2016年	2017年	2018年	—	—	—
国防工业综合体军事产出占比	%	67	70	73.0	76.0	79.0	82.0	84.0	83.0	—	—	—
国防工业综合体民用产出占比	%	33	30	27.0	24.0	21.0	18.0	16.0	17.0	—	—	—
已发布的国防工业综合体总产出增长率	2011—2018年年均增长率: 9.3 %											
估计的国防工业综合体军事产出增长率	2011—2018年年均增长率: 13.1 %											
估计的国防工业综合体民用产出增长率	2011—2018年年均增长率: 1.1 %											
(2)国防工业综合体分支机构总产出年度增长率及指标:工业和贸易部(MinPromTorg)												
指标	单位	2010年	2011年	2012年	2013年	2014年	2015年	2016年	2017年	2018年	—	—
国防工业综合体总产出增长率及指数	%	NA	5.8	8.2	13.9	18.8	13.0	10.7	5.3	5.2	—	—
	2010=100	100.0	105.8	114.5	130.4	154.9	175.0	193.8	204.1	214.7	—	—
航天工业增长率及指数	%	NA	9.0	12.3	17.2	18.3	5.2	8.7	11.7	0.3	—	—
	2010=100	100.0	109.0	122.4	143.5	169.7	178.5	194.0	216.7	217.4	—	—
导弹-航空工业增长率及指数	%	NA	10.6	11.8	15.3	8.6	8.9	99.1	NA	NA	—	—
	2010=100	100.0	110.6	123.7	142.6	154.8	168.6	167.1	NA	NA	—	—

（续表）

指标	单位	2010年	2011年	2012年	2013年	2014年	2015年	2016年	2017年	2018年	—	—
常规武器工业增长率及指数	%	NA	17.0	7.0	2.8	5.2	97.4	6.7	NA	6.5	—	—
	2010=100	100.0	117.0	125.2	128.7	135.4	131.9	140.7	NA	NA	—	—
弹药工业增长率及指数	%	NA	1.7	7.6	9.1	14.0	22.3	14.4	NA	3.0	—	—
	2010=100	100.0	101.7	109.4	119.4	136.1	166.5	190.4	NA	NA	—	—
造船工业增长率及指数	%	NA	−13.2	−7.8	1.4	40.7	14.7	0.6	NA	5.8	—	—
	2010=100	100.0	86.8	80.0	81.2	114.2	131.0	131.8	NA	NA	—	—
无线电-电子工业增长率及指数	%	NA	9.9	17.1	29.5	19.9	33.0	18.5	NA	NA	—	—
	2010=100	100.0	109.9	128.7	166.7	199.8	265.8	314.9	NA	NA	—	—

注：已公布的国防工业综合体总产出增长率统计数据与国防工业综合体产出在各时期开始和结束时的民用份额统计数据相结合，以计算2000—2018年（2011—2020年是国家军备计划成功的时期）的年均增长率。自2010年以来，由于市场条件和军事订单的不利影响，国防工业综合体民用产出的增长停滞不前。

C. 戴维斯（Davis）于2019年编制。

资料来源：(1)国防工业综合体总产出：IET（2000—2019）；国防工业综合体民用产出占比：Ryazantsev（2018，213）；1999—2000年报告补充：Kuzyk（1999）和其他；2010—2011年：Zakvasin（2017），Rossii（2018）；(2)MinPromTorg（2014，2018）。

7. 就业

广义的国防工业就业总数从2000年的200万人减少到2005年的160万人,之后在2018年又增加到200万人(Min Prom Torg,2018)。其中,130万人从事军事生产,70万人从事民用生产。

俄罗斯防务企业的就业人员与销售收入之比很高(比西方公司高2~4倍)(Oxenstierna & Westerlund,2013)。这是由效率低下、战争动员的要求和企业自己提供社会福利造成的。

在21世纪初期,拖欠工资问题得以根本解决,实际工资增加了。从2010年到2013年,国防工业综合体工人的实际月工资每年增长8%(IET,2010,509)。尽管由于年轻科学家不愿在保密程度高的国防工业综合体工作,员工的平均年龄仍然很高,但以教育标准和年龄状况衡量的劳动力质量有所改善(Fel' Gengauer,2010;EkonomikaiFinansy,2016;Connolly & Boulegue,2018)。

8. 地理位置

根据扎特斯平(Zatsepin,2014)的研究,2014年工业和贸易部国防工业综合体登记册上1339个组织的区域分布(表3.11)显示,中央联邦区以591个单位(44.1%)排名第一,其中包括莫斯科市(306个,22.9%)和莫斯科地区(112个,8.4%)。伏尔加联邦区(238个,17.8%)包括诺夫哥罗德地区(55个,4.1%),以及西北联邦区(223个,16.7%)包括圣彼得堡(167个或12.5%),分别排在第二和第三位。随着工人和科学家离开从前封闭的偏远地区城市,就业分布一直在变化。

9. 经济制裁加剧时期俄罗斯国防工业的对外经济关系

2000年成立国防产品出口公司(Rosoboroneksport)后,俄罗斯对外军事贸易组织变得更加集中且受到更加严格的管制。表3.6显示,2010—2018年,俄罗斯武器和军事装备平均年销售额约为145亿美元,是世界第二大武器和军事装备出口国(Barabanov & Makienko,2018)。

2000—2013年,合法的武器和军事装备进口主来源于乌克兰,乌克兰拥有与俄罗斯紧密融合的国防工业综合体。2013年,约有200个俄罗斯武器项目使用了由160家乌克兰公司制造的3000种产品(如船舶燃气涡轮发动机)(Connolly & Boulegue,2018)。俄罗斯增加了从以色列(军用无人机)和北约国家合法进口的武器和军事装备。

2011年,俄罗斯与法国签订了一份合同,购买两艘法国生产的米斯特拉尔(Mistral)级两栖攻击舰,并获得许可在俄罗斯建造两艘两栖攻击舰。然而,北约(2015,18)表示,到2013年,俄罗斯军事装备中外国生产的零件仅占10%左右。

乌克兰发生政治军事危机后,俄罗斯与乌克兰和北约国家的对外军事贸易停止了(Davis,2016)。然而,对俄罗斯的经济制裁仅得到占全球国内生产总值55%左右的国家支持(Davis,2016,2017)。未参与经济制裁的国家包括巴西、中国、印度、印度尼西亚、伊朗、南非、韩国和土耳其。俄罗斯继续与这些国家进行合法的对外军事贸易。特别是,俄罗斯能够利用中国和印度不断发展的技术能力,获得过去只能从北约国家获得的国防相关产品。

据英国政府通讯总部(GCHQ)前任负责人(Hannigan,2018)表示:

> 中国制造了全球90%的IT硬件,包括大约四分之三的智能手机……这意味着世界经济正越来越依赖于中国制造的全球IT基础设施……未来20年,中国将在许多技术领域崭露头角。

为了应对北约的经济制裁,俄罗斯加强了秘密的贸易转移和技术间谍计划,以获取与国防有关的产品和信息。尽管如此,北约(2015,18)报告称,约500家俄罗斯国防工业企业受到制裁的不利影响,但它们对重要军事项目的影响很小。

3.5.2 国家资本主义经济中的俄罗斯国防工业企业:结构、行为和表现

表3.9对俄罗斯防务企业的产出、生产和投入方面的特点进行了评估,补充了图3.2和第3.5.1节中第1小节。下面的各小节将详细介绍这一评估结果。

1. 结构

在21世纪初,国防工业企业的所有权出现了变化,一些公司被私有化,另一些公司则回归国家控制之下。2017年,国防工业综合体中有43%的国有企业、29%的私人国有合资企业和28%的私营企业(Itogi,2017)。政府已禁止了62%的防务企业私有化,但所有权还是发生了一些改变。例如,2013年,俄罗斯最大的小型武器生产商伊热夫斯克(Izhevsk)所属的卡拉什尼科夫集团(Kontsern Kalashnikov)进行了部分私有化(49%)。

在21世纪初,俄罗斯通过重组、建立强大的国有企业、鼓励纵向一体化和加强军事工业委员会,强化了对国防工业的纵向控制。俄罗斯消息人士声称,一体化的控制改善了管理,但康诺利和布勒格(Connolly & Boulegue,2018)认为,这些措施增加了成本,鼓励了不利于生产的竞争,加剧了腐败。家长式作风仍然是国防工业综合体中的一股强大力量。

国防工业企业继续为其雇员提供全面的社会保障网络(Oxenstierna & Westerlund,2013)。它们还面临着更大的压力,要求遵守有关库存和生产能力的战争动员要求。纵向一体化、社会保障和动员相结合,增加了防务企业的间接成本,降低了其盈利能力。

在21世纪初,由于初创企业主要是在现有组织中获得授权的企业,因此没有大量新的防务企业和军事研发机构进入国防工业综合体。在退出方面,少数不从事武器生产、业绩不佳的防务企业要么被迫破产,要么退出军事领域。

2. 行为

在整个21世纪的第一个十年中,俄罗斯政府组织通过指导、安排任务和进行

检查,对国有和私营的国防工业企业实施了间接的控制,特别是当它们参与武器项目时。图3.1所示的国防部门市场已逐渐转变为更正常的市场。然而,因为国防工业继续主导着武装部队,卖方市场仍然存在。据奥森斯蒂尔纳和韦斯特伦德(Oxenstierna & Westerlund,2013)所称:

> 由于国防工业在很多方面具有垄断权,它们在与国防部的谈判中处于强势地位。2012年,俄罗斯联邦武器、军事、特种设备供应机构(Rosoboronpostavka)的负责人承认,65%的合同交易都是与单一供应商进行的……

由于国内外客户对产品的强烈需求,防务公司的武器和军事装备产品库存一直很低。

国防工业投资从2005年开始大幅增长,目标是实现制造业现代化(2000年74%的机器已过时),扩大武器和军事装备生产,并提高动员能力。企业再次展现出扩张的动力(投资饥饿)。然而,2014年以来财政紧缩加剧,中央政府采取了优先制度,将重点放在国防工业的投资分配上。

在2005—2013年,国防工业企业没有出现严重短缺、生产瓶颈、生产不稳定和投资项目延迟的情况。但与乌克兰有关的经济制裁造成了供应冲击,扰乱了军事生产,特别是那些依赖乌克兰进口的军事生产。出于预防性行为和重视动员能力,国防工业企业积累了更多库存,还从俄罗斯更积极的贸易转移和技术间谍项目中获得了更多的微电子、机械和技术知识。

2013年后,俄罗斯为保护其国防工业而采取的另一项补偿性举措是加强进口替代计划(Connolly & Hanson,2016)。政府宣布俄罗斯国防工业的一个目标是,到2015年底,生产出从乌克兰进口的1070件武器和军事装备产品中的695件产品的替代品(NATO,2015;Nureev & Busygin,2017)。后来,政府制定了一个更雄心勃勃的目标,即到2025年,用国内产品替代85%的受制裁影响的进口产品(Connolly & Hanson,2016;Connolly & Boulegue,2018)。然而,与北约国家相关的进口替代计划面临着巨大的技术挑战,截至2018年底,几乎没有取得任何成功。

俄罗斯国防工业综合体的一个重要特征是,政府利用租金管理系统的资源维持预算软约束。俄罗斯当局不希望在武器项目中发挥重要作用的公司破产。

3. 绩效

在21世纪最初十年中,评判国防工业管理者是否成功的指标,已从那些与生存有关的指标转变为与满足武器和军事装备生产宏伟计划有关的指标。由于军事复兴,国防工业企业一直在对其产品的高需求环境中运行,这使许多国防工业企业能够在传统武器和军事装备生产中保持数量驱动,而不是通过生产数量较少、技术更先进的产品方式转向利润最大化。由于上级的要求、武装部队参与外国冲突、民用产品市场及武器和军事装备出口市场竞争更加激烈,以及工程中驻有军事检查人员等原因,国防工业企业的管理者更加重视产品质量。

在21世纪初,国防工业的价值指标(成本、价格、预算、利率、利润)已经变得更重要,但它们仍然不能作为主要的发展指标。国防工业企业的价格继续以机械的方式计量(通常是成本加20%,但对单一供应商来说是25%),这引起了作为客户的武装部队的不满。国防工业中的劳动力、资本和全要素生产率仍然很低,因为企业保留了过多的劳动力和大量的资本存量。

在21世纪初,国防工业综合体的技术创新发展不平衡(Bat'Kovskii et al, 2017)。尽管获得了更多资金,但由于科技人员老龄化和技术资质降低而导致军事研发一直受阻(Ekonomikai Finansy, 2016)。许多防务企业的管理人员仍然不愿承担风险,追求渐进式变革。然而,自《2011—2020年国家军备计划》启动以来,军事技术创新有了实质性改进,同时采取了高级别的绩效管理,增加投资并提高经济报酬(Kohkno & Kokhno, 2018)。

从2000年到2013年,国防工业企业的生产条件有了很大改善。对军用和民用产品需求增加,易货物品被消除,短缺、生产瓶颈和强制替代的频率减少。然而,与乌克兰相关的经济制裁中断了数量相对较少的俄罗斯国防工业企业的生产,它们只能依赖于禁运产品。

3.5.3 2000—2019年俄罗斯采购和国防工业转型

从2000年起,俄罗斯政府逐渐采用了更具雄心的国家军备计划,并从国家防务订单获得了可靠的资金支持。特别是从2011年开始,采购量增加了。然而,俄罗斯近年来更加强调国防工业向民用产品生产转型。

1. 采购

国家军备计划的实施由军事工业综合体进行监督,它利用俄罗斯国防供应局(Russian Defence Supply Agency Rosoboronpostavka)编制国家防务订单合同,利用俄罗斯国防订单局(Russian Defence Order Agency Rosoboronzakaz)监督其实施。这些组织于2015年解散,其职责移交给国防部国家采购司(Department of State Procurement of the Ministry of Defence)和俄罗斯联邦反垄断局(Federal Antimonopoly Service)(它合并了俄罗斯国防订单局)。

《2001—2010年国家军备计划》(2000年通过)和《2007—2015年国家军备计划》(2006年通过)的实施情况相比20世纪90年代有所改善,但也因资源不足而受阻(Kuzyk, 2006; Gorenburg, 2010; Yazbeck, 2010; Zatsepin, 2012; Oxenstierna & Westerlund, 2013)。然而,《2011—2020年国家军备计划》的拨款几乎是前一个计划(20万亿卢布)的五倍,这使武装部队能够从国防工业采购更多的武器和军事装备。表3.5显示,国家防务订单在日益增长的总国防支出中所占比重从2000年的24.6%上升到2014年的48.5%。2013年,为采购武器和军事装备的雄心勃勃的国家防务订单实现了93%。

表3.14列出了《2011—2020年国家军备计划》中武器和军事装备采购的主要目标,以及2010—2015年的实际采购量。根据经济转型研究所的报告(2016,467):

> 2016年,武装部队接收了41枚洲际弹道导弹、3000多件新升级的武器和军事装备样品,包括139架现代飞机、2艘潜艇、24艘水面舰艇、飞行器和补给船,可装备四个团的S-400地空导弹系统和25辆Pantsir-C防空导弹和火炮系统战车。

在这一年中,武装部队接收了260架无人驾驶飞机,总数达到了2000架。

采购的增长确保了到2020年实现武装部队70%的武器和军事装备达到现代标准的目标可以逐步实现。康诺利和布勒格(Connolly & Boulegue,2018)对2018年3月通过的《2018—2027年国家军备计划》进行了初步评估。

尽管在过去十年取得了成就,但许多问题一直延续到2019年:一是采购系统的组织不稳定,存在功能缺陷;二是国防工业在武器和军事装备的卖方市场上仍占主导地位;三是国防工业和军事研发的缺陷阻碍了它们通过国家防务订单提高国防水平;四是武器采购受主观决策和授予合同中腐败问题的影响。

表3.14 俄罗斯2010—2016年武器和军事装备采购和2011—2020年国家军备项目目标

武器和军事装备	2010年	2011年	2012年	2013年	2014年	2015年国家防务订单	2011—2016年总额	2020年目标
洲际弹道导弹	27	7	9	15	16	16	91	400+
潜射弹道导弹	NA	22	16	16	22	24	113	100+
伊斯坎德尔(Iskander)导弹系统	NA	NA	NA	2	2	2	8	10
S-400地空导弹系统	NA	4	3	4	2	6	21	56
军事卫星	6	8	4	10	NA	NA	60	100+
无人机	NA	NA	NA	NA	179	NA	860	4000
固定机翼机	23	28	35	67	96	126	415	850
其中的战斗机	—	16	30	45	89	NA	NA	NA
直升机	37	82	118	100	135	88	700	1,150
其中的战斗直升机	NA	22	35	31	43	NA	170	330
地面战斗舰艇	NA	2	1	5	3	5	18	50
战略核潜艇	0	0	0	3	1	1	4	8

（续表）

武器和军事装备	2010年	2011年	2012年	2013年	2014年	2015年国家防务订单	2011—2016年总额	2020年目标
多孔核潜艇	0	0	0	0	1	0	1	7
柴油-电力潜艇	0	0	0	0	2	1	5	7

C. 戴维斯（Davis）于2019年编制。

数据来源：国际战略研究所《军事平衡》（2013,207；2015,167；2016,172；2017,195；2018,178）。

2. 国家指导的国防工业向民用生产转化（“多样化”）

2001年，政府出台了《国防工业综合体改革与发展联邦规划（2002—2006年）》（*Federal Programme Reform and Development of the Defence-Industrial Complex*），其中一个目标是通过将那些对武器计划不重要的企业转变为可完全生产民用产品的企业，以减少国防工业综合体的企业数量（Fel'gengauer，2010）。同过去一样，这方面的进展微乎其微。在接下来的15年内，有几项军转民倡议，但在承诺执行雄心勃勃的国家军备计划时期，它们的优先性很低。

从2016年起，政府行为让人们开始关注这样一个事实，即国家防务订单的规模将在2020年达到峰值，然后下降。政府希望将防务企业留在国防工业综合体，这意味着它们要寻求向民用生产转型（在新的“多样化”口号下），以维持其收入（Fel'Gengauer，2010；DIA，2017；IET，2000—2019；Berkutova，2017；Min Prom Torg；2018，160-161；Connolly & Boulègue，2018）。2016年9月在图拉举行的防务企业家特别会议上，普京总统鼓励国防工业进行“多元化”，生产与数字技术、替代能源和医疗设备有关的高科技民用商品。政府宣布了其目标，即将国防工业综合体产出中民用部分占比从2016年的16%提高到2020年的18%（IISS，2000—2019）。2016年6月，工业发展基金创建了转型公司（Conversion Enterprise），其任务是推广国防工业综合体中的民用产品。

2018年1月，在乌法发动机生产联合体（Ufa Engine Industrial Association）举行了一次高级别防务企业家大型会议，主题是多元化（President Rossi，2018）。普京总统在开幕词中概括了国防工业综合体企业面临的挑战：

> 一旦我们超过了国防部订单的峰值，当国防支出水平不可避免地下降时，生产线也绝不能闲置。我们需要民用产品生产过渡，同时总体上确保其质量和竞争力。

设定的目标是到2025年将国防工业综合体产出中民用产品的比例提高到30%，到2030年提高到50%。在这方面，防务企业会得到转型公司提供的资助，这是一个新的专项基金，为多样化项目提供资金，代表国家采购国防工业综合体的民用产品,并向国防工业企业的管理人员提供慷慨的资金激励,鼓励他们推进生产多样化。据称,进口替代政府委员会(Import Substitution Government Commission)将鼓励民用企业和政府机构购买国防工业综合体生产的转型产品,而不是进口同样的外国商品。

由于国有防务企业长期以来很难在国内市场上找到与外国替代品进行竞争的民用产品,因此,截至2019年,转型取得了一定的成果(Anokhin,2019)。经济转型研究所(2016)提供了几个可以认为是成功的转型的例子,但事实并非如此。总而言之,2016—2019年国防工业转型的努力在前期阶段存在诸多失误之处。

3.6 结　　论

俄罗斯国防工业自1980年以来在三个子时期的特征和变化可以通过四种分析工具来解释:①政治经济体系中国防工业的五部分模型(图3.2);②描述国防部门六个经济机构的横向关系及其纵向组织(图3.1和图3.3);③评估国防工业在计划/预算编制和执行期间的优先地位(表3.7);④评估国防工业企业与产出、生产和投入有关的行为(表3.9)。

尽管存在经济缺陷,苏联仍发展了一个强大的国防工业综合体(表3.8),因为它给予了国防工业高度优先地位(表3.7),分配了大量资源(表3.1)。国防工业扩大了现代武器和军事装备的生产,用于装备武装部队(表3.8)和出口(表3.2)。然而,短缺经济增长的不利特征给国防工业综合体带来了困难(表3.9)。苏联和北约国家之间国防领域的技术差距拉大了。在20世纪80年代末,苏联政治及社会结构改革时期,对国防工业综合体的改革收效甚微。

在20世纪90年代,国防工业综合体不得不在一个运转失常的混合经济体中运作,优先级别较低(表3.7),国防支出也较少(表3.3)。国防部门的市场(图3.1)一直比较扭曲和低效。国防工业企业获得的资金不足,普遍存在短缺,并被迫进行易货交易(表3.9)。国防工业的军事和民用产出锐减(表3.10),武器和军事装备出口下降(表3.4)。俄罗斯和北约国家在国防技术上的巨大差距进一步扩大。在那十年中,国防工业综合体的改革失败了。

在21世纪第一个十年中,俄罗斯拥有更强大的政治控制和相对高增长的国家主导型资本主义经济(图3.2)。国防工业综合体被给予高度优先地位(表3.7),并从实际国防支出增长中获益(表3.5)。由于雄心勃勃且资金充足的国家军备方案,尤其是《2011—2020年国家军备计划》,国防支出中采购所占份额已上升至较高水平。2000—2013年,国防工业企业的工作条件得到改善(表3.9),武器和军事装备以及民用产品产出大幅增加(表3.13)。俄罗斯武器和军事装备出口的年均价值从2000—2005年约50亿美元增加到2010—2016年的140亿美元(表3.6)。更多的军事研发投资加速了技术创新,但俄罗斯在大多数领域的军事技术标准仍然低于北约。尽管从2014年开始实施的与乌克兰有关的经济制裁对国防工业的某些部门产生了不利影响，但俄罗斯通过重新安排武器计划、进口替代、贸易转移和技术间谍活动，已经能够抵消一些负面影响。

在2025年之前，国防工业综合体很可能会保持高度优先地位，在不断增长的经济中发挥作用（Min Ekon Raz，2018），并获得足够资金，使其能够实现有关改善资本存量和技术创新的目标。《2018—2027年国家军备计划》目标预期能够实现，这会使国防工业能够为武装部队提供计划中的现代武器和军事装备，并将出口保持在高水平。然而，俄罗斯在2016年开始减少实际国防支出，降低国防负担，并计划保持这一下降趋势。它已经通过了关于国防工业转型（“多元化”）的远大目标，包括到2025年在国防工业综合体总产出中民用产品占30%。总之，俄罗斯国防工业将继续以自给自足的方式生产武装部队和外国客户所需军备，但国防工业综合体能够多样化从事民品生产，以避免为缓慢增长的经济增添不利负担。

致谢

我要感谢三位学者对我的支持，他们为本章的编写做出了贡献。首先，感谢约克大学的基斯·哈特利（Keith Hartley）教授在过去20年中鼓励我在国防经济学领域进行研究（Davis，2002）。其次，我对国际安全问题的研究得益于牛津大学的罗伊·艾利森（Roy Allison）教授的奖学金，他是一位志趣相投的合作伙伴，他曾在20世纪80年代末在伯明翰大学讲授“苏联国防政策和军备控制”联合课程，共同指导福特基金会为期四年的“苏联/俄罗斯在欧洲的常规军备控制”项目，并在牛津大学共同讲授俄罗斯和东欧研究核心课程。最后，卡迪夫大学（Cardiff University）的詹姆斯·福尔曼·佩克（James Foreman Peck）教授（也是牛津大学的前同事）是一位工业经济学专家，他激励并支持我进行俄罗斯工业方面的研究（Davis，1999）。本章的研究未非由一笔专项资金资助，而是得到了牛津大学的一般资助，以及牛津全球和地区研究院、牛津人口老龄化研究所更有针对性的帮助。

参考文献

Allison, R., 1997. The Russian armed forces: Structures, roles and policies. *In*: V. Baranovsky, ed., *Russia and Europe: The Emerging Security Agenda*. Oxford: Oxford University Press.

Almquist, P., 1990. *Red Forge: Soviet Military Industry Since 1965*. New York: Columbia University Press.

Anokhin, P., 2019. Diversifikatsiaya po meditsinskim pokozaniyam. *Voenno-Promyshlennyy Kur'er*, 5 February 2019. https://vpk-news.ru/articles/48090 Accessed 18 February 2019.

Babakin, A., 2016. *Tainy Pervoi Gosprogrammy Vooruzheniya 1996-2005 Gody: Spetsia- listy, Fakty*, Sobytiya. Moscow, Veche.

Barabanov, M. and Makienko, K., 2018. Otsenka mirovogo rynka vooruzhenii v 2013-2017 godakh. *Eksport Vooruzhenii*, 6 (140), 33-36.

Bat' kovskii, A.M. et al., 2017. *Aktual'nye Problemy Razvitiya Upravleniya Oboronno- Promyshlennym Kompleksom*. Moscow: Ontoprint.

Berkutova, T.A., 2017. *Mekhanizmy Diversifikatsii Predpriyatii Obronno-Promyshlennogo Kompleksa v Usloviayak Voenno-Grazhdanskoi Integratsii*, Izhevsk: OOO Print.

Boulègue, M., 2017. Disentangling the ups & downs of Russia's military-industrial complex. *The National Interest*, 27 June 2017, http://nationalinterest. org/blog/thebuzz/ entangling-the-ups-downs-russias-military-industrial-complex-21348.

Bystrye tempy razvitiya oboronno-promyshlennogo kompleksa Rossii v 2017: Ne tol'ko PVO i voennaya aviatsiya. 2018. *Novosti VPK*, 12. 03.2018. https://vpk. name/news/208605 Accessed 18 February 2019.

Connolly, R. and Boulègue, M. 2018. *Russia's New State Armament Programme Implications for the Russian Armed Forces and Military Capabilities to 2027*. London: Chatham House Research Paper: Russia and Eurasia Programme, May.

Connolly, R. and Hanson, P., 2016. Import substitution and economic sovereignty in Russia. *Chatham House Research Paper: Russia and Eurasia Programme*, June 2016.

Connolly, R. and Sendstad, C., 2018. Russian rearmament, *Problems of Post-Communism*, 65 (3), 143-160, DOI: 10.1080/10758216.2016.1236668

Cooper, J., 2006. Appendix 9C. Developments in the Russian arms industry. *In: SIPRI, 2006. SIPRI Yearbook: Armaments, Disarmament and International Security: 2016*. Oxford: Oxford University Press.

Cooper, J. 2016. Russia's state armament programme to 2020: A quantitative assessment of implementation 2011—2015. Stockholm: *FOI (Swedish Defence Research Agency) FOI-R-4239-SE*.

Davis, C., 1986. Economic and political aspects of the military-industrial complex in the USSR. *In*: H.-H. Höhmann, A. Nove, and H. Vogel, eds., *Economics and Politics in the USSR: Problems of Interdependence*. London: Westview Press, 92 - 124.

Davis, C., 1988a. The high priority defense industry in the Soviet shortage economy. Palo Alto, Hoover-Rand Conference on *The Defense Sector in the Soviet Economy*, Conference Paper, March 1988.

Davis, C., 1988b. *The Second Economy in Disequilibrium and Shortage Models of Centrally Planned Economies*. Durham, NC: *Berkeley-Duke Occasional Papers on the Second Economy in the USSR*, No. 12.

Davis, C., 1989. Priority and the shortage model: The medical system in the socialist economy. *In*: C. Davis and W. Charemza, eds., *Models of Disequilibrium and Shortage in Centrally Planned Economies*. London: Chapman and Hall, 427-459.

Davis, C., 1990a. Economic influences on the decline of the Soviet Union as a great power: Continuity despite change. *Diplomacy and Statecraft*, 1 (3), 81-109.

Davis, C., 1990b. The high-priority military sector in a shortage economy. *In*: H.S. Rowen and C. Wolf Jr., eds., 1990. *The Impoverished Superpower: Perestroika and the Soviet Military Burden*. San Francisco: Institute for Contemporary Studies, 155-184.

Davis, C., 1992a. The defense sector in the Soviet economy during Perestroika: From expansion to disarmament to disintegration. *In*: F. G. Adams, ed., 1992. *The Macroeconomic Dimensions of Arms Reductions*. Oxford: Westview Press, 189-215.

Davis, C., 1992b. The changing priority of the Soviet defense sector: 1985—1990. *In*: C. Wolf Jr. and S. W. Popper, eds., 1992. *Defense and the Soviet: Military Muscle and Economic Weakness*. Santa Monica: RAND Note 3474-USDP, 139-168.

Davis, C., 1999. Russia: A comparative economic systems interpretation. *In*: J. Foreman-Peck and G. Federico, eds., *European industrial policy: The TwentiethCentury Experience*. Oxford: Oxford University Press, 319-397.

Davis, C., 2002. The defence sector in the economy of a declining superpower: Soviet Union and Russia, 1965-2000. *Defence and Peace Economics*, 13 (3), 145-177.

Davis, C., 2011. Russia's military reforms and defense budgets 2011—2013: Goals, assumptions, prospects. *In: Proceedings of U.S. Department of State/Department of Defense Conference on Russian Decision Making and Implications for Defense Spending*, 2 March 2011. Arlington: System Planning Corporation, 1-21.

Davis, C., 2014. Industrial performance in the USSR, 1945—1980: Influences of state priorities, economic system, industrial policies, and hidden processes. *In:* A. Nützenadel and C. Grabas, eds., *Industrial Policy in Europe after 1945. Wealth, Power and Economic Development in the Cold War.* London: Palgrave, 337-371.

Davis, C., 2016. The Ukraine conflict, economic-military power balances, and economic sanctions. *Post-Communist Economies*, 28 (2), 167—198. Available Open Access online at:www.tandfonline.com/doi/full/10.1080/14631377.2016.1139301

Davis, C., 2017. Russia's changing economic and military relations with Europe and Asia from Cold War to the Ukraine conflict: The impacts of power balances, partnerships, and economic warfare. *In*: Korea Institute for International Economic Policy, 2017. *Studies in Comprehensive Regional Strategies Collected* Papers *(International Edition) 16-15*. Seoul: KIEP, 195-285. https://papers.ssrn.com/sol3/papers.cfm?abstract_id=2954388##

Davis, C., Charemza, W., eds., 1989. *Models of Disequilibrium and Shortage in Centrally Planned Economies*. London: Chapman and Hall.

Defense News, 2018. 2018 Top 100 Companies. *Defense News*, Rankings available at https://people.defensenews.com/top-100/Data

Ekonomika i Finansy Oboronnogo Kompleksa Rossii: Uchebnoe Sposobie, 2016. Moscow: INFRA-M.

Federal'naya Sluzhba Gosudarstvennoi Statistiki. 2000—2018. *Rossiiskii Statisticheskii Ezhegodnik*. Moscow: Rosstat.

Federal'naya Sluzhba Gosudarstvennoi Statistiki. 2019. *Rossiya v Tsifrakh*. Moscow: Rosstat.

Fel'gengauer, P.E., 2010. Voenno-promyshlennyy kompleks Rossii v 1991—2008. *Istor- iya Novoi Rossii*, Online www.ru90.ru/node/1225

Firth, N.E. and Noren, J.H., 1998. *Soviet Defense Spending: A History of CIA Estimates 1950—1990*, College Station, Texas: Texas A & M University Press.

Frolov, A. 2015a, 2016a, 2017a, 2018a. Ispolnenie gosudarstvennogo oboronnogo zakaza Rossii v 2014 godu, ⋯ v 2015 godu, ⋯ v 2016 godu, ⋯ v 2017 godu. *Eksport Vooruz- henii: 2015*, 3(118), 26-40; 2016, 3(124),16-27; 2017, 4(132),21-35; 2018, 4(138),10-21.

Frolov, A. 2015b, 2016b, 2017b, 2018b. Itogi voenno-tekhnicheskogo sotrudnichestva Rossii s inostrannami gosudarstvami v 2015 godu, ... v 2016 godu, ... v 2017 godu,⋯.v 2018 godu. *Eksport Vooruzhenii*: 2015, 6(121),21-31; 2016, 6(127),6-15; 2017, 6(134),19-30; 2018, 6(140),9-17.

Frolov, A. 2015c, 2016c, 2017c, 2018c. Perspektivy rossiiskogo oruzheinogo eksporta na 2016 god. *Eksport Vooruzhenii*: 2015, 6(121),32-34; 2016, 6(127),24-26; 2017, 6(134),47-49; 2018, 6(140), 30-32.

Gaddy, C., 1996. *The Price of the Past: Russia's Struggle with the Legacy of a Militarized Economy*. Washington DC: Brookings Institution Press.

Gaddy, C.G. and Ickes, B.W., 1998. Russia's virtual economy. *Foreign Affairs*, 77 (5), 53-67.

Gaddy, C.G. and Ickes, B.W., 2005. Resource rents and the Russian economy. *Eurasian Geography and Economics*, 46 (8), 559-583.

Gaddy, C.G. and Ickes, B.W. 2010. Russia after the global financial crisis. *Eurasian Geography and Economics*, 51 (3), 281-311.

Gorenburg, D., 2010. *Russia's State Armaments Program 2020: Is the Third Time the Charm for Military Modernization?* Washington DC: CNA Strategic Studies, *PONARS Eurasia Policy Memo No. 125*.

Hannigan, R., 2018. Wake up to the security risks in Chinese tech dominance. *Financial Times*, 27 July 2018.

Hanson, P., 1987. Soviet industrial espionage. Some new information. London: Royal Institute for International Affairs, *RIIA Discussion Paper No. 1*.

IET = Institute for the Economy in Transition (Re-named Gaidar Institute for Economic Policy in 2010).

Institute for the Economy in Transition (Gaidar Institute for Economic Policy). (2000—2019). *Annual Report on the Russian Economy: Trends and Perspectives*, Moscow: Institute of the Economy in Transition (in Russian and English). Sections on: Military Economy and Military Reform in Russia. Authored by Vitaly Tsymbal during 2000—2002, Vitaly Tsymbal and Vasily Zatsepin during 2003—2018, and Vasily Zatsepin in 2019. www.iep.ru/en/publikatcii/category/1419.html

International Institute for Strategic Studies. 1990...2019. *The Military Balance in 1990... 2019*. London: IISS.

Itogi 2017 goda dlya Rossiiskogo oboronno-promyshlennogo kompleksa. *Voennoe Obozrenie*, 22 December 2017.

Knorr, K., 1957. *The Concept of Economic Potential for War*. Washington DC: Industrial College of the Armed Forces, *Publication No. L57-133*, 1-20.

Knorr, K., 1973. *Power and Wealth: The Political Economy of International Power*. New York: Basic Books.

Kohkno, P.A. and Kokhno, A.P., 2018. *Effektivnyy Oboronno-Promyshlennyy Kompleks*, Moscow, Granitsa.

Kontseptsiya National' noi Bezopasnosti. *Nezavisimoe Voennoe Obozrenie*, 14-20 January 2000, 1.

Kornai, J., 1980. *Economics of Shortage*. Amsterdam: North-Holland.

Kornai, J., 1992. *The Socialist System: The Political Economy of Communism*. Oxford: Clarendon Press.

Korotchenko, I. and Mukhin, V., 1999. Vooruzhentsy menyayut prioritety, *Nezavisi- moe Voennoe Obozrenie*, 8-14 October 1999: 6.

Kostin, S. and Raynaud, E., 2011. *Farewell: The Greatest Spy Story of the Twentieth Century*. Las Vegas: AmazonCrossing.

Kuzyk, B.N., 1999. *Oboronno-Promyshlennyy Kompleks Rossii: Proryv v XXI Vek*, Moscow: Russkii Biograficheskii Institut.

Kuzyk, B.N., 2006. Oboronno-promyshlennyy kompleks (OPK). *Bol'shaya Rossiiskaya Entsiklopediya*, Online at https://bigenc.ru/text/5045275, Accessed 20 November 2018

Maslyukov, Yu.D. and Glubokov, E.S., 2005. Ekonomika oboronnogo kompleksa. In: *Voenno-Promyshlennyy Kompleks: Entsiklopediya, Tom. I, 2005*. Moscow: Voennyy Parad, 36-67.

Ministerstvo Ekonomicheskogo Razvitiya Rossiiskoi Federatsii, 2018. *Prognoz Sotsial' no-ekonomicheskogo Razvitiya Rossiiskoi Federatsii na Period do 2036 Goda*. Moscow: M, MinEkonRaz, 28 November 2018http://economy. gov. ru/minec/about/struc ture/depMacro/201828113, Accessed 15 January 2019.

Ministerstvo Promyshlennosti i Torgovli Rossiiskoi Federatsii. 2014. *Perechen' Organi- zatsii, Vkluchennykh v Svodnyy Reestr Organizatsii Oboronno-Promyshlennogo Kompleksa*. Moscow: Document of MinPromTorg.

Ministerstvo Promyshlennosti i Torgovli Rossiiskoi Federatsii. 2018. *Doklad o Tselyakh i Zadachakh Minpromtorga Rossii na 2018 God i Osnovnykh Resul'tatakh Deyatel'nosti za 2017 God*. Moscow: MinPromTorg, 1-180.

Minyayev, A.V., Kornienko, G.M., Maslyukov, and Yu. D. et. al., 1999. *Sovetskaya Voennaya Moshch': Ot Stalina do Gorbacheva*, Moscow: Voennyy Parad.

Monaghan, A., 2014. *Defibrillating the Vertikal? Putin and the Russian Grand Strategy. London: Chatham House Research Paper*, October 2014.

Natural Resources Defense Council, 1997. US and USSR/Russian Strategic Offensive Nuclear Forces, 1945—1996. www.nrdc.org/nrdc/nrdcpro/nudb/dainx.htm

Noren, J., 1994. The Russian military-industrial sector and conversion. *Post-Soviet Geography*, 35 (9), 495-521.

Noren, J., 1995. The controversy over Western measures of Soviet defense expenditures. *Post-Soviet Affairs*, 11 (3), 238-276.

North Atlantic Treaty Organization. 2000. *Defence Economics in Russia, Ukraine, Belarus, Central Asia, Transcaucasus and Moldova*. Brussels: NATO Document AC/127-D/814.

North Atlantic Treaty Organization. 2015. *Russian Military Modernization: General Report*. Brussels: NATO 176 STC 15 E rev.1 fin, October.

North Atlantic Treaty Organization. 2018. Information on defence expenditures. NATO Website:

www.nato.int/cps/en/natolive/topics_49198.htm, Accessed 9 March 2019.

Nureev, R. and Busygin, E.G., 2017. The Russian defense industry complex in the conditions of economic sanctions. *The Business and Management Review*, 9 (2), 175-188.

Oboronno-Promyshlennyy Kompleks Rossii v 2012—2015 godakh. 2018. Natsional' - naya Oborona, No. 11. www.oborona.ru

OPK (Oboronno-Promyshlennyy Kompleks Rossii: Biograficheskaya Entsiklopediya), 2015. Moscow: Izd. Dom Stolichnaya Entsiklopediya.

OPK (Oboronno-Promyshlennyy Kompleks Rossii: Federal' nyy Spravochnik), 2006 (Vypusk 2), ··· *2013—2014* (Vypusk 10), ··· *2017—2018* (Vypusk 14). Moscow: Tsentr Strategicheskikh Program.

OPK (Oboronno-Promyshlennyy Kompleks: Ot Khaosa 90-x k Chetvertnoi Promyshlennoi Revolyutsii), 2016. Moscow: Liga Sodeistviya Oboronnym Predpriyatiyam.

OPK Rossii: Itogi 2017 goda. 2018. Natsional'naya Oborona, 7 July. www.obor ona.ru

Oxenstierna, S., Westerlund, F., 2013. Arms procurement and the Russian defense industry: Challenges Up to 2020. *Journal of Slavic Military Studies*, 26 (1), 1—24. www. tandfonline.com/toc/fslv20/26/1

Pozharov, A.I., 1981. *Ekonomicheskie Osnovy Oboronnogo Mogushchestva Sotsialisticheskogo Gosudarstva*. Moscow: Voennoe Izdatelstvo.

Pravitel'stvo Rossiiskoi Federatsii. 2019. Postanovlenie: O Vnesenii Izmenenii v Godudarstvennuyu Programmu Rossiiskoi Federatsii. "*Razvitie Oboronno- Promyshlennogo Kompleksa" ot 6 Fevralya 2019 g*. No. 85-86. http://minpromtorg. gov. ru/docs/#! postanovlenie_pravitelstva_rf_856_ot_06_fevralya_2019_goda

President Rossii. 2014. *Voennaya Doktrina Rossiiskoi Federatsii*. 26 November 2014. http://kremlin.ru/events/president/news/47334, Accessed 20 November 2018.

President Rossii. 2015. *Ukaz Presidenta Rossiiskoi Federatsii ot 31.12.2015 2.No 683:O Strategii Nationalnoi Bezopastnosti Rossii*. 31 December 2015. http://kremlin. ru/ acts/bank/40391, Accessed 20 November 2018.

President Rossii. 2018. Meeting on diversifying the production of high-tech civilian products by defence industry organisations at the Ufa Engine Industrial Association, 24 January 2018. http://en. kremlin.ru/events/president/news/56699, Accessed 13 January 2019.

Ryazantsev, O.N. 2018. Ob osnovnykh itogakh razvitiya situatsiya v oboronno-promyshlennom komplekse v 2017 godu I osnovnykh zadachakh na blizhaishuyu perspektivu. *Oboronno-Promyshlennyy Kompleks Rossii 2017—2018* (Vypusk 14). Moscow, ANO Tsentr Stratigicheskikh Programm.

Sandler, T. and Hartley, K., 1995. *The Economics of Defense*. Cambridge: Cambridge University Press.

Stockholm International Peace Research Institute. 2000 ··· 2018. *SIPRI Yearbook: Armaments, Disarmament and International Security*. Oxford: Oxford University Press. *www.sipri.org/yearbook/*

Stockholm International Peace Research Institute. 2019. *SIPRI Military Expenditure Online Database 1949—2018*. SIPRI Website: https://sipri.org/databases/milex, Accessed 30 April 2019.

Tsentr Analiza Strategii i Tekhnologii, 2006. Rossiiskii Eksport Vooruzhenii i Voennoi Tekhniki.

Voennyy Byudzhet, i Godudarstvennyy Oboronnyy Zakaz. Moscow: TsAST.

Tsentr Analiza Strategii i Tekhnologii. 2016. Rossiiskii Eksport Vooruzhenii i Voennoi Tekhniki. Voennyy Byudzhet, i Godudarstvennyy Oboronnyy Zakaz. Moscow: TsAST.

Tsentr Stratigicheskykh Razrabotok., 2017. *Strategiya Rossii na 2018—2024 gg*. Moscow: TsSR. http://csr.ru/, Accessed 3 June 2018.

U. S. Arms Control and Disarmament Agency. 1980 ... 2018. *World Military Expenditure and Arms Trade (WMEAT): Annual Report*, Washington D.C.: US ACDA.

U. S. Arms Control and Disarmament Agency. 2018. *World Military Expenditure and Arms Trade (WMEAT) Database*. U. S. State Department Website: www. state. gov/t/ avc/rls/rpt/wmeat/ c81153.htm, Accessed 30 April 2019.

U. S. Central Intelligence Agency. 1985. *Soviet Acquisition of Militarily Significant Western Technology: An Update*. Washington DC: *CIA ER-81-10085*.

U.S. Central Intelligence Agency. 1986. *The Soviet Weapons Industry. An Overview*. Washington DC: *CIA DI 86-10016*.

U.S. Defence Intelligence Agency. 2017. *Russian Military Power*. Washington DC: DIA. www. dia. mil/Portals/27/Documents/News/Military% 20Power% 20Publications/ Russia% 20Military% 20Power%20Report%202017.pdf

U.S. Department of Defense. 1981..1990. *Soviet Military Power 1981 …1990*. Washington DC: U.S. Department of Defense.

United Nations. 2002. *United Nations Standardized Instrument for Reporting Military Expenditures*. New York: UN Department for Disarmament Affairs.

Voennaya Doktrina Rossiskoi Federatsii. 2000. Rossiiskaya Gazeta, 25 April 2000.

Voenno-Promyshlennyy Kompleks: Entsiklopediya Tom 1, 2005. Moscow: Voennyy Parad.

Yazbeck, T. 2010. The Russian economy and resources available for military reform and equipment modernization. Defence R&D Canada, Centre for operational research and analysis, strategic analysis section *DRDC CORA TM 2010-192*, September 2010.

Zakvasin, A. 2017. Oboronka idyot v narod: Zachem Rossiiskii OPK perevodyat na grazhdanskie rel'sy. *RT Na Russkom*, 22 June 2017. https://ru.rt.com/8mbb

Zatsepin, V., 2007. Russian military expenditure: What's behind the curtain? *The Economics of Peace and Security Journal*, 2, 1.

Zatsepin, V., 2012. The economics of Russian defence policy. In: R. McDermott, et al., eds., *The Russian Armed Forces in Transition: Economic, Geopolitical and Institutional Uncertainties*. London: Routledge.

Zatsepin, V., 2014. Russia's defence industry complex comes out of shadow. *Russian Economic Developments*, 8.

Zatsepin, V. and Tsymbal, V. 2008 Reforma armii i restrukturizatsiya VPK. *In*: Institut Ekonomiki Perekhodnogo Perioda, 2008. *Ekonomika Perekhodnogo Perioda: Ocherki Ekonomicheskoi Politiki Postkommunisticheskoi Rossii: Ekonomicheskii Rost 2000—2007*, Moscow: Izd. Delo ANKh.

第4章　英国国防工业

基斯·哈特利

4.1　引　　言

英国是世界国防工业的重要组成部分，为空中、陆地、海上及核系统提供各种装备。英国国防工业为武装部队提供装备，与基于潜艇力量的战略核威慑一起，支持其海外军事行动在世界范围发挥军事作用。因此，国防工业参与了一系列常规武器及核武器系统的设计、开发和制造。然而，并非所有的装备都由英国国防工业自己提供，有些装备是进口的，主要来自美国（如用于核威慑的导弹、一些大型飞机、直升机）。英国也不是本国装备的唯一需求来源，存在外国政府买家，因此有武器出口。

英国国防工业也参与包括维修、维护和改装在内的生产阶段之后的工作。英国武装部队越来越多地将以前"内部"进行的一些活动外包给私人承包商。这方面的例子包括，现役支援、培训和提供军事能力，如提供空中加油机。此外，国防工业还涉及处置富余军事装备。装备的处置范围从拆卸和销毁常规武器等简单操作到处理核系统（如核动力潜艇、原子武器、清理核武器基地和场地）等复杂任务。

本章回顾了英国国防工业的基本情况，有些是人们熟知的，有些则比较陌生。本章给出了国防工业的定义，回顾了可使用的国防工业数据，包括武器出口和进口数据。与许多其他国家相比，英国政府公布了国防工业的官方数据，因此可以使用一些统计指标衡量其国防工业的规模。更多数据可从国防工业贸易协会和公司年度报告中获取。此外，本章评估了国防工业的结构、行为和绩效以及政府采办政策的经济影响。结论部分讨论了英国国防工业的未来。

4.2　定　　义

英国国防工业包括向英国武装部队提供武器、其他产品和服务的所有英国公司。这是从构成英国防务市场供给方角度对国防工业给出的宽泛定义。从需求方看，英国国防部（Ministry of Defence，MoD）是为其武装部队采购装备的政府部门。其装备采办范围包括从便宜、简单到昂贵、复杂、高科技的装备。便宜且简单的采购包括如回形针、汽车、住房和清洁服务。昂贵且复杂的采购包括航空母舰、战斗机、导弹、潜艇、太空装备和核系统。其中一些装备已经存在，可以从现有供应商处购买“现货”产品(如汽车、金融和建筑服务)。而昂贵且复杂的装备则并不总是存在,可能必须为英国政府及其武装部队进行专门的开发。这类装备引发了复杂的采办问题,涉及选择承包商、合同类型和盈利性。或者有些装备可以从海外供应商处购买,特别在外国公司已经开发和生产了的昂贵、复杂的武器(如弹道导弹,英国需要的少量专用飞机)的情况下。英国购买的外国装备通常来自美国(这是它们“特殊关系”的一部分)。

最终,国防部的任务是将其装备采购与劳动力和资本等其他要素(如军事基地用地)结合起来,组建武装部队,为其民众提供国防产品。国防产品很难衡量和评估:没有数据可以衡量英国或任何其他国家武装部队的回报率(Hartley,2017,6-7)。

英国国防部并不是英国武器、其他装备和服务的唯一买家。其他买家包括外国政府和外国公司。外国政府经常购买英国现有的国防装备和服务,这形成了英国的国防出口。此外,外国公司可能会购买英国产品,作为其生产国防装备的投入品,而这种外国购买的英国装备是作为英国的出口来衡量的,除非这些装备被明确表示为国防用途,否则不会被视为英国的国防出口。外国军火公司购买的英国产品包括飞机发动机、航空电子设备、飞机起落架、弹射座椅、海军推进系统和坦克履带等。

4.3 英国的防务数据

英国的防务通常反映在年度支出、国防在国内生产总值中的占比以及军事人员数量等关键统计数据中。2016—2017年,英国国防支出为353亿英镑,世界排名第五(仅次于美国、中国、俄罗斯和沙特阿拉伯)。此外,在2016—2017年,国防部是英国政府中支出第四高的部门(仅次于就业与退休保障、健康和教育部门)。2016年,英国国防支出在国内生产总值中的占比为2.2%,达到了北约承诺。在2016—2017年,英国国防研发支出接近17亿英镑(约占国防预算的5%,见表4.1),相比2000—2001年39亿英镑(2017年不变价格)的实际国防研发支出,实际支出大幅减少。[①]

国防预算用于支付劳动力和资本投入。劳动力投入包括分配给陆军(78,410人)、海军陆战队(29,580人)和皇家空军(Royal Air Force,RAF;30,850人)的总计约140,000名军事人员。军事人员支出约占2016—2017年国防预算的27%,其中装备和支持支出为157亿英镑,约占国防预算的34%(Hartley & Macdonald,2010;MoD,2017a)。

表4.1显示了英国国防支出在当前和过去的趋势。自1985年以来,英国国防支出的实际水平大幅下降,这反映了冷战结束和重大国防审查的影响(Hartley &

① 英国国防研发支出数据包括国防部的国防研发支出。但它们不包括私人研发支出(如公司的研发支出)。2016/17财年,国防部国防研发支出总计为16.68亿英镑,其中6.05亿英镑用于国防研究(MoD,2017a)。

Macdonald,2010)。英国还卷入了海湾战争(1990年)、阿富汗战争(2001—2014年)以及伊拉克战争(2003—2011年),导致国防支出增加。总的来说,实际国防支出的减少反映在军事人员的数量,特别是英国皇家空军数量的相应减少上。国防支出占国内生产总值的比重从1985年的近5%不断下降,降低到2017年的2.2%。下一节将考察国防支出降低对英国国防工业规模和结构的影响。

表4.1　英国的国防

年份/年	国防支出/百万英镑(2017不变价格)	占GDP比例/%	军事人员总数/千人	陆军人数/千人	海军人数/千人	空军人数/千人
1980	48,083	4.7	320.6	159.0	71.9	89.6
1985	52,035	4.9	326.6	162.4	70.4	93.4
1990	49,056	3.9	305.7	152.8	63.2	89.7
1995	41,057	2.9	233.3	111.7	50.9	70.8
2000	39,516	2.4	207.6	110.1	42.8	54.7
2005	46,761	2.4	188.1	102.4	35.5	40.1
2010	48,142	2.4	177.8	102.2	35.5	40.1
2017	35,300	2.2	138.8	78.4	29.6	30.9

资料来源:MoD (2012); MoD (2017a, 2017b); Dunne (2018)。

说明:

(1) 截至1999年,国防预算是以收付实现制(on a cash basis)编报的。1999—2001年是从收付实现制到资源会计制的过渡时期。2001—2002年以来,预算采用的是资源会计制。

(2) 对于支出数据,年是指财年,如1980年是1980—1981年,2000年是2000—2001年。其余所有数据都是日历年度。

(3) 不变价格的销售数据是根据2017年价格调整的零售价格指数数据。

4.4　行业规模

英国国防统计数据以多种途径和形式公布。传统上,英国国防统计数据每年都在年度《国防预算声明》(*Statement on the Defence Estimates*)第2卷中公布。1992年首次出版了一份名为《英国国防统计数据》(*UK Defence Statistics*)新的出版物,它们以单一出版物的形式每年发布一次,其中许多统计数字是第一次公开发布。《英国国防统计数据》对新的统计系列(如资源会计)都做了解释。2012年后,《英国国防统计数据》被一系列的统计公报所取代,共六个系列,分别是金融和经济、人员数量、武装部队的健康状况、装备、搜索和救援、人员调查、土地占有、军人家庭住宿(MoD,2012,2017a)。但这六个系列统计指标的经济逻辑并不明显。例如,武装部队的健康、搜救、土地占有和军人家庭住宿对英国国防产出的贡献是什么?

最初,《英国国防统计数据》公布了国防工业和就业的年度数据。就业数据是全面的，它包括由国防部支出引致的直接和间接就业岗位数量，并划分为装备和非装备支出，以及依赖国防出口的就业数量。还有关于由国防部装备和非装备支出在各地区引致的直接就业年度数据。然而，这种情况在2009年发生了变化，国防部宣布将不再公布全面的国家和地区就业数据，声称：

> 这些数据并不直接支持国防部的政策制定和作战。国防部的预算从未以地区为基础进行分配或规划，与位于哪些地区的工业部门签订合同的决定也不是为了使某个地方的经济或工业部门强于另外一个（MoD，2009）。

统计数据增加了我们对英国国防工业的了解，而这是一个对不再公布统计数据的奇怪解释。到2017年，政策发生了变化，新重点放在了国防对英国经济繁荣的贡献上，就业、技能和地理位置是经济繁荣的重要组成部分。据称，国防部已恢复收集英国国防工业及其所支持就业的地区支出统计数据（MoD，2017d，18）。

在2009年的变化之后，出现了国防支出数据和一些有限的就业数据，提供了英国国防工业规模指标。国防部每年公布其对英国工业的支出数据，这是表示国防工业规模的一个指标，该指标在2016—2017年总计为187亿英镑，但这仅显示了国防部对英国国防工业的支出（表4.2）。额外的武器支出反应在英国国防出口中，在2017年总额为90亿英镑。还有一类国防出口被称为安全出口，2017年为48亿英镑。然而，安全出口被定义为包括各种各样的活动，涉及边境安全、治安、反恐、监狱服务和网络安全，是否所有这些活动都应归入国防活动目前尚不明确。

一些英国国防工业就业数据会偶尔公布（表4.2；Dunne，2018）。数据显示，1980—2017年，国防工业就业人数大幅下降，反映出实际国防支出减少，劳动生产率提高。

表4.2　英国国防工业规模

年份/年	英国工业向国防部的销售额/百万英镑（2017年价格）	英国国防出口销售额/百万英镑（2017年价格）	直接就业/千人	间接就业/千人	总就业/千人
1980	21,943	6455	405	335	740
1985	23,570	5084	345	280	625
1990	19,709	9827	295	260	555
1995	18,225	8596	205	205	410
2000	19,143	6992	155	145	300
2005	22,602	6383	165	145	310
2010	24,915	(7212)	155	145	300

（续表）

年份/年	英国工业向国防部的销售额/百万英镑(2017年价格)	英国国防出口销售额/百万英镑(2017年价格)	直接就业/千人	间接就业/千人	总就业/千人
2017	18,653	9000	140	120	260

资料来源：MoD (2012); MoD (2017c); Dunne (2018)。

说明：

(1) "年份"指财年：1980年为1980/81财年；1985是1985/86财年；等等。数字是四舍五入的。

(2) 2010年的就业是基于2007/08年的数据：2009年后，国防部不再公布就业数据，2009年公布的数据是2007/08年的。2007/08年与2017年之间的官方就业数据存在重大差距。

(3) 英国工业的销售额是销售给国防部的，不包括英国国防出口销售额。

(4) 国防出口包括国防装备和服务的交付。从2009年开始，国防部报告的是出口订单，而不是年度交付量。2010年的数据基于2007年的数据，2017年的数据是订单数据。

(5) 1980—2010年的数据来自英国国防部和《英国国防统计数据》，之后的数据来自邓恩(Dunne,2018)的文献。

表4.3显示了2017年英国国防工业向国防部的销售额和就业情况的更多详细数据。国防部支出最多的部分流向了被称为技术、金融和其他商业服务的行业集团。这一集团的活动范围甚广，包括会计、法律服务、管理咨询、技术测试和分析以及研发。国防部支出第二多的是造船、维修和航空航天部门。

表4.3 2017年国防部对英国工业的支出与就业

英国工业部门	国防部对英国工业部门的支出/百万英镑	直接就业数量/千人
技术、金融和其他商业服务	4369	44,500
造船和维修	3027	19,250
航空航天	1850	7150
计算机服务	1446	9500
武器和弹药	1147	5950
建筑	1201	5900
其他制造业	924	5600
酒店、餐饮、餐厅	352	6000
总计	18,653	123,000

资料来源：MoD (2017c)。

说明：酒店等所显示的分组是根据主要雇主进行的划分。并非所有行业分组都显示在总数中。

国防部对英国国防工业支出的地区分布及国防工业就业的地区分布如表4.4所列。2017年，国防部对英国国防工业的总支出及其引致的相关就业中，大约70%集中在西南、东南地区，包括伦敦以及西北部。在1985年至2017年间，西南部、威尔士和英格兰东部地区的就业岗位大幅增加，但英国其余地区的就业岗位大幅减少。

表4.4 1985—2017年地区分析

地区	2016/17财年国防部对英国工业部门的支出(2017年价格)/百万英镑	2016/17财年地区直接就业	1985/86财年国防部对英国工业部门的支出/百万英镑(2017年价格)	1985/86财年地区直接就业
西南地区	5079	33,500	2900	22,000
东南地区	4862	33,100	9425	84,000
西北地区	2001	12,300	2030	23,000
苏格兰	1592	10,500	1160	18,000
伦敦	1432	7100	NA	NA
东密德兰	845	6900	870	8000
威尔士	945	6300	435	3000
东英格兰	918	5700	290	4000
西密德兰	544	4700	725	7000
约克郡和亨伯赛德郡	232	1800	580	4000
东北地区	100	700	1160	15,000
北爱尔兰	103	600	290	8000
英国总计	18653	123,000	19,865	200,000

资料来源:MoD (2017c)。

说明:NA表示数据不可获得:该地区在1985年没有被列入。

4.5 国防工业结构

英国国防工业代表的市场供给方由少数大公司组成,它们通常形成国内垄断或寡头垄断。国家垄断企业包括英国宇航系统公司(BAE Systems)、劳斯莱斯(Rolls-Royce)和马丁·贝克(Martin Baker)。尽管在2018年,国防部计划扩大海军舰艇的竞争,例如,国防部计划通过竞标新型32型护卫舰合同来扩大竞争,但海上系统仍然是由英国宇航系统和巴布科克公司(Babcock)形成的国内双寡头垄断。除了少数大型英国主承包商外,还存在更多的小型公司组成了国防工业的供应链。国防工业供应链是复杂的,在空中、陆地和海上系统之间以及主承包商之间都有所不同。通常无法获取国防工业供应链的公开数据。获取此类数据是一项巨大且成本高昂的研究工作,需要主承包商和供应商愿意披露其可能认为具有商业敏感性的信息(Hartleyetal,1997)。

2016年,英国有8家军火公司跻身斯德哥尔摩国际和平研究所(SIPRI)100强之列(表4.5)。英国宇航系统公司是英国和欧洲的主要军火公司,是在英国军火市场的某些领域中处于国家垄断的大型公司。

表4.5　英国主要军火公司(2016年)

地区	2016年世界排名	武器销售额/百万英镑	武器销售占总销售比例/%	军火业务就业估计值
英国宇航系统	4	22,790	95	78,850
劳斯莱斯	16	4450	24	11,980
巴布科克国际集团	28	2950	48	16,800
科巴姆公司	57	1550	59	6300
信佳集团	58	1500	32	15,040
吉凯恩集团	68	1210	10	5800
美捷特集团	80	940	35	3925
超级电子公司	97	720	68	2720

资料来源:SIPRI(2016)。

说明:军火业务就业根据武器销售占总销售比例乘以总就业估计得到。数字是近似值。

4.5.1　所有权

英国国防部是国防装备的主要买家,在某些情况下是唯一买家(买方垄断:核动力潜艇)。其购买力可以用来决定产业规模、所有权、结构、行为和绩效。例如,政府合同决定了工业规模,重整军备导致扩张,裁军导致国防工业收缩、工厂关闭和行业失业率攀升。政府可以决定是以竞争方式还是以非竞争方式授予合同,并决定非竞争合同的利润水平。

自20世纪60年代以来,英国国防工业经历了国有和私有时期。国防研究机构、皇家造船厂(Royal Dockyards)、皇家军械工厂(Royal Ordnance factories, RO)、肖特兄弟公司(Short Brothers)、贝尔法斯特(Belfast)中有相当大的国有产权。劳斯莱斯于1971年被国有化,随后在1977年飞机和造船业也被收归国有。造船业的国有化导致27家涉及造船、船舶修理和海洋工程的公司被合并,成立了一家新公司,即英国造船公司(British Shipbuilders, BS)。

1979年保守党政府当选后,国防和其他领域出现了大规模私有化。私有化改变了所有权,在某些情况下改变了产业结构。在撒切尔夫人政府执政下,英国国防工业发生了第一次重大的私有化,即在1981年初及1985年5月,出售英国宇航公司(British Aerospace, Bae)的股份。英国宇航公司代表着从国有企业向国内私营垄断企业的转变。造船业的私有化始于1983年之后的军舰船厂私有化。最初,这些所有权的变化意味着国内垄断被竞争结构所取代。后来,所有权和产业结构进一步发生变化。沃斯珀·桑尼克罗夫特造船公司(Vosper Thorneycroft)被巴布科克公司收购;通用电气公司(GEC)及其在巴罗(Barrow)和亚罗(Yarrow)的造船厂被英国宇航公司收购,成为英国宇航系统公司(BAE);天鹅猎人(Swan Hunter)公司退出了军舰行业。

由于RB211航空发动机巨大的成本超支,劳斯莱斯公司出现财政危机,于1971年被国有化。这家国有公司于1987年通过发行股票实现了私有化(Parker,2009,201)。进一步的私有化波及皇家造船厂和皇家军械厂。在苏格兰的德文波特(Devonport)和罗赛斯(Rosyth)有两个船坞。批评者称,造船厂效率低下、人员冗余、成本超支、合同延期。这些造船厂被分开出售,结果从国有垄断的造船厂变成了私有的双寡头垄断。然而,这种结构在2007年发生了变化,当时巴布科克公司收购了这两家造船厂,形成了私有垄断。

最初,皇家军械厂是一家国有垄断企业,主要为英国军队生产弹药、爆炸物、小型武器和战斗车辆。对皇家军械厂运营效率的持续关注引发这样的争论,即皇家军械厂应当作为一个部门,还是作为单独的实体被出售。皇家军械厂被分为两部分私有化。其坦克业务和利兹(Leeds)工厂卖给了威克斯公司(Vickers),剩余部分卖给了英国宇航系统公司。皇家军械厂的私有化将国有资产转移到私营部门,造成私营部门对武器和坦克的垄断。这与政府提倡要提升英国国防市场竞争的政策是背道而驰的(Parker,2009,239)[①]。

在英国大部分国防工业私有化后,政府仍然拥有国防研究机构。1995年,这些机构合并为一个新的机构,即国防评估和研究局(Defence Evaluation and Research Agency,DERA)。该机构于2001年解散,分裂为两个组织。大部分被私有化,形成奎奈蒂克(QinetiQ),其余部分成为国有的国防科学技术实验室(Defence Science and Technology Laboratory,DSTL),负责最好由政府进行的国防研究(如核、化学和生物研究)[②]。

4.6 国防工业行为

本节分析买卖双方在进行交易时的行为和竞争方式。国防市场与传统竞争性市场不同,国防市场是一个主要买家,即政府占据主导地位,而不是由竞争性市场中数量众多、规模相对较小的买家组成。作为主要买家,国防部授予合同,并为其合同制定投标规则。在购买国防装备时,国防部至少涉及三个方面的采购选择,包括购买什么(选择装备)、向谁购买(选择承包商)以及如何购买(选择合同形式)。选择装备涉及对装备性能的决策(如飞机速度、航程和设备负荷)。一旦确定了要

① 私有化的结果引发了更广泛的问题:参见帕克(Parker,2009)的研究。另外,请参见本章关于行业和公司绩效的章节(英国宇航系统、劳斯莱斯)。

② 私有化包括私人融资倡议(Private Finance Initiative,PFI),其中公共部门的资产由私人部门出资,然后租赁给公共部门。私人融资倡议包括国防部门。2018年的预算宣布了私人融资倡议的终止。

采购的装备，就必须要选择一个承包商，选择范围包括与首选供应商直接谈判和非竞争性采购，或者将竞争限制在英国公司内或扩大范围，允许外国公司参与竞标的竞争性采购。随后，选定的承包商将被授予一份合同，该合同介于固定价格和成本加成两种极端形式之间，是目标成本激励合同的中间类型合同。每种类型的合同对企业产生不同的效率激励，固定价格合同能提供最大的效率激励，成本加成合同则缺乏效率激励。

在授予合同时，国防部必须确定它们的价格和利润情况。对于竞争性合同，企业之间的竞争决定了价格和利润水平。在国防部合同的竞标中，特别是大型高价值合同，公司会使用价格和非价格因素以争取竞标的成功。虽然通过竞争决定价格的固定价格合同对政府来说很有吸引力，但它们也有局限性。竞争会导致公司提出较低的价格以赢得合同，然后发现意外的成本超支会招致损失甚至出现破产的可能性，导致承包商失败和退出；或是靠政府救助完成这个项目。或者，一个成功的承包商总是可以被在竞争中失败的公司所收购。非价格形式的竞争可能会带来乐观的设计方案，以及最终承包商失败的结果。在合同的竞标中，企业会使用各种非价格手段来赢得合同。这样的例子包括通过广告、游说和咨询报告强调该项目更广泛的经济效益（如就业、技术和出口效益）的重要性。承包商行为的这类例子出现在英国的核动力潜艇、“挑战者”2号坦克和已被取消的“尼姆罗德（Nimrod）”MR4海上巡逻机的国防合同中。英国的国防出口提供了更多非价格竞争的例子。为了获得出口订单，政府可能向进口国提供慷慨的财政援助。还有指控称，一些公司为了获得国防出口订单，涉嫌行贿和腐败行为。

非竞争性合同的问题更大，它要求在授予合同的同时决定价格和利润水平。英国在非竞争性或谈判性国防合同方面有着长期经验（如第二次世界大战期间）。对于此类合同中可允许的成本如何确定，尤其是在垄断情况下，利润是否“过高”，已引起了争议。非竞争性国防合同“超额”利润的案例有费兰蒂（Ferranti，1960年）和布里斯托尔·西德利（Bristol Siddeley）发动机（1959—1965年），它们导致出台了《1968年利润协议》（1968 Profit Agreement）以及国防部和国防工业之间新的监管安排。1968年的协议旨在为国防承包商提供“公平”的资本回报率，它被定义为与英国工业部门获得的平均回报率相等。审查委员会（Review Board）实施1968年协议。该委员会审查具体合同，并就英国非竞争性国防合同的总体利润水平提出建议。对1968年协议的批评直接促成在2014年一个新安排的出现：一个新的单一来源法规办公室（Single Source Regulations Office，SSRO）取代了审查委员会。引入公开账簿会计（Open Book Accounting），建议利润率以成本为基础（Hartley，2018a）。

4.6.1 英国国防工业政策

英国国防工业政策概述了其采办政策的基础。其目标是“以最高性价比为武装部队提供其所需要的能力,尽可能通过全球市场的公开竞争实现这一点"(MoD,2017d,23)。但是,英国的竞争性采购政策有两大制约因素。第一,与其他国家的长期合作对英国具有战略、军事和经济利益。[①]第二,竞争既不存在也不可行,导致出现单一来源合同和长期伙伴关系(MoD,2017d,11)。总的来说,英国国防采办是由竞争和战略选择,以及单一来源采办价值最大化所驱动的。然而,2017年,按价值计算,有58%的国防部新合同是在非竞争基础上签订的,而2010年这一比例为36%(MoD,2017d,23)。

在主承包商层面无法进行竞争时,国防部的目标是促进供应链的竞争,重点是中小企业。2016年,国防部向16500多家供应商进行了支付,至少5980家中小企业与国防部直接签订了合同(MoD,2017d,36)。国防部的目标是通过降低中小企业的进入成本,使工业部门更容易与国防部开展业务(如主承包商快速付款,MoD,2017d,39)。

2017年英国国防工业政策指出,国防活动提供了"更广泛的经济和国际价值,以及更高的国家安全目标"(MoD,2017d,16)。"这些领域的价值通常以定性评估为特征,需要使用最好的可用证据进行均衡判断"(MoD,2017d,16)。对政策的这种描述给决策者提供了相当大的自由裁量权。

2017年的政策还要求国防采办应表明,它如何有助于英国经济繁荣和提高生产率,特别是在地区层面上,并在"可持续的基础上"促进出口(MoD,2017d,16)。国防支出对经济繁荣的影响被界定为包括创新和附属收益、人力资本投资、地方经济影响和对当地劳动力市场的长期影响。这是一个雄心勃勃的目标,需要对机会成本进行评估,这种机会成本以其他可选公共支出计划(如基础设施投资)对经济繁荣的影响的形式体现。繁荣的概念也需要接受严格审查。人们对繁荣的定义、经济模式以及国防支出与繁荣之间的因果关系、这些关系和经济影响,特别是其他可选公共支出的区域影响,在实证上的重要程度产生了疑问。

英国国防工业政策中,为英国海军造船业制定的内容最为明确。《2017年造船战略》(*2017 Shipbuilding Strategy*)旨在为现代、高效的部门奠定基础,以为皇家海军提供更多船舶,支持更多的造船厂(MoD,2017e)。[②]该战略涉及30年总体规划

---

① 例如,英国是美国在F-35项目中的一级合作伙伴。它生产的价值在总项目约3000架飞机中大约占15%,英国计划购买的138架飞机,远远超过如果自己生产价值的100%。同样,国防部与欧洲导弹集团达成了长期协议,使欧洲导弹集团在英格兰西北部投资了一家新的生产厂,从而创造了500个高技能工作岗位,并在更大范围的供应链中创造了类似数量的工作岗位(MoD,2017a,29)。

② 该战略基于约翰·帕克(John Parker)爵士的一份报告(Parker,2016),该报告指出了英国军舰工业面临的两个问题。首先,政府无法负担所需的船舶数量,这是由于成本上升和采购时间延长导致采购的船舶数量减少。其次,英国军舰工业在出口军舰方面并不成功。该报告还指出了地区造船公司(如坎梅尔·莱德(Cammell Laird)、巴布科克·阿普雷多尔(Babcock Appledore)和弗格森海洋工程公司(Ferguson Marine))造船能力的复兴。

(Master Plan),它指定了未来30年国防部要求的船只数量和类型。26型将由英国宇航系统在克莱德(Clyde,苏格兰)建造,对于首批三艘船舶签订了单一来源的目标成本激励费用合同(Target Cost Incentive Fee)。英国宇航系统公司仍将是英国皇家海军的主要舰船制造商。新的31e型将侧重于出口,舰队可靠支援舰(The Fleet Solid Support ships)将面临国际竞争。

2017年造船战略中声明,出于国家安全考虑,所有皇家海军军舰都将在英国建造,竞争将仅限于英国。新的31e型护卫舰是该战略的重点,其重点是出口轻型护卫舰和基于鼓励英国众多商业船厂竞标工程的竞争性采购。总体而言,英国国防部将利用其合同权力来决定英国军舰工业的规模和结构。

2017年《造船战略》还承认,国防部在做出采办决策时将考虑更广泛的因素,包括对英国繁荣的影响。据估计,皇家海军的造船计划为英国提供了约25000个工作岗位,包括15000个直接工作岗位和10000个间接工作岗位。一些造船厂位于极为贫困的地区,是国防部门为这些地区经济作出贡献的主要方式。

4.6.2 竞争性和单一来源合同

国防部采购包括从竞争性到非竞争性合同。1995年和2015年是签订竞争性合同的高峰期,通常约80%的合同都是竞争性的。相比之下,非竞争性或单一来源合同在1980年和2010年达到顶峰,当时单一来源合同占国防部全部合同的一半以上(按价值计算)。通常情况下,竞争性合同是固定价格合同(包括一点不变的价格合同),非竞争合同是目标成本激励合同(存在各种类型的激励和分摊安排)。然而,也可能存在非竞争性的固定价格合同,其中价格以成本估计值和政府确定的利润率为基础(SSRO,2018)①。

英国的非竞争性合同还有另外的限制,即英国的欧盟成员国身份,及其国防装备采办的单一市场规则(计划在2019年脱欧)。单一市场规则旨在通过开放国防市场进行跨国竞争,以促进国防采办更大程度的竞争。对单一市场规则的例外条款允许成员国保护其国防工业(第346条,2009;MoD,2018)。

4.7 国防工业绩效

衡量行业绩效的指标多种多样,包括成本、生产率、产出、出口、项目开发时间、合同绩效和盈利能力。然而,行业层面的数据并不总是可以获得的,因此必须使用公司层面的数据。也不存在衡量业绩的最佳单一指标。本节回顾了用于评估国防工业绩效的一些可用数据。

① 关于不同类型合同和资金对地区经济影响的分析参见肯尼和莫维利(Kenney & Mowery,2014)的研究。

4.7.1 成本

成本绩效以各种形式反映出来：总成本、单位成本、名义对实际成本以及成本攀升。单位成本与利润一起共同决定了价格，单位生产成本会随着规模和累计产出而下降，这是成本递减行业的特征。相对单位成本决定了国际竞争力，而美国国防工业拥有庞大的国内市场，因而具有竞争优势。例如，美国国内计划订购的F-35飞机共计2443架，而英国计划订购138架。常规起飞型F-35的预计单位成本为每架飞机将近9000万美元（2018年价格），所有型号F-35的出口订单估计约为1500架。

英国国防装备的实际单位成本不断上升。代际成本上涨幅度介于潜艇的每年2.8%和战斗机及坦克每年的6.1%之间不等。不断上升的单位成本影响到所有国家，导致国防工业的新型武器减少，生产规模缩小，武装部队的兵力结构变小。原因多种多样且复杂，包括国防装备的锦标赛商品性质、项目乐观主义偏见、对性能的偏好超过成本和时间，以及国防市场的垄断性质（Hartley & Solomon，2017）。以成本攀升的数据作为评估性能的指标非常有局限：例如，它们为新一代装备提供了目标（如打败战斗机成本的一般性上升）。如果没有其他国家的类似数据，就不可能评估英国国防工业的表现。

4.7.2 公司数据

缺乏行业层面的数据意味着绩效只能局限于企业层面的分析。在这里，采用企业账户数据可能进行的分析有限。大多数公司公布的是业务总额数据，包含了军事和民用销售额，于是问题就出现了。而英国宇航系统是一个例外，因为它专注于防务生产，每年都会提供其各部门的销售、就业和利润数据（表4.6）。2017年绩效高于集团平均绩效水平的是电子系统和航空部门，而网络和海事部门的绩效低于集团平均水平。

表4.6 英国宇航系统（2017年）

类别	销售额/百万英镑	就业	利润（占销售额百分比）/%	生产率（雇员人均销售额）/英镑
电子系统	3635	14,400	13.5	252,431
网络和情报	1820	10,900	2.9	166,972
平台与服务（美国）	2928	11,400	8.3	256,842
航空	8059	30,100	12.4	267,741
海事	3151	13,800	8.2	228,333

（续表）

类别	销售额/百万英镑	就业	利润（占销售额百分比）/%	生产率（雇员人均销售额）/英镑
总计	19,626	83,200	10.4	235,890

资料来源：BAE(2017)。

说明：

(1) 平台与服务（美国）包括美国、英国和瑞典在战斗车辆、武器和弹药方面的活动。

(2) “航空”代表在英国的航空活动。

(3) “海事”是指在英国境内的海上（军舰和潜艇）和陆地活动。

(4) 2018年1月，随着平台和服务（英国）与平台和服务（国际）业务部门的取消，组织结构发生了变化。国际业务包括对沙特阿拉伯、澳大利亚、阿曼的销售，以及在欧洲导弹集团（MBDA）的份额。

(5) 利润以占销售额的百分比表示。

(6) 生产率的数据是作者计算得到的。

英国宇航系统主导着英国国防工业。2018年，它是英国国防部的主要国防供应商，约占国防部支出的15%，而国防部与其前10大供应商签订的合同中有93%是非竞争性的。2017年，对国防部的销售额占英国宇航系统公司销售额的18%。相比之下，洛克希德·马丁公司在同年度大约有70%的销售额来自美国政府。2017年，英国宇航系统公司的总销售利润为10.4%，而洛克希德·马丁公司和波音公司的年销售回报率分别为10%和11%。英国宇航系统公司的整业绩使其在2016年排名世界第四位。

一项咨询研究估计了2016年英国宇航系统公司对英国经济的贡献，显示了它对产出和就业的影响（OE，2017）。主要结果见表4.7。以总增加值衡量，英国宇航系统公司对国内生产总值的贡献为111亿英镑（2016年价格），支持了总计130400个就业岗位。英国宇航系统公司的劳动生产率比英国平均水平高出80%。2016年，英国宇航系统公司的出口（47亿英镑）和研发支出（10亿英镑）产生了更广泛的影响。

表4.7　2016年英国宇航系统公司对英国经济的贡献

	直接贡献	间接贡献	引致贡献	总计
对GDP贡献/10亿英镑	4.4	3.6	3.1	11.1
对就业岗位的贡献	34,600	59,900	35,900	130,400

资料来源：OE(2017)。

说明：

(1) 直接贡献是直接来自英国宇航系统公司的结果。

(2) 间接贡献是来自对供应链影响的结果。

(3) 引致贡献反映了消费者对直接和间接产品的支出。

(4) 总计是直接贡献、间接贡献和引致贡献的加总。

劳斯莱斯是英国第二大防务公司,2016年世界排名第16位。其年度报告提供了有关国防活动的一些数据(表4.8)。国防航空是2017年利润最高的部门,实现了比民用航空(6.5%)更高的利润率(为销售额的16.4%)。相比之下,海事部门出现亏损,其核部门的利润率(4.6%)远低于集团平均水平(7.8%)。核业务主要服务于英国核潜艇,其余是民用核潜艇。[①]

表4.8　2017年劳斯莱斯

部门	销售额/百万英镑	雇员人数	利润/%	生产率/雇员人均销售额,英镑
民用航空	8023	24,600	6.5	326,138
国防航空	2275	6100	16.4	372,951
动力系统	2923	10,100	11.3	289,406
核	818	4400	4.6	185,909
海事	1077	4600	−2.3	234,130
总计	15,090	50,000	7.8	301,800

数据来源:RR(2017)。

说明:

(1) 利润表示为占销售额的百分比。

(2) “-”表示亏损。

(3) 在其他部门中也存在一些国防活动,如电力部门、核部门和海军部门。

(4) 核业务也包括民用核业务,但军用核业务占核部门销售额的77%。

4.7.3　合同绩效指标

行业绩效也可以通过合同指标来评估。国家审计署(National Audit Office)定期发布有关英国主要国防项目的报告,提供有关成本、时间表、成本超支和延误的数据,并针对合同目标对实际绩效进行定性说明。国家审计署2015年的报告以12个项目为样本,发现成本预测相对稳定,并存在额外60个月的延误。然而,这种泛泛的概述掩盖了具体项目的重大成本超支和延误。在包括A400M运输机、机敏潜艇(1~3号船)、两艘航空母舰和台风战机在内的四个大型项目中,成本超支在14%~75%,延误时间为31个月至79个月不等(NAO,2015)。

国际比较表明,大型国防项目的特点是成本严重超支和严重延误。一项研究表明,在成本超支方面,英国的表现优于美国,平均超支率英国为8%,美国为25%;但在按时交付项目方面,美国则优于英国,美国的延期为25%,而英国为32%。与澳大利亚相比,英国交付的项目平均延迟较低,而法国则平均每年延迟1.5个月,英国平均每年延迟6个月(Gray,2009,215)。这种国际比较是存在问题的,因为这种

① 英国核潜艇业务的利润水平是由单一来源法规办公室(SSRO)决定的。在2018/19财年,非竞争性合同通常的利润率为生产成本的7.9%(SSRO,2018)。

比较需要对不同类型的项目作出相同定义和限制。

4.7.4　出口

出口可以被视为衡量一个行业国际竞争力的单一最佳指标。但对于国防装备而言，出口受到各种因素的影响，这些因素会影响衡量竞争力指标的可靠性。例如，这些数据受到政治因素的影响，特别是政府是否愿意允许向某些国家出口武器，以及政府是否有资金为出口提供资金。而当官方数据从年度出口交付量变为年度出口订单量时，数据也会发生变化。

英国是国防装备的主要出口国。以连续10年滚动计算，英国是世界第二大国防出口国，2017年国防出口订单为90亿英镑，占全球国防出口市场的12%。其最大的国防出口市场是中东、北美和欧洲。[①]航空航天占据英国国防出口的主要位置，占2017年国防出口总额的91%（以F-35、台风战斗机、“鹰”式军用飞机和劳斯莱斯发动机出口为代表的飞机、直升机、发动机、其他装备和支持系统）。2017年，英国在全球国防出口市场的主要竞争对手是美国、俄罗斯、法国、德国和意大利（MoD，2018）。英国航空航天的成功反映了空中作战部门处于世界一流水平，该部门在2017年直接提供了18000个工作岗位，并在供应链中又提供了28000个工作岗位，国防部旨在保持该部门的先发者优势（MoD，2018）。

国防部主张，国防出口为英国提供了经济利益。有竞争力的公司赢得了出口工作，分摊了管理费用，实现了规模经济，从而降低了国防部装备和服务的成本。出口也使英国在经济低迷时期维持工业能力。但出口并非没有成本（Chalmers，Davies，Hartley & Wilkison，2002）。

4.8　结　　论

英国公布了相当多的国防工业官方数据，因此人们都了解很多。此外，还有来自公司报告和行业协会等私人来源的数据。尽管如此，仍缺乏一些数据。如缺乏按技能和地点分列劳动力情况的全面就业数据（如科学家，各地区的熟练生产工人），以及年度国防出口交付数据（相对于订单数据）。还缺乏国防装备的年度进口数据和国防工业供应链数据。

英国国防工业的未来可能是怎样的？它的规模、结构、行为和绩效将由政府作为主要或垄断买家来决定。但未来将是不同的，正如今天的国防工业与1945年和1900年的不同：英国宇航系统公司在1945年不存在，飞机在1900年也不存在。

① 多年来，英国国防统计局每年公布英国国防出口交付量数据。最近公布的数据是基于出口订单的数据，这些订单分布在若干年交付，且有可能永远不会实施（如取消）。英国国防出口包括向沙特阿拉伯和科威特销售“台风”战斗机，向印度和阿曼出口“鹰”式军用飞机，向巴西销售巡逻船，向爱沙尼亚出口扫雷者，以及向美国出口F-35战斗机（DIT，2017）。

两个因素将主导英国国防工业的未来。第一,新技术将继续使战争发生革命性变化。目前,无人驾驶飞行器和无人机正在取代载人飞机,网络战正逐渐成为一种新的威胁,太空可能成为未来的战场。第二,国防装备成本的上升意味着新型装备的减少、生产周期的缩短和武装力量规模的缩减(如单舰海军和单坦克陆军)。成本上升对国防工业的影响可能意味着大型防务公司数量减少,国际合作增多,各国可以分担研发成本,并有机会合并生产订单,以实现学习经济和规模经济。跨国整合是可能的(如与美国军火公司合并),并将创造出规模更大的公司,而对监管此类公司也提出了更大的挑战。在没有重大冲突的情况下,未来英国国防工业的规模可能会收缩。专业的防务公司可能会使业务多元化,以减少对国防市场的依赖。

英国政府在保持国防工业能力方面将面临重大挑战,这将使其寻求在较小范围(如航空系统)实现更加专业化。但在开发和生产工作陷入低谷时,保持工业能力仍是一个挑战。这是一个影响到所有拥有本国国防工业的国家的挑战。出口、封存能力、资助技术演示开发、有限的生产订单、国际联盟与伙伴关系都是可能的解决方案。但这些都不是无成本的选择,有些只是短期解决方案。例如,封存似乎很有吸引力,但被封存的工厂存在较高的管理和维护成本,重建一支熟练的劳动力队伍的成本也很高。同样,技术示范可能会在短期内保留核心的关键开发人员,但如果没有长期承诺,工作人员会离职从事其他工作。一个更激进的选择是进口国防装备,这将把保持工业能力的成本转移到出口国(如美国)。这同样需要严格估计和评估进口选择的收益和成本。

参考文献

BAE. (2018). Annual Report 2017, BAE Systems, London, March.

BEIS. (2017). *How to Measure the Prosperity Impacts of UK Shipbuilding*, Department for Business, Energy and Industrial Strategy, London, September.

Chalmers, M., Davies, N.V., Hartley, Keith and Wilkison, Chris (2002). The economic costs and benefits of UK defence exports, *Fiscal Studies*, 23, 3, 343-367.

DIT. (2017). *UK Defence and Security Export Statistics in 2017*, Dept for International Trade, London.

Dunne, P. (2018). Growing the contribution of defence to UK prosperity, Ministry of Defence, London, July.

Gray, B. (2009). Review of acquisition for the secretary of state for defence, Ministry of Defence, London.

Hartley, K., Hooper, N., Sweeney, M., Matthews, R., Braddon, D., Dowdall, P. and Bradley, J. (1997). Armoured fighting vehicle supply chain analysis: Vol 1: Report, Centre for defence economics, University of York, Commercial-in-Confidence, September.

Hartley, K. (2017). *The Economics of Arms*, Agenda, Newcastle.

Hartley, K. (2018a). The economics of European defence industrial policy, in Karampekios, N., Oikonomou, I. and Carayannis, E.G. (eds), *The Emergence of EU Defense Resarch Policy*, Springer,

Switzerland.

Hartley, K. (2018b). The profitability of non-competitive defence contracts: The UK experience, *Defence and Peace Economics*, 29, 6, 577-594. November.

Hartley, K. and Macdonald, P. (2010). Country Survey XXI: The United Kingdom, Defence *and Peace Economics,* 21, 1, 43-63.

Hartley, K. and Solomon, B. (eds), (2017). *Defence Inflation: Perspectives and Prospects*, London, Routledge.

Kenney, M. and Mowery, D.C. (eds), (2014). *Public Universities and Regional Growth*, Stanford University Press, Stanford, California.

MoD. (2009). UK defence statistics 2009, Ministry of Defence, TSO, London.

MoD. (2012). UK defence statistics, 1982—2012, Ministry of Defence, London.

MoD. (2017a). Finance and economics annual statistical bulletin 2017, Ministry of Defence, London.

MoD. (2017b). UK defence in numbers in 2017, Ministry of Defence, TSO, September.

MoD. (2017c). Finance and economics annual statistical bulletin: MoD regional expenditure with UK industry and commerce and supported employment 2016/17, Ministry of Defence, London.

MoD. (2017d). Industry for defence and a prosperous Britain: Refreshing defence industrial policy, Ministry of Defence, London.

MoD. (2017e). National shipbuilding strategy: The future of naval shipbuilding in the UK, Ministry of Defence, London.

MoD. (2018). Combat air strategy: An ambitious vision for the future, Ministry of Defence, London.

NAO. (2015). *Major Projects Report 2015 and the Equipment Plan 2015 to 2025*, National Audit Office, HCP 488, London.

OE. (2017). *The Contribution of BAE Systems to the UK Economy*, Oxford Economics Report, BAE Systems, London, November 2017.

Parker, D. (2009). The Official History of Privatisation, Vol. 1, Routledge, London.

Parker, Sir J. (2016). An independent report to inform the National Shipbuilding Strategy, Ministry of Defence, London, November.

RR. (2017). *Annual Report 2017*, Rolls-Royce, London.

SIPRI. (2016). SIPRI Top 100 arms producers, *SIPRI Yearbook 2016*, Stockholm, Sweden.

SSRO. (2018). *Recommendations Factsheet*, Single Source Regulations Office, London.

第5章 法国国防工业

简·贝林 朱利安·马里扎德 海伦·马森

5.1 引 言

法国是欧洲主要的武器生产国和出口国，仅次于美国和俄罗斯，居世界第三位[①]。法国国防工业[②]规模可观，为国家经济活动作出了重大贡献。根据法国国防部的估算[③]，国防工业在全国范围内创造了约20万个直接和间接就业机会。法国国防工业由少数核心供应商以及4000多家中型与中小型企业组成，这些核心供应商均为各自领域的领导者，其中一些在国内市场中处于准垄断地位。《2017年战略评论》(*Strategic Review*)和《2019—2025年军事规划法》(*Military Programming Law 2019—2025*)[④]清晰地阐述了法国对国防工业的定位。这些官方文件强调，“强大的法国国防工业的重要性，因为它是法国战略自主的重要组成部分，只有它才能保障法国装备供给的安全，以确保主权独立和关键武器系统的供应”。[⑤]

虽然从历史上看，法国国防工业的发展较为稳定，但近年来这种情况发生了深刻变化。政府客户(开放竞争、对价格施压)以及国外客户(对技术转让和伙伴关系的要求)采办策略的变化、技术变迁以及民用部门的参与、国际舞台上新竞争者的出现，所有这些变化因素都促使法国军工企业加快了整合与国际化的步伐。

本章介绍了被国家视为具有战略意义的特殊工业部门的基本特征。第一部分从历史角度审视了法国国防预算，以及装备支出和国防研发公共支出的变化。第二部分介绍法国国防科技工业基础(DTIB)的历史和结构，以及国家和产业之间关系的变化。第三部分分析了该行业的绩效。

---

① 时间是2013—2017年。SIPRI, Trends in International Arms Transfers 2017, 2018.3.

② 如果一家公司是国防部(直接或间接)的供应商或武器出口商，则该公司属于国防科技工业基础。法国国防部((Daffix & Jacquin，2004)，Moura，2012)和研究人员通常使用邓恩的分类方法(Dunne，1995)将法国的防务企业分为三类：一是竞争生产武器系统和致命装备的企业(从研发到维修)；二是供应非致命但具有战略意义的产品(如燃料)的企业；三是供应军队日常用品(如食品)的单位。

③ Report to Parliament 2018 on French arms exports, Ministry for the ArmedForces,2018.6.

④ Law no. 2018 - 607 of 13 July 2018 on military programming for 2019 to 2025.

⑤ 同上，附件中的报告 3.4.3. Strengthening the DTIB to ensure our strategicautonomy (Renforcer la BITD pour garantirnotreautonomiestratégique)。

5.2 法国国防支出概览

正如丰塔内尔和赫伯特(Fontanel & Hébert, 1997)所指出的那样,1945年以来法国国防政策的目标一直是实现战略自主性,这促使法国发展独立自主的国防工业,形成了对北约模棱两可的立场,并建设起核威慑力量。这种立场需要大量的财政资源。

5.2.1 国防预算的变动趋势

尽管自第二次世界大战结束以来,法国国防支出占国内生产总值的比重趋于下降(图5.1),但它仍然是第三大预算项目,法国在国际上仍然是一个国防支出大国,特别是在欧洲范围内。①

图5.1中所示的斯德哥尔摩国际和平研究所(Stockholm International Peace Research Institute,以下简称"SIPRI")数据对军事支出的概念做了相对宽泛的定义,它们包括人员、行动与维护、采办、研发和基础设施等方面的支出。自1959年以来,法国对国防预算给出的定义要狭窄得多,只包括运行费用(主要是工资)和装备支出(采办与研发),不包括宪兵预算和养老金。因此,就2017年而言,SIPRI数据显示国防支出占国内生产总值的2.3%,而国防部的数据为1.42%。

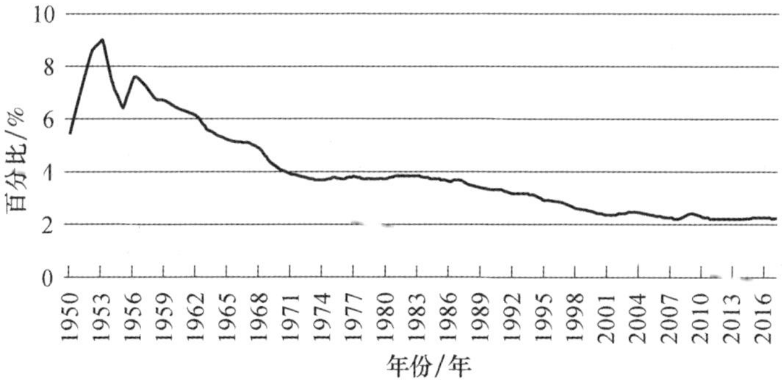

图5.1 1950—2017年法国国防支出占GDP的比重

图5.2采用了国防部数据的实际值(使用欧盟统计局公布的GDP平减指数),它显示了几个主要时期。尽管从1983年开始国防支出有所下降,这与欧洲导弹危机结束以及法国政府转向"严格"政策有关,但与之前观察到的趋势一样,国防支出在20世纪80年代继续上升(增加了16%)。20世纪90年代是收获"和平红利"的十年,国防支出的实际值下降了17%。自21世纪初以来,法国的国防支出稳定在300

① 根据斯德哥尔摩国际和平研究所的数据,可以进行国际比较,自冷战结束以来,除2007—2011年外,法国的国防支出都超过英国。

亿欧元左右(2000年至2018年增长了5%),在2009年达到峰值,主要是法国的复苏计划导致的。虽然2018年的国防预算低于20世纪80年代,但从过去三年可以看到上升趋势。

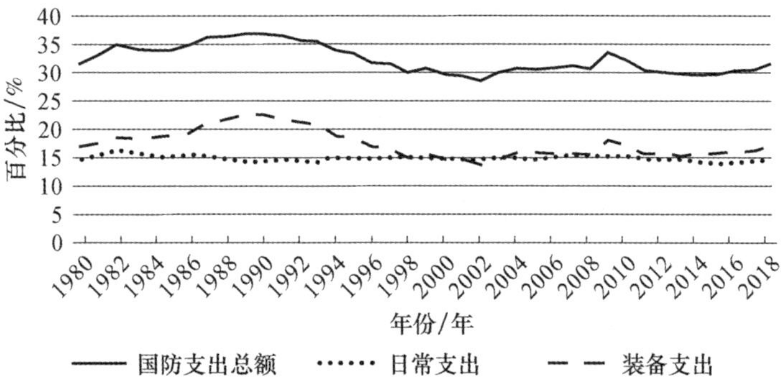

图5.2 国防支出总额、日常支出和装备支出变动情况

5.2.2 日常支出与装备支出

图5.2将国防预算分解为日常支出和装备支出(数据以2010年不变价格标示)。它凸显了国防预算的结构:稳定的日常支出和波动的装备支出。总国防预算的变化几乎完全可以用装备支出的变化来解释。在经济下滑时期,装备支出首先受到影响,且受影响程度大于日常支出(参见卓夫和马利扎德(Droff & Malizard,2014))。

5.2.3 国防研发

法国在国防领域的一个独特特点是政府对研发的支持。根据国防部的数据,在2017年,国防部在研发方面的支出为49.28亿欧元(表5.1)。

表5.1 2017年研发支出结构

研发支出	49.28亿欧元
开发	33.43亿欧元
国防研究	15.85亿欧元
两用技术研究、原子能和替代能源委员会等	7.34亿欧元
研究和技术	8.51亿欧元
上游研究	7.2亿欧元

数据来源:国防部。

研发包括“国防研究”以及装备开发工作,包括已经在进行的武器项目。国防研究只涉及研究而不涉及发展。其中包括研究与技术(Research and Technology,以下简称为“R&T”),它衡量了分配给武器项目的上游预算。这项活动利用了在民用部门开展的研究，以获得确定和启动武器项目所需的专业技能、知识以及科学、技术和工业能力。R&T包含上游研究（与工业部门和创新基金签订的合同）。

卓夫和马里扎德（2015）表明，研发预算受预算约束的影响要小于装备预算。因此，随着时间推移，研发预算在装备支出中的占比保持稳定，约为25%（图5.3中的数据以2010年不变价格表示）。

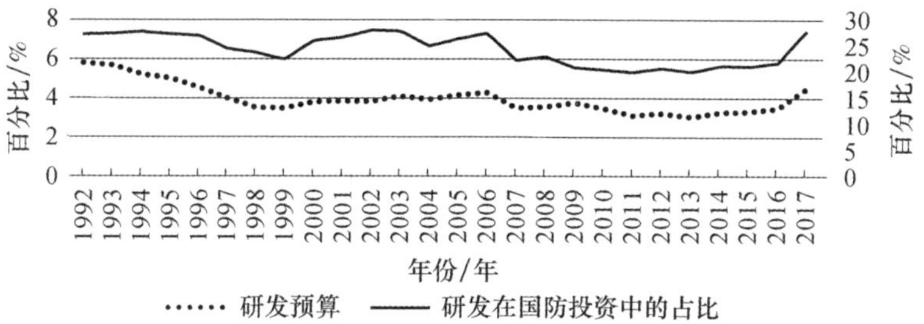

图5.3　法国国防R&T及其占国防投资支出的比重

虽然欧洲防务局的研发数据仅提供至2014年，但这些数据表明，法国在研发投资方面明显高于其他欧洲国家。2014年，法国将国防预算的9.1%用于研发，而除英国（7.8%）外的其他国家的研发支出要少得多（德国为2.4%，波兰为2.9%，瑞典为2.2%，等等）。

5.2.4　2019—2025年军事规划法案（The Military Programming Law，LPM）

《2019—2025年军事规划法案》提议，要应对《2017年战略评论》结论部分提出的挑战，并在2025年以前将国防预算（不包含养老金）占GDP的比重提升至2%。在2019—2023年间，国防部将获得1980亿欧元的预算，其中1125亿欧元将用于装备支出（到2025年增加至1728亿欧元）。这笔资金将用于以下主要项目：更新陆军的机动能力（蝎子计划）、海军舰船（欧洲多任务护卫舰（FREMM）和中型护卫舰项目（FTI）、梭鱼级核潜艇）、空军的飞机（主要是A400M运输机或A330多用途加油机（MRTT））。还计划对核动力弹道导弹潜艇（SSBN）或"戴高乐"号航空母舰的替代舰展开研究。

5.3　国防工业：历史、结构与行为

法国国防科技与工业基础（defence technological and industrial base）以一个稳固的供应商集团为核心，该集团由8家顶级承包商、发动机制造商和供应商组成：空中客车集团、阿库斯（Arquus）、达索航空、欧洲导弹集团（MBDA）、海军集团、奈科斯特、赛峰和泰利斯（表5.2）。这种结构是20世纪60年代政府决策和产业部门

适应环境做出调整的结果。

5.3.1 国家独立自主的历史基础或戴高乐主义印记

在法国,国家独立的愿望是建立国防工业的基石。在第二次世界大战后的最初几十年里,政府通过积极的政策干预逐步构建了军备格局。1958年5月戴高乐将军执政后,决定使法国成为一个独立的、拥有自己威慑力量的现代军事强国,他为全面改革武器设计和生产领域的状况及产业结构创造了政治条件。其首要目标是发展和实施战略核力量。1961年新成立的法国军备署(Ministerial Delegation for Armaments,DMA,1977年更名为武器装备总署,DGA①)被赋予独自承担建设核力量的任务,同时它还要确保常规武器项目正常运行,以满足武装部队需求(重型坦克和轻型装甲车、火炮系统、战斗机、运输和海上巡逻机、直升机、战术导弹)。

在与发展核能、导弹、电子和空间相关重大技术变革的背景下,科学研究被置于军备重建的核心。其目的是将民用研究融入国防部门,并促进工业领域的研究发展(通过将工业领域的成果进行转让和探索性发展)。1967年成立了一个独特的武器装备工程师团体,成为这次科学、技术和工业现代化进程的加速器。因此,即使最复杂的武器系统的设计、生产、运用、维修和现代化也不再依赖外国,如赫伯特(1995)所说,这个决策同时也导致军备作为一种“管理制度”,建立在国家的突出作用上(国家既是生产者,也是购买者),优先考虑技术性能和生产条件的自主性,而不是考虑竞争和价格。②

在20世纪60年代和70年代,国防工业经历了一场整合运动,在国家的推动下,每个领域最终形成了一个主承包商(表5.2)。当时,公共部门占据主导地位(军火库、国有企业、公共机构,如法国原子能和替代能源委员会(French Alternative Energies and Atomic Energy Commission,CEA)以及国家航空航天研究办公室(National Office of Aerospace Research,ONERA),它们主要在航空领域与私营部门合作。③这样,直到20世纪80年代末,根据让·保罗·赫伯特(Jean-Paul Hébert ,1995)的说法,法国武器生产系统可以被定义为“行政管理系统”,建立在国家(既是生产者又是购买者)的突出作用之上,优先考虑技术性能和生产条件的自主性,而不是关注竞争与价格。

---

① Direction Générale de l'Armement (Directorate General of Armaments).

② Comité pour l'histoire de l'armement, Les origines de la Délégationgénérale pour l'armement, CHEAR, Comité pour l'histoire de l'armement, 2002.

③ 特别是马塞尔·达索航空公司(Société des Avions Marcel Dassault)。参见 Jacques Weber, Un demisiècled'aéronautiqueen France, COMAERO, Etudes et recherches, Tome1, 2008, p. 19.

表5.2 主要承包商

公司名称	所有权	2017年销售额/千欧元	防务收入占比	员工数量	业务领域
空中客车集团	—国营科学航太参与公司(SOGEPA,法国政府)11.07% —GZBV(德国政府)11.06% —资本研究与管理公司(全球投资者)6.17% —SEPI(西班牙政府)4.17%	66,767	15%	129,442	商用与军用飞机,商用与军用直升机,无人飞机系统,民用与军事航天活动,国防电子,网络安全
阿库斯(雷诺卡车防务分部)	—沃尔沃集团政府销售100%	约500	100%	约1500	轮式装甲车,战术和后勤车辆,装甲车推进系统,武器系统(远程武器系统),维修与现代化
达索航空	—GIMD 62.2% —空中客车9.9% —达索航空0.5%	4808	39%	11,398	公务机,战斗机,无人驾驶飞机系统,海上巡逻侦察机,烟火与空间活动
欧洲导弹集团	—空中客车37.5% —英国宇航系统公司37.5% —莱昂纳多25.0%	3107	100%	10,500	空地系统,空对空导弹,导弹系统,巡航导弹,反舰导弹,反坦克导弹
海军集团DCNS	—法国政府62.25% —泰利斯35.00% —FCPE海军集团股份1.80% —海军集团股东0.95%	3698	约95%	14515	水面舰艇,潜艇,水下武器,战斗系统,导航系统,海军无人机集成系统,海军基地维护和相关服务,海洋可再生能源和商用核能
奈科斯特KMW公司、奈科斯特防御系统公司KNDS	—股东0.95% —法国地面武器工业集团50% —威格曼股份有限公司50%	2648	100%	7329	轮式和履带式装甲车、武器系统、火炮系统和弹药、机械和液压设备、电子设备、空地机器人、装甲车辆光学和视觉四通、CBRN防护、模拟和训练解决方案
赛峰	—法国政府10.81% —员工6.80%	16,521	约20%	58,324	发动机制造商、系统集成商和设备供应商,飞机、空间和导弹推进,航空系统和设备,光电、航空电子、导航系统、电子和关键软件、无人机安全(识别、保护、检测)
泰利斯	—法国政府25.71% —达索航空24.65% —员工2.51% —泰利斯0.26%	15,795	约51%	65,118	航空航天系统和设备、传感器、系统和通信,武器系统和弹药,训练模拟

数据来源:Notebook on International Defence Companies, DGA, 2018。

随着冷战的结束以及军费支出的减少，20世纪90年代成为国家经济角色备受挑战的时期，这标志着政府与产业开始分离（武器装备总署的工业活动和政府职能相互剥离[①]），公共部门的企业向资本开放。私有企业成为常态，而公共机构则成为少数（如原子能和替代能源委员会）。所有传统的工业公司（（汤姆逊-CSF、阿尔卡特、萨基姆（Sagem）、国有船舶制造企业（DCN）、法国地面武器工业集团（GIAT）、斯奈克玛（Snecma）、法国国家航空宇航公司（Aérospatiale）、马特拉、达索航空和国营火炸药公司（SNPE））都经历了不同程度的私有化或合并的过程。经济约束、美国的竞争压力，以及英国、德国、西班牙和意大利国家推动的整合活动起到了推波助澜的作用。是时候在国家或欧洲层面上确定国防工业的临界规模了。

在军用航空航天领域，出现了第一种欧洲化形式（根据专业领域建立联合企业以及开展合作），这得益于先前数十年（与德国、意大利和西班牙）发起的合作项目，并最终于2000年7月成立了空中客车集团（前身为欧洲宇航防务集团（EADS），由法国马特拉宇航公司、德国戴姆勒·奔驰宇航公司和西班牙航空制造公司（CASA）合并而成），在2001年成立了导弹制造商欧洲导弹集团（MBDA）[②]（其资本由空中客车持有37.5%、英国宇航系统公司持有37.5%、芬梅卡尼卡持有25%，另请参阅第7章）。此外，国防电子（2000年成立泰利斯公司）、发动机和航空装备（2005年成立赛峰公司）等领域也进行了国家层面的整合。

在海军军事领域，武器装备总署的产业活动与政府职能分离，导致1997年成立了一个专门负责产业活动的实体，即国有船舶制造企业（DCN），它随后在2000年转变成为一个拥有国家权力的部门，2003年又成为一家拥有国有资本的私营公司（2007年更名为DCNS，2017年更名为海军集团）。

地面武器装备领域也遵循了同样的轨迹，最终将地面武器工业集团（GIAT，创建于1971年）转型为一家拥有国有资本的国家企业，地面武器工业集团工业股份有限公司（GIAT Industries SA，成立于1990年），从2006年起，其核心业务集中在奈科斯特旗下。所有轻型和中型战术轮式车辆的制造商，在历史上都为陆军提供过产品，都逐一被瑞典沃尔沃集团收购（并入阿库斯旗下）：雷诺卡车防务公司在2001年收购了法国的雷诺车辆工业公司（RVI），2006年收购了法国ACMAT公司，2012年收购了潘哈德通用防务公司（Panhard General Defence）。

这些变化导致国防工业部门更加集中于少数几家公司，其中一些公司同时开展军用和民用业务（空中客车、达索航空、泰利斯和赛峰），而其他公司则专门从事防务活动（欧洲导弹集团、海军集团、奈科斯特和阿库斯）。与这种工业布局相对应的是，公共支出日益集中，这8家公司约占2015年政府订单（武器装备总署的直接

① 由此产生了所有者与承包商之称。

② 由欧洲宇航防务集团、英国宇航系统公司和芬梅卡尼卡集团的战术导弹部门合并而成，即马特拉BAE动力公司、欧洲宇航防务集团的马特拉宇航导弹公司以及阿莱尼亚-马可尼系统公司。

订单)的70%,占上游研究资金[①]的75%(泰利斯是最大受益者)。

5.3.2 资本重构

私有化进程和防务公司资本的开放,以及空中客车、泰利斯、赛峰和达索航空集团在证券交易所上市,也对经济和财政状况产生着决定性作用。作为股东,政府将不再拥有同等程度的灵活性。

2000年前后,法国航空和防务领域公司的资本结构的特点是公有化程度较高(政府持有国有船舶制造企业100%的股份、奈科斯特99%的股份、泰利斯和赛峰约30%的股份,以及空中客车15%的股份),在公司之间交叉持股的基础上组建股东集团,除国有银行外,外国第三方和机构投资者成为管理人员的数量非常有限。这样做的目的是稳定股东基础,避免来路不明的外国投资。然而,在过去十年中,法国政府在保持主要股东地位的同时逐渐撤出国有资本。其主要原因是希望促进产业联盟[②],反映了改善公司治理的期望,以及国家去杠杆化的大背景。

如今,如表5.2所列,政府在泰利斯、赛峰和空中客车集团的持股比例分别为25.71%、10.81%和11.07%。政府仍然是海军集团的大股东,但自2007年以来,它一直是泰利斯的联合股东(35%)。在法国奈科斯特集团与德国克劳斯-马菲·魏格曼公司(KMW)于2015年底结成的战略联盟框架内,成立了一家新的、名为KNDS(克劳斯-马菲·魏格曼-奈科斯特防务系统公司,本文中简称为“KNDS”)的荷兰公司。法国政府(通过控股公司奈科斯特和地面武器工业集团工业公司),同德国的博德-威格曼家族(通过威格曼控股有限公司)一起各持有该公司一半股份[③]。不过,如果国家战略利益的保护存在风险时,法国可能会增加其持股份额。事实上,2016年12月,在重组法国核工业的背景下,法国国家参股局(Agence des participations de l'Etat-APE)为阿海珐(AREVA)集团出售海军核动力推进反应堆制造商阿海珐TA(AREVATA)[④](后更名为原子技术公司),确立了多数股权原则(持股比例为50.3%)。

主要行业参与者与股东构成的转变以及新型公司治理实践的引入,拉开了企业与政府之间的距离。尽管如此,国家仍然还可以通过两种方式在必要时影响公司的战略方向,并为国防科技工业基础的转型提供支持,这两种方式就是公共采购

① DGA Annual Report, 2015.

② APE, Rapport d'activités 2015-2016, p. 28.

③ 这两个合伙人受股东协议的约束,协议中明确了治理规则。由于法国政府持有特定股份,并且已经达成协议,因此战略资产受到保护。

④ 此外原子能和替代能源委员会和海军集团各持有20.3%、EDF持有9%的资本。参见The APE, CEA and DCNS have signed a binding agreement to acquire AREVA'sstake in the capital of AREVA TA, a French company specialising in naval propulsion", APE Press release, 15 December 2016.

和研发与创新资金。法国国防采办局(Defence Procurement Directorate,DGA)自成立以来,就承担着执行军备项目、为未来做准备和促进武器出口的任务,目前它在各个地点(包括10个专业技术与测试中心)共雇佣9600名员工。仅在2017年,国防采办局就管理着110亿欧元的装备合同和8.2亿欧元的上游研究,这使其成为法国最大的国家投资机构。[①]

5.3.3 随着产品与服务结构的调整和优先考虑出口,企业战略受到影响

武器制造商也调整了其战略。事实上,法国以及整个欧洲的装备支出减少,加上主要市场的竞争日益激烈,导致法国防务公司在过去十年中调整了其产品和服务结构,并向国际化发展。

于是,公司剥离了无利可图或与核心业务相距甚远的资产。同时,利用如收购或参股等方式参与拓展外部业务,满足这些企业在如网络安全、自动系统、信息与通信系统、服务提供等具有增长潜力的细分市场定位的需要。赛峰放弃了所有的“安全与识别”业务,重新专注于推进和航空设备,并集中投资于电子系统。在航天领域,面对来自美国的Space X和轨道ATK公司的竞争,2016年,赛峰的推进业务部门(赛峰-克拉克勒斯(Safran Herakles)和斯奈克玛弗农(Snecma Vernon))与空中客车的发射业务部门合并,组建新的合资企业阿丽亚娜集团(ArianeGroup)。对于空中客车防务与航天公司而言,这是继它们将国防电子部门出售给投资基金KKR之后的第二次重大调整。

与此同时,泰利斯在2015年至2018年间收购了多家公司,涉及互联互通、数字安全、网络安全和人工智能领域(阿尔卡特-朗讯、伏尔米(Vormetric)、塞斯格(Sysgo)、古维斯(Guavus)和金雅拓(Gemalto)的网络安全业务)。在地面武器装备领域,法国的领先制造商奈科斯特(现在是KNDS的法国分公司)通过收购法国国营火炸药公司(SNPE)、比利时梅尔卡公司(Mecar)和意大利西梅尔防务公司(Simmel Difesa),整合了它的弹药部门(20毫米到155毫米)。它还通过为安全部队开发一系列系统和防护解决方案(改装装甲车、化学、生物、放射性与核(CBRN)防护、机器人系统),实现了多元化发展。海军集团还启动了一项多元化战略,开拓民用核业务和海洋可再生能源业务(成立了一个名为“海军能源”的子公司,目标是到2025年实现营业额占比达20%),以减少对国防业务的依赖。然而,由于缺乏前景,2018年重新审查了这个战略方向,并停止了对其投资。海军集团正致力于拓宽军用舰船领域,与法国皮里欧公司(Piriou)组建了一家合资企业,专门生产低吨位舰船,并希望将业务拓展至服务与网络安全领域。

每家公司调整产品和服务结构的方式与手段各不相同,但这些方式和手段却

① DGA key figures (2017).

显然很相似，因为它们都认为有必要进行国际化。法国国防工业出口历史悠久[①]，但由于国家预算的限制以及针对国防部的武器出口管制，近年来武器出口得到加强。20世纪10年代以来，法国主要平台/集成商和装备供应商的出口势头强劲，不仅出口到近东和中东（沙特阿拉伯、卡塔尔、埃及、阿拉伯联合酋长国），这是一个很稳定的出口区，还出口到亚洲（印度、中国、日本、韩国、马来西亚、新加坡）和南美洲（巴西），同时在北美洲和非洲也有少量的出口。在军事航空市场（印度、埃及和卡塔尔进口了“阵风”战斗机、直升机和导弹）和海军市场上获得大量合同的推动下，法国的出口订单在2015年和2016年达到创纪录水平（2015年为169亿欧元，而之前每年在50亿~80亿欧元）（图5.4）。此外，海军集团在2016年4月成功竞标到为澳大利亚生产下一代潜艇的项目，这无疑会增强法国国防工业在亚洲市场的地位。

然而，由于进口国直接或半直接补偿贸易要求的增加（表现为技术和技能转让、联合生产和/或分包合同、发放许可证、海外直接投资、人员培训和技术援助），出口的基本原则已经有所变化。国防工业已从（通过商业网络）简单出口转变为国际化活动的基础（工业场所）。补偿贸易要求是建立武器市场的真正基石，它迫使外国供应商真正“本土化”（长期的场所、寻求合作伙伴、处理武器转让等）。这些进入出口市场的条件不仅适用于大型集团，也适用于中等规模的企业和中小企业（无论它们是次级承包商还是提供整套产品），它们必须能够调动所需的人力和财力资源，以使其业务国际化。这种强烈的发展趋势成为推动政府和国防工业合作新动力的基础，与印度、巴西，还有最近与澳大利亚签署的战略合作伙伴关系就说明了这一点。因此，尽管法国防务企业出口额近年来大幅增长（出口额在营业额中占比通常超过50%），但它们在进口国当地建立了更多的子公司，并与当地合作伙伴建立了合资企业。这些限制进入出口市场的因素对供应商链（公司、工作和技能）的影响仍有待研究。

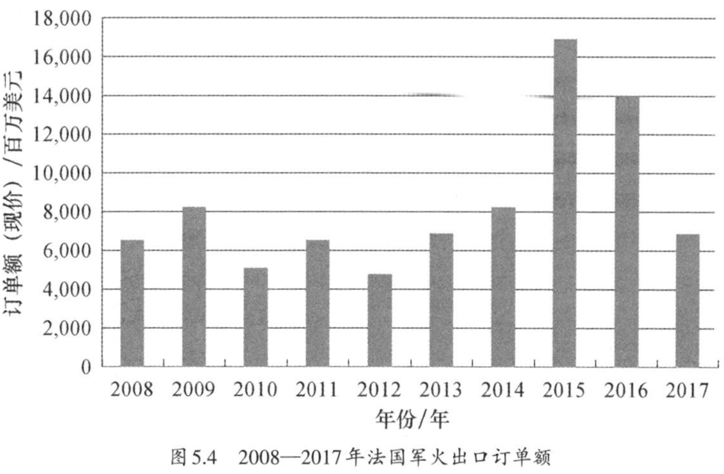

图5.4　2008—2017年法国军火出口订单额

① 法国武器装备出口自20世纪70年代开始大幅增长，在20世纪80年代达到顶峰，之后在20世纪90年代急剧下降。

5.4 行业绩效

我们可以从宏观和微观经济角度来观察这些企业的绩效。为此，我们使用了法国国防部提供的数据，并对法国的国防科技工业基础中的企业进行统计分析[①]。这使我们能够重点突出一些特征并分析它们的表现。

5.4.1 宏观绩效

在宏观经济层面，我们可以度量国防科技工业基础的存在对经济活动、就业、对外贸易、研发和创新的影响。

2017年，国防部向其供应商支付的总金额为190亿欧元，其中156亿欧元（占总额的82.2%）直接支付给位于法国国内的公司，34亿欧元支付给其他供应商（非居民企业、国际组织、行政机构等）。2017年，主要防务公司获得了国防部支付给法国公司的大部分款项（69.4%）。中等规模企业获得了17.5%，中小企业获得了9.9%，微型企业获得了2.8%（Eury，2018）。

防务企业创造了大量就业岗位。根据国防部的数据，国防工业部门大约总共提供了20万个就业岗位[②]（国防部，2019）。我们能够开展的研究（Belin，Guille & Masson，2015）表明，防务企业不同于其他企业，因为它们拥有更高素质的员工队伍，主要由高管和智力卓越的专业人员或中级专业人员组成。

国防经济观察站台（Defence Economics Observatory，OED；Oudot，2016）的估计显示，防务企业及其国防与民用业务在法国出口中占很大比例：2015年为19.8%。

防务企业也为法国的研发出了巨大贡献（Serfati，2014），并在构建和管理研究渠道方面发挥着重要作用。[③]根据研究部（Ministry for Research）的研发调查，我们（Belin，Guille，Lazaric & Mérindol，2018）分析了自20世纪80年代末以来防务企业研发活动的变化。1990年，防务企业仍雇佣着法国企业45%的研发人员（研究人员和技术或行政支持人员），并占其研发支出的一半以上，而在2010年，这两个比例已分别降至24%和29%。防务企业作用的相对减弱是非防务企业研发支出大幅增加的结果，并不是防务企业的投入有所减少。事实上，在分析所涉期间，防务企

① 关于国防支出或国防科技工业基础的统计数据通常涵盖整个国防科技工业基础，然而，我们特别关注前一组（即防务企业），以突出其具体特征（Belin，Guille & Masson，2015）。这些特征在所有的国防科技工业基础企业中都可以找到，尽管它们没有在防务企业中那么明显。

② 没有给出直接和间接工作的细分数字。直接工作是指由国防部的订单而直接产生的工作岗位，如在获得国防部订单或出口武器装备的公司中从事国防或军工相关活动的人员。间接工作是指在间接完成国防或军品订单的其他公司工作的员工。其包括承接军火订单企业的供应商、次级承包商和服务提供商的一些雇员。

③ 关于专利政策的内容另请参见Bellais & Guichard (2006)或Guillou et al. (2009)。

业的研发支出总体保持稳定。因此，国防部门在构建法国研究网络方面发挥着更为定性的作用。在大多数具有竞争力的集群中，都有武器装备总署的身影。防务企业将大部分研究外包给企业法国公司，这种外包的部分资金来源于公共资金。

5.4.2　微观绩效

通过我们对法国国防科技工业基础公司进行的统计和计量经济分析，我们能够强调几个具体特征并分析其绩效（Belin,2015）。

首先，我们对国防和非防务企业的资产负债表和损益表进行了比较分析，结果显示，防务企业的净借款额增加了。国防活动需要大量的研发投资、更高素质的员工（尤其是研究人员）和更长的生产周期。除投资和工资外，公司还必须在财务上应对从客户处收到款项与向供应商支付款项之间存在时间差的问题。防务企业的这种时间差更长，尽管目前它们与民用部门间的差异正在减小。

防务企业的活动也可能更难以获得资金，主要是因为研发所需的投资及其无形资产的性质[①]。因此，防务企业更多使用自筹资金或公共资金。由于这些企业的战略性质、国防活动的独特特点以及这个行业的历史结构，政府当局除公共采购外，还会参与资助防务企业。这种参与可以通过补贴、研发投资税收抵免或公共资助的形式体现出来。

防务企业绩效良好，尤其是在出口率和增加值方面。因此，我们发现防务企业的出口比其他企业更多。它们的增加值也高于其他企业。然而，由于员工成本相对较高、折旧费用较高且储备金较多，因此它们的其他指标（总营业盈余、营业收入、当期税前收入）最终与非防务企业没有显著差异。

5.5　结　　论

由于其国防支出的规模和结构，法国在欧洲拥有独特地位。法国国防工业对国民经济（国内生产总值、就业、创新等）做出了重大贡献。这是历史发展和适应环境的结果。国防是一个不断改进的领域。一系列改革已经启动，主要在出口、武器项目管理和创新方面。

出口支持体系目前正得到加强。政府当局选择通过出口合同来保障《2014—2019年军事规划法》和《2019—2025年军事规划法》的财务平衡。虽然出口合同以前只是一个额外的收入来源，但现在已经成为某些主要领域工业活动可持续发展的先决条件。此外，在这些时期的出口市场上，诸如政府间合同之类的方案占据主

① 研发投资的无形性质和运营周期的财务要求意味着，防务企业的固定资产（占资产负债表的16%，其他企业为24.6%）要少于其他企业，特别是有形固定资产（占资产负债表的8.3%，其他企业为12.9%）。这些固定资产一般都是用来做抵押的，当其需要借款时，这可能会成为不利因素。防务企业的财务负债也比非防务企业少得多（占资产负债表的9.5%，非防务企业为15.8%）。

导地位。

因此,时任国防部部长弗洛伦斯·帕利(Florence Parly)[①]在2018年年中发起的武器装备总署的最新改革,其目的是加强武器装备总署、军队和工业界之间的对话,简化和加快采办程序,以便将技术更快地融入系统中,并促进国际伙伴关系。

我们也观察到了这个领域更大程度的开放,特别是在研究和创新方面。目前已经设立了国防投资基金(Definvest Fund)和国防创新局(Defence Innovation Agency)。国防部和相关企业都在加强与大学、法国国家科学研究中心、中小企业和初创企业之间的联系。目前的挑战是要为新兴战略技术领域(特别是网络安全、机器人、人工智能、生物技术)的产生和加强创造条件。

未来十年,法国国防科技工业基础将发生深刻变革,将更加国际化、对民用创新更加开放、更深入地植根于欧洲合作之中。

参考文献

APE. 2016. *Rapport d 'activités 2015—2016*. Agence des Participations de l'Etat.

Belin J. (2015). Spécificités économiques et financières des entreprises de l' armement, Revue défense nationale, mai.

Belin J., Guille M., Lazaric N. and Mérindol V. 2018. Defence firms within the French system of innovation: Structural changes. *Defence and Peace Economics*, 30(2), 142-158. April.

Belin J., Guille M., Masson H. (2015). Rapport de l' "Observatoire de l' armement", étude pluri-annuelle effectuée pour le SGA (Secrétariat Général pour l' Administration-Ministère de la Défense).

Bellais R. and Guichard, R.. 2006. Defense, innovation, technology transfers and public policy in France. *Defence and Peace Economics,* 17(3), 273-286.

Chiffres clés DGA (2017), Ministère des Armées, novembre 2018.

Comité pour l' histoire de l' armement (2002). Les origines de la Délégation générale pour l' armement, CHEAR.

Daffix S., Jacquin Y. (2004). Le périmètre des entreprises liées à la défense, Ecodef, n° 32, DAF/OED,ministère de la Défense.

Droff J. and Malizard J. (2014). Cohérence entre politique budgétaire et budget de défense en France, Revue Défense Nationale, 769, pp. 116-121.

Droff J. and Malizard J. (2015). R&D de défense et politique budgétaire en France, Revue Défense Nationale, no.784, pp. 101 - 106.

Dunne, J. P. (1995). *The Defense Industrial Base. Chap. 14 in Handbook of Defence Economics,* 399—430. Amsterdam: Elsevier.

Eury M. (2018). Les entreprises fournisseurs de la défense, ECODEF no.111, juin, DAF/OED, ministère de la Défense.

Fontanel, J. and Hébert, J.-P.. 1997. The End of the "French Grandeur Policy". *Defence and Peace Economics*, 8(1), 37 - 76.

① 国防部部长弗洛伦斯·帕利2018年7月5日在巴黎的讲话《国防采办局的转型》。

Guillou, S., Lazaric N., Longhi C., and Rochhia S. (2009). The French Defence Industry in the Knowledge Management Era: A Historical Overview and Evidence from Empirical Data. *Research Policy,* 38(1), 170-180.

Hébert J.P. (1995). Production d'armement. Mutation du Système français, *La Documentation française.*

Masson H. (2007). Industries de défense et actionnariat public: une singularité française, Annuaire stratégique et militaire 2006-2007, janvier.

Masson H. (2011). Défense & Armement, des leaders mondiaux sous contrainte, Géoéconomie, no.57, mai.

Masson H. (2017). L'industrie française de défense: dynamiques et défis, Les Cahiers français, septembre.

Ministère des armées (2015), Rapport d'activités de la DGA.

Moura S. (2012). La base industrielle et technologique de défense, Écodef, no.58, Ministère de la Défense.

Notebook on International Defence Companies (2018), DGA.

Oudot J.M. (2016). L'essor des livraisons internationales des entreprises de défense, ECODEF no.79, mai, DAF/OED,ministère de la Défense.

Rapport au Parlement (2018) sur les exportations d'armement de la France, Ministère des armées, juin 2018.

Serfati C. (2014). L'industrie française de défense, Les études de la documentation Française, La documentation française, décembre.

SIPRI (2018). Trends in International Arms Transfers 2017, march.

Weber J. (2008). Un demi-siècle d'aéronautique en France, COMAERO, Etudes et recherches, Tome1.

第6章　跨欧洲军工企业及国防工业

基斯·哈特利

6.1　引言:问题

斯德哥尔摩国际和平研究所(Stockholm International Peace Research Institute, SIPRI)100强军工企业榜单将跨欧洲企业定义为所有权和控制权分散于一个以上欧洲国家的企业(SIPRI,2016)。[①]这个定义提供了一个起点,可以进一步将其发展为一个更广泛的定义将参与欧洲(跨国)合作项目产业管理的企业也包括进来。本章概述了各种跨欧洲军工企业的发展和演变;考察了政府和欧盟国防工业政策为此类企业形成提供框架方面所发挥的作用。本文利用数据描述了欧洲国防工业的规模,主要跨欧洲企业和欧洲合作企业的各种产业联盟形式。

这里出现了两个问题。首先,缺乏定期公布的有关欧洲国防工业规模和结构的官方数据。相似地,也缺乏关于管理武器合作项目的公司的数据。鉴于欧盟委员会(European Commission)在制定单一市场政策和欧洲国防工业政策方面的作用,缺乏这种数据是令人惊讶的。其次,各国政府最了解欧洲国防工业的规模和结构。其购买力可以为国内企业和新的并购活动提供资金;其可以促进或阻碍本国防务市场的竞争;还可以批准或制止合并(Hartley,2018a)。鉴于政府的重要性,欧洲国防工业规模和结构数据的普遍缺失也令人惊讶(Hartley,2018b)。

6.2　已知情况

在2016年SIPRI百强中有两家跨欧洲军工公司,即空中客车集团(此前名为欧洲宇航防务集团(European Aeronautic Defence and Space Company, EADS))和欧洲导弹集团(MBDA)。还有其他企业未出现在2016年的百强名单中,要么因为它们最近正在重组,要么因为它们本身还不是百强企业。例如,KNDS集团和凯斯纽荷兰工业公司(CNH Industrial)近期进行了合并,后者在2014年进入了百强榜单,但

① 关于公司的国籍存在着更广泛的问题,包括公司总部和子公司的所在地、股东和董事的国籍以及政府在所有权和控制权方面的作用。

此后再未进入过。[①]此外，还有一些公司被归类为基于欧洲武器合作项目，生产特定产品的国际联营公司。这些国际企业是为开发、生产和营销特定的欧洲武器合作项目而专门成立从事工业管理的公司。它们通常都是航空航天项目，包括战斗机、训练机、运输机、海上巡逻机、直升机和导弹。跨欧洲军工企业由各国政府设立，并从欧洲武器合作项目发展而来。通过跨国合并，它们促进了产业结构调整，从而形成了数量较少、规模较大的欧洲军工企业，这些企业更有能力与规模更大的美国对手进行竞争。

6.3 为什么成立跨欧洲军工企业

私有企业通过兼并和收购追逐利润，并购是为了寻找盈利的机会。这种搜寻过程通过最小化进入新市场(新的地理或新的产品市场)的成本，或者通过规模经济和学习效应降低成本，而使企业节约交易成本。

跨欧洲军工企业则不同。它们的军火业务意味着政府要么通过武器的主要或垄断买家的身份，要么通过国家拥有军工企业的方式参与其中。因此，跨欧洲军工企业不是“自由市场力量”作用的结果。创建跨欧洲军工企业需要政府批准，并支持合并，从而形成跨欧洲公司。如果本国的军工企业是国有的，也需要政府对国际合并的批准与支持，从而组建一家新的欧洲军工企业。政府的参与意味着跨欧洲军工企业将追求一系列政治和非经济目标，而不仅仅是利润目标(如就业、技术和区域性目标)。

跨欧洲军工企业并不限于2016年SIPRI百强中包含的两家企业，即空中客车和欧洲导弹集团，以及最近加入的KNDS集团。还有一些跨欧洲军工企业，它们是由国际企业或联营企业组成的单一项目(产品)跨国公司，为了欧洲合作项目的开发、生产和营销而创建。它们是欧洲合作项目的供给者和产业管理者。各伙伴国政府通常会组成一个类似的管理小组，在项目中代表买方以及各自国家的利益。本章所介绍的这些国际联营企业并未出现在SIPRI百强之中。

6.4 欧洲的国防工业政策

跨欧洲军工企业是在欧洲国防工业政策的背景下形成的。这包括努力构建单一欧洲防务装备市场和欧洲国防工业基础(Hartley，2018a)。这项政策通过各种倡议发展而来，其中包括西欧联盟(Western European Union)、欧洲共同安全与防务政策(European Common Security and Defence Policy)、承诺装备合作及组建欧洲军备

① 在2014年SIPRI百强榜单中，纽荷兰工业公司被列为一家跨欧洲军工企业，但此后未再进入过。2014年，它以8.2亿美元的军火销售额排名第96位；军火销售额占公司总销售额的比例为2%；2017年雇员总数为63356人。它是一家销售国防车辆的多产品企业，由菲亚特工业公司和纽荷兰全球公司合并而成。

局,并进而成立了欧洲联合军备合作组织(Organisation Conjointe de Cooperation enmatiered'Armament或Organisation for Joint Armament Co-operation,OCCAR)和欧洲防务局(European Defence Agency, EDA)。

欧盟委员会在建立单一欧洲防务装备市场(European Defence Equipment Market,EDEM)方面发挥着重要作用。单一市场旨在通过开放各国防务市场进行跨国竞争,促进成员国之间更高程度的竞争:即允许其他成员国的企业在欧盟内竞标国防合同。建立欧洲防务装备市场需要一个法律框架来规定授予合同的规制。例如,根据“最具经济优势报价”的原则来授予合同。建立欧洲防务装备市场的法律框架以一系列国防采购指令为基础,这些指令旨在通过向其他欧洲企业开放本国防务市场,进行跨国竞争,以提高竞争水平。

然而,建立一个具有竞争性的欧洲防务装备市场存在着一些限制,反映在单一市场的特殊豁免规则上,如允许欧盟国家在采购军事装备(定义为武器、弹药和战争物资,包括情报服务)时保护其“基本的”安全利益。最初,豁免规则以296条款为基础,后来被346条款所取代。公共选择理论可以预测到这种对竞争模式的偏离,公共选择分析明确了寻求影响公共政策的各种利益集团的作用。这些利益集团包括最大化选票的政治家、最大化预算的官僚机构和寻租者。这些集团会利用自身的影响力破坏竞争性的欧洲防务装备市场规则。这样的例子有:采用有利于本国供应商的歧视性技术标准,包括使用346条款,对于竞标合同中最具经济优势报价无法中标给出解释。使用346条款允许各国政府授予非竞争性合同(Hartley,2019)。通常情况下,作为对反竞争行为的回应,欧盟委员会会推出新的采购法律规范,这些规范旨在实现合规和“良好”行为,并最终由欧洲法院进行裁决。

除了欧洲防务装备市场的倡议之外,欧洲防务局还负责发展欧洲国防科技工业基础(European Defence and Technology Industrial Base,EDTIB),以减少成本高昂的国家研发项目和小规模国家采购重复进行。欧洲防务装备市场的分割导致欧洲国防工业的竞争力比不上美国。例如,欧洲有180种不同类型的装备,而美国只有30种(Hartley,2018c)。与美国大规模的国防采购所实现的规模和学习经济相比,欧洲每种装备都涉及成本高昂的研发项目,并由此导致国内产量较小。欧洲防务局的任务就是建设一个由能力驱动的、具有实力且在欧盟内外都富有竞争力的国防科技工业基础。然而,在2016年末发布了一项新的政策措施,称为欧洲防务行动计划(European Defence Action Plan,EDAP)。①

① 另一项欧盟防务倡议被称为永久结构性合作(permanent structured cooperation)或者PESCO(2017年)。该倡议允许欧盟的防务倡议无需经过所有成员国同意:这是一个框架性协议,使得欧盟27个成员国能够在欧盟框架内开展小范围的防务合作。

6.5　欧洲防务行动计划(EDAP)

欧洲防务行动计划旨在解决欧洲防务市场分散、缺乏互操作性、技术差距、成本高昂的研发重复进行以及无法实现生产的规模经济与学习经济与美国的对手进行竞争等欧洲防务问题。在2013年,据估计,非欧洲国家的年度国防支出在260亿~1300亿欧元。而对欧洲防务的投资被认为是值得的,在防务上每投入1欧元就能产生1.6欧元的回报,特别是在技术性工作、研究和技术以及出口方面(McKinsey,2016)。

欧洲防务行动计划有三个组成部分:欧洲防务基金(European Defence Fund,EDF)、支持对供应链和区域集群或卓越中心的投资以及推动形成开放和竞争性的单一防务市场。[①]欧洲防务行动计划旨在为更多的欧洲防务合作创造条件(EC,2016)。

欧洲防务基金的目的是通过研究和能力窗口资助成员国之间在武器项目上的合作。研究窗口将资助创新型的国防研究合作项目(如电子学、材料学、机器人学)。能力窗口将为国防能力的联合开发和采购提供资金。总体来说,欧洲防务基金将为欧洲军备合作以及联合研究、开发与采购提供资金(Hartley,2018c)。

欧洲防务行动计划对于中小型防务企业也发挥了一定作用。它支持对欧洲国防供应链的投资,创建区域卓越中心,并推动改善对中小型防务企业的跨境准入。[②]该行动计划的目标还包括支持建设开放、竞争性的单一防务装备市场。这个计划的各项倡议均得到了资金支持,成员国的目标之一是将其35%的装备支出用于合作项目。欧洲防务行动计划似乎非常引人注目,尤其是承诺为合作提供财政激励。不过表象往往具有欺骗性,关于欧洲防务基金在来源和规模、支出标准、搭便车的激励以及欧盟层面缺乏单一决策机构等方面仍存在很多问题。例如,在欧盟内部,谁能决定军队参与冲突,是否存在信任机制确保所有成员国都会参与到冲突中?

还有另外两项政策的发展将影响欧洲国防工业政策。首先,英国脱欧涉及英国脱离欧盟成员国身份的问题,英国拥有强大的国防工业能力,并拥有一支具有海外作战能力的军事力量。其次,2019年1月法国和德国签署的《亚琛条约》(*Treaty of Aachen*)承诺加强两国间的合作,包括外交政策、安全与军事合作。这项条约可能会支持法国和德国军工企业间进行更多的合并。

① 尽管公众通常会支持改善国防合作,但言论和现实之间仍然存在差距;同样不能忽视的是,如果军备合作如此有益,为何如此罕见。(Kusters, 2018)

② 欧洲防务基金旨在重组供应链。例如,要求法国主承包商与其他欧洲中小企业组建联营企业,而其他大型欧洲公司必须与法国中小企业建立联营企业。

6.6 欧洲国防工业:规模与结构

目前还没有官方公布的欧洲国防工业规模的数据。欧洲委员会偶尔会公布一些数据[①],但欧洲航空航天和国防工业协会(Aerospace and Defence Industries Association of Europe,ASD)则会定期公布年度数据。表6.1显示了可获得的2016年欧洲国防工业规模数据。总量数据以欧盟大多数成员国为基础。从销售额和大型企业的数量来看,英国、法国、意大利、德国、西班牙和瑞典主导了欧洲的防务市场。

表6.1 2016年的欧洲国防工业

指标	数值
总防务销售额/营业额	965亿欧元
军事航空	450亿欧元
海军	220亿欧元
陆军	280亿欧元
军事航天	10亿欧元
防务出口	420亿欧元
军事航天防务出口	250亿欧元
陆军与海军防务出口	160亿欧元
国防研发支出	100亿欧元
国防就业数据	
直接就业	445000人
间接就业	1068000人
总就业	1513000人
国防就业数据	
军事航空	286580人
陆军与海军	137060人
军事航天	21360人

① 这些数据的来源尚未公布,可能是从布鲁塞尔的欧洲航空航天和国防工业协会(Aerospace and Defence Industries Association of Europe)获取的。

（续表）

指标	数值
中小企业数量	2500多家
欧洲防务装备合作采购占国家防务装备采购的份额	20%

数据来源：ASD(2017)；EC(2018)；EDA(2016)。

说明：

(1) ASD数据是以16个欧盟国家以及挪威、瑞士和土耳其为基础：因此，它们不是欧盟国防工业总量的真实值。

(2) 间接就业是作者根据2014年直接就业与间接就业的比率估算的：间接就业与直接就业比率为2.4。2014年，欧盟委员会公布的直接就业数据为50万人，间接就业人数则高达120万人(EC，2018)。

(3) 数据是由ASD根据其定义和方法收集的。

欧洲国防工业由少数大型军工企业和大量中小企业组成。它的结构取决于这个市场的定义与范围。在欧洲，各国防务市场的特点是主要空中、地面与海上系统处于国内垄断、双头垄断和寡头垄断状态。在欧盟层面，产业结构主要为寡头垄断。通常情况下，一些公司是部分国有或完全国有的（如空中客车、泰利斯、莱昂纳多），私有制与国有制"混合"在一起。德国、瑞典和英国是私有制的典型代表，法国、希腊、意大利、挪威、波兰和西班牙则以国有为主。不过，这两大类之间也存在差异。例如，私有制的主体包括本国和国际个人投资者、家族持股和金融机构，而国有制的主体可能包括一定比例的个人股东以及私人企业（Belin，Fawaz & Masson，2019）。

2016年，SIPRI百强军工企业中，欧洲军工企业占26%。这些企业的销售额如表6.2所列。将其与美国排名前26位的军工企业相比可以得到一些启发性的发现。美国军工企业的平均规模是欧洲同类企业平均规模的两倍多，这体现了20世纪90年代美国企业并购潮的结果。这种规模的差异意味着，如果欧洲企业的平均规模能够达到美国这最大的26家军工企业的平均规模，那么欧洲最大的26家军工企业的产量仅由其中一半企业生产就可以了。由此看来，欧洲国防工业由"太多相对较小的企业"（产能过剩）组成，存在着相当多合并、收购和退出的机会。建立跨欧洲军工企业或许是产业重组的解决方案。

表6.2　SIPRI 100强中的欧洲军工企业

企业	军火销售额(2016年)/百万美元	在百强中的排名	所属国家或地区	防务业务依存度/%
英国宇航系统公司	22,790	4	英国	95
空中客车集团	12,520	7	跨欧洲	17
莱昂纳多	8500	9	意大利	64
泰利斯	8170	10	法国	50

（续表）

企业	军火销售额(2016年)/百万美元	在百强中的排名	所属国家或地区	防务业务依存度/%
劳斯莱斯	4450	16	英国	24
法国国有船舶制造企业(DCNS)	3480	23	法国	99
欧洲导弹集团(MBDA)	3260	25	跨欧洲	98
莱茵金属	3260	26	德国	52
巴布科克国际集团	2950	28	英国	48
萨博	2770	30	瑞典	83
赛峰	2600	33	法国	14
法国替代能源和原子能研究所	2020	42	法国	44
蒂森克虏伯	1770	47	德国	4
芬坎蒂尼	1600	54	意大利	33
科巴姆	1550	57	英国	59
塞科	1500	58	英国	32
达索航空集团	1390	60	法国	35
吉凯恩	1210	68	英国	10
PZG	1140	75	波兰	90
克劳斯-马菲·魏格曼	950	78	德国	95
梅吉特	940	80	英国	35
奈科斯特	910	82	法国	95
鲁埃格公司(RUAG)	820	87	瑞士	43
康斯博格集团	770	94	挪威	41
超电子公司	720	97	英国	68
纳凡蒂亚	710	98	西班牙	88
所有欧洲企业的平均值	3567	—	—	46
美国大型军工企业的平均值	7795	—	—	52

数据来源：SIPRI(2016)。

说明：

(1) 表中为2016年数据。排名指的在SIPRI百强榜单中的排名。在2016年，有26家欧洲军工企业进入SIPRI 100强之列。

(2) 防务业务依存度是指军火销售额占公司总销售额的百分比。子公司不包括在内。

(3) 欧洲企业的平均数据根据26家企业的数据计算得到。类似地，美国大型军工企业是指美国最大的26家军工企业，所以两个数据值使用的样本数量相同。欧洲和美国的防务业务依存度平均值都以中位数表示。

6.7　跨欧洲军工企业

2016年SIPRI百强榜单中有两家跨欧洲军工企业，即空中客车和欧洲导弹集团，都隶属于航空航天工业。第三家跨欧洲军工企业处于陆上系统领域中，于2015年成立，名为KNDS(表6.2)。跨欧洲军工企业是欧洲国防工业整合与并购的结果。它们减少了各国过多的军工企业数量，建立了能够与美国对手竞争的更大规模的集团。各公司简介如下，显示了不断变化的产业结构以及频繁更替的公司名称。

6.7.1　空中客车

空中客车成立于1970年，是一个联营企业，被称为空中客车工业集团(Airbus Industrie GIE Consortium)，负责管理新型喷气式客机(A300)的开发、制造、营销和支持。作为新进入者，空中客车的目标是与主导全球大型民用喷气式客机市场的美国公司，即波音、麦克唐纳·道格拉斯和洛克希德进行竞争。欧洲企业制造了一些新型客机，但生产规模很小，空中客车就是在这样的背景下形成的。最初，法国、西德和英国三国政府都参与其中，但英国退出了，尽管英国的哈克·悉得利公司(Hawker Siddeley)仍然是"受欢迎的"飞机机翼分包商。创始公司是法国宇航公司(Aerospatiale)和德国空中客车公司(Deutsche Airbus)，分别持有新公司50%的股份。1970年10月，西班牙航空制造公司(CASA)加入，持有4.2%的股份，法国宇航公司和德国空中客车公司则分别持股47.9%。后来，在1979年，英国宇航系统公司收购了20%的股份，法国宇航公司和德国空中客车公司分别持有37.9%的股份。最初，该联营公司专注于民用客机，而不是防务系统。

欧洲航空航天工业整合的下一个重大进展是2000年成立了欧洲宇航防务集团(European Aeronautic Defence and Space Company，EADS)。[①]欧洲宇航防务集团拥有防务业务，由法国宇航公司和马特拉公司(Matra)、德国戴姆勒·奔驰宇航公司(DASA)(拥有摩天宇(MTU)、道尼尔和梅塞施密特-伯尔科-布洛姆(MBB)公司)和西班牙航空公司组合而成。欧洲宇航防务集团拥有空中客车工业公司80%的股份，英国宇航系统公司则拥有剩下的20%股份(2006年BAE的股份出售给了欧洲宇航防务集团)。在欧洲宇航防务集团成立之前，法国宇航公司还参与过其他合并与合资活动。其中包括法国宇航公司与意大利航空公司(Aeritalia)(后来的阿莱尼亚公司(Alenia))成立了合资企业区域运输机(ATR)公司，以研发区域运输飞机(1981：ATR 42)；法国宇航公司和德国航空航天公司将直升机部门进行合并，成立

① 在欧洲宇航防务集团成立之前，1998年，英国宇航公司(British Aerospace，BAe)和戴姆勒-克莱斯勒公司达成合并协议。但当英国宇航公司于1999年1月收购GEC-马可尼电子公司(GEC Marconi Electronics)并最终成立英国宇航系统公司后，这一协议就废止了。

了欧洲直升机公司(1992年);法国政府将其持有的45.7%的达索航空股份转让给法国宇航公司。另一个发展是1999年成立了空中客车军用飞机公司,专门生产大型军用飞机(如A400M)。

2017年,欧洲宇航防务集团更名为空中客车,下设商用飞机、防务与航天以及空中客车直升机三个部门。商用飞机部门专注于其成功的喷气式飞机系列(如A320、A350),在法国图卢兹、德国汉堡、中国天津和美国亚拉巴马州设有总装线。防务与航天部门包括空中客车军用飞机公司、阿斯特里姆公司(Astrium)和卡西迪安公司(Cassidian),业务涉及A400运输机(总装厂位于西班牙塞维利亚)、A330加油机(多功能用途加油运输机)、台风战斗机、空间运载火箭和发射服务以及网络安全。卡西迪安公司作为欧洲宇航防务集团的子公司进入了2013年SIPRI百强名单,以67.5亿美元的军火销售额、28850名员工的就业量排名第12位,其军火销售额在总销售额中的占比为85%。随着欧洲宇航防务集团更名为空中客车集团,卡西迪安公司成了空中客车防务与航天公司。类似地,欧洲直升机公司也更名为空中客车直升机公司。

欧洲直升机公司最初由法国宇航公司和德国MBB公司共同所有,成立于1985年,负责研发法国和西德政府支持的新型反坦克直升机(虎式直升机)。两家公司平分该项目的领导权和相关工作。虎式直升机项目由于研发成本高于包括美国阿帕奇攻击直升机在内的国家项目,以及时间周期更长而饱受批评。1992年,法国宇航公司和戴姆勒·克莱斯勒宇航公司(DASA)将各自的直升机部门合并成立了欧洲直升机公司,该公司是军用和民用直升机供应商,包括合作开发的NH90直升机。作为EADS的子公司,该公司被列入2013年SIPRI 100强名单,排名第31位,该年度军火销售额为37.6亿美元,员工总数为22400人,军火销售额占总销售额比重为45%。2014年,欧洲直升机公司更名为空中客车直升机公司,成为全球最大的军用直升机供应商之一。欧洲直升机公司旗下的所有直升机均改名为空中客车直升机。

表6.3给出了空中客车集团及其各部门规模和绩效数据。利润率这一绩效指标表明,民用客机销售是空中客车业务中最赚钱的板块。同样,防务与航天部门的盈利能力和劳动生产率最低。这些公司提供的绩效指标非常有用,可以对空中客车集团的民用和防务业务进行比较评估;但由于只公布了军用和民用直升机销售额的综合数据,因此无法对空中客车直升机部分进行类似分析。

表6.3 2017年空中客车的规模和绩效

部门	总销售/百万美元	销售利润率/%	员工数量/人	防务业务在销售额中占比依存度/%	劳动生产率/美元
空中客车	57,583	6.7	74,542	0	77,249

（续表）

部门	总销售/百万美元	销售利润率/%	员工数量/人	防务业务在销售额中占比依存度/%	劳动生产率/美元
空中客车直升机	7289	5.2	20,108	51	85,981
空中客车防务与航天	12,209	2.0	32,171	78以上	37,950
空中客车集团总计	77,080	5.8	12,6821	15	60,779

数据来源：Airbus（2017）。

说明：

（1）以美元表示的销售额根据2017年年中欧元汇率计算得到。

（2）劳动生产率是指人均销售额。

对空中客车的批评主要集中于公司治理效率、政府干预决策、行贿指控以及空中客车和波音在补贴问题上的争议等。2012年，德国强烈反对欧洲宇航防务集团与英国宇航系统的合并计划，德国担心自己在新合并的公司中会失去影响力，这说明了政府的作用。A400M直升机等具体军事项目出现了成本超支、延误和性能问题，导致空中客车遭受损失。然而，最终的结果是，自1970年作为新进入者成立以来，空中客车现在与波音公司一起是世界大型喷气式客机市场上的双头垄断者。空中客车证明了民用喷气式客机的国际合作是成功的，但关于空中客车的真实成本（法国、德国和英国纳税人的直接成本和间接成本）仍存在着疑问。

6.7.2　欧洲导弹集团（MBDA）

欧洲导弹集团是一家专业的欧洲导弹制造商，同时也是一家跨欧洲企业，为减少欧洲各国军工企业的数量做出了贡献。它将欧洲5个国家的导弹公司集成为一个欧洲导弹的专业制造商（表6.4）。

1996年，马特拉动力公司（Matra Dynamics）和Bae动力公司（Bae Dynamics）合并成立马特拉-Bae动力公司。[①]2001年，由欧洲宇航防务集团的法国宇航公司马特拉导弹公司、意大利阿莱尼亚·马可尼系统公司（Alenia Marconi Systems）和英国马特拉-Bae动力公司合并成立欧洲导弹集团。2002年，欧洲导弹集团收购了西班牙导弹制造商整合系统公司（Inmize Sistemas）40%的所有权。后来在2005年，德国LFK公司与欧洲导弹集团合并，成立了欧洲导弹集团德国公司。欧洲导弹集团的母公司包括空中客车（37.5%）、英国宇航系统公司（37.5%）和莱昂纳多（25%），在法国、德国、意大利、西班牙和英国均设有工作地点。

① 更早期的一项倡议是20世纪70年代，德国戴姆勒·克莱斯勒宇航公司和法国宇航公司共同组建欧洲导弹公司（Euromissile）。欧洲导弹公司的导弹业务现在是欧洲导弹集团（MBDA）的一部分。

6.7.3 KNDS

KNDS成立于2015年，是欧洲最大的陆上系统制造商。它由法国奈科斯特公司（Nexter，前身为法国地面武器工业集团（GIAT Industries））和德国克劳斯-马菲·韦格曼公司（Krauss-Maffei Wegman，KMW）合并而成，这两家公司在2016年SIPRI 100强榜单中分列排在第82位和第78位。2016年，该集团的销售额和雇员规模使其跻身于全球100大军火生产商前26名。这个新集团反映了这样一种看法，即欧洲地面系统领域存在"太多"地面武器制造商，生产了"太多"项目。最初，新集团在KANT项目（K代表克劳斯-马菲·韦格曼公司，A代表and，N代表Nexter公司，T代表together）下被命名为KNDS（克劳斯-马菲·韦格曼公司和奈科斯特防务系统公司（Krauss-Maffei Wegmanand Nexter Defence Systems））。克劳斯-马菲·韦格曼公司是一个由德国家族持股的私有企业，而奈科斯特则由法国政府所有。KNDS则由法国和德国各持有50%的股份，实行双头CEO管理，总部设于荷兰。KNDS的管理结构类似于最初的欧洲宇航防务集团/空中客车集团（曾被称为坦克界的空中客车）。2018年6月，法国和德国政府宣布联合开发新型主要地面作战系统和通用综合火力系统，以支持新集团的发展。

6.7.4 莱茵金属英国宇航系统地面公司（Rheinmettal BAE Systems Land，RBSL）

2019年1月，英国宇航系统公司将其在英国陆军坦克和战斗车辆部门55%的多数股份出售给德国竞争对手莱茵金属公司（Rheinmettal），并将新公司命名为莱茵金属英国宇航系统地面公司（Rheinmettal BAE Systems Land）。这家新公司是生产英国陆军新型步兵车辆的合资企业，将在全球其他军用车辆业务上展开竞争。其计划成为军用车辆领域的欧洲市场领导者。这两家公司还参与了"拳师犬"装甲运兵车的国际联营企业（见下文）。

表6.4列出了主要跨欧洲军工企业的数据。这些数据有局限性，都是由公司提供，缺乏政府发布的关于这些企业的官方数据。

除欧洲的跨国军工企业外，还有一些欧洲军工企业为特定项目组建了联营企业，唯一的目的就是对合作项目进行工业管理。下文将介绍这些项目的简要历史。

表6.4 跨欧洲军工企业2017年基本情况

企业	业务	总销售额/百万美元	军火销售额/百万美元	军火销售额占比/%	总销售额利润率/%	军火销售额利润率/%	军工部门雇员人数/人
空中客车	客机、直升机、台风战斗机、军用运输机、航天	78,117	11,679	15	6.4	8.1	22,743

（续表）

企业	业务	总销售额/百万美元	军火销售额/百万美元	军火销售额占比/%	总销售额利润率/%	军火销售额利润率/%	军工部门雇员人数/人
欧洲导弹集团	所有类型的导弹	3600	3600	100	<1	<1	10,700
KNDS	地面系统、坦克、火炮	2500	2500	100	NA	NA	7240

数据来源：空中客车（2018）；MBDA（2017）；SIPRI（2016）。

注：

（1）销售额按2018年年中汇率从欧元换算为美元。

（2）空中客车的销售利润是按销售情况调整的息税前利润（EBIT）。空中客车的军火销售额仅包含防务部门（不包含航天部门），但军火销售的利润根据防务和航天部门的利润和销售额得到。空中客车军工部门的雇员数量是通过军火销售额占总销售额的比率与总雇员人数相乘估计得到，这一估计值的波动范围很大。

（3）欧洲导弹集团的利润率根据SIPRI（2016）提供的利润和军火销售额数据计算得到。

（4）克劳斯-马菲·韦格曼公司和奈科斯特公司均未公布2016年的利润数据，因此这一数据不可获得（表中显示为NA）。

6.8 欧洲武器合作项目：简史

6.8.1 协和式飞机（Concorde）

欧洲第一个大型合作项目是英国和法国的协和式超音速飞机项目。[①]这虽然是一个民用航空项目，但它的许多特点类似于军事合同（如政府的资金和支持、成本加成合同、先进技术）。它开始于1962年的《英法条约》（France-UK Treaty），两国同意分担项目的成本、工作、销售收入和风险。一项国际条约意味着，如果一个国家退出，它将会面临巨额违约赔偿。该条约具体规定了机身、发动机、系统和设备费用的分担比例，各国政府必须就这些安排达成一致。两家公司（法国南部飞机公司（Sud Aviation）和英国宇航公司（BAC））使用的是一项国际条约而不是商业协议：该条约明确规定了两国政府分担成本、风险和销售收入的细则，以及对取消合同处以重罚。

协和式飞机由法国宇航公司（前身为法国南部飞机公司）和英国宇航公司（British Aircraft Corporation，BAC）制造，它们负责飞机的设计、开发和生产，法国斯奈克玛公司和英国劳斯莱斯公司（前身为布里斯托尔·西德利发动机公司（Bristol

① 欧洲在航空航天领域较早的合作是法国布雷盖大西洋（Breguet Atlantic）海上巡逻机。大西洋公司（The Atlantic）是在1958年北约的一次竞赛后被选中的，这次竞赛选择了1961年首飞的布雷盖设计方案。为了研发和制造布雷盖大西洋飞机，还专门成立了一个名为SECBAT的欧洲多国联营公司。与协和式飞机不同，该联营公司在制造布雷盖大西洋飞机时使用了劳斯莱斯的发动机，类似于一个国际合作生产协议。

Siddeley Engines))负责提供发动机。法国和英国平摊了该项目的费用。英国宇航公司专门负责机身前段,包括驾驶舱和尾翼,法国南方飞机公司(后来的法国宇航公司)制造机身中段,布里斯托尔·西德利发动机公司(后来的劳斯莱斯)和斯奈克玛公司提供了发动机。

该项目的管理安排很独特。没有成立专门的公司。取而代之的是特殊的工业管理和政府监管安排。不过还成立了机身和发动机公司组成的一体化组织,负责为该项目提供具体建议,包括授予供应商合同。两国官员组成了一个常设委员会来监督项目进展,向各国政府报告,并提出实施项目的措施。不可避免地,关于成本和工作分担,甚至是协和公司这个名称成了委员会争论的焦点。

有许多争议和问题。最初,英国对该项目的支持反映了其想要加入欧洲共同市场的愿望,这一愿望在项目启动之初并未实现。这也显示出合作项目所追求的政策目标的多样性。成员国曾威胁退出该项目(英国在1964年和1965年)。这个项目还遭遇了成本上升和延误(军事航空航天项目),采购和运营成本过高,音爆也是一个问题,该项目只收到法国和英国的少量订单:总共制造了20架飞机(包括6架非商用飞机和14架现役飞机)。这个项目的时间跨度很长。它开始于1962年11月的《英法条约》,1969年3月首次飞行,1976年1月服役,2003年10月退役。

协和式飞机证明了法国和英国能够合作制造先进技术和复杂的民用飞机。这是两个欧洲国家第一个设计和制造超音速客机的大型合作项目,不可避免地要付出"与陌生人做生意"(不同的语言和管理文化)的学习成本。这个项目是未来欧洲航空航天合作的基础,提供了一个初步的基准"模式"。英国和法国都从这个项目中获得了宝贵的信息、知识和教训:这可以被视为委员会合作时代,为以后的合作提供了一种模式。随后出现了一系列工业管理公司,专门管理单一的武器合作项目。值得注意的是,缺乏关于这些公司的官方数据,也几乎没有来自其母公司的数据。

6.8.2 欧洲战斗教练和战术支援飞机公司:美洲虎攻击机(SEPECAT:Jaguar)

美洲虎攻击机是英法联合开发的第一个军用飞机项目。1965年,两国政府签署了一份谅解备忘录,以开发两种飞机,一种是超声速攻击机,另一种是教练机。两国政府成立了一个官方的美洲虎管理委员会。欧洲战斗教练和战术支援飞机公司(SEPECAT)在工业管理方面相当于政府的美洲虎管理委员会。这是一家由布雷盖公司(Breguet,即后来的达索-布雷盖航空公司)和英国宇航公司(BAC)共同开发和生产机身而设立的合资企业。每个国家都进行了最后的总装工作。为减少重复工作,飞机的每个部件都只有一个来源。工作分工为布雷盖制造机身前段和中段,英国宇航公司制造机身后段和机翼,劳斯莱斯(英国)和透博梅卡(法国)通过一个单独的工业合作伙伴关系开发阿杜尔(Ardour)发动机。有趣的是,美洲虎最终成为一架与最初计划完全不同的飞机:成了一架低级攻击机而不是教练机,并实现了大规模出口。

6.8.3　欧洲直升机工业公司：EH101直升机

欧洲直升机工业公司(EH Industries,EHI)由韦斯特兰直升机公司(Westland Helicopters)和阿古斯塔公司(Agusta)于1980年6月成立,负责为两国海军联合开发、生产和销售新型反潜直升机。该项目由英国国防部代表两国政府负责,欧洲直升机工业公司负责项目的工业管理。每家公司持有欧洲直升机工业公司及其相关EHI 101直升机50%的权益。这种直升机有三种型号:海军型、商业运输型和通用型。工作是这样分配的:韦斯特兰直升机公司负责机身前段和主旋翼桨叶,阿古斯塔公司负责机身后段、旋翼毂、驱动系统、液压系统和部分电气系统。每个国家都有一条总装线,不过零部件的生产是单一来源的。

与其他的合作管理公司不同,欧洲直升机工业公司是一个有趣的案例,可以研究合并与最终接管。1994年,韦斯特兰直升机公司被吉凯恩公司收购;2000年,韦斯特兰直升机公司和阿古斯塔公司合并成立阿古斯塔-韦斯特兰公司;后来在2004年,韦斯特兰直升机公司被阿古斯塔公司收购(芬梅卡尼卡,现在的莱昂纳多公司)。欧洲直升机行业进一步的产业重组都与欧洲直升机公司和北约直升机工业公司有关。

6.8.4　北约直升机工业公司：NH90直升机

北约直升机工业公司(NATO Helicopter Industries,NHI)是为开发和生产NH90直升机(20世纪90年代的北约直升机)于1992年成立的。最初有五个国家参与其中:法国、西德、意大利、荷兰和英国,但英国在1987年退出了。北约直升机工业公司由法国和德国的欧洲直升机公司(Eurocopter)、意大利阿古斯塔公司以及荷兰斯托克-福克飞机公司(Stork-Fokker Aerospace)建立。工作分配比例为法国41.6%、德国23.7%、意大利28.2%、福克飞机6.5%。它与北约直升机管理局(NATO Helicopter Management Agency,NAHEMA)就该项目的管理达成了一项合同。对于该直升机,计划有两种不同型号:战术运输机和与原计划具有75%共同特征的护卫舰。最初计划在法国、西德和意大利建立三条总装线,但随着澳大利亚、芬兰和西班牙的加入,总装线增加到六条。NH90直升机的两种型号都遇到了严重的性能问题。

6.8.5　帕那维亚公司："狂风"战斗机

帕那维亚公司(Panavia)成立于1969年3月,旨在为德国、意大利和英国设计、开发和生产一种全天候的多用途战斗机,后来被命名为"狂风"(Tornado)战斗机。帕那维亚的三家母公司分别为英国宇航公司(持有42.5%的股份)、德国MBB公司(持有42.5%的股份)和意大利航空公司(持有15%的股份)。同样地,为了给"狂风"战斗机开发和制造喷气发动机,还成立了一家名为涡轮联合公司(Turbo Union)的合资企业。该企业由英国劳斯莱斯公司、德国摩天宇公司和意大利菲亚特航空公司(FiatAvio)共同所有。

各国政府成立了一个国际管理机构,名为北约多用途战斗机管理和生产组织(NATO MRCA Management and Production Organisation,NAMMO),执行机构为北约多用途作战飞机开发与生产管理局(NATO Eurofighterand Tornado Management Agency,NAMMA)。还在英国成立了一个三国狂风战斗机训练机构(Tri-national Tornado Training Establishment,TTE)。具体分工是:英国宇航公司负责制造机身前段和尾翼;戴姆勒·奔驰宇航公司(DASA)制造机身中段;阿莱尼亚公司负责制造飞机外翼。该项目共生产了992架飞机,于1980年7月首次交付,最后一次交付时间为1998年9月。向沙特阿拉伯出口的飞机共计120架,其余872架由三国政府购买。

6.8.6 欧洲战斗机公司:“台风”战斗机

欧洲战斗机公司(Eurofighter)成立于1986年6月,负责管理欧洲战斗机项目(European Fighter Aircraft programme,EFA)的工业开发和生产。它由意大利阿莱尼亚公司(现在的莱昂纳多公司)、英国航空航天公司(Bae,现英国宇航公司)、西班牙航空航天公司(西班牙航空制造公司,现空中客车)和德国戴姆勒·奔驰宇航公司(现空中客车)共同所有。类似的合资企业还包括,针对发动机建立的欧洲喷气发动机公司(Eurojet),针对雷达建立的欧洲雷达集团(Euroradar consortium)。欧洲喷气发动机公司由英国劳斯莱斯公司、德国摩天宇(MTU)公司、意大利菲亚特航空公司和西班牙航空发动机公司(ITP)公司拥有。欧洲雷达集团由英国马可尼公司、意大利FIAR公司、德国戴姆勒·奔驰宇航公司传感器系统公司和西班牙ENOSA公司拥有。参与国的项目管理工作则由北约欧洲战斗机和“狂风”战斗机管理局负责。

根据计划的订单,德国和英国的初始股份和工作份额分别为33%,意大利和西班牙分别为21%和13%。1992年冷战结束后,德国要求降低项目成本并重新对项目进行审查,导致该项目推迟了三年,后来作为EF-2000(Eurofighter 2000)项目重新启动。由于德国减少了计划的订单量,使得工作份额进行重新划分:英国占37%,德国占30%,意大利占19%,西班牙占14%。飞行控制系统的技术问题导致项目进一步的延误。最初,参与国计划购买765架“台风”战斗机,但后来减少至620架,之后又进一步减少到472架。截至2018年,参与国订单加出口订单合计购买了623架飞机(包括151架出口的飞机)。工作分工为:英国航空航天公司负责机身前段、鸭翼、尾翼和机身后端,戴姆勒·奔驰宇航公司(DASA)负责机身中段,阿莱尼亚负责左翼,西班牙航空制造公司(CASA)负责右翼。发动机、雷达和航空电子设备也有类似的分工安排。每个参加国都参与了项目的开发和飞行测试,并且都拥有一条总装线。

“台风”战斗机曾受成本上升和重大延误的影响。从1986年欧洲战斗机公司成立到2003年首次服役,中间经历了17年。其中一些延误反映了冷战结束后的新战略环境、参与国的预算问题以及技术问题。“台风”战斗机在一个重要方面与“狂风”战斗机不同。虽然两者都是先进战斗机，但“台风”战斗机有四个参与国，“狂风”战斗机只有三个参与国。参与合作的国家越多，交易成本就越高，特别是当新参与国之前没有合作经验的情况下。随着A400M运输机的诞生，合作项目中有更多伙伴国参与的趋势也进一步发展了。

6.8.7 空中客车军用飞机公司：A400M“阿特拉斯”运输机

A400M运输机的发展历程比较波折，包括漫长的项目制定、技术问题和承包商亏损等。该项目始于1982年，成立了未来国际军用运输机集团（Future International Military Airlifter，FIMA）来开发洛克希德C-130“大力神”运输机（Lockheed C-130 Hercules）和C-160运输机（Transall C-160）的替代品。1989年，洛克希德公司退出该集团，转而开发C-130J“大力神”运输机。到1991年，欧洲未来大型飞机集团（European Future Large Aircraft Group，FLA）成立，由法国宇航公司、阿莱尼亚、英国航天公司、西班牙航空航天公司和戴姆勒·奔驰宇航公司组成。比利时和土耳其也加入了该集团。1995年，新成立的空中客车军用飞机公司（Airbus Military Company）收购了欧洲未来大型飞机集团，1999年，它提出了A400M运输机的设计方案，并被比利时、法国、德国、意大利、西班牙、土耳其和英国等参与国接受。2003年，欧洲联合军备合作组织（OCCAR）代表各国参与该项目。随着意大利的退出，飞机采购数量减少至180架，并且只有一条总装线（位于西班牙塞维利亚）。为了开发和制造A400M运输机的TP400发动机，还专门成立了一家国际公司，即欧洲涡桨国际集团（Europrop International），它由四家欧洲发动机公司组成，分别是摩天宇公司（MTU）、赛峰、劳斯莱斯和西班牙航空发动机公司。

这个项目遭遇了成本超支、延误、重大技术难题和空中客车内部重组。技术问题包括软件、发动机问题和螺旋桨齿轮箱。延误意味着原定于2008年进行的首飞推迟到2009年12月，原定于2009年的首次交付推迟到了2013年8月。该项目造成的损失使得空中客车在2009年威胁要取消此项目。2010年，7个参与国与空中客车达成了一份新的合同，同意给予额外的资金支持，但德国和英国的订单数量却减少了，总共订购了170架飞机。向马来西亚出口了4架，不过由于成本增加，南非取消了8架飞机的出口订单。

6.8.8 工业合资公司：地平线级护卫舰

航空航天项目是欧洲军备合作的主要内容，而海洋和陆地系统的合作相对较少。地平线级护卫舰（Horizon Frigate）是个例外。它起源于20世纪90年代北约护卫舰（NATO Frigate Replacement，NFR-90）的替代项目。该项目在20世纪90年代初被放弃，当时美国和英国都退出了这个项目，导致1992年地平线项目产生。最初，它是由法国、意大利和英国合作的共同新一代护卫舰（Common New Generation Frigate），以拥有联合导弹系统（主要防空导弹系统（Principal Anti Air

Missile System)或PAAMS)的地平线级护卫舰而闻名。从一开始,各国的要求就有所不同。

联合项目办公室(Joint Project Offices)代表各国政府管理护卫舰和导弹项目。1995年,成立了工业合资公司(Industrial Joint Venture Company,IJVC)负责项目的工业管理,由来自各国的主承包商组成,包括法国国有船舶制造企业(DCN)、英国GEC-马可尼公司(GEC-Marconi)和意大利的地平线公司(Orizzonte)。1999年,英国退出了护卫舰项目,理由是各国的作战要求不同、工作分摊(选择主承包商)、延误和成本上升等问题。英国(工业合资公司)对护卫舰项目的产业和管理结构尤为不满。退出后,英国启动了一个国家替代项目,即45型驱逐舰。法国和意大利则以国有船舶制造企业(后来的海军集团(Naval Group))和地平线公司(后来的莱昂纳多公司)为基础,继续进行地平线级护卫舰项目。考虑到该项目的性能指标,两国计划总共购买8艘该护卫舰,但实际仅购买了4艘(4艘订单被取消)。

6.8.9 欧洲鱼雷公司:鱼雷

欧洲鱼雷公司(Euro Torp)是一个由法国和意大利公司组成的工业联营企业,成立于1993年,旨在提供一种新式轻型鱼雷(MU90)。它由法国国有船舶制造企业、法国泰利斯集团和意大利白头阿莱尼亚水下系统公司(Whitehead Alenia Sistemi Subacquel,WASS,即芬梅卡尼卡的鱼类部门)组成。这种鱼雷已经成功销售给了法国、意大利、德国、丹麦、波兰、埃及、摩洛哥和澳大利亚的海军。

6.8.10 阿泰克公司"拳师犬"装甲车

"拳师犬"装甲车(Boxer)是一款由国际联营公司阿泰克公司(ARTEC)设计的多用途装甲运兵车。阿泰克公司股份有限公司总部位于慕尼黑,母公司为克劳斯-马菲·韦格曼公司、莱茵金属军用车辆公司和莱茵金属MAN军用车辆荷兰公司。最初,"拳师犬"装甲车是由英国、法国和德国参与的合资项目。1999年,法国退出了该项目,之后在2003年英国也退出了,这两个国家都更倾向于本国的项目。2001年,荷兰加入了由欧洲联合军备合作组织(OCCAR)管理的这一项目。在2018年,英国重新加入"拳师犬"装甲车项目,英国宇航系统公司、泰利斯英国公司和皮尔逊工程公司(Pearson Engineering)作为英国供应商。

6.9 结　　论

跨欧洲军工企业是欧洲国防工业中相对不为人知的部分。SIPRI百强榜单列出了主要的跨欧洲军工企业,但关于其规模和绩效的数据却十分有限。欧洲合作型工业管理公司的数据缺乏则更为明显。这类联营企业的财务绩效通常隐藏在母公司的总账目中。但并非什么都无法获得,还是可以做一些分析来评估欧洲工业管理公司的绩效的。例如,通过对比欧洲合作项目与类似国家项目的绩效,可以进行比较分析。绩效指标包括开发时间的长度、出口,如果可以的话,还可分析单位总成本和单位生产成本,以及成本超支和时间延误情况(Hartley, 2018b, 2014a,第13章)。进一步的分析可以评估不同类型合作的相对绩效,包括参与国数量(Hartley,2014b)。这样的例子包括军事和民用合作项目的比较,以及分析空中客车由于合作在大型喷气式客机市场上取得的成功。美国F-35战斗机和欧洲"台风"战斗机的工业管理安排也可以进行比较。

对于跨欧洲军工企业的形成,政府及其购买力的作用是不容忽视的。政府可以批准成立这些公司,它们提供资金、决定国内防务市场的竞争程度并控制企业的所有权。政府还可以决定为这些公司提供数据,但它们没有要求企业也提供这些数据。

参考文献

Airbus. (2017). 2017 *Financial Statements*. Amsterdam: Airbus.

Airbus. (2018). *Airbus Company Report: Full Year 2017 Results*. Netherlands: Airbus Group.

ASD. (2017). *Facts and Figures 2017*. Brussels: Aerospace and Defence Industries Association of Europe.

Belin, J., Fawaz, M., & Masson, H. (2019). Shareholder nationality among the major European and American defence contractors: An exploratory data analysis. *Finance Bulletin*. forthcoming.

EC. (2016). *The European Defence Action Plan*. Brussels: European Commission.

EC. (2018). *Defence Industries*. Brussels: European Commission.

EDA. (2016). *Defence Data 2014*. Brussels: European Defence Agency.

Hartley, K. (2014a). *The Political Economy of Aerospace Industries*. Cheltenham: Elgar.

Hartley, K. (2014b). Collaborative projects and the number of partner nations. *Defence and Peace Economics*. 25(6), 535-548.

Hartley, K. (2018a). *The Economics of Arms*. Agenda: Newcastle-on-Tyne.

Hartley, K. (2018b). Arms Industry data: Knowns and unknowns. *Economics of Peace and Security Journal*. 13(2), 26-32.

Hartley, K. (2018c). The economics of European defense industrial policy. In Karampekios, N., Oikonomou, I & Carayannis, E. eds., *The Emergence of EU Defense Research Policy*. Switzerland: Springer.

Hartley, K. (2019). The profitability of non-competitive defence contracts: The UK experience. *Defence and Peace Economics*. forthcoming.

Kusters, C. (2018). Defence procurement in the EU. *RUSI Journal,* 163(2), 52-65. April/May.

MBDA. (2017). *Corporate Social Responsibility Report 2017*. Paris: MBDA.

McKinsey. (2016). *Munich Security Report 2017*. Munich: McKinsey.

SIPRI. (2016). *Arms Industry Database*. Stockholm: Stockholm International Peace Research Institute.

第7章　意大利国防工业

劳尔·卡鲁索

7.1 引　　言

在国际关系领域，意大利常被描述为一个中等大国。这一定义极为重要，因为它突显了外交政策和军事支出领域所采取政策以及军事工业政策的关键因素。此外，意大利是北约成员国，事实上，在冷战期间，意大利在自己具体制定外交政策及独立选择军事支出和采办政策方面没有很大空间。在冷战期间及冷战结束后都是如此。近来对军事工业政策的重新考虑实际上也在塑造着意大利的外交政策。事实上，如今意大利军事工业格局的特点是存在两个“国家冠军企业”，即莱昂纳多(Leonardo，过去被称为芬梅卡尼卡(Finmeccanica))和芬坎蒂尼(Fincantieri)，这两家公司都是国有企业，也是斯德哥尔摩国际和平研究所百强武器生产商。这些国家冠军企业周边是众多中小企业，它们通常是分包商。事实上，意大利的军工部门规模很小，大约只有5万名员工。尽管规模很小，但这个工业复合体如今正在向出口导向型演变，并最终会影响意大利的外交政策。意大利公司与几家外国合作伙伴相互关联，参与国际合作项目。这些联系凸显了产业部门的选择对国家外交政策的影响。例如，意大利工业部门与美国军事公司和机构之间的联系(如F-35项目就是一个标准案例)可能会在若干事项上严重阻碍与欧洲伙伴的进一步融合。

本章结构结构如下：第一部分简要介绍意大利的军费支出。第二部分介绍产业结构。第三部分介绍全国的冠军企业。第四部分概述意大利在F-35联合攻击战斗机项目中的角色。最后一部分结论，强调军事工业复合体对意大利外交政策的影响。

7.2 军费支出

意大利的军事支出和相关产业政策似乎遵循着三个方向。第一，冷战时期对军事支出的需求日益增长；第二，军事支出大幅削减，这与国防部门私有化和集中化有关；第三，更加需要关注的是，出口导向型产业政策与意大利的国际承诺交织在一起。意大利的实际军事支出在1989年前一直在增加。自冷战以来，关于各国军费支出，有一个反复出现的话题是各国与北约联盟领导人之间的关系。卡鲁索和迪·多米兹奥(Caruso & Di Domizio,2016)分析了欧洲国家军费支出与美国军费支出之间的关系。这种相关性为正且显著。然而,意大利是没有显示出显著系数的国家之一,因此表明上述关系对于意大利或许并不成立。卡鲁索和阿德萨(Caruso & Addesa,2012)着重研究了意大利军事支出的决定因素。1988—2008年,意大利军费支出与美国军费支出呈负相关,表明存在搭便车行为。冷战结束后,意大利军费支出在1995年前一直下降,直至2004年才恢复增长势头。从那时起,这种负增长的趋势似乎一直延续到2015年。这一负增长趋势首先可以用2005年废止征兵制来解释。在2009—2015年间,军事支出减少可以用2008年末严重的金融危机来解释,这场危机最终在2011年波及广泛,从而迫使进一步削减公共支出预算。图7.1显示了近年来军费支出的再次增长。总之,在2006—2017年间,军费支出下降了17%。自2017年以来,一个独立的意大利研究中心(军费支出观察组织,Osservatorio Milex[①])重新计算了意大利的军事支出,提供了不同的数值。这份独立报告的作者称,来自国防部资产负债表的官方数字在一定程度上被认为是不可靠的,因为意大利政府过去常常通过其他部门支出一些军事开销。维持和平行动和国际军事任务等特殊情况就反映了这一点。这些任务的预算并没有列入国防部的预算,而是列入了经济部的预算。因此,他们建议重新计算意大利的军事支出,结果表明,以实际价格(2010年价格)计算,2006—2017年意大利军事支出增加了4.8%。

图7.1 意大利军事支出

除对计算结果的批评之外,近几年,军事支出的增加似乎也受到商业因素的推动。简言之,意大利政府似乎正在制定外交政策和参与军事任务,以帮助国防工业出口。2015年发布的《国际安全与防务白皮书》(*White Paper for International Security and Defence*)明确指出:

> 出口是政府间关系一种有用的重要资源,对军事合作至关重要。有了这些,可以制定伙伴关系政策,并进行技术转让,重点放在"政府间"协

① 参见http://milex.org/。

定上。从这个角度来看,国防部将继续与其他主管部门协调,向国内工业提供支持……

这种方法无论如何也无法避免遇到难题。例如,在撰写本章时,公共媒体就关于意大利在尼日尔执行打击人口贩运的军事任务展开了辩论。这项任务受两国在2017年9月签署的一项条约的管制。该条约规定,将向尼日尔进行军事转移。也就是说,军事任务的基本原则似乎在世界范围内促进了国家军事工业的发展。

自第二次世界大战结束以来,意大利一直是世界上最大的武器出口国之一。根据斯德哥尔摩国际和平研究所趋势指示值(TIV)数据[①],近年来意大利常规武器出口一直在增长,其中飞机出口所占份额最大(图7.2)。

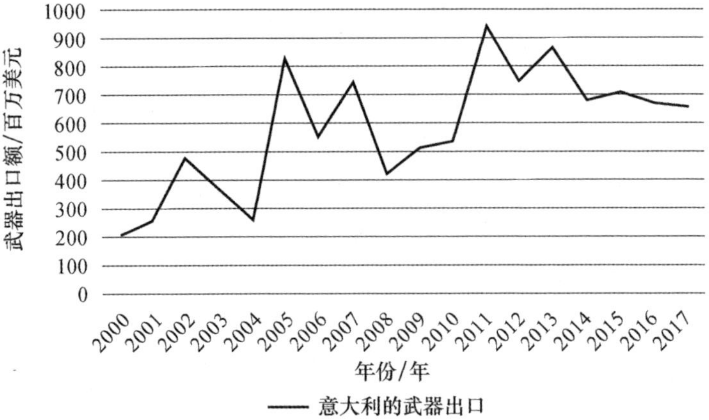

图7.2 意大利的武器出口

数据来源:斯德哥尔摩国际和平研究所趋势指示值,百万美元。

7.3 政府对国防工业的承诺

同许多其他欧洲国家一样,意大利一直大力支持本国国防工业。意大利利用国家安全豁免,保护国防工业基础不受欧洲及国际竞争的影响(Flournoy & Smith,2005;Nones,1996;Pianta & Perani,1991)。在21世纪初,由于全球竞争日益加剧,意大利实施了国家整合战略,明确支持防务公司出口。[②]在2012年,总理颁布了一项法令(DPCM 253/2012),强调了那些被认为对国家经济增长和竞争力至关重要

① 有关趋势指示值的信息请参考斯德哥尔摩国际和平研究所关于计算方法的网页。www.sipri.org/databases/armstransfers/sources-and-methods。

② 在这方面还值得一提的是,在冷战结束后,政府未能支持或设计一项专项战略。在地区层面已经实施了一些转型倡议。关于这一点,可参见佩拉尼(Perani,2000,1997),以及潘塔和卡斯塔尼奥拉(Pianta & Castagnola,1990)的研究。

的部门和技术。在近几年,白皮书最终确认了意大利政府支持国防工业的承诺。

总而言之,意大利决策者青睐的军事工业发展道路可以根据两条战略路线来确定:一是进入北美市场[①],二是确保进入新兴市场。最近,意大利两大巨头企业莱昂纳多-芬梅卡尼卡(Leonardo-Finmeccanica)和芬坎蒂尼公司收购了美国的一些防务公司,从而形成了进入北美市场的战略。同样,通用电气收购了意大利一家大型公司艾维欧(Avio)。最重要的是,意大利参与洛克希德·马丁公司领导的F-35联合攻击战斗机项目加强了这种关系。有人可能会猜测,这种与美国的一体化对意大利的外交政策构成了明显的政治约束,并可能成为意大利与其他欧洲国家在国防工业领域进一步一体化的严重阻碍。

7.4　意大利国防工业结构

意大利国防工业的特点是少数大公司和少数中型及小型公司,如表7.1所列。根据斯德哥尔摩国际和平研究所的数据,意大利有两家国有武器生产商(莱昂纳多(共同)股份公司和芬坎蒂尼(共同)股份公司)跻身前100强武器生产商之列。尤其是莱昂纳多(共同)股份公司位列前十大生产商,芬坎蒂尼(共同)股份公司则排名第55位左右。不过从就业水平看,意大利军工部门规模相当小。根据从AIDA数据库下载的防务企业财务数据可以发现,2017年意大利只有60家企业隶属于防务领域。[②]截至2017年底,员工人数仅为5万人左右。占主导地位的公司是莱昂纳多(共同)股份公司,其雇员人数占总数的55%。第二大国家企业芬坎蒂尼(共同)股份公司,占15%,其次是通用电气的艾维欧公司(GE Avio,归通用电气航空部门所有),占7.7%。最大的小武器制造商贝雷塔公司(Beretta)和菲奥基弹药公司(Fiocchi Munizioni)的雇员人数占比分别为1.6%和1.3%,但各自就业数量均不到1000人。有趣的是,这60家公司中有18家雇员人数少于25人。事实上,许多中小企业都是大公司的分包商。正如卡鲁索和洛卡特利(Caruso & Locatelli,2013)所指出的,仅仅几年前,意大利国防工业结构的特点是由四大公司(芬梅卡尼卡、芬坎蒂尼、艾维欧和依维科)、一些中型公司和更多的小型公司组成。中小型公司往往是为大型公司提供服务和部件的分包商(Briani,2009)。格拉齐奥拉等人(Graziola et al.,2016)以及格拉齐奥拉和帕拉兹尼(Graziola & Parazzini,2006)分析了意大利航空航天工业的演变和特征,而卡塔拉诺(Catalano,2016)则详细描述了当前意大利国防工业的结构。有趣的是,国防工业的结构在创新项目中也得到了证实,如德·赞(De Zan,2016)文献中所介绍的Forza NEC项目。这个项目旨在通过数字化和整

① 关于这一点,还可参见马伦和温加罗(Marrone & Ungaro,2014)。

② 但是,考虑到意大利航空航天、国防和安全工业公司协会(AIAD)提供的数字,则该数字似乎略高。事实上,2017年有超过100家公司与意大利航空航天、国防和安全工业公司协会有关联。可查看网站http://www.aiad.it/zh/homepage.wp。

合意大利武装部队的不同平台来提高意大利陆军的作战能力。简而言之,意大利国防工业符合哈特利和桑德勒(Hartley & Sandler,2004)对防务公司未来的设想。在21世纪初,他们已经明确表示,未来的防务公司将会是大型全球性公司,专注于大型合同,并从世界各地的其他公司购买专业化业务。

表7.1 意大利国防工业(2017年12月31日)

名称	销售收入/千欧元	从业人数/人
莱昂纳多(共同)股份公司(简称莱昂纳多)	7,765,899	27,307
芬坎蒂尼(共同)股份公司(简称芬坎蒂尼)	2,737,782	7471
通用电气艾维欧(股份)责任有限公司	1,455,168	3836
地平线-海军系统(共同)股份公司	634,287	72
依维科防御车辆(共同)股份公司	337,164	861
意大利泰利斯阿莱尼亚航天(共同)股份公司	331,113	2139
彼得·贝瑞塔武器工厂	173,460	806
菲奥基弹药公司(共同)股份公司	143,624	646
国际喷气式飞机(共同)股份公司	134,244	258
玻璃纤维板(共同)股份公司	128,823	829
贝内利·阿米(共同)股份公司	103,793	273
意大利莱茵梅塔尔(共同)股份公司	96,429	297
比亚乔航空工业(共同)股份公司*	91,417	1223
意大利读写存储器(共同)股份公司	90,483	162
意大利OHB(共同)股份公司	66,134	191
MOREGGIA & C.(共同)股份公司	50,067	83
辛梅尔防务(共同)股份公司	44,136	162
意大利谢德(股份)责任有限公司	40,650	50
麦格纳航空(共同)股份公司	39,396	280
辛巴(共同)股份公司	38,475	333
天线(共同)股份公司	38,308	144
O.M.P.M.南方机械精密车间(股份)责任有限公司*	35,396	52
航空技术工程(共同)股份公司	33,363	168
克瑞西达子公司	33,751	50
亚姆科-国际航空航天管理公司	26,860	15
诺贝尔体育马拉松(共同)股份公司	24,170	110
卢西亚诺·索利尼(共同)股份公司	13,831	24

（续表）

名称	销售收入/千欧元	从业人数/人
佩拉兹武器(共同)股份公司	13,674	67
撒丁岛力学(共同)股份公司	12,609	122
欧洲科技(股份)责任有限公司	11,482	23
欧洲空中起重机(共同)股份公司	11,322	12
FRATELLI TANFOGLIO DI TANFOGLIO BOR-TOLO & C. SNC	10,974	54
菲马克(共同)股份公司	10,313	79
文森佐·拉加塔(股份)责任有限公司	10,111	75
M.T.A.(股份)责任有限公司	9288	83
武尔卡奈尔(共同)股份公司	8903	85
基亚帕枪械(股份)责任有限公司	8815	61
法布里西亚纳武器(共同)股份公司	7733	57
工业和航空技术(股份)责任有限公司	5567	42
航空飞行器(股份)责任有限公司	4636	55
瓦德斯力学(股份)责任有限公司	4226	45
公关贸易(股份)责任有限公司	2778	14
航空电子(股份)责任有限公司	2665	14
全球蒙太奇(股份)责任有限公司	2382	79
S.A.B.航空(股份)责任有限公司	2193	19
C E B SRL	2148	14
意大利航空集团(股份)责任有限公司	1434	93
投资者(股份)责任有限公司	1416	9
爱丽丝波特(股份)责任有限公司	1372	11
普罗梅克航空航天(股份)责任有限公司	1339	28
视觉系统(股份)责任有限公司	1277	15
梅塔利亚(股份)责任有限公司*	1119	14
航空技术(股份)责任有限公司	1042	12
电子航空(股份)责任有限公司	880	14
UNIMEC(股份)责任有限公司	779	9
西尔玛武器(股份)责任有限公司	758	11
推进与创新技术(股份)责任有限公司	649	13
F.P.航行(股份)责任有限公司*	496	10

资料来源:AIDA。

说明:*2016年的资产负债表。

7.5 意大利龙头公司:莱昂纳多-芬梅卡尼卡和芬坎蒂尼

7.5.1 莱昂纳多-芬梅卡尼卡公司

第一个“意大利龙头公司”是莱昂纳多(以前被称为芬梅卡尼卡),它是世界十大武器生产商之一。芬梅卡尼卡成立于1948年,多年来一直是一家大型国有企业。直至近年来,芬梅卡尼卡集团一直在民用和军事部门都拥有企业并有业务活动。①经过整合与剥离,芬梅卡尼卡(最终在2016年更名为莱昂纳多)的核心业务几乎完全集中于军事领域。特别是在20世纪90年代后期,芬梅卡尼卡公司通过合资、合并和收购的方式扩大了其在军事领域的业务。1998年,芬梅卡尼卡公司和英国的通用电气-马可尼公司(GEC Maconi)成立了一家合资企业,即阿莱尼亚·马可尼系统(Alenia Marconi Systems)公司,该公司在2005年解散之前一直是一家大型综合国防电子公司。1999年,芬梅卡尼卡与英国吉凯恩公司(GKN)成立了另一家合资企业,并产成为世界领先的直升机制造商,即阿古斯塔·韦斯特兰(Agusta Westland)公司,该公司最终于2004年成为芬梅卡尼卡的全资子公司。欧洲最大的导弹生产商欧洲导弹集团(MBDA),成立于2001年,由阿莱尼亚·马可尼系统公司、欧洲宇航防务集团(EADS)和英国宇航系统公司合资成立。在企业扩张这一路线上,最重要的收购是美国DRS技术公司(现在更名为莱昂纳多-DRS公司)。通过这次收购,芬梅卡尼卡公司在美国防务市场上取得了重要地位。事实上,如果没有美国国防部的同意,如果没有减少外国所有权、控制和影响(FOCI)的计划,这次收购是不可能的。②事实上,莱昂纳多-DRS公司的管理权牢牢掌握在美国高层管理人员和经理手中。在撰写本文时,莱昂纳多-DRS公司的首席执行官是美国前国防部副部长。经营期间公司产生了巨额债务,对DRS公司的收购引发了极大的争议。2015年,出售了安萨尔多·百瑞达公司(Ansaldo Breda)和安萨尔多公司(Ansaldo STS)的非军事部门,芬梅卡尼卡最终集中于军事生产活动。2016年,合并流程最终完成,大部分子公司被合并为业务部门。在公司发展这一路线上,航空航天和国防占据了最大份额,这也反映在这些部门巨额研发支出上。必须指出的是,第808/1985号条款大力支持航空航天和国防方面的研发支出。在卡鲁索和洛卡特利(Caruso & Locatelli,2013)的研究中,1995—2007年的研发支出细目显示,尽管这些年该集团的研发支出既包括民用和军事活动,但长期投资仅用于国防方面。

莱昂纳多目前在意大利证券交易所上市。国家持有的股份不低于30%(目前

① 要全面了解芬梅卡尼卡的历史,请参见扎马尼(Zamagni,2009)和菲利斯(Felice,2010)的研究。

② 美国政府只允许符合国家安全利益的外国投资。关于外国所有权、控制和影响的问题,请参阅https://www.dss.mil/ma/ctp/isia/bams/foci/。

为30.2%),其余为流通股。有趣的是,由于机构持有的流通股中几乎90%是由意大利境外的机构持有,机构持有的流通股比率的地域分布确实不符合“本国偏好”的经典事实。更准确地说,43.5%的流通股由北美机构持有。2008年1月31日,股价为17.94欧元。2019年1月31日,股价为8.45欧元。图7.3显示了2000年1月3日至2018年12月31日的每日股价走势。①很明显,长期投资者已遭受严重亏损。

图7.3 莱昂纳多-芬梅卡尼卡股票价格(2000年1月3日—2018年12月31日)

尽管近年来净债务额有所下降(表7.2),但仍然很高,这是管理人员面临的主要风险。由于高负债和不确定性,因此信用评级并不高。2018年末,穆迪的短期评级是Ba1级,凸显了巨大的信用风险,同样,惠誉在2017年末的信用评级是BBB-。②事实上,莱昂纳多被认为在一些不可预见的情况下,是一家没有能力偿还债务的公司。

表7.2 莱昂纳多-芬梅卡尼卡的一些绩效指标

指标	2018年	2017年	2016年	2015年	2014年
营业收入/百万欧元	12,240	11,734	12,002	12,995	12,764
未计利息、税项、折旧及摊销前的利润/百万欧元	1534	1602	1907	1866	1569
集团净债务/百万欧元	2351	2579	2845	3278	3962
利润率/%	16.4	15.7	16.9	15.7	12.7
净资产收益率/%	9.7	6.7	12.6	6.2	0.4

资料来源:莱昂纳多。

① 资料来源:数据流(Datastream)。

② 莱昂纳多公司网站上提供的信息。

7.5.2 芬坎蒂尼

芬坎蒂尼是第二个意大利"龙头"企业。它是世界顶级的造船企业之一。事实上,芬坎蒂尼集团并不仅专注于军事生产,它还有一个民用部门。近年来,军事生产大幅度增长。芬坎蒂尼是一家在米兰证券交易所上市的国有公司。截至2017年12月31日,该公司71.6%的股份由芬特克纳股份公司(Fintecna S.p.A.)持有,芬特克纳股份公司100%股份由意大利存贷款机构股份有限公司(Cassa depositi e prestiti S.p.A)持有,其82.8%的股份由意大利经济和财政部持有,而其余股份为流通股票。2015年1月2日的股价为0.77欧元,2019年1月3日的股价为0.95欧元。图7.4显示了2014年7月至2018年12月31日期间每日股价走势。股票价格从长期看似乎呈现上升趋势。根据斯德哥尔摩国际和平研究所2017年的数据,芬坎蒂尼在全球100强武器生产商中排名第58位。武器销售占总销售额的比例约为30%。根据该公司2018年提供的数据,国防造船收入占总收入的31%。就在几年前,芬坎蒂尼还只是一个国家承包商。2002年,所有订单都来自意大利海军。最近,芬坎蒂尼扩大了其全球业务,特别是在北美洲。2008年,它收购了马尼托瓦克公司(Manitowoc Co. Inc.)的海洋业务部门,从而加强了它在美国的地位。在美国,芬坎蒂尼拥有芬坎蒂尼海洋集团有限责任公司(Fincantieri Marine Group LLC)和芬坎蒂尼海洋系统北美公司(Fincantieri Marine Systems North America Inc.,生产发动机和机械产品)。除意大利海军外,芬坎蒂尼的主要客户是美国海军和美国海岸警卫队(特别是中型船只)。[①]该公司一直在开拓新的海军市场,特别是在中东地区。2016年,芬坎蒂尼与卡塔尔国防部签署了建造7艘水面舰艇的合同。据称,这是芬

图7.4 2014年7月7日至2018年12月31日芬坎蒂尼的股票价格

① 参见斯洛克姆(Slocombe,2017)关于美国海军采购芬坎蒂尼滨海战斗舰的分析。

坎蒂尼在过去30年中获得的最大一笔订单。[①]总的来说，芬坎蒂尼似乎在世界海军武器供给方面的角色已经显著增强。无论如何，还必须指出的是，最近盈利能力的不俗表现是由全球对邮轮旅游的高预期而引起全球对豪华游轮需求的增加导致的。事实上，收入和股价的增长似乎主要由这一因素决定，这是合理的。

7.6　参与F-35项目

意大利政府和工业界参与F-35联合攻击战斗机（以下简称F-35项目）项目是特别值得关注的。洛克希德·马丁公司开发的F-35项目是一个规模空前的跨国合作项目。[②]意大利是该项目的二级合作伙伴。[③]不同的参与程度与不同的成本分担有关。根据玛洛恩妮（Marrone，2013）和托萨托（Tosato，2014）的研究，除军事和战略考虑外，参与F-35项目也受到国防工业水平的制约。事实上，根据军事工业的补偿贸易计划[④]，洛克希德·马丁公司将生产意大利F-35机翼盒的分包合同授予了阿莱尼亚·阿尔玛奇公司（Alenia Aermacchi，现在隶属于莱昂纳多公司的飞机部门）。其他公司也参与了这项采购。[⑤]特别是在皮埃蒙特地区（在卡梅里，Cameri）建立了一个最后组装和检验工厂。事实上，卡梅里的最后组装和检验工程正在组装意大利采购的F-35战斗机以及29架荷兰采购的F-35战斗机。

众所周知，F-35项目经历了严重的成本增加。在2001年，以当年美元价格计算，预期平均单位采购成本为6900万美元，而以当前美元价格表示的平均单位采购成本已上升到1亿3060万美元。美国国防部宣布的目标是单位采购成本达到8000万美元。对意大利参与F-35项目进行评估并不容易。最近，意大利国家审计院发布了一份报告，深入总结和分析了意大利参与F-35项目的成本和经济回报。[⑥]首先，审计院强调了该项目的机会成本。事实上，由于其极高的财务成本，它在很大程度上被挤出了任何其他可能的承诺。这似乎是一种“无能为力”的问题。参与F-35项目阻止了意大利政府对任何其他类似项目的承诺。除了长期的机会

① 2018年的客户还包括阿拉伯联合酋长国海军、伊拉克海军、印度海军、秘鲁海军、土耳其海岸警卫队、阿尔及利亚海军、孟加拉国海岸警卫队、肯尼亚海军、马耳他武装部队和沙特阿拉伯海军。www.fifincantieri.com提供了信息。

② 有关F-35项目的全面分析，请参见冯·赫拉斯基和里瑟（Von Hlatky & Rice，2018）的研究。

③ 意大利和荷兰是二级合作伙伴；土耳其、澳大利亚、挪威、丹麦和加拿大是三级合作伙伴。关于参与项目的详细信息，请参见美国总审计署（GAO，2004）。

④ 关于补偿贸易，参见布劳尔和邓恩（Brauer & Dunne ，2011）的文章。

⑤ 参与采购的公司包括：艾维欧公司、伽利略航空公司、马可尼·赛琳娜通信（Marconi Selenia Communication）公司、意大利航空（Aerea）公司、数据表（Datamat）公司、双子（Gemelli）公司、逻辑（Logic）公司、塞莱克斯通信（Selex communication）公司、西利奥仪表（Sirio Panel）公司和其他公司。

⑥ 参见国家审计院（Corte deiconti，2017）。

成本方面，审计人员强调，经济评估是复杂的，因为自第一份协议起许多其他因素也发生了变化。特别是，必须考虑的是，自该项目开始以来，预期订单出现了严重削减。事实上，在2012年3月，由于严重的经济危机，意大利政府将其订单从131架减少到90架。这次削减的影响是双重的。一方面，它导致了严重的成本削减。另一方面，削减导致了间接效益的减少，因为相关的翼箱产量减少了。因此，与预期的就业人数相比，实际结果要低得多。2008年，估计员工人数约为1万人，而2016年下半年的实际就业人数为1569人。实际上，在最坏的情况下，目前劳动力就业人数是3586人，而在最好的情况下为6395人。

简而言之，可以确认的是，F-35项目突显了意大利军事工业的本质：即一个大的主承包商与较小的公司相互关联，特别是大量从事专业活动的中小企业。然而，政府作为垄断者的关键作用已得以体现。

还必须指出的是，加入F-35项目掩盖了欧洲“台风”战斗机所取得的成果。正如哈特利(Hartley，2008)所解释的那样，“台风”项目——尽管存在一些低效之处——但已显示出国防工业合作项目的潜力。

7.7 结　　论

本章从三个基本方面简要分析了意大利的国防工业。

首先，意大利的军事工业部门有两大国家冠军企业。这在国防领域并不少见。而在意大利，这是近年才出现的，因为在几年前，国家冠军企业就只有芬梅卡尼卡公司(最终改名为莱昂纳多)。最近，芬坎蒂尼公司的规模和实力进一步增强。除其他因素外，国有冠军企业的存在阻碍了提高效率。然而，人们普遍认为，促进国家冠军企业的政策不能从经济效率的角度进行分析，而应将政治经济因素考虑在内。在存在国家冠军企业的情况下，没有提高效率的空间。然而，这两家国家冠军企业被众多中小企业包围，这些中小企业往往扮演着分包商的角色。必须指出的是，国家冠军企业的存在不仅是出于战略原因，也是为了保护一些“经济主权”。事实上，在2015年的国防白皮书中明确指出，为了维持一些关键的“主权能力”，一些技术必须保留在国家内部。

其次，尽管意大利政府强调军事部门的重要性，但军事部门的规模还相当小。2017年，该部门仅雇佣了5万名员工。因此，除了战略考虑之外，它在创造就业方面并不能为国民经济提供高回报。在考虑对国民经济的预期总收益时，要关注这一点。

最后，军事工业综合体对意大利未来外交政策的制定构成了实质性制约。考虑到未来北约和欧盟之间的关系将根据欧洲共同安全倡议，特别是《永久性结构合作协议》(PESCO)来发展，这是很有可能的。换言之，问题在于，意大利国有企业与美国企业之间的产业关系是否会妨碍意大利与其他欧洲盟国建立更深层次的关系。F-35项目就是这方面的典型案例。正如上面指出的,F-35是一个“束缚手脚”的项目,因为它涉及范围相当大,阻止了意大利参加任何其他类似的项目。事实上,这对与法国和德国的合作带来了严重阻碍,这两个国家已经宣布将共同努力开发下一代战斗机,这也表明它将是未来欧洲共同防御的支柱。也就是说,如果欧洲共同防御必须建立在工业合作的基础上,那么目前的情况可能会发生根本改变。此外,正如哈特利(2006)所指出的,当一个联盟内部形成更有效的国防工业政策时,就会形成更高的效率。

总而言之,看起来意大利国防工业当前的结构很可能在不久的将来要重新调整。可以预期的是,政治因素将主导这一进程。然而,意大利庞大的公共债务也可能导致预算削减。

参考文献

Brauer J., Dunne P. (2011). Arms trade offsets: What do we know?. In Coyne C., Mathers R. eds., *The Handbook on the Political Economy of War*. Cheltenham: Edward Elgar.

Briani V. (2009), L'industria della difesa italiana, in Osservatorio della politica internazionale, 3.

Caruso R., Addesa F. (2012). Country Survey: Military Expenditure and Its Impact on Productivity in Italy, (1988—2008). *Defence and Peace Economics,* vol. 23, n.5, 471-484.

Caruso R., Di Domizio M. (2016). Interdependence Between US and European Military Spending: A Panel Cointegration Analysis (1988—2013). *Applied Economics Letters*, vol. 23, n.4, 302-305.

Caruso R., Locatelli A. (2013). Finmeccanica amid International Market and State Control, a Survey of the Italian Military Industry. *Defence and Peace Economics*, vol. 24, n.1, 89-104.

Catalano C. (2016). *La politica industriale nel settore della difesa*. Roma: Cemiss.

Corte dei conti (2017), Deliberazione n. 15/2017, Partecipazione italiana al Programma Joint Strike fighter - F35 - Lightning II, available at the address www.corteconti.it/ export/sites/portalecdc/ _documenti/controllo/sez_contr_affari_com_internazionali/ 2017/delibera_15_2017_e_relazione. pdf [last access january 2019]

De Zan T. (2016), *Italy and the Forza NEC Program*. Marrone, Nones and Ungaro. eds. Vol. 3, 101-137.

Felice E. (2010). State Ownership and international competitiveness: The Italian Finmeccanica from Alfa Romeo to Aerospace and Defense (1947-2007). *Enterprise and Society*, vol. 11, n. 3, 594-635.

Flournoy M., Smith J. (2005). *European Defense Integration: Bridging the gap between Strategy and Capabilities*. Washington (DC): Center for Strategic and International Studies.

GAO (2004), Joint Striker Fighter Acquisition, Observations on the supplier Base, GAO-04-554, available at www.gao.gov/new.items/d04554.pdf

Graziola G., Cristini A., Sciortino G. (2016). The Italian Space Industry in 2010—2012. Structure, performance and returns from a high tech sector. *L'industria*, vol. 37, n.1, 11-50.

Graziola G., Parazzini S.S. eds. (2006). *L'industria Aereospaziale tra militare e civile all'inizio del terzo millennio*. Milano: Vita e Pensiero.

Hartley K. (2006). Defence Industrial Policy in a Military Alliance. *Journal of Peace Research*, vol. 43, n.4, 473-489.

Hartley K. (2008). Collaboration and European Defence Industrial Policy. *Defence and Peace Economics*, vol. 19, n.4, 303-315.

Hartley K., Sandler T. (2003). The Future of the Defence Firm. *Kyklos*, vol. 56, n.3, 361-380.

Mampaey, L. (2008). La nascita di un sistema industriale-militare di sicurezza europeo. In *L' industria militare e la difesa europea. Rischi e prospettive, a cura di* C. Bonaiuti, D. Dameri E A. Lodovisi. Milano: Jaca Book, 29-73.

Marrone A. (2013). Italy and the F-35, Rationale and Costs. *International Journal*, vol. 68, n.1, 31-48.

Marrone A., Nones M., Ungaro A. (2016). eds. *Technological Innovation and defence: The Forza NEc program in the euro-Atlantic Framework*. Roma: edizioni nuova cultura.

Marrone A., Ungaro A., (2014), Relations Between the United States of America and Italy in the Post-Cold War Period: A Defense Industrial Perspective, Cahiers de la Méditeranée [online], 88, available at https://journals.openedition.org/cdlm/7542.

Ministry of Defence (2015), White Paper for International Security and Defence, available on line at www.difesa.it/Primo_Piano/Documents/2015/07_Luglio/White% 20book.pdf

Nones M. (1996), L'Economia della difesa e il nuovo modello di difesa, IAI quaderni 1.

Nones M., Darnis J.P. (2005), Control of Foreign Investments in Aerospace and Defence. *The International Spectator*, vol. 40, n.3, 83-90.

Perani, G. (1997). Conversion experiences and policies in Italy. In *Defense conversion strategies*, edited by R. F. Dundervill, P. F. Gerity, A. K. Hyder, and L. H. Luessen, 407-429. Dordrecht, the Netherlands: Kluwer Academic.

Perani G. (2000). Italian contrasts in Regional Military Industrial Conversion. *International Regional Science Review*, vol. 23, n.1, 91-102.

Pianta, M., A. Castagnola. (1990), *La riconversione dell' industria militare. Firenze*, Italy, Edizioni Cultura della Pace.

Pianta, M., Pierani, G. (1991), *L'industria militare in Italia. Ascesa e declino della produzione di armamenti*,Roma, Edizioni Associate.

Tosato F. (2014). *Il Programma F35 in una prospettiva Italiana*. Roma: CESI.

Von Hlatky S., Rice J. (2018). Striking a Deal on the F-35: Multinational Politics and US Defence Acquisition. *Defence Studies*, vol. 18, n.1, 19-38.

Zamagni, V. (2009). *Finmeccanica. Competenze che vengono da lontano*. Bologna: il Mulino.

第8章　德国国防工业

迈克尔·布若斯卡

8.1　引言:德国国防工业的主要特点

德国属于世界主要武器生产国的第二梯队。虽然德国生产的军事技术种类繁多,但德国公司在海军造船、坦克、火炮、弹药和小武器生产方面尤为强大。在航空航天、电子和信息技术等其他领域,德国主要与其他欧洲国家或美国公司进行合作。

与20世纪70年代西德国防工业相比,德国国防工业的面貌没有太大变化。在第二次世界大战后经历了盟军一段时期的限制后,从20世纪50年代下半叶开始,德国西部的国防工业在战前武器生产实力的基础上发展了起来,例如,在火炮和小武器生产方面,与技术先进的民用能力相互作用,如陆地车辆和造船部门(Albrechtetal.,1978;Brzoska,1983;Creswell & Kollmer,2013)。民用工业和国防工业的紧密结合仍是德国武器生产的一个标志。这也是东德国防工业的一个特点,东德国防工业是华沙条约(Warsaw Pact)国防生产的一部分,专门从事光电和其他高端国防技术(Diedrich,2015)。

冷战结束后,国内对武器的需求大幅减少,出口也急剧下降。20世纪80年代末到90年代中期,销售额和就业率下降了约50%。东德的大多数生产设施停止运作,一些西德公司也是如此。许多防务企业将业务多元化,进入民用领域,其中一些公司取得了巨大成功,如戴姆勒-奔驰宇航公司(Daimler-Benz Aerospace,后来成为欧洲宇航防务集团(EADS)和空中客车集团(Airbus)的一部分)(Weingartenetal.,2015)。德国政府支持的另一项公司战略是进入不断增长的民用安防装备市场(BMWi,2016)。国防和安防生产的融合变得越来越重要,于是在2009年主要公司成立了联合两个行业的行业协会(德国联邦安防与国防工业协会,Bundesverband der deutschen Sicherheits-und Verteidugngsindustrie,BDSV)。该协会已经成为行业的声音,通常比防务企业组成的成员制行业协会更为公开,如航空航天领域的德国联邦航空工业协会(Bundesverband der Deutschen Luft-und Raumfahrtindustrie)、造船领域的造船和海洋技术协会(Verbandfür Schiffbau und Meeretechnik)、电子领域的中央电气工程与电子协会(Zentralverband Elektrotechnik-und Elektronikindustrie),以及为国防工业进行游说的德国联邦工业协会(Bundesverband der Deutschen Industrie)。德国联邦安防与国防工业协会近期委托进行的一项研究称,在21世纪

10年代中期，防务公司和其他机构生产的公共安防产品的营业额及就业率大大高于武器弹药生产（Ostwald & Legler，2015）。

近年来，尽管德国政府正式制定了国防工业政策（BWMi，2015），这些政策的目标有多个，且部分相互矛盾，德国政府并未给德国国防工业确立清晰的立场。德国政府既希望推进国防生产的欧洲一体化，但同时也宣称有意保持强大的德国国防工业。它希望促进防务市场的激烈竞争，反对对该行业的补贴，但也打算保护国防生产的核心领域（“核能”）。显然，在竞争与保护间的平衡中，国防工业政策对这两种主要方式之间的界限至关重要。然而，德国政府一直不愿始终如一地界定它所认定要去保护的核心能力。事实上，政府的目标是通过采购和出口政策相结合，保持现有的大部分国防工业能力。

从根本上说，欧洲、区域和部门方面的考虑是国防决策的重要影响因素。大多数国防工业部门普遍倾向于欧洲范围内的联合生产方式，但坚持“公平回报”原则（justeretour），基本上就要求德国用于采购的资金能在德国创造就业。然而，对于依靠德国国内市场规模就能够生存下去的德国防务企业，如造船业，政府就没有压力将其欧洲化。政府有时还会阻碍可能导致德国国防工业衰弱的产业结构变化，最著名的例子是德国政府反对2012年法德联营企业欧洲宇航集团（EADS，现在的空中客车）和英国宇航系统公司（BAESystems）合并。

从宏观经济角度看，德国国防工业的重要性较小，其中的就业、增加值和出口占比不到1%（表8.1）。然而，它对于一些地区和工业部门具有重要意义（表8.2）。

表8.1　德国国防工业增加值、营业额和就业的近期估计值

数据来源	估计值年份/年	类别	数值
国防工业技术中心（VDI TZ，2015）	2014	国防工业销售额	204亿欧元
奥斯特瓦尔德和勒格斯（Ostwald & Legler，2015）	2014	国防与安防行业销售额	253亿欧元
表8.7	2016	国防工业销售额	221亿欧元
舒伯特和肯佩尔（Schubert & Knippel，2012）	2011	国防与安防行业增加值	83亿欧元
国防工业技术中心（2015）	2014	国防工业增加值	105亿欧元
表8.7	2016	国防工业增加值	102亿欧元
奥斯特瓦尔德和勒格斯（Ostwald & Legler，2015）	2014	国防与安防行业增加值	122亿欧元
国防工业技术中心（2015）	2014	国防工业直接就业	65,700人
舒伯特和肯佩尔（2012）	2011	国防与安防行业直接就业	98,000人
国防工业技术中心（2015）	2014	直接和间接就业（民用工业）	116,000人
温加滕等（Weingarten et al.，2015）	2014	国防工业直接和间接就业	90,000~100,000人

（续表）

数据来源	估计值年份/年	类别	数值
奥斯特瓦尔德和勒格(2015)	2014	国防月安防行业直接就业	135,700人
国防工业技术中心(2015)	2014	国防工业直接就业占德国制造业就业比重	0.8%
表8.7和联邦统计局	2017	国防工业销售额在: 德国国民收入中占比; 德国制造业总销售额中占比; 德国出口总额中占比	0.6%; 1.1%; 0.75%

表8.2　2014年德国主要国防生产部门的相对重要性

	直接就业	增加值	销售额	防务业务直接就业占部门就业的百分比	
部门	在行业总额中的份额/%			占部门就业的百分比/%	
航空航天(包括太空)	24	36	33	航空航天和太空包括导弹和无人机	18.0
汽车	20	11	19	汽车	1.4
电子(包括电气)	17	8	14	电子(包括电气)	1.3
海军造船	14	12	14	海军造船	61.0
武器和弹药	12	9	9	NA	—
导弹和无人机	7	7	6	NA	—
其他	6	16	6	其他	0.8
总计	100	100	100	所有工业部门	0.8

数据来源:VDI TZ,2015, 16; Statistisches Bundesamt 2018。

说明:NA表示不可获得。

自20世纪60年代以来,德国政府一直声称对武器出口实行非常严格的限制。在德国,武器出口是存在争议的(格克(GKKE,2018);克劳斯(Krause,2018))。虽然德国已成为世界最大的武器出口国之一,但在全球武器出口中的份额(5%~6%)远低于它在全球制造业产品出口中的份额(Krause,2018)。然而,随着时间的推移,德国防务生产商对武器出口的依赖程度有所增加(表8.7),21世纪10年代达到50%左右。虽然过去主要是向北约和欧盟成员国出口,但在过去几年中,对其他国家的出口份额大幅增加,超过了对盟国的销售额(GKKE,2018)。

8.2　数据和定义

本章介绍了各种来源的官方数据和估计值,包括行业协会、顾问和研究机构。国防工业并不是国民经济核算和工业统计中的一类。既没有关于其边界的官方定义,也没有关于增加值、营业额或就业的官方数据。

各个咨询公司和学术研究人员(Ostwald & Legle,2015;Schubert & Knippel,2012;VDI TZ,2015;Weingarten et al.,2015)基于不同的定义对各种数据进行估计,而这些估计受到了数据可获得性的强烈影响。尝试对德国防务营业额或就业人数进行估计,通常需要将各种类型的信息进行综合,包括官方采购和出口数据、收集的单个公司信息以及官方的工业生产数据,包括投入产出表。从现有数据可以勾画出德国国防工业的各个方面。但所有这些都是有问题的,因为现有数据有很大缺陷。官方采购和出口数据在其定义中包括不同类型的货物和服务。几乎没有公司发布的产品信息是区分了民用和军用客户的。没有关于武器进口的数据,无论这部分进口是由国内采办的,还是使用的外国材料和零部件。因此,只能对这类进口数据进行估计。也没有官方的就业数据。估计值要么基于对公司信息的收集(VDI TZ,2015;Weingarten et al.,2015),要么基于需求数据与劳动生产率数据相结合(VDI TZ,2015;Ostwald & Legle,2015)。由于数据的要求,目前还没有关于德国国防工业详细信息的长时间序列。虽然不同研究之间的差异很大,但就德国国防工业的大致规模已经达成了共识(下文会讨论(表8.1))。

有关德国国防支出的官方数据可在联邦政府年度预算报表中查阅(近年来,也可在德国国防部网站上查阅)。然而,由于该数据比国际认同(如北约内)的数据限制更为严格,并且在数据包含或不包含哪些内容方面存在变动(德国武装部队的某些外部部署预算编入一般政府账户),因此北约国防支出数据更适合于时间序列分析,表8.7中呈现的数据也使用了北约数据(NATO,2018)。出于类似原因,表8.7中的采购数据也使用了北约数据(NATO,2018)。德国联邦预算中包含的采购数据覆盖了德国国防工业产品和一些民用产品,且并非所有军品采购都列入了采购预算之内,比如那些通过地区司令部而不是通过中央联邦采购局(联邦国防军装备、信息技术和使用办公室(Bundesamtfür Ausrüstung, Informationstechnik und Nutzungder Bundeswehr))购买的军品。国防研究与发展(R & D)的官方数据可从德国教育与研究部(German Ministry of Education and Reasearch)一年两期的德国研究报告及其网站(联邦教育与研究部(Bundesministeriumfür Bildung und Forschung)获得。

德国政府公布了自1999年以来有关单个武器出口许可证的官方数据(BWMi,各年度)。其武器出口定义与欧盟对军事商品的定义相同。德国政府还公布了战争武器出口的数据,这是一个更小的类别,源于第二次世界大战后同盟国禁止此类武器的生产。由于这一类别是德国独有的,如果要与其他国家进行比较,选取更广泛的武器出口类别更合适。它与本章所用的采购和国防生产的定义也有较高程度的一致性。然而,没有实际武器出口的数据,实际武器出口可能低于或高于单个许可证所允许的价值。单一武器出口许可证可能实际没有被使用(或在授权年份没有被使用),出口也可能是一般许可证的结果,一般许可证是对合作武器生产项目范围内的武器出口进行授权,这部分内容不在单一许可证授权范围内(Brzoska,

2016)。为了体现出许可证授权和实际转让之间的时间差,表8.7对德国武器出口估计值进行了修正。

8.3　德国国防工业结构

德国国防工业对宏观经济的重要性不大。其销售额为200亿~250亿欧元,增加值为100亿~120亿欧元,直接就业人数为6万~7万人,间接就业人数为3万~5万人,占德国制造业的比重略高于1%,占国民收入的0.6%。如果将销售给民用机构和私人客户的安保设备包括在内,无论这些设备来自防务公司还是可以被视为德国安保行业一部分的公司,以上数值和份额都会有所增加(表8.1)。

但是,对于某些地区和特定行业,情况则有所不同。德国国防工业的区域集中度很高,且自冷战结束以来有所提高,如航空航天和造船这类重要的武器生产部门,其相对重要性增加了。不过,许多主要的武器生产公司都是多元化的,民用市场比军事市场更为重要。

8.3.1　区域结构

德国进行武器生产的地区既有经济高度发达的地区,如巴伐利亚州(Bavaria);也有经济贫困的地区,如不来梅联邦州(Bremen)和石勒苏益格-荷尔斯泰因州(Schleswig-Holstein)。慕尼黑(Munich)周围地区工作的员工数量最多(国防工业技术中心估计有10800人),其次是巴登-伍尔滕堡(Baden-Wuerttemberg)东南部(国防工业技术中心估计有6000人),其中包括了靠近康斯坦斯湖(Lake Constance)的防务公司聚集地带,以及德国北部的石勒苏益格-荷尔斯泰因(国防工业技术中心估计有6000人,VDI TZ,2015,11-13)。

由于其中一些地区是主要的工业地带,我们可以预期从就业数据能看到这些地区对武器生产的依赖程度是不同的。根据国防工业技术中心的数据(第13页),国防就业在制造业就业中占比最大的地区是不来梅(占制造业总就业的6.2%)、巴登-伍尔滕堡东南部(5.9%)、巴伐利亚南部(3.1%)和石勒苏益格-荷尔斯泰因(3.1%)。巴伐利亚州南部和巴登-符腾堡东南部是航空航天和电子工业中心,而德国北部占主导地位的是海军造船业。德国东部几乎没有国防生产单位。在德国西部和中部的工业中心,国防就业占比也就相对较低。

8.3.2　经济部门

除了对某些地区的经济具有重要意义外,国防生产也是某些工业部门的一个重要组成部分。其中最突出的是造船、航空航天和太空。就销售额而言,航空航天是德国国防生产中最重要的部门,其次是车辆、电子和造船(表8.2)。这一排名在增加值和就业方面略有不同,电子行业(也包括电气设备行业)在就业中占比较高,但在增加值中的占比却相当低。各部门在各项指标方面存在差异的主要原因除了数据问题外，还因为劳动生产率不同以及对进口材料和零部件的使用也不同。

国防生产对相关工业部门的重要性也存在重大差异。军用客户对德国造船业非常重要，在21世纪10年代，军工销售额占总销售额的50%以上，其次是航空航天业，军事生产约占生产活动的五分之一。在车辆行业中，尽管制造小型和轻型坦克及军用卡车是德国国防工业的竞争优势之一，但为军事客户的生产相对不重要。相比之下，德国汽车工业非常庞大，而武器生产规模却很小。事实上可以说，德国坦克和其他车辆生产商的竞争优势很大程度上源自大量民用研发支出和德国民用车辆工业的高工程质量。虽然向军事客户销售车辆的公司通常不是德国车辆行业的品牌，但许多技术，例如发动机和运动部件的技术，都是共享的。在电气和电子产品部门，国防生产也不太重要。正如表8.2中的数据所示，这是德国国防工业中比较薄弱的部门，这一部门需要的生产技能较少，因此劳动生产率相对较低。

从国防工业基础的角度来看，德国处境有利。总的来说，无论在公司内部，特别是航空航天和太空领域，还是在工业部门内部，武器生产的特点是与民用生产高度密切融合的。自1945年德国国防生产开始以来，这一特点没有太大变化（Brzoska，1986，Creswell & Kollmer，2013）。只有小部分武器生产与相关的民用生产分离。许多领域的国防生产，特别是造船和车辆生产，可以直接受益于民用工业的技术创新以及公司内部和公司之间的技术转让。与欧洲其他主要武器生产国相比，德国的国防研发水平（表8.7）较低（EDA ，2016）。与德国其他行业相比，德国国防工业的研发水平也不高。奥斯特瓦尔德和勒格斯与德国工业协会（德国经济的基础，Stifterverband der Deutschen Wirtschaft）合作，对一些制造业部门的技术密集度进行了调查。国防和安防行业的研发支出占营业额的7.1%，高于汽车行业（6.4%），但低于航空航天（12.1%）和制药行业（12.9%）（Ostwald & Legler，2015，29）。总体而言，现有数据表明，德国国防工业的研发强度在德国各行业中并不突出（Rammer, 2011）。

然而，由于德国国防工业和民用工业结合得十分紧密，这些数据多少有些误导。政府的国防政策决策者和工业界期望技术从民用领域流向国防工业，以真正补充国防研发。因此，政府将绝大多数国防研发资金集中在创新潜力不大或对于民用市场来说技术过于先进的武器系统上（Altmann，2000；Heidenkamp，2013）。

8.3.3 主要防务企业和国防工业集中度

就营业额和就业而言，迄今为止，德国最大的军火生产商是一家跨国公司——空中客车，其前身为欧洲宇航防务集团（EADS）（表8.3）。它为军事客户提供从海军电子产品到直升机的多样化产品。空中客车在德国的采购订单中占有很高份额，也是德国主要的武器出口商。近年来，它在德国国防工业的销售额中所占份额约为三分之一（表8.4）。空中客车在德国北部和南部有大量生产基地，这是早些时候私人和公共小型武器生产商合并与收购的结果。

虽然在营业额和就业方面比不上空中客车，但德国还有其他国际知名的领先企业。其中有四家公司一直位列斯德哥尔摩国际和平研究所(The Stockholm International Peace Research Institute，SIPRI)每年编制的全球百强名单之中。

莱茵金属公司(Rheinmetall)是德国联邦国防军(German Bundeswehr)和外国军队火炮和大口径弹药的主要生产商。蒂森克虏伯(Thyssen Krupp)的海洋系统部门是世界领先的潜艇生产商之一，进行水面舰艇的生产。该公司还生产小型装甲车，如"美洲狮"(PUMA)。克劳斯·马菲-魏格曼(Krauss-Maffei Wegmann)最著名的产品是"豹"Ⅱ主战坦克，该公司还生产小型装甲车。

除了这四家公司以外，其他公司也在不同年份跻身SIPRI百强之列，这取决于它们在国内外市场的销售情况(表8.3)。一些规模较小的公司也值得关注，因为它们在某些细分市场上很重要。其中包括小型水面舰艇生产商吕森(Lürssen)，以及小型武器生产商赫克勒和科赫(Heckler und Koch)。这些公司和其他公司在德国采购的较小细分市场中拥有强大的竞争优势，并且在全球市场上也很活跃。在大多数情况下，这些公司具有长期的国际竞争力。总体而言，考虑到名称的变化，在冷战时期至21世纪10年代中期，德国主要武器生产商名单变化不大(参见布若斯卡(1983)表3)。

表8.3　2015年德国十大(国防销售)武器生产商

公司	部门	2015年销售额/10亿欧元	武器生产占总销售额的百分比/%	武器生产从业人员/人	2015年SIPRI百强榜单中排名	2002年SIPRI百强榜单中排名
空中客车集(德国)	飞机、电子	6.4	17	15,000	12	14
莱茵金属	火炮、弹药	2.8	50	9200	30	21
蒂森克虏伯	军舰、装甲车	1.9	4	3000	47	39
克劳斯-马菲·魏格曼	坦克、装甲车	0.8	95	2600	88	60
迪尔	电子、导弹	0.6	33	3000	—	66
采埃孚·弗里德里希·沙芬	坦克和轮船零件	0.8	5	2000	—	69
西门子	电子	0.7	1	500	—	—
罗德与施瓦茨	电子	0.5	20	1000	—	—
欧洲导弹集团(仅德国)	导弹	0.5	100	1300	—	—
摩天宇航空系统	喷气发动机	0.5	12	1200	—	78

数据来源：SIPRI 2018，Weingarten et al.，2015；作者估计。

德国国防工业的集中程度与整个德国工业非常相似。一种常用的集中度测量方法是赫芬达赫尔-赫希曼指数(Herfindahl Hirschman Index,以下简称为“HHI”)。它被定义为市场中所有供给方在某一年(t)内收入份额的平方和,以此衡量市场中收入份额的集中度。HHI的范围为0~10000,10000表示垄断。

德国国防工业的HHI约为1500,与德国制造业平均的HHI水平相似(Monopokommission,2017,173)。一般认为,1500的HHI值处于竞争与垄断的边界(Monopokommission,2017,165-166)。行业集中度的另一个指标是最大的几家公司占整个行业的份额(表8.4)。大型公司的销售额占比和就业占比之间的差异表明不同程度的生产深度。与规模不大的公司相比,德国规模较大的武器生产公司倾向于将其订单的更大比例转包给规模较小的公司(或进口)。

表8.4 2014年德国国防工业集中度

国防份额百分比	销售额/%	就业/%
最大公司份额	31	23
前三大公司份额	54	41
前十大公司份额	76	59

数据来源:国防工业技术中心,2015,表3。

虽然德国国防工业总体集中度不是很高,但主要问题集中在特定子行业,如在航空航天和太空领域,空中客车占据主导,在坦克行业,迄今为止最大的公司是克劳斯-马菲·魏格曼。过去,德国反垄断局(Bundeskartellamt)曾研究过几起并购案例,得出了不同结论。1988年,它阻止了戴姆勒-奔驰汽车公司对当时德国最大的航空航天公司MBB的收购,因为这家新公司会在各个国防市场上占据主导地位(Günther,2003)。后来,合并还是进行了,但戴姆勒-奔驰公司不得不剥离公司相当一部分的产品类型。此外,它还允许克劳斯-马菲·魏格曼与法国奈科斯特公司(Nexter)合并。采用这种方法的一个重要考虑因素是要更广泛地审视相关市场,在分析任何竞争危险时,欧洲市场比德国市场更为重要。[①]

前文已经提到,国防生产与民用生产紧密结合的一般特征,不仅在德国大多数主要生产商中非常突出,而且小型生产商也是如此。德国采购当局多年来一直在推动中小型企业发展(VDI TZ,2015),但成效有限。根据最近的一项估计,如果以就业人数衡量,在向德国及其他国家军队的最终军品销售额中中小企业所占比例估计略高于5%(VDI TZ,2015,11)。另一项研究将国防与安防行业放在一起,估计得到中小企业所占份额更大,但这可能是由于对安防行业的定义过

① Bundeskartellamt. 2015. Bundeskartellamt clears merger of French and German tank manufacturers(联邦反垄断局批准了法国和德国坦克制造商合并). www.bundeskartellamt.de/SharedDocs/Meldung/DE/Pressemitteilungen/2015/24_08_15_Panzer.html.

于宽泛导致的(Ostwald & Legler,2015,23-25)。中小型企业在安防行业中的作用可能大于其在国防工业中的作用。在国防工业中,典型的情况是终端客户主要从大型公司采购,但这些公司受到压力要在潜在供应商中倾向于从中小企业购买。中小企业的重要性很可能高于国防工业技术中心的估计。例如,在所有德国制造业中,中小企业的占比高达35%(VDI TZ,2015,11)。然而,没有关于中小企业作为军品销售商的供应商的官方数据,对其进行估计也很困难。很少有中小企业能够或希望依赖于军品业务,大多数企业都是高度多样化的。因此,很难估计在德国从事国防生产的小型公司的数量,而且这一数字高度依赖于定义。

8.4 行 为

8.4.1 产业与政府的关系以及关键技术能力

德国国防工业在所有权、出口和采购政策方面严重依赖于政府政策,这些政策在数个方面都存在争议(Heidenkamp,2016;Heidenkamp et al.,2013)。虽然德国国防工业的大多数代表企业在出口问题上立场是明确的,认为政府政策限制过度了,但关于采购政策的适当性,尤其是从德国和欧洲的角度来看,存在着不同的看法。

德国政府致力于支持欧洲国防工业的发展(BWMi,2015)。政府支持协调需求和提高欧洲竞争力的各种举措(Moelling,2015)。然而,政府在《2015年国防工业战略文件》(BWMi,2015)中指出,国防工业的任务是促进供给侧的一体化。此外,政府还表示它意图保持国家的关键技术能力。

2015年战略文件(根据执政党《联盟条约》(*Coalition Treaty*),2017年当选的政府继续将其视为国防工业政策的主要文件)中对关键技术能力的定义相当模糊(BMWi,2015,4)。它一方面区分了基本军事能力,另一方面区分了领域(陆地、海洋、天空、网络)。只有几项具体技术被提及:密码技术、传感器、保护技术,还有坦克和潜艇的相关技术。

在制定2015年战略文件之前,负责采购的部门(国防部)和负责武器出口政策的部门(经济部)对关键技术的定义存在很大冲突。国防部在2013年启动了一项重大的采购改革(Heidenkamp,2016;Linnenkamp & Mölling,2014)。这项改革的一方面是希望减少政府保护德国国防能力的责任。因此,这些改革主张对国家关键能力做出最低限度的定义。而由社会民主党部长领导的经济部一方面担心国防工业可能出现失业,另一方面也担心面对放宽武器出口政策的压力。它主张对国家关键技术做出宽泛的定义,并且由国防部通过采购政策来负责保护这些关键技术。

在这个问题上,德国国防工业界也存在不同的看法,政府和工业界代表的几轮会谈和谈判都无法解决这一问题。总的来说,认为自己在更加开放竞争的欧洲(甚至是跨大西洋)市场中更有前景的公司,如空中客车,其立场与那些担心因德国采购政策保护性较低而遭受损失公司的立场是相对的。

8.4.2 所有权问题

继20世纪70年代和80年代的私有化之后,德国国防工业自20世纪90年代初以来几乎完全由私人掌控。但有一个例外,德国政府当局在空中客车集团中持有少量股权。然而,政府对主要公司的战略管理决策会有相当大的影响力。

《对外贸易法案》第4条(*Aussenwirtschaftsgesetz§4*)是一项重要的法律文件,它要求外国公司如果要持有防务公司超过25%的股份时(对经营关键基础设施的公司也有同样的要求),必须向德国政府登记其权益。经济技术部(Ministry of Economics and Technology)最多有三个月时间对此进行研究,可以决定停止并购。虽然适用于这种管制的案例并不多见,但该条款也起到了威慑作用。英国宇航系统公司和欧洲宇航集团(现在的空中客车)合并计划就是一个典型的案例。德国政府在2012年向这两个公司明确表示反对该计划,因此两家公司也搁置了该计划。

8.4.3 武器出口政策

德国武器出口政策由一些部分互相矛盾的利益和考量决定。其中一个主要方面是支持并融入北约和欧盟。各国政府的武器出口指导方针明确区分了对北约和欧盟成员国(以及瑞士和澳大利亚等少数被视为平等的国家)的出口,以及对"第三国"的出口。对北约和欧盟成员国实施限制是特殊情况,如在严重侵犯人权的情况下,然而向"第三国"出口需要正式提出涉及德国安全和外交政策利益的具体原因。经济利益不能作为向第三国出口武器的正当理由。严重侵犯人权的行为,以及对国家国际行为的适当性和承担武器进口的经济能力的重大关切是政府拒绝发放出口许可的原因(BMWi,2018)。

武器出口的官方政治指导方针的最近一次修订是在2019年,至少对"第三国"来说,修改后的方针比《欧盟2008年关于武器出口控制的共同立场》(*EU's Common Position on Arms Exports controls of 2008*)限制更多。然而,如考虑到武器出口在经济方面的重要性,官方政策在实际执行上存在重大问题(Brzoska,2017;GKKE,2018)。实际上,国防工业的不同部门以及世界不同地区受到了不同的对待。例如,几乎没有出现过否决出口军舰的记录(如在21世纪初对中国的台湾地区的出口),而战斗坦克只出口到少数几个国家。与欧洲其他主要的武器供应国相比,德国一直不愿向除以色列之外的中东国家提供武器,事实上,德国对待以色列与北约成员国类似。一个典型的例子是,在2018年,即将上任的政府因沙特阿拉伯卷入也门战争,决定禁止向其出口武器,但沙特阿拉伯订购的巡逻艇除外。

德国出口政策体现了民意的重要性。从民意调查看,武器出口并不受欢迎(Brzoska,1986,2017)。这可能是由德国的历史以及对世界许多地区加强军事力量的后果导致的广泛怀疑情绪造成的。公众情绪的重要性使德国武器出口政策剧烈变化。武器出口丑闻和政府更迭经常导致有关政策变化的政治辩论,左翼和绿党要求更严格的限制,保守党和自由党则主张维持现状。然而,正如德国多年来的武器出口水平(表8.7)所表明的那样,出口更多由需求变化,以及与客户的长期供应关系所推动,而不是受到政府变化的推动。

8.4.4　采购政策与欧洲一体化

大多数大型采购项目都是以封闭式招标程序组织的,仅向少数选定公司发出招标书。一般来说,除了德国公司,这些公司还有来自外国,包括美国的主要供应商。尽管如此,大部分订单还是流向了德国承包商,以及航空航天领域的空中客车子公司(表8.5)。

德国国防工业体现了欧洲国防工业一体化的一般模式。航空航天工业生产的大多数主要产品是与其他欧洲公司联合生产的。这些项目大多由空中客车牵头,或完全由其实施。作为一家国际公司,空中客车有能力开展此类项目。然而,在造船和车辆生产方面,国家项目占主导地位。在不久的将来这种情况是否会变化仍有待观察,例如,2015年,德国最大的坦克生产商克劳斯·马菲-魏格曼(Krauss Maffei Wegmann)与法国奈科斯特公司(Nexter)达成协议,成立KNDS控股公司之后,位于阿布扎比的Privinvest集团购买了多个小型德国海军造船厂以及法国的CMN海军造船厂(见第5章)。

人们普遍偏爱德国公司,至少在航空航天领域之外是这样,长期以来这一直被批评为许多采购项目成本和时间严重超支的原因(表8.5)。对于大多数重大项目来说确实是这样。在努力实现采购欧洲化的背景下,已经启动了几项改革(Heidenkamp,2016)。然而,2013年启动的最新一轮采购改革主要目的是简化程序,加强联邦采购署的管理控制(BMVG,2018)。

8.5　绩　　效

8.5.1　各行业的竞争力

在防务领域,德国是一个其拥有足够购买力的利基生产国,可以在几乎所有的军事技术领域进行生产。德国国防工业在潜艇和水面军舰以及装甲车和坦克的生产方面继续保持着特别强劲的势头。在更小的利基产品,如小武器和某些类型的火炮方面,也有着强大的地位。

因为在采购决策中偏好于本国企业,各部门在统计数据中的相对规模没有体现出德国国防工业的专业化分工情况(表8.2)。而武器出口数据(表8.6)更清楚地表明了这一点:将生产数据和出口数据进行比较(表8.2与表8.6进行比较)尤其具有启发性。

表8.5　德国主要武器采购项目

项目	武器类型	德国主承包商	项目成本/10亿欧元	开始时间/年	承包商所属国家	至2018年初成本超支百分比	至2018年初时间延误/月
欧洲战斗机/装载AESA雷达的台风战斗机	战斗机	空中客车防务与航天公司	17.6	1988	英国、德国、意大利、西班牙	38	149
“虎”式战斗机	攻击直升机	空中客车直升机公司	4.2	1995	法国、德国、西班牙	22	80
NH90 TTH	运输直升机	空中客车直升机公司	3.9	2000	法国、德国、意大利、荷兰	6	134
“美洲豹”步兵战车	装甲车	克劳斯·马菲韦格曼/莱茵金属公司	3.2	2002	德国	38	57
装载DIRCM的A400M	运输机	空中客车防务与航天公司	9.3	2003	英国、德国、法国、西班牙	16	139
CH-53的现代化	运输直升机	空客直升机公司	0.6	2007	德国	16	45
F125型护卫舰	护卫舰	克劳斯·马菲韦格曼/吕森	2.2	2009	德国	41	45
P-3C“猎户座”的现代化	侦察机	洛克希德公司	0.5	2015	美国	25	11
NH-90海狮	海军直升机	空中客车直升机公司	1.2	2015	法国、德国、意大利、荷兰	3	0
TanDEM-X卫星	雷达卫星	阿斯特里姆(空客)	0.5	2015	德国	-24	-12
移动战术通信(MoTaKo)	战术通信系统	罗德与施瓦茨	0.3	2017	德国	18	0
K130型护卫舰(第2批)	小型护卫舰	吕森/蒂森克虏伯/德国海军造船厂	1.5	2017	德国	0	0

数据来源:BMVG,2018;作者的资料。

说明:按项目开始日期(德国联邦议院在2018年批准当前项目阶段)排序,当前欧元价格。

数据表明,航空航天类产品在出口中所占份额远低于在生产中的占比。由于大部分生产和出口都是通过空中客车公司进行的,对比这两类数据需要考虑公司内部贸易的复杂性,且这种复杂性可能并未在统计数据中得到充分反映。不过,两者之间的差异还是惊人的。这支持了这样一种观点,即德国国防航空工业总体上在国际范围内没有很强的竞争力。出口销售在增加,这表明竞争力在增强,但与人们根据德国生产规模的预期竞争力相比仍然很小。

就车辆部门,某种程度上海军造船业也是如此,其出口份额(表8.6)远高于生产中的增加值、销售额和就业所占份额(表8.2)。这表明德国公司在这两个领域的实力尤其强大。武器和弹药的出口份额也较高,而电子产品的出口和生产份额大致相同。

表8.6 德国武器出口中主要部门所占份额(%)

部门	军事产品类别	2001—2005年	2006—2010年	2011—2015年	2016—2017年
航空航天和太空	10	5.2	6.4	9.8	10.3
车辆	6	30.3	27.2	31.4	24.5
电子	5,11,14,15,20,21	16.0	17.0	18.9	12.6
海军造船	9	16.4	18.0	9.2	20.7
武器弹药	1-3,12	13.8	13.6	13.9	14.4
导弹	4	5.1	5.5	67	7.2
其他	7,8,13,16-15,22,23	13.1	12.3	10.2	10.3
总计	10亿欧元	19.8	22.4	27.8	13.0

来源:BMWI,各年份。

说明:德国武器出口报告中的军事产品类别。

8.5.2 盈利能力

人们对德国武器生产公司的盈利能力知之甚少。部分原因是它们的所有权结构,很多公司,如克劳斯-马菲·魏格曼和罗德·施瓦茨(Rohde und Schwarz),都是家族企业,对公开性要求有限。活跃于民用和军用市场的公司也很少发布有关国防销售利润的详细信息。

与德国采购局签订的大多数合同都是成本加成合同,可以保证高于生产成本的固定金额或固定百分比。利润率各不相同,由公司与采购当局协商确定。政府内部和如联邦审计署(Federal Audit Office,Bundestechnungshof)等外部机构一再推动向固定价格合同的改革,但由空中客车主导的A-400M项目却给这种努力带来了沉重打击(Wörner,2013,S.39-38;Heidenkamp,2016)。空中客车在21世纪00年代末意识到，它无法按照公司与政府在项目签订时商定的数量生产该飞机。空中客车威胁说，除非政府同意提高价格，否则将退出该项目。经过激烈的谈判，公司和政府达成了妥协，然而，据该公司称，这大大降低了空中客车公司的整体盈利能力。

8.6 对未来的展望

新当选的德国政府在北约盟友，特别是美国的重压下，于2018年决定在2022年前将国防支出从目前占国民收入的1.3%左右提高到1.5%。然而，国防部在2018年9月提出的到2031年的德国武装部队现代化计划，需要额外的资金才能实现。采购支出在未来十年很可能大幅增加，理论上，德国防务公司的前景会更好。

然而，人们对德国国防工业的前景也存在一些疑问。这很大程度上取决于未来国防市场欧洲一体化（甚至是北约内部跨国一体化）的努力。如果这一方向的计划在德国政府官方支持下获得成功，很可能只会使德国国防工业的某些部门受益，如造船和车辆，但会导致其他部门生产基地和就业机会的损失，如航空航天和电子行业。但即使在欧洲市场没有那么开放，德国国防工业可能也无法从更高的采购支出中获益，因为来自其他国家，特别是美国的进口会增加。①

德国国防工业的未来也在很大程度上依赖于政府关于出口市场的决策，出口市场对国防工业来说与国内采购同等重要（表8.7）。在德国，武器出口仍然是一个高度政治化的话题，但在更加严格控制还是更多自由度方面都有可能发生重大变化。

鉴于这些不确定性，德国主要武器生产商在评估其未来前景时会继续保持谨慎。两家最大的生产商，空中客车公司和莱茵金属公司已经宣布计划加强民用销售，以减少对波动的军火市场的依赖。就连拥有大量潜艇订单的蒂森克虏伯公司也在为其大部分国防资产寻找买家。

不过，无论是在政府政策和公司行为方面，还是在德国国防工业的结构和行为方面，最有可能的做法还是保持持续性。德国武器生产的政治框架对工业非常重要，它的形成是由国家对欧洲（或跨大西洋）、经济对道德、效率对保护的相互竞争的利益所决定的，但是这些在未来一段时间内看起来相当稳定。

数据来源

国防采办数据：北约国防支出，www.nato.int/cps/en/natohq/topics_49198.htm.

国防研究和发展：BundesministeriumfürForschung (und Bildung), Bundesbericht-Forschung und Entwicklung 1990-2018, Datenband (biannual),（联邦研究（和教育）部，1990—2018年联邦研究和发展报告，每半年一次的数据）www.datenportal.bmbf.

① www. produktion. de/nachrichten/unternehmen-maerkte/airbus-debakel-mita400m-schmaelert-gewinn-erheblich-127.html.

de/portal/de/tabthemes.html.

武器出口数据：联邦议院 10/2858, 10/2174, 11/4587, 11/2120, 12/3884, 12/4794, 13/569018/00439, BMWI(自 1999年以来的年度数据),武器出口报告,柏林,www.bmwi.de/Redaktion/DE/Dossier/ruestungsexportkontrolle.html.

主要武器生产商数据:斯德哥尔摩国际和平研究所军火工业数据库,SIPRI Arms Industry Database, www.sipri.org/databases/armsindustry.

产业数据:联邦统计局关于工业、制造业的数据www.destatis.de/DE/ZahlenFakten/Wirtschaftsbereiche/IndustrieVerarbeitendesGewerbe/IndustrieVerarbeitendesGewerbe.html.

表8.7　1980—2017年德国国防工业基本数据(10亿欧元,2016年不变价格)

年份/年	国防支出	采购支出	研发支出	武器出口许可价值	武器出口估计值	武器进口估计值	增加值估计值	总销售额估计值	出口占销售的比例/%
1980	50.9	7.5	3.3	1.8	1.8	2.3	10.3	19.7	14
1981	51.5	8.9	3.3	2.9	2.3	2.9	11.6	22.8	16
1982	50.9	8.9	3.4	2.3	2.6	2.8	12.0	23.5	17
1983	51.3	8.9	3.6	6.4	4.4	3.8	13.0	26.3	26
1984	50.8	8.4	3.4	5.8	6.1	3.5	14.3	28.8	34
1985	50.9	7.5	3.0	5.6	5.7	3.3	13.0	26.2	35
1986	52.3	8.3	3.1	5.6	5.6	3.5	13.6	27.5	33
1987	53.2	9.1	2.6	5.5	5.6	3.6	13.7	28.3	32
1988	52.8	10.2	2.7	6.0	5.7	4.0	14.6	30.5	31
1989	52.6	10.0	2.7	5.0	5.5	3.7	14.5	30.0	30
1990	55.4	9.8	2.9	4.3	4.6	3.5	13.8	28.3	27
1991	51.3	8.0	2.6	6.5	5.4	3.6	12.4	25.8	34
1992	48.8	6.5	2.3	3.9	5.2	2.6	11.4	23.1	37
1993	43.9	4.9	1.9	3.8	3.9	2.2	8.5	17.3	36
1994	40.9	4.5	1.8	3.2	3.5	1.9	7.9	15.8	36
1995	40.2	4.6	2.1	2.7	3.0	1.8	7.8	15.3	31
1996	39.5	4.4	2.2	3.0	2.8	1.8	7.5	14.8	30
1997	38.0	4.1	1.9	2.7	2.8	1.7	7.2	14.1	32
1998	38.1	4.8	1.7	3.8	3.2	2.2	7.7	15.8	33
1999	38.9	5.1	1.8	3.8	3.8	2.2	8.5	17.4	36
2000	38.3	5.2	1.7	3.6	3.7	2.2	8.4	17.2	35
2001	37.7	5.3	1.4	4.5	4.1	2.5	8.3	17.6	38

（续表）

年份/年	国防支出	采购支出	研发支出	武器出口许可价值	武器出口估计值	武器进口估计值	增加值估计值	总销售额估计值	出口占销售的比例/%
2002	37.8	5.3	1.2	3.9	4.2	2.3	8.5	18.1	39
2003	37.3	5.1	1.3	5.8	4.9	2.7	8.6	18.6	43
2004	36.1	5.3	1.2	4.5	5.2	2.5	9.3	19.8	44
2005	35.6	5.0	1.4	4.9	4.7	2.5	8.7	18.4	42
2006	34.7	5.2	1.4	4.8	4.8	2.5	9.0	19.0	42
2007	34.8	5.1	1.5	4.1	4.4	2.3	8.7	18.2	40
2008	35.8	6.1	1.5	6.3	5.2	3.1	9.7	21.1	41
2009	37.1	6.5	1.4	5.5	5.9	3.0	10.8	23.2	43
2010	37.5	6.6	1.4	5.1	5.3	2.9	10.4	22.3	40
2011	36.4	6.0	1.2	5.7	5.4	2.9	9.7	21.0	43
2012	37.3	6.1	1.1	4.9	5.3	2.7	9.8	21.2	42
2013	35.2	4.5	1.3	5.9	5.4	2.6	8.6	18.5	48
2014	35.0	4.5	1.1	4.0	5.0	2.1	8.5	18.0	47
2015	36.1	4.3	1.1	7.9	5.9	3.1	8.3	18.5	52
2016	37.6	4.6	1.1	6.8	7.4	2.9	10.2	22.1	57
2017	38.9	5.3	1.1	6.1	6.5	2.9	10.1	22.0	50

资料来源与方法

国防支出：北约，各年度。采购支出：北约，各年度。研发支出：联邦教育和研究部，各年份。武器出口许可价值：Brzoska，1986；联邦议院，10/2858, 10/2174, 11/4587, 11/2120, 12/3884, 12/4794, 13/569018/00439, BMWI（自1999年以来各年度）。武器出口估计值：按当年许可价值的50%加上上年度许可价值的50%进行估计。武器进口估计值：按采购支出和武器出口价值的25%进行估计。增加值的估计值：采购支出加研发支出加武器出口估计值减武器进口估计值。总销售额估计值：两倍的采购和研发支出加上武器出口估计值减武器进口估计值。

参考文献

Albrecht, U., P. Lock and H. Wulf (1978) *Arbeitsplätze durch Rüstung?* Reinbek: Rowohlt.

Altmann, J. ed. (2000) *Dual-use in der Hochtechnologie-Erfahrungen, Strategien und Per- spektiven in Telekommunikation und Luftfahrt*. Baden-Baden: Nomos.

BMVG (Bundesministerium fur Verteidigung). Rustungsbericht Marz 2018. Berlin, www.bmvg.de/de/aktuelles/ruestungsbericht-maerz-2018-substanzielle-schritte- nach-vorn-22992.

BMWi (Bundesministerium fur Wirtschaft und Technologie) (2015) *Strategiepapier der Bundesregierung zur Starkung der Verteidigungsindustrie in Deutschland.* Berlin, 8 July 2015, www.bmwi.de/Redaktion/DE/Downloads/S-T/sicherheit-verteidi gungsstrategie-strategiepapier-vertindustrie.pdf?

__blob=publicationFile&v=4.

BMWi (Bundesministerium fur Wirtschaft und Technologie) (2016) *Strategiepapier der Bundesregierung zur Starkung der zivilen Sicherheitsindustrie in Deutschland.* Berlin, 21 December 2016, www. bmwi. de/Redaktion/DE/Downloads/S-T/sicherheit-ver teidigungsstrategie-strategiepapier-zivsicherheit.pdf?__blob=publicationFile&v=6.

Brzoska, M. (1983) Federal Republic of Germany. In *The Structure of the Defence Industry. An International Survey*, edited by N. Ball and M. Leitenberg. London: Palgrave Macmillan.

Brzoska, M. (1986) *Rustungsexportpolitik.* Frankfurt: Haag und Herchen.

Brzoska, M. (2016) Rüstungsherstellung und Rüstungsexport: Gebote, Verbote und Paradoxien. In *Handbuch Friedensethik*, edited by Ines-Jacqueline Werkner and Klaus Ebeling. Wiesbaden: Springer VS 2016.

Brzoska, M. (2017) Rüstungsherstellung und Rüstungsexport: Gebote, Verbote und Paradoxien. In *Handbuch Friedensethik*, edited by I. Werkner and K. Ebeling. Wiesbaden: Springer VS.

Creswell M. H. and D. H. Kollmer (2013) Power, Preferences, or Ideas? Explaining West Germany's Armaments Strategy, 1955—1972. *Journal of Cold War Studies* 15: 55-103.

Diedrich, T. (2015) Zwischen Anspruch und Möglichkeit. Die Rustungsindustrie der DDR. In *Militarisch-Industrieller Komplex? Rustung in Europa und Nordamerika nach dem Zweiten Weltkrieg*, edited by D. H. Kollmer. Freiburg: Rombach.

GKKE (Gemeinsame Konferenz der Kirchen fur Entwicklungspolitik) (2018) *Rustung- sexportbericht 2017.* Bonn. www3.gkke.org/78.html.

Günther, M. (2003) *Das Prognoseproblem in der Fusionskontrolle: Eine theoretische und empirische Analyse am Beispiel des Falles „Daimler-Benz/MBB"*. Dissertation Technische Universitäy Dortmund https://eldorado.tu-dortmund.de/bitstream/2003/2897/1/ MelanieGuentherunt.pdf.

Heidenkamp, H. (2016) *Deutsche Rustungspolitik: Ein Politikfeld unter Handlungsdruck.* Opladen: Barbara Budrich.

Heidenkamp, H., J. Louth and T. Taylor (2013) *The Defence Industrial Triptych: Government as a Customer, Sponsor and Regulator.* London: RUSI.

Krause, J. (2018) Deutschlands Rolle im internationalen Handel mit konventionellen Waffen und Rüstungsgutern: Sind wir die „Waffenkammer der Welt"? Sirius 2: 137-157.

Linnenkamp, H. and C. Mölling (2014) *Rüstung und Kernfähigkeiten. Alternativen deutscher Rüstungspolitik.* Berlin: Stiftung Wissenschaft und Politik. www.swp-berlin. org/fileadmin/contents/products/aktuell/2014A45_lnk_mlg.pdf

Moelling, C. (2015) *Der europäische Rüstungssektor. Zwischen nationaler Politik und industrieller Globalisierung.* Berlin: Stiftung Wissenschaft und Politik. www.swp-berlin.org/publikation/der-europaeische-ruestungssektor/

Monopolkommission (2017) *Stand und Entwicklung der Unternehmenskonzentration in Deutschland.* Berlin: Monopolkommission. http://monopolkommission.de/images/ HG22/HGXXII_Kap2_Unternehmenskonzentration.pdf

NATO (2018). Defence Expenditure of NATO Countries (2011-2018). NATO, Brussels, www.

nato.int/cps/en/natohq/news_156770.htm

Ostwald, D. A. and B. Legler (2015) *Der ökonomische Fussabdruck der deutschen Sicherheitsund Verteidigungsindustrie*. Berlin: Bundesverband der deutschen Sicherheits- und Verteidigungsindustrie. www.bdsv.eu/files/downloads/publikationen/2015-11-BDSV_Wi fOR-Studie.pdf

Rammer, C. (2011) *Bedeutung von Spitzentechnologien, FuE-Intensität und nicht forschungsintensiven Industrien fuer Innovationen und Innovationsförderung in Deutschland*. Mannheim: Zentrum für Europäische Wirtschaftsforschung.

Schubert, S. and J. Knippel (2012) *Quantifizierung der volkswirtschaftlichen Bedeutung der Sicherheits- und Verteidigungsindustrie für den deutschen Wirtschaftsstandort*. Berlin: Bundesverbands der Sicherheits- und Verteidigungsindustrie e.V., Berlin.

VDI TZ (VDI Technologiezentrum) (2015) *Analyse der strukturellen Lage der Verteidigungsindustrie in Deutschland*. Düsseldorf: Bundesministeriums für Wirtschaft und Energie. www.bmwi.de/Redaktion/DE/Downloads/S-T/sicherheit-verteidigungs strategie-studie. pdf? __blob=publicationFile&v=4

Weingarten, J., P. Wilke and H. Wulf (2015) *Perspektiven der wehrtechnischen Industrie in Deutschland*. Frankfurt: Hans Böckler Stiftung.

Wörner, J. (2013) *Ökonomische Aspekte der Rüstungspolitik in Europa*. Dissertation Helmut-Schmidt-Universität, Universität der Bundeswehr Hamburg http://edoc. sub.uni-hamburg.de/hsu/volltexte/2013/3025/pdf/2013_Worner.pdf.

第9章　西班牙国防工业

安东尼奥·丰弗里亚　卡洛斯·马丁·森佩雷

9.1 引　　言

本章旨在结合欧洲背景,分析西班牙国防工业的演变和特点。在欧洲范围内,各国在国防工业方面所保持的传统保护主义似乎即将结束。国防工业所处的形势不断变化,它必须做出决定,这将塑造其未来,并意味着市场代理人的行为将发生重大改变。

西班牙国防工业在欧洲属于中等规模和中等技术水平。这是历史演变的结果,主要原因是预算不足、工业和国防政策缺乏连贯性。这种情况在多大程度上阻碍了该行业的发展?要回答这个问题,需要从长远角度分析这个行业的结构、行为和总体结果。在本章的分析中,在欧盟政策中的新角色以及该政策背景将影响西班牙国防工业的可预见未来。

本章首先简要回顾了西班牙国防工业的历史;然后分析了其结构、行为和绩效的基本特征;接下来分析了欧洲新形势可能带给西班牙国防工业的一些变化。最后得出结论。

9.2 一个简短的历史

与其他欧盟国家相比,如果不考虑19世纪和20世纪西班牙国防工业相对滞后的工业化和落后情况,就无法理解这个经济部门(Carreras & Tafunell,2010;Trebilcock,1981)。实际上,西班牙内战(1936—1939)中显示出的军队技术水平并不高,其最先进的武器都由外国(德国、意大利或苏联)提供的。此外,在战争结束时,部分由于经济封锁的原因,官方工业政策是致力于自给自足的。这一政策对国防工业的发展产生了重大影响。

准确确定西班牙国防工业的诞生日期是不可能的。由于它由一系列不同公司组成,属于差异很大的不同工业部门,因此不可能说明其起源时间。然而,它的形成可以与主要在航空、海军、军备、工程以及后来的通信领域中的具体公司联系起来。

1923年,西班牙航空制造公司(Construcciones Aeronauticas SA, CASA)诞生——这家飞机制造公司在1999年之前一直是西班牙的旗舰公司。其发展经历了非常不同的阶段，最终成为一家上市公司，并于1971年并入国家工业协会（National Institute of Industry，INI），成为一家私营公司，隶属于德国戴姆勒·奔驰宇航公司（DASA）和法国宇航马拉特公司（Aerospatiale-Matra）组成的国际集团，即欧洲宇航防务集团（EADS，后来的空客：参见第6章）。欧洲宇航防务集团提供了建立与美国国防工业进行竞争的工业力量的机会，美国在国防工业中的霸权地位来自20世纪90年代初其国内发生的防务企业整合（Salas，1987）。

最初，西班牙在德国和意大利等其他国家的许可下生产飞机，但很快就开始生产自己的型号。民用领域的C-207"亚索尔"飞机（C-207 Azor）就是这样。在军事领域，F-5战斗机于1965年开始与美国诺斯罗普公司（Northrop company）合作生产。[①]购买"幻影"Ⅲ型飞机意味着通过与西班牙政府签署的补偿贸易协议，西班牙航空制造公司可以参与其生产。1982年，随着从美国购买F-18，西班牙飞机制造业变得更加雄心勃勃。

最近取得了巨大成功，著名的C-235和C-295型号被制造出来并出口到许多国家。目前明星机型之一是欧洲战斗机"台风"（Eurofighter Typhoon），它是由英国、德国、意大利和西班牙组成的国际联营公司开发的。

在西班牙航空部门的发展中，有更多公司参与其中，西班牙航空发动机公司（Industria de Turbo Propulsores，ITP）非常突出，它现在属于劳斯莱斯公司，该公司于1989年诞生，专注于发动机生产，明显促进了西班牙航空部门的发展。此外，还有航空航天技术研究所（Aerospace Technology Institute Esteban Terradas，IINTA），这是一家成立于1942年的研究中心，属于国防部的航空航天部门。

海军部门是国防工业的第二重要部门。显然，它的起源要早得多，但就现代化而言，其诞生可以追溯至1947年，当时成立的国家公司巴赞海军造船厂（Bazan de Construcciones Navales Militares）是皇家海军造船厂的基础，并隶属于国家工业协会。在20世纪50年代和60年代部分时期，其主要作用是军舰现代化，其中许多是根据1953年与美国签署的协议从美国购入的。20世纪70年代至80年代中期，国内生产规模不断扩大，包括水面舰艇、护卫舰和潜艇（S-60级——"海豚"级以及S-70级——"盖勒纳"级，得到了法国国有船舶制造企业（DCN）的支持）。

特别值得一提的是，基于北美设计的阿斯图里亚斯王子号（Prince of Asturias）航空母舰，使巴赞海军造船厂在具备航母建造能力的公司中排名上升了，甚至在几年后向泰国出口了一艘航空母舰。

从20世纪80年代中期开始，伴随着之后十年的工业改革，由于订单减少所产生的问题，巴赞海军造船厂遭遇了一场重大危机。这种情况要求西班牙政府采取措施，在诸如加的斯（Cádiz）、卡塔赫纳（Cartagena）和费罗尔（Ferrol）等地区从就业

① 参见萨拉斯（Salas，1983）的具体分析。威利·梅瑟施米特（Willy Messerschmitt）在20世纪50年代研制了HA-200"塞塔"教练机，这是一种由西班牙航空公司制造的教练和攻击型飞机，但在商业领域不太成功。

和经济重要性等方面考虑，发展国防工业，以解决这些地区工人和居民的劳动需求。因此，在20世纪90年代后半期，它与AESA合并，创建了伊扎尔（Izar）公司。然而，不久之后，它被变成了纳万蒂亚公司（Navantia），这个名字至今还在。

目前，纳万蒂亚建造了F-100级护卫舰（F-110正在开发中）、航空母舰（LHD）和潜艇（S-80），使其成为欧洲造船业的关键参与者和水面舰艇的重要出口商。此外，它还在周边形成了一个重要的工业综合体，不仅有辅助公司和供应商，还有专注于建造巡逻艇或充气艇的较小竞争对手。然而，其规模、所有权结构和低盈利能力似乎是其未来欧洲范围内的一个重要负担。

对于陆地系统部门而言，其异质性是最突出的特点，因为它包括车辆、轻武器、重武器、坦克等的制造。然而，与前面的情况一样，值得一提的是该部门的核心公司，圣巴巴拉国家公司（Santa Bárbara National Company）。尽管其创建可以追溯到1959年，但与陆军相关的重要军备生产活动早已开始。这些活动并入了圣巴巴拉公司，并于20世纪70年代在法国的技术支持下开始制造坦克，如AMX-30。然而，持续的亏损迫使政府在2001年将公司私有化，后来又出售给美国通用动力公司。其生产最终集中于制造美国M1“艾布拉姆斯”（M1 Abrams）坦克、“皮萨罗”装甲车（Pizarro，与奥地利斯塔尔公司开发）和“豹”2E（德国“豹”的本土版本）的部件。[①]

其他相关的公司和中心还包括著名的特殊材料技术研究中心（Center of Technical Studies for Special Materials，CETME），它开发了西班牙军队使用的步枪。国家卡车公司（National Company of Trucks，ENASA），更广为人知的名字是佩加索（Pegaso），在法国的帮助下开发了BMR战车，佩加索实际上是意大利依维柯（IVECO）的一个分支。

最近，由于新技术发展，武装部队的需求不断变化，越来越多的公司进入了这一领域，其开发的产品更加通用。空间领域的情况尤其如此，随着卫星的使用（包括通信和监视），以及包括网络空间在内的日益重要的信息和通信技术领域，越来越多地渗透到传统装备的其他领域。在这方面，英德拉公司（Indra）可被视为主要供应商，它是由西班牙国家电子与系统公司（INISEL）和塞塞尔萨公司（Ceselsa）合并后成立的。

在西班牙实现民主并加入欧洲联盟的同时，还促进了工业的发展，其目标旨在实现质的飞跃，进入先进防务企业的第一梯队。这促使防务企业参与国际项目，如国际欧洲项目集团（International European Porgramme Group，IEPG）或欧洲战斗机（Eurofighter）。然而，冷战结束后由于订单减少，以及武器出口市场上出现了巴西、韩国等新兴竞争对手，国防工业陷入了困境。这些问题随着2008年的经济危机再次出现。

简而言之，国防工业通过吸收、适应和产生新技术，在西班牙工业现代化中发

① 见加西亚·阿隆索（García Alonso，2010）的研究。

挥了作用,这些新技术虽然起源于军事,但如今已应用于电子、航空航天、软件或电信等民用部门。[①]还必须指出的是,国防产品的质量要求促进了分包商的创新,对能够在许多领域处于知识前沿的高素质人力资本的需求也在经济中产生了溢出效应。

9.3 市场结构

西班牙国防工业的结构与在其他欧盟国家所观察到的结构相似,即单一买家,[②]几个主要承包商,一些规模较小的一级供应商和大量中小企业,这些企业一般通过主承包商的价值链提供非常专业的零部件和服务。根据西班牙武器与装备总局(DGAM,2017)的数据,在西班牙国防部注册的公司有578家,其中407家在2016年销售了产品和服务。247家通过供应链间接销售产品。[③]西班牙国防工业在地理上主要集中于马德里(60%)和塞维利亚-加的斯轴线(约20%)周围。

有关市场规模的信息参见表9.1。比较而言,根据"西班牙国防、航空和航天技术公司协会(Asociación Española de Empresas Tecnológicas de Defensa Aeronáutica y Espacio,TEDAE)"以及"欧洲航空航天和国防工业协会(Aerospace and Defence Industries Association of Europe,ASD)"的数据,西班牙国防工业仅占欧洲国防销售额的4.80%,占欧洲劳动力数量的4.84%,与整个欧盟以及英国、法国、德国或意大利等更发达的国家相比,其国防部门规模相对较小。

如今,有四家主承包商提供武装部队执行任务所使用的各种资本商品。之前的西班牙航空制造公司,现在更名为欧洲宇航防务集团西班牙分公司(EADS-CASA),它是空中客车集团的一个分支,主要供应航空航天装备。这一市场中的其他公司包括西班牙光热工程公司赛能公司(Sener)、西班牙航空发动机公司、阿努瓦航空工程技术公司(Aernnova)、欧洲直升机公司西班牙子公司(Eurocopter Espana)和GMV公司(如航空)。纳瓦蒂亚公司提供各种船只,如航空母舰、护卫舰、小型护卫舰、物流舰和潜艇。罗德曼造船厂(Rodman Polyships)建造巡逻艇和其他小型船只。美国通用动力集团旗下的圣巴巴拉公司(GDELS Santa Barbara)提供地面车辆、火炮、枪支和弹药。防务领域的其他公司包括乌罗韦萨公司(UROVESA)、高级服务和项目公司(Servicios y Proyectos Avanzados,SPA)、埃因萨公司(EINSA)、桑塔纳汽车公司(Santana Motor)、兰加工业公司(Langa Industrial)、埃克斯帕尔系

① 参见莫拉斯(Molas,1992)的研究。

② 公共行政部门由国防部或内政部组成。虽然公司也可以将其产品出口到国外,但只有当它们向本国国防部提供产品时,才能出口。在西班牙,最大的采办集中在"武器和装备总局",目的是当装备需求涉及多军种情况下,可以加强控制,实现规模经济。

③ 可能的情况是,有些通过供应链供应产品的公司,如果其产品是标准的,并且可以在民用和国防市场上使用,则不予统计。

统公司(EXPAL)和萨帕-普拉森西亚公司(SAPA Plasencia)。英德拉(Indra)公司主要供应电子和信息及通信系统,如雷达、传感器和指挥控制系统。这一领域的其他重要公司包括安珀公司(Amper,自2014年起成为泰利斯集团(Thales Group)的子公司)、特克诺比特(Tecnobit)公司、帕格(Page)公司、水下电子公司(SAES)和阿斯特里姆公司(Astrium CRISA)。

表9.1 西班牙国防工业信息

主要指标	2007年	2011年	2016年	年均变化率 2007/2016/%
总营业额/百万欧元	124,335	71,166	57,257	-8.3
国防营业额在总营业额中占比/%	8.7	8.0	10.3	1.9
总就业人数/人	41,000	21,600	18,840	-8.3
国防就业在总就业中占比/%	8.4	10.9	11.0	3.0
防务出口/百万欧元	1160	4057	4933	17.4
防务出口在国防营业额中占比/%	41.2	68.3	83.3	8.1

资料来源:作者根据武器和物资总局数据进行的估计。西班牙国防部。

注:用2016年不变价格表示。

主承包商数量少的原因是装备价格高,且国防部采购预算有限。这意味着只需要一个承包商,因为所需装备数量很少,且由于规模经济的降低,多个供应商的成本会更高。

英德拉公司和欧洲宇航防务集团西班牙分公司也在民用市场运营,因为它们的产品更加具有两用性,而纳万蒂亚和圣巴巴拉公司在两用市场上只发挥了有限作用,因为它们的民用市场更为狭小。[①]这四家公司在国际市场运营,因其产品不能完全被国内需求所吸收,且因其研发支出只能通过市场销售才可以合理摊销。[②]根据武器与装备总局(2017年)的数据,2016年出口占国防生产的83%。欧洲宇航防务集团西班牙分公司生产的飞机、纳万蒂亚生产的舰船和英德拉公司的电子设备销往世界各地。然而,这些公司没有大型海外子公司,在其认为有销售其产品和服务机会的国家只设立了小型销售和代表办事处。这些办事处分布在南美洲许多国家。只有在补偿贸易合同要求成立合资企业时,才会建立子公司,因为其中部分生产将在采购国国内进行。欧洲宇航防务集团西班牙分公司在2001年收购波兰航空工厂华沙-奥肯切(PZL Warszawa-Okęcie)可能是

① 纳万蒂亚的情况是由于欧盟不同意向前伊扎尔提供国家援助,该公司同时经营民用和军用船只生产。因此被迫成立了防务公司纳万蒂亚,以接受《条约》第346条所支持的援助,但对这家公司在民用船市场的经营实施严格限制,以确保公平竞争。参见国家援助案例C 40/00(Ex NN 61/00)"2004年5月12日委员会关于西班牙为公共的西班牙造船厂提供进一步重组援助而实施的《国家援助》的决定"。

② 这样,可以实现最小有效规模(Minimum Efficiency Scale,MES)。

一个特例，但是合理的，因为它们生产非常相似的飞机，并分享相似的利基市场。

尽管这四家公司在西班牙防务市场占有约75%的份额，[①]但它们的规模远不及如英国宇航系统公司、泰利斯或莱昂纳多(Leonardo)等欧盟大型公司。由于欧洲宇航防务集团西班牙分公司和通用动力集团圣巴巴拉公司分别隶属于欧洲宇航防务集团(空中客车)和通用动力集团，因此只有纳万蒂亚在2016年斯德哥尔摩国际和平研究所的100强公司名单中排名第98位。尽管处于这样的地位，但由于这些公司的开发和生产能力有限，无法提供诸如导弹、卫星、直升机或航空电子设备等装备，因此只能部分满足武装部队的装备需求。

虽然主承包商可以直接向国防部销售产品，但通常一级和二级供应商通过主承包商的供应链销售其产品，因为国防部更青睐主承包商，它们因其规模大而更加可靠。这一供应链的复杂性与产品的复杂程度成正比，因为它需要非常不同的技术和技能，以获得战场实战中所需的功能和性能。主承包商必须积累并妥善管理这些不同的工业资产，以开发和生产武器系统。分包商往往占装备整体附加值的很大一部分，在某些情况下几乎占总价值量的一半。[②]外国公司通常是供应链中某些装备的最佳供应商，例如发动机或武器。这与自给自足地为武装部队提供武器的愿望形成了鲜明对比。[③]

根据军队需求制造并提供先进国防装备意味着在开始生产之前需要有一个开发阶段。其成本相当高，可能占最终产品成本的很大一部分。它们由政府支付，因为在民用市场上进行此类开发，风险很高且通常重复利用的可能性较低。通常通过招标程序授予合同，只有拥有足够的开发和生产资本的公司才能成功。由于这些能力非常专业和具体，能够参与完整供应链的公司很少。此外，价值流供给结构的安排既费时又昂贵。参与者利用市场采购仅限于非常标准化的零部件，这些零部件的供应商很多，且很容易被替代。

一旦完成开发且产品得到武装部队的认可，这种供给结构就变得独一无二了。[④]这是因为，对像西班牙这样国防预算非常有限的国家来说，形成另一种替代的供给结构成本过于高昂。因此，这种结构延续下来，几乎没有变化，产品供应商在整个生命周期内的竞争急剧减少，因为进入壁垒是其他潜在供应商无法逾越的。[⑤]这种成功的市场结构确实非常重要，不要忘记，购买成本只占产品生命周期成本的20%左右，产品的维修和升级要贯穿整个生命周期直至退役。这

① DGAM(2017)。

② 见贝拉沃德和丰弗里亚(Bellouard & Fonfría 2018)。

③ 根据西班牙武器与装备总局(DGAM，2017)的数据，2016年西班牙进口额为268.3万欧元，而出口额为4933欧元，这反映了供应链的日益国际化。主要供应商来自法国和德国。

④ 关于形成这种供应链的难度，参见如德姆塞茨(Demsetz，2018)等研究。

⑤ 退出壁垒也相当大，因为出售资产或将这些资产分配给其他活动必然会造成价值损失。实际上，过去十年中西班牙的市场结构变化很小。

为能够获得开发合同并最终成功履行合同的先行厂商提供了市场力量。正如莱本斯坦(Leibenstein,1966)所解释的,这种市场力量可能有利于囤积、偷懒、过渡投资等行为,并产生利润。一般来说,防务企业成本结构的特点是在开发和生产设备方面进行大量投资,并需要具备知识和技能的高素质人员以提供武装部队所需的产品。

西班牙国防市场的纵向一体化已经减少。企业的核心业务往往发生在内部,而互补的业务和供给往往通过联营协议或基于产品专业分工的分包协议来进行。虽然企业可能因具体情况而所有不同,但由于所形成的社会资本,使得供应链中替代伙伴关系成本高昂且并不理想,这种关系往往会超越单一的供给关系,成为永久性的关系。

在这种情况下,这一市场的竞争相当有限,因为开发和生产国防装备的投标者数量相当少,就西班牙企业而言,往往只有一个单一供应商。然而,这个问题也延伸到建立供应链方面,因为具有资质的供应商,或具有所需知识和产品质量的供应商是稀缺的。竞争只发生在项目的初始阶段,即计划获得一个新系统的阶段。在这种情况下,串谋是不可行的。相反,获胜者将获得所有业务的事实使得多个潜在投标者间展开相当激烈的竞争(Scherer,1970,187)。这种竞争强度可能导致对性能的乐观估计和对成本的低估,这可能是问题的根源(Marshall & Meckling,1962)。然而,由于为一个以上的开发项目提供资金过于昂贵,根据对投标书的评价将只能选择一家公司。[①]

在这种情况下,对防务市场进行严格监管,以避免各公司滥用其垄断地位也就不足为奇了。[②]公司的投标预算往往采用成本加成法,其中加成部分是已知的,由公共行政部门规定。这种产业关系更像是等级制度,而非市场机制,市场参与者的决策更加分散。事实上,招标过程并没有采用标准招标,即中标者是质量/价格比最好的一方,它往往是一个谈判的过程,通过这个过程对开发范围和最终价格进行讨价还价。这主要是一种委托代理关系,委托人关注并与代理人密切合作,以实现预期目标,如果代理人未能满足委托人的质量要求,则可能意味着丧失信任和未来的合同。这种关系产生了重大的交易成本,包括控制项目执行,提供关于项目进展的详细报告,这些甚至可能还不足以及早发现问题。这种情况也会在各参与方之间建立牢固的联系,打破这种联系的代价可能很高,从而导致出现“锁定”(hold-up)问题,因为一方的不合作行为可能会给另一方造成不必要的代价。

---

① 在S-80的AIP系统中并没有发生这种情况,由于首次尝试失败,以及这种开发的高风险,两家公司签订了开发合同。

② 在2008年至2016年,西班牙国防工业的集中度大幅提高。因此,在2008年,75%的营业额掌握在8%的公司手中,而在2016年,这一比例已降至5%。来自西班牙武器与装备总局前几年数据。

9.4 行　　为

本节将分析国防领域中企业行为的四个主要方面:定价行为、产品战略、研究和创新以及广告和游说。

定价行为通常以生产成本为基础,加上供应商的加成,加成幅度必须控制在一定范围内。大型合同通常包含由通货膨胀引起的价格审查和因客户需求导致修改供给的条款。在某些合同中,当生产受规模经济和学习曲线影响时,降低价格是强制性的,因为生产单位产品的时间和精力会随着时间推移而减少。通常在授予合同前和合同期间会对成本进行审计,以核实其价值。但行政部门拥有的信息往往比企业少,这可能导致核实已发生成本过于复杂时,滥用信息。西班牙尚未使用公私合营合同。

当企业通过国际公开竞争向国外提供产品时,为了赢得合同,价格会更多地根据实际生产成本进行调整,从而产生了某种形式的价格歧视。然而,由于销售通常包含在一系列附加服务中,如技术支持和系统某些部分进行当地生产进行的技术转让等,在购买者拥有的信息比卖方少的情况下,企业在确定最终价格方面有更大空间。

产品战略主要由武装部队的需求驱动,这些需求要求企业提供功能和性能超过潜在对手的定制产品。从社会的角度来看,这种做法,也被称为“镀金”,可能会产生过于复杂的产品。虽然这主要是由于武装部队的偏好,通常体现为功能和性能规格,成为合同的一部分,但公司往往鼓励这种做法,其目的是将自己的产品与竞争隔离开来,而不受价格的挑战,从而从社会角度看造成了过度的差异化。与美国相比,欧洲拥有多种舰船、飞机和其他系统,且在北大西洋联盟内部似乎也缺少联合项目,都清楚地表明了这一点。

当国内生产不可行时,就需要其他的采购策略。一种策略是建立一个国际项目,由购买国本国的公司组成一个联合公司供给产品,例如欧洲战斗机和A-400M飞机项目(参见第6章)。另一种策略是就交付产品所需的基本设备或服务供给达成合作协议(如高级护卫舰联盟(AFCON)与洛克希德·马丁公司合作生产“宙斯盾”(Aegis)系统),将飞机(C-295)、船舶(F-110)和陆地车辆(VCR 8x8)等主要平台置于优先地位。在其他情况下,如果由于紧急情况或需求减少使本国生产无法负担时,则通过竞争性招标直接从外国公司购买装备。在这种情况下,卖方可与国内公司签订补充协议,通过制造组件组装、子系统、零件或组件、维护和修理此类服务参与供给,如赛能公司购买通用原子公司MQ-9“收割者”无人机就是如此,尽管从经济角度来看,这种安排未必是更有效的解决方案。[①]

① 欧盟正试图避免此类协议(也被称为补偿协议)。参见COM(2013)542决议。然而,西班牙似乎仍以某种方式维持这种做法。

产品战略还包括在国际市场上向缺乏工业和技术基础而不能生产装备的国家销售武器。这是通过国际招标来实现的,在国际招标中,有关补偿协议和技术转让的要求并不少见,例如,向挪威出售西班牙护卫舰或向沙特阿拉伯出售轻型护卫舰。然而,这种出口战略的成功是复杂的,因为这些销售与外交政策密切相关,在外交政策中,政治考量可以在最终结果中发挥重要作用,①且需要得到政府机构的支持。在其他情况下,如国防需求不足时,可以开发这些产品用于其他市场,如安全市场,英德拉公司保护边境的产品得益于它在雷达方面的军事知识,还有其他民用产品,如欧洲宇航防务集团西班牙分公司的运输机也是如此。然而,对于不具备两用性,且对这种优质低价商品不感兴趣的民用产品市场来说,这种战略不容易实现。关于这个问题,缺乏关于西班牙防务公司溢出效应的经济信息。

对研究和创新的需求与国防建设有着十分重要的关系。事实上,一些研究表明,防务企业比一般工业企业更具创新性(Ortega, Gamella, Coomonte, Illescas & Martí, 2010)。这是因为每一代装备都需要更先进的功能和性能,只有通过复杂的研发阶段才能实现。在这一阶段,新技术被开发出来,或者其中一些技术已足够成熟,被集成到新产品中以提供更高的性能,这就需要具备合格技术和能力的人员(如高素质的工程师)。(应用)研究通常需要得到大学院校的支持,例如马德里理工大学电信高级学院(Superior School of Telecommunications of the Polytechnic University of Madrid),它与英德拉公司合作开发雷达技术。对于大型平台和系统来说,这一阶段的工作量、成本和时间可能相当大,在产品投入使用前需要数十年(如A-400M、S-80、Pizarro)。这种开发通常由政府提供资金,如果获得成功,企业将在这一业务领域中长久生存下来,因为他们不会遇到竞争对手。②然而,这个阶段会受到不确定性和风险的很大影响,最初的估算可能无法实现,因此产品的最终成本远高于预期,甚至翻倍,以至于即使企业不冒生存风险的情况下也无法承担这样的支出。这一问题引发了政府与主承包商之间的谈判进程,这也增加了交易成本,甚至可能导致诉讼,在西班牙航空母舰、战斗机或陆地车辆等大型资本型国防产品的开发中,这种情况相当频繁。更重要的是,项目可能失败,最终可能被取消,这样承包商就不能以生产合同的形式获得最大溢价(例如S-80潜艇的阿苯哥燃料电池)。

由于国防研发预算的限制,西班牙的大部分创新活动都集中在防御型创新上。这种行为得益于进攻型创新的成功(Freeman, 1986),避免了原创研究的失败路线,将创新应用于其产品,增加了使产品区别于竞争对手的特征。由于防御型创新要求成为"快速的第二名",这在复杂的国防产品中是很难实现的,因此这种战略在某些领域无法很好地达到具有竞争力的市场地位(图9.1)。

---

① 在欧洲对出口也有规制,如共同立场(2008/944 /CFSP)和第428/2009号欧洲理事会条例。

② 由于欧盟成员国之间的国防研发预算差异很大,因此以这种方式创造了一个不公平的竞争环境,这使得开放国内市场更加困难,更多的是出于福利原因,而不是主权原因。

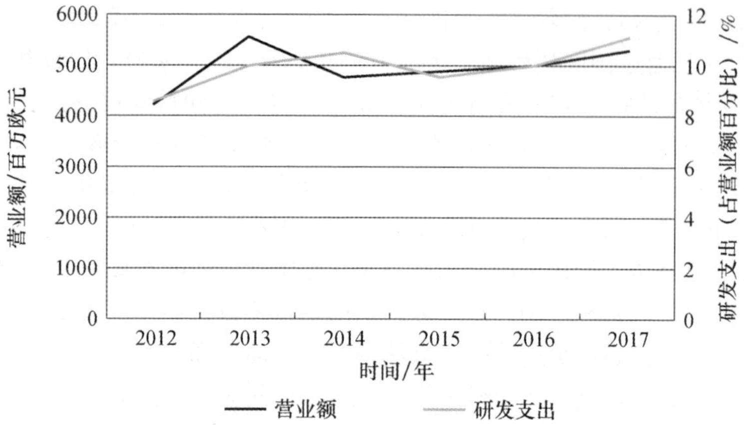

图9.1 营业额和研发投入(按2016年不变价格计算)

在国防领域,生产方法和设备创新更为罕见,除非这对于生产出满足作战要求所必需的质量至关重要。西班牙公司经常从民用市场常用的成熟方法和技术中获益。①

国防市场的广告采取不同的形式。尽管没有向公众宣传特定产品,但通过通信媒体(无论是通用的还是国防专用的)不断施加压力,强调这个经济部门的重要性(如战略作用),它对国家主权和自治的支撑,以及它对其他经济部门的衍生影响有利于整个国家的经济。这样的作用也得到了工会的大力支持,而工会的主要目标是保持该部门的劳动力。这些说法很难客观地加以验证,它们呼吁对该部门给予密切支持,方法包括通过增加研发和采办预算,国内公司大量参与供给,并歧视外国供应商以确保本国基本的国家安全利益,因为如果在潜在供应商中进行选择,则可能危及国家安全,而如果将供应合同授予外国公司,则还会损失国内业务。大部分游说活动都是在国防与航空航天技术协会的帮助下进行的,国防与航空航天技术协会与西班牙国防部的决策者保持着密切的联系。

其他的影响方式包括通过实体模型和原型演示以及战场测试进行广告宣传(以学术会议、大会和研讨会的形式)、主动提案并准备高质量的建议书,这些都可能是过度支出,是不必要的社会成本,这会反应在更高的不合理的产品价格中,而当竞争对手较多时,这种成本也会增加。然而,这种行为是很难纠正的,因为获胜公司得到的溢价太高,以至于无法将这种投资限制在合理的社会价值上。

总之,在西班牙可以看到某种形式的军事工业复合体。截至2030年,国防特别军备方案的累计债务达到300.75亿欧元,从中可以看到这一军工复合体的成功之处。②

① 参见帕维特(Pivitt,1984)的研究。

② 参见西班牙先锋报(La Vanguardia)数字版(2017年3月30日),“国防部将为30,075个武器项目支付18.24亿美元”。

9.5 绩　　效

绩效分析将着重于五个基本指标：就业、劳动生产率的演变、盈利能力、行业出口能力和动态绩效。

近年来，西班牙国防工业平均创造了约22,000个直接就业岗位。进而又创造了20,000个间接就业岗位，并引致约8000个就业岗位。其中近一半的就业来自航空部门，20%来自海军部门，这表明这两个部门在整个行业中的重要性。在经济危机期间，这两部门的就业相当稳定。导致这种情况的原因是，在某些工作中很难用高度先进技术取代工人，而且武器系统成熟度和生产时间都很长，这给公司造成了一定的僵化。

一个重要的特点是员工受教育程度高。就该部门内最大的公司来说，30%~45%的员工拥有大学学位，尤其是工程专业学位，因此预计他们提供的附加值很高。然而，大公司和小公司在生产率上的差异相当大。因此，2016年，大公司的生产率超过了每位员工185,000欧元，而中小企业为每位员工87,000欧元，微型企业略高于60,000欧元。

如杜·布朗等人（Duch-Brown et al.，2014，16）所述：

> 对于西班牙国防工业而言，市场结构和行为变量对绩效的影响，即技术效率指标，表明市场份额（通常与盈利能力相关）总体上与技术效率呈显著负相关……相反，在航空航天领域，我们发现市场份额与效率之间存在正相关关系。

关于公司的盈利能力，有必要区分在民用领域开展的业务和军事相关业务所获得的收益。与经济危机前的情况相比，军事相关业务的盈利能力减少了近四分之一。2007年的利润与营业额之比为8.2%，2010年则降至6.3%。[①]

如对比仅在民用领域运营公司和在国防领域运营公司的盈利能力上，发现后者比前者高出20%。这可能是由于国防工业中的寡头垄断程度高于民用工业。从这个意义上讲，公司能够利用巨大的市场力量，并将更大比例的成本转移给客户，这被罗杰森（Rogerson，1992）称为“成本转移”。

关于出口，如表9.2所列，国防工业显示出重要的竞争力（出口-进口比数据大于100%，这意味着进口少于出口）。[②]所有部门的相对贸易差额（Relative Balance of Trade，RTB）情况也类似，均为正。自2008年危机开始以来，出口一直积极发展，占总销售额的比例从40%翻了一番，达到80%以上。造成这一事实的原因是多方面

① 见Fonfría（2012）。

② 应谨慎对待这一比率，因为可能将进口品未正确标记为国防产品。

的。第一,与西班牙国防预算的大幅下降有关,这导致各公司寻求减少对国防预算的依赖。避免这种依赖已促使公司在民用产品和国外军事市场上实现多样化。第二,企业深信,它们的生存取决于与国际市场的更广泛融合,以此作为获得新项目和提高知识、技能和能力的途径。外国资本进入的增加[①]以及出口增加都证明了这一点。

表9.2 相对贸易差额(%)和出口–进口比率(%)

部门	2014年		2016年	
	相对贸易差额/%	出口–进口比率/%	相对贸易差额/%	出口–进口比率/%
航空	34.0	203.0	20.6	151.8
海军	73.1	643.9	50.5	304.0
汽车(陆地车辆)	36.7	215.9	58.2	378.5
电子与计算机	56.3	357.9	54.9	343.1
外部服务	6.8	114.6	73.5	653.5
太空	56.4	358.3	38.2	223.5
武器和弹药	–14.3	75.0	70.3	573.1
导弹	70.4	575.0	85.5	1280.0
合计	37.0	217.3	29.5	183.8

资料来源:作者根据武器和物资总局数据进行的估计。西班牙国防部。

说明:相对贸易差额=$(X-M)/(X+M)$,以百分比表示,其中X表示出口,M表示进口。

一些研究表明,通过积极的公共政策进行干预可以改善公司出口绩效(Castellaci & Fevolden,2012)。从这个意义上说,促进出口的政策是一个重要因素,但不是决定性因素。政府间协议可能是需要考虑的最重要因素。然而,这类政策要取得成功,企业必须具备某种类型的优势,其中包括高生产率。杜·布郎等人(2014)的研究表明,有经常性出口的西班牙公司的生产率比无出口企业高出50%。

最后,关于动态效率(即工业部门生产其顾客所需商品和服务的能力),有人评论说,尽管在对其要求的功能和性能方面经常出现问题,再加上成本超支和交付延迟,但国防工业部门仍有能力生产此类商品和服务。在这个问题上,尚缺乏深入研究。

9.6 未来:欧盟市场中的西班牙国防工业

从规模方面看,欧洲国防工业是一个重要部门,因为它雇用了50多万员工(占欧盟工业就业人数的1.7%),并为欧洲工业间接地创造了120多万个就业岗位。就

① 来自国防部的各种报告显示,西班牙国防工业中外资规模不断增长。参见西班牙武器与装备总局(2015)和西班牙武器与装备总局(2017)等。

销售额而言,2014年它的销售额约为1万亿欧元,占欧盟工业部门销售额的12%,其中既包括大公司,也包括大量中小企业。此外,在研发方面做出了重大努力。

然而,欧洲市场存在重大问题,其中许多是结构性和长期性问题。其中最重要的一个问题是供需双方都存在市场分化。在供给方面,每个国家都决定自己的国防需求,并试图通过本国供应商来满足这些需求。但是,在防务领域,欧盟虽然是一个单一的市场,但在时间上却远未达到这种状况。一般来说,所有国家都往往青睐本国公司,而不是外国公司,这限制了公司之间的竞争。这种情况导致了事实上严重的保护主义,与一体化精神背道而驰,但出于国家安全利益也被欧盟国家所接受(《欧洲联盟运作条约》(*Treaty on the Functioning of the European Union*, TFEU)第346条)。

国家与公司之间的工业合作和协议基本上是由于需求要得到满足,而国家层面缺乏资源,并且这一行业存在特有的规模经济、范围经济和学习经济。欧洲战斗机等大型国际合作项目就是如此。这类项目既可以为工业部门带来重要的竞争优势,也可以为军队提供更好的装备。然而,近年来,欧盟内部在采购国防装备方面的合作程度严重下降,在2006—2014年间,下降幅度超过14%(欧洲防务局(EDA)的数据)。

造成这种情况的原因可以从这种合作的方式中找到,这种合作产生了非常高的交易成本。这些成本降低了合作在系统性能和减少采购成本方面的作用。除此之外,与工业能力更强的国家相比,对中小国家的工业部门也存在潜在的负面影响。显然,失去了国家市场或更少的国家发展项目降低了合作的动力。

目前,西班牙的国防工业政策以一套指导原则为基础,这套指导原则建立在与公司和国防部需求有关的两个方面之上。这些需求可以概括为:主权、产业和技术独立;通过工业发展的能力,提高武装部队的行动自由度;作战优势,这要求工业部门提供的系统具有高水平性能;系统及其备件的供应安全。然而,由于国防市场的结构-行为-绩效范式,这样的目标是不可行的,因此有必要修订西班牙的国防工业政策。制定新政策并非易事,需要深入分析当前形势、未来要实现的目标以及实现这些目标所需的战略。

当前的工业战略至少需要考虑针对两个问题进行修改。第一,由于公司需要增加业务规模以增加竞争力和生存能力,因此国防工业在未来需要更大程度的整合。第二,与其他欧洲国家相比,西班牙国防工业处于弱势地位。这是由两个原因导致的:一是大国的国防工业越先进,它们会尽可能在最大的项目中占有最大份额,留给西班牙国防工业的空间就会越少;二是竞争力较弱的国家将尽力通过较低的劳动力成本来在技术上不那么复杂、劳动力更加密集型的任务中扩大自己的份额。西班牙国防工业即使在某些利基市场上具有优势,也无法轻易与法国或德国等国的大型企业集团进行竞争,而且劳动力成本也不如一些欧洲国家低。可以说,西班牙国防工业正处于十字路口。

9.7 结　论

西班牙国防工业遵循的历史轨迹使得它拥有与其他国家非常相似的结构，尽管西班牙大型防务企业的规模小于法国、英国或德国的同类企业。在欧洲一体化和全球化背景下，这种情况对西班牙国防构成了挑战。由于欧洲一体化程度不断加强，这自然会有利于大型企业集团或"国家冠军企业"，而不是像西班牙这样较为适中的产业结构。

因此，有必要制定长期政策战略，将武装部队的需求、工业需求、科技领域的贡献以及《永久性结构合作》（*Permanent Structure Cooperation*，PESCO）和《欧洲国防采办项目》（*European Defense Acquisition Programme*，EDAP）下的新的欧洲防务设想结合起来。在这种情况下，存在许多重要机会，先行者如果利用好的话，可能会有利于西班牙国防工业。从这个意义上说，国防工业成熟的出口能力是一个良好的基础，但更多的国际化承诺、投资努力以及与其他欧盟企业的更高程度一体化似乎更有必要。

参考文献

Bellouard, P., and Fonfría, A. (2018). The relationship between prime contractors and SME's. How to best manage and found Cooperative Programmes. ARES, Policy Paper, 24.

Carreras, A. Y., and Tafunell, X. (2010). Historia económica de la España Contemporánea (1789—2009).

Castellaci, F., and Fevolden, A. (2012). Capable companies or changing markets? NUPI Working Papers, no 795.

Demsetz, H. (1988). The theory of the firm revisited. *Journal of Law, Economics, & Organization*, 4(1), 141-161. Spring.

DGAM. (2015). *La industria de defensa en España. Informe 2014*. Ministerio de Defensa. Dirección General de Armamento y Materia. Subdirección General de Inspección, Regulación y Estrategia Industrial de Defensa.

DGAM. (2017). *La industria de defensa en España. Informe 2016. Versión 2*. Ministerio de Defensa. Dirección General de Armamento y Materia. Subdirección General de Inspección, Regulación y Estrategia Industrial de Defensa.

Duch-Brown, N., Fonfría, A., and Trujillo-Baute, E. (2014). Market structure and technical efficiency of Spanish defense contractors. *Defence and Peace Economics*, 5(1), 23-38.

European Commission. (2013). *A new deal for European defence. Towards a more competitive and efficient defence and security sector*. Brussels.

Fonfría, A. (2012). Estructura, conducta y resultados de la industria de defensa española. In *Cuadernos Aragoneses de Economía*. Vol 22 (1-2), 2ª época, 11-30.

Freeman, Christopher. (1986). *The economics of industrial innovation*. Cambridge, MA: The

MIT Press.

García Alonso, J. M. (2010). *La Base Industrial de la Defensa en España*. Madrid: Ministerio de Defensa.

Leibenstein, H. (1966). Allocative Efficiency versus "X-Efficiency". *The American Economic Review, 56*(3), 392-415.

Marshall, A. W., and Meckling, W. H. (1962). *Predictability of the costs, time and success of development*. Santa Monica, CA: The RAND Corporation.

Molas Gallart, J. (1992). *Military production and innovation in Spain*. Reading: Harwood Academic Publishers.

Ortega, V., Gamella, M., Coomonte, R., Illescas, E. Y., Martí, Cs (2010). Investigación, Desarrollo e Innovación en el Sector de Defensa. Análisis de la Situación (1998—2008). Cuadernos Cátedra Isdefe-UPM.

Pavitt, K. (1984). Sectoral patterns of technical change: Towards a taxonomy and a theory. *Research Policy, 13*, 343-373.

Rogerson, William. (1992). Overhead allocation and incentives for cost minimization in defense procurement, *The Accounting Review, 67*(4), 671-690.

Salas, J. (1987). Reseña histórica de la Industria Aeronáutica Española. *Revista De Aeronáutica Y Astronáutica, 563*, 1117 - 1124.

Scherer, F. M. (1970). *Industrial market structure and economic performance*. Chicago: Rand McNally College Publishing Company.

Trebilcock, C. (1981). *The industrialization of the Continental Powers 1780-1914*. London-New York: Longman.

第10章 希腊国防工业

克里斯托弗罗斯·卡罗尼亚斯　克里斯托斯·科利亚斯

10.1 引　　言

在紧迫的国家安全需要推动下,希腊一直是全球常规武器的主要进口国之一。尽管希腊的相对经济规模不大,1980—2017年其国内生产总值大约平均占全球国内生产总值的0.4%[①],但在此期间,希腊是世界第十一大武器进口国。[②]希腊武装部队使用的大部分军事装备都是进口的。对于技术先进的武器系统,如战斗机、火箭系统、主战坦克、导弹、电子产品,希腊完全依赖从美国和西欧供应商的进口。值得注意的是,海军舰艇明显是个例外,如护卫舰、潜艇、快速攻击舰和巡逻艇等都是由当地造船厂在原始开发商和制造商的许可下建造的。例如,在德国制造商霍瓦特·德意志造船厂(HDW)的许可下,[③]希腊造船厂(Hellenic Shipyards)在当地建造了希腊海军使用的四艘214型常规潜艇中的三艘[④]。同样,埃莱弗西斯造船厂(Elefsis Shipyards)在英国宇航系统水面舰艇制造商(BAE Systems Surface Ships)的许可下在当地建造了五艘“罗森”级快速攻击导弹艇[⑤],该导弹艇由海军使用。

希腊的国防工业基础主要由中小型企业组成,数量相当多,也包括一些大型[⑥],主要为国有的企业,例如,希腊防御系统公司(Hellenic Defence System,EAS)[⑦]生产弹药和轻型步兵武器(如突击步枪、轻机枪和手枪),希腊航空工业公司(Hellenic Airspace Industry,HAI)[⑧]除了具有先进的阶段维护、修理和大修能力外,还为民用和军用飞机制造部件。因此,尽管到目前为止,希腊是一个净武器进口国家,但鉴于其经济规模和经济的总体技术发展水平,希腊拥有值得关注的国防工业基础(Petrakis,2012)。希腊对弹药、便携式步兵武器、吉普车和卡车、装甲运兵车和步兵战车、飞机和直升机维修的需求,很大程度上通过国内生产来满足,这一点在关

---

① 数据来源于世界银行的世界发展指标(World Development Indicators,WDI)数据库。希腊在1980年排名第30位最大经济体,2017年为第51位。

② 数据来自斯德哥尔摩国际和平研究所武器转让数据库(SIPRI's Arms Transfers Database)。

③ 德意志造船厂(Howaldtswerke-Deutsche Werft)。

④ 2006—2007年开始生产,2015—2016年进入服役。

⑤ 英国命名为“超级生命”(Super Vita)。2005—2015年建造。

⑥ 按照希腊的产业标准。

⑦ 一直使用的公司官方缩略语。

⑧ 国防投资和军备总局出版,2018年版,网址:www.gdaee.mil.gr/en/companies/heldic-catalogue。

于希腊国防工业的较早研究中也有所提及(Bartzokas,1992;Kollias & Rafailidis,2003;Matthews,1999;Mouzakis,2002)。然而,正如国防部国防投资和军备总局(General Directorate for Defence Investments and Armaments,GDAEE)2017年的《国防和工业战略》(*National Defence and Industrial Strategy*)文件所述,国产装备只占军事装备和武器系统总需求的一小部分。[①]

目前,国防投资和军备总局公布的《希腊国防工业目录》(*Hellenic Defence Industries Catalogue*,HELDIC)[②]列出了34家生产国防装备的不同规模公司的营业额和就业情况。据估计,《希腊国防工业目录》2018年版所包含的公司在2016年的总雇员人数约为5200人[③],总营业额略高于8亿欧元,相当于当年国内生产总值的0.46%。鉴于还有一些其他企业也从事各种国防产品的生产,但由于不太正规或各种原因,没有列入国防部的《国防工业目录》,因此,实际上这个数字会更高一些[④]。防务公司组织在两个专业协会之下,即希腊国防物资制造商协会(Hellenic Manufacturers of Defence Material Association,SEKPY)以及希腊航空安全与国防工业集团(Hellenic Aerospace Security & Defence Industries Group,HASDIG)。下一节概述希腊的国防支出,简要讨论武器采购过程和武器进口的问题,详细介绍和讨论希腊本国的国防工业基础(10.4节)。

10.2　希腊的国防支出:概述

希腊分别于1952年和1981年加入北大西洋公约组织和欧盟,作为两个联盟的成员国,希腊每年将相当大一部分的国内生产总值用于国防。1980—2017年,军费支出占国内生产总值的比例平均约为3.5%,而同期欧盟的平均比例约为1.9%(表10.1)。许多研究表明,国防支出是由一系列国内外因素共同决定的。[⑤]前者包括北约联盟成员地位和土耳其,它对希腊的国家利益构成了迄今为止最主要的威胁(Dokos,2011;Dokos & Tsakonas,2003)。后者主要包括经济状况和随之而来的预算限制以及现任政府的政治组成(Kollias & Paleologou,2003)。

表10.1　军事支出占国内生产总值的比例

时间段	欧盟/%	希腊/%
1980—1989年	2.6	4.7
1990—1999年	2.0	3.5

① 可从www.gdaee.mil.gr / PDF / EABS_2017.pdf获取。

② 国防投资和军备总局出版,2018年版,网址:www.gdaee.mil.gr/en/companies/heldic-catalogue。

③ 2018年《希腊国防工业目录》中的数据。

④ 例如,如果加上埃莱弗西斯造船厂(不包括在《希腊国防工业目录》中)的就业人数,那么总就业人数将超过6000人。

⑤ 对相关国防经济学文献的全面和重要的综述,参见布劳尔(Brauer,2002,2003)的文章。

（续表）

时间段	欧盟/%	希腊/%
2000—2009年	1.5	2.9
2010—2017年	1.4	2.5
1980—2017年	1.9	3.5

数据来源：斯德哥尔摩国际和平研究所。

正如科里亚斯等人（Kollias et al.，2016）指出的那样，尽管土耳其的威胁在希腊国家安全议程中占据突出位置，但最终决定国防资源配置的还是经济状况。在经济相对富裕、没有财政压力的时期，国防支出增加，从国内外供应商采购的军事装备也增加了。图10.1显示，最近的经济危机和随之而来的主权债务危机造成了严重的财政问题，导致希腊国防预算空前削减。按照实际价值计算，国防支出在2009年到2014年间下降了近50%，只是在过去几年里，这一急剧下降似乎才停止并趋于平稳（图10.1）。国防预算的大幅削减直接影响到采购支出，这对希腊的国防工业基础有直接影响，因为它严重依赖希腊武装部队的订单。毫不奇怪，由于严重的财政约束，装备支出占国防总预算的比例明显下降：2010—2017年约为11.4%，而1980—1999年和1990—1999年分别为18%和21.5%（表10.2）。

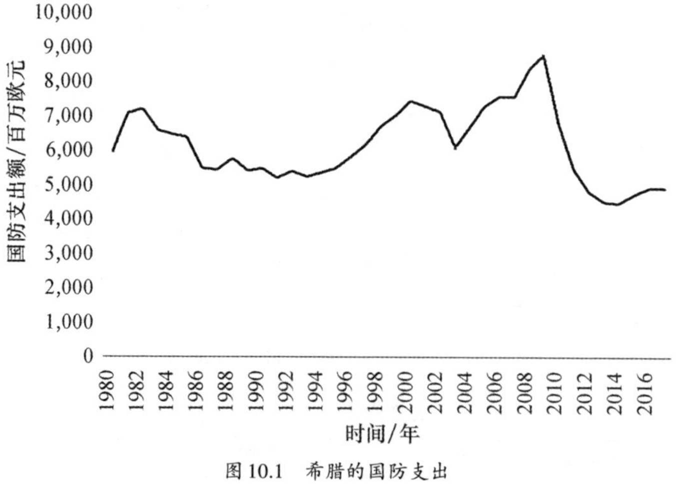

图10.1　希腊的国防支出

表10.2　装备支出占总国防支出的比重

时间段	装备支出占总国防支出的比重/%
1980—1989年	18.0
1990—1999年	21.5
2000—2009年	14.9
2010—2017年	11.4

数据来源：北约。

10.3 武器进口和进口替代工业化:虔诚的希望和严峻的现实

希腊是武器的净进口国,其武装部队使用的所有尖端、技术先进的武器系统几乎完全依赖进口。1980—2017年,希腊是全球第十一大常规武器进口国,尽管这一排名随考察时期不同而差异很大。例如,由于最近的经济危机和随之而来的严重财政约束,采购支出急剧下降,影响了进口和国内采购。具体来说,装备支出从2009年的21.28亿欧元下降到2014年的3.22亿欧元。[①]2010—2017年,希腊从2000—2009年(即债务危机前一段时期)的全球第四大进口国跌至第三十位,目前,债务危机仍正困扰着希腊,影响到所有公共支出都急剧收缩。图10.2显示了希腊债务危机和官方违约造成武器进口急剧下降。[②]这一下降与图10.1所示的情况相呼应。年度国防支出(图10.1)和武器进口(图10.2)都出现了类似急剧下降的趋势。20世纪80年代出现了武器进口价值类似的变动趋势,也可归因于那段时期的经济停滞。20世纪90年代的逆转正好与那十年大部分时间里更为强劲的经济表现相一致。正如人们所预料的那样,由于最近严重的财政约束导致采购项目减少,已经影响到了该国内国防工业,正如后文所示,国防工业的营业额有所下降。希腊的主要武器供给国是美国及其欧盟伙伴(表10.3)。1980—2017年,进口的最大份额来自美国,占进口总量的44.6%,其次是德国(25.2%)和法国(10.7%)。值得注意的是,同期从俄罗斯进口的份额为4%。[③]俄罗斯是希腊第六大武器供应国。在此

图10.2 武器进口价值

① 最新数据可从欧洲防务局(European Defence Agency)获取。以2010年不变价格表示。

② 对于希腊主权债务危机相关问题的讨论,参见彼得雷乌斯(Petraeus,2012)、卡西米和穆托斯(Katsimi & Moutos,2010)、瓦西洛普卢等人(Vasilopoulou et al.,2014)和川芎(Trantidis,2016)的研究。

③ 关于希腊外交和国防政策之间联系的讨论,参见斯特吉奥和科利亚斯(Stergiou & Kollias,2018)。

期间，正如科里亚斯和拉斐里迪斯（Kollias & Rafailidis，2003）所指出的，武器采购实践已逐渐从直接委托外国供应商转变为国际竞争性招标，其中始终包括严格的合同要求，要求通过当地制造商生产部分零件或子部件，增加国内参与和国内增加值。这种做法旨在支持国内国防工业，并为本国薄弱的工业部门带来经济、工业和技术效益。在2011年，该做法作为成功的国际投标者获得采购合同的先决条件才被终止。[①]

表10.3　1980—2017武器供应商

国家	供应商占比/%
美国	44.6
德国	25.2
法国	10.7
荷兰	7.7
意大利	2.4
俄罗斯	4.0
其他	5.5

数据来源：国家情报保护研究所武器转让数据库。

许多因素被认为是小国或发展中国家发展本土武器生产能力的动力（Bitzinger，2009；Brauer，2007；Dunne，1995；Hartley，2017；Mouzakis，2002）。其中既包括战略和经济考虑，也包括国家威望和自豪感。前者包括供应安全和军事装备的相对自给自足，以加强国家安全和扩大外交政策的自由度。进口替代国内武器生产所能产生的经济利益包括外汇储蓄、国防工业化、增加就业、技术进步外溢到其他经济部门，以及有利于国家经济和技术进步。

多年来，希腊一直在投资发展国内国防工业。国防工业化计划可追溯至七年（1967—1974年）的军事独裁时期，当时希腊被大多数国际社会孤立，面临武器禁运，但没有观察到国际社会特别严格地落实武器禁运（Kollias & Rafailidis, 2003）。虽然在这一时期之前，本土的武器生产能力几乎不存在，但小型爆炸物生产商[②]除了满足采矿部门的需求外，还能满足武装部队的一些需求[③]。

建立国防工业的主要力量是公共部门。在20世纪70年代成立了两家公共企

① 根据第3978/2011号法律，成功的国际投标者不再被要求承诺向国内公司转让技术和/或专有技术，和/或提供补充贸易并允许国内工业部门参与所采购的硬件生产。

② 皮尔卡尔公司成立于1874年，是希腊武装部队弹药和炸药的主要供应商。在第二次世界大战前，希腊也曾努力在国内生产国防投入品。其中包括国家飞机制造厂（State Factory of Airplanes，KEA），这是一家制造生产英国布莱克本"飞镖"飞机（British Blackburn Dart）的工厂，该飞机被希腊命名为"维洛斯"（Velos）。参见科利亚斯和拉斐利迪斯（2003）的研究。

③ 同上。

业，希腊武器工业公司(Hellenic Arms Industry,EBO)成立于1977年，在武装部队的委托下许可生产赫克勒 & 科赫(Heckler & Koch)系列轻步兵武器；希腊航空工业公司(HAI)[①]成立于1975年。1979年，成立于1972年的希腊汽车工业公司(Hellenic Industry of Vehicles,ELBO)[②]归国家所有，它是斯泰尔-戴姆勒-普赫公司(Steyr- Daimler-Puch)的子公司。这家公司的大部分股份进入了公共投资领域，并被国有化。1982年，最初成立于1874年的火药和弹药生产商皮尔卡尔公司(PYRKAL)的情况也是如此。多年来，当然在整个20世纪80年代至90年代的大部分时间里，这些公共企业与希腊造船厂[③]一起构成了国内国防工业的支柱(Bartzokas,1992;Kollias & Rafailidis,2003;Ploumis,2017)。与大多数情况一样，国内武器生产被视为一种工具，通过进口替代有利于该国的工业和技术发展、增加就业、节约外汇储备[④]，并展现该国的工业和技术实力。虽然在这个过程中取得了重大成就，但最初雄心勃勃的计划从未完全实现。公共公司就像国防工业化进程的蒸汽机，它们不断受到管理和财务问题的困扰，总是被现任政府利用，服务于客户至上的目标。[⑤]为武器系统的本土设计、开发和生产所做的努力，在实践中却被证明是耗费大量资金且没有任何实际利益的项目。[⑥]这些失败也导致了不断累积的经济损失。严峻的现实是，对于那些缺乏工业和技术发展的国家来说，相比于开发复杂武器系统，进口先进武器始终是一种更具成本效益的选择。当地市场规模是这类项目的另一个阻碍因素。

由于所有这些因素，国防工业不断面临财政问题，每年都出现亏损，严重依赖政府补贴来维持经营和生存。为解决公共部门防务企业积累的财务问题，避免倒闭带来失业问题，其中两家公司，即希腊武器公司和皮尔卡尔公司于2004年合并，成立一家新的国防工业公共实体——希腊防御系统公司(EAS)。其目的是创建一家在财务方面更有活力的公司。然而，如图10.3所示，希腊防御系统公司几乎始终是一家亏损的公司，同为成立希腊防御系统公司而合并的两家公司(希腊武器公司和皮尔卡尔公司)一样。希腊航空工业公司作为公共部门防务企业的技术标杆，情况也同样如此。所有这些公司的经济效益都很差，需要政府不断在财务上支持和补贴它们的业务。类似的问题也困扰着其他国有的防务企业，如希腊汽车工业公

① 希腊语缩写为EAB。

② 生产的卡车、轻型步兵车、装甲运兵车(APC)和步兵战车(IFV)。

③ 1985年也被国有化。私有化并在最初卖给英国公司布朗路特公司(Brown & Root)，随后卖给了德国的德意志造船厂，在德意志造船厂被蒂森克虏伯公司收购后，该公司也归入了后者旗下。目前，阿布扎比-马尔公司(Abu Dhabi Mar)持有该公司75%的股票。

④ 在希腊采用欧元作为其货币之前。

⑤ 有关希腊庇护主义的知识，请参见帕德拉斯(Papadoulis,2006)和川芎(Trantidis,2016)的文章。

⑥ 此类项目失败的一个例子是，试图在国内设计和生产一种近程防空系统，即阿尔忒弥斯-30(Artemis-30)。尽管投入了研发资金，但只生产了几台。

司。[1]为了努力改善其糟糕的财务状况，2000年，超过40%的股份连同希腊汽车工业公司的管理权一同出售给了一家私营公司。[2]这一尝试并不成功，于2011年又卖回给了国家。[3]与为陆军和空军在本国生产大型系统的尝试相比，事实证明，为海军在本国生产护卫舰、潜艇和登陆舰等大型海军装备是一项更成功的冒险。看上去预先存在一个发达的工业部门（如潜在的武器生产基础，这里指造船业）往往是成功发展本国国防工业的先决条件。[4]

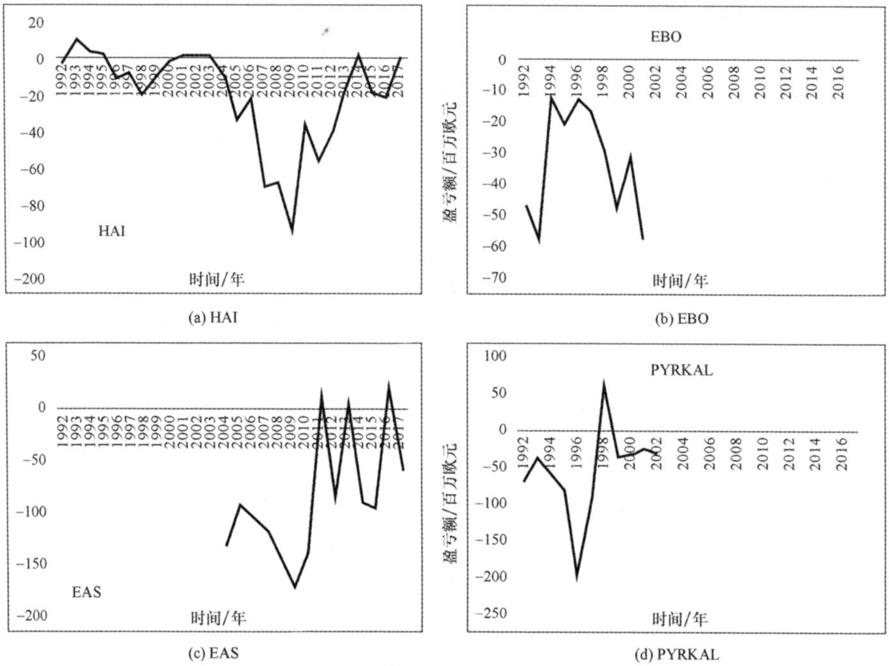

图10.3　公共防务企业的盈亏情况

说明：单位为百万欧元，当前价格。皮尔卡尔公司与希腊武器公司于2004年合并为希腊防御系统公司。

10.4　国防工业基础的过去与未来

在关于希腊国防工业的早期研究中，科里亚斯和拉斐里迪斯（Kollias & Rafailidis，2003）指出，其特点是国有和私营公司的二元结构。除少数例外情况外，以就

① 1979年进行了国有化。目前就业人数估计约为345人。

② METKA是一家私营公司，从事国防生产（见10.4节表11.4）。在2018年《希腊国防工业目录》中，是2016年营业额最高的公司。

③ 据报道，象征性收取1欧元的价格。

④ 关于潜在的国防能力或潜在的武器生产基础的讨论，参见德格（Deger，1986）和肯尼迪（Kennedy，1974）的开创性贡献。

业来衡量，与公有制企业相比，私营企业一般是中小型企业。在20世纪70年代末和20世纪80年代初是努力建立和发展本国武器生产能力的初期阶段，公有制公司是实现国家国防工业战略（National Defence Industrial Strategy，NDIS）宏伟目标的主要力量。表10.4提供了《希腊国防工业目录》2018年版中对所有公司的汇总情况。[①]可以看出，希腊航空工业公司[②]拥有1385名雇员，是国防生产商名单中两家公有制国防制造商之一，是迄今为止最大的雇主。希腊防御系统公司[③]是另一家公有制国防制造商，是第三大雇主，2016年拥有520名雇员。[④]排名第二位的是系统阳光（Systems Sunlight，S.A.）公司，它是一家私营公司，在2016年[⑤]拥有746名员工，专门从事电池和能源存储系统的开发和生产，同许多私营国防制造商一样，具有强大的出口导向。[⑥]值得一提的是，目录中包含的两家公有制公司（希腊航空工业公司和希腊防御系统公司）也从事引人注目的出口活动。然而，就财务绩效而言，它们无法与私营部门制造商相比。列入2018年《希腊国防工业目录》名单的大多数公司都是在过去25年里创立的。具体地，在34家公司中只有6家公司在20世纪80年代以前成立，6家在20世纪80年代成立，13家在20世纪90年代成立，9家在2000年后成立。如表10.4所列，2018年《希腊国防工业目录》中的34家公司，其制造活动涵盖了广泛的国防相关产品，包括电子设备、通信设备、传感器、弹药、轻型步兵武器、防护服、武装部队所有部门使用的平台，提供维护、维修和大修服务，如希腊航空工业公司为战斗机、运输机和直升机提供维护、维修和大修服务。这些产品中有的技术含量高，有的则低些。并非所有公司都专门从事国防生产，但对大多数公司来说，国防相关生产构成了其年营业收入的重要组成部分。[⑦]

就营业收入和就业而言，表10.4显然只是一个静态写照。它没有体现出希腊国防工业部门的跨时期发展过程。图10.4描绘了表10.4列出的34家生产商的年度总营业额。可以观察到，考虑到不可避免的年度波动，到21世纪的第一个10年中期，总体趋势是上升的。随后，它呈现出年度间更大的波动性，平均值呈下降趋势。后一种趋势很可能是近期主权债务危机导致国防支出大幅削减的结果[⑧]。

---

① 如前所述，其他一些公司也从事国防相关生产活动，但由于各种作者不知道的原因，这些公司没有列入国防部的目录中。例如，两家最大的造船厂——希腊造船厂和埃莱弗西斯造船厂，建造了许多海军委托的海军装备，如护卫舰、潜艇、快速攻击导弹船、巡逻艇、登陆舰。在大多数情况下，这些是在外国制造商的许可下建造的。当地建造船体和上层结构，而武器系统、电子设备、雷达、推进装置等都是进口并在本地安装的。

② 希腊航空工业公司排名第三位。

③ 希腊防御系统公司排名第十四位。

④ 可获得的最新年份。

⑤ 所有数据均来自《希腊国防工业目录》（2018版）。

⑥ 客户包括埃及、法国、德国、意大利、荷兰、巴基斯坦、秘鲁、波兰、葡萄牙、瑞典、南非、厄瓜多尔、乌克兰和委内瑞拉的国防部。

⑦ 目前没有关于它们年度营业额中国防有关业务的百分比数据。

⑧ 参见图10.1。

2009年至2014年间，国防支出下降了约50%。[①]装备支出占比也呈现了类似的大幅下降。装备支出从2009年的21.28亿欧元（占国防总预算的35.3%）下降到2014年的3.22亿欧元（占国防总预算的8%）。[②]由于希腊国防部是许多国防生产商的主要客户，装备支出的急剧下降对它们的年营业收入产生了不利影响。由于严重的财政约束将在许多年内影响政府支出，因此，中期内装备支出预计不会出现显著逆转。在这种情况下，希腊本国的国防生产商别无选择，只能寻求参与国际合作的武器生产项目。中小型企业的这种国际合作机会是希腊国防工业部门的主要特点，在最近成立的欧洲国防基金（European Defence Fund）中可以发现这一点。[③]在为更协调和全面的欧洲国防工业一体化的不懈努力中，加强联系和一体化有可能为希腊相对薄弱的国防工业基础带来可观收益。[④]

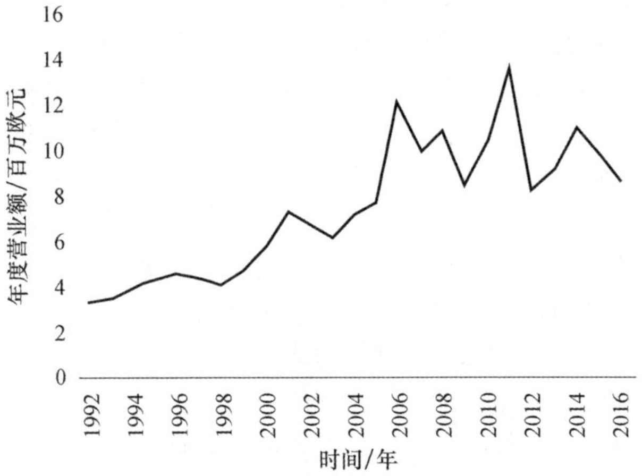

图10.4　2018年版《希腊国防工业目录》中的行业年营业额

表10.4　2018年版《希腊国防工业目录》中包括的国防生产商

序号	生产商名称	成立时间/年	营业额/百万欧元	就业/人	部门
1	梅特卡（METKA S.A.）公司	1962	280.6	300	机械、材料和结构、地面车辆和相关系统/服务、海军平台和相关系统/服务
2	阳光系统公司	1991	168.4	746	能源和电力系统
3	希腊航空工业股份公司	1975	70.0	1385	航空航天及相关系统/服务、电子、通信及信息技术系统/服务

① 根据斯德哥尔摩国际和平研究所的数据估计得到。

② 2010年不变价格。数据来自欧洲防务局。可从www.eda.europa.eu info-hub / defence-data-portal获取。

③ http://europa.eu/rapid/press-release_IP-17-1508_en.htm.

④ 关于欧洲国防工业政策和联合开发与生产项目以及采购有关问题的更全面讨论，请参见布劳伯格和魏斯（Blauberger & Weiss，2013）、卡尔卡拉（Calcara，2018）和哈特利（Hartley，2003，2006，2012）的文章。

（续表）

序号	生产商名称	成立时间/年	营业额/百万欧元	就业/人	部门
4	英特康国防电子(IDES.A.)公司	2001	57.4	406	地面车辆及相关系统/服务、海军平台及相关系统/服务、电子、通信及信息技术系统/服务，无人系统/服务，电子元件、组件及线束，能源及电力系统
5	希腊太空股份(SPACE HELLAS S.A.)公司	1985	44.9	270	电子、通信和信息技术系统/服务
6	机械工程和建筑承包(EKMES.A.)公司	1973	26.3	230	机械、材料和结构
7	席恩传感器(THEON SENSORS S.A.)公司	1997	23.0	102	光电和射频传感器
8	宇宙商业系统(COSMOS BUSINESS SYSTEMS S.A.)公司	1988	21.1	78	电子、通信和信息技术系统/服务
9	希腊防务车辆系统股份(HDVS)公司	2001	19.2	53	地面车辆及相关系统/服务、机械、材料和结构
10	梅瓦科(MEVACO S.A.)公司	1993	17.2	157	机械、材料和结构
11	西阿米迪斯(SIAMIDIS S.A.)公司	1991	11.5	35	化学、生物、辐射和核(CBRN)防护和个人装备
12	泰利斯希腊(THALESHELLAS S.A.)公司	2000	9.1	40	电子、通信和信息技术系统/服务
13	西格曼(SIELMAN S.A.)公司	1982	8.4	110	地面车辆及相关系统/服务、机械、材料和结构、电子元件、组件和线束
14	希腊防务系统(EAS S.A.)公司	2004	8.2	520	武器、弹药、爆炸物及相关服务
15	ONEX公司	2004	8.0	162	电子、通信和信息技术系统/服务
16	挪威安全希腊(NORSAFEHELLAS S.A.)公司	1974	6.5	85	海军平台及相关系统/服务
17	互操作系统国际公司希腊(ISI HELLAS S.A.)公司	1993	4.7	57	电子、通信和信息技术系统/服务
18	埃尔丰有限(ELFON LTD)公司	1975	4.3	60	电子元件、组件和线束

（续表）

序号	生产商名称	成立时间/年	营业额/百万欧元	就业/人	部门
19	埃尔蒙（ELMON S.A.）公司	2005	3.2	16	CBRN防护和个人装备
20	玻璃艺术（GLASSART S.A.）公司	1980	3.1	55	现场基础设施、物流和服务
21	普里斯马电子（PRISMA ELECTRONICS S.A.）公司	1991	3.0	80	电子、通信和信息技术系统/服务、电子元件、组件和线束、海军平台和相关系统/服务
22	军事技术荷兰（MILTECH HELLAS S.A.）公司	1997	2.9	68	航空航天及相关系统/服务，电子，通信及信息技术系统/服务，光电及射频传感器，电子元件，组件及线束
23	阿克蒙（AKMON S.A.）公司	1988	2.5	40	电子元件、组件和线束、现场基础设施、物流和服务
24	艾格纳提亚铸造（EGNATIA FOUNDRY S.A.）公司	1997	1.7	49	机械、材料和结构
25	天马（TEMMA S.A.）公司	1961	1.6	25	机械、材料和结构
26	SSA公司	1990	1.5	19	电子、通信和信息技术系统/服务
27	瓦尔帕克（VALPAK S.A.）公司	1990	1.3	12	现场基础设施、物流和服务
28	阿尔塔斯陆海空（Altus LSA S.A.）公司	2011	1.3	16	无人系统/服务
29	一体化系统开发（ISD S.A.）公司	1998	1.3	NA	电子、通信和信息技术系统/服务、电子元件、组件和线束、电子元件、组件和线束
30	博萨（BOSA S.A.）公司	1996	1.2	18	航空航天及相关系统/服务，机械，材料及结构，电子元件，组件及线束
31	亚历克斯模具（ALEXMOLDS）公司	1986	0.4	6	机械、材料和结构
32	菲克工程（FEAC ENGINEERING P.C.）公司	2014	0.1	6	咨询与工程
33	SGL工程有限（SGL ENGINEERING LTD）公司	2008	NA	4	海军平台及相关系统/服务、咨询和工程
34	梭子鱼（BARRACUDA）公司	1992	NA	NA	海军平台及相关系统/服务

资料来源:《希腊国防工业目录》2018年。

注:2016年数据。

下面的分析考虑希腊国防工业营业额相对于希腊经济规模的情况。图10.5显示了2018年《希腊国防工业目录》中34家武器生产商年营业额占国内生产总值的比重。总体来看，考虑到不可避免的年度波动，占比在不断增加。平均来看，1995—2016年，防务企业的年营业额约为国内生产总值的0.38%，最大值在2011年，为0.66%，最小值在1998年，为0.22%。最后，近年来，这一总体上升趋势似乎出现了逆转。前文提到的二元论的第二个方面是，从事国防生产的私营公司一般都是盈利企业，而国营企业则存在长期亏损、管理不善和财务问题。

我们首先简要介绍34家公司的绩效情况。表10.5根据生产率情况列出了2016年公司的层次结构。①我们用员工人均营业额作为衡量生产率的粗略指标。使用这种指标衡量生产率，不同公司之间的差异显而易见。作为比较的参照点，在同一年，就业人员人均的国内生产总值为43,225欧元。因此，与就业人员人均国内生产总值水平相比，国防领域大多数公司的经济表现似乎更好。但两家公有制防务企业（希腊航空工业公司和希腊防御系统公司）的表现均低于防务企业整体的平均水平143,046欧元，这两家公司分别为50,575欧元和15,840欧元。为了进一步了解公司业绩，表10.5显示了就业员工人均利润或亏损。同样，总体情况存在显著差异。其中，2016年有5家防务公司出现亏损。其中，两家公有制企业之一（希腊航空工业公司）就业员工人均损失最高（-15,621欧元），而另一家公有制公司希腊防御系统公司的利润则为40,922欧元。但是，这仅为一年的短期业绩，并不能反映国有防务企业的长期业绩。对于公有制公司来说，经营亏损已成为常态，而非例外。如图10.3所示，其中列出了两家公有制公司的盈亏状况。在1992—2017年间，国防领域的这两家公有制企业（希腊航空工业公司和希腊防御系统公司）几乎无一例外地经济绩效不佳，需要政府在财务上持续支持。相比之下，私营企业的整体表现要好一些，再次证实了希腊国防工业的二元论。

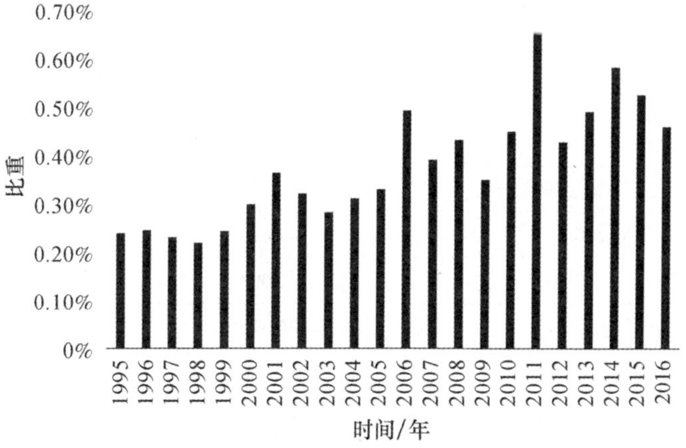

图10.5　国防工业年营业额占国内生产总值的份额

① 这是能够获得的2018年《希腊国防工业目录》中几乎所有34家国防生产商的最新一年数据。

表 10.5 《希腊国防工业目录》中公司的劳均营业额(欧元)

公司名称	2016 年劳均营业额	2016 年劳均利润/亏损
梅特卡公司	935,480	95,557
希腊防务车辆系统股份公司	362,625	52,242
西阿米迪斯公司	327,772	15,150
宇宙商业系统公司	270,023	787
泰利斯希腊公司	227,984	-8288
阳光系统公司	225,784	7066
席恩传感器公司	225,282	28,704
埃尔蒙公司	201,472	2393
希腊太空股份公司	166,319	3748
英特康国防电子公司	141,471	3938
机械工程和建筑承包公司	114,496	104
梅瓦科公司	109,746	-2409
瓦尔帕克公司	109,417	4992
阿尔塔斯陆海空公司	82,456	—
Altus Lsa 股份有限公司	80,231	1598
SSA 公司	79,912	459
挪威安全希腊公司	76,279	-15,366
西格曼公司	76,131	20,229
埃尔丰有限公司	71,887	11,315
博萨公司	69,058	17,044
阿克蒙公司	63,468	1431
天马公司	62,333	1202
亚历克斯模具公司	58,333	—
玻璃艺术公司	56,323	8324
希腊航空工业公司股份有限公司	50,575	-15,621
ONEX 公司	49,675	69
军事技术荷兰公司	42,008	137
普里斯马电子公司	36,877	-5842
艾格纳提亚铸造公司	35,166	-2880
希腊防务系统公司	15,840	40,922
菲克工程公司	10,013	2153
一体化系统开发公司	—	—

（续表）

公司名称	2016年劳均营业额	2016年劳均利润/亏损
SGL工程有限公司	—	—
梭子鱼公司	—	—

10.5 结　论

战略和经济因素共同推动着希腊的国防工业化战略。同大多数中小型国家一样，由于这项任务涉及严峻的现实情况，最初雄心勃勃的计划没有实现。希腊国防工业基础呈现两极分化。一方面，国有防务公司积累了大量财务和管理问题，严重依赖国家补贴。另一方面，在这些企业之外还有许多私营企业，其中大多数是中小型企业，表现出明显更好的绩效，许多企业作为分包商与大型国际防务生产商开展合作项目。其中一些企业有很强的出口导向。鉴于国内市场规模有限以及希腊在今后几年将继续面临财政约束，希腊国防工业的一个可行选择是积极寻求更深地融入不断发展的一体化欧洲国防工业体系（Blauberger & Weiss，2013；Calcara，2018；Hartley，2012）。最近的态势发展表明，欧洲共同的安全和防务正在加快出台步伐。在莫盖里尼和卡泰宁（Mogherini & Katainen，2017）所讨论的欧洲防务未来的情景中，特别强调了欧洲国防工业基础具有推动欧洲防务联盟形成的作用。欧洲防务基金的建立为欧洲防务公司的联合研发项目提供了资助机会。预计在2020年后，该基金将以每年55亿欧元提供这方面的资金。对于希腊中小型国防工业企业来说，这为它们参与欧洲国防工业的劳动分工打开了一扇机会之窗，因为欧洲国家生产规模较小。参与合资企业或作为大型国防研发产品的分包商，也可以成为技术流入希腊经济的渠道，可能对其他部门产生有益的溢出效应。

致谢

本章得益于本书编辑们富有见地的评论和建议。文责自负。

参考文献

Bartzokas, A. (1992) The Developing Arms Industries in Greece, Portugal and Turkey, in M. Brzoska and P. Lock (Eds.) *Restructuring of Arms Production in Western Europe*. Oxford: Oxford University Press.

Bitzinger, R. A. (Ed.) (2009) *The Modern Defense Industry: Political, Economic, and Technological Issues*, Santa Barbara: Praeger Security International.

Blauberger, M. and M. Weiss (2013) If You Can't Beat Me, Join Me! How the Commission Pushed and Pulled Member States into Legislating Defence Procurement. *Journal of European Public Policy,* 20(8), 1120-1138.

Brauer, J. (2002) Survey and Review of the Defence Economics Literature on Greece and Turkey: What have We Learned? *Defence and Peace Economics,* 13(2), 85-107.

Brauer, J. (2003) Turkey and Greece: A Comprehensive Survey of the Defence Economics literature, in C. Kollias and G. Gunluk-Senesen (Eds.), *Greece and Turkey in the 21st Century. The Political Economy Perspective*, New York: Nova Science Publishers, 193-241.

Brauer, J. (2007) Arms Industries, Arms Trade, and Developing Countries, in T. Sandler and K. Hartley (Eds.), *Handbook of Defence Economics*, Vol. 2, Amsterdam: North- Holland, Elsevier, 973-1011.

Calcara, A. (2018) Cooperation and Conflict in the European Defence-Industrial Field: The Role of Relative Gains. *Defence Studies*. doi:10.1080/14702436.2018.1487766.

Deger, S. (1986) *Military Expenditures in the Third World*. London and Boston: Routledge & Kegan Paul.

DeVore, M. (2014) International Armaments Collaboration and the Limits of Reform. *Defence and Peace Economics,* 25(4), 415-443.

Dokos, T. (2011) Mediterranean 2020. The Future of the Mediterranean Security and Politics. The German Marshall Fund of the United States. www. gmfus. org/publica tions/mediterranean-2020future-mediterranean-security-and-politics.

Dokos, T. and P. Tsakonas (2003) Greek-Turkish Relations in the post-Cold War Era, in C. Kollias and G. Gunluk-Senesen (Eds.), *Greece and Turkey in the 21st Century. The Political Economy Perspective.* New York: Nova Science Publishers, 9-35.

Dunne, J. Paul, 1995. The Defense Industrial Base. In: Keith Hartley and Todd Sandler (eds.), *Handbook of Defense Economics*, edition 1, volume 1. London: Elsevier.

Hartley, K. (2003) The Future of European Defence Policy: An Economic Perspective. *Defence and Peace Economics,* 14(2), 107-115.

Hartley, K. (2006) Defence Industrial Policy in a Military Alliance. *Journal of Peace Research,* 43(4), 473-489.

Hartley, K. (2012) *White Elephants? The Political Economy of Multi- National Defence Projects*, Brussels: New Direction - The Foundation for European Reform.

Hartley, K. (2017) *The Economics of Arms*, Newcastle upon Tyne: Agenda.

Katsimi, M. and T. Moutos (2010) EMU and the Greek Crisis: The Political Economy Perspective. *European Journal of Political Economy*, 26(3), 568-576.

Kennedy, G. (1974) *The Military in the Third World*, London: Duckworth.

Kollias, C., S-M. Paleologou and A. Stergiou (2016) Military Expenditure in Greece: Security Challenges and Economic Constraints. *The Economics of Peace and Security Journal*, 11, 23-29.

Kollias, C. and A. Rafailidis (2003) A Survey of the Greek Defence Industry. *Defence and Peace Economics*, 14(4), 311-324.

Kollias C. and Paleologou S-M. (2003), Domestic Political and External Security Determinants of the Demand for Greek Military Expenditure, *Defence and Peace Economics*, 14(6), 437-445.

Matthews, R. (1999) Greek Turkish Tensions Fuel Defence Industrialization. *RUSI Journal*, 144 (1), 52-58.

Mogherini, F. and J. Katainen (2017) Reflection Paper on the Future of European Defence, https:

//ec.europa.eu/commission/sites/beta-political/files/reflection- paper-defence_en.pdf

Mouzakis, F. (2002) Domestic Production as An Alternative to Importing Arms, in J. Brauer and P. Dunne (Eds.), *Arming the South. The Economics of Military Expenditure, Arms Production and Arms Trade in Developing Countries*, London: Palgrave.

Papadoulis, K. (2006) Clientelism, Corruption and Patronage in Greece: A Public Administration Approach. *Teaching Public Administration,* 26(1), 13-24.

Petrakis, P. (2012) *The Greek Economy and the Crisis Challenges and Responses*, Heidelberg, Dordrecht, London, New York: Springer.

Ploumis, M. (2017) Hellenic Defence Industrial Base in the Era of Economic Crisis. *South-Eastern Europe Journal of Economics,* 2, 103-125.

Stergiou, A. and C. Kollias (2018) Between Pragmatism and Rhetoric: A Critical Assessment of Greece's Defence and Foreign Policy in the 1980s in Light of New Primary Sources. *Southeast European and Black Sea Studies*. doi:10.1080/ 14683857.2018.1553603.

Trantidis, A. (2016) *Clientelism and Economic Policy. Greece and the Crisis*, New York: Routledge.

Vasilopoulou, S., D. Halikiopoulou, and Th. Exadaktylos (2014) Greece in Crisis: Austerity, Populism and the Politics of Blame. *Journal of Common Market Studies*, 52(2), 388-402.

第11章　波兰国防工业

斯特凡·马可夫斯基　安东尼·皮耶克斯

11.1 引　　言

波兰自1999年以来就是北约成员国，但也是苏联的卫星国和华沙条约（Warsaw Pact）组织成员国，其国防支出相对较低，每年的军事支出约相当于目前法国或德国国防支出的五分之一。波兰拥有基本已经过时但相当庞大的国防工业，这是它过去作为华沙条约组织成员国的遗产。2017年，据估计，波兰国防支出为86.8亿欧元（以当期欧元价格计算），相当于国内生产总值的1.9%和所有政府支出的4.5%（EDA，2018）。在不久的将来，这一国防负担预计会增加，因为波兰渴望证明，它遵守北约规定的国防支出至少占国内生产总值2%的目标。波兰2017年的总军事支出中，44%用于人员支出，24%用于军事装备采购（超过北约规定20%的目标），3%用于国防相关研发，7%用于军事基础设施，22%用于运营和维护。2017年，波兰武装部队（Polish Armed Forces，PAF）有近10.7万军事人员（占军队总人数的三分之一）以及大约3.4万名国防文职人员。

波兰国防工业主要依靠历届政府指令性的本国国防支出来维持。尽管有一些成功的军事出口，但微不足道。由于国防工业中主要是国有企业，促使生产多元化转向民用产品的空间有限，政府决定在国内生产什么，进口什么，以及以什么成本进口。在这方面，波兰与其他大多数国家并没有太大不同，政府利用其垄断权力来决定国内国防工业的规模、范围和盈利情况。而且与大多数民主国家一样，过去的军事投资和采购承诺的遗留问题往往会严重影响随后的决策：到底是“制造”还是“购买”。因为过时但高度专业化的生产能力（如海军造船厂）不容易转为其他用途，让军队购买不想要或不需要的物资常常是最方便的方式，以保护落后工厂的工作岗位和弱势边缘选区的议会席位。然而，与许多其他民主国家不同的是，波兰在第二次世界大战后45年（1944—1989年）的时间里，一直为曾是苏联卫星国的遗留影响而战斗。也就是说，波兰大部分经济活动不得不从苏联式（国有和中央计划）实体彻底转变为一个基本以私有制为基础、市场驱动和开放的（贸易和外国直接投资）经济体制。总体而言，令人惊讶的是，这是一个平稳且成功的过程，波兰经济增长迅速，赶上了其西欧邻国，在2004年加入欧盟后，越来越多地融入了欧盟的劳动分工（OECD，2018）。然而，与波兰整体经济不同的是，波兰国防工业部门在这一体制转型进程中一直落后。

矛盾的是，波兰在作为华沙条约成员时，国防工业蓬勃发展，因为在苏联的劳动分工下，每个苏联卫星国都必须将大量资源分配给军事物资生产。虽然波兰的中央计划经济停滞不前，并最终遭受了灾难性的崩溃，但它的军事工业部门在莫斯科指导的军事劳动分工下繁荣了起来（见下文）。然而，在20世纪90年代初苏联的共产主义体系崩溃后，军工行业发现很难适应以北约为中心的后共产主义国防的新现实，因此，它一直步履蹒跚，缺乏足够的资源通过创新流程和产品来脱离苏联时代的产业。因此，波兰的国防工业一直处于不利地位，无法与外国（现在主要是北约）物资供应商进行竞争。

最近，波兰政府承诺进口美国制造的军事装备，以证明波兰是北约新成员，以及“渴望取悦”美国以获得低级盟友资格，这进一步加剧了波兰的脆弱性。进口的部分目的是诱导美国扩大在波兰的军事存在。可以说，这被视为一项审慎的投资，旨在说服美国将北约东翼纳入美国提供的军事保护之下，以阻止俄罗斯向西扩张到其前卫星国。为了表明对美国领导的地区防务的军事承诺，波兰希望购买美国武器（如爱国者防空导弹系统的订单）的行为被美国关注到。然而，由于波兰国防采购预算的很大一部分用在进口方面（美国和一些相对较小规模的欧洲供应国），即使得到了一些出口国提供的补偿贸易，但留给波兰生产商的份额也所剩无几了（RAPORT，2018）。在这个令人沮丧的故事中也有一些亮点，我们将在下文描述，但总的来说，这是一个正在衰落的行业的故事，它受到过时产能、资金不足、变革遇阻、政治干预以及对过去出口成功的怀旧情绪的影响。

本章的目的一是概述在苏联时期，波兰国防工业的情况，及其过渡到市场经济所面临的挑战，其中部分解释了目前波兰适应现实方面的困难（11.2节）；二是就波兰国防工业的结构、行为和绩效提出一些看法（11.3节）；三是提供一个简单判断，说明过去几年中所采用的重组策略在哪些方面似乎出了问题（11.4节）。

11.2　苏联的遗产和转型的挑战

11.2.1　华沙条约的遗留影响

第二次世界大战结束后，苏联根据总的军事分工，向其所有新的中欧和南欧卫星国，包括波兰，分配了不同的军事任务。这么做的部分原因是在20世纪30年代，苏联是世界上唯一的共产主义国家，产生了受围心态，认为可以通过军事力量，用苏联中央计划经济模式“具有内在优越性的社会主义制度”取代“西方资本主义秩序”。因此，虽然在第二次世界大战结束后，美国及其大部分战时盟友立即削减了其武装力量，将战时军事生产转换为和平时期的生产，但苏联仍保持了武装力量的规模和战备状态，直至20世纪40年代末。[①]它还希望维持其军事工业活动，以使苏联红军(Red Army)实现现代化并补充军事物资储备。虽然新的苏联卫星国不值得信任，因为它们大多在历史上与俄国或苏联交恶(如波兰)，或者在第二次世界大战期间与纳粹德国结盟(如匈牙利)，但它们的军事和经济资源必须被加以利用，以提高苏联的整体军事力量，并增强对当时预期的与美国及其北约盟国之间军事冲突的准备(Yoder，1993)。波兰作为苏联最大的卫星国，当时要派遣大量的应征军人与苏联红军并肩作战，而波兰国防工业被纳入了苏联的劳动分工，利用其战前和战时能力，成为各种军事装备的零部件制造商和装配商。

在苏联的军事分工下，没有一个卫星国能够成为军事物资的独立生产国。因此，波兰武装军队预计将与苏联军队以及苏联阵营的所有其他武装力量充分互操作，并使用由苏联设计或认可的标准、装备、部件和耗材，在苏联阵营的不同国家进行大规模生产。虽然波兰武装力量是其国内生产军事物资的主要接收方，但波兰军火工业也向苏联及其卫星国出口其中大部分中间产品和最终产品。在某种程度上，集团内部生产能力在空间上的分散是为了维持苏联的军事统治，防止卫星国实现高度的军事自治，避免威胁苏联军事统治的可能性。然而，这在某种程度上也促进了职能专业化，以充分利用苏联阵营有限的制造业资源。因此，这种中央指导和苏联主导的劳动分工促进了大规模、在苏联标准下具有成本效益的军事物资生产。苏联阵营生产模式的安排不仅有利于促进与规模和范围相关的效率并保障可能的战时生产“激增”情况，而且在和平时期资源也能得到充分利用，因此潜在效率实际被激发出来。它还要求在部件、耗材和半组装即完全组装的军事装备方面进行大规模的集团内部贸易。

随着时间的推移以及苏联政权逐渐巩固，在斯大林去世后，中欧和东欧的社会主义国家演变成苏联更独立的低级合作伙伴，战后苏联的军事分工也在1955年被重新调整为华沙条约，这是一个一定程度上模仿北约的多国军事联盟。[②]事实上，该条约只是名义上的“联盟”，因为没有一个低级成员国可以拒绝苏联的加入邀请，或轻易地终止其成员资格(尽管阿尔巴尼亚在20世纪60年代末成功了)。然而，在北约，法国和英国等欧洲大国之间旧有的敌对关系遗留下的问题，往往阻碍了在国家冠军企业领导下，将国防工业整合为单一国防工业，即能够与日益庞大的美国军火供应商相竞争的泛欧洲国防工业部门。与北约不同的是，华沙条约为协调苏联阵营的军事工业活动提供了相对有效的手段。因为华沙条约继续完全服从苏联的军事指挥，且同前些年一样，所有军事标准、规格和设计继续由苏联制订或批准。

---

① 随着第二次世界大战的结束，美国、英国和加拿大将其集体武装力量人员从1945年的370万人减少到1946年的约90万人，并将战时工业生产能力的很大一部分转换为民用生产。然而，苏联保留了其战时600万人的武装力量，军事工业在1946年继续满负荷运转(Sandler & Hartley，1999：25)。

② 这本来是对北约在成立初期作为以美国为首的西方军事联盟的延迟反应，但更具体地说，是对1954年接纳当时的德意志联邦共和国为北约新的“前线”成员的反应。

非欧洲的社会主义国家包括中国，也被纳入苏联的劳动分工中，因为这样可以获得许可使用苏联的各种军事技术，并在国内制造军事物资时采用苏联的技术标准。这种劳动分工和华沙条约中所有军事活动由中央指挥，使得苏联阵营得以专业化，从而利用规模经济、范围经济和集聚经济生产出大量相对现代、强大和负担得起的军事装备（Cooper，2013）。

尽管苏联体制在努力追赶西方市场经济的步伐，以生产数量足够多的质量合格产品，但军事物资和空间设备的高效生产使华沙条约组织的经济实力远远超过了其原本平庸的经济实力。可以说，这是苏联阵营唯一能够宣称在中央指挥军事资源配置上具有卓越效率的领域。军事部件、完全一体化的系统和耗材在集团内贸易是这种中央计划方法的一个重要方面，尽管苏联阵营的货币只是部分可兑换，但如同苏联阵营中所有的价格一样，汇率大多是任意的，根本不反映资源稀缺性。随着冷战升级，苏联对亚洲、中东、非洲和拉丁美洲“不结盟”国家采取了更为支持的立场，苏联阵营的军事装备和消耗品出口增长了。这意味着，像波兰这样的国家可以成为重要的武器出口国，经常向中东地区亲苏国家（如叙利亚、利比亚、埃及、伊拉克）、选定的非洲“解放阵线”（安哥拉、莫桑比克）、亲苏的古巴和印度等“不结盟”大国出口军事物资。

此外，在苏联体制下，军事和民用工业能力间的区分逐渐模糊。中央计划者有意将一小部分军事能力分散到整个经济体系中，以保障战时生产的激增，使民用生产能力向军事生产无缝转换，拓宽军事相关技术的专业知识。因为民用消费者的需求大多要服从于国家需求，投资和维持所有与冷战有关军事能力的机会成本在很大程度上是无关紧要的：只要有足够的“黄油”赢得特权阶层的忠诚，那么在“枪”和“黄油”间的任何权衡，都必然会选择“枪”。

到1989年，当波兰人民共和国垮台时，这个国家拥有一支以应征入伍为主的军队，包括约50万名陆、海和空军士兵，主要装备的是苏联设计但部分自制的武器系统，包括从AK-48突击步枪到各种弹药和炸药、主战坦克、装甲运兵车、自行火炮和火箭发射器、军舰、雷达、固定翼和旋转翼战斗机。因此，波兰国防工业生产并组装了大量军用部件和子组件供本国使用，出口到华沙条约其他成员国，并供应给第三方客户。到20世纪80年代末，波兰国防工业雇用了约25万人（Myck et al.，2016: 57），对大多数国有军工企业来说，这是波兰军事生产和出口的黄金时代。

显然，最复杂和战略上至关重要的武器系统，特别是核能力，战略运载系统，电信、空间和卫星系统，都是苏联生产的，且这些武器系统严格限定仅提供给苏联红军，以使苏联能够保持其军事主导的军队使用。然而，即使在这个以苏联为中心的世界中，波兰国防工业也被鼓励开发了一些为本国设计的产品，如军用喷气教练机伊斯克拉（Iskra）、雷达、浮桥和重型后勤保障设备。但这些波兰设计并没有形成批量生产，因为尽管有少数例外，其他苏联阵营的军队只希望使用苏联批准的标准装备。所有其他由苏联卫星国制造的装备都由各个国家自行决定是否购买。小批量生产的系统也不太可能出口到第三方。[①]这种对苏联设计和标准的依赖阻碍了波兰国防工业在后共产主义时期的出口潜力，在20世纪90年代初，向华沙条约国家的出口停止后，几乎没有其他地区在使用波兰设计和制造的系统，波兰武器制造商只能维持或被取代。

11.2.2 后社会主义时期的转型

到1991年华沙条约正式解体时，波兰留下了苏联式国防工业，它们原本用于生产苏式武器装备，提供给预计与苏联红军一起对抗西方的大型地面部队使用。这些装备已不再适用于有效防御前北约对手与某个中欧主权国家的联盟。苏联时期的一些装备可以出口到苏联之前的中东客户和印度等有较长使用历史的国家。因此，进入21世纪后，波兰继续生产并部分出口国内日益过时的武器。此外，还必须维持一些遗留系统的生产，以维护和修理在波兰武装力量中服役的苏联时代的装备。[②]在20世纪90年代和21世纪初，没有资金投资于发展新的武器系统，也没有资金可支付从北约供应商处进口的大型装备。

到1999年，波兰正式加入北约，日益明显的是，需要一项彻底的重组方案以缩小规模过大的波兰国防工业，使其生产技术现代化并重新调整产品线的重点。随着波兰武装力量脱离共产主义时代的大规模征兵制，其转变为一支劳动集约、资本密集的专业战斗部队，并能保持高水平的战备状态，同时与波兰的北约盟国，尤其是美国，在各种远征任务（如伊拉克、阿富汗）中进行互操作，成了势在必行的转变趋势。

为了应对这些重组挑战，一种尽管有些极端的选择是，停止国有企业的大部分国内武器生产，出售那些西方武器制造商和国内买家可能感兴趣的部门，关闭剩余部门中的大部分。根据这一方案，波兰将投资于国防价值链的尖端军事能力，而不是投资于上游环节。鉴于波兰国防预算的适度规模和北约国防工业的巨大过剩产能，这相当于选择对国防工业撤资，西方武器制造商几乎没有动力以牺牲本国现有的生产设施为代价，在波兰大规模收购基础工业。随着波兰制造业成功吸引了外国直接投资者，且波兰武装力量必须得到本国维护能力的支持，波兰国防工业的一些部门将继续运作。然而，这一选择在波兰引发了相当大的反对，部分原因是它会导致政府控制力量薄弱地区的失业率增加，还有部分原因是一般公众和许多媒体的评论人士会认为，本国国防工业的衰落实际上是放弃了国家国防自主权。波兰选民对和平红利的承诺相当怀疑，他们没有忘记国家的创伤史，意识到俄罗斯在20世纪90年代军事软弱时期，只是给较小的东欧国家提供了一个暂时喘息和加入

① 非常特别的是，伊斯克拉（Iskra）是由印度进口的。

② 在撰写本文时，波兰继续对其苏联时代的米-2直升机机队进行现代化改造，其中60架仍在波兰空军服役。Wroński, P. (2019) ‘Błaszczakchwalisięmodernizacjąarmii. Jak jest naprawdę?’, Gazeta Wyborcza, 10/01/2019.

欧盟及北约的机会。

从政治角度看，一个更容易接受的选择是将现有的国防工业整合为一个单一的国有控股实体，即国家冠军企业，逐步进行重组和公司化，同时将部分业务出售给国内制造商和服务提供商以及/或热衷于投资于当地制造和服务支持的外国防务公司。这个控股实体可以效仿瑞士鲁埃格公司（RUAG）或瑞典萨博公司（SAAB）。到了21世纪10年代，经过一些制度性试验后，控股公司的概念得到了足够的政治支持，2013年成立了波兰军备集团（Polish Armaments Group，PAG），成为波兰国防工业的总体管理实体，其涵盖约60家国有、国防相关但技术上往往不兼容和独立经营管理的企业。这种安排存在明显的道德风险问题，组建一个横跨众多独立经营管理的国有企业的国有控股集团，会使国有企业把该集团的管理提供给那些被政治利益所俘获的人，他们热衷于以丰厚的管理职能回报其支持者，而不是实施彻底的改革。另外一个风险是，一些成功的集团成员会被那些不能或不愿意改变的人所阻碍。在这方面，波兰军备集团似乎成了苏联时代工业结构的遗留产物，在充满活力、市场意识日益增强的波兰制造业中变成了异类。

在国有部门，一些公司创业成功却往往被波兰军备集团整体表现不佳所掩盖，与国有部门不同的是，波兰国防工业的一些部门被外国相关集团收购了（例如：西科斯基/洛克希德·马丁公司收购了波兰飞机制造公司（PZL Mielec）；奥古斯塔·韦斯特兰公司收购了波兰斯威德尼克直升机公司（WSK，PZL Świdnik）；普惠发动机（Pratt & Whitney）公司、空中客车防务和航天公司（Airbus Defence and Space Company）和摩天宇航发动机（MTU Aero Engines）公司收购了其他的航空航天企业）。这些外国子公司似乎表现得相当不错，特别是在出口方面。此外，波兰于1997年新成立的私营WB电子公司（WB Electronics，后来的WB集团）迅速成长为波兰国防部门最大的私营公司。

11.3　国防工业的所有权、结构、行为和绩效

11.3.1　武器生产商的所有权、产出和财务活力

2014年，波兰军备集团完成了第一阶段的整合，公布的年度营业额为16.2亿美元（14.9亿欧元），在斯德哥尔摩国际和平研究所（以下简称为“SIPRI”）全球100强防务企业中排名第61位。[①]但一年后，该集团营业额下降到13.2亿美元（12.7亿欧元），其中90%是军事销售，在SIPRI榜单上排名第73位。2018年，波兰军备集团

① SIPRI Arms Industry Database, Data for the SIPRI Top 100 for 2002-2017, SIPRI Arms Industry Database, Stockholm: Stockholm International Peace Research Institute, www.sipri.org/databases/armsindustry（2018年12月1日访问）。

雇佣了超过1.7万名员工,营业额约13亿美元(10.8亿欧元)[①]。自2016年以来,政府对包括波兰军备集团在内的所有公有制国防工业的全面监管责任从财政部转移到国防部,这结束了两部门在行业战略方向和管理方面一系列职责分工的争议。[②]但波兰军备集团的机构整合工作仍在进行,大部分核心和中层管理人员都是政府任命的人员,而不是专业的工业技术专家(RAPORT,2018)。

波兰军备集团的旗舰工厂是胡塔-斯塔洛瓦-瓦拉钢铁厂(Huta Stalowa Wola,HSW),它是自行重型火炮、装甲运兵车、战斗支援车以及陆军工程装备的生产商。这家工厂建于20世纪30年代末,是波兰军队重型设备制造商,在整个共产主义时期都保持着生产能力。在20世纪80年代,它的业务多元化,扩展到民用建筑设备,而在20世纪90年代,民用建筑设备占据了它大部分产出。2008年,国防部委托胡塔-斯塔洛瓦-瓦拉钢铁厂开发新的军事产品,如"克拉布"(Krab) 155毫米自行榴弹炮,并对波兰自行火箭发射器"兰古斯塔"(Langusta)进行现代化改造。2012年,这家工厂出售了民用生产线,专注于军品生产。它还收购了耶尔奇公司(Jelcz),这曾是一家卡车和公共汽车的制造商(后来又收购了另一家公共汽车公司奥托森(Autosan)),实现了业务多元化,可以制造坦克和火炮系统使用的底盘和重型拖车[③]。此外,胡塔-斯塔洛瓦-瓦拉钢铁厂还大量投资新的生产能力(如生产155毫米炮管的机械),成为复杂火炮系统的垂直一体化制造商。[④]目前,该钢铁厂是波兰武装力量主要的国内武器供给商,签订了合同交付120门"克拉布"榴弹炮(最近最大的武器合同),以及一种新型轮式榴弹炮"克瑞尔"(Kryl)的设计。[⑤]

可以说,波兰军备控股集团中经济表现最成功的成员是硝基化学公司(Nitro-Chem),它是北约最大的炸药供应商之一,超过80%的产品出口到美国(Wachowski,2016)。它还生产和出口用于采矿和建筑的民用爆炸物。[⑥]波兰军备集团的其他成员是苏联时代的企业,或是充满希望,或是没有出路(RAPORT,2018: 5)。例如,梅思科公司(MESKO S.A.)是波兰最大的弹药生产商,生产从小型武器到坦克、重型火炮弹药的全系列产品。最近,其业务扩展到为胡塔-斯塔洛瓦-瓦拉钢铁厂制造"克拉布"和"克瑞尔"火炮使用的激光精准弹药上(Zieliński,2016)。尽管该公司有生存潜力,但由于国内需求的延迟和减少,以及产品出口机会有限,它一

① 见波兰军备集团官网:http://pgzsa.pl/ (2018年12月1日访问)。

② Polskazbrojeniówka w 2016 rokuiperspektywynarokbieżący, Defence 24. pl, www. defence24. pl/polska-zbrojeniowka-w-2016-roku-i-perspektywy-na-rok-biezacy(2018年12月1日访问)。

③ 见HSW官网:www.hsw.pl/p/29,80-lat-hsw-s-a (2018年12月5日访问)。

④ 'HutaStalowaWolaznówzbrojeniowąpotęgą', Rzeczpospolita.pl, www.rp.pl/artykul/144029-Huta-Stalowa-Wola-znow-zbrojeniowa-potega.html (2018年12月5日访问)。

⑤ 仍在等待波兰武装力量的供应订单(re: 'RakiinoweKrabyidądowojska',Defence 24.pl, www.defence24.pl/raki-i-nowe-kraby-ida-do-wojska(2018年12月5日访问))。

⑥ 该公司出口成功的部分原因在于2003年谈判达成的F-16补偿贸易协议,允许该公司进入美国市场。

直不景气。另一家被认为是成功案例的公司是重型装甲车制造商波兰公司塔恩机械厂布玛-拉邦迪(ZM Bumar-Łabędy)公司。它与德国莱茵金属陆地系统股份有限公司(Rheinmetall LandsystemeGmbh)合作,目前正在对128辆“豹”2A4坦克和另外的Bergepanzer装甲技术回收和支援车辆进行现代化改造。据说总合同价值为5.5亿欧元,其中60%以上是由布玛-拉邦迪公司提供的本地产品(Kiński,2016)。这被誉为波兰军备集团成员公司潜在可行前进道路的典型案例,因为零部件制造和设备维护、升级的进口替代比新设备的开发和生产设备在经济上成功的可能性更大。然而,在撰写本文时,进度似乎延迟了,目前尚不清楚这家老公司在作为零部件制造商、维护者和升级者的过程中是否确实学到了新技巧。

1997年,两名私营企业家创立了WB电子公司,该公司最初是一家电子系统和软件生产商,如今已迅速成长为波兰最大的私营防务公司。2009年,该公司被重组为WB集团,收购了飞行变速器公司(Flytronic,波兰无人机的主要生产商)的股权,并于2011年收购了雷德摩尔公司(Radmor,通信设备制造商)。①2017年,国有波兰发展基金(Polish Development Fund)支持对波兰企业进行战略投资,收购了该集团24%的股权(约3000万欧元),为新产品投资和出口扩张提供资金。②该集团最重要的产品是“方特”(Fonet,数字通信和指挥系统)系统和“黄玉”(Topaz,火炮火力控制和战斗管理系统)系统。它还制造“飞眼”系统(FlyEye,第一架被波兰武装力量采购的国产无人机)和微型巡飞弹“战友”(Warmate,该集团出口的旗舰产品)。2016年,该集团实现销售额约8500万欧元,税前利润约1300万欧元(15%)。它目前雇佣了800多名员工,其中一半以上是研发工程师。③

另一家私营公司是雷蒙托瓦造船厂(Remontowa Shipbuilding,是雷蒙托瓦资本控股集团(Remontowa Holding Capital Group)的一部分),这是波兰最大的私营造船公司,在撰写本文时,它是两家能为波兰海军建造船只的国内海军造船企业之一(另一家是波兰军备公司海军造船厂(PGZ Stocznia Wojenna)),它目前正在建造两艘科莫兰级(Kormoran Class)扫雷艇和六艘拖船。这家造船厂以前被称为北方造船厂(Northern Shipyard),在20世纪60年代,为波兰海军建造研究船和军舰,并出口到苏联。④雷蒙托瓦资本控股集团还拥有一家修理厂、一个设计办公室和一些零

① WB Electronics przejmujeRadmor, Rzeczpospolita. pl, www. rp. pl/artykul/542239-WB-Electronics-przejmuje-Radmor.html.

② M. Wysocki, ‘128 mlnzłdla WB Electronics-PFR nowyminwestorem’, Wgospodarce. pl, http://wgospodarce.pl/informacje/42439-128-mln-zl-dla-wb-electronics-pfr-nowym-inwestorem(2018年12月1日访问)。

③ MON kupi od WB Electronics tysiączestawów Warmate, WNP.pl, www.wnp.pl/przemysl-obronny/mon-kupi-od-wb-electronics-tysiac-zestawow-warmate,311201_1_0_0.html.

④ 雷蒙托瓦造船厂官网:www.remontowa-rsb.pl/(2018年12月1日访问)。

部件制造商。[①]作为科莫兰级扫雷艇的私营主承包商，雷蒙托瓦造船厂还领导着一个企业联盟，包括两家国有实体，它们是波兰军备集团的一部分：波兰军备公司海军造船厂和海洋技术研究发展中心（Ośrodek Badawczo-Rozwojowy Centrum TechnikiMorskiej，这是波兰领先的海军研发中心）。在波兰国防工业中，这是一种不同寻常的商业模式，因为通常国有企业会被选为主承包商和联盟领导者。然而，与20世纪60年代北方造船厂的大量订单和出口相比，目前其业务规模并不大，公司仍然很脆弱，因为订单依赖于反复无常和经常延迟的本国采购。

11.3.2 出口

波兰国防相关行业的出口相对较少，大多数本国评论家认为这非常令人失望（如卢克扎克（Łuczak，2017））。例如，波兰与西班牙相比，后者2016年出口的军用物资价值37.2亿欧元，而波兰出口了3.83亿欧元，仅约为西班牙出口额的十分之一。2017年，波兰在斯德哥尔摩国际和平研究所国际武器出口国50强中排名第42位，仅次于新西兰，但本国评论家认为非常难以接受的是，其排在捷克共和国和保加利亚之后。2006年，波兰排在第14位（向马来西亚出售了48辆坦克，向印度出售了一些装甲救援车，这是波兰在后共产主义时期的最好排名）；1991年，在后社会主义转型之初，波兰排在第22位。[②]令人怀念的波兰作为华沙条约成员国的武器销售黄金期所取得的出口业绩，常常拿来与当前的出口数量做比较，1976年，波兰是世界第10大武器出口国，销售额为4.06亿美元（现价美元）。波兰向苏联阵营以及印度、伊拉克和捷克斯洛伐克等国出口军舰、飞机和装甲车的时代已经一去不复返了。[③]

近年来波兰实际的军事物资出口已有所下降，与此相比，向潜在出口商发放的出口许可证价值自2011年以来稳步增长（Łuczak，2017）[④]。例如，2016年，波兰签发了700份出口许可证，批准了12.3亿欧元的潜在出口额，约为当年实际出口价值的三倍。虽然实际出口价值落后于出口许可证价值不足为奇，但当企业的实际出口销售额随时间逐渐下降时，观察到它们申请更多的出口许可证还是令人十分困惑的。

2016年最大的（实际）出口项目价值1.52亿欧元，占所有出口的40%，包括从美

① Remontowa Shipbuilding w Gdańskubudujedla MON. Stępka pod pierwszy z sześciuholownikówdlaMarynarkiWojennej', DziennikBałtycki, https://dziennikbaltycki.pl/remontowa-shipbuilding-w-gdansku-buduje-dla-mon-stepka-pod-pierwszy-z-szesciu-holownikow-dla-marynarki-wojennej-zdjecia/ar/12874276,(2018年12月1日访问)。

② 1950—2017年全球50大武器出口国的武器出口趋势指示值（TIV），SIPRI武器转让数据库，http://armstrade.sipri.org/armstrade/html/export_toplist.php(2018年10月10日访问)。

③ 1950—2017年波兰武器出口趋势指示值，SIPRI武器转让数据库，www.sipri.org/databases/armstransfers(2018年10月10日访问)。

④ 所有计划从欧盟出口的武器，包括波兰，都需要申请出口许可证。

国航空航天公司(如西科斯基)的本地子公司向美国和加拿大出口飞机部件,空客的本地子公司向西班牙出口的飞机部件(MSZ,2017)。有趣的是,出口北美的航空零部件也从2014年的峰值2.95亿欧元(占所有出口的75%)大幅下降了。[①]如果不考虑这些航空航天中间产品在公司内部转移的价值,波兰武器出口额在2016年仅为1.6亿欧元,其中国有硝基化学公司出口的弹药为5100万欧元。私营公司WB集团也是电子产品和巡飞弹等产品的重要出口商。[②]其他小规模出口包括轻武器和防弹背心。

波兰武器出口的未来前景仍不明朗。人们希望,扩大生产自行火炮系统、装甲车、雷达、巡飞弹和精确打击武器最终可能会推动波兰的出口销售(Łuczak,2017)。人们还希望,在欧洲防务局永久结构性合作(EDA PESCO)倡议的支持及欧盟欧洲防务基金的部分资助下,可以增强欧盟内部合作,帮助波兰国防工业成为重要替代产品的出口商及供给商。波兰武器采购局(Polish Arms Procurement Agency)如果能利用其适度的垄断力量来提高进口军事物资中的本国产品含量,那么波兰武器采购局的成立也可能会有所帮助。[③]

11.3.3　行为和绩效

波兰国防工业大部分是国有的,很大程度上依赖波兰武装力量才能生存。然而,波兰军备集团及其国有成员企业的市场力量太小,无法与政府角力,政府为确保采购订单,自然以牺牲进口为代价。因此,如果政府选择将其采购预算转用于进口美国物资,而取消或延迟本国产品订单,那么波兰军备集团的整体财务状况将非常脆弱。据称,在该集团内部,有18家成员公司濒临破产,另外11家可能处于弱势情况(RAPORT,2018: 5)。波兰军备集团也存在相当多的过度就业现象,目前1.7万名员工仅创造了10.8亿欧元的销售收入。如果粗略衡量私营WB集团2016年的人均收入,国有企业波兰军工集团可能裁员六七千人才能达到私营部门的效率水平。如果不包括从事生产民用产品和服务的员工,估计2018年波兰约有2万人从事与武器相关的生产活动。这些职位中似乎至少有三分之一是不稳定的,如果公共部门合理化,其可能会被裁掉。

---

① 从2016年波兰出口的申报价值中还应减去3000万欧元,这是赠送给约旦的库存旧弹药,还应减去2015年出售给阿拉伯联合酋长国的40辆轮式装甲运兵车的价值,因其在2016年被记录为出口(为4000万欧元)。

② WB Group z Ożarowa zarabia tyle co państwowy gigant Polska Grupa Zbrojeniowa,Rzeczpospolita.pl, www. rp. pl/Przemysl-Obronny/309219892-WB-Group-z-Ozarowa-zarabia-tyle-co-panstwowy-gigant-Polska-Grupa-Zbrojeniowa.html(2018年10月1日访问)。

③ 'Rządusiłujeuratowaćwciążspadającyeksportpolskiejbroni', Rzeczpospolita. pl, www. rp. pl/Przemysl-Obronny/309199908-Rzad-usiluje-uratowac-wciaz-spadajacy-eksport-polskiej-broni. html (2018 年 10 月 1 日访问)。

11.4 发展之道

将波兰国防工业的大部分整合为一个单一的控股实体，旨在通过融合与规模和范围有关的效率实现集聚经济，这一想法似乎是合理的。这可以效仿公有制瑞士鲁埃格公司（RUAG）的组织模式，摆脱对管理的政治干预，不一定必须要私有化，因为在军火制造方面没有本国的股权资本的国家冠军企业，很难与国际军火供应商展开竞争。为了使这一模式发挥作用，波兰的历届政府都不得不在国防采购中优先考虑进口替代品，作为提高国防工业自给自足水平的部分措施，在控股集团成立的初期阶段，如果必要，还会承诺支付成本溢价，以提高波兰武装力量购买更多本国生产的军事装备。它们还应该坚持让波兰融入欧洲的劳动分工，使波兰分享并受益于“欧洲”防御系统的联合发展和供给。

相反，现在的波兰政府似乎选择了美国的军事保护来替代更多的欧洲防御。如果有人认为，美国在波兰大规模的实际军事存在，与广泛的、以联盟为基础的集体防御或尚未概念化的欧洲防御相比，为波兰国家安全提供了更好的长期前景，那么这是一个尽管存在争议，但合理的国家战略。[①]然而，与所有资源管理选择一样，明显倾向于直接进口美国提供的安全产品有其机会成本。它减少了国内武器制造商可获得的资源，这些资源可用于开发新的有竞争力的产品，并使其生产设施现代化，以使这些产品更加便宜并更适合于出口。显然，在以美国为导向的防务安排下，会就一些“补偿贸易安排”进行谈判，以增加进口物资中的本国产品数量。也就是说，众所周知，美国的供给难以进行分包，因为美国政府和大型美国国防承包商采用严格的《国际武器贸易条约》（ITAR）条款来保护其知识产权，而且它们通常不愿意提供源代码和“黑匣子”的“钥匙”，以防止第三方对美国装备进行深度维护和修改（回应第21章：澳大利亚国防工业）。因此，美国增加在波兰活动的机会成本很可能造成波兰国有军事工业的持续衰退，特别是，如果造成的结果是波兰不仅耗尽了用于扩张的资源，而且被阻止无法有意义地参与欧洲联合防务倡议。

毫无意外，波兰军备集团作为一个整体，类似于20世纪80年代中央计划的苏联式经济模式。它看起来规模过于庞大而不能失败，但政治上也太过复杂而不能改变。相比之下，波兰军事工业的私营部门表现则相当出色，因为它们利用自己的企业才能和可用的技术人才来创新产品线，在其经营领域内寻求订单，而在这些领域，国有部门过于官僚化，受制于政府领导而无法高效运营。

① 在撰写本文时，波兰政府希望在波兰建造大量驻军设施，使美军长久地驻扎在北约东翼（即所谓的特朗普堡（Fort Trump）），以确保这成为美国直接参与东欧防御的一环，进而阻止俄罗斯联邦未来向该地区扩张。

参考文献

Cooper, J. (2013) ‘From USSR to Russia: The fate of the military economy’, in Hare, P. and Turley, G. (eds.) *Handbook of the Economics and Political Economy of Transition*, London and New York: Routledge: 98-107.

EDA. (2018) *EDA Collective and National Defence Data 2005-2017*, Brussels: European Defence Agency, www.eda.europa.eu/info-hub/defence-data-portal (accessed Nov 2018).

Kiński, A. (2016) ‘Rheinmetall i Bumar- Łabędy wspólnie zmodernizują Leopardy 2A4’, *Wojsko i Technika*, March: 10-14.

Łuczak, W. (2017) ‘Konsekwentne oddawanie pola. Eksport specjalny Polski w 2016’, *RAPORT Wojsko Technika Obronność*, 09/17: 8-16.

Łuczak, W. (2018) ‘Unia na kursie konsolidacji europejskiego przemysłu zbrojeniowego’, *RAPORT Wojsko Technika Obronność*, Special edition Raport EDF, May: 5-11.

MSZ. (2017) *Eksport uzbrojenia i sprzętu wojskowego z Polski, Raport za rok 2016*, Warszawa: Ministerstwo Spraw Zagranicznych Rzeczypospolitej Polskiej: 20 – 32.

Myck, W., Pieńkos, A., Kościuk, L., Głębocki, R., Markowski, S., Pawłuszko, W. and Najs, J. (2016) *Bezpieczeństwo i konkurencyjność: rekomendacje dotyczące strategii przemysłowo-obronnej RP*, Warszawa: Narodowe Centrum Studiów Strategicznych.

OECD. (2018) *Economic Survey of Poland: Towards an Innovative and Inclusive Economy*, Paris: The Organisation for Economic Co-operation and Development. www. oecd. org/eco/surveys/economic-survey-poland.htm (sourced 1 Nov 2018).

RAPORT. (2018) ‘Udany Salon w cieniu problemów przemysłu’, *RAPORT Wojsko Technika Obronność*, 10/18: 4 – 37.

Sandler, T. and Hartley, K. (1999) *The Political Economy of NATO: Past, Present and into the 21st Century*, Cambridge: Cambridge University Press.

Wachowski, T. (2016) ‘Eksport - filar sukcesu Nitro-Chemu’, *Wojsko i Technika*, April: 54-55.

Yoder, A. (1993) *Communism in Transition: The End of the Soviet Empires*, London: Taylor & Francis.

Zieliński, Z. (2016) ‘Precyzyjna amunicja z Mesko’, *RAPORT Wojsko Technika Obronność*, 09/16: 22 – 25.

第12章 乌克兰国防工业

丹尼斯·贾克明

12.1 历史背景和2014年的转折点

12.1.1 混乱的20年

1991年乌克兰独立时,它继承了苏联军事工业综合体的很大一部分,估计为苏联国防工业的30%,国防相关研发能力的20%。[①]这包括大约1840家公司,2700万名工人。[②]其中700家公司主要从事军事生产活动。除这些公司外,乌克兰还继承了大量储存在其领土上的武器和弹药,主要是小型武器和轻武器(Griffiths & Karp, 2008)。由于对这些库存武器和弹药缺乏良好的储存管理和记录,20世纪90年代盗窃、转移和贩运这些武器造成了前所未有的挑战。这些库存武器的存在,再加上乌克兰领土完整且没有直接威胁,导致20世纪90年代和21世纪头十年中乌克兰武装部队的资金大幅减少,进而导致乌克兰国防工业的资金大幅减少。因此,乌克兰大部分武器出口都来自其库存,有时转让到灰色地带市场。

如果说库奇马总统(Kuchma)时期(1994—2005年)的特点是乌克兰和俄罗斯在出口市场上进行竞争,那么亚努科维奇(Yanukovych)总统时期(2010—2014年)则体现出两大军工综合体在生产和维修方面加强合作是合理的。[③]

12.1.2 乌克兰国防工业集团:特定背景下的产物

乌克兰国防工业集团(Ukroboronprom)是亚努科维奇政府于2011年12月[④]在一个广泛的行政改革框架内创建的,旨在合理化和优化行政运作。

乌克兰国防工业集团的目标和任务主要是协调和控制其成员活动,包括市场营销、基础研究、作为代表参加国外展览和交易会、吸引外国投资、与外国公司就研究和开发伙伴关系进行谈判,作为原材料进口的中间商,提供运输服务等。重点是提高乌克兰公司在国外的形象,合理化供应链,促进乌克兰公司之间及其与外国合

---

① Ukrainain Defense Review, January - March 2013, p.13.

② 同上。

③ Kuzio, T, Growing Ukrainian-Russian Arms Export Cooperation, Eurasia Daily Monitor, 9: 92, May 15, 2012.

④ Кабинет Министровпостановлением №993 «НекоторыевопросыГосу - дарственногоконцерна Укроборонпром», August 31, 2011.

作伙伴之间的研发活动，吸引投资。①

除了合理化和规模经济带来的好处之外，成立乌克兰国防工业集团也回应了俄罗斯提出的一项要求，即给高度中央集权式的俄罗斯国防出口（Rosoboronexport）公司确定了一个可以进行对话的中间人。事实上，乌克兰国防工业和俄罗斯国防工业是紧密相连的，如乌克兰为在俄罗斯组装的主要系统提供零部件，并且俄罗斯国防工业和政府的代表难以确定是乌克兰国防部（Ministry of Defence）还是工业生产部（Ministry of Industrial Production）负责管理国防工业。②此外，乌克兰国防工业集团的创建也加强了总统对乌克兰国防工业的控制。

12.1.3　转折点

2013年11月，由于亚努科维奇总统拒绝签署《欧盟-乌克兰联盟协定》（EU-Ukraine Association Agreement）而引发的抗议导致了现在所谓的"尊严革命"，迫使亚努科维奇在2014年2月22日新的临时总统就职时逃离了乌克兰。

2014年3月俄罗斯将克里米亚并入以及对乌克兰东部分裂分子的支持，深刻改变了乌克兰人对俄罗斯的看法，并迅速使乌克兰与"侵略国"在国防领域的工业合作在政治上变得不可能。2014年3月29日，乌克兰国防工业集团发布了一项中止令，禁止其成员向俄罗斯出口军事产品和零部件。这是一个具有风险的决定，因为乌克兰新政府政治立场很强硬。事实上，大部分主要国防工厂都位于乌克兰南部和东部，那里的一部分人赞同俄罗斯的观点，不相信基辅的新机构。大规模失业可能对新政府构成直接威胁，因为它增加了分裂主义思想在俄语区城市的影响力。③6月16日，时任总统佩特罗·波罗申科（Petro Poroshenko）收紧了禁令，明确将军民两用产品包括在内。8月28日，波罗申科总统通过乌克兰国家安全和国防委员会（Ukrainian National Security and Defence Council）的一项决议加强了这一禁止令，禁止向俄罗斯出口所有最终军事用途产品（Malmlof，2016）。

这种野蛮切断工业联系的后果对两国都有很重要的影响。为了说明这项措施的影响，乌克兰提供了下列材料：

（1）位于扎波罗热（Zaporijia）的私营公司马达西奇公司（Motor Sich）为俄罗斯制造商（卡莫夫（Kamov）、米（Mil））生产的所有直升机提供发动机，为俄罗斯空军运

---

① Кабинет Министровпостановлением №993 «НекоторыевопросыГосу - дарственногоконцерна Укроборонпром», August 31, 2011.

② ValentynBadrak, Vasyl' Laptiychuk, Leonid Polyakov, Sergiy Zgurets, Potentials for cooperation between Ukraine and the European Union in the sphere of security, Konrad Adenauer Stiftung, Policy paper 19, May 2011. Oliker, Olga, Lynn E. Davis, Keith Crane, Andrew Radin, Celeste Gventer, Susanne Sonder-gaard, James T. Quinlivan, Stephan B. Seabrook, Jacopo Bellasio, Bryan Fred-erick, Andriy Bega, and Jakub P. Hlavka, Security Sector Reform in Ukraine. Santa Monica, CA: RAND Corporation, 2016.

③ Los Angeles Times, Ukraine's freeze on military exports to Russia carries risks, November 26, 2014.

输机(伊尔(Ilyushin)、雅克(Yak)、安东诺夫(Antonov)、贝瑞夫(Beriev))提供发动机,也为俄罗斯巡航导弹生产小型喷气发动机(Malmlöf,2016)。

(2) 位于基辅的安东诺夫公司生产战略运输机,包括俄罗斯国防部特别感兴趣的安-124和安-70,以及小型战术运输机安-148。

(3) 位于尼古拉耶夫(Mykolaiv)的乌克兰曙光机械设计科研生产联合体(Zorya-Mashproekt)专门为民用和军用船舶生产燃气涡轮发动机。俄罗斯海军计划采购的54艘水面战斗舰中,有31艘应该配备乌克兰曙光机械设计科研生产联合体生产的发动机(Kirchberger,2017)。

(4) 位于第聂伯罗(Dnipro)的乌克兰南方机械厂(Yuzhmash)为俄罗斯战略部队生产洲际弹道导弹(InterContinental Ballistic Missiles,ICBM),特别是R-36导弹(SS-18"撒旦"(Satan)),并负责在俄罗斯境内维护这些导弹。其他系统如RTP-2M Topol (SS-25"镰刀"(Sickle))和UR-100 NUTTkh(SS-19"匕首"(Stiletto))也受到了影响,因为它们的制导系统是由位于哈尔科夫(Kharkiv)的哈尔科夫科学制造协会(Khartron Scientific Combine)生产的。

(5) 空对空导弹,如中程R-27 (AA-10"阿拉莫"(Alamo))和R-73(AA-11"射手"(Archer)),由位于基辅的乌克兰公司阿蒂姆(Artem)制造,不过零件是从俄罗斯进口。R-73的红外搜寻系统也同样是由位于基辅的兵工厂生产的。俄罗斯在战斗机上部署的大部分空对空导弹就是这两种导弹。

(6) 军工厂还生产了安装在飞机、直升机的火炮和机枪的瞄准装置,并安装在米格和苏霍伊飞机以及卡莫夫和米系列直升机上。

12.1.4 俄罗斯和乌克兰的灾难

即使军事部件贸易仅占俄罗斯进口总额的4.4%,但据估计,其中有30%的部件难以替代。[①]因此,这一禁令对俄罗斯武装部队的现代化计划产生了巨大的影响,特别是直升机和战舰,这迫使俄罗斯工业要么复制部件,要么用从其他来源(主要是中国)进口的产品替代它们(虽然这增加了成本或降低了最终产品的性能)。俄罗斯还试图吸引乌克兰技术人员,以避免乌克兰制造的系统或部件的维护活动受到干扰。[②]一些乌克兰公司继续通过设在白俄罗斯或中国的公司向俄罗斯工业提供零部件,甚至将其出口产品列为民用产品。[③]此外,考虑到某些部件的战略影响,乌克兰安全局(Security Services of Ukraine)还调查并阻止盗窃、走私零部件以

① Sutyagin, I., Clarke, M., Ukraine Military Dispositions. The Military Ticks Up while the Clock Ticks Down, RUSI Brieging paper, April 2014, p. 6.

② Ukrainain Defense Review, April - June 2015, p. 8.

③ Ukrainian Week, Finding the balance, April 28, 2017.

及非法制造部件[①](Kirchberger,2017)。

乌克兰方面的情况则有所不同,但同样困难。乌克兰工业主要是面向出口的零部件工业,很少开发完整的武器系统(除T-84主战坦克和安东诺夫飞机外)。俄罗斯吸收了乌克兰防务出口的40%~70%[②],70%的乌克兰防务公司依赖向俄罗斯供应零部件。[③]2014年7月至2018年2月,乌克兰国防工业集团主任罗曼·罗曼诺夫(Roman Romanov)表示,"因为终止与俄罗斯的合作,我们的国防工业损失了33亿乌克兰格里夫纳(UAH)(2亿美元)。我们过去从俄罗斯联邦进口了大约30000种产品。"[④]

12.2 乌克兰的反应

为了应对乌克兰与俄罗斯国防工业脱离联系所产生的挑战,乌克兰采取了多种措施。第一,增加国家订单,用现代化装备重建乌克兰军队;第二,使用西方国家或乌克兰制造(乌克兰化,Ukraïnisation)的零部件替代进口的俄罗斯部件;第三,寻找新的出口市场,主要是北约和土耳其、中国等新兴国家;第四,改革乌克兰国防工业集团,制定新战略"乌克兰盾"(Ukrainian Shield),使其利润更高,对外国投资者更具吸引力,以生产更多技术密集型产品。

12.2.1 重建乌克兰军队

随着乌克兰东部冲突的加剧,其国防工业被动员起来满足乌克兰武装部队的需要。但乌克兰军队多年来的低投入和腐败行为使其缺乏战斗力(Puglisi,2015)。面对分裂主义武装力量的逼近,装备简陋但积极性极高的志愿营士兵最先做出反应。2014年7月,波罗申科总统任命前商人、总统竞选顾问罗曼·罗曼诺夫担任乌克兰国防工业集团负责人,并制定了明确的目标:"如今,乌克兰的产品将配备高精度武器系统、乌克兰无人机,以及乌克兰军队所需的一切——从防弹衣到热成像仪,数十亿人民的钱不能再花在不必要的研究项目上。"[⑤]乌克兰国防工业集团的生产已从几乎完全专注于出口转向满足乌克兰军队的内部需求,其中包括修复受损材料或恢复储存设备的作战能力。这种绝对优先考虑使得原本计划为出口而生产

① SBU, Kirovohrad region: SBU blocks supply of dual-use goods to Russia, June 23, 2018 and SBU, Kharkiv region: SBU blocks attempt to export dual-use goods to Russia, July 7, 2018.

② Ukrainian Defence Review, April - June 2014, p. 2. Washington Post, Ukraine factories equip Russian military despite support for rebels, August 15, 2014.

③ Foreign Affairs, Close Ranks, May 25, 2014.

④ UkrainainDefence Review, January - March 2015, p. 10.

⑤ Kyiv Post, Poroshenko: Ukrainian companies to produce everything Ukrainian army needs, May 25, 2014.

的设备重新定向。[①]然而，这些物资的重新定向和延误似乎并没有导致合同被终止。[②]

乌克兰武装部队的重建也意味着其军事支出的急剧增加(图12.1)。图12.1中数字以2016年不变美元价格表示，乌克兰国家货币(格里夫纳)在2013年底至2016年初对美元贬值了三分之二。

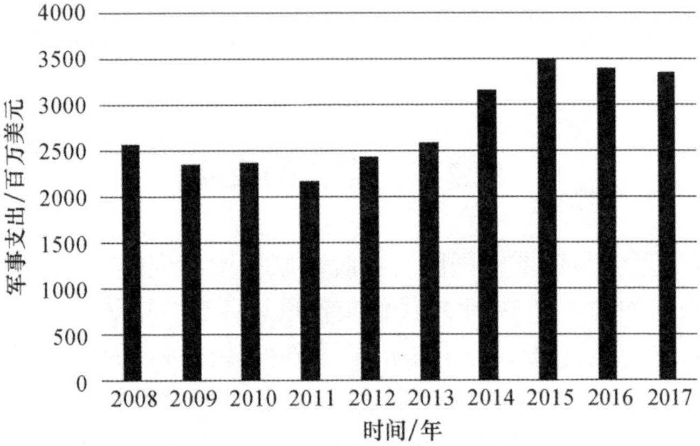

图12.1　2008—2017年乌克兰军事支出(2016年不变价格，百万美元)

资料来源：斯德哥尔摩国际和平研究所。

12.2.2　进口替代政策

随着与俄罗斯国防工业关系的中断，乌克兰国防工业集团需要找到3万件替代品，来取代俄罗斯公司提供的产品。[③]在第一份中止令一年后，乌克兰国防工业集团为其中三分之一的零部件找到了替代来源，其中大部分来自乌克兰的公司，其他来自欧洲和美国供应商。乌克兰国防工业集团还获准使用北约物资品种名称目录(NATO Item Name Directory)搜索工具，为乌克兰企业寻找替代供应商。2015年，乌克兰国防工业集团启动了乌克兰地方政府的进口替代项目。乌克兰国防工业集团聘请超过447家公司来提供原先从俄罗斯进口的零部件，这些企业中主要

① 必须交付给刚果军队的T-64BV-1主战坦克已重新分配给乌克兰武装部队。向刚果民主共和国承诺的坦克最终在2016年才交付。为泰国生产T-84 Oplot主战坦克的交付也被严重推迟。

② 乌克兰国防工业集团第一副总干事塞里·平卡斯(SerhiyPinkas)表示："到目前为止，我们的首要任务是满足国内市场的需求。我们与我们的合作伙伴进行了安排，他们同意推迟完成几项合同的截止日期，特别是因为他们知道我们的装备将进行实际的战争试验，因此他们将对其进行改进和升级。仅在过去几个月中，BTR-3E和BTR-4车辆的工程文件和手册就发生了约1000处变化。没有一份合同被终止，也没有一分钱的罚款强加给我们。因此，我们能够专注于国内订单，同时保持我们在外部市场的存在。"《乌克兰国防评论》，2015年4—6月，第9页。

③ Ukrainian Defence Review, January - March 2015, p. 10.

是中小企业。[①]由于这一进口替代政策，乌克兰国防工业集团于2018年宣布，在BTR-4装甲车上使用的乌克兰部件比例，从2014年的45%上升到了2017年的88%，其中12%来自进口，但其中没有俄罗斯零部件。

12.2.3 “乌克兰盾”战略

乌克兰国防工业集团制定的“乌克兰盾”战略始于2016年，其主要目标是集中发展高技术国防产品，采用国际标准（主要是北约标准），以便进入高端国防市场，并向乌克兰军队提供现代化装备。首要目标是成为世界上最大的武器出口国之一，用波罗申科的话说就是“跻身世界前五大武器出口国之列”。[②]

1. 关注技术

在冲突发生前乌克兰国防预算削减，存在大量库存，外国投资者难以与乌克兰公司合作，以及重点放在对苏联设计装备的维护和改进，这些都使得乌克兰国防工业受到投资不足的困扰。“乌克兰盾”战略旨在针对这些问题做出改变，开发技术密集型的新产品，从而提高利润。

实现这一目标的第一步是吸引外国投资，发展与欧洲和美国公司的工业合作，以获得技术转让。乌克兰国防工业集团为吸引投资给出的理由是，乌克兰武器生产经验丰富，乌克兰工人和工程师资历高，但劳动力成本低廉。[③]

加强乌克兰国防工业集团所开发武器的技术含量的另一个途径是与乌克兰的大学和研究中心建立伙伴关系。[④]通过与这些机构签署了谅解备忘录，可允许乌克兰国防工业集团使用其研究设施，并为那些对国防工业感兴趣的学生开设课程。

通过营造有利于创新的文化并为此投入资金，技术也可以来自乌克兰国防工业集团内部。这就是为什么乌克兰政府聘请布什政府时期美国国防部高级研究计划局（DARPA）前负责人安东尼·泰瑟（Anthony Tether）来重组乌克兰的国防科学和技术部门。[⑤]泰瑟还被提名为乌克兰国防工业集团的监事会成员。他们想复制美国国防部高级研究计划局，创建一个平台，将开发商、初创企业、投资基金和军方聚集在一起。这个平台被命名为“高级研究与开发总局”（General Advanced Research & Development Agency，GARDA），关于其地位和职责仍在与国家创新金融机构

① UkrOboronProm, “Ukroboronprom” in 2017: Import Substitution-21 Regions and 447 Enterprises, January 15, 2018.

② UkrOboronProm catalogue 2016-2017, p. 5.

③ 乌克兰国防工业集团的广告称，乌克兰工人每小时工资1.20美元，比中国工人便宜。这种竞争优势主要得益于乌克兰货币在2014—2015年的大贬值。Kyiv Post, Ukrainianarms exports falling short of lofty goals, October 27, 2016.

④ 乌克兰国防工业集团于2016年2月26日披露，该集团将实施国内领先大学专家创新计划。

⑤ Defense News, What is DARPA doing in Ukraine? March 1, 2018.

(State Finance Institution for Innovations, SFII)的谈判中,该机构在经济发展和贸易部(Ministry of Economic Development and Trade)的授权下运作,可以作为"乌克兰式国防研究平台"的基础。[①]

2. 集群化

乌克兰国防工业集团拥有100多家公司,这是造成重复、内部竞争和缺乏协调的原因。这种情况给管理复杂武器系统开发造成了困难。为了使公司的工作合理化,并改善武器系统的生产周期,乌克兰国防工业集团开始了"集群化"政治。[②]确定了几个集群领域:航空、装甲车、造船、高精度武器以及雷达、通信和电子战。每个集群将围绕一个领先公司组织为一个生态系统。2016年5月创建的第一个集群是乌克兰飞机公司(Ukrainian Aircraft Corporation, UAC),航空集群是围绕着安东诺夫组建的。创建这个集群将有助于简化生产,促进与私营伙伴的合作,集中采购原材料,并制定共同的营销和销售战略。[③]这些集群建立还可以在替代俄罗斯零部件供应方面发挥作用。

3. 采用国际标准

自从与俄罗斯工业中断联系以来,采用国际标准,特别是北约标准,一直是乌克兰政府的座右铭。波罗申科总统曾多次表示,希望到2020年全面过渡到北约标准。[④]一些政治原因或许可以解释这一雄心勃勃的目标,在冲突爆发后,依附北约确实是乌克兰外交政策的优先事项。因此,乌克兰政府可能希望确保在做出政治决定时,在乌克兰依附北约问题上不会有新的技术上的障碍。此外,采用北约标准之所以重要还有军事原因。乌克兰军队在训练和安全部门改革方面得到北约的大量帮助。乌克兰武装部队越来越多地与北约国家展开合作(如立陶宛-波兰-乌克兰联合旅(LITPOLUKRBRIG))[⑤],这需要符合北约标准的武器装备。

但采用北约标准或生产至少与北约国家装备兼容的产品也有经济动机。正如2014年7月至2018年2月,乌克兰国防工业集团主管罗曼·罗曼诺夫所解释的:"这(采用北约标准)是一个国防能力问题,也是一个运营问题,因为我们正在欧洲开拓新市场,而不仅仅是在亚洲或非洲"。[⑥]因此,乌克兰国防工业集团的经济目标是能

---

① Interfax Ukraine, Zgurovsky: A financial audit of Ukroboronprom will answer the question about the past, a strategic audit-about the future of the concern, 31 juillet 2017.

② UkrOboronProm, Clustering (http://ukroboronprom.com.ua/en/reforms/ reforms-kluster).

③ Forecast International, Antonov Becomes Cornerstone of New Ukrainian Aircraft Corp, August 23, 2016.

④ Radio Free Europe/Radio Liberty, Poroshenko Says Ukraine to Meet NATO Standards By 2020, July 10, 2017.

⑤ 立陶宛-波兰-乌克兰联合旅(LITPOLUKRBRIG)是一支由来自立陶宛、波兰和乌克兰军队组成三国部队,最初成立是为了部署于维和任务,但也有能力参加北约的联合演习。它以欧盟战斗群模式为基础,按照北约标准运作。

⑥ Ukrainian Defence Review, January - March 2015, p. 11.

够进入西方国防工业供应链，并与北约国家在国防项目上进行合作。2017年，北约支持和采购局(NATO Support and Procurement Agency，NSPA)提出将乌克兰国防工业企业列入国防制造商名单，这意味着乌克兰国防工业集团可以参与向北约或北约成员国提供产品和服务的招标程序。[①]

根据北约标准认证装备存在一个特殊问题，即乌克兰没有可进行装备测试并提供此类认证的机构。因此，乌克兰公司必须在国外进行认证。乌克兰认证中心的问题十分重要，因为这一程序费用很高(弹道保护设备的测试费用为5万欧元，装甲车的测试费用高达90万欧元)[②]，设立测试中心、协助培训人员和执行认证程序是北约—乌克兰联合委员会(NATO-Ukraine Commission)，特别是北约—乌克兰国防和技术合作联合工作组(NATO-Ukraine Joint Working Group on Defence and Technical Cooperation)议程的组成部分。

12.3 出口市场的挑战

12.3.1 维护、维修、大修和升级俄罗斯武器系统

乌克兰国防工业在苏联装备，特别是飞机和装甲车的升级和维护方面拥有相当多的专业知识。在飞机领域，乌克兰防务企业包括民用航空410厂(Plant 410 of Civil Aviation，专门生产安东诺夫运输机)、科诺托普飞机修理厂(Konotop Aircraft Repair Plant Aviakon，维修米系列直升机)、尼古拉耶夫飞机修理厂(Mykolaiv Aircraft Repair Plant NARP，维修苏-24、伊尔-76)、扎波罗齐国家航空维修厂(Zaporozhye State Aviation Repair Plant MigRemont)和利沃夫国家航空维修厂(Lviv State Aviation Repair Plant，维修苏霍伊和米格飞机)。考虑到安东诺夫、伊柳申、米格和苏霍伊在全球范围内出口的飞机数量，维修和现代化这些飞机的市场对于那些没有能力购买新飞机的国家来说仍然很重要。[③]美国最近对俄罗斯武器买家的制裁也将提高乌克兰企业对苏联装备现代化的吸引力。

乌克兰国防工业也因其装甲车和主战坦克的技术而闻名。乌克兰公司建议为履带式装甲车辆提供现代化装备，包括升级发动机、火控系统、装甲和反应装甲。[④]除了车辆的现代化，乌克兰工业部门还开发了一系列武装炮塔[⑤]，可改装搭载在BMP或BTR装甲车辆上，以增加火力。在主战坦克方面，乌克兰国防工业提供了

---

① Ukroboronprom, NATO opens the door for Ukrainian defense industry, May 29, 2017.

② 乌克兰防务企业联盟对外关系主任乌利亚·维索茨卡娅(Ulia Vysotskaya)说："我们不要求北约提供资金，但我们要求信息和方法上的帮助。"

③ Youtube, Interview of Denys Gurak at New Ukraine Investment Conference 2017, July 7, 2017.

④ 例如，日托米尔装甲厂提出的BMP-1UMD。

⑤ 比如Shturm, Shkval, Parus或Grom炮塔。

一整套车辆，从较为便宜的T-64-E到现代化的T-64BV。乌克兰仍有大量的苏联坦克（主要是T-64和T-72），被遗弃在坦克仓库中，可以进行维修和现代化改造。①这类现代化改造可能使这些车辆达到北约标准。乌克兰国防工业集团与波兰公司塔恩机械厂布玛-拉邦迪（ZakładyMechaniczne “Bumar-Łabędy”）合作，使T-72主战坦克符合北约标准，其中包括由哈尔科夫·莫洛佐夫机械制造设计局（Kharkiv Morozov Machine-Building Design Bureau）设计的120毫米炮。②

12.3.2 合作生产和技术转让

乌克兰国防工业并不只专注于对苏联设计的装备进行大修。它的目标是创造新的设计，从国际合作伙伴那里获取新技术。有些国家对开发特定产品特别感兴趣，以便获得特定领域的专门知识。最好的案例是与沙特阿拉伯王国阿卜杜勒•阿齐兹国王科技城（King Adbulaziz City for Science and Technology，KACST）和塔克尼亚航空公司（Taqnia Aeronautics）联合开发安-132D运输机。沙特政府已经订购了6架安-132D，并有意购买80架不同型号的飞机，其余飞机将在沙特阿拉伯组装。沙特公司可以生产多达60%的飞机部件。③因此，联合开发安-132D提高了沙特国防工业在航空航天领域的能力。④此外，其他合作生产协议还包括与海湾国家就反坦克导弹达成的协议。⑤

12.3.3 与具体国家合作

1. 波兰

随着乌克兰国防工业集团和波兰军工集团（Polska Grupa Zbrojeniowa，PGZ，Polish Armement Group）的合作日益紧密，波兰国防工业发挥着重要作用。这一合作得到了两国最高政治层面共同战略愿景的支持。在2014年，当其他欧洲国家对乌克兰采取了相当严格的限制性出口政策时，波兰仍向乌克兰提供军事装备。

2016年12月，波兰和乌克兰国防部部长签署了国防合作协议，确定了24个合作领域，包括国防领域的工业合作，如联合军事研究项目、新武器系统开发和苏联装备现代化。

一些具体的工业合作也在进行中，如在乌克兰RK-3考尔萨（Korsar）的基础上，开发波兰的反坦克导弹“海盗”（Pirat）。波兰电子公司WB电子与乌克兰私营

---

① Kyiv Post, War machines arise from Kyiv's "tank cemetery", October 17, 2015.

② Ukroboronprom, Tank PT-17 for Poland meeting NATO standard: role for Ukraine and a new level of Ukrainian defense, September 8, 2017.

③ Aviation Week, TaqniaTo Build An-132D In Saudi Arabia, January 18, 2017.

④ IHS Jane's Defence Weekly, Antonov's An-132 makes maiden flight, April 3, 2017.

⑤ UkrOboronProm, PavloBukin: stable loading of production capacities does not depend on export, it depends on the state defence order, May 31, 2018.

公司切扎拉公司(JSCCheZaRa)合作设计了一种游荡弹药。WB电子公司还与乌克兰阿蒂姆(Artem)公司建立了一个合作联盟,为波兰空军提供R-27空对空导弹。这两家公司还开发了ZRN-01(Stokrotka)多管火箭发射系统。[①]其他合作项目包括为波兰军队坦克现代化提供乌克兰生产的电源组,以及从波兰光电器件公司(PCO)为乌克兰日托米尔装甲工厂(Ukrainian Zhytomyr Armoured Plant)提供光电组件。[②]乌克兰和波兰两国都有兴趣以马达西奇公司(Motor Sich)设计MSB-6 Ataman和索科尔(Sokol)设计W-3的经验为基础,开发一种新型多用途直升机。[③]开发无人机、防空系统、自行火炮、海上巡逻机和精确制导弹药也是可能的联合开发项目。[④]

2. 土耳其

乌克兰和土耳其在国防部门的工业合作在过去几年中取得了新的进展。两国在黑海力量均衡问题上有着共同的战略考虑,但在产业方面也存在互补性差距。俄罗斯并入克里米亚后,乌克兰失去了大部分海军资产,所以乌克兰对土耳其的造船技术非常感兴趣,而土耳其则对乌克兰的装甲车(主要是主战坦克)和航空设计技术感兴趣。土耳其是北约成员国,这也是乌克兰对工业合作有浓厚兴趣的另一个原因。此外,由于土耳其政权开始变得越来越专制,欧洲政府不愿意向土耳其发放出口许可证,从而加强了乌克兰的贸易地位。[⑤]乌克兰和土耳其两国签订了众多的军事装备合同和国防工业合作项目。土耳其最近为在叙利亚部署的主战坦克订购了乌克兰的硬杀伤防御系统[⑥],同时,乌克兰则订购了阿塞尔桑公司(Aselsan)的通信设备,并进行了大量技术转让。2017年5月,土耳其航空工业公司(Turkish Aerospace Industries)和安东诺夫公司就为乌克兰陆军开发军用无人机签署了一份谅解备忘录[⑦],并在2018年7月统一成立一家合资企业。同时,安东诺夫和阿塞尔桑公司签署了另一份备忘录,为安-178运输机提供电子设备。[⑧]目前,双方正在讨论联合开发一种新型重型军用运输机安-188。[⑨]其他合作领域还包括弹药生产、弹道导弹、雷达技术和喷气发动机。[⑩]

① WeapoNews, "Daisy" -a miracle the Polish-Ukrainian engineering, 1 September 8, 2017.

② Defence24, MSPO 2017: Polish-Ukrainian Stokrotka Rocket Launch System, September 9, 2017.

③ Defense News, Ukraine, Poland to jointly build helicopters, April 26, 2017.

④ Ukrainian Defense Review, July-September 2017, p. 13.

⑤ 2017年,奥地利和德国拒绝向土耳其出口本应安装在土耳其阿勒泰主战坦克项目上的柴油发动机,而乌克兰在这些发动机方面拥有真正的专业知识。

⑥ 国防博客,2018年2月28日,土耳其将为坦克装备一种新的高科技保护系统。

⑦ Ukroboronprom, Ukroboronprom breakthrough: IDEF-2017 results, May 12, 2017.

⑧ IHS Jane's, IDEF 2017: Aselsan, Antonov team up on aircraft electronics, May 10, 2017.

⑨ Defense News, Turkey, Ukraine advance An-188 co-production talks, July 27, 2018.

⑩ Kyiv Post, Ukraine, Turkey deepen defense cooperation, 27 Octobre 2017.

12.4 加强质量控制的必要性

考虑到一些武器系统的高预算和长生命周期，声誉也是国防工业的一项重要资产。乌克兰国防工业集团的领导层意识到，乌克兰工业必须改变20世纪90年代和21世纪头十年的声誉，这段时期乌克兰以人所共知的不正当交易和低质量标准而闻名。[①]在这方面，乌克兰工业错过了一些机会，这里将提到两个具体合同。第一份合同是2009年伊拉克政府订购了450架BTR-4，这是乌克兰独立以来最重要的军事合同。尽管存在腐蚀问题，伊拉克当局仍接收了第一和第二批车辆，但第三批车辆被拒绝了，因发现了底盘生锈和装甲板开裂的问题。哈尔科夫莫洛佐夫机械制造设计局（Kharkiv Morozov Machine Building Design Bureau，KMDB）的检查员检查了前两批车辆，发现存在许多问题。在交付给伊拉克并由哈尔科夫专家测试的88辆BTR-4装甲运兵车中，只有56辆能够启动。在能够启动的56辆车中，只有34辆能够行驶。其中有10辆装甲运兵车启动器存在故障（或完全没有启动器）。[②]

另一份具有破坏性的合同是乌克兰国防工业集团旗下的敖德萨航空工厂（Odessa Aviation Plant）翻新克罗地亚的米格-21战斗机。2015年，克罗地亚政府选择了乌克兰特种进出口公司（UkrSpets Export）翻新7架克罗地亚米格-21战斗机，并购买5架其他二手飞机。当这些飞机返回克罗地亚时，只有三架喷气式飞机能够运行，考虑到技术文件与零部件序列号不符，人们对零部件的原产地存在严重质疑。除此之外，从乌克兰购买的五架喷气式飞机似乎实际属于也门空军。[③]此后，两名克罗地亚国防部雇员因腐败指控而被起诉。[④]

12.5 吸引投资

12.5.1 腐败与透明度

腐败是乌克兰社会的真正威胁，就连国防部门也未幸免。许多可疑合同的案件已经被揭露出来，有些表明在工业部门和政府之间存在明显的利益冲突。[⑤]军队

---

① Youtube, Interview of Denys Gurak at New Ukraine Investment Conference-2017, July 7, 2017.

② ZN.ua, Из 88 поставленных в Иракукраинских БТР-4 завестиудалосьлишь 56 машин, May 20, 2017.

③ Defense News, Croatia Probes Fighter Jet Deal With Ukraine Amid Corruption-Claims, March 29, 2016.

④ Balkan Insight, Croatia Indicts Two for Ukraine Jet Deal Bribery, December 30,-2016.

⑤ 有几个案例，Foreign Policy, Ukraine's anti-corruption-Agency Alleges Fraud in Arms Industry, December 21, 2017 and Kyiv Post, Corruption-Kills, March 16, 2018. BBC, Corruption claims taint Ukraine military, December 7, 2016.

采购系统的保密性是导致腐败行为的最大诱因之一。乌克兰购买的95%的武器和军事装备被视为“国家机密”,这导致了单一来源合同、更高的价格、裙带关系、腐败风险以及产品质量较低等问题。[①]由于乌克兰国防工业集团越来越多的利润来自政府订单,因此提高政府采购决策的透明度至关重要。腐败也是乌克兰国防工业集团内部的威胁,它导致其无法履行订单,并交付低质量产品。普罗佐罗(ProZorro)是由民间社会设计的在线电子采购系统,于2014年11月推出,旨在提高乌克兰国防工业集团的采购系统的透明度,增加供应商之间的竞争。但是,如果普罗佐罗出现一些可疑交易,问题出在执法机构和法院,这些案件往往会不了了之。因此,乌克兰国防工业的腐败问题是包括司法制度改革在内的更大问题的一部分。

12.5.2 法律框架的转变

为了吸引投资并与西方工业部门合作,乌克兰国防工业集团需要从一个非常不透明、效率低下的公有制公司,转变为一个能够建立合资企业并接受技术转让的现代企业集团。罗曼·罗曼诺夫在2014年7月被任命为乌克兰国防工业集团的主管,他实施了旨在使乌克兰国防工业集团再次盈利的管理改革。这些改革包括引入原材料采购电子招标以减少裙带关系和腐败,解雇无效的公司董事,简化物流链,发布活动报告等。[②]罗曼诺夫还提议将乌克兰国防工业集团公司化,设立监事会,由大型审计公司进行审计。监事会于2018年1月正式履职,2017年11月公布了审计招标公布,但截至2018年9月尚未做出决定。此次财务审计将提高乌克兰国防工业集团实际价值的透明度,从而使外部投资者明确是否有机会投资于该集团,以实现其生产链的现代化。如果选举产生的下一届政府选择继续这一进程,那么乌克兰国防工业集团企业化以及向股份制公众公司的转型应该在2020年初前完成。[③]

为满足乌克兰武装部队需求而进行的政府采购,其法律框架也必须加以调整。除了透明度问题外,最大的问题是政府根据生产成本制定的固定价格,这使得公司的利润空间非常小,无法继续再投资于生产线或进行研发。[④]乌克兰国防工业集团的总干事帕夫洛·布金(PavloBukin)说:

“国防订单中的定价和价格控制问题是当前需要解决的问题之一。到目前为止,我们有国家的国防订单系统,在这个系统中,国防部,这个唯

① Transparency International Defence and Security, Transparency International-Ukraine, Six Red Flags: The most Frequent Corruption Risks in Ukraine's-Defence Procurement, June ,2018.

② Slideshare, UkrOboronProm – The year of accomplishments, July 10, 2015.

③ Interfax Ukraine, Zgurovsky: A financial audit of UkrOboronProm will answer-the question about the past, a strategic audit-about the future of the concern, July 31, 2018.

④ League of Defence companies of Ukraine, Representatives of the League took part-in a seminar on development of the defense industry complex, October 11, 2018.

一客户完全控制产品的成本、盈利能力和员工工资，这是由经济发展和贸易部的监管和部门指南确定的。”①

当通货膨胀严重且没有自动机制来修改订单和交货之间的价格时，定价政策将成为制造商的又一大障碍。

12.6 私营企业

乌克兰国防工业集团拥有大约100家公司，代表着乌克兰国防工业的主体部分。但如果不考虑占据乌克兰国防工业集团越来越多市场份额的私营防务公司，那么国防工业的图景是不完整的。如果说乌克兰国防工业集团在2014—2015年完成了乌克兰国防订单的60%~70%，那么由于私营企业的崛起，这个比例现在已不到50%了。2016年底，私营防务公司成立了名为“乌克兰防务公司联盟”(League of defence companies of Ukraine)的公众协会，以捍卫其利益，建立与国有公司公平竞争的环境。“乌克兰防务公司联盟”有50多家公司，包括普拉提卡公司(Practika，装甲车)、Radionix和JSC控股公司、乌克兰武器进出口公司(UkrSpetsTechnika，雷达和电子对抗措施)和TEMP 3000公司(个人弹道防护)。“乌克兰防务公司联盟”的核心主张围绕着乌克兰国防工业集团的特定能力展开，使其一直处于利益冲突的环境中。事实上，虽然它不是一个监管机构，但它负责为私营企业战略物资贸易发放进出口许可证。私营企业还必须使用特定的出口商服务，如乌克兰国防技术出口集团(Ukrinmash)或乌克兰特种设备进出口公司(Spetstekhnoeksport)都隶属于乌克兰国防工业集团，拥有谈判出口合同和确定价格的独家权利。这些特定出口商还对交易收取佣金，使出口合同的价格提高5%~20%。②因此，乌克兰国防工业集团阻止其直接竞争对手签订出口合同的可能性是非常高的。③目前，乌克兰国内正在修订法律框架，以允许私营公司按自己的价格直接出口。④此外，乌克兰国防工业集团的领导层以及乌克兰部委级决策者之间的密切关系往往意味着，他们所签订的国家订单是围绕根据乌克兰国防工业集团可以生产什么，而不是军队真正需要什么来决定的，⑤这使得私营企业处于不利地位。

① Defense Express, International Conference “Legislative Provision of Parliamentary-Control in the Defense Industrial Complex of Ukraine”, March 19, 2018.

② Unian, Ukrainian arms export in 2016, August 11, 2017.

③ Kyiv Post, UkrOboronProm breeds conflicts of interest in lucrative foreign arms-sales, April 2, 2018.

④ OPK, Ukrainian normative and legal base allowes the enterprises of all forms of-property to leave the international market independently - deputy minister of-Economic Development and Trade, October 9, 2018.

⑤ Carnegie, Ukraine’s Toughest Fight: The Challenge of Military Reform, February-22, 2018.

12.7 结 论

以公共财团乌克兰国防工业集团为主要代表的乌克兰国防工业正处于十字路口。乌克兰国防工业继承了苏联工业综合体的很大一部分，但在独立的头几年，由于武装部队的订单少，国内存在大量库存以及普遍存在的腐败，乌克兰国防工业一直被忽视。乌克兰国防工业集团成立于2011年，主要是通过为在俄罗斯组装的武器系统提供零部件，来满足更好地与俄罗斯工业界合作的需求。“广场革命”(Maidan revolution)以及随后发生的与俄罗斯的冲突迫使乌克兰政府停止了这些产品和技术的转让，乌克兰国防工业集团不得不进行彻底的转型。乌克兰国防工业集团不得不将其生产从传统的出口市场转向为乌克兰军队提供现代装备，同时还要寻找新的零部件供应商以取代俄罗斯的供应商。根据新战略，乌克兰国防工业集团将专注于技术密集型产品，采用北约标准，发展产业集群，并推动企业化进程。目前，这些改革正在等待乌克兰议会通过新的立法，以便将乌克兰国防工业集团从国有公司转变为股份制上市公司。计划于2019年进行的国际审计将是一个里程碑，将揭示乌克兰国防工业集团的真实状况，从而揭示它对于国际投资者的吸引力。吸引私人投资和技术转让对乌克兰国防工业的未来就显得至关重要，因为苏联装备现代化市场虽然目前前景看好，但不可能永远持续下去。

参考文献

Hugh Griffiths and Aaron Karp (2008) Ukraine: Coping with Post-Soviet Legacies, *Contemporary Security Policy*, 29:1, 202-228.

Rosaria Puglisi (2015) Heroes or Villains? Volunteer Battalions in Post-Maidan Ukraine, IAI Working Papers, 15:8 www.iai.it/sites/default/files/iaiwp1508.pdf

Sarah Kirchberger (2017) The end of a military-industrial triangle: Arms-industrial co-operation between China, Russia and Ukraine after the Crimea crisis, *SIRIUS-Zeitschrift Für Strategische Analysen*, 1, 1-19.

Tomas Malmlöf (2016) A Case Study of Russo-Ukrainian Defense Industrial Cooperation: Russian Dilemmas, *The Journal of Slavic Military Studies*, 29:1, 1-22.

第13章　瑞士国防工业

基斯·哈特利

13.1 引　　言①

瑞士的国防政策有两个鲜明特点。首先,它由地理位置主导。其次,它奉行中立政策。本章概述了瑞士的国防经济,包括军事支出和国防工业。

13.2 军事支出

瑞士是一个内陆国家,地处山区。山脉形成了抵御任何入侵力量的天然屏障。国防重点保护主要的山口和隧道。历史上,这些战略要地都是用堡垒来防御的,其目的是通过威胁会给任何入侵者造成巨大代价来阻止侵略。瑞士的中立政策意味着其军队虽然参与了国际维持和平任务,但不会参与其他国家的武装冲突。批评者质疑尤其是对于瑞士这样没有敌人的中立国是否需要一支军队。此外,鉴于其地理位置,瑞士可以利用欧洲的国防能力"搭便车"。

瑞士的国防由联邦国防、民防和体育部(Federal Department of Defence, Civil Protection and Sport,相当于瑞士的国防部)提供。瑞士的武装部队由陆军和空军组成,主要是征召的武装力量(兵役期为260天)。军队还通过一支小型巡逻艇舰队提供海上防卫。武装部队人员总数约为16万人,他们的任务是保卫家园。

表13.1列出了瑞士国防支出水平的数据。从1988年至2017年间,实际军事支出在1990年达到顶峰,随后在冷战结束后下降,尽管在2015年至2017年实际支出有所增加。该表还显示了瑞士的国防负担,以国防在国内生产总值中所占比重的形式表示。在1988年至2017年间,国防负担几乎减少了一半,从1988至1990年间占GDP的1.6%下降到了2010年至2017年间的0.7%。国防负担的减少是瑞士和平红利的标志。

① 本章由基思·哈特利(Keith Hartley)作为联合编辑撰写。因为无法找到一位愿意并能够在规定时间范围内完成书稿的瑞士本国作者。瑞士章节之所以被列入本书中,是因为它有一家公司(鲁埃格)进入了斯德哥尔摩国际和平研究所百强武器生产公司之列。

表13.1　瑞士的军事支出

年份/年	总支出(2016年价格)/百万美元	国防支出占GDP的比重/%
1988	6828	1.6
1990	7383	1.6
1995	6162	1.4
2000	5112	1.0
2005	4496	0.9
2010	4256	0.7
2015	4395	0.7
2017	4630	0.7

数据来源:SIPRI(2019a)。

13.3　国防工业

关于瑞士国防工业的数据有限,主要来源是贸易协会的数据、公司报告和互联网。这些提供了瑞士国防规模和结构的信息。

13.3.1　国防工业规模

以就业衡量,2013年国防工业规模超过1万名员工。国防工业的规模是波动的。1990年,武器生产方面的直接就业人数约为9700人,但2000年下降至3700人(Armada,2013;GS,2013)。随着国家从独立政策向相互依赖政策的转变,国防工业规模反映了瑞士国防政策的变化。瑞士军队规模的缩减意味着国内武器市场规模的大幅度减小,这对国内武器生产商产生了不利影响。

瑞士国内武器市场规模小,民兵部队需求的是大量的简单武器(如步枪),而不是几件要求训练有素、长期服役的军事人员使用的昂贵武器。从历史上看,国家自治需要国内的武器工业,但独立的成本太过高昂。国防工业应对国内市场下滑的做法是出口。据称,国内市场对国防工业的生存来说“规模太小”,出口“至关重要”。但是,瑞士政府的中立政策是瑞士武器出口和国防工业规模的主要限制因素。

13.3.2　国防工业结构

瑞士国防工业由大量的小型公司和一些类似垄断竞争的大公司组成。据估计,总共有约100家公司(Armada,2013)。这些公司提供了一系列产品和服务:有些是大型跨国公司的子公司;有些专门从事国防业务;有些同时提供军事和民用物资与服务。

国防工业的重大重组始于20世纪90年代末，涉及裁员以及所有权和结构的变化。军用车辆生产商莫瓦格（Mowag）公司最初被美国通用汽车公司收购，后来被美国通用动力公司收购。防空系统制造商厄利空·康垂斯公司（Oerlikon Contraves）被德国莱茵金属公司收购。2000年，瑞士工业集团（Swiss SIG）的小型武器业务与瑞士武器公司（Swiss Arms）和两名企业家收购的业务一起出售了，由此，前瑞士工业武器公司集团（SIG Arms group）在瑞士的生产规模缩小了。1999年，联邦军备企业从前国防采购局（Defence Procurement Agency）分离出来，转为一家有限公司，并重组为一个集团，这些变化也影响了鲁埃格公司（RUAG）。

瑞士主要的军火公司见表13.2。鲁埃格公司主导着瑞士国防工业，其他主要的公司包括莱茵金属防务（Rheinmetall Defence）公司瑞士股份公司、皮拉图斯（Pilatus）、莫瓦格和泰利斯（Thales）。其他瑞士武器公司包括安代儿（Andair，生产防护器材）、阿托斯（Atos，提供信息技术服务）、卡西迪安（Cassidian，信息技术和通信）、瑞士电子合同制造商（Swisstronics Contract Manufacturing，电子）、梅托拉博尔（Meteolabor，生产防雷保护器）、罗斯基·罗德和施瓦兹股份公司（Roschi Rohde and Schwarz AG，提供通信解决方案）以及系统组装（Systems Assembling，生产军用电缆、飞机安全带：Armada，2013）。瑞士还有一个航空航天集群，由航空航天行业的中小型瑞士公司组成，包括军事和民用企业。下面简要介绍主要公司的情况。

表13.2 瑞士主要的军火公司

公司	国防业务	国防就业人数/人	公司总就业人数/人
鲁埃格	瑞士武装部队的维护和修理	2500	9000
莱茵金属防务	防空系统	1300	11,832
皮拉图斯飞机	教练机	875	2113
通用动力欧洲陆地系统-莫瓦格	装甲车辆	750	2200
泰利斯瑞士	战术通信	220	66,000

注：2017年就业人数。

来源：Armada（2013）；FC（2019）；皮拉图斯（2017）。

1. 鲁埃格公司（RUAG）

鲁埃格公司是瑞士最大的军火公司，2016年，在斯德哥尔摩国际和平研究所百强企业中排名第87位。鲁埃格公司成立于1998年，在航空和国防工程领域享有国际声誉。它是其主要客户——瑞士武装部队升级和维护武器系统的工业合作伙伴。瑞士联邦（Swiss Confederation）是其主要股东，但2019年发生了重大变化，当时关于公司未来发展的决定包括将其业务“分拆”，计划将该公司从一家军工企业发展为一家航空航天技术集团，并在中期内进行私有化（DDPS，2004；FC，

2019)。2020年1月，鲁埃格公司成为一家新的控股公司，旗下包括两家子公司，即维护、维修和大修瑞士公司(MRO Switzerland)和鲁埃格国际公司(RUAG International)。维护、维修和大修瑞士公司负责向瑞士武装部队提供服务，雇佣约2500人。鲁埃格国际公司雇佣了约6500名员工，将负责航空航天领域的其他业务，并计划在中期进行私有化。私有化计划包括出售小口径弹药专业供应商鲁埃格弹药公司(RUAG Ammotec)，联邦委员会认为它出售不会影响供应安全(FC,2019)。

2. 莱茵金属防务公司:RWM瑞士股份公司

莱茵金属防务集团是一家专门从事国防技术、安全设备和军用车辆(包括“豹”式坦克)的德国公司。它在瑞士的子公司是瑞士最大的私营防务公司之一。RWM瑞士股份公司的前身是奥利康-康特拉夫斯公司(Oerilkon Contraves Pyrotec)，专门从事包括智能弹药在内的中口径弹药的开发和制造。该公司在苏黎世、阿尔道夫设有工厂，并在澳克森布登设有测试中心。

3. 皮拉图斯飞机公司

皮拉图斯飞机公司(Pilatus Aircraft)是一家私营公司，也是一家生产军用教练机和商务飞机(包括公务机)的集团成员。2017年，皮拉图斯飞机公司实现了近10亿美元的销售额；武器销售占总销售额的54.4%；总销售额的利润率为13.7%。皮拉图斯飞机公司几乎一半的业务是民用航空，因此它不是一家依赖国防业务的公司。

4. 通用动力欧洲陆地系统-莫瓦格公司

通用动力欧洲陆地系统公司(General Dynamics European Land Systems, GDELS)是通用动力公司在欧洲的分支。通用动力欧洲陆地系统公司于2004年收购了瑞士莫瓦格公司，莫瓦格是世界上最大的运兵车制造商。莫瓦格成立于1950年，其“食人鱼”系列是成功的轮式装甲车，在全球范围内有20多支军队在使用。其瑞士工厂位于克罗伊茨林根(Kreuzligen)。

5. 泰利斯瑞士公司

泰利斯瑞士公司是瑞士军队的承包商，为其他陆地项目提供指挥、控制和信息系统、直升机模拟器和系统。此外，瑞士泰利斯-阿莱尼亚航天公司(Thales Alenia Space Switzerland)于2016年收购了鲁埃格公司的光电业务，拥有75名员工。

13.3.3　国防工业行为

国防工业行为涉及各种形式的价格和非价格竞争。例如价格折扣、广告、产品差异化、研发和政治游说。非法活动包括各种形式的贿赂及以现金和实物支付的腐败款项。企业将根据瑞士公共采购规则和合同的潜在竞争对手数量，确定价格和非价格竞争的精确组合。

瑞士国防装备采购局(Armasuisse)是瑞士的采购机构，它必须在竞争性采购和非竞争性采购间做出选择。这在很大程度上取决于社会对国家独立和安全供给的偏好、国内外可用的武器公司数量以及采购成本。政府在瑞士拥有“关键”的工业伙伴,以提供安全供给。鲁埃格是瑞士军方最重要的工业伙伴,“……在国防、民防和体育部(DDPS)具有特殊地位”(FC,2018,5)。如果在国内和/或国际市场上有国防相互竞争的供应商,则采购是竞争性的,瑞士国防装备采购局购买已有的“现货”武器。

瑞士1994年《联邦公共采购法》(Federal Act of Public Procurement,FAPP)主张竞争性招标方式,将合同授予最具商业优势的投标方案。有四个主要的授标程序,即公开(面向所有竞标者)、选择性(基于资格标准)、谈判(与首选供应商进行)和邀请程序(签订合同的机构确定允许投标的供应商)。但是,《联邦公共采购法》不适用于武器、弹药、战争物资的采购,也不适用于整个国防和军队的作战和指挥基础设施的建设(ICLG,2019)。瑞士竞争委员会(Swiss Competition Commission)可以干预国防采购决策。例如,2005年,一家直升机公司向竞争委员会提出申请,要求调查瑞士国防装备采购局在采购轻型运输和训练直升机时是否违反了竞争法。委员会认为,尽管瑞士国防装备采购局可免于采购法的约束,但不能不遵守竞争法。

瑞士作为中立国的地位影响着其国防工业政策。作为一个中立国家,它既不是军事联盟的成员,也无权得到其他国家的军事支持。尽管如此,瑞士有一个与安全相关的技术和工业基础(Security-relevant Technology and Industry Base,STIB),提供着对国家安全至关重要的关键技术,包括信息、通信和传感器技术。瑞士还需要核心工业能力来支持作战部队。安全相关的技术和工业基础的目标是提供基本服务,以便军队部署的系统能够可靠、可持续地运行(FC,2018)。国家对安全相关的技术和工业基础的支持是通过国内采购、补偿、国际合作、应用研究、促进创新、工业信息交流和出口管制来实现的。

瑞士从外国供应商处购买昂贵的高技术国防装备(如战斗机、导弹、坦克)。2018年,瑞士采购机构瑞士国防装备采购局宣布,计划采购一种新的防空系统,包括30架或40架战斗机和一个地面防空系统。正在考虑的新飞机包括萨博的“鹰狮”战斗机、达索的“阵风”战斗机、欧洲的“台风”战斗机、波音F-18“超级大黄蜂”和洛克希德·马丁的F-35战斗机。地面防空系统的候选名单包括欧洲防空导弹公司(Eurosam)集团的SAMP/T系统、雷神公司的“爱国者”系统和以色列拉斐尔公司(Rafael)的“大卫投石索”(David's Sling)防空导弹系统。结果只有欧洲防空导弹公司和雷神公司投标,拉斐尔公司没有投标。飞机和防空系统的最终选择将由全民投票公决决定。

新的防空能力竞争规定了基于竞争和成本效益进行采购的系统的运行要求。鲁埃格被指定为对新战斗机和防空系统进行维护、大修和修理的中心(除非所选系统的生产商在瑞士设有子公司)。采购还要求根据采购价格签订100%的补偿贸易合同。补偿贸易将成为选择承包商标准的一部分,补偿包括两部分:安全相关的技术和工业基础获得60%,包括20%的直接补偿和40%的间接补偿,再加上其他行业获得40%。补偿贸易还涉及地区方面的要素，要求65%的补偿分配给德语地区，30%分配给法语地区，5%分配给意大利语地区（DDPS，2018）。瑞士还用30年生命周期的成本效益分析对竞争性投标进行评估。[①]

13.3.4 国防工业绩效

武器出口是国防工业竞争力的一个指标。2018年，瑞士以5.15亿美元的武器出口总额在全球排名第11位。其主要出口客户是德国、丹麦、美国、罗马尼亚和意大利。武器和弹药占瑞士武器出口的三分之一，其他出口包括轮式装甲车和导弹。主要的武器出口公司包括鲁埃格、莱茵金属公司、莫瓦格和皮拉图斯。2018年，在公众的广泛批评下，政府放弃了放松瑞士武器出口管制的努力。有趣的是，2014年，尽管瑞士采取中立政策，但其人均武器出口量仍位居世界第五位。

瑞士武器出口情况见表13.3。它出口的主要武器是飞机、防空系统、传感器和装甲车。可将瑞典与新西兰进行比较，新西兰也是一个多山的中立国家，且是一个小经济体，偏远的地理位置提供了一道防御屏障。斯德哥尔摩国际和平研究所2015—2018年武器出口数据显示，瑞士在全球排名第14位，而瑞典和新西兰分别排名第15位和第42位。由此看出，瑞士的武器出口表现令人印象深刻。

表13.3 2015—2018年瑞士的武器出口（单位：百万美元）

瑞士武器出口：主要接收国	2018年	2015—2018年
澳大利亚	74	123
中国	33	195
法国	74	74
印度尼西亚	0	101
沙特阿拉伯	0	186
总计	243	1108
瑞典：总计	134	668
新西兰：总计	6	17

说明：

（1）主要接收国定义为在2015—2018年间接收瑞士武器出口超过1亿美元的国家。并非所有接收国都显示出来，因此，总计值超过表中所列数字之和。

（2）价值以当前价格表示，且是SIPRI趋势指示值（TIVs）。趋势指示值表示武器转让的数量，而不是其货币价值。

资料来源：SIPRI(2019b)。

---

① 早先试图购买的新型战斗机选择的是萨博的“鹰狮”E，但这一选择在2014年的全民投票中被否决了。

13.4 结　论

瑞士是一个独特的案例，其国防和国防工业政策由其中立立场和地理位置决定。官方没有提供国防工业数据，但其他来源提供了足够数据对瑞士国防工业进行经济评估。

武装部队和国防工业所代表的瑞士国防经济是其保持中立以及满足对独立和安全需求的基础。国防工业为武装部队提供所需的武器，包括国内工业部门提供军队使用的小型武器、弹药和装甲车。战斗机、防空系统和坦克等更为昂贵和复杂的装备都是进口的。从国外购买会受到竞争的影响，通常需要补偿贸易。补偿贸易为瑞士国防工业提供了工作机会。

虽然补偿贸易看起来很有吸引力（如带来工作岗位），但也有其局限性。提供补偿贸易的公司有动机将其所有活动都计为补偿，将重点放在总业务上，而不是实际净额外工作上（即原本无法获得的工作）。补偿也不是无成本的：它们可能涉及贸易转移而不是贸易创造，由此产生的工作岗位可能是暂时的，而不是永久的（Hartley，2017）。对国防工业的补偿和支持是瑞士愿意为中立立场付出代价的一部分。

参考文献

Armada (2013). *Defence Industry of Switzerland*, Armada International, Bangkok, Thailand, edition 2013.

DDPS (2004). *Security and Motion*, Department of Defence, Civil Protection and Sport, Bern.

DDPS (2018). *Specifications for the Procurement of a New Combat Aircraft (NKF) and a New Ground-Based air Defence System (Bodluv)*, Department of Defence, Civil Protection and Sport, Bern, March.

FC (2018). *Principles of the Swiss Federal Council for the Armaments Policy of the DDPS*, Federal Council, Bern, October.

FC (2019). *Federal Council Decides on Future of the RUAG Technology Corporation*, Federal Council, Bern, March.

GS (2013). *Swiss Arms Industry*, Global Security.org.europe.

Hartley, K (2017). *The Economics of Arms*, Agenda, Newcastle.

ICLG (2019). *Switzerland: Public Procurement 2019*, International Comparative Legal Guides, London.

Pilatus Aircraft (2017). *Annual Report 2017*, Stans, Switzerland.

SIPRI (2019a). *Military Expenditure Database*, Stockholm International Peace Research Institute, Stockholm, Sweden.

SIPRI (2019b). *Arms Transfer Database*, Stockholm International Peace Research Institute, Stockholm, Sweden.

第14章　瑞典国防工业

马丁·伦德马克

14.1 引　　言

布里兹(Britz,2004)①描述了包括瑞典在内,已加入欧盟国家的国防工业政策如何日益融入欧盟。安德森(Andersson,2007)②指出,瑞典军队的主要作用要为国际维持和平做出贡献,并非局限于本国。池上(Ikegami,2013)③认为,由于瑞典“过度依赖”出口,瑞典国防需求对其国防工业而言变得越来越不重要了,出口到欧洲以外市场的行为正在侵蚀着瑞典的国家安全和国防准备。德沃(DeVore,2015)④描述了瑞典国防工业如何在20世纪80年代前生产多种类型的防御系统,在现有产品要求渐进式创新的推动下,逐渐成为成功领域的利基参与者,而新产品则需要激进型创新。正如本章所示,瑞典国防工业在国家军事理论、政府国防工业治理和国防采购战略方面经历了几次变动。因此,国防工业的本国属性发生了相当大的变化。

瑞典议会国防委员会于2019年5月14日发布了《国防白皮书》。这份白皮书每五年发布一次,并为下一个国防规划时期(本文中为2021—2025年)制定军事优先事项。2019年的白皮书非常雄心勃勃,它改变了瑞典国防工业的状况和未来。白皮书以及对瑞典本国国防工业的潜在影响将在本章后面进行讨论。

14.2 瑞典国防工业的发展历程

在17世纪和18世纪,瑞典战争频繁。在17世纪早期,瑞典控制了波罗的海沿岸大部分地区。为了支持这样一个战争国家的军事力量,瑞典发展了武器生产的基础设施。到19世纪末,瑞典拥有两个高度发达的武器生产企业:生产大炮的博福斯公司(Bofors,建于1646年,是一家铁矿石工厂),以及为瑞典海军生产海军舰

① Britz, Malena (2004), The Europeanization of Defence Industry Policy, diss. Stockholm University.

② Andersson, J.J. (2007), ‘A New Swedish Defence for a Brave New World’, in: Matlary & Österud (eds), Denationalisation of Defence-Convergence and Diversity, Ashgate, pp. 135-156.

③ Ikegami, Masako (2013), ‘The End of a “National” Defence Industry? - Impactsof Globalization on the Swedish defence Industry’, in: Scandinavian Journal of History, Vol. 38, No.4, pp. 436-457 (Routledge).

④ DeVore, Marc (2015), ‘Defying Convergence: Globalisation and Varieties of Defence-Industrial Capitalism’, in: New Political Economy, Vol.20, No.4, pp.569-593(Routledge).

艇的卡尔斯克罗纳瓦维特(Karlskronavarvet,成立于1689年)。[①]瑞典历史最悠久的军事公司阿克斯·克鲁特布鲁克(Akers krutbruk)[②]成立于1552年,于2018年关闭。

瑞典没有参加第一次和第二次世界大战。在第二次世界大战期间及战争结束后,瑞典逐步建立了更广泛的国防工业。开发和生产本国原创的喷气式飞机(萨博)、火炮和导弹(博福斯)、水面舰艇和潜艇(卡尔斯克罗纳瓦维特和考库姆公司(Kockums)),以及雷达和通信系统及其他多种类型的武器。在冷战期间,瑞典政府大力支持国防工业、实业家、采购组织、武装部队、一些国有公司、学术界和一些非军事公司之间的密切互动。从那时起,瓦伦堡家族(Wallenberg Family)一直是且现在仍是萨博和参与国防技术综合体公司的多数股权所有者。在冷战期间,瑞典建立了一个强大的制度化、以信任为基础的"军事工业综合体"。卡尔森(Karlsson,2015)描述说,在1946—1992年间,关于建立瑞典国防工业达成了一个稳定的政治共识。这一共识还认为,国防工业应该技术先进、现代化和更具成本效益。直到20世纪60年代末,国防工业的发展和格局都非常稳定。当时,由于瑞典发展的雄心不断变化,国防工业努力争取更多的出口、民用生产和更多的公司间合作。[③]

到20世纪80年代中期,瑞典处于国防科技开发实力的顶峰。那时,瑞典在广泛的国防技术专业知识和武器发展方面是独立自主的。它生产自己的战斗机、海军舰艇和潜艇、装甲车、火炮、雷达、地面作战武器、弹药和C3I解决方案。为空军开发了世界上最先进的数据链,在开发电传飞行控制战斗机方面走在了世界前列。与此同时,瑞典几十年来一直得到美国的大力支持,美国将某些先进技术转移到瑞典的飞机工业。此外,自20世纪50年代以来,美国和瑞典之间还进行了一项未披露的安全和国防技术的密切合作。瑞典从美国获得了先进的航空、航空电子和喷气推进技术。瑞典高度独立,但在某些导弹和战斗机的关键技术上仍然依赖美国。

14.3 防务企业概况

就其规模而言,瑞典拥有庞大而先进的国防工业。瑞典国防工业雇佣了大约3万名员工直接从事军事开发和生产。[④]下面的表14.1概述了目前公司的情况。萨博集团在国防工业中占据主导地位,该集团占瑞典武器物资总产量的75%。在萨博的营业额中,航空业务占45%,陆地业务占22%,海军业务占14%,民用安全业

① 卡尔斯克罗纳瓦维特在1989年并入考库姆公司。

② 阿克斯·克鲁特布鲁克于2002年被德国IBD戴森罗特工程公司(IbdDeisenroth Engineering GmBH)收购,并更名为阿克斯·克鲁特布鲁防护公司(ÅkersKrutbruk Protection AB)。在过去的几十年里,阿克斯·克鲁特布鲁防护公司负责装甲车的弹道防护和特征码管理。

③ Karlsson, Birgit (2015), Svensk försvarsindustri 1945–1992 [Swedish defence industry 1945–1992], Försvaretoch det kallakriget, Karlskrona.

④ www.soff.se. SOFF是瑞典国防工业的一个分支机构。

务占10%,商用航空业务占8%。萨博在航空、动力、监视、支持和服务以及工业产品和服务五个业务领域开展业务。萨博-考库姆(海军舰艇和潜艇)是一个独立的业务领域。[①]瑞典国防采购的70%都直接授予萨博集团,萨博的两种产品——“鹰狮”战斗机和A26潜艇是瑞典大力主导开发的两种产品。因此,萨博在瑞典国防工业领域占据着主导地位。

表14.1　瑞典防务公司[②]

公司	外国所有者	之前的名字	2017年营业额	雇员人数/人
萨博公司	—	—	314亿瑞典克朗	16400
英国宇航系统赫格隆茨分公司	英国宇航系统公司	赫格隆茨	34亿瑞典克朗	729
英国宇航系统博福斯分公司	英国宇航系统公司	博福斯	13亿瑞典克朗	281
纳摩公司	挪威纳摩公司	—	5.07亿瑞典克朗	297
吉凯恩公司	英国吉凯恩公司	沃尔沃发动机	军费约8.5%	2100
欧洲含能材料博福斯公司	法国地面武器工业集团/奈科斯特伊西莱姆利罗公司	博福斯公司的一部分	4.7亿瑞典克朗	207

资料来源:公司主页及通过电子邮件向公司咨询。

军事系统和产品将在下面的“产品”一节做更详细的介绍。在民用安全方面,萨博的产品包括主要为机场和港口提供监控和交通管理的系统。康比特(Combitech)公司是萨博集团下属的一家独立技术咨询公司。在民用航空领域,萨博曾生产涡轮螺旋桨飞机(萨博340型和2000型),但已退出了民用飞机生产,在20世纪90年代转型成为空中客车和波音的供应商。

第二大公司是英国宇航系统瑞典公司。它由英国宇航系统瑞典赫格隆茨(Hägglunds)分公司和英国宇航系统瑞典博福斯分公司组成。赫格隆茨公司开发装甲车辆及相关系统,并进行装甲车辆的系统集成。博福斯公司开发火炮、舰船炮和火炮弹药。[③]

第三大公司是纳摩公司(Nammo),它开发和生产用于火箭推进的弹药及高能材料。纳摩公司于1998年由芬兰、挪威和瑞典的国有弹药厂合并成立。最初,挪威、芬兰和瑞典分别持有40%、30%和30%的股份。纳摩公司现在是一家挪威公

① www.saabgroup.com.

② 一些数据来自2016年,一些来自2017年。

③ 1997年,赫格隆茨公司被英国阿尔维斯公司收购;美国联合防务公司于2001年收购了博福斯公司;英国宇航系统公司(英国)于2003年收购了阿尔维斯公司;英国宇航系统公司于2005年收购了美国联合防务公司。

司,50%的股份由挪威政府持有,50%的股份由芬兰帕特里亚公司(Patria)持有。① 其他生产国防物资的重要公司还有,菲力尔公司(FLIR,美国所有,生产红外传感器)、欧洲含能材料公司(Eurenco,高能材料)、艾姆波因特(Aimpoint,生产步枪红点瞄准镜)公司和吉凯恩(GKN,喷气推进)公司。

在这些大公司之下,是各种各样的中小型公司。其中许多公司主要是瑞典国防物资管理局(Swedish Defence Materiel Administration,FMV,军事采购机构)的供应商或顾问,或是大型瑞典防务公司的供应商。其中一些还向外国客户销售产品。

还有一些非常大型的、主要面向民用领域的公司也会向瑞典军方和其他军队销售部件、系统和平台。例如,沃尔沃卡车(Volvo Trucks)公司、斯堪尼亚卡车(Scania Trucks)公司和特瑞堡(Trelleborg)公司。瑞典防务公司目前平均17%的研发费用是自有资金支付的。萨博表示,自己支付了23%,因此其他防务公司的自筹研发资金要少得多。

系统集成涉及"将不同的知识基础和物理部件组合发挥功能的系统的能力"。②自20世纪80年代以来,系统集成的任务逐渐从国家(特别是瑞典国防物资管理局)转移出来。由于系统集成的复杂性增加,国家在系统集成和操作复杂防御系统方面的能力有所降低,而这种复杂性被全球化采购中的大量购买决策放大了。③这是瑞典与其他几个国家(如法国)在发展过程中遇到的共同问题。然而在法国,国防工业参与并完成所有的系统集成,包括涉及最高的军事敏感水平,而在瑞典,有些能力被定义为"关键的一体化",其中系统集成和软件操作由国家完成,国防工业不能参与。瑞典采取这种方法是为了最大限度地减少对这些能力设计和操作有深入了解的人员数量,同时使这些公司的外国工业和军事伙伴无法深入了解瑞典的真实能力。④

通过政府资助开发国防技术获得的知识产权归国家(瑞典国防物资管理局)所有。因此,如果将国有技术包括在内,瑞典国防物资管理局会从出口中获益,而国家可以拒绝技术出口。当外国所有者要求将瑞典国有技术转让给该公司的母公司时,出现了一些问题,瑞典政府阻止这种技术转让。⑤由公司自行融资开发的军事技术(以及某些两用技术)不受此限制,但出口仍需获得国家的批准。

① 挪威政府拥有康斯伯格公司(Kongsberg)63.2%的股份。2016年,康斯伯格公司收购了帕特里亚公司49.9%的股份,芬兰政府拥有帕特里亚公司剩余50.1%的股份。

② Davies, A. Brady, T., Prencipe, A. Hobday, M. (2011), 'Innovation in Complex Products and Systems Implications for Project Based Organizing', in: Cattani,G., Ferriani, S., Frederiksen, L., Taube, F., Silverman, B (eds), Project Based Organizing and Strategic Management, Emerald Publishing, Ltd, Bingley, UK,pp. 3-26.

③ Gholz, E., James, A., Speller, T. (2018), 'The Second Face of Systems Integration:An Empirical Analysis of Supply Chains to Complex Product Systems', in:Research Policy, Vol. 47, pp. 1478-1494.

④ Lundmark, M. (forthcoming), Quest for Autonomy and Excellence - The National Defense Innovation Systems of France and Sweden, book chapter, University of California San Diego.

⑤ 例如,包括从赫格隆茨公司到英国宇航系统公司,从考库姆公司到蒂森克虏伯公司。

14.4 产　　品

在航空领域，"鹰狮"战斗机是主导产品。第一版A/B型在1996年投入使用，C/D型在2004年投入使用。瑞典空军目前正在使用第二种版本，C/D型号。这一型号也已出口到南非和泰国，并租借给匈牙利和捷克共和国。一架C/D型号卖给了英国，用于培训。南非的C/D型是与南非联合生产的，[①]其他国家得到了瑞典空军库存中剩余的C/D型"鹰狮"战斗机。[②]瑞典空军总共订购了204架C/D型"鹰狮"战斗机，其中40架目前在其他国家服役。"鹰狮"战斗机的E/F型号（也称为"鹰狮"NG）正在开发中，并且是与它的第一个外国买家巴西共同开发的。巴西订购了36架E/F型号飞机，由萨博和巴西航空工业公司（Brazilian Company Embraer）合作开发（参见第22章）。E/F型号几乎是一种新型飞机，其航程更长、发动机更强劲、机身更大，能够承载更重的有效载荷。萨博已经对采购意愿做出了回应，目前（2019年6月）向以下国家提供不同级别的"鹰狮"战斗机：向奥地利、博茨瓦纳、保加利亚、哥伦比亚、马来西亚、菲律宾和斯洛伐克提供C/D型号，向加拿大、芬兰、印度和瑞士提供E/F型号。

2018年10月，波音和萨博赢得了美国空军下一架美国教练机T-X的订单。在2023年之前的第一阶段，该项目将生产5架T-X教练机，该项目计划生产351架T-X飞机。该系统计划到2031年所有飞机交付后全面投入使用。这种飞机也可能有非常强大的出口潜力，特别是对F-35的国际用户。萨博在该项目中所占份额约为10%，其生产将在美国进行。

在陆地武器领域，萨博生产手持式迫击炮系统、导弹、雷达系统和C3I系统，特别是卡尔·古斯塔夫（Carl Gustaf）装甲步枪及其衍生型号、"长颈鹿"（Giraffe）雷达系统及其衍生型号，这些产品都已成功出口。

在海军领域，对萨博·科克姆斯来说，主导产品领域是潜艇开发。下一代潜艇A26目前正在开发中，预计将于2023年投入使用。考库姆公司还为瑞典生产了六艘"维斯比"（Visby）护卫舰。考库姆公司在出口方面取得的成功较为有限，1986年向澳大利亚出口了"柯林斯"（Collins）潜艇，2005年和2009年两次向将瑞典海军剩余潜艇进行改装，出口给新加坡。萨博-考库姆公司与达门造船厂（Damen Shipyards，NL）在潜艇开发方面建立了战略伙伴关系。2017年，萨博-考库姆公司收购了瑞典达克史达瓦贝特（Dockstavarvet）公司，该公司生产小型巡逻艇和战斗艇。考库姆公司基于"斯特林"（Stirling）技术，已开发出不依赖空气的潜艇推进系统。日本通过许可协议在其潜艇上使用了"斯特林"技术。萨博动力（Saab Dynamics）公司开发鱼雷，并在其产品组合中拥有轻型和中型鱼雷。这种鱼雷是用导线引导的，只

① 南非德内尔（Denel）公司生产部分后机身。

② 瑞典空军共订购了204架"鹰狮"C/D型战斗机，但后来宣布，需要100架。因此，剩余的C/D型战斗机可用于出口。

有瑞典海军在作战中使用。萨博还开发了无人水下航行器和水下传感器。

萨博动力公司是三种空空导弹联盟的合作伙伴，即“流星”(Meteor)、Iris-T和“金牛座”(Taurus)。Iris-T目前正在为瑞典的近程陆基防空系统进行开发。该公司还进一步发展了另外两种防空导弹：RB 70和“巴姆斯”(Bamse)。RB 70也有了更新的版本，即RB 70 NG，它已销售到巴西和捷克共和国。此外，萨博公司还拥有RB 15海空系统，该系统已经销往德国、波兰和克罗地亚。

萨博公司在2004年收购了爱立信微波(Ericsson Microwave)公司，从而拥有了一系列雷达产品。包括“长颈鹿”和“海长颈鹿”雷达、“爱立眼”/“全球眼”机载空中预警和控制系统(Erieye/Globaleye Airborne early warning and control system，AEW & C)。“亚瑟”(Arthur)反炮击火炮雷达的出口也很成功。

萨博梭子鱼(Barracuda)公司提供伪装解决方案。其大部分销售都销往美国，在那里梭子鱼公司有一个生产基地(北卡罗来纳州的利灵顿)。萨博还生产电子战和对抗系统。萨博在出口地面作战武器系列方面取得了巨大成功，特别是对美国的出口。它的产品是肩扛式发射武器，产品包括单兵反装甲武器(NLAW，与英国合作开发)、AT4反坦克火箭筒、“卡尔-古斯塔夫”(Carl-Gustaf)和“比尔”(Bill)反坦克导弹。此外，萨博公司还开发和生产用于电子战和反措施系统，以及用于决策支持、作战管理和其他C4I解决方案的C4I系统。

赫格隆茨公司拥有履带、装甲作战车辆系列，特别是CV90系列，已经销往许多国家。目前要继续提供的车辆是Bv510“贝奥武夫”(Beowulf)和Bv206及其衍生型号车辆。在2019年和2020年，赫格隆茨向瑞典陆军交付了40辆基于CV90底盘的装甲迫击炮车辆。

博福斯公司生产的“阿奇尔”(Archer)，是一种基于155毫米自动榴弹炮的自行火炮系统，该榴弹炮是一个安装在沃尔沃拖车上的远程控制武器站的保护器。它的弹药库存有“引信”(Fuze)和“奖金”(Bonus)两种弹药，以及“狐猴”(Lemur)远程控制武器站和三种类型的海军火炮(40 Mk4、57 Mk3和Mk110)。还有“剑神”(Excalibur)制导炮弹，它由博福斯公司和雷神公司合作开发。

艾姆波因特公司开发用于军事和狩猎的红点瞄准器。从一开始，它就卖出了250多万个，其中卖给美国100多万个。

瑞典防务公司在美国拥有生产基地。萨博公司在美国生产迷彩装备和地面作战系统，并于2011年收购了空中交通管理公司森西斯(Sensis)公司。博福斯公司和纳摩公司在美国也有生产基地。

14.5 政府政策

瑞典国防采办系统由武装部队决定其所需的能力。瑞典国防物资管理局必须找到满足武装部队所需能力要求的解决方案。国防研究所(FOI)负责由武装部队资助的国防研究活动。

直到20世纪90年代，武器开发都是由国有公司、国家武器库和私营公司联合进行的。1986年，国有工厂集中在佛伦内德军工厂(FörenadeFabriksverken，FFV)，并于1991年被重组为一个更具商业性的实体，并入舍尔修斯(Celsius)集团。当时舍尔修斯集团生产导弹、海军舰艇、潜艇、迫击炮步枪、炸药和弹药。自1999年以来，瑞典政府开始对国内国防工业实行高度市场化的自由治理政策。国有防务企业舍尔修斯被剥离，国家所有权终止了。舍尔修斯集团的大部分被私有化或被萨博公司收购。外国公司拥有所有权始于1997年赫格隆茨被英国阿尔维斯(Alvis)公司收购。舍尔修斯集团解体后，潜艇和海军舰船公司考库姆被德国霍瓦特·德意志造船厂(HDW)①收购。2001年，美国联合防务公司(United Defense)收购了火炮和弹药公司博福斯；然后，英国宇航系统公司于2004年收购了阿尔维斯公司，并于2005年收购了美国联合防务公司。因此，博福斯公司和赫格隆茨公司成为英国宇航系统公司的一部分。英国宇航系统公司还在1999年收购了萨博公司35%的股权，到2005年，这一比例逐渐减少到零。除此之外，英国宇航系统公司还从国外收购了其他几家规模较小的公司。瑞典在欧洲乃至全球范围内都是一个自由市场国家，因为大多数欧洲国家过去和现在都拥有相当多的国家所有权，一些国家对外国所有权施加限制。

瑞典政府从未制定过正式的国防工业政策。但瑞典的国防采购一直高度偏好于本国。2007年，武装部队和瑞典国防物资管理局发布了一项联合物资采购战略。该战略指出，采购的优先事项应是：首先，采购现货作战装备；其次，发展国际合作；最后，也是例外，要在本国开发。2009年，政府宣布了其“武装部队物资采购原则”，与之前的战略类似，但进一步加强了市场导向。该原则确定的优先事项为：首先，延长和升级现有装备的使用，最好是与其他国家合作；其次，最好与其他国家一起，采购现货装备；再次，协同开发；最后，国内开发。欧盟国防和安全采购指令(EU Defence and Security Procurement Directive，2009/81 / EC)于2011年被纳入国家立法。因此，从2007年至2011年，政府政策和立法发生了根本性变化。下面将分析它们的影响。

如上所述，考库姆公司于1999年被霍瓦特·德意志造船厂收购。霍瓦特·德意志造船厂于2002年被美国投资基金私人股权公司(One Equity Partner)收购。私人股权公司随后于2004年将霍瓦特·德意志造船厂出售给德国蒂森克虏伯公司(Thyssen Krupp)。受到蒂森克虏伯公司的影响，瑞典的国防采购与武装部队的需求没有很好地结合起来。蒂森克虏伯公司是考库姆公司在国外市场的竞争对手，它采取行动来限制考库姆公司在德国和瑞典所竞争的国外潜艇市场上的竞争力，在大多数情况下都是如此。这极大地限制了考库姆公司的商业机会，以及开发下

① 萨博公司提出收购考库姆公司，但被否决。

一代瑞典潜艇A26的能力。它与蒂森克虏伯公司(和德国当局有关)之间的关系日益恶化。2015年,瑞典政府与瑞典国防物资管理局和萨博公司组织了一场激烈的接管。首先,在3月,由于德国所有者不愿合作,考库姆公司的订单被暂停了。此后,萨博公司开始从考库姆公司招聘工程师。2015年7月,萨博公司以远低于蒂森克虏伯公司年初的价格从蒂森克虏伯公司手中收购了考库姆公司。自此,瑞典海军的生产能力回到了瑞典控制之下。①

在2014年和2015年,瑞典政府宣布了两个“基本安全利益”:战斗机和水下能力。这与欧盟国防采购指令有关,该指令规定,对本国的采购偏好(从而进行非竞争性采购)必须以宣布的基本国家安全利益为依据。与这些基本安全利益直接相关的有两个大型开发项目——“鹰狮”战斗机和A26潜艇,它们约占2017年开发和采购预算的三分之一②,再加上该能力直接需要的相邻支持系统,共占开发和采购预算的50%左右。③在2017年一份规划文件中,宣布了第三个基本安全利益:“C4I系统的关键一体化”,更具体地说,是针对网络防御。

冷战结束后,在很长一段时期内,对威胁的感知是不明确的,武装部队的国家工业基础、装备、后勤和战备都大幅缩减。从2000年左右到2014年,主要的国防优先事项是参加国际维和行动。俄罗斯在2008年和2014年分别对格鲁吉亚和乌克兰发动了军事袭击,再加上大规模军事建设和激进的安全言论,改变了瑞典的立场和理念。在2014年,瑞典宣布首要的军事优先事项为军事作战能力和国土防御。因此,在经历了一段时间的市场自由化和协调进程后,国防能力削弱了,瑞典的国防态势和优先顺序发生了明显的转变。

相比法国、英国和美国等国家,瑞典对中小企业的支持和激励非常有限。瑞典国防物资管理局承担国防部赋予的责任,支持中小企业更多地参与国防供应链,但瑞典国防物资管理局的做法非常有限。④

许多国家都有支持和加强民用技术更多在军事领域应用的计划。除国家航空研究项目(National Aeronautics Research Programme,NFFP)外,瑞典的双用项目相当有限。国家航空研究项目由民用和军事航空公司以及学术界共同参与。国家航空研究项目开始于1994年,目前已进入第七轮。其50%的资金来自工业界,50%的资金来自国家。主要活动是资助博士研究生,自1994年开始到2017年,已培养了95位博士。

---

① Lundmark, M. (2014), ‘Kockums – the Repatriation of the Swedish Underwater Crown Jewel’, in: Défense & Industries (2014), Fondation pour la Recherche Stratégique, No. 1, Juin 2014, pp. 7–11.

② “鹰狮”战斗机占29%,A26潜艇占5%。

③ 根据与国防研究所和国防部专家的讨论进行的估计。

④ Lundmark, Martin (2016), CMTC Policy Renewal, FOI-R-4263-SE, FOI,Stockholm.

14.6 国际化

欧洲国防支出最多的几个国家从20世纪50年代开始军备合作。特别是法国、德国、意大利和英国进行导弹和飞机的开发。这些开发活动逐渐加深了其一体化程度，并产生了合资企业，最终在20世纪90年代和21世纪初发展为工业集团，如空中客车公司、欧洲导弹集团(MBDA)、欧洲宇航防务集团(EADS)和欧洲鱼雷公司(EuroTorp)。①瑞典直到20世纪90年代后期才真正参与军备合作。从20世纪90年代开始的合作包括“柯林斯”、“奖金”、“流星”、“阿奇尔”、IrisT、NH90和“剑神”。②近年来，瑞典参与的合作项目越来越少。主要的合作项目是与巴西共同开发的“鹰狮”战斗机E/F型，巴西以380亿瑞典克朗的价格购买了36架“鹰狮”战斗机E/F型。这个开发项目是萨博公司、巴西航空工业公司与巴西政府联合开发的。瑞典政府和萨博公司也在积极寻求国际合作伙伴来开发A26潜艇。

近年来，由于安全和威胁局势恶化，瑞典武装部队和政府已明确将国土防御列为优先事项。2016年，在军事和安全政策方面，丹麦、芬兰和美国这三个国家被宣布为最重要的国家。由此引致许多项目和活动以提高互操作性和某些能力，后勤保障和共享安全威胁。它并没有为国防工业带来新的重大采购或发展，但参与国防后勤和维护的公司收到了更多订单。

瑞典于1995年成为欧盟成员国。它从未加入北约，但近年来，它与北约的军事计划非常接近(并未加入)。通过北欧防务合作(NORDEFCO)组织③(与丹麦、芬兰和挪威一起)，在采购和物流方面也进行了实质性协调与协作。北约和北欧防务合作组织与瑞典的国土防卫更加直接相关，而欧盟的防务活动被认为更间接地促进了瑞典的军事能力。因此，优先事项发生了微妙变化，有利于北约和北欧防务组织的活动转向了欧盟和欧洲防务局(EDA)④的活动。⑤

① Schmitt, B. 2001.

② “奖金”是博福斯-菲亚特公司(法国)从1993年开始的制导弹药项目；Iris-T是由五个伙伴国家(德国、希腊、意大利、挪威和西班牙，西班牙在项目开发期间被加拿大取代)组成的萨博公司于1995年开始的红外空空导弹项目；“柯林斯”是考库姆公司和法国国有船舶制造企业(DCN)从1998年开始的潜艇项目；“流星”是萨博-欧洲导弹集团(法国、德国、意大利、西班牙和英国)从1998年开始的超视距空对空导弹项目；“剑神”是博福斯-雷神公司(美国)从2002年开始的制导炮弹项目；NH90是萨博-北约直升机工业公司(NHI industries，由芬兰、法国、德国、荷兰、挪威和瑞典组成)从2004年开始的直升机项目。

③ NORDEFCO代表北欧防务合作(Nordic Defence Cooperation)。

④ EDA代表欧洲防务局(European Defence Agency)。

⑤ Lundmark, Martin and Oxenstierna, Susanne (2016), Koordinering och prioritering av internationella samarbeten inom materiel- oc hlogistikområdet [Coordination and prioritization of international cooperation in the defence acquisition and logisticsdomains], FOI-R-4388-SE, FOI, Stockholm.

14.7 政府的资助

北约建议其成员国的国防预算为国内生产总值的2%。近年来,一些成员国已向着这一建议水平迈进。瑞典在很长一段时间以来一直在降低这一比例,近年来为1%~1.1%。从2017年开始,缓慢的上升趋势开始,在2019年8月达成政治协议后,各方达成了强烈的政治共识,即到2025年,这一比例将继续逐步增加至国内生产总值的1.5%左右。

14.7.1 国防研究与技术

瑞典武装部队每年将研究和技术(Research and Technology,R & T)资金的大部分分配给瑞典国防物资管理局和瑞典国防研究局(Swedish Defence Research Agency,FOI)。从2005年到2011年,研究和技术资金减少了60%,为4.6亿瑞典克朗,主要原因是为阿富汗军事行动(2004—2011年)支付采购和作战费用而重新分配了资金。表14.2列出了2020—2021年的研究和技术资金。

表 14.2 2013—2021 年瑞典国防开发和技术资金

年份/年	2013	2014	2015	2016	2017	2018	2019	2020	2021
资金金额/ 百万瑞典克朗	481	483	471	459	452	642	642	642	642

资料来源:数据通过来自武装部队的电子邮件获取。以当前价格表示。

2018—2021年的研究和技术预算拨款目前尚未最终分配,表格中的数字不仅包括研究和技术。无论如何,研究和技术预算都有所增加,但幅度不大。因此,尽管从2014年起,军事能力和国土防御的重要性有所提升,但对国防研究和技术预算的影响仅是轻微的,甚至从2014年到2017年呈下降趋势。

14.7.2 开发与采购

表14.3列出了瑞典物资和装备的采购预算。在此期间,瑞典的采购预算增加了约40%。2018年采购和开发资金的分布情况见表14.4。

表 14.3 瑞典的物资和设施采购预算

年份/年	2013	2014	2015	2016	2017	2018	2019	2020	2021
预算/ 百万瑞典克朗	8825	10,864	9845	9298	10,035	10,816	12,727	13,038	12,072

资料来源:数据通过来自武装部队的电子邮件获取。以当前价格表示。

表14.4 根据军事活动分配的预算投资(不包括设施)

领域	陆军	海军陆战队	空军	作战管理	后勤	支持功能
投资/百万瑞典克朗	1980	2563	3654	1401	293	1115
在总计中占比/%	18.0	23.3	33.2	12.7	2.7	10.1

资料来源:数据通过来自武装部队的电子邮件获取。以当前价格表示。

1. 目前的开发项目

瑞典目前有以下大型开发项目:A26潜艇(萨博-考库姆公司)、"鹰狮"战斗机E/F(萨博和巴西航空工业公司)、轻型鱼雷(萨博动力公司)、NH90直升机(萨博公司)、装甲迫击炮车90(赫格隆茨公司)、战略管理营(Strategisk Ledning Bataljon, SLB,萨博公司)、电子监视船(萨博公司,但在波兰生产)。目前,还有以下较大的升级项目:"戈特兰"级潜艇(萨博-考库姆公司)和主战坦克"豹"122(赫格隆茨和博福斯公司)。A26潜艇和"鹰狮"战斗机项目总计占全部开发和采购预算的约50%。

2. 当前的采购项目

表14.5列出了瑞典国防物资管理局管理下的主要采购项目。

表14.5 当前瑞典的采购项目[①]

名称	系统	领导承包商	参与的瑞典公司	成本	备注
爱国者	中程地面防空	雷神(美国)	—	121亿瑞士克朗	—
Iris-T	短程地面防空	迪尔(德国)	萨博动力	270亿瑞士克朗	—
货车	十三种不同类型的货车	莱茵金属	斯克普斯布伦	20亿欧元[②]	与挪威采购合作
桥式车辆	装甲车辆发射桥	未定	—	—	—
卫星通信	—	未定	—	—	—
教练机	—	未定	—	—	—

资料来源:数据通过来自武装部队的电子邮件获取。以当前价格表示。

瑞典政府于2018年8月订购了四套"爱国者"系统,耗资121亿瑞典克朗。对于采购"爱国者",121亿瑞典克朗是否是足够的,这一点值得怀疑。全生命周期成本可能是这个成本的2~3倍。

在2014年至2017年的总采购中,瑞典公司获得的份额分别为72.8%、70.1%、66.0%和69.9%。国际军备合作和采购合作占2016年总采购支出的17%。[③]

① 这些采购的总成本会更高,因为需要进行其他修改,而且必须协调其他系统。

② 挪威和瑞典的总和,包括维护规定。2026年前交付。

③ Nordlund, Peter, Olsson, Per, Jonsson, Ulf and Bäckström, Peter(2016), Effektivmaterielförsörjning-Utveckla, anpassaellerköpafrånhyllan? [Efficient materiel acquisition-develop, adapt or buy off-the-shelf?], FOI-R -4265-SE, FOI, Stockholm.

基于2007年和2009年国防采购战略,当前国防物资采购政策倾向于现货采购,其次是对现有物资进行改造,特别是升级。表14.6所列的2016年报告显示了2015—2017年按采购类型的资金分布情况。

表14.6 按军事领域分布的采购类型(单位:%)

	陆	海	空	后勤
开发	33.3	50.9	35.7	31.8
改造	32.2	20.0	14.3	18.2
现货	34.5	29.1	50.0	50.0

资料来源:数据通过来自武装部队的电子邮件获取。以当前价格表示。

上述2007年武装部队/瑞典国防物资管理局的国防采购战略、国防部在2009年提出的“武装部队国防采购原则”和欧盟国防采购指令都表明,瑞典本应向更高比例的现货采购发展,减少对本国国防工业的依赖,减少本国、优选供应商的选择。然而,有关采购预算分配的数字显示,大约50%的海洋预算分配给了国内的开发项目。近年来,平均70%的预算分配给了瑞典公司,萨博公司已占据了相当的主导地位,占国内生产的75%,并且萨博公司在两个重要的基本安全利益——战斗机和水下能力拥有强大地位。这表明,已实施的政策文件和法律对瑞典国防物资的采购影响有限。

14.8 出　　口[①]

瑞典防务公司在20世纪90年代末主要为国内需求进行生产,其中约70%的生产用于国内,30%的生产用于出口。冷战结束后,瑞典的订单和新开发项目的数量逐渐减少。

因此,瑞典政府在2000年左右开始鼓励瑞典公司更多地进行出口,政府拨出更多资源支持出口。有人认为,瑞典需要一个能够满足瑞典需求的具有竞争力的国防工业,它拥有一支庞大而精良的劳动力队伍,出口为瑞典创造收入,从而为国防技术和能力的投资提供资金,国防创新也能给瑞典的创新和工业部门产生附带收益。

2001年,瑞典出口出现了大幅增长,随后在2002年出现下滑。然后,在经历了2002年至2011年的一段上升趋势后,2011年至2017年出口呈现了稳定下降的趋势(图14.1)。

① 除非另有说明,所有的进出口数据均来自斯德哥尔摩国际和平研究所武器转让数据库,网址为www.sipri.se,趋势指示值。

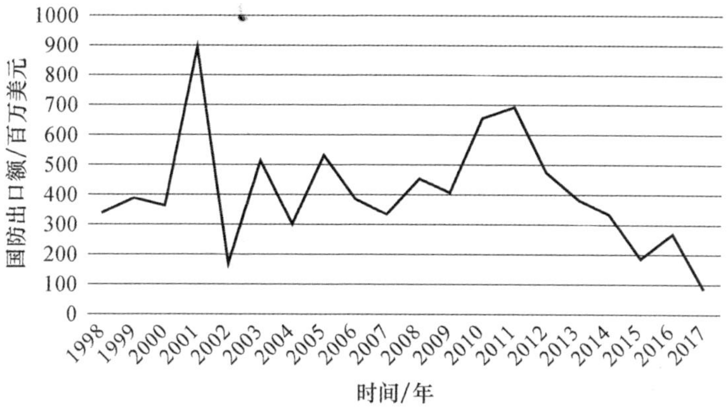

图14.1　1998—2017年瑞典的国防出口

瑞典是一个主要的国防出口国，是全球人均收入最高的国家之一。瑞典一直是净出口国。在2008—2017年间，瑞典以39.4亿美元的总出口额成为全球第12大国防出口国。瑞典在2010年是第8大出口国(6.57亿美元)，但在2017年是第20大出口国(8300万美元)，因此存在很大差异(见图14.2和图14.3)。[①]在2008—2017年间，瑞典的出口是其进口的五倍。[②]如表14.2所列，自2011年以来，出口一直在稳步下降。

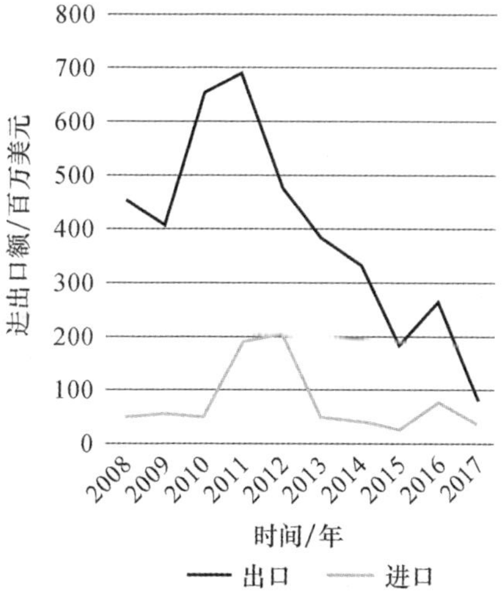

图14.2　2008—2017年瑞典的进出口

① 根据斯德哥尔摩国际和平研究所的数据。下文讨论了斯德哥尔摩国际和平研究所武器转让数据与政府官方数据之间的巨大差异。

② 瑞典国防出口及其对瑞典工业和创新贡献的支持者提出的一项观点是，从2002年到2011年的十年间，国防出口变为了三倍。这是真实的，但这只是按照所选择年份进行的比较，它最大限度地支持了这个论点，但并不反映长期的时间趋势。如果我们对2008—2017年进行同样的比较，则出口下降了82%。这是基于斯德哥尔摩国际和平研究所的数据。

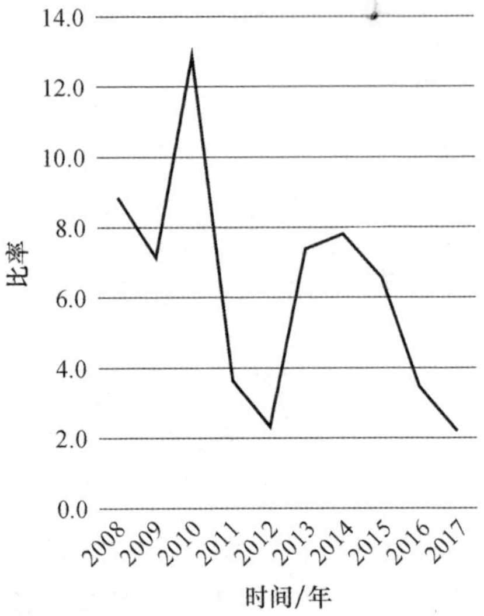

图 14.3　2008—2017 年瑞典国防出口与国防进口的比率

在此期间，瑞典向46个国家/地区出口了武器，表14.7列出了十个最大的买家。

斯德哥尔摩国际和平研究所的数据中没有显示的是，2015年向巴西出口的“鹰狮”战斗机，总额达到380亿瑞典克朗，这是瑞典有史以来所有行业中最大的出口订单。这一订单从2017年开始，可能会持续多年。

表 14.7　2008—2017 年瑞典的武器出口：十大购买国（单位：百万美元）

国家	2008年	2009年	2010年	2011年	2012年	2013年	2014年	2015年	2016年	2017年	总计
南非	132	105	158	184	105	0	0	0	0	0	684
泰国	0	0	27	158	36	171	8	13	13	4	428
巴基斯坦	11	84	244	4	4	4	4	4	4	4	367
阿联酋	1	1	40	47	0	72	57	65	17	5	305
荷兰	54	54	63	63	61	0	0	0	0	0	295
新加坡	0	0	0	119	114	15	0	0	0	0	248
英国	16	25	46	40	55	23	0	0	0	0	203
沙特阿拉伯	0	0	3	3	0	0	160	0	1	0	167
丹麦	74	64	4	0	3	0	5	0	0	0	149
希腊	120	0	0	0	0	0	0	0	0	0	120

数据来源：SIPRI武器转让数据库，SIPRI趋势指示值。

表14.8显示了不同武器类型下的瑞典国防出口。飞机占总额的41%，其次是传感器，占18%。这一表格仅部分反映了实际出口情况。政府间的双边协议可能

没有得以体现。尤其是缺少向美国出口的大量肩扛式作战武器。在表14.8中,由于这种政府间销售,美国很可能也应该跻身前十大买家之列。这些政府间武器出口不包含在斯德哥尔摩国际和平的数据中,因为该数据是基于公司报告的已交付出口,政府间销售是以国防物资管理局代表瑞典政府作为卖方。

表14.8 按武器类型列出的2008—2017年瑞典国防出口(单位:百万美元)

武器类型	2008年	2009年	2010年	2011年	2012年	2013年	2014年	2015年	2016年	2017年	总计
飞机	139	193	464	382	129	158	160	0	11	0	1636
装甲车	115	106	72	77	71	1	0	16	14	27	499
火炮	0	0	0	0	0	0	0	0	0	0	0
发动机	5	13	14	13	16	13	4	10	17	12	116
导弹	12	37	65	69	93	39	16	26	120	18	492
海军武器	5	0	5	8	5	0	8	18	10	15	73
传感器	142	35	36	47	63	118	91	58	95	12	695
舰船	36	24	0	99	99	57	57	57	0	0	430
总计	452	407	657	692	476	386	335	184	267	83	3940

数据来源:SIPRI武器转让数据库,SIPRI趋势指示值。

根据政府机构战略产品监察局(Inspektionen för strategiska produkter,以下简称为"ISP"[①])的数据,2017年瑞典国防出口额为113亿瑞典克朗。与斯德哥尔摩国际和平研究所(以下简称为"SIPRI")的数字8300万美元相比,相差了大约12倍。[②]ISP还显示,从2016年到2017年,出口增长了2%,而SIPRI的数据显示,出口下降了69%。SIPRI数据和ISP数据的另一个显著区别是,ISP显示,2017年最大的接收方是巴西("鹰狮"E/F项目),其次是印度(反坦克步枪和弹药)。在SIPRI的数据中,无论是巴西还是印度,都不在前十大进口国之列。那么,为什么SIPRI和ISP的数据会有如此显著的差异呢?一个解释是,SIPRI对"国防出口"的定义与ISP的定义不同(如咨询、技术转让、服务等不包括在SIPRI的数据中)。第二个解释是,SIPRI的数据可能不包括后续交付和政府向政府(对外军事销售)的交付。[③]第三个解释是,SIPRI的数据只涵盖"主要常规武器转让",并以它们自己的指标"趋势指示值"(TIV)来表示。尽管如此,如此大的差异让人怀疑SIPRI数据在这方面的可靠性。

① ISP代表:Inspektionen för strategiska produkter(战略产品监察局)。

② 取决于美元和瑞典克朗之间的汇率。

③ SIPRI数据的这一缺陷,甚至是不足,本身就值得更深入的研究。这种差异对其他国家的影响也值得研究。

表14.9显示了向瑞典出售武器最多的国家。同样在这种情况下，数据也没有完全涵盖政府间采购。

表14.9 2008—2017年瑞典的武器进口：十大销售国(单位：百万美元)

国家	2008年	2009年	2010年	2011年	2012年	2013年	2014年	2015年	2016年	2017年	合计
美国	9	2	0	150	185	16	1	2	9	5	379
德国	1	40	40	8	8	0	0	0	44	29	168
法国	0	0	0	28	0	7	21	23	20	0	99
芬兰	0	0	0	0	0	13	20	0	0	0	33
南非	12	0	0	0	7	14	0	0	0	0	33
意大利	17	6	0	0	0	0	0	0	0	0	22
英国	0	2	6	6	6	0	0	0	0	0	20
挪威	0	0	5	0	0	2	1	3	5	4	19
加拿大	10	0	0	0	0	0	0	0	0	0	10
以色列	2	7	0	0	0	0	0	0	0	0	9
丹麦	1	0	0	0	0	0	0	0	0	0	1
合计	51	57	51	191	206	52	43	28	77	38	792

数据来源：SIPRI武器转让数据库，SIPRI趋势指示值。

2011年，通过政府的KEX指令，瑞典开始对武器出口法规进行改革。该指令的目标之一是引入“民主标准”，旨在限制向“民主制度薄弱”的国家出口武器。2018年4月，议会通过了一项改革后的武器出口法案，其中包括一项民主标准。这一标准对国防出口的影响尚不明确，但对这一标准的个案解释将逐渐形成一种模式和做法。可以确定的是，这将对某些国家，尤其是对海湾国家的出口产生一定程度的影响。沙特阿拉伯和阿拉伯联合酋长国一直是大买家，因此这项改革可能会对瑞典的国防出口产生相当大的影响。

14.9 2019年国防白皮书①

国防委员会每五年发布一份《国防白皮书》，确定下一个国防规划时期的能力和采购优先事项——在这种情况下，2019年5月14日发布的白皮书涵盖2021年至

① Swedish Government, Värnkraft [Resilience], Ds 2019:8. Presently (June, 2019),only in Swedish: www.regeringen. se/rattsliga-dokument/departementsserien-och-promemorior/2019/05/ds-20198/. Summary in English: www. regeringen. se/49a295/globalassets/regeringen/dokument/ forsvarsdepartementet/forsvarsberedningen/slutrapport-14-maj/defence-commissions-white-book-english-summary.pdf.

2025年。国防委员会是一个议会团体，成员包括议会各党派成员。按照惯例，国防委员会的《白皮书》成为下一个国防规划时期的大纲，由国防部执行。由于无法预见的预算或安全事件，各部门可以修改规划，但修改幅度很小。因此，白皮书是总体规划。

《2019年国防白皮书》描述了自上一份2014年白皮书以来不断恶化的安全局势，要求从根本上加强能力和装备。到2025年，武装力量将从60000人增加到90000人。关于采购、维持和与瑞典国防工业直接相关的事项中，以下方面最为突出：

(1) 到2025年，国防预算将逐步提高到国内生产总值的1.5%，达到840亿瑞典克朗。

(2) “鹰狮”战斗机C/D到2027年都不会被淘汰，它将服役到2038年。因此，萨博公司对C/D型号的支持还将持续大约10年以上。C/D型号将作为E/F型号的能力补充，同时作为高级教练机。此外，还将增加两个空军师，即增至8个。

(3) 为飞行员基础培训购置新的教练机。

(4) 后勤功能和战备状态将得到极大加强，包括“将采购相当数量的装备”、货车、特种车辆、指挥控制和信号设备、弹药和特种装备。

(5) 升级“装甲战车和主战坦克的全部库存”。

(6) 为机械化旅装备新型火炮系统。

(7) 采购“简单、便携式”防空导弹系统。

(8) 升级海军现有所有舰船，配备防空导弹，为五艘维斯比级护卫舰配备新型反舰导弹。2025年后采购两艘新的水面作战舰艇。

(9) 升级现有的3艘戈特兰级潜艇，最迟于2025年开始采购替代品。现役潜艇的数量将从4艘增加到5艘。

(10) 加强布雷能力。

(11) 将通过采购空射巡航导弹和其他空对空导弹来加强防空能力。

(12) 升级用于空中监视的传感器链。

(13) 应“分配更多资源”给国防研发。

总之，这些声明给瑞典国防工业带来了非常好的消息。萨博航空公司和(特别是)萨博–考库姆公司预期将获得来自武装部队的强大订单流。英国宇航系统公司赫格隆茨分公司和(特别是)英国宇航系统公司博福斯分公司也将拥有令人惊讶的订单，从而使它们在潜在的外国买家眼中更加强大。导弹生产商萨博动力公司的长期订单不多，但现在可能会收到更多的任务和订单。诚然，并非上述所有采购计划都能兑现成国内防务公司的订单，但订单总量会相当大，这可能使瑞典企业受益。

这份白皮书也比以往的白皮书和国防法案更加有力地强调了国内国防工业的战略重要性及其对安全的重要影响。这表明，应当制定国防工业战略和新的国防采购战略。

14.10 挑　　战

瑞典国防工业、竞争力和未来销售都面临着挑战。萨博-考库姆公司已经开发出创新的“维斯比”级护卫舰，但没能成功出口。萨博-考库姆公司还开发了A26潜艇，瑞典已经订购了两艘，在选择是否购买第三艘。目前没有外国客户可以分担A26的开发成本。波兰是目前最有希望的潜在买家，其次是荷兰。

瑞典国防采购高度依赖于萨博公司。这可以看作是一个优势：国内有一家规模大且产品范围广的公司，在多个产品领域都取得了成功。而缺点是萨博公司在与国家的谈判中有很强的议价能力，而瑞典对国防开发和技术的预算拨款很少。对于萨博公司而言，国内国防开发和技术水平较低，可能会使外国潜在买家对其长期竞争力和信誉产生怀疑。

瑞典国防技术开发的广度和雄心没有得到充足的国防研发资金的支持，瑞典研发预算资助的新发展项目也不多。可以说，瑞典国防技术综合体是靠过去的投资为生的。另外，这种情况已经存在很长时间了，萨博公司正在开发新一代的导弹、雷达和地面作战武器，部分资金来自其自主研发和外国客户。因此，萨博公司形成了在这种情况下运作的商业模式。

长期以来，国防开发和技术拨款一直偏低（至少与许多领域的创新野心有关），瑞典国防物资管理局逐渐从一个技术开发机构转变为更加注重按账本管理采购，这削弱了国家的作用和影响力。防务企业已经变得更加以出口为导向，更多地依靠自身吸引研发资金，其中一些是外资企业，而且没有正式的国防工业政策。许多批评人士认为，这将导致瑞典防务企业作为合作伙伴的竞争力和吸引力逐渐减弱。从2011年开始，国防出口下降的趋势表明了这一点。这种趋势在装甲车和火炮上体现得更为明显。萨博公司似乎稳定地获得了“鹰狮”战斗机的合同，与其欧洲竞争对手（“阵风”和欧洲战斗机）相比，表现相当不错。2019年7月，萨博公司和瑞典政府宣布，它们已与英国和意大利一起成了未来空中作战系统（Future Combat Air Systems，FCAS）战斗机开发项目的合作伙伴。这个雄心勃勃的项目（与未来空战系统（Système de Combat Aérien Future，SCAF）项目并行，法国、德国和西班牙是合作伙伴）很可能对欧洲未来的军事航空也产生巨大影响。然而，现在判断其将如何发展还为时过早。

最后一个挑战，或者说不确定因素是瑞典国防预算在未来五年到十年将如何发展。2018年对“爱国者”的收购吞噬了采购预算中的一大部分。

14.11 方法论的挑战

公布的国防进出口数据并不能真正反映瑞典防务公司的销售情况、销售对象以及瑞典的进口情况。SIPRI关于瑞典某些武器类别,以及涉及某些国家的数据应该更高。如上所述,在某些情况下,政府的武器出口管理机构ISP提供的数据与SIPRI提供的数据截然不同——ISP提供的国防出口数据要高得多。

一些公司是外资所有的,这使得查找关于营业额、战略、海外销售等数据变得更加困难。英国宇航系统公司在瑞典的两家子公司博福斯公司和赫格隆茨公司尤其如此。因此,这两家公司的数据并不符合本研究的要求。萨博公司在其年度报告和主页上公布了更为详细的信息。

14.12 结　　论

长期以来,与大多数其他国家相比,瑞典国防工业的国内环境发生了巨大变化。

所有权:国家所有权已经消失,外国所有权广泛存在。然而,由于英国宇航系统公司退出了其在萨博公司35%的少数股权,以及考库姆公司从蒂森克虏伯公司"遣返"回来,外国所有权的程度有所下降。

国家治理:瑞典政府通过上述所有权变化,采取了类似于英国的国防工业战略。按照国际国防工业标准,瑞典拥有高度自由的市场化治理体系。

理念上的摇摆:自冷战结束以来,军事原则的优先事项发生了巨大变化,从根本上影响了国防创新、采购和开发条件,从而影响了本国国防工业的条件。

聚焦于出口:对国防出口的日益依赖并非瑞典独有。其他一些国家(如法国和英国)也出现了这种转变,但这从根本上改变了瑞典防务公司的商业模式和优先事项:它们无法主要依靠瑞典本国的订单来生存。

本章以四种观点开篇。第一,布里兹(2004)的研究声称,国防工业政策正在融入欧盟的大背景。第二,安德森(2007)的研究指出,瑞典国防工业已经非国有化了。第三,池上(2013)的研究声称,由于全球化,瑞典的国防需求对瑞典国防工业越来越不重要了,第四,德沃(2015)的研究认为,瑞典国防工业在20世纪80年代前生产多种类型的防御系统,然后在现有产品要求渐进式创新的推动下,逐渐成为成功领域的利基参与者,而新产品则需要激进型创新。2014年军事原则和安全政策优先事项的变化,迫使瑞典政府在2014年、2015年和2017年确定了基本安全利益(战斗机、水下能力、C4I关键部分的完整性),要求这些能力掌握在瑞典人手中。这肯定了国防工业中的某些部分对国家是至关重要的。开发和技术拨款已减少至历史低位,大部分国防工业必须依靠自身的竞争力生存,加之自由采购实践,所有这些都导致国家与部分研究机构以及国防工业的某些部门之间的联系和纽带更加薄弱。因此,瑞典国防工业的一部分是高度本国化的,而另一部分则运行在全球化的国防市场中。

2019年国防白皮书为瑞典国防工业带来了巨大的发展动力。然而,这些规划的效果如何还有待观察——本章是在白皮书发布4个月后写成的。

第15章 挪威国防工业

凯蒂尔·哈特巴赫·霍夫　乔恩·奥拉夫·佩德森[①]

15.1 引　言

按照国际标准,挪威国防市场及挪威国防工业规模较小,无法依靠本国生产提供各类国防装备。因此,挪威国防工业瞄准利基市场,强调高质量和高性能,而不是成本竞争。传统上,政府扮演客户、所有者和监管者的角色,国防工业的规模、结构和贸易由其政策决定。

在国防采办方面的指导原则是所有采办都应以竞争、非歧视和平等对待供应商为基础。然而,国家安全利益在许多国防采办中都是重要的考虑,因此可以不受这一原则的约束。挪威国防工业由两家大公司主导,它们在各自的业务领域几乎垄断了国内市场(康斯伯格公司(Kongsberg)和纳摩公司(Nammo))。然而,国内生产仅构成了市场的一小部分。挪威大多数军事装备严重依赖于进口。从这个意义上讲,尽管在谈及市场力量时,挪威的部分也可以被视为买方垄断,但必须认识到这样一个事实:挪威武装力量并不是国际标准的大客户。

近年来,挪威国防工业通过建立办事处和子公司,或通过兼并和收购,向海外扩张。这已使挪威国防工业更加靠近国际市场,邀请合作伙伴,提供获取新知识和资源的机会,也可避免保护主义和竞争方面的障碍。2017年,挪威国防工业近30%的收入来自海外业务。

本章回顾了与国防支出、投资和进出口有关的关键数据。挪威国防工业规模小,很难获得官方统计数据,也难以进行跨期比较。挪威国防工业是异质性的,因此在其他国家很难引起注意的防务结构变化,却可能对挪威国防工业的结构产生重大影响。

在我们讨论国防工业的行为之前,我们接下来介绍挪威国防工业的结构和历史。在这方面,由于政府发挥着许多作用,国家工业战略至关重要。因此,产业结构明显受到产业行为的影响。然后,我们将描述产业绩效,它也受到工业战略的影响。结论部分别概述了该行业未来可能的前景。

---

① 作者要感谢奥格·斯凯弗(Åge Skøelv)和西格德·艾弗斯(Sigurd Iversen)对本章书稿的评论,同时要感谢奥乐维·伦德(Ålov Runde)的校对工作。

15.2　挪威国防支出概述

作为讨论挪威国防工业的背景，分析其国内国防总支出是有益的。①自1980年以来，挪威实际国防支出总额经历了三个主要阶段(图15.1)。第一，在冷战结束前显著增加；第二，在20世纪90年代"和平红利"时期减少；第三，自2006年以来，出现了新的增长时期。自2015年以来，采购F-35就一直是一个重要的成本驱动因素。

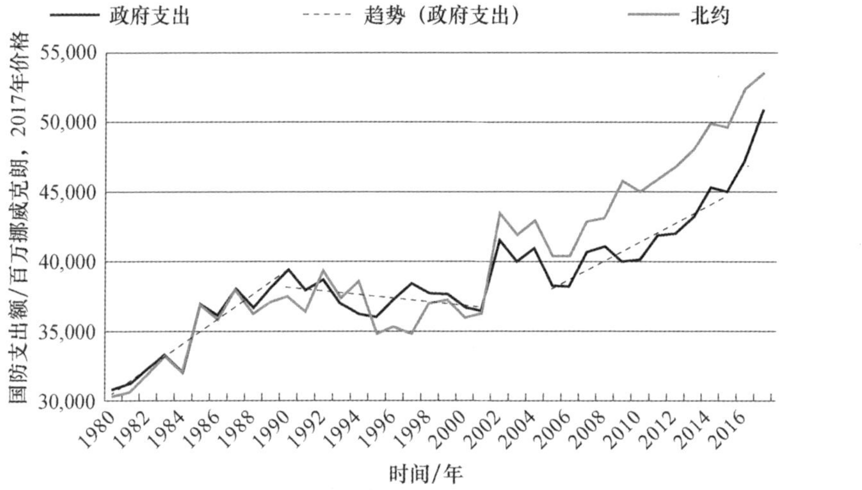

图15.1　1980—2017年挪威国防支出，以及1980—1990年、1990—2001年和2006—2014年国防支出趋势

资料来源：国防支出历史数据来自政府支出数据和北约。②根据会计标准进行了一些调整。③

在总国防支出中(图15.1)，采购支出呈现下降趋势，尽管存在波动(图15.2显示了占总国防支出的份额)。在冷战的最后几年中，支出很高。直到最近，采购支出才达到冷战时的水平，这主要由购买F-35导致。主要的年度波动受到大型采购

① 所有数据均由挪威统计局的消费者价格指数换算为2017年的挪威克朗(NOK)。2018年底，1欧元= 9.5挪威克朗，1美元= 8.3挪威克朗。

② 完整的资料来源：国防支出从政府支出数据中获得，这些数据在每份为一下年度制定的政府预算中都有说明。北约数据来自北约(NATO，1980，1984，1988，1992，1996，2000，2003，2006，2012，2018)。

③ 为修正2002年以来会计准则变化而做出的调整：①从2009年起，搜索和救援直升机列入武装部队的支出数据，但此处不包括在内；②建筑物和财产的费用被计为分支机构和挪威国防房产局(The Norwegian Defence Estates Agency)的费用，但在这里只计算一次；③增值税不包括在2015年的政府支出数据中，但在此处加上了。从2009年开始，挪威政府支出数据与北约数据之间的差距越来越大，这是由于养老金计算方法的变化(NATO，2012)。目前，这两个序列数据之间的主要区别在于，政府支出数据中没有包括退休人员的养老金。在向北约报告这些数字之前，会加上这些费用的近似值。自2017年以来，政府支出数据中包含了在职员工未来养老金的准备金。

项目的影响，例如20世纪80年代采购的F-16和潜艇，21世纪初购买的“南森”级(Nansen-class)护卫舰以及2015年开始购买的F-35战斗机。自20世纪80年代以来，平均投资占国防支出的比例达到25%。参见约翰逊等(Johnson et al.,2017)对挪威国防支出更详细的描述。

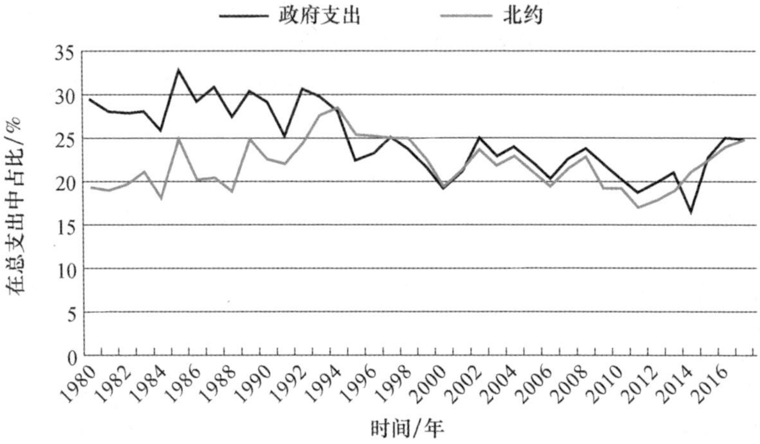

图15.2 1980—2017年国防采购支出

资料来源：国防支出历史数据来自政府支出数据和北约。①

遗憾的是，官方国防研究与发展(R & D)的数据并不容易获得。挪威统计局(Statistics Norway, SSB)提供了国家会计账目时间序列数据，但由于定义不断变化，且它只包含武装部队自己的研发支出，不包含国防工业的研发支出，因此在这方面，它的误导性大于其可提供的信息。

可以得到自从1988年以来持续的进出口时间序列数据。这一时间序列数据由挪威统计局②提供，由图15.3给出，另外两个出现在较晚年份的时间序列数据则由挪威外交部(Ministry of Foreign Affairs, MFA)和挪威国防研究院(Norwegian Defence Research Establishment, FFI)提供。挪威统计局的统计数据以出口申报为基础。由于根据军事协议而交付国外的装备不用报告，因此不包括在统计数字之内，挪威驻外军队使用的装备也是如此。外交部的统计数据以出口商自己报告的为基础。只有需要许可证的出口才包含在他们的时间序列数据中。不同商品类别以及出口申报中的错误解释了两个统计序列之间的差异。挪威国防研究院的统计数据还包括非许可出口。对于进口，只有挪威统计局的数据可用。由于这些数字仅以

① 完整资料来源：政府预算中所列历史年度国防支出数据来自北约(1980,1984,1988,1992,1996,2000,2003,2006,2012,2018)。

② 挪威统计局(2018a)，国际贸易标准分类(SITC)第891商品分类。这一分类中不包括军舰和战斗机，但挪威军舰和战斗机的出口可忽略不计。

进口申报为基础，所报告的数字应该也是过低的。①不幸的是，没有更好的可公开获取的武器进口数据。2014年武器出口的主要增长并非由于特定武器系统出口增加，而是由于对美国、荷兰、波兰和阿曼（Ministry of Foreign Affairs，2018b）的销售增加了。2014年和2015年进口的暂时增加主要是由CV90步兵战车升级和翻新的相关进口造成的。

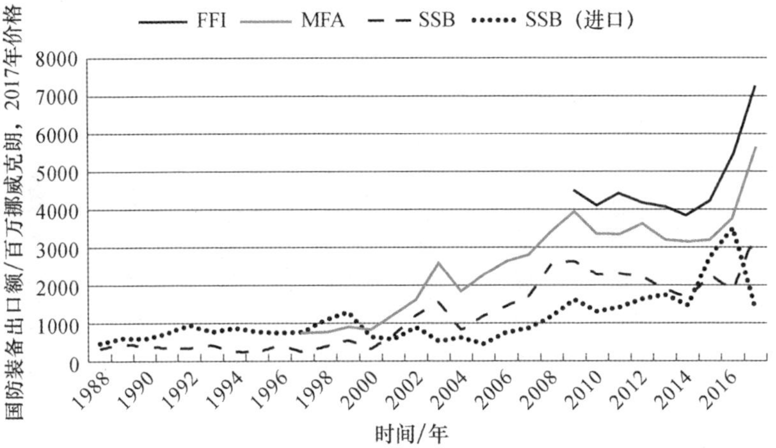

图15.3 国防装备出口

资料来源：挪威统计局（SSB）：Statistics Norway (2018a)；挪威外交部（MFA）：Ministry of Foreign Affairs (2002, 2005, 2008, 2018b)；挪威国防研究院（FFI）：比德尔森（Pedersen，2015，2016，2017，2018），特维布拉特（Tvetbråten，2011, 2012, 2013, 2014），以及特维布拉特和沃尔登（Tvetbråten & Fevolden，2011）。

从2011年开始，挪威国防研究院对国防工业进行了年度调查。因此，2011年是统计数据的分水岭。在此之前，信息稀缺且分散，随着新数据序列的出现，信息情况得到极大改善。

15.3 挪威国防工业及其历史结构

我们将国防工业定义为生产和提供影响国家安全的产品或服务的公司。这包括直接向武装部队交付产品或服务的公司，或作为较大规模生产的子承包商，但武装部队是其最终用户。这些产品或服务应该对国家安全产生影响，从这个意义上讲，它们可以被划分在国家战略优先领域，如关于国防工业的国家战略白皮书（Ministry of Defence，2015）中所定义的那样。我们在描述行业行为时涉及这些区域。

图15.4显示了2011—2017年大型公司（超过250个全职人力工时（Full-Time Equivalents，FTEs））、中型公司（50~249个全职人力工时）、小型公司（10~49个全职

① 此外，对于出口而言，不包括军舰和战斗机。

人力工时)和微型公司(少于10个全职人力工时)的公司数量。表15.1提供了有关四家挪威大型防务公司及其所有者,息、税、折旧和摊销前利润(Earnings Before In-Terest, Taxes, Depreciation and Amortization,EBITDA)以及全职人力工时数。康斯伯格和纳摩公司在整个挪威国防工业历史上都一直占据主导地位。2012年,航空工业维护公司(AIM)的成立使大型防务企业的数量从2家增至3家,后来在2016年,随着NFM控股公司全职人力工时增长超过250名,大型公司的数量从3家增至4家。

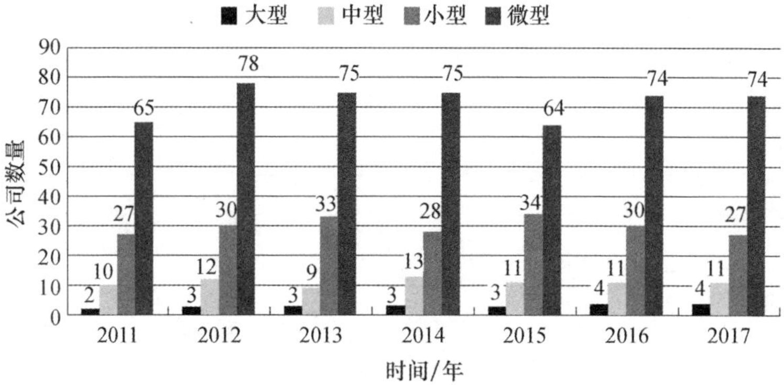

图15.4　2011—2017年大型、中型、小型和微型公司数量

资料来源:Pendersen(2018)。

表15.1　四大挪威防务公司及其所有者、收入和员工数量

公司名称	所有者	2017年销售收入/挪威克朗	员工数量/名全职人力工时
康斯伯格国防和航空航天公司(KDA)	康斯伯格集团公司,挪威政府拥有50.001%的股份	63亿;EBITDA:7亿	2400
纳摩集团	挪威政府(50%);帕特里亚公司(50%)①	45亿;EBITDA:3亿	2200
航空工业维护公司挪威公司	康斯伯格国防和航空航天公司(50.1%),帕特里亚公司(49.9%)	12亿	440
NFM控股公司	私人所有	7亿	550

资料来源:各公司年报。

除这四大公司外,2017年前十大防务公司中其余六家分别是泰利斯挪威公司(Thales Norway AS)、基伦公司(Kitron AS)、空中客车国防和航天公司(Airbus Defence and Space AS)、莱茵金属公司(Rheinmetall AS)、康罗德公司(Comrod AS)和菲利尔无人驾驶系统公司(Flir Unmanned Aerial Systems AS)。由于兼并和收购的历

① 帕特里亚(Patria)是一家芬兰公司,芬兰政府持有50.1%的股份,其余股份由康斯伯格公司持有。

史悠久，其中许多公司的历史很难追溯。例如，Vinghøg公司是一家成立于1950年的家族企业。它于2005年被西姆拉德公司（Simrad）收购，2007年又被莱茵金属公司收购。泰利斯挪威公司在2000年前名为汤姆逊无线电公司（Thomson CSF AS）。1989年，汤姆逊无线电公司收购了阿尔卡特公司（Alcatel SKF AS），而后者在1987年收购了标准电话电缆公司（Standard Telefonog Kabelfabrik AS）。因此，很难对单个公司进行跨时期比较。

在20世纪80年代，越来越多的私营公司进入防务市场，特别是在电子产品、通信解决方案和计算机领域。几乎没有具体数字提供这种发展情况的信息，但在20世纪80年代早期至少有9家私营公司在国防市场上运作：西姆拉德公司、奈拉公司（Nera）、挪威电信公司（Elektrisk Bureau）、标准电话电缆公司（Standard Telefonog Kabelfabrik）、挪威数据中心（Norsk Data）、Vinghøg公司；北欧铝业公司（Nordisk Aluminium）、古斯塔夫·A. 瑞格公司（Gustav A. Ring）以及诺切姆水泥厂（Norcem Plast）（Erlandsen，1983；Wicken，1992）。

20世纪90年代是工业整合的十年。例如，挪威国防科技公司（NorskForsvarsteknologi AS，NFT）于1993年实现部分私有化，但政府持有多数股权。1995年，挪威国防科技公司更名为康斯伯格集团（Kongsberg Gruppen）。其防务部门，康斯伯格国防和航空航天公司（KDA）作为自己的业务领域，成立于1997年。劳福斯联合工厂（Raufoss ASA）在20世纪90年代同样进行了重组，于1998年与帕特里亚公司（芬兰）和舍尔修斯（Celsius）公司（瑞典）合并，成立纳摩集团公司（Nammo Group AS）。基伦公司于1996年购买了挪威电信公司（Elektrisk Bureau）部分股权，并于1997年在证券交易所上市。

越来越多的私营公司在能够向武装部队销售产品的领域确立了一定地位，但它们也是康斯伯格国防和航空航天公司和纳摩公司的分包商。此外，IBM、西门子和空中客车等大型外国公司的子公司进入了挪威防务市场。截至20世纪90年代末，大约11家公司将国防市场作为其主要市场，另有35~40家公司还提供了对国家安全具有重要意义的产品和服务（Halvorssen & Vamraak，2000）。到2008年，公司数量翻了一番，达到100家左右（由费沃登等（Fevolden et al.，2008）的文章推导出来；Halvorssen & Vamraak，2000）。

如今，挪威国防工业由大约115家公司组成，其中35家公司将武装部队和国防工业作为其主要市场。自2010年以来，国防工业平均雇用了4500名全职人力工时。其中，约90%位于挪威东南部和奥斯陆附近（Pedersen，2018）。这些公司普遍无法提供2010年前雇员人数的数据。

挪威一直依赖国防装备进口，从来没有自力更生的政治野心（Wicken，1992）。相反，挪威的一个政治期望是促进国防工业的竞争力，确保本国有足够的供给能力维护国家安全，并不断改善国家的采购能力（Ministry of Defence，2015）。2017年，进口占国防支出的比例高达74%，略高于过去几年的平均水平（图15.5）。这一比例每一年都不同，但从1995年到2002年，年均进口量为61%，而自2010年以来一直为62%（图15.5：Halvorssen & Vamraak，2004；PedeSen，2018）。仅挪威国防工业就进口了55%~60%的用于生产的商品（Hove，2018）。据我们所知，挪威国防工业的国际供应链依赖度尚未得到研究。

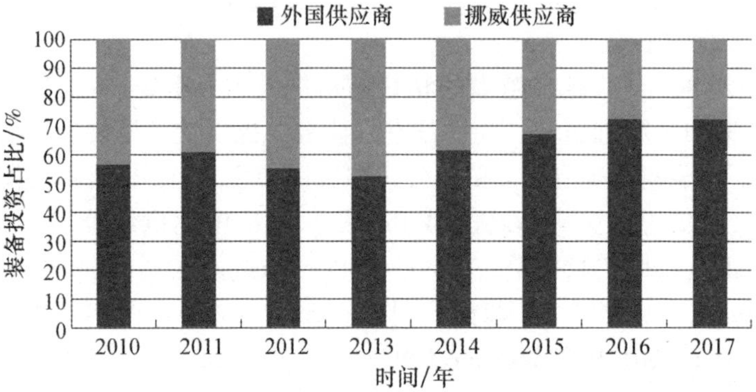

图15.5　来自外国和本国供应商的装备投资

资料来源：Pendersen（2018）。

从进口情况来看，没有太多剩余资金可用于维持国防工业。[①]因此，挪威国防工业一直依赖出口，以维持必要的生产能力，确保规模经济，补偿贸易需求波动，保持和发展技术能力以保持竞争力（Ali et al.，2007）。从这个意义上说，出口可以被视为挪威国防工业国际竞争力的一个指标。

在20世纪80年代和90年代，两家主导公司都有大量出口。例如，在20世纪80年代，劳福斯联合工厂（Raufoss Ammunisjonsfabrikk，现在的纳摩公司）总收入中约有60%来自出口，而1994年则达到80%（Wang，1996）。为了弥补国防支出的下降造成的影响，这些公司还将使产品组合多样化，并进入各种民用市场（Wicken，1992）。1996年，劳福斯联合工厂高达81%的收入来自民用产品（Ministry of Trade and Industry，2000），这使得这些公司容易受到民用市场波动的影响。1986年，这种脆弱性导致政府介入干预，将康斯伯格武器工厂（Kongsberg Våpenfabrikk，现在的康斯伯格国防和航空航天公司）从破产中拯救出来。这是由于石油输出国组织（欧佩克，OPEC）出现危机，以及由此引发民用市场需求下降所致。劳福斯联合工厂在20世纪90年代初也经历过类似的危机。通过出售民用业务部分地解决了问题，几年后，将其国防业务并入纳摩集团（Ministry of Trade and Industry，2000）。尽管如此，这两家公司在20世纪80年代和90年代确实有大量与国防有关的出口。平均而言，每年都达到18亿挪威克朗（Ministry of Trade and Industry，2000；Øyangen，2014；Petersen & Sogner，2014；Wang，1996）。

① 在回顾国防工业行为一节中，我们讨论的国防采办政策在很大程度上决定了进口水平。

根据外交部的年度报告[①]，从2000年到2009年，与国防相关的出口和公司数量都翻了一倍。平均而言，48家公司每年出口总额为38亿挪威克朗。这一增长的部分原因可以追溯到西班牙公司，它们需要履行与采购新护卫舰有关的补偿贸易协议。[②]这也可以追溯到康斯伯格国防和航空航天公司向美国市场出口挪威高级地对空中导弹系统（Norwegian Advanced Surface-to-Air Missile System，NASAMS）和"防御者"远程武器站（Protector RWS）取得了巨大成功。这一成功吸收了康斯伯格国防和航空航天公司（Castellacci & Fevolden，2015）的所有生产能力。因此，为了履行其补偿贸易义务，西班牙公司需要与康斯伯格国防和航空航天公司意外的公司合作。对公司数量增加的另一种解释是，进口国的数量从1999年的36个增加到2009年的65个（Ministry of Foreign Affairs，2009，2010）。

尽管挪威国防工业发展迅速，但从大多数标准看，它还是一个小行业。它专门针对强调高质量和高性能的利基市场，而不是强调成本竞争（Kristiansen，1991）。历史上，它的规模、结构和贸易都由政府政策所决定，因为政府不仅是主要客户，而且是主导公司的所有者和出口监管机构（Ulsrud，2012）。虽然许多国有公司至少已经部分私有化了，但市场仍由这两家公司主导，其国防业务仍以各种方式得到政府的支持。

占主导地位的公司在其各种产品领域中没有国内竞争，同时也是大型进口采办中显而易见的分包商，与外国供应商签订补偿贸易协议中的合作伙伴（Halvorssen & Vamraak，2004；Skogstad & Warberg，2005）。因此，在至少某些特定的产品和技术方面，市场可能被视为近乎垄断。然而，除了确定的战略领域外，挪威国防市场依赖进口和具有竞争力的外国市场来提供其他一切产品。从这个意义上讲，市场也可以被视为买方垄断。尽管有竞争、非歧视性和公平对待供应商的指导原则，但存在进入壁垒。例如，在形成武装部队的需求和偏好并使之制度化，以及加强维护国家安全利益所必需的战略领域方面，良好的过往记录和成功的长期合作是重要的，这很自然的事。从这个意义上讲，新进入者可能难以立足。此外，武装部队还有长期的组织记录，因此过去任何无法提供有能力的产品或无法合作的情况，都有可能是再次进入市场的障碍。

15.4　挪威国防工业的行为

产业行为在很大程度上是政府政策在国内和国际市场上作用的结果。各大公司声称，补偿贸易协议和成本份额/工作份额协议对于进入国外市场和产品开发至关重要（Castellacci et al.，2014）。国防工业自己认为挪威工业政策制度对其生存至

① Ministry of Foreign Affairs（2001，2002，2003，2004，2005，2006，2007，2008，2009，2010）.

② 对于更通用的术语"补偿贸易"，有很多词语可以表示。挪威目前正在使用"产业合作"一词。

关重要,康斯伯格公司和纳摩公司已将补偿贸易协议描述为国际市场的重要门户。中小型公司则表明,它们对产业政策制度的依赖程度不那么高。对于这些公司来说,补偿贸易对于确保成为子承包商的角色而言很重要。

卡斯泰拉奇和费沃登(Castellacci & Fevolden,2014)的一项研究指出,挪威出口公司成功的四个主要因素。第一,参与补偿贸易协议;第二,重点关注自身核心竞争力;第三,研发活动及其与公共科技系统的互动;第四,需求机会以及企业与客户的关系。

卡斯泰拉奇和费沃登(2014)确定了这些公司的两种轨迹。在第一种轨迹中,在超级出口商中,他们发现很少有大型寡头垄断企业(如康斯伯格和纳摩公司)能够长期保持其主导地位。而他们一直将自己定位为在许多不同领域具有国际竞争力的系统集成商和全球性公司。第二种轨迹,专业化供应商,其中包含许多中小型企业,尽管这些企业规模较小,能力和产品组合范围较窄,但通过向大型海外国防制造商提供专业设备而确立了国际地位。

由于地形、气候和地理等因素导致挪威对武器和传感器要求很高,这在确保拥有具有竞争力的本国国防工业的重要性上已达成广泛的政治共识。在20世纪80年代,这一共识通过直接拥有占主导地位的防务公司来实现。作为20世纪90年代国防工业结构变化的一部分,出现了武装部队的采购和工业政策(Ministry of Defence,1995)。这一政策明确指出,政府当局希望对挪威国防工业做出安排,去竞争部分国防采办订单(Ministry of Defence,1995)。三年后,挪威国防和国防相关行业的国家战略进一步阐述了这一战略。国防部在白皮书中强调,希望通过以下方式支持国防工业:①武装部队的采办政策;②主张补偿贸易协议(民事和军事);③继续在国防工业实行公有制和控制;④国际合作(Ministry of Defence,1998)。这项政策已通过两项最新的国防工业战略进行了深化(Ministry of Defence,2007,2015)。

2015年的战略为国防采办确定了两个优先事项:长期国家安全利益和武装部队的短期需求。在战争或紧急情况下,外国供应商可以在向外国客户供货之前优先考虑本国需求。因此,该战略主张,必须确保足够的国内供给,以维护关键领域的国家安全。白皮书中列出的八个关键区域是:①指挥、控制和信息、决策支持和战斗系统,包括雷达系统;②系统集成;③自动系统;④导弹技术;⑤水下技术;⑥弹药、瞄准装置、远程控制武器站和军用爆炸物;⑦专门为军事用途开发和(或)改造的技术;⑧对军用陆地、空中和海洋系统的生命周期保障。虽然语义发生了变化,但自20世纪90年代中期以来,这些关键领域一直相对保持一致。这种一致性反过来又对国防部的采办实践产生了重大影响,从而影响了国防工业的结构和行为(Skogstad & Warberg,2005)。

挪威的所有公共采购都受《公共采购法》(Public Procurement Act,LOA)和相关法规的管辖,包括《国防和安全采办法规》(FOSA,参见沃伯格(Warberg,2007))和

《国防部门采办条例》(ARF)的监管。根据《国防和安全采办法规》和《国防部门采办条例》并作为基本规则,所有采办均按照竞争原则进行。如果出于国家安全考虑需要偏离竞争原则,可以启动《欧洲经济区(European Economic Area,EEA)协议》第123条款。①最近启动该条款的一个案例出现在2017年政府预算中,当宣布挪威将建造新的海岸护卫舰时(Ministry of Defence,2016)。国家安全被认为是这一决定背后的主要原因。

进口评估是国家安全利益、武装部队需求和成本之间的平衡。其他因素同样得到了评估和重视。例如,供应商良好的过往记录和成功的长期合作,对于形成武装部队的需求和偏好并使之制度化,以及加强维护国家安全利益所必需的战略领域能力是重要的。根据萨尔维恩(Salvesen,2013)的研究,出口也"作为一种政治和经济工具发挥作用,是表现为货币形式的外交政策",用于减少挪威国防工业在国外市场遇到的保护主义和政治上的进入障碍(Ali et al., 2007;Ministry of Defence,2012)。在这方面,补偿贸易协议是一项积极用于促进挪威国防工业的工具。在20世纪80年代,签署了34项价值总计140亿挪威克朗的补偿贸易协议,补偿比例为60%(Wicken,1992)。在20世纪90年代,补偿贸易更加系统地用于为挪威国防工业打开外国市场(Ministry of Defence,1998)。结果是实现的补偿贸易协议平均年度价值增加到25亿挪威克朗(当期价格),1999年—2010年,每年有价值24亿挪威克朗(当期价格)的补偿贸易协议(Halvorssen & Vamraak,2000)。这也与本迪克森(Bendiksen,2018)的描述一致,他概述了2006—2010年,年度补偿贸易协议平均价值为25亿挪威克朗。

两家主导公司,康斯伯格国防和航空航天公司和纳摩公司长期从补偿贸易协议中受益匪浅。例如,在20世纪80年代,它们收到了与F-16采办相关、高达85%的补偿贸易协议(Wicken,1992)。20世纪90年代也是如此,但在2006年至2010年间,它们平均收到的补偿贸易协议不到15%(Bendiksen,2018)。换言之,在过去10年中,补偿贸易行为发生了变化,结果是其他公司从中受益。

进口方面的前景也影响了对出口的政治限制(Wicken,1992)。自19世纪末以来,挪威又对国防装备出口设置了严格的规定。1935年,议会首先进一步加强了这种限制,这是关于出口管制的第一个国内官方政策(Enlarged Committee on Foreign Affairs and Constitutional Affairs,1935)。这是在一系列不幸事件之后发生的,包括因玻利维亚战争向巴拉圭出售武器和弹药(Hoel,2017)。后来,在1946年、1959年、1967年、1974年、1977年和1980年这一限制又得到加强(Wickics,1992)。自1987年以来,有关战略商品、服务和技术出口的所有条例均由外交部通过1987年《出口管制法》(Export Control Act)加以管理。挪威也是各种国际出口管制协定

① 第123条类似于《里斯本条约》第346条款,允许各国采取必要措施来保护其安全利益。第123条款和第346条款之间的差异参见霍夫(Hove,2018)的研究。

的缔约国。[①]尽管有这些严格的限制,但仍有人质疑这些限制是否足够有力(如霍尔(Hoel,2017)提出的批评)。例如,继续向沙特阿拉伯出口武器,直至2018年11月,政府才宣布不再发放新的出口许可证(Ministry of Foreign Affairs,2018a)。

政府还通过资助和共同资助研发项目来影响国防工业的行为(Ali et al.,2007)。挪威国防工业、挪威国防研究院和武装部队之间一直存在着密切的关系。这一三螺旋模式被称为三角合作,通常由国防部共同出资,作为减少行业风险的措施。挪威国防研究院与国防工业在产品开发方面进行合作,国防工业和武装部队一起制定需求要求,武装部队和挪威国防研究院在评估和制定作战概念方面开展合作(Hove,2018;Ministry of Defence,2015)。这种合作自20世纪50年代开始,当时研制了反潜导弹"燕鸥"(Terne)。后来的开发项目包括自动水下航行器HUGIN和海军打击导弹(FFI,2015),以及防空系统挪威高级地对空中导弹系统(NASAMS)、远程武器控制系统"防御者"远程武器站和联合攻击导弹(Joint Strike Missile)。

其他国家的国防工业政策也影响了挪威国防工业(Hove,2018;Ministry of Defence,2015)。美国市场是迄今为止最重要的市场,一些挪威公司已经成功地建立在当地的生产能力,并与美国大型防务公司建立了长期合作伙伴关系(Ministry of Defence,2015)。挪威加入北约和欧洲防务局,以及通过欧洲经济区与欧盟的关系,对挪威国防工业也具有重要意义。尽管挪威国防工业过去仅成功达成了特定的双边和多边协议(Ministry of Defence,2018),但欧洲国防基金的成立(European Defense Fund,EDF,参见第6章)对整合欧洲国防工业有着重要意义,因此也影响到挪威国防工业。此外,亚洲长期以来也很重要,但与欧盟和美国市场不同,亚洲市场被认为更加开放,因此更容易通过竞争进入。

15.5 挪威国防工业的绩效

与挪威国防工业有关的历史数据很少,尤其是盈利能力、研发和就业数据都很难追溯到20世纪80年代。

本章努力提供了收入水平的指标。从1998年开始的数据来自今天最大四家公司及其财务报表。所有这些公司80%以上的收入来自国防市场。1998年之前的数据来自康斯伯格国防和航空航天公司以及纳摩集团的年报,因为那时其余两家大公司尚未成立,或者处于初创阶段。其他公司的数据并不可用或不一致。大

① 例如,1890年的《布鲁塞尔会议议定书》(Brussel Conference Act)、1919年的《圣日耳曼协议》(St. Germain)(Wicken,1992)、1947年的多边出口管制协调委员会(Coordinating Committee for Multilateral Export Controls,CoCom)和1986年以来的澳大利亚集团(Australia Group)(Kristsensen,1991)、1990年以来的核供应国集团(Nuclear Suppliers Group)和《导弹技术控制制度》(Missile Technology Control Regime),以及自1996年以来,《瓦森纳协议》对常规武器和两用商品及技术的出口管制安排(Wassenaar Arrangement on Export Controls for Conventional Arms and Dual-Use Goods and Technologies)。

部分数据都是从两家公司的周年纪念册报告的财务报表中收集的(Øyangen,2014;Petersen & Sogner,2014;Wang,1996)。对于纳摩集团,还从贸易和工业部(2000年)收集了1996年至1998年期间的数据。[①]

从1980年到1990年,这些公司的年平均销售额为34亿挪威克朗。如图15.6所示,1987年出现了明显下降,这一年康斯伯格武器工厂与东芝公司的合作违反了《瓦森纳协定》(Wassenaar Arrangement),即前身为巴黎统筹委员会(COCOM)的规定。结果,该公司在美国国防市场上被列入黑名单,收入因此下降了(Erlandsen,1987;Wicken,1988)。为了应对销售减少,成立了一家新公司来接管了老公司的所有资产和产品。康斯伯格武器工厂变成了挪威国防科技公司,直到1995年才更名为康斯伯格集团(Kongsberg Gruppen),国防生产作为一个独立的业务领域,放在康斯伯格国防和航空航天公司名下(Petersen & Sogner,2014)。

图15.6　最大四家防务公司的国防相关销售收入

20世纪90年代的武器销售明显受到1991年苏联解体,以及大多数国家装备支出普遍下降的影响。从1990年到2000年,年均年销售额为32亿挪威克朗。如图15.6所示,1998年出现了短暂的峰值,这是由于和雷神公司达成补偿贸易协议,增加了挪威高级地对空中导弹系统的销售。1999年销售额下降主要是由于纳摩集团成立。1998年,劳福斯联合工厂与瑞典的舍尔修斯公司及芬兰的帕特里亚工业公司合并为纳摩集团。纳摩集团的挪威部分需要一些时间进行调整,由此销售额出现了大幅下降。

简言之,自2000年以来销售收入的增加可以与出口相关联。例如,2000年至2003年的增长主要是由于挪威高级地对空中导弹系统出口的增加。部分增长还可追溯到挪威从西班牙购买护卫舰的相关补偿贸易协议(Ministry of Foreign Affairs,2004)。2006年至2012年的增长还得益于特定系统,即远程保护武器站的出口。实

① 我们无法找到劳福斯联合工厂(或劳福斯科技公司)1995年的销售数据,因此这些数据是按照1994年和1996年的平均值计算的。

际情况当然更为微妙,一些武器系统不可能决定所有的变化。然而,这样的例子有助于说明,这种小行业对于一个或两个重大成功或失败案例的数据是多么敏感。

自2008年以来,还有一个发展情况也影响了营业额数字:越来越多的公司通过设立办事处或子公司,或通过收购或合并,在海外设立了自己的机构。设立海外机构的主要原因有三点:第一,接近市场和合作伙伴;第二,提供获取新知识和资源的途径;第三,规避保护主义和竞争性壁垒(Aakre,2012)。后者既包括在开展业务的市场上进行竞争的障碍,也包括能够规避国内的障碍,如税收和出口管制。2017年,16%的公司在海外开展了业务,28%的国防相关收入来自控股的外国子公司(Pedersen,2018)。

2018年挪威国防工业的数据显示,其收入较2016年增长了5%(Pedersen,2018)。2017年,国防工业的国防相关总收入达到163亿挪威克朗,其中:

(1) 70%的收入来自四大公司,80%的收入来自前十大公司。

(2) 44%的收入来自出口,由47%的公司提供。

(3) 22%的收入来自直接向武装部队的销售,其中近一半的投入品是从挪威中小企业采购的。

(4) 总收入的6%来自分包合同,其中康斯伯格国防和航空航天公司和纳摩集团将近三分之一的营业额用于从挪威中小企业的采购。

国防工业的平均运营利润率为4.5%,2017年息税、折旧及摊销前利润约为7亿挪威克朗。2017年,挪威公司在研发方面投入了14亿挪威克朗,其中:

(1) 25%由国防部支持。

(2) 2017年,有40%的公司投资于研发。

(3) 50%来自四家大公司的投资。

(4) 研发平均占国防相关收入的8.4%。

挪威国防工业在挪威雇用了4400个全职人力工时,其中62%受雇于四大公司。2017年,海国子公司还聘用了2300个全职人力工时。

与挪威的民用行业相比,国防工业的规模微不足道。根据挪威统计局(2018a)和皮德尔森(Pedersen,2018)的研究,国防工业占:

(1) 挪威私营部门雇用的全职人力工时的0.28%。

(2) 私营部门销售收入的0.3%。

(3) 出口总额的0.7%。

(4) 挪威公司总研发投资的3.5%。

2017年,国防工业的生产收入(由挪威全职人力工时在挪威创造的)为每工作小时1367挪威克朗(Pedersen,2018)。相比之下,石油和天然气工业的平均值为4613挪威克朗,而整个挪威制造业和服务业(包括石油和天然气)是520挪威克朗每工作小时(Statistics Norway,2018b)。

15.6 挪威国防工业的未来展望

军方一直相对保守,武器系统的开发涉及极为漫长的研制和交付周期。挪威已经选择了F-35战斗机,P-8“波塞冬”(Poseidon)侦察机,并将德国作为采购潜艇的战略合作伙伴。这三项大型采购项目将对国防工业产生影响,不仅因为未来15年的采购和补偿贸易期,还因为中期升级以及额外的15~20年时间。挪威分包商已经参与了F-35项目,而P-8侦察机和潜艇的补偿贸易协议正在商定中。这些采购项目进一步延续了一种历史偏好,同时也巩固了国防工业已有的长期合作关系。

随着国防市场参与者的数量不断增加,我们也看到了更大程度的产业分化。换言之,民用供应商越来越多地参与交付子组件和专业产品中。总的来说,挪威具有很强的高科技能力,这至少部分地是由对海洋和海运行业要求苛刻的供给推动的。在未来许多年中,近海仍将是石油和天然气技术的驱动力,也是国防工业等其他行业的技术驱动力。例如,挪威在近海和海运行业的自动化技术方面遥遥领先。这些技术已经向国防市场转化了,但未来也可能对挪威国防工业产生重大影响。

如人工智能、量子计算、大数据处理和微型卫星这样的技术,都是目前人类尚未全面掌握的技术,但人们相信,它们将改变需求的性质,甚至可能会破坏国防的概念。随着时间的推移,挪威建立了创新的三重螺旋模式。短的决策线、频繁的互动、专注于最终用户以及在研究、用户和国防部之间建立的信任纽带(国防部是主要的资金来源),在过去被证明对确保创新至关重要。这种模式也被证明对建立和确保挪威国防工业的竞争力至关重要。只要有确保国防工业安全的政治意愿,创新合作的这种三重螺旋模式就会保持下去。它可能以不同的形式出现,有不同的参与者,跨过国界,与民用创新有更强烈的联系,但将努力保持这种模式的优势。

国防工业在很大程度上受到政治进程的影响,部分原因是政府所有权在两家占主导地位的公司中的作用导致的。这种所有权经常引发政治争论,但没有迹象显示有减少这种所有权的政治意愿。出口管制制度也是国防工业受到政治影响的另一个领域。从历史上看,挪威迅速批准并跟进国际协议,今后可能也会是这样。

未来的不确定性在于国防支出。挪威目前将其国内生产总值的1.61%用于防务(NATO,2018),并通过2014年《威尔士峰会宣言》(Wales Summit Declaration)承诺将国内生产总值的2%用于国防。目前的长期规划没有考虑这种增长。此外,在关于2%目标的现实性、国防支出的定义和计算方法,以及在计算国内生产总值时是否应该排除用于国防目的的石油和天然气等问题上,还存在政治上的分歧。尽管如此,国防支出的变化将取决于其他国家的支出、国家安全威胁、国际行动、其他政治优先事项、国内生产总值的发展和石油价格波动。这也应该从欧洲防务局和欧盟为协调、发展和加强欧洲成员国的国防能力而实施的许多进程的角度来看待(见第6章)。即使在短期内,这也可能导致欧洲国防工业整合在长期进展缓慢,进而可能提高专业化的和利基市场的竞争水平。然而，“我们唯一知道的关于未来的事情是，它将是不同的”(Drucker，1973)。

参考文献

Aakre, M. (2012). Norsk forsvarsindustriilys av globaliseringen. En analyse av forsvarsvirksomheten i Kongsberg, 1980—2010 [The Norwegian defence industry in the light of globalization. An analysis of the defence division of Kongsberg, 1980—2010] (Master's thesis). Universitetet i Oslo. Retrieved from www.duo.uio.no/handle/10852/13445.

Ali, S., Skogstad, A. K., Skøelv, Å., Warberg, E. N., & Willassen, E. (2007). Næringspolitiske aspekter ved Forsvarets anskaffelser [Defence industrial aspects of Norwegian Armed Forces procurements] (FFI-rapport No. 2007/00915). Kjeller: Norwegian Defence Research Establishment (FFI). Retrieved from www.ffi.no/no/Rapporter/07-00915.pdf.

Bendiksen, S. (2018). Gjenkjøp - Et bidrag til forsvarsevnen?: En analyse av gjenkjøpsordningen i forsvarssektoren [Offsets - A contribution to defence capability? An analysis of offset arrangements in the defence sector] (Master's thesis). Forsvarets høgskole, Oslo. Retrieved from https://brage.bibsys.no/xmlui/handle/11250/2505616.

Castellacci, F., & Fevolden, A. (2014). Capable companies or changing markets? Explaining the export performance of firms in the defence industry. *Defence and Peace Economics*, 25(6), 549-575.10.1080/10242694.2013.857451.

Castellacci, F., & Fevolden, A. (2015). *Innovation and Liberalization in the European Defence Sector: A Small Country Perspective*. Cheltenham: Edward Elgar Publishing.

Castellacci, F., Fevolden, A. M., & Lundmark, M. (2014). How are defence companies responding to EU defence and security market liberalization? A comparative study of Norway and Sweden. *Journal of European Public Policy*, 21(8), 1218—1235. 10.1080/ 13501763.2014.916338.

Drucker, P. F. (1973). *Management: Tasks, Responsibilities, Practices*. New York: Harper & Row.

Enlarged Committee on Foreign Affairs and Constitutional Affairs. (1935). Innst. S nr 80: Innstilling fra den forsterkede utenriks- og konstitusjonskomite om forbud mot utførsel av våben og ammunisjon og annet krigsmateriell til Bolivia og Paraguay samt omeksport av våpben og ammunisjon fra de militære fabrikker i sin alminnelighet [Recommendation from the Enlarged Committee on Foreign Affairs and Constitutional Affairs on prohibiting the exports of arms and munitions to Bolivia and Paraguay, and on exports of weapons and munitions from the military factories in general]. Retrieved from www.stortinget.no/no/Saker-og-publikasjoner/Stortingsforhandlinger/Lesevisn ing/?p=1935&paid=6&wid=a&psid=DIVL1395&pgid=a_0193&s=True.

Erlandsen, H. C. (1983). *Århundrets våpensalg [Weapon sales of this century]*. Oslo: Bedriftsøk onomens forlag.

Erlandsen, H. C. (1987). *TOSHIBA/KV saken [The TOSHIBA/Kongsberg Våpenfabrikk case]*. Oslo: Bedriftsøk onomens forlag.

Export Control Act. (1987). Lov om kontroll med eksport av strategiske varer, tjenester og teknologi m.v. [Act of 18 December 1987 relating to control of the export of strategic goods, services, technology, etc.]. Retrieved from https://lovdata.no/doku ment/NL/lov/1987-12-18-93.

Fevolden, A., Karlsen, E. N., & Ringdal, E. (2008). Virkemiddelapparatet og forsvarsindustrien i Norge [Policy instruments and the defence industry in Norway] (FFI-rapport No. 2008/02066). Kjeller: Norwegian Defence Research Establishment (FFI). Retrieved from www.ffi.no/no/Rapporter/08-02066.pdf.

FFI. (2015). FFI FACTS: Triaxial collaboration. Retrieved from www.ffi.no/no/Publi kasjoner/Documents/FFIFakta_Triaxial%20collaboration_interactive.pdf.

Halvorssen, T. L., & Vamraak, T. (2000). Effekten av gjenkjøpsordningen på norsk forsvarsindustri 1990 - 1999 [The effects of offset arrangements on the Norwegian defence industry 1999 - 1999] (FFI-rapport No. 2000/05788). Kjeller: Norwegian Defence Research Establishment (FFI). Retrieved from http://rapporter.ffi.no/rap porter/2000/05788.pdf.

Halvorssen, T. L., & Vamraak, T. (2004). Materiellinvestering i Forsvaret-Norsk for- svarsindustris rolle [Equipment investments in the Norwegian Armed Forces-The role of the Norwegian Defence Industry] (FFI-rapport No. 2004/01219). Kjeller: Norwegian Defence Research Establishment (FFI). Retrieved from www.ffi.no/no/Rap porter/04-01219.pdf.

Hoel, D. (2017). *Fred er ei det beste. Fra innsiden av den norske ammunisjonsindustrien [Peace is not the best. From the inside of the Norwegian ammunitions industry].* Oslo: Spartacus.

Hove, K. (2018). Defence industrial policy in Norway. Drivers and influence. Ares Policy Paper 25. Armament Industry European Research Group. Retrieved from www.iris-france.org/wp-content/uploads/2018/02/Ares-25-Policy-Paper-f%C3% A9vrier-2018.pdf.

Johnson, A. U., Hove, K., & Lillekvelland, T. (2017). Country survey: Military expenditure and defence policy in Norway 1970—2013. *Defence and Peace Economics,* 28(6), 669-685. 10.1080/10242694.2015.1101896.

Kristiansen, R. (1991). Norsk forsvarsindustri ved en skillevei? [The Norwegian defence industry at a crossroads?] (IFS Info No. 6/1991). Oslo: Institutt for forsvarsstudier. Retrieved from http://forsvaret.no/ifs/IFS-Info-61991-Norsk-forsvarsindustri.

Ministry of Defence. (1995). St.prp. nr. 48 (1994-95) Forsvarets materiell-, bygg- og anleggsinvesteringer [The investments of the Armed Forces]. Retrieved from www. regjeringen. no/no/dokumenter/stprp-nr-59-1997-98-/id201869/.

Ministry of Defence. (1998). St.prp. nr. 59 (1997-98). Om Forsvarets materiell-, bygg- og anleggsinvesteringer [On the investments of the Armed Forces]. Retrieved from www.regjeringen.no/no/dokumenter/stprp-nr-59-1997-98-/id201869/.

Ministry of Defence. (2007). St.meld. nr. 38 (2006—2007) Forsvaret og industrien-strategiske partnere. Strategi for de næringspolitiske aspekter ved Forsvarets anskaffelser [The Armed Forces and industry-Strategic partners. Strategy for industry political aspects of the Armed Forces' procurement]. Retrieved from www. regjeringen. no/contentassets/beb855ddfb054197a6f55107c65efbd9/no/pdfs/stm200620070038000dddpdfs.pdf.

Ministry of Defence. (2012). Industrielt samarbeid [Industrial cooperation]. Retrieved 13 November 2018, from www. regjeringen. no/no/tema/forsvar/forsvarsindustri/ industrielt-samarbeid/

id528526/.

Ministry of Defence. (2015). Meld. St. 9 (2015—2016) Nasjonal forsvarsindustriell strategi [National Defence Industrial Strategy]. Retrieved from www. regjeringen. no/contentas sets/ e7bfdb49872449f3bd1eed10812aa4b0/no/pdfs/stm201520160009000dddpdfs.pdf.

Ministry of Defence. (2016). Prop. 1 S (2016—2017) [The 2017 government budget for the Armed Forces]. Retrieved from www.regjeringen.no/contentassets/ 186c695600eb4db085dfcf2ca682 5e49/no/pdfs/prp201620170001_fddddpdfs.pdf.

Ministry of Defence. (2018). Prop. 1 S (2018—2019) [The 2019 government budget for the Armed Forces]. Retrieved from www.regjeringen.no/contentassets/ 0d9a279e01a94aa395e95018718 ab2b7/no/pdfs/prp201820190001_fddddpdfs.pdf.

Ministry of Foreign Affairs. (2001). St.meld. nr. 45 (2000—2001). Eksport av forsvarsma- teriell fra Norge i 2000, eksportkontroll og internasjonalt ikke-spredningssamarbeid [Exports of defence materiel from Norway in 2000, export control and international non-proliferation cooperation]. Oslo: Ministry of Foreign Affairs. Retrieved from www.regjeringen.no/no/dokumenter/stmeld-nr-45-2000-2001-/id194979/.

Ministry of Foreign Affairs. (2002). St.meld. nr. 29 (2001—2002). Eksport av forsvarsma- teriell fra Norge i 2001, eksportkontroll og internasjonalt ikke-spredningssamarbeid [Exports of defence materiel from Norway in 2001, export control and international non-proliferation cooperation]. Oslo: Ministry of Foreign Affairs. Retrieved from www.regjeringen.no/no/dokumenter/stmeld-nr-29-2001-2002-/id196204/.

Ministry of Foreign Affairs. (2003). St.meld. nr. 35 (2002—2003). Eksport av forsvarsma- teriell fra Norge i 2002, eksportkontroll og internasjonalt ikke-spredningssamarbeid [Exports of defence materiel from Norway in 2002, export control and international non-proliferation cooperation]. Oslo: Ministry of Foreign Affairs. Retrieved from www.regjeringen.no/no/dokumenter/stmeld-nr-35-2002-2003-/id196979/.

Ministry of Foreign Affairs. (2004). St.meld. nr. 41 (2003—2004). Eksport av forsvarsma- teriell fra Norge i 2003, eksportkontroll og internasjonalt ikke-spredningssamarbeid [Exports of defence materiel from Norway in 2003, export control and international non-proliferation cooperation]. Oslo: Ministry of Foreign Affairs. Retrieved from www.regjeringen.no/no/dokumenter/stmeld-nr-41-2003-2004-/id198268/.

Ministry of Foreign Affairs. (2005). St.meld. nr. 36 (2004—2005). Eksport av forsvarsma- teriell frå Noreg i 2004, eksportkontroll og internasjonalt ikkje-spreiingssamarbeid [Exports of defence materiel from Norway in 2004, export control and international non-proliferation cooperation]. Oslo: Ministry of Foreign Affairs. Retrieved from www.regjeringen.no/nn/dokumenter/stmeld-nr-36-2004-2005-/id407762/.

Ministry of Foreign Affairs. (2006). St.meld. nr. 19 (2005—2006). Eksport av forsvarsma- teriell fra Norge i 2005, eksportkontroll og internasjonalt ikke-spredningssamarbeid [Exports of defence materiel from Norway in 2005, export control and international non-proliferation cooperation]. Oslo: Ministry of Foreign Affairs. Retrieved from www.regjeringen.no/no/dokumenter/stmeld-nr-19-2005-

2006-/id200515/.

Ministry of Foreign Affairs. (2007). St.meld. nr. 33 (2006-2007). Eksport av forsvarsma- teriell frå Noreg i 2006, eksportkontroll og internasjonalt ikkje-spreiingssamarbeid [Exports of defence materiel from Norway in 2006, export control and international non-proliferation cooperation]. Oslo: Ministry of Foreign Affairs. Retrieved from www.regjeringen.no/no/dokumenter/Stmeld-nr-33-2006-2007-/id472302/.

Ministry of Foreign Affairs. (2008). St.meld. nr. 29 (2007—2008). Eksport av forsvarsma- teriell frå Noreg i 2007, eksportkontroll og internasjonalt ikkje-spreiingssamarbeid [Exports of defence materiel from Norway in 2007, export control and international non-proliferation cooperation]. Oslo: Ministry of Foreign Affairs. Retrieved from www.regjeringen.no/nn/dokumenter/stmeld-nr-29-2007-2008-/id515314/.

Ministry of Foreign Affairs. (2009). St.meld. nr. 42 (2008—2009). Eksport av forsvarsma- teriell fra Norge i 2008, eksportkontroll og internasjonalt ikke-spredningssamarbeid [Exports of defence materiel from Norway in 2008, export control and international non-proliferation cooperation]. Oslo: Ministry of Foreign Affairs. Retrieved from www.regjeringen.no/no/dokumenter/stmeld-nr-42-2008-2009-/id564541/.

Ministry of Foreign Affairs. (2010). Meld. St. 21 (2009—2010). Eksport av forsvarsma- teriell fra Norge i 2019, eksportkontroll og internasjonalt ikke-spredningssamarbeid [Exports of defence materiel from Norway in 2019, export control and international non-proliferation cooperation]. Oslo: Ministry of Foreign Affairs. Retrieved from www.regjeringen.no/no/dokumenter/Meld-St-21-2009—2010/id608556/.

Ministry of Foreign Affairs. (2018a). Export licences to Saudi Arabia [Press release]. Retrieved 18 November 2018, from www.regjeringen.no/en/aktuelt/eksportlisen ser-til-saudi-arabia/id2618605/.

Ministry of Foreign Affairs. (2018b). Meld. St. 5 (2017—2018). Eksport av forsvarsma- teriell fra Norge i 2017, eksportkontroll og internasjonalt ikke-spredningssamarbeid [Exports of defence materiel from Norway in 2017, export control and international non-proliferation cooperation]. Oslo: Ministry of Foreign Affairs. Retrieved from www. regjeringen. no/no/dokumenter/meld. -st. -5-20172018/id2576728/.

Ministry of Trade and Industry. (2000). St.prp. nr. 41 (1999-2000). Statens engasjement i Raufoss ASA og Nammo AS [Government Commitment in Raufoss ASA and Nammo AS]. Retrieved from www.regjeringen.no/no/dokumenter/stprp-nr-41- 1999-2000-/id202925/.

NATO. (1980). Financial and Economic Data Relating to NATO Defence-Defence Expenditures of NATO Countries (1949—1980). Retrieved 29 November 2018, from www.nato.int/cps/en/natohq/news_65894.htm.

NATO. (1984). Financial and Economic Data Relating to NATO Defence-Defence Expenditures of NATO Countries (1970—1984). Retrieved 29 November 2018, from www.nato.int/cps/en/natohq/news_65888.htm.

NATO. (1988). Financial and Economic Data Relating to NATO Defence-Defence Expenditures of NATO Countries (1970-1988). Retrieved 29 November 2018, from www.nato.int/cps/en/natohq/

news_65880.htm.

NATO. (1992). Financial and economic data relating to NATO Defence - Defence expenditures of NATO countries (1970—1992). Retrieved 29 November 2018, from www.nato.int/cps/en/natohq/news_23969.htm.

NATO. (1996). Financial and Economic Data Relating to NATO Defence - Defence Expenditures of NATO Countries (1975—1996). Retrieved 29 November 2018, from www.nato.int/cps/en/natohq/news_25050.htm.

NATO. (2000). Financial and economic data relating to NATO defence - Defence expenditures of NATO countries (1980—2000). Retrieved 29 November 2018, from www.nato.int/cps/en/natohq/news_18156.htm.

NATO. (2003). Financial and Economic Data relating to NATO Defence — Defence Expenditures of NATO Countries (1980—2003). Retrieved 29 November 2018, from www.nato.int/cps/en/natohq/news_20270.htm.

NATO. (2006). NATO-Russia Compendium of Financial and Economic Data Relating to Defence - Defence Expenditures of NRC Countries (1985—2006). Retrieved 29 November 2018, from www.nato.int/cps/en/natohq/news_57094.htm.

NATO. (2012). Financial and Economic Data Relating to NATO Defence-Defence expenditures of NATO Countries (1990—2011) (Rev1). Retrieved 29 November 2018, from www.nato.int/cps/en/natohq/news_85966.htm.

NATO. (2018). Defence Expenditure of NATO Countries (2011—2018). Retrieved 13 November 2018, from www.nato.int/cps/en/natohq/news_156770.htm.

Øyangen, K. (2014). Moderniseringslokomotivet. Kongsberg Våpenfabrikks historie 1945—1987 [The Engine of Modernization. The history of Kongsberg Våpenfabrikk 1947 - 1987]. Oslo: Pax.

Pedersen, J. O. (2015). Forsvarsindustrien i Norge-Statistikk 2014 [The Defence Industry in Norway - 2014 Statistics] (FFI-rapport No. 2015/01798). Kjeller: For- svarets forskningsinstitutt. Retrieved from www.ffi.no/no/Rapporter/15-01798.pdf.

Pedersen, J. O. (2016). Forsvarsindustrien i Norge. Statistikk 2015 [The Defence Industry in Norway. 2015 Statistics] (FFI-rapport No. 16/02041). Kjeller: Norwegian Defence Research Establishment (FFI). Retrieved from www.ffi.no/no/Rapporter/ 16-02041.pdf.

Pedersen, J. O. (2017). Forsvarsindustrien i Norge. Statistikk 2016 [The Defence Industry in Norway. 2016 Statistics] (FFI-rapport No. 17/16353). Kjeller: Norwegian Defence Research Establishment (FFI). Retrieved from www.ffi.no/no/Rapporter/ 17-16353.pdf.

Pedersen, J. O. (2018). Forsvarsindustrien i Norge. Statistikk 2017 [The Defence Industry in Norway. 2017 Statistics] (FFI-rapport No. 18/01675). Kjeller: Norwegian Defence Research Establishment (FFI). Retrieved from www.ffi.no/no/Rapporter/ 18-01675.pdf.

Petersen, T., & Sogner, K. (2014). Strategiske samspill. Kongsberg Gruppens historie 1987-2014 [Strategic interplay. The history of Kongsberg Gruppen 1987-2014]. Oslo: Pax.

Salvesen, B. B. (2013). Forsvars- eller krigsindustri? Tolkningsrammer om norsk våpenindustri

[Defence or war industry? Interpretations of the Norwegian defence industry] (Master's thesis). University of Oslo, Oslo. Retrieved from www.duo.uio.no/handle/10852/38792.

Skogstad, A. K., & Warberg, E. N. (2005). Revisjon av de teknologiske kompetanse- og satsningsområdene for Forsvaret og norsk forsvarsindustri [Revision of the technological areas of competence for the Armed Forces and the Norwegian defence industry] (FFI-rapport No. 2005/01678). Kjeller: Forsvarets forskningsinstitutt. Retrieved from http://rapporter. ffi. no/rapporter/2005/01678.pdf.

Statistics Norway. (2018a). Fakta om norsk næringsliv [Norwegian business facts]. Retrieved 9 November 2018, from www.ssb.no/nasjonalregnskap-og-konjunkturer/ faktaside/norsk-naeringsliv.

Statistics Norway. (2018b). Table 08819: External trade in goods, by commodity group (three digit SITC) (NOK 1 000) 1988-2017. Retrieved 22 June 2018, from www. ssb.no/en/statbanken/statbank/table/08819/.

Tvetbråten, K. (2011). Forsvarsindustrien i Norge-Statistikk 2010 [The Defence Industry in Norway-2010 Statistics] (FFI-rapport No. 2011/02264). Kjeller: Forsvarets for- skningsinstitutt. Retrieved from www.ffi.no/no/Rapporter/11-02264.pdf.

Tvetbråten, K. (2012). Forsvarsindustrien i Norge-Statistikk 2011 [The Defence Industry in Norway-2011 Statistics] (FFI-rapport No. 2011/02433). Kjeller: For- svarets forskningsinstitutt. Retrieved from www.ffi.no/no/Rapporter/12-02433.pdf.

Tvetbråten, K. (2013). Forsvarsindustrien i Norge-Statistikk 2012 [The Defence Industry in Norway-2012 Statistics] (FFI-rapport No. 2013/02681). Kjeller: For- svarets forskningsinstitutt. Retrieved from www.ffi.no/no/Rapporter/13-02681.pdf.

Tvetbråten, K. (2014). Forsvarsindustrien i Norge-Statistikk 2013 [The Defence Industry in Norway-2013 Statistics] (FFI-rapport No. 2014/02199). Kjeller: Forsvarets for- skningsinstitutt. Retrieved from www.ffi.no/no/Rapporter/14-02199.pdf.

Tvetbråten, K., & Fevolden, A. M. (2011). Forsvarsindustrien i Norge-Statistikk 2009 [The Defence Industry in Norway-2009 Statistics] (FFI-rapport No. 2011/00608). Kjeller: Forsvarets forskningsinstitutt. Retrieved from www.ffi.no/no/Rapporter/ 11-00608.pdf.

Ulsrud, O. A. (2012). Forsvaret og industrien et strategisk samarbeid? En analyse av den næringspolitiske policyen for Forsvaret anskaffelser. [The Armed Forces and the industry in a strategic cooperation? An analysis of industrial strategy for procurements]. Oslo: University of Oslo. Retrieved from www. duo. uio. no/bitstream/ handle/10852/13396/MasteroppgavexLevertxMaix2012. xOlexAndersxUlsrud.pdf.

Wang, T. (1996). *RA i skuddlinja. Industriutvikling og strategiske veivalg gjennom 100 år [Raufoss Ammunisjonsfabrikk in the line of fire. Industrial development and strategic choices through 100 years]*. Raufoss: Gjøvik Grafiske.

Warberg, E. N. (2007). Kontrahering i prosjekters tidligfase; Forsvarets anskaffelser [Acquisitions in early phases of projects; Defence procurement] (Concept-rapport No. 16). Trondheim: Concept-programmet. Retrieved from https://brage.bibsys. no/xmlui/handle/11250/228085.

Wicken, O. (1988). Stille propell i storpolitisk storm: KV/Toshiba-saken og dens bakgrunn

[Quiet propeller in a political storm: The Kongsberg Våpenfabrikk/Toshiba case and its background] (Forsvarsstudier No. 1/1988). Oslo: Institutt for forsvarsstudier. Retrieved from https://brage.bibsys.no/xmlui/handle/11250/99511.

Wicken, O. (1992). Moralens vokter eller våpenkremmer? Regulering av norsk våpeneksport 1935—1992 [A moral guardian or peddler of weapons? Regulation of Norwegian military export 1935—1992] (Forsvarsstudier No. 3/1992). Oslo: Institutt for forsvarsstudier.

第16章　土耳其国防工业

塞拉米·塞兹金　塞努尔·塞兹金

16.1　引　　言

土耳其是一个重要的国家，地处欧洲、亚洲和非洲交界的中心位置，人口超过8000万。冷战时期的土耳其地处西方集团的边界，是北约的重要成员国。随着冷战结束，20世纪90年代初，人们预期土耳其地缘政治的重要性会下降，但由于它地处最大的能源购买国和能源供应国之间，土耳其的战略重要性仍然存在。考虑到世界上大多数冲突都与能源有关，因此，这样一个地理区域内，国防和安全显得愈发重要。

土耳其在历史上一直很重要，它是建立在奥斯曼帝国遗产之上的国家。第一次世界大战后，1923年，土耳其共和国成立，尽管是伊斯兰国家，但它一直致力于与西方基督教世界融合。土耳其国防工业在第一次世界大战后有了重大发展。第二次世界大战后，土耳其于1949年成为北约成员国。此后，土耳其放弃了它的国防工业，依靠美国提供防务援助。在1974年土耳其对塞浦路斯进行干预之后，美国对土耳其实施了制裁。军事制裁让土耳其认识到本国国防工业的必要性，在发展国防工业方面取得了重大进展。本章将结合全球发展，分析土耳其国防工业的趋势和发展、国防采购政策和未来规划。

16.2　土耳其的国防支出

在2005年至2015年间，土耳其国防支出占国内生产总值的1.9%（WMEAT，2017）。根据北约的数据，该数字在2017年为1.48%（表16.1）。2016年，土耳其武装部队现役人员数量为355200人（Military Balance，2017），排名世界第12位，在北约排名第2位。2000年以前，土耳其将其国内生产总值的很大一部分用于国防。2000年之后，这一比例急剧下降（表16.2）。国防支出在1923年到2004年的预算中所占份额最大，在2004年后跌至第二位，教育支出占比有所增加。自北约成立以来，希腊和土耳其的国防负担最高。但自2000年以来，土耳其的国防负担开始下降。然而，土耳其面临的内部和外部威胁却在增加。主要的威胁是与希腊的大陆架问题、塞浦路斯问题、叙利亚内战和移民问题、伊拉克冲突，以及亚美尼亚问题和恐怖主义组织（居伦恐怖组织（FETO）、革命人民解放阵线（DHKPC）、库尔德工人党(PKK)和伊斯兰国(ISIS))。世界上没有任何国家同时面临如此多的威胁。

土耳其武装部队据称是土耳其组织最完善,最训练有素的部队,也是该国最大的安全机构(Sezgin,1997)。尽管土耳其拥有世界上规模最大的武装力量之一,但如今士兵人数有所减少,军事实力和技术却有所提高。2016年,土耳其发生了一次未遂政变,相当数量的士兵被裁减。特别是在政变期间,由于与居伦恐怖组织有联系,大部分作战飞行员从空军调离。尽管如此,土耳其军队的军事能力并未下降。土耳其对叙利亚的重大军事行动也在这一时期。

土耳其是中东地区的主要大国之一,也是最有前途的新兴大国。土耳其和希腊曾进行过军备竞赛。土耳其已终止了与以色列的非正式联盟(Wiśniewski,2015)。由于土耳其的地理位置和与其他国家的关系,它需要强大的国防。

表16.1 国防支出占GDP的比重(单位:%)

	2012年	2013年	2014年	2015年	2016年	2017年
土耳其	1.59	1.52	1.45	1.39	1.46	1.48
希腊	2.29	2.21	2.20	2.31	2.41	2.36
美国	4.42	4.38	3.77	3.56	5.56	3.57
英国	2.17	2.27	2.17	2.06	2.15	2.12
北约欧洲	1.52	1.49	1.44	1.42	1.44	1.46
北约	2.81	2.64	2.48	2.39	2.40	2.42

资料来源:北约,关于国防支出的信息。

表16.2 北约和土耳其的人均军事支出(单位:千人)

	2012年	2013年	2014年	2015年	2016年	2017年
土耳其	495	427	427	385	359	416
希腊	110	110	107	104	106	106
美国	1400	1382	1338	1314	1301	1308
北约欧洲	1956	1862	1825	1740	1718	1774
北约	3423	3312	3229	3125	3090	3153

资料来源:北约,关于国防支出的信息。

16.3 土耳其的国防采办政策

土耳其的国防采办系统由国防部(Ministry of National Defence,MND)和国防工业署(Undersecretariat for Defense Industries)构成。负责国防采办的机构在法律上隶属于国防部。其国防工业政策战略(Turkish Defense Industry Policy Strategy,

TDIPS)对采购方法给出了主要政策指令,如表16.3所列。政治在采办决策中不起主要作用,但会影响采办决策(Kizmaz,2007)。

表16.3　土耳其的国防采办体系

土耳其国家安全委员会	
国家军事战略	
要求	
部队指挥官	
作战必要性研究	计划能力目标
土耳其总参谋部	
十年采购规划(TYPP-OYTEP)	

资料来源:Kizmaz(2007)。

1949年加入北约后,土耳其将国家安全和防御机制全面纳入了北约。那时的主要威胁是苏联和华沙条约组织,因此其军事态势完全是为应对这种威胁而建立的,军事准则、规划、计划、培训、采购和维护程序严重依赖北约,尤其是美国(Mevlutoglu,2017)。

直到最近几年,土耳其的国防采购政策都由军事政权而非文职政权制定。20世纪80年代中期,由于政治权威对采购政策并不重要,土耳其设立了国防工业局(Undersecretary for Defense Industries)。为使文职当局成为国防政策的决策者,土耳其成立了国防工业署,并尽可能少地让军事人员参与机构管理。这种情况造成了一种双重结构。直至近年来,土耳其有两种不同的采购系统占据主导地位。国防工业署和国防部之间的二元结构造成了严重的问题。总的来说,国防工业署负责提供长期的国防系统和子系统项目,而其他采购则由国防部负责。但久而久之,国防工业署被认为是国防部下属的一个部门。国防工业署和国防部已开始同时进行技术转让、补偿贸易、国内生产和长期采购。国防工业署启动直接采购项目等做法导致资源分配效率降低。

尽管国防部负责土耳其的采购政策,但武装部队(陆军、空军、海军)独立于国防部。国防采购政策主要由军事部门决定。最近,总参谋部(General Staff)归属于国防部,国防部在国防采购政策中起到了重要和决定性作用。如今,国防采购政策中的双重结构已被消除。军事机构须服从文职当局。

土耳其国防工业机构包括隶属于土耳其武装部队的军事工厂、国防部机械和化学工业公司(Machinery and Chemical Industry Corporation)、土耳其武装部队基金会(Turkish Armed Forces Foundation)公司,以及一些私营公司。在国防工业的总体框架中,公司分为上市公司和私人公司;在子框架中,可以区分为军工厂、国有企业/土耳其武装部队基金会公司、私营公司及外国合作伙伴(Sezgin,2017)。国防部采购政策主要意在减少外部依赖，以支持本国国防工业的发展，优先从国内市场采购。采购活动的优先顺序是国内采购、以与其他国家联合研发或生产的方式采购、通过国内共同生产采购以及从海外采购。

在1985—1990年间，从国外采购的政策占主导地位。从2006年至今，国内采购模式得到了支持。特别是在2006年至2010年，国防工业部（Presidency of Defence Industries，SSB）采取了一项三阶段的采购策略，旨在在优先领域实行创造性的发展模式，从而发展土耳其国防工业的各种产品。在土耳其市场发展不符合成本效益的情况下，可采用联合生产或联营企业的合作方式。因此，它旨在发展设计和风险合作伙伴的能力。如果无法提供这些优先事项，则通过直接购买来采购。当选择直接采购模式时，通过共同生产和补偿贸易可以为土耳其工业提供就业机会。近年来，随着采购方式向国内开发转变，土耳其防务企业得到了进一步发展。国防工业部是采购机构，它以项目为基础，以主承包商身份与国防工业开展合作。

土耳其国防支出中的最大份额是人员支出，装备支出次之。大多数北约国家的人员支出占比高于土耳其。近年来，土耳其基础设施支出占比变化不大。土耳其近年来一直呈现军事人员数量减少的趋势，但没有观察到人员支出显著下降，表明士兵人均支出增加了（表16.4）。

表16.4　土耳其国防支出分布情况（单位：%）

	人员	装备	基础设施	其他
1990—1994年	50.1	23.7	3.0	22.5
2000—2004年	46.1	32.6	4.8	15.7
2005—2009年	50.8	28.1	2.9	17.7
2014年	56.8	25.0	2.8	15.2
2015年	56.8	25.1	2.6	15.5
2016年	57.6	25.5	2.4	14.4
2017年	51.0	30.6	2.9	15.4

资料来源：北约，关于国防支出的信息。

表16.5显示了土耳其的武器贸易情况。美国《世界军事支出和武器转让》报告（World Military Expenditure and Arms Transfers，WMEAT）以及斯德哥尔摩国际和平研究所（SIPRI）是两个定期持续发布武器贸易数据的渠道。这两个渠道的数据可能有所不同。根据《世界军事支出和武器转让》数据，土耳其武器出口所占份额没有明显改善：《世界军事支出和武器转让》没有密切追踪土耳其的出口数据。土耳其在世界武器出口中的份额远低于1%。与武器出口相比，土耳其武器进口占比

很高。然而近年来，土耳其武器进口占比下降了：该比例在1999年超过4%，但在2015年降至2%以下（WMEAT，2012；SIPRI，2018）。斯德哥尔摩国际和平研究所的武器出口数据更可靠。图16.1显示了2001年以来，土耳其武器出口的发展情况，从中可以看出，武器出口呈规律性增长。土耳其武器出口在过去三年达到近20亿美元。土耳其武器销售增长了145%，对中东的出口增加了一倍。

表16.5　土耳其的武器贸易（单位：10亿美元，2012年不变美元价格）

年份/年	武器出口	武器进口	世界份额（武器出口）/%	世界份额（武器进口）/%
1999	131	3798	0.14	4.32
2000	128	3586	0.14	3.80
2005	114	2402	0.10	2.25
2010	416	3850	0.26	2.40
2013	393	4619	0.21	2.54
2014	386	4919	0.21	2.66
2015	382	3245	0.21	1.77

资料来源：美国世界军事支出和武器转让（WMEAT，2012，2017）。

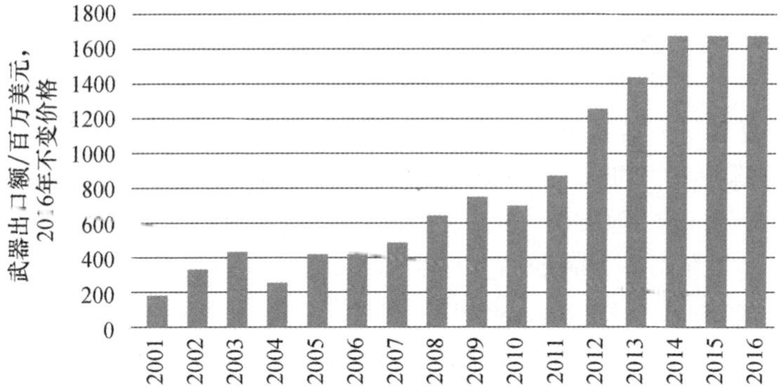

图16.1　土耳其的武器出口

图16.2显示了土耳其武装部队的需求由本国资源提供的比例。2003年，土耳其武装部队25%的需求由国内供给，且这一比利多年来稳步上升，2017年达到65%。这些数据表明，土耳其国防工业得到了越来越多的支持。长期以来，土耳其对伊拉克、叙利亚和恐怖组织库尔德工人党采取军事行动，使用了更多的国产武器。土耳其国防工业的技术进步正在帮助土耳其成为该地区的主要武器出口国。

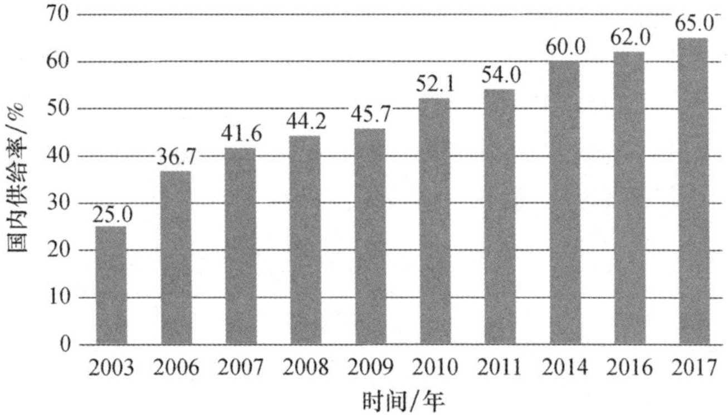

图16.2　土耳其武装部队需求的国内供给率

16.4　土耳其国防工业

16.4.1　历史

土耳其继承了奥斯曼帝国的国防工业。在法蒂赫·苏丹·穆罕默德(Fatih Sultan Mehmed)征服伊斯坦布尔之后,托普哈内·阿米尔(Tophane-iAmire)在托普哈内地区成立,是最早的国防工业组织之一。泰桑·阿米尔(Tersane-iAmire)已组建了金角湾(Haliç)造船厂和塔克扎克(Taşkızak)造船厂。巴鲁坦·阿米尔(Baruthane-iAmire,火药厂)于1700年建造完成。多尔玛巴赫切(Dolmabahçe)手枪弹夹厂是马哈茂德二世(Mahmud Ⅱ)时期建造的一座现代化工厂。塔克扎克造船厂于1828年建造了第一艘战舰。这家造船厂在1884年完成了装甲护卫舰的建造,1886年建造了第一艘潜艇。第一世界大战时,造船厂被关闭了。安卡拉武器工厂(Ankara Weapon Factory)成立于1920—1921年,在独立战争期间负责步枪维修。

在土耳其共和国成立时期,它依靠外国来提供空战武器。在这种情况下,土耳其需要从法国(布雷切特(Breciet)和坎得罗(Candron))、捷克斯洛伐克(什莫克利(Smolik)系统陆上飞机)和德国(容克飞机(Junkers)和海上飞机)购买。土耳其航空协会(Turkish Aeronautical Association,THK)成立于1925年2月,主要生产飞机。

在航空领域,根据与德国容克公司(Junkers)的合作协议,1925年在开塞利建立了开塞利飞机制造厂(Kayseri Aircraft Factory,TOMTAS)。埃斯基谢希尔飞机维修厂(Eskişehir Aircraft Repair Factory)成立于1926年,是开塞利飞机制造厂的一项举措,旨在维护、维修和翻新现有飞机(Kurt,2018)。1936年,努里·德米尔达(Nuri-Demirdağ)在伊斯坦布尔建立了一家飞机厂,开始生产Nu.37型飞机。在1943年关闭之前,它生产了24架Nu.37飞机和许多滑翔机。1941年,土耳其航空协会建立了另一家飞机制造厂,于1944年开始制造飞机。1948年,在安卡拉生产了第一台飞机发动机(SASAD, 2012)。

克勒克卡莱火炮弹药厂(Kırıkkale Artillery Ammunition Factory)于1929年开始生产弹药、子弹和塞子,维护克虏伯(Krupp)和尼尔森·温瑟(Nielsen Winther)枪支,以及各种型号和尺寸弹药。马克防毒面具工厂(Mamak Gas Mask Factory)成立于1935年,是为了满足对防毒面具的需求而建立的,防毒面具是保护军队免受气枪攻击的唯一手段。1950年,它更名为国有企业机械化学工业公司(Machinery Chemical Industry Corporation,MKEK)。如今,机械化学工业公司已跻身全球100大防务公司之列。

土耳其共和国开始在国内生产包括航空设备在内的各种武器和装备。第二次世界大战后,土耳其获得了越来越多的军事援助(Sezgin,1997)。1974年塞浦路斯和平行动(Cyprus Peace Operation)后,美国对土耳其实施了武器禁运,土耳其决定自行生产军事装备。

塞浦路斯危机刺激了土耳其的独立政策,以形成一个现代化、自给自足的土耳其国防工业。在此背景下,成立了空军(1970年)、海军(1972年)和陆军(1974年)增援信托基金会。1987年,这三个信托基金合并为土耳其武装部队增援信托基金(Turkish Armed Forces Reinforcement Trust)。在1985年国防工业署成立前,政府一直支持国防工业。土耳其人民向空军、海军和陆军增援信托基金会提供了大量捐赠。在很短时间内,这些信托基金成立了如阿瑟尔森(Aselsan,1975)、伊斯比尔(Isbir,1979)、艾斯皮尔兰(Aspilsan,1981)和哈维尔森(Havelsan,1982)等基金会,并对国防工业进行投资。时至今日,这些国防工业基金会在国防领域仍然发挥着重要作用(SASAD,2017)。

表16.6显示了2000年前活跃的防务企业。除戈尔库克造船厂(Golcuk)、塔克扎克造船厂和机械化学工业公司外,几乎所有防务公司都成立于1970年后。1975年,美国对土耳其实施武器限制,导致国防采购出现问题,因此建立国防工业成为土耳其的优先事项。

表16.6　土耳其主要的国防工业组织

公司	成立年份/年	所有权	业务领域
阿瑟尔森(Aselsan)	1976	武装部队	军用通信、F-16电子元件
艾西尔·切利克(Asil Çelik)	1974	国有	枪管和子弹钢
科什库诺兹(Coşkunöz)	1973	私有	结构部件产品
富美实-努罗尔公司(FMC-Nurol)	1992	合资企业	装甲车
伊斯比尔控股公司(İŞBİR)	1977	武装部队	军用发电机
马可尼(MARCONİ)	1988	Ort.Gir.	HF-SSB无线电通信
梅赛德斯(Mercedes)	1967	Ort.Gir.	战术车

（续表）

公司	成立年份/年	所有权	业务领域
机械化学工业公司	1950	国有	小型枪支、加农炮、火箭坡道弹药、机关枪
机械化学工业公司手枪弹药筒（MKEK-pistol cartridge）	1930	国有	弹药
机械化学工业公司—巴鲁特桑（MKEK-Barutsan）	1989	国有	火药，炸药
努罗尔（Nurol）	1982	合资企业	武器系统
奥托卡（Otokar）	1963	合资企业	柴油机
佩特拉斯（Petlas）	1976	私有	轮胎
洛克桑（Roketsan）	1989	合资企业	火箭发动机
SGS-Profilo	1988	合资企业	移动电话
萨夫罗尼克公司（STFA-Savronik）	1986	合资企业	消防和安全系统
土耳其航空航天工业公司（Tusaş TAI）	1984	合资企业	F-16战斗机
土耳其发动机工业公司（Tusaş TEI）	1985	合资企业	F-16引擎
玛纳斯（Manas）	1976	合资企业	重型军车
塔克扎克造船厂	1941	海军部队	造船
戈尔库克船厂	1924	海军部队	造船

资料来源：Sezgin（1997）。

16.4.2 结构与绩效

当前防务公司的数据来自伊斯坦布尔商会（Istanbul Chamber），它详细给出了土耳其500家最大的工业公司。国防工业公司及其经济规模见表16.7。阿瑟尔森公司（Aselsan）和土耳其航空航天工业公司（TAI）在产量和员工数量上均居前两位。土耳其航空航天工业公司和土耳其发动机工业公司（TEI）在土耳其国防工业机构中出口量最高，排名第一。出口潜力最大的国防工业公司也是土耳其航空航天工业公司和土耳其发动机工业公司。

如果将土耳其防务公司与世界100大防务公司进行比较时，我们发现，在世界100大防务公司中有四家土耳其防务公司（表16.8）。阿瑟尔森公司和土耳其航空航天工业公司已经上榜很久了，而洛克桑公司（Roketsan）和国防技术工程与贸易公司（Savunma Teknolojileri Muhendislikve Ticaret A.S.，STM）只是近期才进入这个名单。

表16.9列出了国防和航空航天公司的营业额、出口、研发和就业数据。国防工

业的总营业额、研发支出和就业人数均显著增加。

从土耳其国防工业公司的研发支出总额来看，研发支出最高的公司是阿瑟尔森公司(Aselsan)，为4.12亿美元，其研发在总营业额中所占比例为33%，这一比例相当高。从事研发工作的人员占员工总数的一半。表16.10显示了投入研发经费最多的国防工业企业。在表格的第二列，公司名称对应的数字显示了防务企业在研发投入最多的250家公司中的排名。阿瑟尔森公司(Aselsan)在前250大研发支出公司中排名第一(Acan，2016)。土耳其航空航天工业公司(TAI)在研发支出上排名第二。在研发支出最高的250家公司中，前十名中有三家防务企业，前50名中有八家是防务企业。

表16.7　土耳其防务企业(位列土耳其工业企业500强)

2017年排名	2016年排名	公司名称	产品销售额/千里拉	产品销售额/千美元	就业人数	出口/千美元
20	20	阿瑟尔森电子	4484421	1685872	5735	179953
28	29	土耳其航空航天工业公司	3608591	1356613	5721	509149
75	89	洛克桑	1661391	624583	2326	43314
79	137	BMC汽车工业和贸易公司	1612177	606081	1419	44320
87	71	奥托卡汽车和国防工业公司	1482404	557295	2214	138801
129	117	土耳其发动机工业公司	1029814	387148	NA	261124
131	121	机械化学工业公司	1026255	385810	5466	50724
273	293	哈维尔森(HAVELSAN)	579733	217945	1397	1852
350	—	努罗尔机械工贸有限公司	443980	166910	459	35038
368		FNSS防御系统公司(FNSS Defense Systems)	176839	66481	NA	48450
479	497	阿尔卑斯航空工业和贸易有限公司	328936	123660	756	90173
—	—	国防技术工程与贸易公司	984094	3699600	600	NA

资料来源：Istanbul Sanayi Odası (2018) www.iso500.org.tr/(25.11.2018)。

表16.8　跻身2018年世界百强防务企业之列的土耳其防务企业

世界排名		公司名称	2017年防务收入/百万美元*	2016年防务收入/百万美元*	防务收入变化比	2017年总收入/百万美元	防务收入占比
2018年	2017年						
55	57	阿瑟尔森公司	1425	1195	19%	1470	97%
64	61	土耳其航空航天工业公司	1090	1084	1%	1422	77%

（续表）

世界排名		公司名称	2017年防务收入/百万美元*	2016年防务收入/百万美元*	防务收入变化比	2017年总收入/百万美元	防务收入占比
2018年	2017年						
96	98	洛克桑公司	376	364	3%	376	100%
97	—	国防技术工程与贸易公司	370	343	8%	414	89%

资料来源：Defense News (2018) https://people.defensenews.com/top-100/(25.11.2018)。

*使用每家公司财政年度的平均市场汇率计算。

表 16.9 国防和航空工业主要指标

	2012年	2013年	2014年	2015年	2016年	2017年
营业额/百万美元	5.085	5285	5212	4962	5968	6568
出口/百万美元	1722	1634	18962	1950	1953	1790
已接到订单/百万美元	NA	8329	11239	7770	11913	7905
研发/百万美元	819	964	906	914	1254	1214
就业/人	33491	32368	31242	31375	35502	44740

资料来源：SASAD (2012—2017) www.sasad.org.tr/savunma-ve-havacilik-sanayii-performans-raporu-2017 (25.11.2018)，2016年不变美元价格。

表 16.10 土耳其研发支出(2016年)

	公司名称	研发支出/百万美元	研发支出占营业额比例/%	研发人员数量
1 1	阿瑟尔森公司	41147	3300	2658
2 2	土耳其航空航天工业公司	23869	2830	1584
3 5	洛克桑公司	13169	3200	772
4 9	哈维尔森公司	4007	2800	834
5 15	FNSS防御系统(FNSS Defence Systems)	2428	1600	240
6 18	土耳其发动机工业公司	1936	600	332
7 21	机械化学工业公司	1549	410	160
8 31	BMC汽车工业和贸易公司	947	352	181
9 67	阿尔卑斯航空(67 Alp Aviation)	379	465	95

资料来源：Acan (2016)。

16.5 主要国防工业公司的结构和特征

16.5.1 阿瑟尔森公司(Aselsan)

阿瑟尔森公司由土耳其武装部队基金会建立的。1974年干预塞浦路斯后,土耳其的目标是建立自己的通信系统。阿瑟尔森公司为土耳其军队生产战术无线电和国防电子系统。阿瑟尔森公司还扩大了产品和客户范围。它的主要业务领域是通信和信息技术,包括微电子、制导和电光、雷达和电子战系统、国防系统技术、运输、安全、能源和自动化。它在阿塞拜疆、哈萨克斯坦、约旦、阿联酋和南非设有分支机构,拥有4600多名员工。该公司正致力于减少土耳其对外国国防装备的依赖。2015年11月,阿瑟尔森公司与塔克尼亚国防和安全技术公司(Taqnia Defense and Security Technologies)在沙特阿拉伯成立了一家合资企业(Fitch Ratings,2018)。

16.5.2 机械和化学工业公司

机械和化学工业公司(Mechanical and Chemical Industry Corporation,MKEK)是土耳其一家重要的国有制造企业。机械和化学工业公司成立于1832年,是土耳其最古老的陆地平台公司。它向土耳其武装部队提供弹药、火箭弹、武器炸药、化学和烟火产品。机械和化学工业公司拥有12家工厂,7000多名员工,产品出口到40多个国家(Fitch Ratings,2018)。机械和化学工业公司作为国有企业,在改组军事工业总局(General Directorate of Military Factories)的架构内于1950年成立,目的是发展国防工业,满足现代军队的需求,高效运转,保持盈利(Kurt,2018)。

机械和化学工业公司旗下拥有多家工厂。有材料工厂(克勒克卡莱钢铁厂(Kırıkkale Steel Factory)和克勒克卡莱黄铜合金厂(Kırıkkale Brass Alloy Factory))、机械工厂(克勒克卡莱步枪厂(Kırıkkale Rifle Factory)、安卡拉武器厂(Ankara Weapon Factory))、化学工厂(ElmadağBarut厂(Elmadağ Barut Factory)、克勒克卡莱火药厂(Elmadağ Barut Factory)、SilahtarağaAv和Fişek厂)和弹药厂(克勒克卡莱弹药工厂(Kırıkkale Ammunition Factory)、安卡拉·菲谢克工厂(Ankara Fisek Factory)(Kurt,2018)。

机械和化学工业公司生产一千多种军用和民用物资,重点满足土耳其武装部队对武器和弹药的需求。该公司参与了各种陆地系统项目。承担国家步兵步枪(National Infantry Rifle,MPT-76)项目生产并提供给土耳其武装部队(TSK)。机械和化学工业公司参与了阿勒泰(Altay)项目,这是土耳其第一辆主战坦克。它在T-155和黑豹(Panther)项目中与阿瑟尔森公司和奥托卡公司(Otokar)合作,在土耳其国防工业中占有重要地位(Kurt,2018)。此外,机械和化学工业公司在2017年和2016年土耳其工业企业500强中分别排名第121位和第131位(Istanbul Sanayi Odası,2017)。

16.5.3 哈维尔森公司

哈维尔森公司的主要股东是土耳其武装部队基金会。哈维尔桑公司的业务领域是信息技术和信息管理、航空电子、仿真、电子战、海军作战系统、陆地防御系统和安全。土耳其空军的主要项目由哈维尔森公司承担。它承担了洛克希德·马丁公司F-16航空电子基地级维护、飞行模拟器维护以及维修和大修服务。该公司在土耳其空军电子战项目模拟中心的指挥下,共同建设和运营电子战测试和培训区。土耳其空中预警和控制项目也是由哈维尔森公司维护的。2016年3月,哈维尔森公司设立了另一个网络防御技术中心,专注于生产阻止网络攻击的"本地解决方案"。这加强了该公司在土耳其数字安全领域的业务。2016年4月,哈维尔森公司与乌克兰国防工业集团(Ukr Oboron Prom)签署了合作协议,共同开发和制造雷达设备(Fitch Ratings,2018,第12章)。

16.5.4 土耳其科学技术委员会国防工业研究和发展研究所(Tübitak sage)

土耳其科学技术委员会国防工业研究和发展研究所(Tübitak)拥有多个分支机构,专门从事电子和密码、化学、健康和环境研究以及国防研发活动。土耳其科学技术委员会国防工业研究和发展研究所成立于1972年,其任务是为国防系统开展研究、设计和开发活动。它的主要产品包括导弹和炸弹,如防区外导弹(Stand Off Missile,SOM)、精确制导套件(HGK)、穿甲弹(NEB)、机翼辅助制导装置(KGK)和热电池(Fitch Ratings,2018)。

16.5.5 土耳其航空航天工业公司(TAI)

土耳其航空航天工业公司(TAI)是一家重要的航空航天公司,旨在减少该国对外国进口产品的依赖。为了满足土耳其空军对F-16战斗机的要求,土耳其和美国合作伙伴于1984年成立了TAI航空航天工业公司(TAI Aerospace Industries),为期25年,旨在实现制造、系统集成和飞行试验。2005年,土耳其股东收购了外国股份,土耳其航空航天工业公司进行了重组。伴随着这一重组,土耳其飞机工业公司(Turkish Aircraft Industries)和TAI航空航天工业公司合并,成立土耳其航空航天工业股份有限公司(Sezgin, 2017)。它现在由土耳其国防工业局(SSB,45.45%)、土耳其武装部队基金会(54.49%)和土耳其航空协会(0.06%)共同拥有。它的主要战略领域是飞机结构、飞机、直升机、无人机和空间系统。土耳其航空航天工业公司-土耳其发动机公司(TAI-TUSAS)将成为制造109架T-70"黑鹰"直升机项目(由西科斯基公司为土耳其武装部队设计)的主承包商。T-70直升机是土耳其版的S-70"黑鹰"国际直升机(Black Hawk International)。土耳其航空航天工业公司的产品包括飞机结构件(如A400M、JSF / F-35、"庞巴迪"(Bombardier)C系列)、飞机(如喷气教练机、战斗机)、直升机(如T129攻击直升机)和空间系统(TAI,2018)。

16.5.6　奥托卡汽车公司

奥托卡公司(Otokar)成立于1963年,主要生产军用车辆,包括运兵车、反坦克车、救护车和消防车等陆上车辆(Kurt,2018)。除为汽车行业生产外,它还为国防工业生产轮式装甲和履带式装甲车,如“蝎子”(Akrep)和“眼镜蛇”(Cobra)。凭借获得路虎许可生产的经验,奥托卡公司在20世纪90年代初开始转向原创设计。国内第一款设计产品“蝎子”装甲车出口到多个国家。“蝎子”装甲车已在摩洛哥、伊拉克\北塞浦路斯共和国和巴基斯坦军队中使用。“眼镜蛇”装甲车进入了阿塞拜疆、巴林、孟加拉国、阿拉伯联合酋长国、阿尔及利亚、格鲁吉亚、伊拉克、马尔代夫、尼日利亚和斯洛文尼亚等20个国家的采购清单(Kurt,2018)。奥托卡公司与国防工业署于2008年签署了“现代坦克生产项目”(Altay)项目,并于2017年2月成功完成了系统鉴定和验收测试(Otokar,2017)。

16.5.7　BMC工业和贸易有限公司

BMC公司最初定位于民用汽车领域,从1999年开始生产军用车辆。2008年,作为国防工业署实施的战术轮式车辆项目的一部分,BMC公司开始生产了1859辆轮式装甲车辆和战术轮式车辆(Kurt, 2018)。另外还生产了多用途装甲车“刺猬”(Kirpi)和“亚马逊”(Amazon)防地雷伏击保护车。土耳其国防工业部于2018年3月决定开始与BMC公司进行合同谈判,以生产250辆阿勒泰(Altay)主战坦克并开发其电源组(Jane’s Defence Weekly,2018)。

16.5.8　彭迪克造船厂和伊斯坦布尔造船厂

彭迪克造船厂(Pendik Shipyard)为土耳其海军的作战需求进行维护和修理、船舶设计和建造。1999年后,它建造了21艘军舰,包括攻击舰、排雷舰、海岸警卫队舰船、轻型护卫舰和辅助级舰艇。

伊斯坦布尔造船厂(Istanbul Shipyard)完成了海岸警卫队司令部库存的SAR-35舰船的现代化项目。2011年,国防工业局(SSB)与伊斯坦布尔造船厂签订了一艘潜艇救援母船(MOSHIP)和两艘救援和备用船(KURYED)的建造合同。在潜艇救援母船和救援和备用船合同《技术成果义务项目》(Technology Achievement Obligation Projects)中,与MİLPER螺旋桨技术公司一起进行研发(Kurt,2018)。

16.5.9　拜卡尔机械公司

拜卡尔机械公司(Baykar Machinery)凭借在无人机技术方面的研发成就进入航空业。拜卡尔公司通过生产无人机系统领域的领先系统和子系统,为土耳其国防工业技术基础设施做出贡献。由拜卡尔公司设计和开发的第一款无人驾驶系统于2007年列入了土耳其武装部队采购清单。拜拉克塔尔(Bayraktar)小型无人机也是土耳其第一架用于出口的无人机。作为其研发活动的成果,拜卡尔公司已将TBF战术级无人机系统投入生产。该系统可达到约8.2千米的高度,持续飞行时间达24小时34分钟,创造了同类飞机最高飞行高度和最长飞行时间的两项国家航空记录(Baykar,2018)。

16.5.10 富美实－努罗尔国防工业有限公司(FNSS)

富美实-努罗尔国防工业有限公司(FMC-NUROL Defense Industry Inc.,FNSS)成立于1987年,努罗尔控股公司(Nurol Holding)持有51%的股份,英国宇航系统公司持有49%的股份。大量各种类型的装甲战车已交付给土耳其武装部队。阿拉伯联合酋长国和马来西亚也购买了它生产的车辆。目前,FNSS仍然在两个海外国家开展其生产活动。4000多辆装甲战车的产量使其成为全球领先的公司之一,其200多家本国分包商分布于世界各地(FNSS,2018年)。

16.5.11 洛克桑公司

洛克桑公司(Roketsan)成立于1988年,旨在满足土耳其武装部队对火箭和导弹的需求。设立该公司的另一个目的是在土耳其生产部分"毒刺"(Stinger)导弹系统。洛克桑公司设计并开发了设计射程为11千米的TR-107火箭和设计射程为40千米的TR-122火箭,以及T-122萨卡利亚多管火箭发射器(Sakarya Multi-Barrel Rocket Launcher,ACR)等武器系统。最初设计的第一种导弹系统——Cirit导弹,已于2012年交付土耳其武装部队。2014年,洛克桑公司与洛克桑-洛克希德·马丁公司签署了新一代精确制导导弹协议。洛克桑公司的主要产品有UMTAS(反坦克导弹系统)、OMTAS(中程反坦克武器系统)、TEBER激光制导套件和Hisar导弹等(Roketsan,2018)。

16.5.12 国防技术工程和贸易有限公司

国防技术工程和贸易有限公司(Defense technologies engineering and trade inc.,STM)已成为土耳其国防工业中最重要的公司之一,为土耳其武装部队和国防工业署提供系统工程、技术支持、项目管理、技术转让、后勤支持服务、软件技术和软件开发,以及国家计算中心的维护。国防技术工程和贸易有限公司是根据国防工业执行委员会(Defense Industry Executive Committee)的决定建立的。国防工业部(SSB)持有国防技术工程和贸易有限公司34%的股份。该公司在项目管理、设计活动、海洋和空中平台的研发活动以及网络安全、指挥控制系统、任务系统和仿真等技术领域提供工程服务(SSB, 2018)。

16.5.13　阿尔卑斯航空公司

阿尔卑斯航空公司(Alp Aviation)成立于1998年,占土耳其航空出口的20%,是土耳其第三大航空产品出口商。阿尔卑斯航空公司主要生产航空航天行工业的飞行关键/旋转部件、组件和子系统。阿尔卑斯航空公司将其产品出口给洛克希德·马丁公司、普惠公司、霍尼韦尔公司和波音公司、加拿大普惠公司、西科斯基公司和联合技术公司(UTC)航空航天系统分公司。此外,阿尔卑斯航空公司还为"黑鹰"(Black Hawk)、"海鹰"(Seahawk)、波音和空中客车等公司的空中平台和发动机项目做出了重要贡献(Kurt,2018)。

16.5.14　科什库诺兹国防和航空公司(Coşkunoz defense and aviation)

科什库诺兹国防和航空公司在埃斯基谢希尔(Eskisehir)运营,生产飞机和直升机机体。科什库诺兹公司于2006年开始生产,产量超过1500台。该公司提供焊接、组装、集成、设计和工程服务。2015年3月,它获得了北约和国家安全等级设施安全认证。2015年4月,该公司使用精密加工方法生产飞机、直升机机体和发动机零件(Coşkunoz,2018)。

16.6　土耳其国防工业的最新发展和未来

土耳其国防工业的能力在2000年以后有了显著提高,而且发展速度还在不断加快。世界上大多数冲突都发生在离土耳其很近的地方。这种情况给土耳其带来了严重的安全威胁。因此,土耳其认为有义务确保国防供给安全。所以土耳其已经为其国防工业制定了长期规划。同时,土耳其还致力于未来增加国防装备出口。在此期间,巴基斯坦成为土耳其国防装备的最大进口国。在2009—2013年间,火炮是土耳其出口的主要国防产品。预计土耳其的国防进口在不久的将来会减少。美国是土耳其的主要武器供应国。飞机是2009—2013年间土耳其进口的主要军事硬件。土耳其国防支出未来有望稳定增长。

土耳其依靠美国提供飞机,但它与美国之间存在问题。因此,土耳其的目标是生产自己的歼击机。为此,英国宇航系统公司和土耳其航空航天工业公司于2017年1月签署了一项协议,合作为空军研制一种本地生产的第五代战斗机。这种多功能的土耳其战斗机将取代土耳其空军的F-16战机,后者将于2030年前退役。由于北约和美国供应的防空系统存在采购方面的问题,土耳其计划购买北约国家以外的防空系统。它与中国就防空系统进行了谈判,然后决定从俄罗斯购买防空系统。从长远来看,土耳其计划建立自己的防空系统。 2017年,欧洲防空导弹公司(Eurosam)与土耳其洛克桑公司和阿瑟尔森公司签署了一项协议,开发远程防空和导弹防御系统。2017年,土耳其和俄罗斯签署了一项价值25亿美元的协议,购买俄罗斯最先进的防空导弹防御系统。根据该协议,土耳其将在一年内获得该系统的两套电池,而另外两套将在其国内生产。S-400导弹防御系统的交付正面临来自美国日益强烈的反对,美国制造的武器装备的交付可能因此会受到限制。目前,该项目计划于2019年中期交付。

土耳其武装部队于2018年6月从美国洛克希德·马丁公司接收了第一架F-35战斗机。但是,土耳其与美国的关系恶化可能会限制该公司对土耳其的进一步销售。土耳其国防工业部开始研究开发一种新型战斗直升机—ATAK-2,预计该直升机仅包含本地开发的系统。

土耳其与巴基斯坦、土库曼斯坦、卡塔尔、印度尼西亚、阿尔及利亚、阿塞拜疆和索马里签订了一系列军事协议。与巴基斯坦的协议包括空军飞行员培训交流协议,以及为巴基斯坦卡马拉空军基地(Aeronautical Complex (PAC) Kamra)采购52架初级教练机,以取代T-41D梅斯卡雷罗(Mescalero)和SF-260D教练机。土库曼斯坦正在土耳其的技术援助下加强其海上边防部队。与卡塔尔的协议包括交流专业知识和培训,发展军事工业,以及必要时在两国重新部署联合部队和进行联合军事演习的可能性。2016年,土耳其和卡塔尔宣布将在阿联酋航空公司建立一个联合军事基地。与印度尼西亚的国防工业合作协议旨在扩大两国间的国防贸易及相关产业合作。与阿尔及利亚的协议涉及在国防工业领域的研究与开发合作,军事装备生产以及装备现代化的技术援助。与阿塞拜疆的协议包括战略伙伴关系和相互支持。两国同意在任何一个国家受到军事袭击的情况下,“利用一切可能”相互支持。该协议还包括为联合军事行动、军事技术领域合作、联合军事演习和培训课程的硬件升级。与索马里的协议涵盖军事训练合作(Fitch Ratings,2018)。

在涵盖2018—2022年的国防工业部门战略文件中,国防工业部为土耳其国防工业公司设立的目标如下:一是建立融资模式以提高国际市场中的竞争力;二是在国际合作中以综合方式确立战略观点;三是开展研究,以确保在营销融资中最大限度地采用激励措施;四是支持国防工业的海外扩张、业务发展和合作活动。

土耳其国防工业的一些重要开发项目包括:阿瑟尔森公司的HGK惯性制导套件、ANKA中高空长航时无人机、Bora-2远程导弹、机械和化学工业公司的20毫米高爆追踪型坦克炮弹、“游隼”(Gokdogan)和波兹多安(Bozdogan)空对空导弹、阿金奇(Akinci)武装无人飞行器、赫库斯-B(Hürkus-B)涡轮螺旋桨教练机,土耳其公司阿瑟尔森、洛克森SSB和法国-意大利公司欧洲防空导弹公司合作的远程防空和导弹防御系统。土耳其歼击机项目是土耳其航空航天工业公司在英国宇航系统公司的支持下开发的一款多功能歼击机,旨在取代土耳其空军的F-16战斗机(2030年退役),同时开发了“雀鹰”(Atmaca)反舰制导导弹。

16.7 结　论

本章研究了土耳其国防支出、国防采购政策、国防工业历史和国防生产结构。土耳其无法利用其过去的国防工业能力。特别是第二次世界大战后，由于美国的军事援助，土耳其国防工业出现了衰退。尽管国防工业在1980年后有所发展，但重大飞跃出现在2000年之后。在此期间，国防工业生产和国防出口均出现了重大发展。首先，航空防务产业发展了。土耳其的国防部门在2000年后取得突破性进展，应当采取一些措施确保其可持续发展。尽管许多项目已经成熟，但该行业并未在出口市场提供成熟的武器平台。发达国家的主要武器出口国可能会阻止土耳其在国防和航空领域的武器出口。土耳其国防工业的研发和创新能力主要基于当地市场的需求。如果再加上防务部门的进口替代政策，在全球市场竞争力方面，这可被视为一个弱点（Mevlutoglu，2017）。军政机关与文职机构之间缺乏沟通协调的现象最近已经消失。土耳其国防工业的潜力取决于长期稳健的工业政策和技术管理策略的发展。就本地市场和出口销售而言，土耳其国防工业均呈稳定增长趋势。土耳其将在不久的将来发展成为国防工业中的一支新力量。

参考文献

Acan, Handan (2016) ARGE250, Türkiye'nin Ar-Ge Harcamaları En Yüksek 250 Şirketi [Turkey's R&D Expenditures, Top 250 Company]. www.turkishtimedergi.com/wpcontent/uploads/2017/11/AR-GE-250-_-2016.pdf (Accessed 3 November 2018).

Baykar (2018) http://baykarmakina. com/hakkimizda/firma-profili/ (Accessed 3 November 2018).

Coskunoz (2018) www.coskunozholding.com/tr/sirketler/coskunoz-savunma-ve-hava cilik.html (Accessed 3 November 2018).

Defense News (2018) Top 100 for 2018. https://people.defensenews.com/top-100/ (Accessed 5 November 2018).

Fitch Ratings (2018) Turkey Defence & Security Report | 2018. fitchsolutions.com 10 Country Date Agreement.

FNSS (2018) www.nurol.com.tr/fnss-savunma-sistemleri-a-s (Accessed 3 November 2018).

Herschelman, Kerry (2018) Jane's Defence Weekly. www.janes.com/article/79595/ turkey-selects-bmc-for-altay-mbt-and-engine-production 26 April 2018 (Accessed 3 November 2018).

International Institute for Strategic Studies (2017) The Military Balance. Institute for Strategic Studies.

Istanbul Sanayi Odası (2017) Türkiye'nin 500 Büyük Sanayi Kuruluşu [Istanbul Chamber of Industry, Turkey Top 500 Industrial Enterprises]. www.iso500.org.tr/500-buyuksanayi-kurulusu/2017/ (Accessed 3 November 2018).

Istanbul Sanayi Odası (2018), Türkiye'nin 500 Büyük Sanayi Kuruluşu [Istanbul Chamber of Industry, Turkey Top 500 Industrial Enterprises]. www. iso500. org. tr/500-buyuksanayi-kurulusu/

2018/ (Accessed 3 November 2018).

Kizmaz, Efsun (2007) Turkish Defense Industry and Undersecretariat for Defense Industries. Department of International Relations Bilkent University unpublished MA thesis.

Kurt, Enes (2018) Türk Savunma Sanayii Tarihine Mikro Yaklaşım: Savunma Sanayii İşletmelerine Dair Bir Envanter ve Dönemselleştirme Çalışması (1836—2018), [Micro Approach to the Turkish Defense Industry: An Inventory and Periodızation Study in Defense Industry Enterprises (1836—2018)]. Yıldız Teknik Üniversitesi Sosyal Bilimler Enstitüsüunpublished MA thesis.

Mevlutoglu, Arda (2017) Commentary on Assessing the Turkish Defense Industry: Structural Issues and Major Challenges. *Defence Studies,* 17(3), 282-294.

NATO (2018) Information on Defence Expenditure. www.nato.int/cps/em/natohq/ news_152830.htm (Accessed 3 November 2018).

Otokar (2017) Otokar Annual Report. www.otokar.com/en-us/investorrelations/financial results/AnnualReports/otokar_annualreport_2016.pdf (Accessed 3 November 2018).

Presidency of Defence Industries, SSB (2017) Yillik Faaliyet Raporu 2017 [Annual Report 2017]. www.ssb.gov.tr/Images/Uploads/MyContents/V_20180301150913377290.pdf.

Presidency of Defence Industries, SSB (2018) Our Defence Industry. www.ssb.gov.tr/ WebSite/contentlist.aspx?PageID=47&LangID=2 (Accessed 3 November 2018).

Roketsan (2018) Urun Katalogu [Product Catalog]. www.roketsan.com.tr/wp-con tent/uploads/2018/05/ProductCatalog-2018.pdf (Accessed 3 November 2018).

SASAD Performance Report (2017) Defence And Aerospace Industry Manufacturers Association Ankara-Türkiye www. sasad. org. tr/uploaded/Sasad-Performans-Raporu-2017. pdf (Accessed 3 November 2018).

SASAD Performance Report (2012) Defence and Aerospace Industry Manufacturers Association Ankara www. sasad. org. tr/uploaded/Defense-and-Aviation-Industry-Per formance-Report-2012.pdf (Accessed 3 November 2018).

Sezgin, Selami (1997) Country Survey X: Defence Spending in Turkey. *Defence and* Peace *Economics,* 8(4), 381-409.

Sezgin, Şennur (2017) Hava Savunma Sanayinin Ekonomik Analizi: Türkiye ve İngiltere Karşılaştırılması, [Economic Analysis of Aviation Industry: Comparing Turkey and the UK Nisan Kitabevi]. Ankara 1. Baskı 138 sayfa ISBN: 9786059393256.

SIPRI (Stockholm International Peace Research Institute) (2018) The SIPRI Military Expenditure Database. www.sipri.org/databases (Accessed 3 November 2018).

Turkish Aircraft Industries Corporation (TAI) (2018) Aircraft Indigenous Development. www.tai.com.tr/en/corporate/about-us (Accessed 3 November 2018).

Wisniewski, Rafal (2015) Military-Industrial Aspects of Turkish Defence Policy. *Rocznik Integracji Europejskiej,* (9), 215-228.

World Military Expenditures and Arms Transfers WMEAT (2012) Arms Transfer Deliveries, 2005—2015. www.state.gov/t/avc/rls/rpt/wmeat/2012/index.htm (Accessed 3 November 2018).

World Military Expenditures and Arms Transfers WMEAT (2017) Arms Transfer Deliveries, 2005—2015. www.state.gov/t/avc/rls/rpt/wmeat/2017/index.htm (Accessed 3 November 2018).

第17章　以色列国防工业

吉尔·平查斯　阿舍·蒂什勒

17.1　引　　言

以色列国防工业的发展与20世纪的安全需求息息相关。以色列成立于1948年，是一个议会民主制国家，2018年人口约为880万，由75%的犹太人和25%的其他少数民族组成，其中21%是阿拉伯人。[①]如今，以色列是一个以科技工业、轻工业和各种服务业为经济基础的发达国家。2017年，以色列国内生产总值为3480亿美元，人均国内产生总值为4万美元。[②]2017年，以色列军费支出约200亿美元（包括约40亿美元的美国军事援助），约占其国内生产总值的5.7%，占其政府支出的12%。[③]自1985年以来，以色列政府的政策是增加国内生产总值和政府支出中民用支出占比，减少军费支出份额（图17.1）。[④]尽管出台了这一政策，但由于以色列特殊的地缘政治局势，特别是正在进行的阿以冲突，以色列国防支出在国内生产总值中的比例目前仍处于世界前列。[⑤]阿以冲突的阿拉伯方面主要是3~10个阿拉伯国家和几个非国家实体，非国家实体中大部分是恐怖组织。这场冲突自以色列1948年建国以来就一直存在，包括无休止的政治摩擦和公开的敌对活动，迄今为止，这场冲突主要包括五场主要战争（分别发生在1948年、1956年、1967年、1973年、1982年）、以色列在加沙的三次主要行动以及两次大规模的巴勒斯坦起义（分别发生在1987—1991年和2000—2005年）[⑥]，还有众多的恐怖活动。阿以冲突格局多年来发生了变化，从国家间大规模地区冲突转变为代理人战争（proxy warfare）。阿以冲突最大的变化之一是以色列军事对手间形成的联盟成员的变化。例如埃及、约旦、叙利亚和伊拉克参加了1967年对以色列的六日战争（Six Day War，即第三次中东战争）。只有叙利亚和埃及参加了1973年对以色列的赎罪日战争（Yom Kippur War，即第四次中东战争）。在2006年的第二次黎巴嫩战争

---

① 以色列中央统计局（Israel Central Bureau of Statistics，2018a）。

② 2018年经合组织（OECD）在线数据库，2017年世界银行在线数据库。

③ 2018年SIPRI军费支出在线数据库。

④ 2018年SIPRI军费支出在线数据库；以色列中央统计局（Israel Central Bureau of Statistics，2018b）；以色列财政部预算在线数据库（2018）。

⑤ 2018年SIPRI军费支出在线数据库，1998—2015年《军力平衡报告》（The Military Balance Reports）。

⑥ 参见拉奎尔和舒尔坦（Laqueur & Schueftan，2016）、哈姆斯和费润（Harms & Ferry，2017）、拉比诺维奇（Rabinovich，2011）和维基百科中的以巴冲突时间表。

(the Second Lebanon War)中,只有真主党在伊朗和叙利亚的积极支持下与以色列交战。

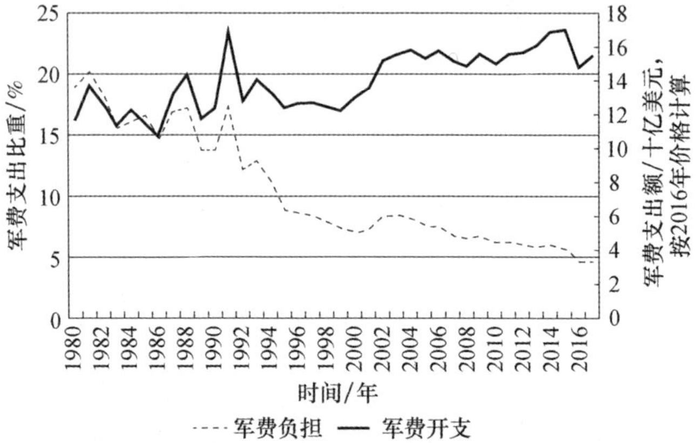

图17.1 1980—2017年以色列军费支出及占以色列国内生产总值的比重

过去70年中,阿以冲突的性质发生了几次重大变化。1948—1978年,埃及和叙利亚是以色列的主要军事对手。1978年的《戴维营协议》(Camp David Accords)将以色列和埃及之间的敌对状态转变为两个竞争对手之间的“冷和平”,此后叙利亚变成以色列的主要竞争对手,直至2000年左右。①在21世纪的第一个十年之初,叙利亚一直作为以色列的主要竞争对手,这是由于在那时叙利亚的军事能力大幅提升,并大力支持和利用其代理人黎巴嫩真主党(Hezbolla)。②在过去十年中,伊朗及其代理人[真主党和哈马斯(Hamas)]已成为以色列的主要对手。伊朗和以色列目前冲突的主要原因是伊朗的军事核项目和叙利亚内战,这导致以色列政府不得不花费大量财力和人力来应对这些威胁。

17.1.1 以色列国防支出和采办趋势

目前,以色列国防预算的55%以上用于人员支出(包括工资、养老金、退役军人康复和对战争伤亡家庭的支付);大约8%的预算用于研究和开发活动,其余用于采购和维护。③以色列从本国防务公司采购大部分国防物资(包括各种类型的车辆、无人机、导弹、通信设备、集成武器系统、情报系统等),而非常昂贵的复杂平台,如战斗机、潜艇、小型战舰和一些先进导弹系统,则是从美国等高度发达国家和一些西欧国家购买。

与其他发达国家一样,以色列政府非常注重本国公民对日益增长的安全需求

① 参见拉比诺维奇(Rabinovich,2011)。

② 1998—2015年《军力平衡报告》(The Military Balance Reports)。

③ 以色列国防部:2009—2018年(非机密文件)以色列国防预算,2018年以色列财政部预算在线数据库。

的要求。[①]此外，作为一个处于动荡中的中东中心小国，周围都是军事对手，这意味着以色列必须在极短时间内对恐怖活动和陆基攻击（land-based attacks）做出反应，并对来自其敌国的飞机、迫击炮和导弹袭击做出即时反应，这通常是发生在确认敌对活动后的数秒钟内。因此，为了支持本国公民享有适宜的安全水平和优良的生活质量，以色列必须发展和维持一个特殊的情报机构和武器系统，以有效应对特定的安全局势（如对各种敌对活动做出迅速且有效的反应）。为实现这一目标，以色列必须大力发展和维持自己的国防工业，目前几乎所有的情报技术、系统和程序都是在本国开发和生产的（参见佩希特和蒂什勒（Pecht & Tishler，2015）），以色列所需要的独特武器系统从其他国家是无法获取的。

以色列政府鼓励防务企业之间进行合作，以扩大其全球销售量，同时减少同行业间的商业竞争关系。例如，"铁穹顶"（Iron Dome，一种防御迫击炮和非弹道导弹的武器系统）就是由拉斐尔公司（Rafael）和以色列航空工业公司（Israel Aerospace Industries，IAI）共同开发的。此外，以色列政府还鼓励以色列防务公司在国外进行互惠采购交易，如埃尔比特系统公司（Elbit Systems）和罗克韦尔·柯林斯公司（Rockwell Collins）的合资企业RCEVS提供的F-35头盔显示器（Helmet Mounted Display，HMD）。然而，需要注意的是，政府通过以色列国防部的国防出口与合作局（Defense Export and Cooperation Division，SIBAT）严格管制军事出口，该机构积极促进和控制以色列国防和国土安全方面的出口。

以色列主要强调保持独立的国防研发能力。以色列国防研发由国防部研发局（Directorate of R & D，Mafaat）、以色列国防军（Israeli Defense Forces，IDF）的技术和作战单位以及以色列防务公司组成一个"三角"体系负责。高质量的人力资本和高质量的研发项目，以及独一无二的武器开发系统是以色列较其竞争对手的主要优势（Kagan，Setter，Shefi & Tishler，2010；Bar-El，Pecht & Tishler，2018）。随着时间的推移，以色列国防军在研发活动上的预算份额保持稳定，约为8%（参见以色列国防部出版的国防预算书，2009-2012；Ben-Israel，2001；Nevo & Shur-Shmueli，2004）。以色列国防军用于基础和应用研究活动的支出约占预算的2%。[②]虽然以色列是一个非常小的国家，但其国防研发部门已经成功地开发出一系列先进的武器系统。根据卡根等（Kagan et al.，2010）的研究，这一成功有几个原因。第一，大多数以色列公民具有一定的军事背景（以色列实行义务兵役制），由于以色列工程和计算机科学类的学校数量很少，以色列国防军和防务公司之间的关系非常密切（Mintz，1985；Dvir & Tishler，2000）。第二，以色列防务公司大部分武器系统都是与以色列国防军密切合作开发的，即使以色列国防军不一定承诺购买这些武器系统。第三，对于一个拥有高质量人力资本的小国来说，发展非常复杂且先进的军事能力可能

① 关于这一问题，请参见马克瑞（Marker，2018）、沙巴泰和蒂什勒（Shabtay & Tishler，2014）的文献。注意，以色列2017年人均国内生产总值（约4万美元）与英国和法国持平，高于日本和意大利。

② 以色列国防部：委员会对国防预算、优先事项和精简的审查（2012）。

是最佳选择，这种选择比发展风险较小的常规武器系统更好（Setter & Tishler，2006）。

最后，拉维（Lavie，2000）列举了以色列装备和服务公共采购（军事和其他方面）几个特点：一是非常官僚化；二是除非仅有一家供应商能够为以色列国防部生产其所需产品，否则供应商，包括政府所有的防务企业，必须参加公开竞标才能向政府出售设备或服务；[①]三是国防在以色列政府预算中所占比例很大，这使得政府可以利用国防支持非国防目标，例如，可以通过将以色列国防军的一些采购指定给位于外围或官方确定的“开发区”的供应商（2016年这项开超过6亿美元）。[②]显然，这一政策通常会与以色列国防预算的“最低成本采购”政策相冲突。

图17.2描述了以色列过去20年的国防预算支出。[③]在过去十年中，国防预算中的人员支出份额稳步上升，从44%增加到53%，同时，国防物资采购预算的份额大幅下降，从47%下降到39%（包括从美国和西欧国家的采购）。

军事研发预算份额随着时间保持稳定。这一趋势在2016年发生了变化，当时以色列国防军宣布了吉迪恩计划（Gideon Plan），这是一项新的、在2016—2020年多年期的军事活动和预算计划。吉迪恩计划的重点是在以色列国防军内部实施结构改革，提高效率，改变资源分配（在到2040年的多年内，减少人员成本，增

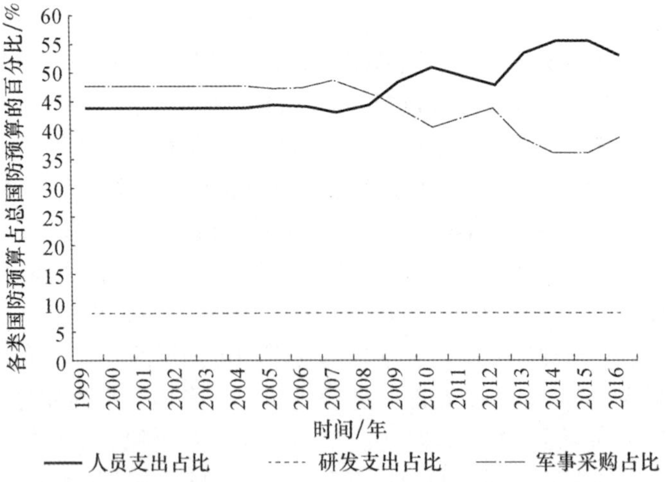

图17.2　1999—2016年以色列国防预算构成

① 近年来，公众对单一供应商采购的批评急剧增加，迫使国防部比过去更加透明和官僚化。例如，参见对以色列国防军新的地面部队加农炮采购过程的批评，该项目是通过单一供应商渠道授予以色列埃尔比特系统公司的，没有进行国际招标（Haaretz，2017a、2017b）。

② 以色列国防部（2012a）：www.mod.gov.il/Society_Economy/Pages/eco nomic_support.aspx。

③ 这些数据来自以色列财政部预算数据库和以色列国防部国防预算出版物。在1999年之前，没有关于以色列国防预算组成部分的公开数据。以色列国防预算支出的最新官方数据是2016年。

加以色列国防军军队建设的采购和维护支出）。[①]吉迪恩计划体现了美国和以色列于2016年签订的新谅解备忘录（Memorandum of Understanding，MOU）。[②]根据新谅解备忘录，美国承诺在2019—2028年将每年向以色列提供33亿美元对外军事援助，外加每年5亿美元用于导弹防御援助。美国和以色列在新谅解备忘录中达成一致，到2027年底，以色列逐步停止海外采购（Off Shore Procurement，OSP），这一安排允许以色列将美国每年在以色列境内的军事援助中的26.3%用于采购非美国产品。

17.2　以色列国防工业

17.2.1　背景[③]

以色列国防工业建立于20世纪20年代初期。最初的活动集中于生产武器和弹药，在巴勒斯坦建国前保护较小的犹太社区免受阿拉伯国家攻击。1933年，第一家工业防务公司，即以色列军事工业公司（Israeli Military Industries，IMI）成立。该公司生产步枪、迫击炮、手榴弹和各种弹药。

以色列独立战争（Israel's War of Independence）之后，新的组织建立了，国家国防工业开始更快发展，其中大多数由政府所有。

（1）1952年，国防部内部设立了一个研发部门。

（2）1953年，贝德克航空公司（Bedek）成立，以维护和翻新飞机。后来，它成了以色列航空工业公司（Israel Aircraft Industry，IAI）。

（3）1958年，国防部的研发部门改组，成立了一个独立的实体，即拉斐尔军备发展局（Armament Development Authority，Rafael），多年后，它逐渐发展成为以色列主要的国防发展机构。

（4）在以色列陆军内部建立了几个整修和维护中心，负责维修装甲车和支援车辆。后来，这些中心专门从事坦克和装甲车的改造和改进。

20世纪50年代，以色列还成立了几家私营防务企业。

（1）索尔塔姆公司（Soltam），专门制造迫击炮和大炮，是由私营公司库尔（Koor）和芬兰财团组建的盒子企业。

（2）塔迪兰公司（Tadiran）是由两家生产电池和灯泡的小型私营工厂合并而成的。

1967年的“六日战争”后，以色列经济快速增长，以及在六日战争结束时法国

① 以色列国防部：2016—2018年以色列国防预算（非机密出版物）。

② MOU（2016）。

③ 本部分基于吉尔·平查斯（Gil Pinchas）2018年的博士论文。

对以色列实施了武器禁运(Sharaby,2002;New York Times,2010),对以色列国防工业在后来20年的持续增长产生了巨大影响。事实上,法国的武器禁运是以色列决心发展本国国防工业的主要原因。以色列国内对武器系统需求的迅速增长,特别是1973年赎罪日战争之后,以色列国防出口增长了10倍,维持了国防工业的发展。1967年至1975年,以色列国防工业的雇员人数增加了两倍,1975年至1985年又增加了50%(Lifshitz,2011)。

以色列国防工业的发展从20世纪80年代中期开始放缓,在以色列航空工业公司研发的"拉维"战斗机项目终止后①,从20世纪90年代初开始演变为一场严重的危机,冷战结束后,以色列与几个阿拉伯邻国签订了和平条约。在21世纪初的前十年,以色列削减国防预算(以实际价格计算)也损害了本国的防务企业。然而,由于2002年以来世界军费支出的增加,以色列防务公司的销售额在过去十年中呈现稳定、有时甚至是快速增长(参见以色列主要防务公司的财务报告:以色列航空工业公司、拉斐尔公司、埃尔比特系统公司和以色列军事工业公司)。

一般而言,缺乏一国国防工业的可靠宏观和微观数据会大大限制对其军事能力和特点的评估,特别对军备竞赛和国防工业的评估。这种情况在以色列、叙利亚、埃及和伊朗等正在进行军备冲突的国家中表现得尤为明显。(公共和私营)防务企业的财务数据也很少,或者无法获取,对于国有企业和/或未在股票市场交易的防务企业更是如此。公布了财务绩效数据的防务企业没有对数据细分为具体类目,如对各国的销售额、研发项目、平均工资等。

为了保持一致性和透明度,本文从各种来源获取评估以色列国防工业趋势和数据所需的信息。然而,只有少量关于以色列国防工业的可靠数据是公开的,而且只有过去10~20年的数据。

17.2.2 概述

虽然世界上大多数大型防务企业都是私营企业,但以色列几大防务企业,如以色列航空工业公司、以色列军事工业公司和拉斐尔公司(以色列),都是完全或部分国有的。以色列政府作为武器系统和军事平台的主要客户,以及三大防务公司的所有者,密切参与了以色列的国防工业。以色列国防军(或在某些情况下,由另一个政府安全机构)的采购几乎是成功出口以色列武器系统或军事部件的必要条件。显然,以色列国防机构的信誉是以色列国防工业出口武器系统和国防物资及服务的主要推动力。多年来,以色列国防军和以色列国防工业之间的密切关系促进了高质量、有效和专用武器系统的开发,这些武器系统是根据以色列国防军的特殊需要定制的,并通过减少开发时间和成本来改进武器生产过程(Mintz,1985;Swed & Butler,2015)。

① Clarke & Cohen(1986)。

以色列国防工业技术发展道路和其他发达国家相似。它开发和利用了大量的技术,包括计算机、电子、电光、航空、机械设计和金属加工、化学工程、软件工程等。它已经开发和生产了各种现代、尖端的武器系统和军事平台,如各种类型的无人驾驶飞行器,作战坦克(梅卡瓦主战坦克,Merkava Ⅳ),装甲运兵车(“豹”(Namer)、“埃坦”(Eitan)),防空系统(“铁穹顶”“箭”(Arrow)),航天系统和卫星,导弹艇,各种类型的空对空、空对地和地对地导弹,通信和信息系统,装甲车,自动驾驶车辆,各类传感器,网络武器和国土安全系统。[①]

17.2.3 以色列国防工业的数据和结构

目前,以色列国防工业由大约600家公司组成(包括小型分包商,它们是大型防务公司和各种民用公司供应链的一部分),雇用了45000多名员工。2017年,以色列防务公司的总销售额约为103亿美元,其中90%来源于军事装备和服务。其中95%左右的销售额来自埃尔比特系统公司、以色列航空工业公司、拉斐尔公司和以色列军事工业公司这四大防务公司。以色列防务公司2008—2017年的总销售额如图17.3所示。[②]

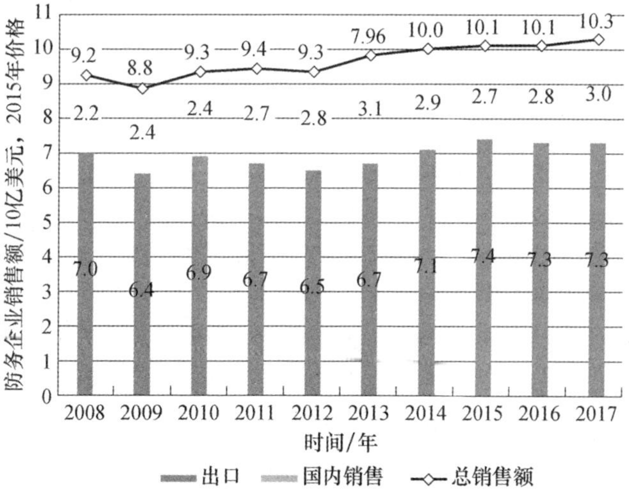

图17.3 2008—2017年以色列防务企业总销售额

数据来源:1990—2017年的SIPRI年鉴,以色列防务企业的财务报告和网站,平查斯(Pinchas,2018),以及各种报纸出版物。

如图17.4所示,以色列国防工业生产的武器系统中70%以上用于出口。这一

① 详见2013年SIPRI年鉴、戴维和蒂什勒(Dvir & Tishler,2000)、《国土报》(Haaretz,2018)和以色列航空工业公司、拉斐尔公司和埃尔比特系统公司的财务报告。

② 数据来源为1990—2017年的SIPRI年鉴、SIPRI国防工业在线数据库、以色列防务企业的财务报告和网站、平查斯(2018)以及各种报纸出版物。以色列国防工业销售的公开数据无法获取。

现象是以色列所独有的，是由以色列幅员小、需要非常高质量和特殊安全的需求导致的结果。美国、欧洲和俄罗斯国防工业的出口在国防产品总产量中所占则要低很多（分别为24%、68%和55%）。

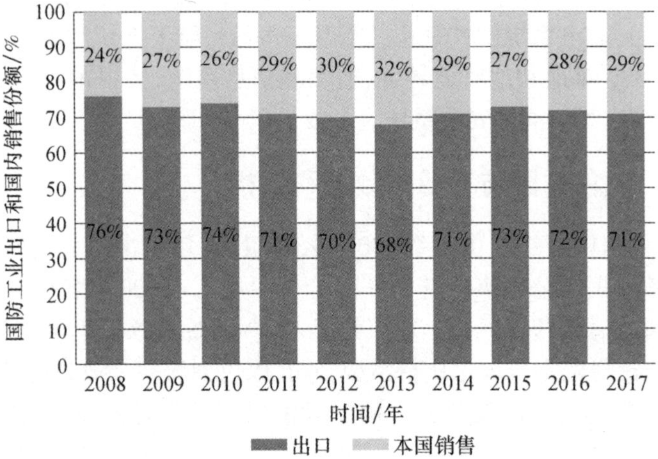

图 17.4　2008—2017 年以色列国防工业出口和国内销售份额

数据来源：1990—2017年的SIPRI年鉴，以色列防务企业的财务报告和网站，平查斯（2018），以及各种报纸出版物。

以色列的国防工业可以分为三组不同的公司集团。第一个集团包括三个大型政府防务组织：以色列航空工业公司、拉斐尔公司和以色列军事工业公司（以色列军事工业公司在两年前进一步分为两个部门：以色列军事工业系统公司（IMI Systems）和托默尔公司（Tomer），以色列军事工业系统公司后来出售给了埃尔比特系统公司，而托默尔公司依旧是一家国有公司，以确保某些必要且不可替代的重大安全利益仍掌握在以色列手中。第二个集团为埃尔比特系统公司，这是一家大型私营防务企业，专注于（几乎完全是）国防产品和服务的开发和生产。第三个集团由大量中小型私营企业组成，除生产民用产品外，它们中的大多数还生产一些国防产品并提供服务。此外，以色列国防军还有一些大型整修和维护中心，这些中心是其技术和后勤司（Division of Technology and Logistics）的一部分。这些中心负责为军方维修、开发和生产坦克、装甲车、飞机、通信设备和其他军事支持系统。其中一个大型整修中心专门生产和组装以色列“梅卡瓦”主战坦克和“豹”（Namer）装甲运兵车。以色列四大防务企业是以色列最大的工业公司，也位列世界上最大的100家防务企业之中（SIPRI年鉴，各期）。

以色列国防工业开发和利用了大量的技术和产品。表17.1列出了截至2017年年底，以色列主要防务公司的总销售额、军售额、利润、出口占总销售额比例、雇员人数、主要产品和专业领域。以色列主要防务企业的主要产品清单现实，它们的核心生产和研发活动有相当一部分是相似的，主要集中在以色列国防军在电子、电信、导弹等方面的关键需求上。

尽管在2017年以色列主要防务企业销售额占全球军售额的比重不到3%，但它们之间竞争激烈。这是一个非常敏感的问题，尤其是在武器系统开发和向以色列国防军和国外订购武器方面，因为这些企业之间在价格上相互竞争（Shefi & Tishler，2005）。因此，以色列国防部和财政部（Ministry of Finance，MOF）一直致力于规范以色列防务企业之间的竞争。例如，2013年，因以色列两家以色列公司之间广为人知的争端，国防部冻结了向波兰出售无人机的大型防务合同的竞标过程。2015年，拉斐尔公司的负责人被停职（Haaretz，2015），而此前发生了几起涉及以色列防务企业就外国合同展开激烈竞争的事件。这些公司之间竞争的另一个方面在2017年底变得明显了，在重新谈判将以色列军事工业公司出售给埃尔比特系统公司期间，以色列航空工业公司和拉斐尔的管理层表示担心，埃尔比特系统公司收购以色列军事工业公司将使埃尔比特系统公司对以色列国防工业拥有过多的影响力和控制权。

由于美国和以色列在2016年签署了新谅解备忘录（MOU），因此在未来十年里，以色列防务企业之间的激烈竞争还会加剧。[①]根据新谅解备忘录，离岸采购安排（OPS）可能会增加以色列对美国国防物资的依赖，因为它将促使以色列较大的防务公司与美国公司建立新的伙伴关系，并利用美国对以色列的援助，通过扩大出口来弥补减少向以色列国防军销售的损失。因此，尽管新的离岸出口安排可能会加剧以色列防务企业间的竞争，但如平查斯（2018）所示，由于在出口扩大和国内销售损失存在权衡，相对于现有的谅解备忘录，以色列的福利水平不会变化。然而，新的离岸出口安排可能会损害以色列的中小型防务企业，以及作为以色列主要防务企业供应链一部分的企业，因为这些企业依赖以色列本国的大型防务企业的生产和销售。

17.2.4　以色列主要防务企业的绩效

由于以色列防务企业仅为一个小国服务，相对于美国、英国、法国和俄罗斯的防务企业来说是小型的军事生产机构，因此，除了满足以色列国防军的特殊需求外，其研发、生产和销售活动旨在出口大部分产品。

为了更好地了解以色列国防工业的绩效、优势和劣势，我们首先评估四大防务公司（埃尔比特系统公司、以色列航空工业公司、拉斐尔公司和以色列军事工业公司）的几个关键特征。[②]图17.5和图17.6描述了四大公司在1990—2017年的销售情况，在21世纪前十年中（在美国及其盟友在伊拉克和阿富汗的军事行动期间），

① MOU（2016）。

② 这些评估的数据来源包括：1990—2017年的SIPRI年鉴、国防工业在线数据库、以色列政府公司管理局（2018），以及企业的财务报告和公司网站。

表 17.1　2017 年以色列主要防务公司特征

企业	雇员/人	总销售/百万美元	军事销售/百万美元	利润/百万美元	出口/百万美元	出口占总销售比重/%	总利润/百万美元	营销和销售费用/百万美元	研发支出/百万美元	主要产品和专业领域
埃尔比特系统公司	12781	3378	3262	241	2635	78	998	280	265	军用飞机和直升机系统，头盔系统，商用航空，航空结构，无人机系统（UAS），通信系统，C^4I系统，陆地车辆系统和升级，光电系统，情报、监视和侦察，国土安全系统，训练与仿真，海军系统，电子战与信号，网络系统
以色列航空工业公司	14857	3520	2536	81	2851	81	538	90	182	公务机、无人机系统、雷达、任务机和预警机、雷达对抗情报侦察/雷达对抗支援侦察、信号情报和通信情报、反战术弹道导弹（Anti-tactical Ballistic Missiles，ATBM）、导弹和智能武器、卫星、地面站和空间发射器、军用飞机和直升机的升级、商用飞机的维护和改装，包括转换为空中加油、导航系统、光电载荷（EO payloads）、通信
拉斐尔公司	7624	2258	2258	124	1073	48	499	90	182	防空系统、空对空导弹、空对地导弹、电子战、C^4ISR、战术精确制导武器、燃料空气炸弹（FAE）雷区清除、主动（软杀伤和硬杀伤）保护解决方案、远程控制武器站、声和光电探测以及被动和反应装甲、导弹技术、空对空、空对地、地对空海军和反坦克/多用途导弹、网络系统
以色列军事工业系统公司（2014年以来）	2900	500	500		270	54				火炮和坦克弹药、空对地弹药、小口径弹药、步兵系统和弹药、国土安全、火箭系统、弹道装甲、装甲车辆防护服、主动防护系统、远程控制武器站、坦克炮、内装小口径训练装置、桥接
四大公司总计	38162	9656	8556	446	6829	71				
其他公司	2500	600	600		450	75				
总计	40662	10256	9156	446	7279	71				

资料来源：2009—2017年SIPRI年鉴；截至2017年12月31日的公司财务年报；公司网站；各种报纸出版物。（主要公司包括：以色列航空工业公司、以色列军事工业公司、拉斐尔公司、埃尔比特系统公司、以色列武器工业（IWI）公司、迈高（Magal）安全系统有限公司、PalsanSasa公司、拉宾特克公司（Rabintex）、Aeronautics公司、FMS公司）。

这四家公司中有三家(除以色列军事工业公司外)的销售额稳步增长。在过去十年中(在美国及其盟友结束伊拉克和阿富汗军事行动并从这些国家撤军后),这四大防务公司的销售保持相对稳定。更具体地说,埃尔比特系统公司的销售额在1996年至2009年大幅增长;拉斐尔公司的销售额自2005年以来稳步增长;相比于拉斐尔公司、以色列航空工业公司和埃尔比特公司,专业生产传统武器系统开发的以色列军事工业公司的销售额却稳定下降。图17.7显示了1990—2017年四大公司的利润。在过去二十年的大部分时间里,拉斐尔公司和埃尔比特公司都实现了盈利,而以色列航空工业公司的利润则呈直线下降趋势,以色列军事工业公司1990—2017年间呈现持续亏损。

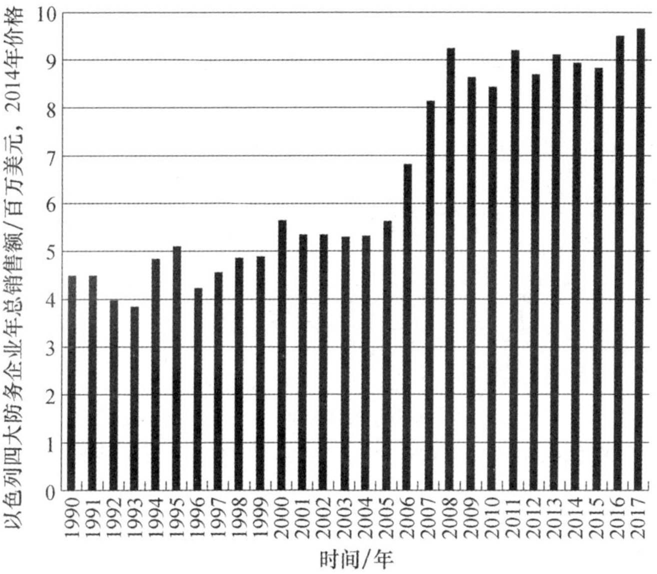

图17.5 以色列四大防务企业年总销售额

表17.2汇总了2008—2017年以色列航空工业公司、拉斐尔公司和埃尔比特系统公司的财务数据,体现了国有和私营企业之间的一些主要差异。2008—2017年的总利润、研发和营销及销售费用数据显示,与政府所有的以色列航空工业公司和拉斐尔公司相比,私营企业埃尔比特系统公司的利润更高(1.5~2倍),在营销上的支出也更多(2~3倍)。埃尔比特系统公司在研发以及营销和销售费用在销售额中所占比例与发达国家的大型防务企业类似(如2016年,英国宇航系统公司将其收入的7.4%用于研发支出;参见2017年英国宇航系统公司年报)。值得注意的是,私营企业埃尔比特系统公司的研发支出占其销售额的比例高于国有企业以色列航空工业公司,而同样为国有企业的拉斐尔公司与埃尔比特系统公司的研发支出在销售额中占比相似。这可以用拉斐尔公司在以色列安全系统中的特殊作用来解释。拉斐尔公司最初就是作为一个研发部门设立的,除了作为武器生产商,

它还继续扮演研发中心(实验室)的角色。因此其除了生产武器外,还负责各种安全系统和武器系统的研发。为了实现利润和市场价值最大化,私营企业似乎比国有防务企业更有动力生产符合消费者偏好的产品和服务的数量和类型(Bishop, Kay & Maye,1994),因此,与国有防务企业相比,它们更是出口导向的,同时也更依赖于广泛的客户群。

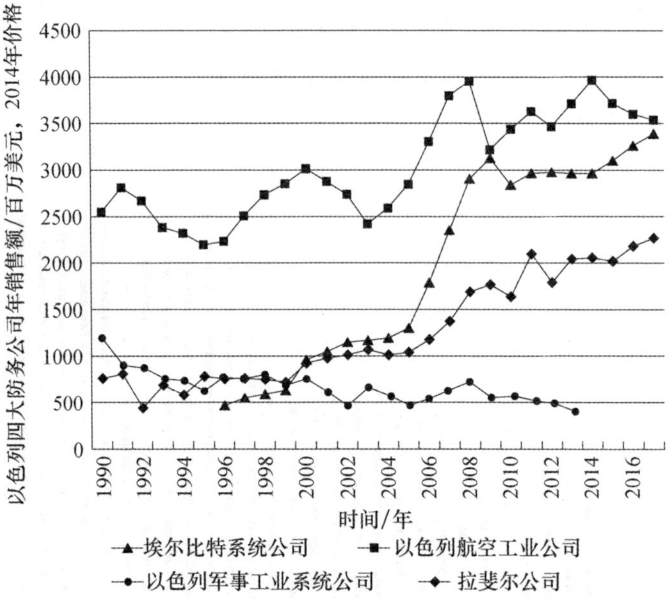

图 17.6　以色列四大防务公司年销售额(百万美元,2014 年价格)

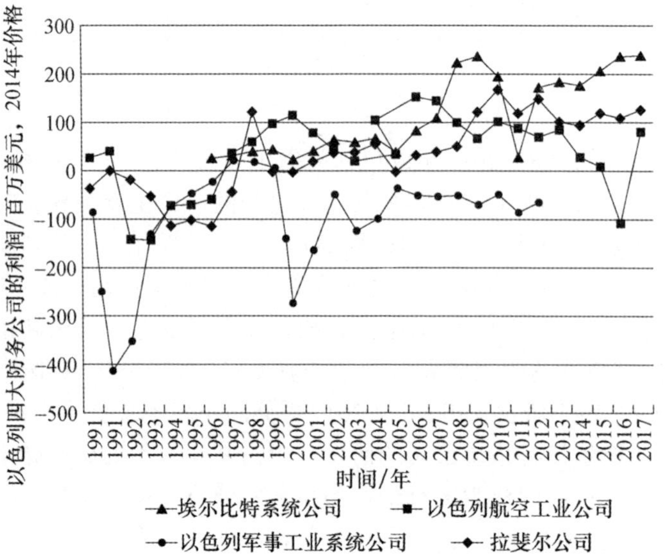

图 17.7　以色列四大防务公司的利润(百万美元,2014 年价格)

表17.2　埃尔比特系统公司、以色列航空工业公司和拉斐尔公司的总利润、研发支出、营销及销售费用(占销售额的比例)

年份/年	总利润			营销及销售费用			研发支出		
	埃尔比特系统公司	以色列航空工业公司	拉斐尔公司	埃尔比特系统公司	以色列航空工业公司	拉斐尔公司	埃尔比特系统公司	以色列航空工业公司	拉斐尔公司
2008	29.1%	14.2%	20.8%	7.5%	2.0%	4.3%	7.0%	3.5%	6.6%
2009	30.0%	15.1%	21.9%	8.9%	2.4%	3.8%	7.7%	4.2%	7.3%
2010	29.9%	14.5%	20.2%	8.6%	2.3%	4.3%	8.8%	4.4%	7.8%
2011	26.0%	15.1%	21.7%	8.4%	2.3%	4.7%	8.6%	4.5%	7.0%
2012	28.2%	15.2%	22.8%	8.4%	2.7%	5.2%	8.1%	4.7%	7.7%
2013	28.2%	14.3%	20.0%	8.1%	2.4%	4.0%	7.5%	4.9%	7.6%
2014	27.9%	14.9%	22.7%	7.3%	2.6%	4.1%	7.7%	4.3%	7.4%
2015	28.9%	13.3%	21.4%	7.7%	2.6%	3.7%	7.8%	4.8%	7.0%
2016	29.4%	13.3%	20.9%	8.3%	2.7%	3.9%	7.8%	4.6%	7.2%
2017	29.5%	15.3%	22.1%	8.3%	2.6%	4.0%	7.8%	5.2%	8.1%
平均	28.7%	14.5%	21.4%	8.1%	2.4%	4.2%	7.9%	4.5%	7.4%

数据来源:2009—2017年SIPRI年鉴;2018年以色列政府公司管理局(Israel Government Companies Authority);以色列航空工业公司、拉斐尔公司和埃尔比特系统公司2008—2017年财务报告和网站。

下面将描述并评估以色列四大防务公司。

1. 埃尔比特系统公司①

以色列最大的私营防务企业,埃尔比特系统公司在过去15年中销售额大幅增长。大约75%的销售额来自出口。数据显示,2017年,埃尔比特公司向以色列国防军的销售在总销售额中占比为22%,与在其主要市场——北美和亚太地区的销售份额相当。埃尔比特公司的收入来自广泛的全球市场,这有助于抵抗地区需求波动的影响。

埃尔比特系统公司的主要销售包括机载系统领域的高科技产品(在20世纪90年代末和21世纪的第一个10年,埃尔比特公司投入大量资金开发各种类型的机载系统)、C^4ISR系统和陆地系统。自2013年以来,埃尔比特公司的电光系统销售占比一直在下降。其知名产品包括:赫尔墨斯(Hermes)900/450/90型无人机、飞机头盔系统和“统治者”套件(Dominator suite)(一种集成式战士战斗套件)。②

在过去几年中,埃尔比特公司销售增长的同时,劳动力略有减少(从2011年至

① 这些评估的数据来源包括:1990—2017年的SIPRI年鉴、SIPRI军火工业在线数据库、埃尔比特系统公司的财务报告和公司网站。

② 参见简氏(Janes,2018)、季泊思(JPOST,2016)和伊斯雷尔(ISRAELDEFENSE,2018)。

2015年减少了约4%)。自2010年以来,埃尔比特公司的人均销售额一直在增长,表明该公司生产效率良好。随着时间的推移,特别是在过去五年中,在收购了几家小型以色列防务公司后,埃尔比特公司的收入一直保持稳定或增长。2018年,埃尔比特公司完成了对以色列军事工业公司的收购,将以色列军事工业公司的业务与埃尔比特公司的业务合并。埃尔比特公司在未来几年将面临的主要挑战是,提高合并后生产线和供应链的效率,改善前以色列军事工业公司部门的研发流程和销售成本结构。

2. 以色列航空工业公司①

以色列航空工业公司是以色列最大的国有防务企业,提供包括航空、航天、陆地、海洋、网络安全和国土安全领域的国防和商业产品及服务。在过去几年中,其商用机载产品和服务的销售一直在下降。以色列航空工业公司的知名产品有"阿莫斯"(AMOS)通信卫星、"苍鹭"(Heron)无人机、"箭-3"(Arrow 3)导弹系统、海军"巴拉克-8"(Barak 8)导弹系统。②

在经历了20世纪90年代初期的几次危机之后,由于世界范围的国防预算下降,以色列航空工业公司启动了重组过程,在20世纪90年代末全球对武器系统的需求开始恢复后,其盈利能力提高了。因此,在21世纪的第一个十年,以色列航空工业公司的利润为正,但不稳定,而随后急剧下降,最终在2016年损失惨重。目前,以色列航空工业公司利润的下降趋势令人担忧,为了应对这种情况,该公司在2017年启动了另一个重组程序,通过减少劳动力数量(尤其是增加退休人员数量)来提高效率。

以色列航空工业公司约81%的收入来自出口,与以色列其他主要防务公司相比,其部分产品销售到民用市场。③然而,在过去5年,民用销售额占其总销售额的比重下降了13%左右。特别是,以色列航空工业公司增加了电子产品(雷达系统、电子战产品和通信系统)、航天产品和各种导弹类别的销售,这些产品占以色列航空工业公司2015年销售额50%以上。

以色列航空工业公司的军售额自2002年以来一直稳步增长,2017年达到约30亿美元,加之劳动力不断减少(从2007年的17200名员工减至2017年的14850名员工),使得在过去三年中,人均销售额成功提高到每位员工23万美元左右。然而,为了在未来十年内稳定(或增加)收入,并将其利润提高到合理水平,在以色列和美国之间新的谅解备忘录生效时(2019—2028年),以色列航空工业公司必须扩大出口市场,并通过加强和改进研发活动、精简劳动力并进一步降低劳动力和其他

① 这些评估的数据来源包括:1990—2017年的SIPRI年鉴、国防工业在线数据库、以色列政府公司管理局(2018),以及以色列航空工业公司的财务报告和公司网站。

② 格莱博(Globes,2018a、2018b)和伊奈(Ynet,2018a)。

③ 以色列航空工业公司向民用市场销售的产品包括商用飞机、飞机主要框架和起落架、伺服控制和执行器系统。此外,以色列航空工业公司还为世界各地的制造商提供直升机和固定翼防撞座椅。

成本，以提高其生产效率。

3. 拉斐尔公司[1]

由于20世纪90年代全球国防预算下降，拉斐尔公司在这一时期的利润也为负。然而，自2000年以来，其利润一直为正，且呈增长趋势。这一变化有三个主要原因：一是自2002年以来，世界范围内军费增加；二是2002年，拉斐尔（从国防部的一个部门）并入了一家国有企业；三是2006年第二次黎巴嫩战争后，面对防空系统的需求不断增长，拉斐尔公司成功开发了的"铁穹顶"系统。[2]拉斐尔公司销售单的产品包括一系列创新型的空中系统、导弹、海军系统、地面和水下武器系统以及各种空间系统。

与埃尔比特系统公司和以色列航空工业公司相比，拉斐尔公司的大部分销售额来自国内市场（2017年约为52%）。鉴于以色列对"铁穹顶"和其他类型的导弹拦截器的需求日益增长，拉斐尔公司在这一领域表现出色，因此，这一趋势预计会继续下去。在过去几年中，拉斐尔公司的销售额稳步增长，同时员工数量也大幅增加，从2008年到2017年增加了约30%。而拉斐尔公司的人均销售额自2008年以来增长了约14%，在2017年达到29.6万美元左右。

拉斐尔公司很有可能在未来十年内进一步增加其产量、销售、出口和利润，因为它在开发和生产几种类型的导弹防御系统方面取得了无与伦比的成功（参见巴尔·埃尔、佩希特和蒂什勒（Pecht，Tishler，Weingold，2013）关于"铁穹顶"和"大卫投石索"（David's Sling）防空导弹的文章）。还应指出的是，拉斐尔公司在为以色列国防军、美国、罗马尼亚和波兰等多个国家开发、生产和销售各种其他防御系统也非常出色。[3]拉斐尔公司其他著名的产品有"战利品"（Trophy）系统（对坦克和装甲车的主动防护系统）、"蟒蛇5"（Python 5，空对空导弹）。[4]由于拉斐尔公司在过去10~15年在各种研发项目中取得了成功，它有可能继续从以色列国防部获得巨额拨款，以进一步推进在电子、导弹和防空系统领域的研发活动。然而，与以色列航空工业公司一样，拉斐尔公司面临的主要挑战是在未来十年内扩大出口销售，以保持收入和利润稳定，特别是在美国和以色列之间新的离岸出口安排协议生效时。

---

① 这项评估中的数据来源包括：1990—2017年SIPRI年鉴、SIPRI国防工业在线数据库、以色列政府公司管理局（2018），以及拉斐尔公司的财务报告。

② "铁穹顶"是一种全天候移动防空系统。它旨在拦截和摧毁短程火箭弹、迫击炮和其他4~80km距离发射的炮弹，这些炮弹的轨道会把它们带到人口稠密地区。"铁穹顶"已宣布投入使用，并于2011年3月27日初步部署。截至2012年11月，它已经成功拦截了400多枚火箭。

③ Calcalist (2018), Ynet (2018b), Globes (2018c)。

④ Shapir (2013), Calcalist (2018)。

4. 以色列军事工业公司[1]

以色列军事工业公司注重于传统但现代化的武器系统，在过去20年中经历了巨大的损失。事实上，以色列军事工业公司既没有成功地改进其大多数产品和服务，也没有适应当今武器系统技术和用途上的急剧变化。以色列军事工业公司是一些武器系统和弹药的唯一供应商，这些武器系统和弹药对以色列国防军的军事行动至关重要，但由于各种原因无法出口，成为导致损失的主要原因。为确保以色列军事工业公司可以继续生存下去，政府一直对其补贴，而在过去20年中，企业员工也大幅减少。

以色列军事工业公司专门从事火炮和坦克弹药、空对地弹药、火箭系统、弹道装甲和主动防护系统的生产。其知名产品包括“非凡”(EXTRA)增程炮兵火箭弹系统、105/120毫米坦克炮弹、“山猫”(LYNX)自主多用途火箭和导弹发射系统。[2]

以色列军事工业公司在过去20年中销售和出口大幅下降的主要原因是缺乏突破性创新，以及在国外缺乏新的生产线和新市场，这些都将以色列军事工业公司推向了破产边缘。为改善以色列军事工业公司的财务状况，以色列政府采取如下三点措施：一是私有化，但要维护国家利益(通过建立一定的程序，确保外国拥有以色列军事工业公司几条私有化的生产线不会损害以色列的安全)；二是将以色列军事工业公司中财务状况不好的部门并入拉斐尔公司、以色列航空工业公司和埃尔比特公司；三是重组以色列整个国防工业，包括大幅削减行业中的雇员数量。

2012年1月，以色列政府决定研究和评估以色列军事工业公司可能的私有化方案，包括保护国家安全利益的程序。但以色列军事工业公司的工会与以色列国防部和财政部之间的分歧，阻碍了评估的完成。2010年，商议将以色列军事工业公司并入拉斐尔公司的尝试也未能成功(Globes，2010)。2014年，以色列政府决定将以色列军事工业公司拆分成两个部门，一个部门(以色列军事工业系统公司，IMI Systems)出售给以色列防务公司，另一部门(托摩尔公司，Tomer)继续作为独立的政府所有的企业运行，确保几条生产线虽然亏损，但可以继续为以色列国防军提供重要的弹药供给。2018年，经过多年努力但未达成令人满意的安排后，经以色列反垄断机构(Reuters，2018)批准，以色列政府以5.23亿美元的价格将以色列军事工业系统公司出售给埃尔比特系统公司(Globes，2017)。如前所述，将以色列军事工业公司的业务并入埃尔比特系统公司，是后者面临的一项重大挑战。

17.3 以色列国防工业未来的挑战

以色列政府最重要的目标之一是维护高水平的国家安全。中东局势日益动

① 本节的数据来源：2009—2017年的SIPRI年鉴、以色列政府公司管理局(2018)、以色列军事工业公司的财务报告、公司网站即各种关于以色列军事工业公司的公开报道。

② Ynet(2017)，Globes(2002)。

荡、穆斯林世界的独裁政权以及推进以色列和巴基斯坦之间和平进程存在的固有困难，都表明，以色列至少在几十年内必须依赖一个强大、创新、可行的军事生产部门。因此，以色列国防工业很可能仍然是大型、现代化的，而最重要的是具有创新性，重点是高质量人力资本和突破性创新。更加现实的是，由于目前伊朗核计划的发展，以及2014—2018年伊朗、叙利亚和真主党在叙利亚领土上建立了联盟，加剧了以色列与其当前军事对手之间的紧张关系，加速了军备竞赛。

未来10～50年，以色列国防工业面临的主要挑战如下：

第一，美国和以色列之间新的谅解备忘录。逐步取消（将于2027年终止）离岸采购要求以色列防务企业及其供应链（向以色列防务企业出售零部件的企业）将更多资源用于营销和市场开发活动，以扩大出口，为其产品寻找新市场。为了有效利用美国对以色列的资金援助，以色列防务企业必须建立伙伴关系，在美国开设新的生产线和/或将现有生产线从以色列转移到美国。这两种方式都可能导致以色列员工失业，尤其是中小型防务企业。

第二，保持技术领先地位。以色列国防工业在以下领域的生产具有高质量、现代化和尖端的产品：导弹、导弹防御系统（铁穹顶、大卫投石索、“箭”武器系统、“战利品”主动防御系统等）、无人驾驶飞机系统、雷达系统、光电系统、精确制导弹药、一体化指挥控制系统、电子战，等等。为了保持在这些领域的领先地位，并成功地与世界其他大型防务企业竞争（比如，美国和欧洲企业在世界市场中的业务不断扩大），以色列防务企业必须继续加强研发投资、招募并保有高质量人力资本，进一步加强与以色列军事机构的密切联系。

第三，加强以色列防务企业之间的合作。如上所述，以色列三大防务企业之间在国外和本地防务合同方面存在着激烈的竞争。由于武器工业的全球化、生产和技术开发成本的急剧增加，以色列防务企业必须在以色列国防军和国外的国防合同上相互合作，而不是竞争。

第四，确定以色列国防工业的最优结构。以色列防务企业与美国和欧洲的许多更大规模的防务企业在世界大部分市场上，以及以色列市场上展开竞争。世界市场的激烈竞争使人们对以色列国防工业的适当结构产生了疑问。防务企业是否应该完全私有化？像今天这样，以色列大型防务企业的数量应该是三家，还是应该减少到一两家，或者增加到四五家？找到这些问题的正确答案对以色列的安全至关重要。

第五，我们对以色列国防工业的最优结构进行了评估。平查斯（Pinchas，2018）建立并应用了多个（博弈论）模型，描述了以色列的社会福利和国家安全如何受到国家经济特征及其国防工业主要特征（如所有制类型、规模和结构）的影响。在评估这些模型时，他考虑了四种类型的相互作用：①武器生产国间的相互作用；②世界主要防务公司间的相互作用；③两个（或者多个）卷入军备竞赛国家间的相互作用；④两种武器系统（平台和所有其他系统）间的相互作用。平查斯将这些模型应用于以色列和叙利亚/伊朗之间的军备竞赛。

首先，平查斯（2018）表明，与私有制相比，国防工业的政府所有权将导致更高的社会福利水平、民用支出和安全水平。此外，以色列防务企业将必须在未来几年增加其出口，以保持其生产的有效性，保证收入和利润。由于以色列私营防务企业是更加出口和市场导向的，因此相比政府拥有的防务企业，更具成本效益，因此在完全私营的防务企业体制下，以色列国防工业未来可能获得更高的利润。总之，从政府和国防工业的角度看，私营企业似乎会给以色列带来比国有国防工业更高的总收益，尽管高出的幅度很小。

其次，与美国和欧洲的主要竞争对手相比，以色列国防工业的规模较小，对其生产和销售成本结构产生了深远影响。此外，由于以色列是一个小国，其军事需求相对于美国、英国、法国和俄罗斯都很小，这一事实迫使以色列防务企业将其产出的70%左右用于出口（相比之下，它们的大多数大型竞争对手的出口比例为20%～25%）。因此，与国有防务企业相比，以色列私营防务企业可能更有效率，采用更具成本效益的生产和销售程序。而实际上尽管在这方面以色列国防工业具有一定优势，但这种优势并不大。

最后，平查斯（2018）的结论与戈尔德和蒂什勒（Golde & Tishler，2004）以及谢菲和蒂什勒（Shefi & Tishler，2005）的结论一致，都支持了以色列国防工业集中度较低可能导致以色列国防工业总利润更高的说法。①

参考文献

Bar-El, R., Pecht, E. and Tishler, A. (2018). “Human capital and national security”, *Defence and Peace Economics*. DOI: 10.1080/10242694.2018.1485088.

Ben-Israel, I. (2001). “Security, technology and the future battlefield”. In H. Golan (ed.), *Israel's Security Web*. Tel Aviv: Ma'aracot.

Bishop, M., Kay, J. and Mayer, C. (1994). “Introduction: Privatization in performance”. In M. Bishop, J. Kay and C. Mayer (eds.), *Privatization and Economic Performance* (pp. 1-14). Oxford: Oxford University Press.

Calcalist (2018). www.calcalistech.com/ctech/articles/0,7340,L-3741173,00.html

Clarke, D. L. and Cohen, A. S. (1986). “The United States, Israel and the Lavi fighter”, *Middle East Journal*, 40(1), 16.

Dvir, D. and Tishler, A. (2000). “The changing role of the defense industry in Israel's industrial and technological development”, *Defevse Analysis,* 16(1), 33-52.

Financial reports of Israeli defense firms (2008—2017). “Websites of the defense firms”.

Globes (2002). https://en.globes.co.il/en/article-627630.

① 然而，需要注意的是，谢菲和蒂什勒（2005）表明，当以色列只有一家或两家防务公司时，其净国防成本（政府国防支出减去国防工业利润）是最小的。因此，以色列很可能会从国防工业的整合中获益，这类似于20世纪90年代美国和西欧的国防工业整合。

Globes (2010). www.globes.co.il/en/article-1000611229

Globes (2017). www. globes. co. il/en/article-comptroller-to-deliver-damning-report-on-imi-privatization-1001219853.

Glob es (2018a). https://en.globes.co.il/en/article-iai-to-build-amos-8-satellite- 1001252365.

Globes (2018b). https://en. globes. co. il/en/article-israel-aerospace-takes-delivery-of-first- arrow-3-canister-1001252654.

Globes (2018c). https://en. globes. co. il/en/article-rafael-set-for-iron-dome-sale-to- romania-1001236817.

Golde, S. and Tishler, A. (2004). "Security needs, arms exports, and the structure of the defense industry", *Journal of Conflict Resolution*, 48(5), 672-698.

Haaretz (2015). www. haaretz. com/. premium-ya-alon-forces-rafael-boss-to-suspend-him self-1.5367951?=&ts=_15174142.

Haaretz (2017a). www.haaretz.com/israel-news/business/arms-makers-anxious-as-imi-pri vatiza-tion -is-revived-1.5466859.

Haaretz (2017b). www. haaretz. com/israel-news/. premium-israeli-army-buying-local-can nons-to-sidestep-ban-on-cluster-bombs-1.5441009.

Haaretz (2018). www. haaretz. com/news/diplomacy-defense/israel-is-world-s-largest- exporter-of-drones-study-finds.premium-1.524771.

Harms, G. and Ferry, T. (2017). *The Palestine-Israel Conflict: A Basic Introduction*, 4th edition. Pluto Press. www.jstor.org/stable/j.ctt1s475dd.

Israel Central Bureau of Statistics (2018a). www. cbs. gov. il/reader/newhodaot/hodaa_ template. html?hodaa=201811104.

Israel Central Bureau of Statistics (2018b). www.cbs.gov.il/publications17/1680/pdf/ t04.pdf.

Israel Government Companies Authority (2018). https://mof.gov.il/GCA.

Israel Ministry of Defense (2012a). www. mod. gov. il/Society_Economy/Pages/econom ic_sup-port.aspx.

Israel Ministry of Defense (2012b). "The committee for 'reviewing the defense budget, priori-ties and streamlining'." www.mod.gov.il/Documents/%D7%93%D7%95% D7%97%20%D7%95%D7%A2%D7%93%D7%AA%20%D7%98%D7%99%D7%A9% D7%9C%D7%A8.pdf.

"Israel Ministry of Defense: Israel defense budget, 2009—2018". (unclassified books).

Israel Ministry of Finance budget online database (2018). www.mof.gov.il/en/Policy AndBudget/BudgetExecution/Pages/BudgetExecutionReportsFiles.aspx.

ISRAELDEFENSE (2018). www.israeldefense.com/en/node/33799

Janes (2018). www.janes.com/article/79686/azerbaijan-shows-hermes-900

JPOST (2016). www. jpost. com/Israel-News/Politics-And-Diplomacy/Troops-can- see-through-armored-vehicles-with-Israeli-firms-new-helmet-456258.

Kagan, K., Setter, O., Shefi, A. and Tishler, A. (2010). "Defence structure, procurement and in-dustry: The case of Israel". In S. Markowski, P. Hall and R. Wylie (eds.), *Defence Procurement and Industry Policy* 228—254). London and New York: Routledge, Taylor & Francis Group.

Laqueur, W. and Schueftan, D. (2016). *The Israel-Arab Reader*, 8th edition. New York: Penguin Random House LLC.

Lavie, Z. (2000). *Procurement Management — From Theory to Practice.* Tel Aviv: Ministry of Defence.

Lifshitz, Y. (2011). *Strategic and Economic Roles of Defense Industries in Israel.* Bar-Ilan University, Israel: The Begin-Sadat Center for Strategic Studies.

The Marker (2018). translate. google. co. il/translate? hl=en&sl=iw&u=www . themarker. com/news/1.6076885&prev=search.

"The Military balance reports, 1998—2015". Routledge. www. tandfonline. com/loi/ tmib20 www. dni. gov/files/documents/Newsroom/Press%20Releases/2007%20Press %20Releases/20071203_release.pdf.

Mintz, A. (1985). "Military-industrial linkages in Israel," *Armed Forces & Society,* 12, 9—27.

MOU (2016). "Memorandum of understanding between USA and the state of Israel 2019—2028". www. obamawhitehouse. archives. gov/the-press-office/2016/09/14/ fact-sheet-memorandum-understanding-reached-israel.

Nevo, B. and Shur-Shmueli, Y. (2004). "The Israel defence forces and the national economy of Israel". In S. Feldman and Y. S. Shapir (eds.), *The Middle East Strategic Military.* Jerusalem: The Israeli Democracy Institute (in Hebrew).

New York Times (2010). "When Israel and France broke up". www.nytimes.com/ 2010/04/01/opinion/01bass.html.

OECD (2018). Online database. https://data.oecd.org/.

Pecht, E. and Tishler, A. (2015). "The value of military intelligence", *Defence and Peace Economics,* 26(2), 179-211.

Pecht, E., Tishler, A. and Weingold, N. (2013). "On the choice of multi-task R&D defense projects: A case study of the Israeli missile defense system", *Defence and Peace Economics*, 24(5), 429-448.

Pinchas, G (2018). "On the optimal ownership type, size and structure of Israel's defense industry", Ph.D Thesis draft, Tel Aviv University.

Rabinovich, I. (2011). "Peace, normalization and finality", *The American Interest*, 7(3), December 1.

Reuters (2018). www. reuters. com/article/elbit-systems-ma-imi/israel-regulator-okays- defence-firm-elbits-bid-to-buy-imi-idUSL8N1VA07F.

Setter, O. and Tishler, A. (2006). "A brave leap or a gradual climb? The dynamics of investment in R&D of integrative technologies", *Defense and Peace Economics,* 17(3), 201-222.

Shabtay, H. and Tishler, A. (2014). "Budget allocation under uncertainty and the costs of war and insecurity", *Defense and Peace Economics,* 25(5), 461-480.

Shapir, Y. S. (2013). "Lessons from the Iron Dome", *Military and Strategic Affairs*, *5*(1), 81-94.

Sharaby, L. (2002). "Israel's economic growth: Success without security", *Middle East Review of International Affairs*, 6(3), 25-41.

Shefi, Y. and Tishler, A. (2005). "'The effects of the world defense industry and US military aid to Israel on the Israeli defense industry: A differentiated products model", *Defence and Peace Economics*, 16(6), 427-448.

SIPRI Arms Industry online database. retrieved December 2017. www.sipri.org/data bases/armsindustry.

"SIPRI Military Expenditure online database, 2018". www.sipri.org/databases/milex.

SIPRI Yearbook (2016). "Armaments, disarmament and international security". www. sipri.org/yearbook/2016

SIPRI Yearbooks, 1991-2017. "Lists of the 100 largest arms-producing companies". www.sipri.org/yearbook/archive.

Swed, O. and Butler, J. (2015). "Military capital in the Israeli hi-tech industry", *Armed Forces & Society*, 41(1), 123-141. www. academia. edu/4720761/Military_Captia l_in_the_Israeli_Hi-Tech_Industry.

"The World Bank: online database". (2017). www. elibrary. worldbank. org/page/wb- regions-data.

Ynet (2017). www.ynetnews.com/articles/0,7340,L-4963629,00.html.

Ynet (2018a). www.ynetnews.com/articles/0,7340,L-5245726,00.html.

Ynet (2018b). www.ynetnews.com/articles/0,7340,L-5225153,00.html.

第18章 韩国国防工业

理查德·A. 毕辛格

18.1 引 言

韩国(The Republic of Korea,ROK)自20世纪70年代初以来积极推行“国内武器优先”政策,并实施了第一个栗谷项目(Yulgok Project),这是一项雄心勃勃的国防工业化项目,旨在“为21世纪的自卫能力奠定基础”。[①]这个本土化进程最初是以受到朝鲜的威胁为理由推动的,认为实现国防采办自给自足对于保持足够的国防能力至关重要。与此同时,国内武器生产不仅仅是实现“供给安全”;从韩国过去几十年的国防工业化活动中,可以发现其非常强大的技术民族主义冲动。就韩国而言,国防工业政策有三个核心目标。第一,通过减少对外国武器来源的依赖加强国家的政治独立。第二,通过将军备生产作为进口替代战略和技术密集型工业化的驱动力,帮助国内经济全面发展。第三,也许是最重要的一点,提升韩国的军事

① Jong Chul Choi, “South Korea,” in Ravinder Pal Singh, ed., Arms Procurement Decision Making, Volume I: China, India, Israel, Japan, South Korea and Thailand (Oxford: Oxford University Press, 1998), p. 183. 关于韩国国防工业的更多内容, 请参见 Janne E. Nolan, Military Industry in Taiwan and South Korea (London: Macmillan, 1986); Janne E. Nolan, “South Korea: Ambitious Client of the United States,” in Michael Brzoska and Thomas Ohlson, eds., Arms Production in the Third World 1971 - 1985 (Oxford: Oxford University Press, 1987); Kwang-il Baek and Chung-in Moon, “Technological Dependence, Supplier Control and Strategies for Recipient Autonomy: The Case of South Korea,” in Kwang-il Baek, Ronald D. McLaurin, and Chung-in Moon, eds., The Dilemma of Third World Defense Industries (Boulder, CO: Westview Press, 1989); Ralph Sanders, Arms Industries: New Suppliers and Regional Security (Washington, DC: NDU Press, 1990), pp. 77-88; Richard A. Bitzinger, “South Korea's Defense Industry at the Crossroads,” Korean Journal of Defense Analysis, Vol. 7, No. 1 (Summer, 1995); Dean Cheng and Michael W. Chinworth, “The Teeth of the Little Tigers: Offsets, Defense Production and Economic Development in South Korea and Taiwan,” in Stephen Martin, ed., The Economics of Offsets: Defense Procurement and Countertrade (London: Harwood, 1996); Kongdan Oh, “U.S.-Korea Aerospace Collaboration and the Korean Fighter Project,” in Pia Christina Wood and David S. Sorenson, eds., International Military Aerospace Collaboration: Case Studies in Domestic and International Politics (Aldershot: Ashgate, 1999); Myeong-chin Cho, Restructuring of Korea's Defense Aerospace Industry: Challenges and Opportunities? (Bonn: Bonn International Center for Conversion, 2003); Richard A. Bitzinger and Mikyoung Kim, “Why Do Small States Produce Arms? The Case of South Korea,” Korean Journal of Defense Analysis, Vol. 17, No. 2 (Fall, 2005); Chung-in Moon and Jin-young Lee, “The Revolution in Military Affairs and the Defense Industry in South Korea,” Security Challenges, Vol. 4, No. 4 (Summer, 2008), pp. 117 - 134; Kaan Korkmaz and John Rydqvist, The Republic of Korea: A Defense and Security Primer (Stockholm: Swedish Defense Research Agency, 2012).

政治地位，提升它作为亚洲地缘政治重要参与者的形象。

18.2　韩国国防支出趋势

韩国军费持续大幅增长，使韩国国防工业基础受益匪浅。根据斯德哥尔摩国际和平研究所（Stockholm International Peace Research Institute，SIPRI）提供的数据，2000—2017年，韩国国防预算从204亿美元增长到376亿美元（以2016年不变美元计算）。这意味着在这段时期内平均每年的实际增长率为5%。

韩国国防部（ROK Ministry of National Defense，MND）公布的数据证实了SIPRI的数据。国防部《2016年国防白皮书》称，韩国2017年的国防支出将达到40.3万亿韩元（360亿美元），约相当于该国国内生产总值的2.4%。①其中，12.2万亿韩元（110亿美元），约占国防总预算的30%，分配用于"军队建设"。这一类别可进一步细分为：23亿美元用于研发，87亿美元用于装备采办。②此外，国防部当前的《2017—2021年中期国防项目》（*Mid-Term Defense Program for 2017—2021*）计划在这五年期间，将花费73.4万亿韩元（660亿美元）用于军队建设，平均每年增长7.3%。③

18.3　韩国国防工业概述

大约有100家韩国企业在约300家分包商的支持下从事某种形式的国防承包活动，它们雇佣着大约2.5万名员工。④根据SIPRI的数据，2016年（有数据可查的最近一年），韩国国防部门的总产值为84亿美元，相比2015年增加了20.6%。2016年，韩国国防工业占SIPRI全球"100强"军火生产企业总销售额的2.2%。⑤

韩国军工生产始于20世纪70年代初，当时韩国获得许可，生产美国设计的M16步枪。随后又获得了组装其他武器系统的许可证，包括F-5战斗机，MD-500和UH-60直升机，M101、M114和M109榴弹炮，以及PSMM-5快速攻击艇。

从20世纪80年代末和90年代初开始，韩国开始承担更复杂的许可生产。韩国政府在采办外国武器的谈判中获得大量"补偿贸易"，也就是联合生产权。例如，当韩国在20世纪80年代中期决定从美国购买40架F-16战斗机时，要求并获得了

① Ministry of National Defense (MND), 2016 Defense White Paper (Seoul: Ministryof National Defense, 2016), p. 125.

② MND, 2016 Defense White Paper, p. 127.

③ MND, 2016 Defense White Paper, p. 129.

④ Tae-jung Kang, "South Korea: Asia's New Powerhouse Arms Exporter," TheDiplomat, May 25, 2014; Jon Grevatt, "Peninsular Procurement," Jane's DefenseWeekly, October 17, 2013.

⑤ Aude Fleurant, et al., Factsheet: SIPRI Top 100 Arms-Producing and Military ServicesCompanies 2016 (Stockholm: SIPRI, December 2017), p. 1, 2, 8.

生产该飞机几个关键子系统的权利，包括机身中部、驾驶舱侧板以及腹鳍。①在这个计划之后，还达成了另一项140架F-16的协议，其中包括在韩国建立一个完整的交钥匙制造厂，以便在当地制造这架飞机。从英国购买的鹰式教练机、从意大利购买的6614型轮式装甲运兵车和从瑞典购买的Bv-206全地形履带式运输车也做出了类似的联合生产安排。同一时期，韩国政府与德国签订了建造9艘209型潜艇（韩国将其命名为KSS-Ⅰ）的协议，随后又签订了制造9艘更先进的214型（KSS-Ⅱ）潜艇的类似的协议。

从20世纪90年代开始，武器系统的自主开发与设计以及本国制造开始呈现出新的发展势头，韩国军队开始逐步淘汰外国装备，代之以本国设计和生产的武器系统。韩国制造了自己的突击步枪K2，以及K200韩国步兵战车（Korean Infantry Fighting Vehicle，KIFV）。到20世纪90年代中期，韩国已开始生产自主设计的K1/K1A1主战坦克，随后被更先进的K2黑豹坦克取代。其他国产武器系统包括"天马"（Chunma，Pegasus）地对空导弹、"玄武"（Hyunmoo）系列巡航导弹、K21步兵战车和K9"雷霆"155毫米自行榴弹炮。此外，韩国还建造了自己设计的军舰。②

韩国航空航天工业在实现自给自足方面取得了最值得瞩目的进步。韩国飞机部门最初是外国系统的组装者，现已逐渐成长为战斗机的设计和开发中心。韩国航空航天工业的第一个本国产品是KT-1"雄峰"（Woongbi）涡轮螺旋桨基础教练机/轻型攻击机，于20世纪80年代末问世。KT-1之后是T-50"金鹰"（Golden Eagle），这是一个更加雄心勃勃的项目，旨在设计和制造超音速高级教练机/轻型攻击机。T-50是韩国第一架国产喷气式飞机，旨在取代韩国空军（Republic of Korea Air Force，ROKAF）的T-38、A-37和F-5战斗机，并实现出口。这架飞机于20世纪90年代中期推出，最初由三星航空公司（Samsung Aerospace，即后来的韩国航空航天工业公司（Korea Aerospace Industries））和洛克希德·马丁公司合作生产，这家美国公司提供与飞机机翼、计算机化飞行控制系统和航空电子设备套件有关的关键技术。T-50于2002年8月首飞，并于2005年进入韩国空军服役。后来的机型包括TA-50，一种先进的战斗机/教练机/攻击机，以及FA-50，一种配备了更先进航空电子设备并能够使用更广泛武器套件的专门用途战斗机。

因此，到21世纪的第二个十年，韩国在大多数主要武器系统上已经基本实现了自主生产。得益于航空航天、陆地军械系统和造船部门的大量投资，韩国本土的军工生产领域特别广泛。韩国将近80%的武器采购来自国内，包括战斗机、主战坦克、装甲车、军舰和潜艇，此外，韩国在导弹系统方面的自给自足能力正越来

① Wesley Spreen, International Cooperation in the Aerospace Industry (Kuala Lumpur: ADPR Consult, 1998), p. 118.

② "South Korea to Order 5 More U-214 AIP Submarines to Bridge to Indigenous Boats," Defense Industry Daily, May 08, 2015 (www. defenseindustrydaily. com/ KSS- Ⅱ -South-Korea-Orders-6-More-U-214-AIP-Submarines-05242); Jung Sungki, "S. Korea Unveils Cruise, Ballistic Missiles," Defense News, April 23, 2014.

越强。[①]

韩国将继续为其本国国防工业基础制定雄心勃勃的计划。与亚太地区的其他国家一样,军队现代化是重中之重,韩国军方计划在未来几十年内采购多种先进武器系统,包括机载预警和信号情报飞机、防区外弹药、无人机、夜视镜和弹道导弹防御系统。[②]特别是,韩国政府希望本国航空航天工业设计和制造的"4++代"战斗机,被命名为"KF-X"(Korea Fighter Experimental,韩国新一代战斗机)。最后,韩国最近下水了9艘3000吨级国产KSS-Ⅲ型柴电潜艇舰队中的第一艘;该型潜艇将配备本国开发的锂离子电池和能够发射本国研制的弹道导弹或巡航导弹的垂直发射系统。因此,总体而言,随着韩国政府寻求购置更多的尖端武器,韩国国内对其军工行业提出更高的要求。

18.4 韩国国防工业结构

韩国传统上依赖私营部门而不是国有企业进行本国武器生产。该国的大部分武器生产集中在少数几个大型工业集团或"财团"(chaebol)手中。"财团"一般是高度集权的企业,通常由单一的(创始)家族控制,其特点是有着复杂的相互紧密联结的所有权体系;它们还往往在韩国某个特定地区占据主导地位(如现代集团主要在韩国东南部的蔚山附近开展业务)。

目前韩国从事军工生产最重要的"财团"有:韩国航空航天工业公司(Korea Aerospace Industries, KAI)、现代汽车集团(Hyundai Motor Group)、现代重工集团(Hyundai Heavy Industries Group, HHI)、LG集团(原乐喜金星(Lucky GoldStar))、大宇造船海洋株式会社(Daewoo Shipbuilding and Marine Engineering, DSME)和韩华集团(Hanwha Group)。现代汽车集团旗下的现代罗特姆公司(Hyundai Rotem)主要生产K-1和K-2系列主战坦克。起亚汽车(Kia Motors)也是现代汽车的子公司,为军方制造重型卡车;LIG Nex1(LG集团的子公司)生产导弹系统和电子产品;而大宇造船和现代重工建造潜艇和军舰。韩华航空(原三星航空)制造喷气式飞机的发动机,韩华陆地系统公司(Hanwha Land Systems)生产火炮系统(如K9雷霆自行榴弹炮),韩华防务系统公司(Hanwha Defense Systems),原大宇公司,后来是斗山公司(Doosan)制造K21步兵战车,"天马"地对空导弹和"天舞"(Chunmoo)多管火箭炮。[③]韩国的大多数军工厂位于南部沿海地带。

韩国领先的飞机制造商韩国航空航天工业公司尤其值得关注。韩国航空航天工业公司成立于1999年,由三家亏损的飞机公司强制合并而成,即三星航空航天(现在的韩华)、大宇重工航空航天事业部(Daewoo Heavy Industries Aerospace Divi-

① Grevatt, "Peninsular Procurement"; Choi, "South Korea," p. 185.

② Jung Sung-ki, "S. Korea Aims to Build Indigenous Missile Shield," Defense News,March 26, 2012.

③ Jung Sung-Ki, "Hanwha Emerges as South Korea's Defense Giant," Defense News,July 29, 2015.

sion)和现代航天与飞机公司(Hyundai Space and Aircraft Company),公司总部位于韩国泗川市(Sacheon)。韩国航空航天工业公司生产韩国全部军用飞机,特别是T-50金鹰高级教练机/轻型战斗机、KT-1涡轮螺旋桨教练机和"完美雄鹰"(Surion)通用直升机。韩国航空航天工业公司生产的其他产品包括无人机、航天运载器(如KSLV-Ⅱ)和卫星;韩国航空航天工业公司还为韩国空军提供飞机升级和维护、维修及大修(Maintenance, Repair, and Overhaul, MRO)服务。

对韩国航空航天工业公司未来至关重要的一步是,该公司最近被选为KF-X(韩国新一代战斗机)战斗机的主要承包商,这是韩国空军下一代国产战斗机。KF-X战斗机是一种双引擎隐形战斗机,它将配备有源相控阵技术(Active Electronically Scanned Array, AESA)雷达和其他先进的航空电子设备。①该战斗机被认为是第"4++代"战斗机,从表面看,其是对F-16等标准的第四代战斗机的改进,但不如F-22或F-35(所谓的第五代战斗机)先进。这使得KF-X与欧洲的"台风"战斗机、瑞典的"鹰狮"战斗机或俄罗斯的苏-35大致处于同一级别。

KF-X是由韩国航空航天工业公司和美国航空航天巨头洛克希德·马丁公司联合开发的,是韩国空军从美国购买40架F-35战斗机协议的一部分。KF-X预计将于2022年实现首次飞行,并于2024年开始交付韩国空军。韩国空军计划采购多达120架KF-X战斗机,以取代老化的F-4鬼怪和F-5战斗机。韩国还成功地与印度尼西亚签署协议,印尼成为KF-X项目的合作伙伴协议,雅加达可以采购多达50架战斗机以满足印尼自己对"IFX"的要求。此外,韩国预计还将向其他国家出口多达600架KF-X战斗机。根据项目合同条款,韩国航空航天工业公司与洛克希德·马丁的团队将承担20%的开发成本,韩国空军和印度尼西亚将分别承担60%和20%的成本。总的来说,KF-X的价值可能高达8.6万亿韩元(78亿美元)。②

韩国航空航天工业公司是国家对国防工业希望和梦想。韩国将继续其雄心,培养该公司成为世界级并具有全球竞争力的机身设计者和制造商。韩国航空航天工业公司的目标是到2030年跻身全球五大航空航天生产公司之列,销售额达到20万亿韩元(177亿美元),比2017年收入增长10倍。③特别是,该公司计划将自己打造为主要的武器出口商。韩国航空航天工业公司已将KT-1教练机和T-50战斗机出售给了几个海外客户(见下文)。韩国政府对其T-50高级教练机/轻型战斗机的期望特别高(可能是不切实际的),曾一度预计在未来几十年内能够出口800~

① Jeff Jeong, "South Korea Unveils First Images of KF-X Design with EuropeanMissiles," Defense News, June 29, 2018.

② Dan Darling, "To Little Surprise, South Korea Selects KAI-Lockheed Team to Develop Its KF-X Indigenous Fighter," Forecast International, March 31, 2015.

③ 韩国航空航天工业公司网站,2018年10月4日访问。

1000架T-50,并占据此类飞机全球市场的四分之一。[①]

除韩国航空航天工业公司之外,大韩航空株式会社(Korean Air Lines Co.)早在20世纪70年代和80年代就制造了F-5战斗机,以及MD-500和UH-60s直升机,它仍继续为韩国空军提供广泛的基地维护和升级服务,并生产无人机和无人系统。其他国内领先武器制造商还有生产弹药的丰山公司(Poongsan),生产K2突击步枪、机枪和20毫米加农炮的S & T动力公司(S & T Dynamics),正在为韩国海军建造"独岛"级(Dokdo-class)两栖攻击舰的韩进重工公司(Hanjin Heavy Industries),以及建造"仁川"级(Inchon-class)护卫舰的STX海洋造船公司(STX Offshore and Shipbuilding Corporation)。

虽然韩国大多数武器制造是由私营商业企业进行的,但这些公司大多在韩国国防工业的许多领域都是非竞争性的独家承包商,如主战坦克(现代罗特姆公司)、装甲车(韩华防务系统公司)、火炮系统(韩华陆地系统公司)和战斗机(韩国航空航天工业公司)。国防供应方面唯一真正的竞争似乎出现在海军造船部门:大宇造船和现代重工共同建造了KDX系列驱逐舰和KSS-Ⅱ(214型)潜艇,而现代重工和STX海洋造船公司都在为韩国海军建造"仁川"级/FFX护卫舰。

一些"财团",如三星和大宇,已经完全退出了国防领域(大宇在1999年破产、资产进行了拆分),而另一些财团,如韩华,已经成为武器制造业的新参与者。不过,总体来说,在过去20年,韩国国防工业的整体结构和功能变化不大。如果说有什么不同的话,那就是韩国国防工业内部的竞争有所减弱,尤其是在航空航天领域。在20世纪90年代,三个"财团"(三星、大宇和现代)向韩国空军竞争航空合同。这导致国内飞机行业的产能过剩和效率低下,而韩国航空航天工业公司的成立只是解决了部分问题。韩国政府承诺,韩国航空航天工业公司将被获得未来韩国军用飞机合同的专属权(不利于大韩航空株式会社),特别是新的KF-X战斗机项目。[②]

18.5　韩国国防工业行为

韩国本国进行军备生产可以追溯至朴正熙(Park Chung Hee)政府时代(1961—1979年)和他的"自力更生国防"政策。减少国家对外国武器装备的依赖是一个重要的国家安全目标,但其原因远远超出了国防。首先,韩国致力于"合作的自主国

① Ju-ming Park, "South Korea Targets Growing Global Defense Market," Reuters,August 25, 2013; Joo-hee Lee, "KAI Aims to Export 800 Aircraft by 2030,"Korea Herald, November 25, 2002.

② 出自韩国航空航天工业公司官网(www.koreaaero.com/english/pr_center/cpr_view.asp)。然而,大韩航空试图在军用飞机生产方面与韩国航空航天工业公司竞争,曾一度与空客合作(最终未能成功)从韩国航空航天工业公司手中赢得KF-X项目。"For New Jet, It's a Dogfight between KAI and KAL," Korea Joongang Daily, February 6, 2015.

防"战略①,该战略既包含美韩同盟(如1953年的《共同防卫条约》所体现的那样),但也力求加强国家的国防能力②,即"获得独立开发那些保障军队核心能力的主要武器系统的能力"。③这至少有两种军事方面的作用。首先,拥有本国国防工业能够使韩国定制满足其独特国防需求的武器系统,并能够利用国内研发基础取得的技术突破。其次,在与外国武器制造商组建的合资企业中,可以利用本国武器制造作为谈判筹码,也就是说,在武器进口问题上,这是获得产业或技术让步的一种手段,如技术转让或生产的补偿贸易;这进一步推动了韩国努力摆脱对大国(尤其是美国)国防工业的依赖。

与此同时,国防工业化也被认为至少部分推动了整个国民经济的扩张与技术现代化。军工生产是一种能够刺新兴工业部门发展的手段,而且能够推进新兴技术的研究与发展,如航空航天和电子领域。尤其是先进的军事技术被认为有助于进口替代产业的发展。反过来,这些国防工业的发展还可以实现重要的商业收益。在某些情况下,这些"附带"利益是直接的,如重型卡车或MD-500直升机,它们既有军用版本,也有民用版本;在其他情况下,它们可能是间接的,如将军用航空航天生产作为建立和培育商业航空工业的基础。④无论哪种方式,国防工业化都与韩国的整体发展战略齐头并进。

最后,韩国对自主国防的追求一直是为了扩大该国在外交事务和地缘政治上的自主权和行动自由。拥有独立的国防工业能力直接融入进了他们的国家实力理念,不仅通过构建军事实力,也通过展示国家的工业和技术实力,来证明其作为地区强国的地位。⑤

因此,韩国政府大量参与武器装备生产过程,包括向制造商提供直接和间接补

---

① Hoon Noh, South Korea's "Cooperative Self-Reliant Defense": Goals and Directions, KIDA Paper No. 10 (Seoul: Korea Institute for Defense Analyses, April 2005), p. 5.

② Lee Jong-sup, "The ROK-US Alliance and Self-Reliant Defense in the ROK," in Alexandre Y. Mansourov, ed., A Turning Point: Democratic Consolidation in the ROK and Strategic Readjustment in the US-ROK Alliance (Honolulu, HI: AsiaPacific Center for Security Studies, 2005), pp. 246 - 266; Han Yong-sup, "Analyzing South Korea's Defense Reform 2020," Korean Journal of Defense Analysis, Vol. 18, No. 1 (Spring, 2008), pp. 129 - 132; Mikyoung Kim, "The US Military Transformation and its Implications for the ROK-US Alliance," IFANS Review, Vol. 13, No. 1 (July 2005), pp. 21-22.

③ ROK Ministry of National Defense, Defense White Paper 1999: Republic of Korea (Seoul: Korea Institute for Defense Analyses, 1999), p. 145.

④ Choi, "South Korea," p. 185.

⑤ 关于"技术民族主义冲动"更全面的解释,参见 Richard J. Samuels, Rich Nation, Strong Army: National Security and the Technological Transformation of Japan (Ithica: Cornel University Press, 1994); Christopher W. Hughes, "The Slow Death of Japanese Techno-Nationalism?" Journal of Strategic Studies, Vol. 34, No. 3 (June 2011)。尽管这些研究分析的是日本的情况,但韩国的国防工业化也遵循着非常相似的发展轨迹,参见 Richard A. Bitzinger, Arming Asia: Technonationalism and its Impact on Local Defense Industries (London: Routledge, 2017), Chapter 5。

贴，支持国防研究和发展计划，将企业指定为关键军事装备的单一来源供应商。[①]首先，中央政府为韩国国防工业提供支持，因为韩国军方是本国生产武器的主要消费者。这确保了采购并因此保证了盈利；还创造了“国防部门的垄断或寡头垄断地位，因为每个单独的承包商都被指定专门从事某一领域的生产”。[②]此外，韩国政府还通过各种激励措施，如税收减免、低息贷款和直接财政支持，以及强制措施，如将国防合同与国家对从事其他类型商业生产的支持挂钩，以此鼓励企业进入本国武器生产领域。[③]

总体而言，国防工业是韩国经济中受到高度保护的部门。特别强调要支持本国国防工业和军备项目，促进韩国武器出口，保护本国国防技术。外国对本国武器或航空航天公司的投资受到了主动抵制，以至于中央政府更愿意入股这些公司。国有金融机构，如韩国开发银行(Korea Development Bank，KDB)和金融服务委员会(Financial Services Commission)，持有一些军火生产企业的大量股份，如韩国航空航天工业公司(27%)和大宇造船(50.4%)。

传统上，韩国政府也承担了武器开发的大部分风险。虽然韩国的大部分军工生产是由私营部门进行的，但国防研发是由政府管理的国防开发局(Agency for Defense Development，ADD)负责。国防开发局是韩国国防研发过程的核心。它主要负责研究和开发本国武器系统和核心技术，管理两用和核心技术的开发，并对开发系统开展作战测试与评估。国防开发局直接与本国的国防工业合作，开发武器系统的原型，并生产国防开发局开发的武器系统，并与行业智库、大学和研究机构合作开展基础和应用研究以及核心技术开发。

国防开发局直接对国防部国防采办项目管理局(Ministry of National Defense's Defense Acquisition Program Administration，DAPA)负责。国防采办项目管理局过去只负责确定需求、审查中期国防规划和采购，批准本国研发项目，以及评价测试和评估结果。在2014年改革后，需求监督改由韩国联合参谋本部(ROK Joint Chiefs of Staff)负责，国防部则负责中期规划。国防采办项目管理局现在主要致力于军队改进项目预算的编制、项目管理以及合同的执行。[④]

① Cheng and Chinworth, “The Teeth of the Little Tigers,” p. 249; Choi, “South Korea,” p. 199; Robert Karniol, “South Korean Industry: Learning Curve,” Jane's Defense Weekly, October 22, 2003.

② Korkmaz and Rydqvist, The Republic of Korea: A Defense and Security Primer, p. 77.

③ Baek and Moon, “Technological Dependence, Supplier Control,” pp. 158 - 159; US Congress, Office of Technology Assessment (OTA), Global Arms Trade: Commerce in Advanced Military Technology and Weapons (Washington, DC: Government Printing Office, June 1991), p. 131.

④ MND, 2016 Defense White Paper, pp. 114–115.

18.6 韩国国防工业绩效

韩国国防工业基础中领先企业生产率和盈利能力的相关准确或可信数据,或者有关特定国防项目成本超支和延误的详细信息很难被获取到。由于军工生产通常是在规模大得多的企业集团中进行,因此往往无法获得企业武器生产活动具体收入和利润的经济数据。包括像韩华、大宇造船、现代重工和现代汽车集团这样的企业,根本没有披露其国防相关活动的相关数据,而斯德哥尔摩国际和平研究所的数据(表18.1)表明,对于这些企业中的大多数来说,军事生产在其整体业务中的占比是微不足道的。此外,在过去20年中,韩国很多国防工业企业经历了数次并购与重组,以至于无法获得一致且可比的经济数据。

表18.1 2016年韩国领先的军工企业

公司	"SIPRI 100强"中的排名	军火销售额/百万美元	总销售额/百万美元	军火销售额占比/%	员工数量
韩国航空航天工业公司	48	1760	2671	66	4150
LIG Nex1	55	1600	1603	100	3120
韩华公司	70	1190	40,593	3	—
韩华泰科	71	1190	2265	53	3040
大宇造船	73	1190	9808	12	11,260
韩华集团	95	740	55,430	1	—
韩华系统	95	740	742	100	2060
丰山公司	100	700	1753	40	3580

数据来源:SIPRI, *Factsheet: SIPRI Top 100 Arms-Producing and Military Services Companies 2016*(2017.12);韩国航空航天工业公司网站(2018年10月4日访问)。

韩国航空航天工业公司最近涉及的一桩丑闻进一步使这些财务状况更加混乱。2017年,该公司9名现任和前任高管(包括前首席执行官),因涉嫌欺诈、贿赂和挪用公款被捕。尤其是,韩国航空航天工业公司的高管被指控在2013—2017年间将公司销售额和净利润分别夸大了5360亿韩元(4.721亿美元)和465亿韩元。最新数据(2017年)显示,韩国航空航天工业公司处于亏损状态。①

总体来说,军工生产在韩国经济中所占比例很小。例如,2016年现代汽车集团的收入为840亿美元,而三星公司的销售额超过了3000亿美元。相比之下,韩国整个国防部门的总产出不到85亿美元。②

① Kim Jaewon, "Korea Aerospace Ex-Chief Indicted for Fraud, Embezzlement," Nikkei Asian Review, October 11, 2017.

② Fleurant, et al., Factsheet: SIPRI Top 100 Arms-Producing and Military Services Companies 2016, p . 1.

关于韩国军火出口的信息比较容易获得。最初，韩国生产军事装备是为了满足国内需求（即作为进口替代战略），而不是作为出口导向型的发展手段。然而，至少自世纪之交以来，韩国政府和本国军工行业都在积极寻求海外军火销售，作为宝贵的额外收入来源。然而，尽管韩国尽了最大努力，但在很长一段时间，它在海外军售方面只取得了有限的些许成功。出口的通常主要是低端技术产品，如制服和其他一般军事装备、小型武器和弹药、卡车以及小型巡逻艇。韩国曾获得过一两笔可观的交易，比如，与马来西亚就110辆K200步兵战车达成协议，但没有后续可持续的销售。事实上，根据斯德哥尔摩国际和平研究所的数据，在整个20世纪90年代，韩国的武器出口从未超过每年7500万美元。[①]即使根据韩国政府自己的统计数据，直至21世纪第一个十年中期，海外武器销售一直疲软。

韩国武器出口的一个主要障碍是，华盛顿对含有美国子系统或部件的韩国军事装备的再出口实行限制。这推动着韩国的武器制造商提高其产品的本土化程度。事实上，从上个十年中期开始，韩国在武器出口方面开始取得持续成功。根据国防部的官方统计，韩国海外武器销售额从2006年的2.53亿美元增加到2015年的35.4亿美元（参见图18.1，现价计算）。进口韩国武器的国家数量从2006年的47个增加到2015年的90个，同期出口武器的韩国公司数量从47家增加到156家。韩国武器出口中大约三分之一出口到东南亚、南亚和澳大利亚，28%销往中东地区。[②]

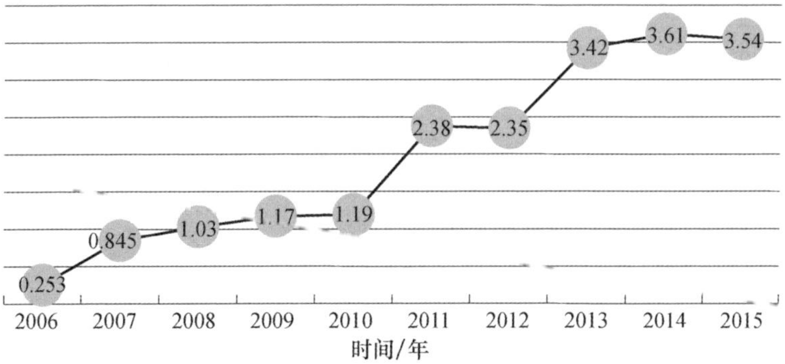

图18.1　韩国军火出口（十亿美元）

最近主要的出口协议包括向印度尼西亚、秘鲁、塞内加尔和土耳其出售KT-1初级教练机；向爱沙尼亚、芬兰、印度、挪威、土耳其和波兰出口K9自行火炮；向印度尼西亚出售3艘改进型“张保皋”级（Changbogo-class，209型）潜艇；向印度尼西亚、秘鲁和菲律宾出售“望加锡”级（Makassar-class）船坞登陆舰；向泰国出售一艘多用途隐形护卫舰。此外，土耳其将根据与韩国签订的一项主要技术共享协议，联

① SIPRI军火贸易数据库。

② MND, 2016 Defense White Paper, pp. 121-122.

合生产K2黑豹坦克的另一版本。[①]特别是，韩国凭借与印度尼西亚、伊拉克、菲律宾和泰国就T-50超音速教练机/轻型攻击机达成的出口协议，进入了竞争激烈的全球战斗机市场，这4个国家总共购买了72种不同版本的T-50飞机。[②]

近年来，韩国国防部还鼓励私营部门更加积极地开展与军事相关的研发活动(包括投入自有资金)，并让韩国工业部门专门从事特定领域的军工生产活动，以期在工业层面增强和集中韩国的军事技术活动。[③]2014年，国防部在国防开发局内设立了军民技术合作研究所(Institute of Civilian- Military Technology Cooperation)；与此同时，国防部还编制了677亿韩元(6100万美元)的预算用于推动军民技术合作。[④]特别是，国防部《2016年国防白皮书》提到了三个军民结合案例：安装在KUH-1直升机上的辅助动力装置、韩国海军高速船上使用的中型喷水推进系统，以及用于F-16战斗机制动盘上的碳复合材料。[⑤]

韩国军事规划者还鼓励如韩国航空航天工业公司等私营企业参与商用客机等高科技民用项目，希望这些项目不仅能使韩国航空航天工业公司在全球航空航天市场上更强大，还能帮助开发可应用于军事生产的先进民用技术。因此，韩国航空航天工业公司正在扩大其商业航空活动。例如，它已成为波音和空客的主要分包商，为波音787和空客A350XWB以及其他民用客机项目提供零部件。更能体现韩国雄心壮志的是，韩国航空航天工业公司希望开发和生产自己的商用飞机。至少有一个相关案例，该公司正在与加拿大庞巴迪公司进行谈判，以合作开发一种90座涡轮螺旋桨客机。[⑥]

18.7 韩国国防工业前景

韩国在武器采办本土化方面取得了不可否认的高度成功。在几十年时间里，韩国已经建立了一个能够生产各种武器系统的国防工业基础，约有80%的武器是从本国采办的。在许多情况下，这些国产武器的能力和质量据说与西方国家一样好(韩国最近成功实现的大量海外武器销售也证明了这一点)。[⑦]因此，可以合理地说，韩国已经实现了自给自足国防采办的大部分目标。

尽管如此，即使经过40多年在基础设施和技术方面大量的公共和私人投入，韩国自主的军事生产能力仍然有限。总的来说，尽管通过巨大的投资和努力，该国

① Jung Sung-ki, “S. Korean Arms Industry Emerges as Global Power,” Defense News, July 16, 2007.

② 韩国航空航天工业公司官网(www.koreaaero.com/english/pr_center/cpr_view.asp)。

③ Korkmaz and Rydqvist, The Republic of Korea: A Defense and Security Primer, pp. 74-75.

④ MND, 2016 Defense White Paper, p. 118.

⑤ MND, 2016 Defense White Paper, p. 118.

⑥ Kyong-ae Choi, “South Korea in Talks to Develop Passenger Plane,” Wall Street Journal, October 8, 2012.

⑦ Baek and Moon, “Technological Dependence, Supplier Control,” pp. 164-165.

的国防技术和工业基础已经“从第三等级武器生产国提升到第二等级武器生产国”①，但在创新和真正本土化方面，韩国国防部门仍存在许多不足。韩国大部分所谓的“自给自足”实际上只存在于纸面。根据至少一个权威信息来源的说法，韩国武器生产很大程度上仍严重依赖外国在几个关键领域的投入，如重型车辆发动机、变速器、主动防护系统（如反应装甲）、喷气式发动机、机载雷达系统和其他航空电子设备、起落架、预警和跟踪雷达、火控系统、热像仪、激光探测传感器、导航系统、数据链、传感器融合技术和信号处理；此外，韩国国防技术基础仅拥有“有限的结构设计技术”，如在精确制导弹药和导弹系统领域，其“核心技术”（如导引头设计、系统优化、红外传感器等）仍处于初级水平，并且对于韩国国防工业而言，监视和侦察技术是一个“全新的”领域。②

因此，韩国国防工业只在小型武器、弹药和轻型装甲车等少数领域真正实现了自给自足；在其他多数情况下，“本土产品”的相当一部分仍来自外国。例如，最早在K1主战坦克中发现的几个关键部件，如发动机、传动装置、火炮和瞄准镜等，最初来自美国和西欧（尽管后来的K1A1坦克最终实现了近83%的“国产化率”）。按照价值计算，“天马”地对空导弹的43%来自外国系统，其中大部分是法国的。虽然韩国造船厂正在为KDX驱逐舰项目建造船体，但其大部分关键武器系统和电子设备仍由外国公司提供，特别是指挥和火力控制系统。例如，KDX-Ⅲ型驱逐舰使用了美国的“宙斯盾”防空雷达和标准地对空导弹；总体来说，KDX-Ⅲ只有54%是本地化生产的。韩国本国飞机项目尤其依赖外国技术和系统。KT-1教练机的国产化率只有44%，韩国引以为豪的T-50高级教练机/轻型攻击机的国产化率仅有61%。③洛克希德·马丁公司与韩国合作设计了T-50，并负责开发该飞机一些最关键的元件，包括机翼、飞行控制计算机系统和航空电子设备套件。

此外，即使经过几十年基础设施和技术方面的大规模公共和私人投资，韩国大部分国防技术基础仍然薄弱。虽然事实证明，韩国在小武器和弹药等“低技术”产品的许可生产和本国生产方面非常娴熟，但它在开发和设计要求更高的武器系统方面却经历了一段艰难的时期。例如，K1坦克最初被认为是一个平庸的产品，人机工程学效果很差，且由于整合了美国和欧洲的组件和子系统，成了系统集成的噩梦；解决这些问题花费了数年时间。④韩国后续的国产坦克K2黑豹，也经历了类似的萌芽期问题，尤其是在国内开发动力系统（发动机和变速器）方面；这导致K2暂

① Chung-in Moon and Jae-Ok Paek, Defense Innovation and Industrialization in South Korea – Assessments, Institutional Arrangements, and Comparative Implications, paper produced for the “Conference on China's Defense and Dual-Use Science, Technology, and Industrial Base,” sponsored by the Institute on Global Conflict and Cooperation, University of California, San Diego (1 – 2 July 2010), p. 1.

② Moon and Paek, Defense Innovation and Industrialization in South Korea, p .8 , 12, 14.

③ Moon and Paek, Defense Innovation and Industrialization in South Korea, p . 6.

④ Steve Glain, “Seoul Dallies under US Umbrella,” Asian Wall Street Journal, April 19, 1994.

时停产，并最终由德国生产的动力系统所替换。①其他的国内武器系统也出现过类似的问题。K9榴弹炮存在过软件漏洞和炮管腐蚀问题。有一次，在2010年11月朝鲜军队炮击延坪岛时，韩国军队反应乏力，因为6架K9中有4架无法使用。此外，一辆韩国陆军的K21两栖步兵战车在使用过程中沉没了两次，造成一名士兵死亡；随后的调查发现，该战车存在严重缺陷，包括浮力不足、波片和排水泵出现故障。②

与许多新兴武器生产国一样，“技术过度”一直是韩国国防工业的致命弱点。早期本国武器生产方面获得的成功只会孕育出更大的野心，这反过来又促使它推行那些日益加重本国技术能力负担的项目。虽然事实证明，韩国国防工业非常擅长许可生产，以及在本国生产小型武器和军械等技术含量相对较低的产品，但在开发和设计主要武器系统方面，韩国取得的成功要少得多。同时，中央政府偏爱战斗机和导弹系统等高技术的“面子项目”，对本国工业能够迅速将这些项目投入生产的能力过于自信，往往导致意想不到的开发问题、延误、成本超支和失败。③

此外，试图在如此小的范围内开展如此大规模的军工生产，往往会导致效率极低和不经济的结构性运作，涉及生产规模小、单位成本高和制造业能力严重过剩。例如，韩国政府坚持在本国组装美国F-16战斗机，这比韩国空军直接从美国采购飞机的总成本增加了约20%。早些时候，获得许可生产F-5战斗机和MD-500直升机的活动也导致了类似的成本增加。④

在军工生产方面的大量投资，特别是在国防工业化的初始阶段，造成了国内军工复合体产能严重过剩。从20世纪70年代到90年代，韩国根据当前或预计需求，大幅扩张了武器生产能力，但后来却发现自己背负着重叠且重复的生产能力，以及未得到充分利用的高成本设施。例如，在20世纪末及21世纪初，整个国防部门的产能利用率估计为60%左右，而军械和弹药部门的利用率仅为36%。⑤即使在今天，韩国国防工业总体产能利用率据估计仅为57%。⑥这种规模不经济极大地损害了韩国军工企业的效率，严重浪费了本国的武器开发与采购。

因此，总体而言，韩国国防工业似乎处于“技术稳态”，困顿在军事生产食物链

① Jung Sung-ki, “S. Korean Vehicles Suffer Gliches, Budget Cuts,” Defense News, July 18, 2011; Lee Tae-hoon, “Korea to Buy German Engines for K2,” The Korea Times, April 2, 2012.

② Jung, “S. Korean Vehicles Suffer Gliches.”

③ Nolan, “South Korea: Ambitious Client of the United States,” p. 64; Cheng and Chinworth, “The Teeth of the Little Tigers,” p. 276.

④ Dong Joon Hwang, Economic Interdependence and its Impact on National Security: Defense Industry Co-operation and Technology Transfer, paper presented to the “National Defense University Pacific Symposium,” February 27 – 28, 1992, Washington, DC, pp. 12 – 14.

⑤ See Cheng and Chinworth, “The Teeth of the Little Tigers,” p. 250; Choi, “South Korea,” p. 201.

⑥ Jung, “S. Korean Arms Industry Emerges as Global Power.”

的中间位置。[①]韩国无疑已证明它有能力制造优良的中、低端技术武器，如小型武器、火炮系统、轻型装甲车和船体。在获得外国武器系统（如喷气式战斗机或潜艇）生产许可方面，韩国也证明了它是一个有能力的执行者；在联合开发项目方面，如T-50（最有可能是KF-X项目），它也是一个可靠的、技术精湛的合作伙伴。然而，努力地开发和制造日益先进的武器系统，却不一定意味着生产武器就越容易，而事实恰恰相反。进入武器生产的下一个阶段，即高度先进和复杂武器的自主开发和生产，似乎更具挑战性。如果说有什么区别的话，那就是，自给自足的生产先进武器的物资需求，如资金、研发工作、人员等，可能比韩国目前愿意承诺的要多，特别是当这种尖端武器可以很容易地从国外购买时。即使做出了这样的承诺，持续的结构性挑战，如产能过剩、过度竞争和规模不经济等，也意味着计划无法保证成功。

坦白地说，韩国国内国防市场实在太小，无法维持一个经济上可行、技术上具有竞争力的国防工业，这种“过度的技术民族主义”和停滞不前，在韩国航空航天部门最为明显。韩国空军的采购规模太小，无法支撑国家的战斗机项目。为了实现盈利，韩国航空航天工业公司必须卖出数百架这样的战斗机，然而，即使印度尼西亚购买了50架KF-X（目前印度尼西亚的购买尚未确定），韩国和韩国航空航天工业公司也不得不继续为销售大量KF-X寻求其他客户。也就是说，韩国发现进军全球战斗机市场是极其困难的。这个市场的进入壁垒很高，有许多能力很强的竞争产品，市场已经饱和。此外，美国、俄罗斯和欧洲的航空航天公司已经花费了数十年时间来培养其客户基础，韩国很难赢得这些客户。截至2018年，韩国航空航天工业公司仅向4个国家出售了72架T-50，而在以色列、波兰和新加坡等国的竞标中落败。对T-50出口销售的最大打击发生在2018年底，在竞标美国T-X教练机项目，拟向美国空军提供350架超声速教练机时，损失了92亿美元合同。[②]韩国武器尽管在全球武器市场上取得的成功有限，产品和数量同样有限。

18.8　结　　论

韩国国防工业是一个很好的案例，体现了一个中等水平的武器生产国如何在武器系统的设计、开发和制造方面取得了重大进展。中央政府一贯并长期向国防研发投入大量资金，培育国内防务企业的发展，并通过协调一致的本国采办政策支持这些企业。韩国对军工生产采取了一种逐步发展或渐进主义方式，从技术含量不高的武器系统（小型武器、轻型装甲车）的许可装配开始，到刻意和谨慎地向“生产阶梯”上层攀登，开展本国开发但技术上“可行”的项目，如KT-1轻型军用飞机和

① Keith Krause, Arms and the State: Patterns of Military Production and Trade (Cambridge: Cambridge University Press, 1992), p. 172.

② Bryan Harris, “South Korean Defense Sector in Disarray after $16bn US Tender Fails,” Financial Times, October 4, 2018; Jeff Jeong, “T-X Loss Casts Shadow South Korean Arms Exports,” Defense News, October 4, 2018.

K9雷霆火炮系统。与此同时,韩国还承接了F-16战斗机和209型潜艇等西方设计的更先进系统的许可生产。

韩国国内军备生产也因其技术不断发展的大型私营部门的参与而得到显著提升。出于爱国主义和利益的考虑,许多“财团”自愿进入国防行业。私营部门参与军工生产的一个特别明显的好处是韩国海军造船项目(如第一代蔚山级护卫舰和KDX驱逐舰项目)能够借助韩国造船业的优势,因为韩国造船业是世界上最大和最先进的造船业之一。

问题始于20世纪90年代,当时韩国政府、军方和工业界试图进入更具雄心勃勃、技术要求更高的军备项目,如超音速喷气式飞机、潜艇和导弹系统,并试图依靠自主开发的技术来实施这些项目。事实证明,要求本国开发更具雄心、更先进的国防技术往往会相应地使成本变得更高,不仅是在绝对价值上,而且相对于国家的整体资源和技术能力而言也是这样。换言之,这有些超过韩国的能力,结果是项目延期、成本超支,特别是在喷气发动机、航空电子设备、雷达等关键领域上,韩国需要回到不断地寻求外国(尤其是西方)技术的围城中。

诚然,韩国在某些自主研发的武器系统方面取得了重大进展:包括巡航导弹(“玄武”-3型)、KSS-Ⅲ型潜艇和K9榴弹炮。其中一些技术相当先进,彰显了韩国国防工业基础整体实力和潜力。然而,考虑到很少披露项目成本,与简单的现货进口相比,其中一些项目在经济上是否合理尚不得而知。一个值得注意的例外可能是韩国国内生产的弹道导弹、反舰导弹和陆基巡航导弹的库存不断增加,因为直到最近,美国还限制了出售给韩国的此类导弹系统的射程;在这种情况下,无论成本多少,本土化的系统在军事上来说可能是必要的。①

此外,在很多情况下,这些新的、技术更先进,因此也更昂贵的武器系统需要相当大的生产规模经济,才能收回其庞大的开发和生产成本,这通常意味着大量的海外销售。这给韩国国防工业基础的未来带来了一个最严峻的挑战:它依靠出口来支撑本国的军工生产,然而这种设想几乎肯定是不现实的(考虑到韩国航空航天工业公司在T-X教练机项目竞标中的失利,情况更是如此)。②然而,如果找不到其他的销售渠道,那么本国国防工业可能成为韩国经济的一大负担。

韩国国防工业的未来显然是一场艰苦斗争。它想成为先进的、本国开发的武器供应商的雄心并没有减弱(从小型武器到战斗机)。然而,仅靠热情并不能解决生产先进武器所面临的财政和技术挑战。

① “Missiles of South Korea,” Missile Threat – CSIS Missile Defense Project website, accessed October 8, 2018.

② 例如,韩国航空航天工业公司打算将T-50和KF-X飞机的绝大部分(至少800架T-50和多达600架KF-X)出口到其他国家。

第19章　日本的防卫工业

克里斯托弗·W. 休斯

19.1　引　　言

日本的决策者们按照明治时期（1868—1912年）第一次现代化努力和“富国强兵”的著名格言，长期以来一直将本土防卫生产能力视为大战略的组成部分和维护国家安全自主的手段。[①]此后，到20世纪初，日本把自己建设成为强大的帝国之一，以及最先进的军舰和机身的生产国之一。但由于1945年日本战败，以及战后立即实行的非军事化以及随后的最低限度防务姿态，并在一系列反军国主义原则的强化下，最明显的是通过避免拥有形成“战争潜力”的能力，必然会限制军事生产的类型和数量。1967年和1976年对武器和军事技术出口自行实施的禁令，限制了日本利用防卫生产和武器转让来实现安全目的的做法。[②]

然而，尽管与战后其他大国相比，日本的国防生产态势受到了限制，但它仍然是日本安全和国际战略的核心。[③]日本决策者和工业界一直致力于建设本土具有独特组织结构的国防生产基础（kokusanka），在过去几十年中，这为日本自卫队（Japan Self Defence Forces，JSDF）获得先进军事技术，以及在必要时逐步获取更先进的武器系统，并在一定程度上发挥国际影响力都起到了相对有效的作用。

然而，近年来，由于受到国内政治经济变化、全球国防工业结构调整以及地区安全环境压力的共同影响，日本国防生产模式承受了压力。因此，日本的政策制定者和国防制造商正在寻求调整其生产模式，保留战后体制和国内生产的多数特征，同时开始着手新的国际合作。

---

① Richard J. Samuels, Rich Nation, Strong Army: National Security and the Technological Transformation of Japan, Ithaca, New York: Cornell University Press, 1994.

② 首相佐藤荣佐久政府于1967年首次宣布限制向共产主义国家、受联合国制裁的国家和国际争端参与方出口武器。1976年，日本首相三木武夫政府下令，对所有国家实行克制，并禁止出口与武器有关的技术。

③ Christopher W. Hughes, ‘Japan’s emerging arms transfer strategy: diversifying to re-centre on the US-Japan alliance’, The Pacific Review, vol. 31, no.4, 2017, pp.424-440.

19.2 日本战后的安全约束和防卫生产模式

日本在第二次世界大战中彻底失败，随之而来的是经济衰退，在美国主导的盟军占领下（1945—1951年）失去了独立性，在接受1946年所谓的“和平宪法”第九条的过程中，解散了帝国武装部队（Imperial Armed Forces）并逐步实现非军事化，这些都对日本在战后整个时期的安全政策施加了一系列特殊限制，对一个主要的工业化国家，并最终是主要军事强国的国家来说，这可能是独一无二的。

19.2.1 反军国主义禁令及指导防卫生产的原则

宪法第一款第9条宣布放弃战争作为主权权利以及使用武力解决国际争端，第二款禁止为实现第一款的目标而保留陆、海、空三军，同时不承认国家的交战国地位。虽然盟军占领当局最初设想日本绝对和永久的非军事化，主要反对党日本社会党（Japan Socialist Party）认为第9条要求禁止保留任何武装部队，但最终长期执政的自民党（Liberal Democratic Party，LDP）保守派政治家坚持将其解释为，在“完全以防御为导向的国防”目标下可以保留武装部队。

因此，随着冷战在东亚蔓延，美国“改弦易辙”，鼓励日本成为遏制共产主义的合作伙伴，并重建日本的武装力量。1951年签署了美日安保条约，根据该条约，日本为美国提供远东防御基地，并于1954年成立了日本自卫队（JSDF）。但即使日本在战后逐步重新军事化，战争失败的遗留问题和第9条的影响继续对其采购和使用军事能力的原则构成强有力的限制。

对日本的限制因素包括自20世纪50年代初以来对第9条的解释，即只允许行使个人自卫权，禁止行使集体自卫权，这实质上意味着日本只能自卫，不能作为美国安保条约伙伴国寻求帮助。直到2015年，日本才重新解释和解除对行使集体自卫权的禁令。①此外，日本还阐明了一系列反军国主义原则（表19.1），这些原则源于第9条的精神，但不具有宪法约束力。

表19.1 日本反军国主义原则源于宪法

日本不会成为一个军事大国
· 日本没有对这方面的标准给出严格定义，但强调它不会获得超过最低限度的必要军事能力，也不会获得可能威胁到其他国家的军事能力。
· 这包括不采购如航空母舰、远程导弹和轰炸机等军力投射能力。
· 自2018年以来，日本一直表示，它正在研究将“出云”级护卫舰（Izumo-class）改装，使其能够部署F-35B固定翼战斗机，从而成为“防御性”航空母舰。
· 日本在2018年为远程巡航导弹制定了采购预算。

① Christopher W. Hughes, ‘Japan’s security trajectory and collective self-defence: essential continuity or radical change’, Journal of Japanese Studies, vol.43,no.1,Winter2017,pp.93-126.

（续表）

无核三原则

· 首相佐藤荣佐久(Satō Eisaku)于1967年提出了三项无核原则。
· 日本不会生产、拥有或引进核武器。
· 日本将转而依赖美国的核保护，尽管他并不认为，如果是用于自卫目的，拥有自己的核威慑力量必然违反宪法。
· 前两项原则因日本在1976年加入《不扩散条约》(Non-Proliferation, NPT)而得到了加强。
· 美国海军舰艇携带核武器进入或通过日本港口过境，就违反了第三项原则。
· 日本决策者过去曾研究过可能采购核武器的问题。
· 日本现在拥有许多“隐藏式”核威慑力量的组成部分，包括作为运载工具的固体燃料火箭、卫星、用于全球定位系统和目标定位的准天顶卫星系统(QZSS)以及重返大气层的运载工具。

和平利用空间

· 1969年5月，日本国会通过了一项决议，规定日本的太空活动应限于和平目的，即被解释为“非军事”的活动。
· 自20世纪90年代以来，日本开发间谍卫星和弹道导弹防御系统(BMD)对这一原则提出了挑战。
· 日本最终在2008年通过《基本空间法》推翻了这一原则，允许“防御性”利用空间。

武器和军事技术出口限制

· 1967年，佐藤荣佐久首相政府首次宣布限制向共产主义国家、受联合国制裁的国家和国际争端当事方出口武器。
· 1976年，三木武夫(Miki Takeo)首相政府下令对所有国家实行限制，并禁止武器相关技术出口。
· 尽管日本出口了某些军民两用技术，但基本上还是受到了限制。
· 1983年11月，日本首相中曾根康弘(Nakasone Yasuhiro)签署了一项日美技术交流协议，部分违反了这一原则。
· 2011年12月，日本首相野田佳彦(Noda Yoshiki)发表了“关于防卫装备向海外转移指导方针的声明”，允许日本向海外转让防卫装备，以便为国际安全做出更积极的贡献，提高防卫装备的性能，并加强与美国和其他安全合作伙伴的联盟。
· 2014年4月，日本首相安倍晋三(Abe Shinzo)制定了新的《防卫装备转让三原则》(Three Principles of Defence Equipment Transfers)，禁止向被认为妨碍国际和平与安全的国家出口，例如违反国际条约或受到联合国制裁的国家，但允许向有助于国际和平或日本安全的国家出口，如美国、北约其他欧洲国家和参与联合国维持和平行动的国家，这可能证明了为防止向第三国再出口而实施的控制是有效的。

防卫支出不得超过国民生产总值的1%

· 1976年，三木首相确立了防卫支出应控制在国民生产总值1%以内的原则。
· 1986年，首相中曾根康弘将防卫支出提高到略高于1%，实际上违反了这一原则。
· 历届政府都将日本的防卫支出控制在1%左右。
· 2017年3月，安倍首相在国会宣布，他的政府无意将防卫支出控制在国内生产总值的1%以下，事实上，不存在这样的预算政策上限。

日本在战后逐渐削弱或放弃了这些反军国主义原则(表19.1)。由于需要应对东亚地区和全球不断变化的安全环境，以及美国作为安全伙伴，对日本对国际安全的贡献期望越来越高，日本感到有必要扩大和重新解释宪法的限制。在冷战的第二阶段，日本最关心的是苏联扩大在东亚的影响力，而在后冷战时期，日本面临着朝鲜核计划和弹道导弹计划，最重要的是中国的崛起和军事现代化。因此，日本自卫队在20世纪80年代早期和中期经历了大规模的数量和质量扩张，重点是建立陆地自卫队(Ground Self Defence Force, GSDF)的重型坦克和火炮部队、海上自卫队(Maritime Self Defence Force, MSDF)的驱逐舰和反潜作战部队和航空自卫队(Air Self Defence Force, ASDF)的拦截部队，以防止苏联入侵日本北部，并为美国从日本投射军事力量提供防御屏障。在进入新千年以来，日本自卫队一直强调向“联合动态防御部队”转变，希望拥有更高机动性和技术先进的能力、弹道导弹防御系统，同时向南部署应对朝鲜的威胁和中国的海上活动。在这期间，日本逐步加深了与美国的安全关系，并于1980年发展为美日“同盟”关系；到21世纪初，日本准备向印度洋和伊拉克南部派遣海上自卫队和航空自卫队，以支持美国的军事行动；在21世纪第一个十年中叶，日本国会（National Diet）通过了一项广泛的立法，允许日本国民自卫队在多种情况下支持美国进行集体自卫。①

如今，日本已逐渐再次成为一个重要的军事强国，并成为美国的一个重要盟友，部署了非常先进的能力。尽管如此，日本在制定战后安全政策和选择军事能力时，始终在宪法和反军国主义约束与新出现的外部安全驱动因素间的紧张角力中不断权衡。而日本国防生产模式的发展也与这一背景密切相关，必须不断适应内部和外部的制约。

19.2.2 日本在冷战时期重建本土防卫生产模式

在第二次世界大战结束后不久，按照非军事化的逻辑，日本防卫工业面临着实际覆灭的可能。盟军占领当局禁止所有防卫生产，被认为是鼓励战前军国主义负有责任的主要私营工业集团，包括三菱重工（Mitsubishi Heavy Industries，MHI）、三菱电气公司（Mitsubishi Electric Company，MELCO）、石川岛哈里马重工（Ishikawajima Harima Heavy Industries，IHI）、中岛飞机（今天的富士重工（Fuji Heavy Industries））、川崎重工（Kawasaki Heavy Industries，KHI）、日立（Hitachi）、住友（Sumitomo）、三井（Mitsui）和日本株式会社（Nippon Kōgyō Sangyō，今天的日产）等开始被分拆为规模较小的公司，很多进入民用产品领域，如汽车和小型摩托车。

然而，随着朝鲜战争的爆发，美国对军用车辆及零部件的需求帮助日本恢复了防卫生产，恢复了防卫工业集团的活力，并且更一般地刺激了其他遭受重创的经济部门的增长。此外，日本的政策制定者，包括日本防卫厅（Japan Defence Agency，JDA，自2007年改为日本防卫省（Ministry of Defense，JMOD））、经济产业省（Ministry of Economy and Industry，METI）、外务省（Ministry of Foreign Affairs，MOFA）和日本商业联合会（Japan Business Federation）的国防生产委员会（Defense Production Committee，DPC），作为各种国防生产商协会和个体企业的总体组织，从未放弃他们对本土军事技术对维护国家自治重要性的信念，因此寻求重建国家的防卫工业基础。

日本的政策制定者和工业参与者已经明确提出建设防卫生产基础的一系列目标。第一，日本应发展一个能够维持自卫队威慑能力的国防生产系统。军事技术

① Christopher W.Hughes, Japan's Re-Emergenceas a 'Normal' Military Power, Oxford: Oxford University Press, 2004, pp. 24 - 31, 41 - 48; Christopher W. Hughes, Japan's Foreign and Security Policy Under the 'Abe Doctrine': New Dynamism or New Dead End? New York: Palgrave, 2015, pp. 29–36.

应满足日本“独特的”防卫需求，尤其是“专有的防卫导向型防卫”政策，以及海岸线长、周边海域深的地理特征。第二，日本的防务生产应提供一个技术基础，以增加它在更广泛的国际社会中的谈判影响力。第三，日本应确保防卫装备自给自足和稳定供给，并在订单数量相对较低的市场环境中，为唯一客户日本自卫队留住必要的高技术人员，同时能够在国家紧急情况下提高产量。尤其是日本经济产业省和防卫生产委员会，已经将日本规模有限但技术先进的防卫生产基础作为产业政策的一部分，并作为民用部门创造“两用”技术的一种手段加以推广。

日本的政策制定者和企业家达成一个大致的共识，即本土防卫生产基础不会通过自给自足战略和大规模防卫支出再次发展。考虑到战后日本经济的初始状况以及与军国主义相联系的历史，这根本不现实。相反，日本把防卫支出控制在最低水平，并通过政府对防卫工业的直接和间接补贴来培育本土生产，而更重要的是，通过将其嵌入更广泛的民用部门，使防卫生产服从于政府的民用发展优先事项。日本民用部门将从军事部门获得技术“衍生品”，必要时，较小的军事部门将从民用部门获得“衍生”技术。在日本，没有任何类似于所谓的“军事工业综合体”的机构，其特点规模大、以防务业务为主的公司与军事机构有着密切的联系。

日本希望寻求与美国进行一定程度的国际合作，希望美国提供对外军事销售（FMS），从而为日本自卫队提供相对快速、低成本和低风险的技术，以满足其迫切需要，并获得生产许可，用于学习和创新已经测试的国防技术，帮助日本重建本土技术能力，然后在更长时期内实现更大的国家自治。但日本的政策制定者一直很警惕，依赖美国提供对外军事销售和许可生产可能意味着获得和生产最新外国武器系统的能力将受到限制，学习技术的机会必然有限。相反，日本一直以来倾向于纯粹的本土生产和自主技术，为防卫生产基础和维持就业做出最大贡献，即使这会带来高技术开发风险和高昂的采购成本。

19.3　日本的防卫生产结构：预算、规模和参与者

19.3.1　防卫支出趋势及防卫工业规模

由于日本的“经济奇迹”，以及在20世纪60年代至20世纪80年代经济的持续快速增长，并且由于日本自卫队的义务和能力在20世纪80年代显著增加，日本国防预算急剧上升。到21世纪第一个10年中期，以名义美元计算，日本防卫支出达到400亿至450亿美元，位居全球前五，受到国际关注。不过，由于当时日元兑美元汇率走强，日本防卫支出的相对规模被夸大了。如果日本防卫预算都以名义日元计算的话，则可以看出，日本防卫预算已经停滞不前，实际从20世纪90年代末就开始下降，实际可接受的支出上限是400亿美元或5万亿日元左右（表19.2和图19.1）。

表19.2　1975—2018年日本防卫支出占国民生产总值和政府总支出的百分比(名义日元表示)

时间/年	支出/亿日元	占GNP的百分比/%	占总政府支出的百分比/%
1975	13,273	0.84	6.23
1976	15,124	0.9	6.22
1977	16,906	0.88	5.93
1978	19,010	0.9	5.54
1979	20,945	0.9	5.43
1980	22,302	0.9	5.24
1981	24,000	0.91	5.24
1982	25,861	0.93	5.21
1983	27,542	0.98	5.47
1984	29,346	0.99	5.8
1985	31,371	1	5.98
1986	33,435	0.93	6.18
1987	35,174	1	6.5
1988	37,003	1.01	6.53
1989	39,198	1.01	6.49
1990	41,593	1	6.28
1991	43,860	0.95	6.23
1992	45,518	0.94	6.3
1993	46,406	0.94	6.41
1994	46,835	0.96	6.41
1995	47,236	0.96	6.65
1996	48,455	0.98	6.45
1997	49,414	0.96	6.39
1998	49,420	0.95	6.35
1999	49,201	0.99	6.01
2000	49,218	0.99	5.79
2001	49,388	0.95	5.98
2002	49,395	1	6.08
2003	49,265	0.99	6.02
2004	48,764	0.98	5.94
2005	48,301	0.94	5.88

（续表）

时间/年	支出/亿日元	占GNP的百分比/%	占总政府支出的百分比/%
2006	47,906	0.93	6.01
2007	47,818	0.92	5.8
2008	47,426	0.9	5.71
2009	47,028	0.92	5.3
2010	46,826	0.96	5.1
2011	46,625	0.96	5
2012	46,453	0.97	5.1
2013	46,804	0.96	5.05
2014	47,838	0.96	4.99
2015	48,221	0.96	5.01
2016	48,607	0.94	5.03
2017	48,996	0.86	5.03
2018	49,338	0.87	5.05

资料来源：Asagumo Shimbunsha, Bōei Handobukku, various years。

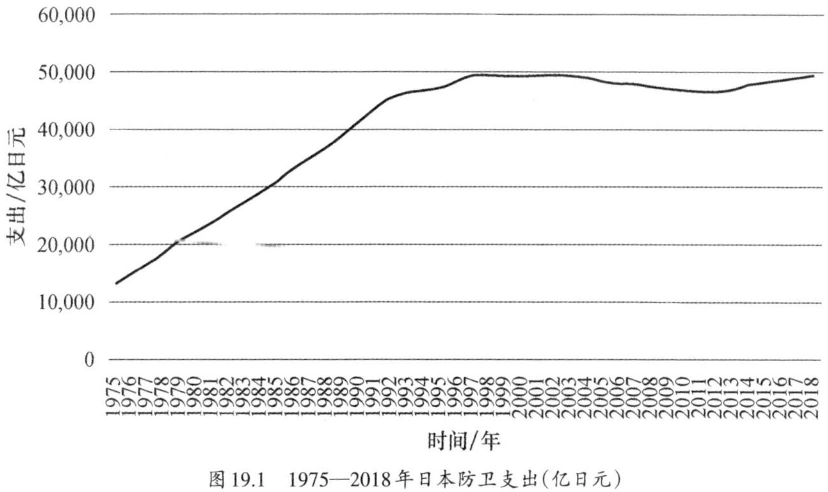

图19.1 1975—2018年日本防卫支出(亿日元)

日本防卫预算没有经历美国在“9·11”事件后那样的大规模增长，也没有经历中国自20世纪90年代崛起以来那样的大规模增长。20世纪90年代后，日本的经济衰退，以及政府大量注资刺激经济导致的支出和债务（到2013年，政府公共债务总额达到国内生产总值的200%，在工业化国家中是最高的）限制了防卫支出的扩张空间。日本政府通常将防卫预算的年增长率控制在1%以下，并将其限制在国民生产总值的1%以内（表19.2）。防卫支出占政府年度支出的比例一直保持在5%~

6%(表19.2)。对于防卫生产而言,用于装备采购的防卫预算比例从1988年的28%左右下降到2018年的17%左右,用于人员成本和养老金的预算比例不断上升(表19.3和图19.2)。在此期间,研究与发展拨款在防卫预算的2%~3%波动(表19.4)。此外,防卫支出作为政府的优先事项相对减少,稳定在5%左右,这与社会保障和公共工程支出所占比例不断增加形成了对比,过去十年中,后者的支出占到了40%左右。[①]只是在安倍晋三于2012年上台后,日本才开始扭转这种趋势,安倍政府的防卫支出从2013—2018年每年增长1%~2%。事实上,安倍政府的日本防卫省(JMOD)提出了2019/2020年防卫预算增加2.1%的请求,以创造战后日本最大的防卫预算。[②]

表19.3 防卫装备采购占日本总防卫支出的百分比

时间/年	防卫装备采购占日本总防卫支出的百分比/%
1988	28.1
1989	28
1990	27.4
1991	27.7
1992	25.1
1993	23.3
1994	21.3
1995	18.4
1996	18.9
1997	18.9
1998	19.2
1999	19.6
2000	18.6
2001	18.6
2002	18.6
2003	18.3
2004	18.1
2005	18.6
2006	17.9

① AsagumoShimbunsha, BōeiHandobukku, Tokyo: AsagumoShimbunsha, 2018,p. 281.

② 'Japan's Defense Ministry eyes record defense budget amid North Korean andChinese threat', The Japan Times, 31 August 2018, www.japantimes.co.jp/news/2018/08/31/national/politics-diplomacy/japan-eyes-record-defense-budget-amid-north-korean-chinese-threats/#.W40JJy-ZNsM.

（续表）

时间/年	防卫装备采购占日本总防卫支出的百分比/%
2007	18.1
2008	17.1
2009	17.5
2010	16.5
2011	16.7
2012	16.3
2013	15.9
2014	16.6
2015	15.4
2016	15.8
2017	17.2
2018	16.6

资料来源：Asagumo Shimbunsha, Bōei Handobukku, various years。

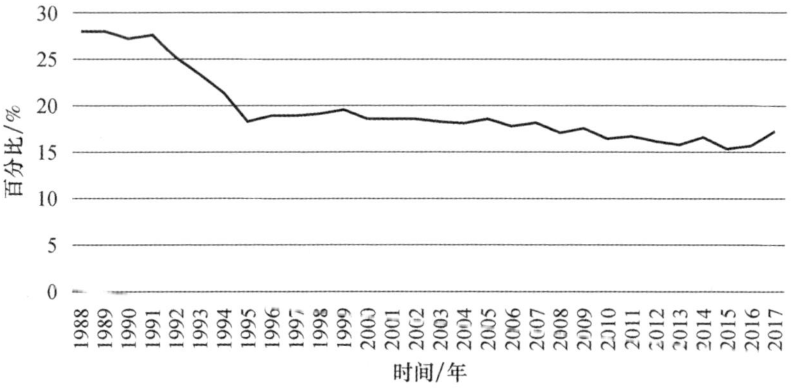

图19.2　1988—2017年防卫装备采购占日本总防卫支出的百分比(%)

表19.4　1988—2018年日本防卫研发预算

时间/年	防卫预算/亿日元	研发预算/亿日元	相比前一年的增长率/%	研发占防卫预算的比例/%
1988	37,003	733	—	2
1989	39,198	828	12.96	2.1
1990	41,593	929	12.2	2.2
1991	43,860	1029	10.76	2.3
1992	45,518	1148	11.56	2.5
1993	46,406	1238	7.84	2.7

（续表）

时间/年	防卫预算/亿日元	研发预算/亿日元	相比前一年的增长率/%	研发占防卫预算的比例/%
1994	46,835	1255	1.37	2.7
1995	47,236	1401	11.63	3
1996	48,455	1496	6.78	3.1
1997	49,414	1605	7.29	3.2
1998	49,290	1277	−20.44	2.6
1999	49,201	1307	2.35	2.7
2000	49,218	1205	−7.8	2.4
2001	49,388	1353	12.28	2.7
2002	49,395	1277	−5.62	2.6
2003	49,265	1470	15.11	3
2004	48,764	1707	16.12	3.5
2005	48,301	1316	−22.91	2.7
2006	47,906	1714	30.24	3.6
2007	47,818	1445	−15.69	3
2008	47,426	1728	19.6	3.6
2009	47,028	1198	30.7	2.5
2010	46,826	1588	32.6	3.4
2011	46,625	851	46.4	1.8
2012	46,453	944	10.9	2
2013	46,804	1541	63.3	3.3
2014	47,838	1477	−4.2	3.1
2015	48,221	1411	−4.5	2.9
2016	48,607	1055	−25.3	2.2
2017	48,996	1217	15.4	2.5
2018	49,388	1034	−15	2.1

资料来源：Bōei Hakusho 2006; Bōei Handobukku, 1997, 1998, 2007, 2017。

日本防卫工业相对于整个国民经济规模来说是非常适中的，自20世纪80年代以来，防卫工业占工业总产值的不到1%。[①]此外，自20世纪80年代初期以来，在一些关键工业部门中，防卫生产在国民生产总值中只占很小一部分；例如，在电子通信和汽车行业的占比不到1%。弹药和飞机（尽管军用飞机产量占国民生产的比例

① Bōei Nenkan Kankōkaihen, Bōei Nenkan 2018, Tokyo: DMC, 2018, p.455.

从20世纪80年代的80%以上下降到2015年的30%左右)以及造船业,在某种程度上都是例外,占比要高得多(图19.3)。

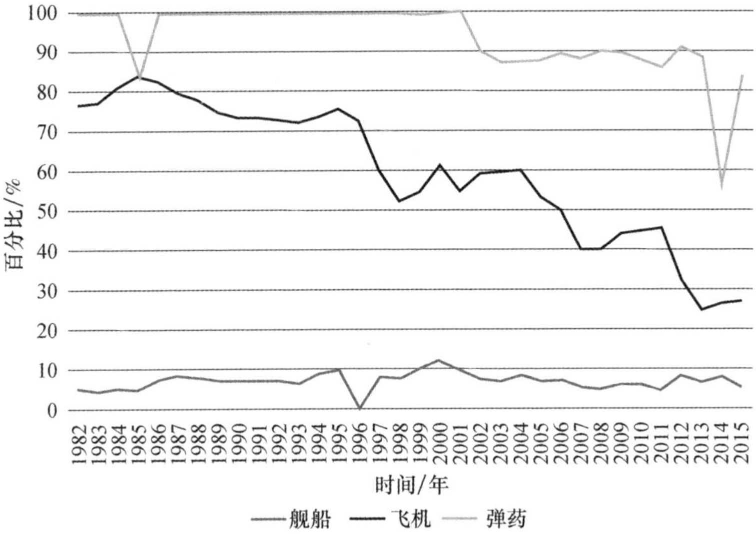

图19.3　1982—2015年日本防卫生产部门占工业总产值的百分比(%)

19.3.2　防卫承包商

根据日本的技术民族主义战略,防卫生产一直集中在相对少数主要专注于民用生产的企业集团中。过去20年间,三菱重工一直是领先的防卫承包商(仅有一次在2015年被川崎重工取代了其第一名位置),在销售和合同数量方面,在所有合同中通常占比高达25%。①(表19.5)排名前20位的承包商主要由川崎重工、富士重工、住友重工(Sumitomo Heavy Industries,SHI)、东芝、石川岛哈里马重工、三菱电气公司、日本电气公司(NEC)和小松株式会社(Komatsu)等"重量级"公司主导,而伊势丹(Itōchū)和住友等贸易公司则参与了防卫装备进口。这些企业在日本防卫采购中几乎处于寡头垄断地位,占总合同的75%以上,但防卫生产往往只占其整体业务的一小部分。尽管三菱重工获得了近四分之一的防卫合同,但其总销售额通常只有10%左右来自防卫业务。川崎重工的情况与其类似,而对其他公司来说,这一比例低于4%。在全球范围内,日本防卫承包商的规模也相对较小,三菱重工在2000年按销售额排名的世界最大防卫承包商中名列第11位,到2018年则下降到第43位。②

然而,在前20名防卫承包商之外,还有一系列中小型企业作为一级和二级承包商的分包商,它们更多地专注于防卫生产。根据防卫生产委员会(DPC)和日本防卫省的数据显示,海上自卫队驱逐舰的生产需要多达72个直接承包商、

① Bōei Nenkan Kankōkaihen, Bōei Nenkan 2018, Tokyo: DMC, 2018, pp.456-459.

② 'Defense News top 100', Defense News, http://people.defensenews.com/top-100/.

1378个一级分包商和1073个二级分包商,陆地自卫队90型主战坦克需要52个直接承包商、842个一级分包商和568个二级分包商,航空自卫队的F-15J则需要13个直接承包商、530个一级分包商和593个二级分包商;航空自卫队的爱国者导弹需要4个直接承包商、125个一级分包商和1093个二级承包商。①据日本造船商协会(Shipbuilders' Association of Japan,SAJ)估计,超过80%的驱逐舰、潜艇和扫雷舰的工作是由中小企业完成的。②中小企业部分从事金属冲压和部件制造,但许多公司都拥有某些技术的高技能专业制造能力。例如,中小企业生产日本和美国联合开发的标准导弹-3(Standard Missile,SM)进行升级的许多关键部件。③与前20名承包商相比,这些中小企业中有许多企业高度依赖国防业务。因为,尽管所有参与该行业的公司对国防业务的总体依赖程度约为4%,但仍有相当多的公司年总营业额低于5亿日元(约500万美元),其中50%~90%依赖于国防业务。④

表19.5 1997—2016年日本前20大防卫生产公司

1997年					1998年				
排名	公司	合同数量	金额/亿日元	占年度采购的百分比/%	排名	公司	合同数量	金额/亿日元	占年度采购的百分比/%
1	三菱重工	235	2719	20.6	1	三菱重工	222	3234	26.7
2	川崎重工	117	1468	11.1	2	三菱电气公司	188	1030	8.3
3	三菱电气公司	197	1287	9.7	3	川崎重工	93	872	7
4	日本电气公司	306	746	5.6	4	石川岛哈里马重工	78	644	5.2
5	石川岛哈里马重工	82	662	5	5	日本电气公司	207	446	3.6
6	东芝	130	486	3.7	6	东芝	127	377	3
7	联合海洋公司	4	377	2.9	7	小松株式会社	47	353	2.8
8	小松株式会社	44	344	2.6	8	三井造船	6	277	2.2
9	日产汽车	60	253	1.9	9	日产汽车	63	267	2.2

① Bōeishō, Bōei Seisan, Gijutsu Kiban, April 2010, www.kantei.go.jp/jp/singi/shin-ampobouei2010/dai5/siryou1.pdf, p. 5.

② 原文未给出,译者注。

③ Asahi Shimbun Jieitai 50nen Shuzaiha, Jieitai Shirarezaru Henyō, Tokyo: AsahiShimbunsha, 2005, p. 263.

④ Bōeishō, Bōei Seisan, Gijutsu Kiban, April 2010, www.kantei.go.jp/jp/singi/shin-ampobouei2010/dai5/siryou1.pdf, p. 4.

（续表）

1997年					1998年				
排名	公司	合同数量	金额/亿日元	占年度采购的百分比/%	排名	公司	合同数量	金额/亿日元	占年度采购的百分比/%
10	日本电气公司商用机器公司	220	252	1.9	10	联合海洋公司	1	267	2.1
11	日立	70	238	1.8	11	日本电气公司商用机器公司	231	262	2.1
12	大金工业株式会社	67	179	1.4	12	日立	53	219	1.8
13	富士重工	49	171	1.3	13	三菱公司	19	157	1.3
14	冲电气工业株式会社	62	164	1.2	14	冲电气工业株式会社	68	150	1.2
15	伊藤航空	48	157	1.2	15	大金工业株式会社	49	148	1.2
16	新明和工业株式会社	9	148	1.1	16	富士	115	147	1.2
17	金松	12	130	1	17	伊藤航空	23	136	1.1
18	长野工业钢铁公司	19	114	0.9	18	富士重工	35	133	1.1
19	富士	137	112	0.8	19	日本制钢所	16	130	1
20	五十铃汽车	62	100	0.8	20	金松	5	111	0.9
	总计	1930	10,106	76.6		总计	1646	9.457	76.1

1999年					2000年				
排名	公司	合同数量	金额/亿日元	占年度采购的百分比/%	排名	公司	合同数量	金额/亿日元	占年度采购的百分比/%
1	三菱重工	208	2797	22.1	1	三菱重工	222	3074	24.4
2	川崎重工	97	1322	10.5	2	三菱电气公司	205	1208	9.6
3	三菱电气公司	200	1121	8.9	3	川崎重工	112	987	7.8
4	东芝	116	538	4.3	4	石川岛哈里马重工	72	540	4.3
5	石川岛哈里马重工	72	535	4.2	5	日本电气公司	336	465	3.7
6	日本电气公司	293	426	3.4	6	东芝	128	430	3.4
7	小松株式会社	44	371	2.9	7	三井造船	5	363	2.9

（续表）

1999年					2000年				
排名	公司	合同数量	金额/亿日元	占年度采购的百分比/%	排名	公司	合同数量	金额/亿日元	占年度采购的百分比/%
8	日立	37	344	2.7	8	小松株式会社	47	354	2.8
9	日产汽车	61	273	2.2	9	新明和工业株式会社	11	323	2.6
10	日本电气公司商用机器公司	233	255	2	10	日本电气公司商用机器公司	234	277	2.2
11	联合海洋公司	1	247	2	11	石川岛哈里马重工 Aerospace	46	261	2.1
12	日立	55	218	1.7	12	日立	78	183	1.5
13	富士	129	166	1.3	13	山田株式会社	47	159	1.3
14	山田株式会社	39	160	1.3	14	富士重工	42	149	1.2
15	大金工业株式会社	53	134	1.1	15	大金工业株式会社	53	146	1.2
16	日本制钢所	21	127	1	16	富士	143	146	1.2
17	伊藤航空	32	120	1	17	三菱公司	23	144	1.1
18	富士重工	25	112	0.9	18	日本制钢所	18	143	1.1
19	新明和工业株式会社	8	107	0.8	19	伊藤航空	23	112	0.9
20	冲电气工业株式会社	64	104	0.8	20	冲电气工业株式会社	72	98	0.8
	总计	1788	9	75		总计	1917	9.563	75.9
2001年					2002年				
排名	公司	合同数量	金额/亿日元	占年度采购的百分比/%	排名	公司	合同数量	金额/亿日元	占年度采购的百分比/%
1	三菱重工	226	2755	21.7	1	三菱重工	205	3481	27.2
2	川崎重工	114	1213	9.6	2	川崎重工	102	1102	8.6
3	三菱电气公司	185	1,010	8	3	三菱电气公司	178	735	5.7
4	日本电气公司	328	577	4.5	4	石川岛哈里马重工	48	527	4.1
5	石川岛哈里马重工	45	545	4.3	5	东芝	123	498	3.9

（续表）

2001年					2002年				
排名	公司	合同数量	金额/亿日元	占年度采购的百分比/%	排名	公司	合同数量	金额/亿日元	占年度采购的百分比/%
6	东芝	126	452	3.6	6	日本电气公司	312	485	3.8
7	日立造船株式会社	33	398	3.1	7	小松株式会社	43	357	2.8
8	小松株式会社	55	372	2.9	8	伊藤株式会社	5	232	1.8
9	石川岛哈里马重工	53	273	2.2	9	新明和工业株式会社	13	229	1.8
10	日本电气公司商用机器公司	179	256	2	10	富士	166	223	1.7
11	日立	78	251	2	11	富士重工	38	216	1.7
12	新明和工业株式会社	10	250	2	12	日本电气公司商用机器公司	164	187	1.5
13	联合海洋公司	2	250	2	13	大金工业株式会社	57	179	1.4
14	富士重工	28	180	1.4	14	石川岛哈里马重工	42	159	1.2
15	富士	144	160	1.3	15	日本钢管公司	22	143	1.1
16	大金工业株式会社	57	160	1.3	16	日立	69	142	1.1
17	日本制钢所	19	120	1	17	三菱公司	17	109	0.8
18	日本钢管公司	2	111	0.9	18	五十铃汽车	61	94	0.7
19	五十铃汽车	62	109	0.9	19	环球造船公司	26	82	0.6
20	冲电气工业株式会社	60	102	0.8	20	伊藤航空	33	81	0.6
	总计	1806	9544	75.2		总计	1724	9261	72.4
2003年					2004年				
排名	公司	合同数量	金额/亿日元	占年度采购的百分比/%	排名	公司	合同数量	金额/亿日元	占年度采购的百分比/%
1	三菱重工	213	2817	22.1	1	三菱重工	164	2706	20.7
2	川崎重工	97	1588	12.5	2	川崎重工	97	1429	10.9
3	三菱电气公司	170	949	7.5	3	三菱电气公司	169	1032	7.9

（续表）

2003年					2004年				
排名	公司	合同数量	金额/亿日元	占年度采购的百分比/%	排名	公司	合同数量	金额/亿日元	占年度采购的百分比/%
4	日本电气公司	306	563	4.4	4	日本电气公司	270	906	6.9
5	东芝	107	389	3.1	5	石川岛哈里马重工	40	493	3.8
6	小松株式会社	56	376	2.9	6	石川岛重工联合海洋公司	5	480	3.7
7	石川岛哈里马重工	39	361	2.8	7	东芝	74	415	3.2
8	富士重工	35	288	2.3	8	小松株式会社	50	347	2.7
9	川崎汽船株式会社	4	257	2	9	富士重工	36	240	1.8
10	伊藤株式会社	3	219	1.7	10	伊藤株式会社	2	228	1.7
11	富士	164	210	12.6	11	富士	161	218	1.7
12	日立	78	210	1.6	12	石川岛重工航空公司	35	157	1.2
13	石川岛重工航空公司	38	169	1.3	13	日立	76	145	1.1
14	日本钢管公司	22	151	1.2	14	中川株式会社	135	142	1.1
15	大金工业株式会社	60	142	1.1	15	大金工业株式会社	53	136	1
16	日本电气公司商用机器公司	131	130	1	16	全球造船公司	25	111	0.9
17	三菱公司	16	88	0.7	17	新日本石油株式会社	94	107	0.8
18	五十铃汽车	58	86	0.7	18	日本钢管所	18	104	0.8
19	冲电气工业株式会社	43	84	0.7	19	日本电气商用机器公司	84	101	0.8
20	住友贸易公司	42	77	0.6	20	科斯莫石油公司	118	94	0.7
	总计	1682	9.155	71.9		总计	1706	9590	73.4

（续表）

2005年					2006年				
排名	公司	合同数量	金额/亿日元	占年度采购的百分比/%	排名	公司	合同数量	金额/亿日元	占年度采购的百分比/%
1	三菱重工	192	2417	17.6	1	三菱重工	190	2776	21
2	川崎重工	83	1297	9.4	2	川崎重工	103	1306	9.9
3	三菱电气公司	165	1142	8.3	3	三菱电气公司	166	1177	8.9
4	日本电气公司	314	10,078	7.8	4	日本电气公司	304	831	6.3
5	东芝	96	495	3.6	5	石川岛哈里马重工	1	446	3.4
6	全球造船公司	27	397	2.9	6	富士	185	441	3.3
7	川崎汽船株式会社	5	353	2.6	7	东芝	79	423	3.2
8	石川岛哈里马重工	47	348	2.5	8	石川岛哈里马重工	48	365	2.8
9	小松株式会社	45	338	2.5	9	小松株式会社	40	363	2.7
10	富士	185	313	2.3	10	富士重工	34	199	1.5
11	富士重工	41	291	2.1	11	日立	78	194	1.5
12	伊藤株式会社	7	274	2	12	中川株式会社	210	148	1.1
13	日立	88	210	1.5	13	新日本石油株式会社	106	143	1.1
14	中川株式会社	174	207	1.5	14	大金工业株式会社	62	133	1
15	新日本石油株式会社	88	127	0.9	15	科斯莫石油公司	95	131	1.0
16	大金工业株式会社	52	122	0.9	16	昭和壳牌公司	95	120	0.9
17	科斯莫石油公司	103	121	0.9	17	冲电气工业株式会社	55	118	0.9
18	日本松阪铁工株式会社	2	116	0.8	18	石川岛重工航空公司	32	111	0.8
19	新明和工业株式会社	11	105	0.8	19	日本制钢所	19	107	0.8
20	石川岛重工航空公司	39	103	0.7	20	凯美公司	395	92	0.7
	总计	1764	9854	71.6		总计	2297	9624	72.8

（续表）

2007年					2008年				
排名	公司	合同数量	金额/亿日元	占年度采购的百分比/%	排名	公司	合同数量	金额/亿日元	占年度采购的百分比/%
1	三菱重工	174	3275	25.1	1	三菱重工	198	3140	22.7
2	三菱电气公司	162	961	7.4	2	三菱电气公司	178	1556	11.3
3	日本电气公司	287	717	5.5	3	川崎重工	96	1530	11.1
4	川崎重工	93	668	5.1	4	日本电气公司	306	982	7.1
5	东芝	78	570	4.4	5	富士	165	443	3.2
6	富士	172	442	3.4	6	石川岛哈里马重工	37	383	2.8
7	富士重工	49	374	2.9	7	小松株式会社	44	365	2.6
8	小松株式会社	40	334	2.6	8	东芝	93	315	2.3
9	石川岛哈里马重工	31	320	2.5	9	中川株式会社	316	216	1.6
10	川崎造船公司	6	314	2.4	10	新日本石油株式会社	114	193	1.4
11	中川株式会社	190	216	1.7	11	日立	75	182	1.3
12	日立	69	198	1.5	12	科斯莫石油公司	105	164	1.2
13	新日本石油株式会社	101	162	1.2	13	大金工业株式会社	54	144	1
14	科斯莫石油公司	101	148	1.1	14	伊藤航空	135	138	1
15	日本制钢所	18	139	1.1	15	富士重工	35	137	1.0
16	大金工业株式会社	47	138	1.1	16	昭和壳牌公司	91	136	1.0
17	冲电气工业株式会社	47	129	1.0	17	环球造船公司	23	129	0.9
18	石川岛重工航空公司	31	118	0.9	18	石川岛重工航空公司	37	120	0.9
19	伊藤航空	95	113	0.9	19	日本制钢所	18	116	0.8
20	松阪食品公司	4	112	0.9	20	冲电气工业株式会社	54	114	0.8
	总计	1795	9448	72.7		总计	2174	10,503	76.0

（续表）

2009年					2010年				
排名	公司	合同数量	金额/亿日元	占年度采购的百分比/%	排名	公司	合同数量	金额/亿日元	占年度采购的百分比/%
1	三菱重工	212	2629	20.8	1	三菱重工	215	2600	22.2
2	三菱电气公司	150	1827	14.5	2	三菱电气公司	159	1016	8.7
3	川崎重工	102	1043	8.3	3	川崎重工	106	892	7.6
4	日本电气公司	287	722	5.7	4	日本电气公司	271	863	7.4
5	富士	158	495	3.9	5	石川岛哈里马重工联合海洋公司	2	785	6.7
6	小松株式会社	45	343	2.7	6	富士	137	431	3.7
7	川崎造船公司	2	297	2.4	7	小松株式会社	40	334	2.8
8	日立	85	197	1.6	8	川崎造船公司	1	310	2.6
9	东芝	66	168	1.3	9	石川岛哈里马重工	39	280	2.4
10	三井造船	17	164	1.3	10	JX能源公司	129	191	1.6
11	中川株式会社	194	150	1.2	11	东芝	63	183	1.6
12	日本制钢所	16	147	1.2	12	日立	82	181	1.5
13	新日本石油株式会社	95	146	1.2	13	科斯莫石油公司	95	165	1.4
14	石川岛哈里马重工	32	144	1.1	14	大金工业株式会社	40	140	1.2
15	科斯莫石油公司	85	140	1.1	15	日本制钢所	18	129	1.1
16	大金工业株式会社	46	134	1.1	16	石川岛重工航空公司	25	102	0.9
17	五十铃汽车	77	123	1	17	中川株式会社	177	100	0.9
18	冲电气工业株式会社	47	119	0.9	18	富士重工	25	96	0.8
19	石川岛重工航空公司	27	119	0.9	19	凯美公司	239	93	0.8
20	富士重工	27	105	0.8	20	冲电气工业株式会社	47	91	0.8
	总计	1770	9212	73		总计	1910	8982	76.7

（续表）

2011年					2012年				
排名	公司	合同数量	金额/亿日元	占年度采购的百分比/%	排名	公司	合同数量	金额/亿日元	占年度采购的百分比/%
1	三菱重工	233	2888	19.6	1	三菱重工	225	2403	15.7
2	川崎重工	140	2099	14.3	2	日本电气公司	246	1632	10.7
3	三菱电气公司	121	1153	7.8	3	川崎重工	120	1480	9.7
4	日本电气公司	301	1151	7.8	4	三菱电气公司	115	1240	8.1
5	富士	169	529	3.6	5	DSN	2	1221	8
6	东芝	73	504	3.4	6	日本联合海洋公司	3	740	4.8
7	石川岛哈里马重工	37	354	2.4	7	东芝	73	503	3.3
8	小松株式会社	58	334	2.3	8	富士	111	300	2
9	JX能源公司	143	272	1.8	9	石川岛哈里马重工	31	277	1.8
10	日立	88	255	1.7	10	小松株式会社	31	267	1.7
11	科斯莫石油公司	158	178	1.2	11	JX能源公司	129	244	1.6
12	大金工业株式会社	37	158	1.1	12	日立	64	219	1.6
13	中川株式会社	180	151	1	13	科斯莫石油公司	125	177	1.2
14	住友公司	20	147	1	14	大金工业株式会社	39	145	0.9
15	冲电气工业株式会社	49	140	1	15	石川岛重工航空公司	32	136	0.9
16	昭和壳牌公司	99	130	0.9	16	冲电气工业株式会社	34	126	0.8
17	五十铃汽车	73	125	0.8	17	中川株式会社	95	120	0.8
18	富士重工	34	122	0.8	18	富士重工	30	119	0.8
19	住友公司	151	111	0.8	19	昭和壳牌公司	92	110	0.7
20	坂和工业	141	100	0.7	20	五十铃汽车	72	100	0.7
	总计	2305	10,901	74		总计	1669	11,559	75.6

（续表）

2013年					2014年				
排名	公司	合同数量	金额/亿日元	占年度采购的百分比/%	排名	公司	合同数量	金额/亿日元	占年度采购的百分比/%
1	三菱重工	195	3165	24.9	1	三菱重工	213	2632	16.7
2	三菱电气公司	124	1040	8.2	2	川崎重工	156	1913	12.2
3	川崎重工	128	948	7.5	3	日本电气公司	287	1013	6.4
4	日本电气公司	256	799	6.3	4	ANA控股公司	1	928	5.9
5	石川岛哈里马重工	31	483	3.8	5	三菱电气公司	118	862	5.5
6	富士	114	401	3.2	6	石川岛哈里马重工	20	619	3.9
7	小松株式会社	27	294	2.3	7	富士	128	527	3.4
8	东芝	54	284	2.3	8	东芝	70	467	3
9	JX能源公司	153	271	2.1	9	小松株式会社	34	339	2.2
10	日立	64	242	1.9	10	三井造船公司	8	319	2
11	科斯莫石油公司	119	188	1.5	11	伊藤航空	37	287	1.8
12	大金工业株式会社	33	149	1.2	12	JX能源公司	140	261	1.7
13	昭和壳牌公司	107	146	1.2	13	日立	63	219	1.4
14	冲电气工业株式会社	44	135	1.1	14	科斯莫石油公司	113	207	1.3
15	日本制钢所	20	132	1	15	冲电气工业株式会社	43	162	1
16	富士重工	19	119	0.9	16	伊藤航空公司	122	160	1
17	日本联合海洋公司	2	116	0.9	17	大金工业株式会社	41	138	0.9
18	新明和工业株式会社	11	112	0.9	18	昭和壳牌公司	92	123	0.8
19	伊藤株式会社	54	101	0.8	19	日本制钢所	21	107	0.7
20	石川岛重工航空公司	25	92	0.7	20	日本联合海洋公司	3	102	0.6
	总计	1580	9217	72.6		总计	1710	11,385	72.4

（续表）

2015年					2016年				
排名	公司	合同数量	金额/亿日元	占年度采购的百分比/%	排名	公司	合同数量	金额/亿日元	占年度采购的百分比/%
1	川崎重工	118	2778	15.3	1	三菱重工	217	4532	24.6
2	三菱重工	178	1998	11	2	川崎重工	116	994	5.4
3	石川岛哈里马重工	37	1147	6.3	3	日本电气公司	261	905	4.9
4	三菱电气公司	94	1083	6	4	富士	138	783	4.3
5	日本电气公司	233	739	4.1	5	三菱电气公司	119	767	4.2
6	东芝	63	573	3.2	6	日本联合海洋公司	2	410	2.2
7	日本联合海洋公司	3	389	2.1	7	石川岛哈里马重工	35	355	1.9
8	富士	98	364	2	8	东芝	35	288	2.3
9	小松株式会社	29	291	1.6	9	小松株式会社	30	317	1.7
10	住友	15	261	1.4	10	富士重工	3	219	1.7
11	高速海洋运输公司	1	250	1.4	11	冲电气工业株式会社	51	348	1.1
12	JX能源公司	134	184	1	12	日本钢管公司	28	176	1
13	大金工业株式会社	35	156	0.9	13	日立	51	157	0.9
14	日本制钢所	17	152	0.8	14	科斯莫石油营销公司	163	149	0.8
15	日本汤浅蓄电池科技公司	19	145	0.8	15	大金工业株式会社	34	130	0.7
16	日立	64	143	0.8	16	日本制钢所	19	128	0.7
17	科斯莫石油公司	60	126	0.7	17	Sumi-Sho航空系统公司	46	119	0.6
18	新明和工业株式会社	8	123	0.7	18	新明和工业株式会社	7	114	0.6
19	中川株式会社	80	121	0.7	19	JX能源公司	97	113	0.6
20	富士	25	116	0.6	20	住友贸易公司	3	110	0.6
	总计	1311	11,138	61.4		总计	1400	11,004	59.8

资料来源：Bōei Nenkan, various years。

19.3.3　市场运作及激励措施

对许多日本企业来说，与体量更大且更具营利性的民用业务相比，防卫承包合同只是一种副业。此外，鉴于日本企业参与战前军国主义的形象造成的遗留问题，且日本公众反军国主义情绪一直将国防承包商视为“死亡商人”，日本企业出于声誉原因对防卫市场的参与程度一直持谨慎态度。①

尽管如此，日本企业从事防卫业务有多种原因。第一，政府希望培育和保护这个行业。自20世纪90年代以来，虽然日本防卫省提供了越来越多的竞争性采购投标，但在这一时期的大部分时间里，竞争性投标的实际货币价值占比低于10%，尽管到2018年开始上升到50%的水平（表19.6）。日本防卫制造商已经习惯于很大程度上在没有国内外主要竞争的情况下获得合同，即使它们无法获得主导合同，也肯定会通过一个被称为“生境划分”（sumiwake）的过程获得分包合同。日本防卫省和经济产业省已经利用分包系统建立了防卫领域的国家冠军企业，三菱重工在战斗机领域，川崎重工和石川岛哈里马重工在运输机领域，石川岛哈里马重工在发动机领域都成了领导者。日本政府过去也为关键武器系统的研发提供事实上的补贴，尽管它希望私营企业在可能的情况下承担这些成本。过去的这些国家管理项目包括，YS-11商用客机，最终在20世纪50年代用于军事领域，20世纪60年代的T-1战斗教练机、20世纪60年代的C-1运输机、20世纪70年代的F-1战斗机，并在20世纪80年代尝试由本土生产的FSX支援战斗机。第二，防卫生产在过去提供了稳定的利润，即使不是很可观。其中一个风险因素是，日本防卫省不提供订单预付款，甚至在防卫装备首次交付时不会全额付款，而是倾向于推迟在数年内付款，以增加预算的灵活性。尽管如此，防卫承包商在运营时还是有着很强的安全感。日本防卫省一直都是一个可靠的客户，总是能按时付款，直到最近还没有发生过政府撤销合同的事件。第三，日本企业坚信，将小规模防卫生产嵌入大型民用业务中，可以使它们能够最大限度地提高研发和生产的附加效益和衍生效益。第四，如前所述，日本防卫市场相对而言受到保护，不受外国直接竞争的影响。日本继续引进国外技术，通过对外军事销售进口美国的武器系统，如宙斯盾雷达系统，因为对于日本自卫队而言，即使这些系统的成本并不总是低的，但风险是相对较低的。日本更希望获得生产F-4J和F-15J战斗机和发动机以及P-3C巡逻机等系统的许可生产，以促进技术的学习和创新。同时，日本也开始利用与美国的合作生产来研发F-2战斗机，并通过与美国的十三项不同的双边合作项目，得到对武器出口禁令的豁免，向军事技术转让迈出了第一步。

---

① Anzen Hoshō to Bōeiryokyuni Kansuru Kondankai, Anzen Hoshō to Bōeiryokyuni Kansuru Kondankaini Okeru Kore Made no Giron to Gaiyō 2004, www.kantei.go.jp/jp/singi/ampobouei/dai7/7siryou1.pdf, p. 5.

表19.6　1993—2016年采购合同方法(单位:亿日元,括号中为百分比)

时间/财年	数量	竞争性合同	有限竞争合同	非竞争合同	总计
1993	合同数量	957 (9.85)	4954 (51.00)	3803 (39.15)	9714
	资金价值	95 (0.69)	1899 (13.84)	11,724 (85.46)	13,718
1994	合同数量	1287 (12.38)	5205 (50.06)	3905 (37.56)	10,397
	资金价值	138 (1.02)	1759 (12.99)	11,640 (85.99)	13,536
1995	合同数量	1581 (14.56)	5248 (48.32)	4032 (37.12)	10,861
	资金价值	209 (1.57)	2004 (15.00)	11,141 (83.43)	13,353
1996	合同数量	2058 (19.98)	4645 (45.10)	3595 (34.90)	10,298
	资金价值	356 (2.62)	1588 (11.72)	11,611 (85.66)	13,555
1997	合同数量	2771 (28.04)	3659 (37.03)	3450 (34.92)	9880
	资金价值	493 (3.73)	1430 (10.83)	11,277 (85.43)	13,200
1998	合同数量	3247 (33.80)	3223 (34.50)	3046 (31.70)	9616
	资金价值	565 (4.60)	1146 (9.20)	10,720 (86.20)	12,431
1999	合同数量	5297 (51.74)	2124 (20.75)	2817 (27.52)	10,238
	资金价值	953 (7.54)	1580 (12.50)	10,106 (79.97)	12,639
2000	合同数量	5872 (60.77)	912 (9.44)	2879 (29.86)	9663
	资金价值	1063 (8.44)	1604 (12.74)	9928 (78.82)	12,595
2001	合同数量	6021 (61.43)	847 (8.64)	2934 (29.93)	9802
	资金价值	1000 (7.88)	1495 (11.78)	10,192 (80.33)	12,687
2002	合同数量	5432 (61.12)	674 (7.58)	2782 (31.30)	8888
	资金价值	973 (7.61)	1324 (10.35)	10,495 (82.04)	12,792
2003	合同数量	5045 (59.22)	681 (7.99)	2793 (3.28)	8519
	资金价值	893 (7.01)	770 (6.05)	11,069 (86.94)	12,732
2004	合同数量	4586 (56.30)	678 (8.30)	2878 (35.30)	8142
	资金价值	840 (6.40)	1242 (9.50)	10,979 (84.10)	13,062
2005	合同数量	4839 (56.0)	676 (7.8)	3127 (36.1)	8642
	资金价值	1099 (8.0)	901 (6.6)	11,738 (85.4)	13,738
2006	合同数量	6555 (76.2)	260 (3.0)	1791 (20.8)	8606
	资金价值	3356 (26.7)	279 (2.1)	9411 (71.2)	13,226
2007	合同数量	5961 (77.2)	177(2.3)	1583 (20.5)	7721
	资金价值	3698 (28.4)	252 (1.9)	9085 (69.7)	13,034
2008	合同数量	6565 (83.3)	38 (0.5)	1282 (16.3)	7885
	资金价值	5021 (36.3)	390 (2.8)	8409 (60.8)	13,820

（续表）

时间/财年	数量	竞争性合同	有限竞争合同	非竞争合同	总计
2009	合同数量	6845	17 (17)	873	7903
	资金价值	5957	661	5434	12,627
2010	合同数量	5928	4	795	6875
	资金价值	4652		836	8704
2011	合同数量	7698		836	8704
	资金价值	6915		7254	14,716
2012	合同数量	5906		767	6833
	资金价值	6750		7205	15,287
2013	合同数量	5869	5	828	6901
	资金价值	5005	331	6288	12,693
2014	合同数量	5726	2	994	6925
	资金价值	5284	289	8338	15,717
2015	合同数量	5486	10	930	6693
	资金价值	4992	395	8333	18,126
2016	合同数量	5643	9	919	6767
	资金价值	4549	426	8628 (46.9)	18,397

资料来源：Bōei Nenkan, various years。

不过，总体而言，日本防卫市场一直由国内采购主导，从20世纪50年代一直到21世纪初，日本国内防卫采购占比一直在90%左右。随着安倍政府上台，日本防卫市场才有了外国的重大参与，2016年国内采购占比下降到77%（表19.7）。日本已开始从美国购买昂贵的武器系统，包括F-35A和鱼鹰V-22，而且看起来还将采购更多武器，包括宙斯盾反导系统（Aegis Ashore system），由于唐纳德·特朗普总统政府施压，要求其盟友增加武器采购，以换取美国对日本的安全保障。

表19.7　装备采购方式和来源的变化

时间/财年	国内采购/亿日元	商业进口/亿日元	占比/%	外国军事销售/亿日元	占比/%	国内采购占比/%
1950—1961	5907	266	4.2	253	3.9	91.9
1962	975	76	7	41	3.7	89.3
1963	931	70	6	162	13.9	80.1
1964	1120	70	5.6	60	4.8	89.6
1965	1359	82	5.4	65	4.3	90.3

（续表）

时间/财年	国内采购/亿日元	商业进口/亿日元	占比/%	外国军事销售/亿日元	占比/%	国内采购占比/%
1966	1396	126	8	55	3.4	88.6
1967	1859	131	6.4	62	3	90.6
1968	2425	124	4.5	194	7.1	88.4
1969	2703	128	4.4	53	1.9	93.9
1970	2308	158	6.2	51	2	91.8
1971	3534	124	3.3	116	3.1	93.6
1972	3477	358	9	117	3	88
1973	3697	164	4.1	182	4.5	91.4
1974	4372	152	3.3	89	1.9	94.8
1975	4845	160	3.1	107	2.1	94.8
1976	5197	166	3	122	2.2	94.7
1977	5846	222	3.5	194	3.1	93.4
1978	7126	209	2.5	1014	12.1	85.4
1979	7373	394	4.5	884	10.2	85.2
1980	10,506	567	4.8	801	6.7	88.5
1981	8158	604	6	1368	13.5	80.5
1982	12,425	618	4.4	978	7	88.6
1983	12,673	598	4.3	758	5.4	90.3
1984	12,791	787	5.6	528	3.7	90.7
1985	13,417	636	4.3	707	4.8	90.9
1986	14,075	748	4.8	682	4.4	90.8
1987	14,788	787	4.8	670	4.1	91
1988	16,209	502	2.8	1035	5.8	91.3
1989	17,497	928	4.8	923	4.8	90.4
1990	18,103	834	4.1	1376	6.8	89.1
1991	17,010	869	4.6	1023	5.4	90
1992	17,676	1011	5.3	474	2.5	92.2
1993	16,408	1356	7	1574	8.1	84.8
1994	17,349	1195	6.1	1056	5.4	88.5
1995	18,131	914	4.7	598	3	92.3
1996	18,725	938	4.6	541	2.7	92.7

（续表）

时间/财年	国内采购/亿日元	商业进口/亿日元	占比/%	外国军事销售/亿日元	占比/%	国内采购占比/%
1997	18,479	1173	5.9	376	1.9	92.3
1998	17,344	1127	6	348	1.8	92.2
1999	17,704	1185	6.1	390	2	91.8
2000	17,685	1249	6.5	439	2.3	91.3
2001	17,971	1156	5.9	489	2.5	91.6
2002	17,218	1326	6.8	1101	5.6	87.6
2003	17,598	1292	6.5	1006	5.1	88.4
2004	18,233	1334	6.5	979	4.8	88.7
2005	18,917	1525	7.1	937	4.4	88.5
2006	18,818	1158	5.5	1047	5	89.5
2007	18,649	1327	6.8	856	4.1	89
2008	19,382	1153	5.4	642	3	91.5
2009	18,219	1290	6.4	620	3.1	90.5
2010	17,611	1023	5.3	551	2.9	91.8
2011	21,746	1471	6.2	589	2.5	91.3
2012	20,672	1216	5.2	1372	5.9	88.9
2013	18,512	1204	5.8	1118	5.4	88.9
2014	19,431	2245	9.5	1874	8	82.5
2015	19,264	1631	6.4	4473	17.6	75.9
2016	21,195	1515	5.5	4770	17.4	77.1

资料来源：Bōei Nenkan, various years。

19.4　防卫工业绩效

19.4.1　日本本土化的成功

日本在战后发展自主的“技术民族主义”和军民融合模式方面取得了显著进展。政府通过国家“自力更生”（kokusanka）项目，但更重要的是通过精心培育了一批精心选择的私营防卫承包商，建立了一个有能力的防卫研发和生产基地，将武器开发的大部分初始成本和技术风险转移给了私营部门。这种体制为防卫生产提供了强大的军民两用基础设施，这一点在20世纪90年代初得到了证明，据估计，三菱重工有90%的军事生产资本设备可同时用于民用。三菱重工的著名做法是，使用相同的工人在相同的设施中组装军用和民用飞机，它的M-90主战坦克与叉车和推土机建在同一个总装区。[1]民用工厂维持军事生产的这种机制进一步成了保持武器生产设施的“温床”，以便在国家出现紧急情况时迅速扩大主战坦克的生产，使其从正常的低水平年产量增加到更高的水平。日本企业从民用和军用技术的重大融合中获益：为民用工业开发的半导体通过“溢出”到日本导弹和雷达中；用于战斗机的复合材料“溢出”到民用客机的使用；电力涡轮机制造采用了可移动火炮的铣削技术。[2]

日本的“自力更生”模式取得了显著成功，并在某些技术领域缩小了与其他较大发达经济体和军事强国的差距。日本证明了它有能力建造先进驱逐舰，尽管日本仍然依赖许可生产的发动机和对外军事销售获得宙斯盾航空雷达。[3]日本在战后成功地重建了防空生产能力，通过许可生产和本地生产提供了F-86F、F-104J、F-4EJ和F-15J战斗机，以及T-1、T-2、T-4教练机和C-1运输机。日本在导弹项目上也取得了相当大的成功，首先直接购买或使用许可生产，后来用本土本土产品替代。

日本的“自力更生”政策在过去显然不是没有问题，包括巨大的成本，这引发了对防卫生产模式可持续性的问题。生产的许多装备并不总能达到最高的国际军事性能标准。最明显的就是F-1，它几乎一投入生产就过时了。同时在美国盟友的压力下，日本试图将武器系统本土化的努力也遭遇了挫折。日本最终放弃了PXL巡逻机的自主生产，通过许可生产P-3C，不得不接受与美国共同开发F-2。但是，尽管日本未能生产出完全自主的或具有国际竞争力的主要武器平台，但在整体战略意义上取得了成功，成功地将这些平台最重要的组件技术本土化。虽然日本防卫生产基础相对较小，但至少与国际竞争保持同步，并有潜力在未来生产出完全独立的武器系统。

19.4.2 新挑战：预算压力、采购效率低下、腐败以及国际合作

然而，过去二十年中，日本的防卫生产模式开始出现严重缺陷，以及对可持续性的担忧。最初的挑战是资源限制，因为自20世纪90年代后期以来的大部分时间，防卫预算停滞不前或不断下降，武器装备采购比例不断下降。日本的预算紧张因其生产模式特有的采购实践和高成本而加剧。日本在少数制造商中培育了本土

---

① Richard J. Samuels, Rich Nation, Strong Army, National Security and the Technological Transformation of Japan, Ithaca, New York: Cornell University Press, 1994, pp.294 - 297.

② Bōeishō, Bōei Seisan, Gijutsu Kiban, April 2010, www. kantei. go. jp/jp/singi/shin-ampobouei2010/dai5/siryou1. pdf, p. 10; Keizai Sangyōshō, Bōei Sangyōni Tsuite, April 2010, www. kantei. go. jp/jp/singi/shin-ampobouei2010/dai5/siryou2.pdf, p. 9.

③ Arthur Alexander, Of Tanks and Toyotas: An Assessment of the Japan's DefenseIndustry, Santa Monica, CA: RAND, 2003, pp. 44-48.

防卫生产基础，由于缺乏有意义的竞争，导致武器装备价格虚高。例如，有人认为，“自力更生”已经导致F-2的成本是F-16C同类现货产品的三倍；M-90被认为是世界上最昂贵的主战坦克，因为产量低。

防卫生产商和作为唯一客户的日本自卫队之间的密切关系进一步增加了成本。“官员空降”（amakudari）这种臭名昭著的做法，或让退休的官僚和军官安置在防卫承包商的董事会上，意味着这个由决策者和实业家组成的可互换网络缺乏谈判有竞争力价格的动力。日本防卫省在2008年透露，在过去五年中，约有500名自卫队退休人员需要根据《日本自卫队法》获得许可才能在商业企业任职，其中包括近200名上校/上尉及以上级别的军官，参与日本防卫省招聘的公司是最受欢迎的，三菱重工、日本电气公司和三菱电气公司名列前茅。[①]2006年，日本防卫厅在日本国会上披露，2004年共有718名退休的日本自卫队人员在与日本防卫厅签订合同的企业中工作，同样主要集中在三菱重工的附属公司。[②]

此外，人们认为，这些做法不仅会增加单位成本，还会导致结构性腐败。在20世纪90年代末和21世纪初，日本防卫省的中央防卫采购办公室（Central Procurement Office Defense）及其防卫设施管理局（Defense Facilities Administration Agency，DFAA）遭遇腐败丑闻，这些丑闻涉及官员鼓励防卫承包商“拉长”（pad out）采购合同。日本防卫省最严重的丑闻发生在2008年，当时该部最高官员、前行政副部长守屋武昌（Moriya Takemasa）因收受贿赂将采购合同转给贸易公司而被定罪入狱。[③]

此外，日本防卫生产基础还面临着依赖技术民族主义政策的挑战，这些政策有可能使日本防卫工业在发展具有国际竞争力的技术方面落后。日本对技术本土化的重视遇到了一个障碍，那就是美国和其他国家越来越不愿意提供对外军事销售，或许可生产先进武器系统。日本工业界估计，美国武器系统许可生产中的国产份额已逐渐减少，从F-104的85%到F-4EJ的90%，再到F-15J的70%，F-15J的大部分内容是个黑匣子，F-2是60%。[④]国家防卫研究所（National Institute of Defense Studies，NIDS）是日本防卫省的学术机构，它在2006年发表了一份报告，质疑在多大程度上可以依赖美国使得日本保持自主技术，即使是在共同开发和共同生产的

① Bōeishō, Bōeishō Kaikaku Kaigi Dai4kai Setsumei Shiryō, 1 February 2008, www.kantei.go.jp/jp/singi/bouei/dai4/pdf/siryou2.pdf; Bōeishō, Dai4kai Bōeishō Kai-kakuKaigiSankōShiryō, 1 February 2008, www.kantei.go.jp/jp/singi/bouei/ dai4/pdf/siryou2.pdf.

② ‘Bōeichōamakudariōikigyōjuchūmomashi’, Shimbun Akahata, 12 April 2006,p. 15; Shūkan Kinyōbihen, Mitsubishi Jūkō no Seitai: Kokusaku Bōei Kigyō, Tokyo:Kinyōbi, 2008, pp. 26-32; Bōeichōhen, Bōei Hakusho 2006, Tokyo: Ōkurashō Insatsukyoku, 2006, pp. 276-280; Nakatani Gen, Daremo Kakenakatta Bōeishōno Shinjistu, Tokyo: Gentōsha, 2008.

③ 对于日本防卫工业丑闻的更全面分析，参见Christopher W. Hughes, Japan’s Remilitarisation, London: Routledge, 2009, pp. 67-72。

④ Michael E. Chinworth, Inside Japan’s Defense: Technology, Economics and Strategy,Washington: Brassey’s US, 1992, pp. 127, 137.

情况下，该报告认为，F-35项目表明，美国甚至不愿意与其所谓的最亲密盟友和伙伴充分分享技术。①尽管进行了激烈的游说，但美国仍拒绝向其盟友交付F-22的完整版，或甚至是“削减”的性能较低的版本，这让日本更加沮丧。由于日本禁止武器出口，迄今为止日本的国际合作非常有限，特别是在共同开发和共同生产方面，因此，由于日本与国际防务生产发展隔离开来，引起了人们对“加拉帕戈斯现象”(Galapagos effect)的担忧。②因此，随着其他国家在国内和国际推进防务公司整合，并启动新的多边武器平台，通过规模经济分享技术和成本，日本有可能成为旁观者，在技术上被超越，过度依赖美国盟友。③

19.4.3 防卫工业基础被侵蚀

日本过去紧密的政府与工业部门关系正面临越来越大的压力。由于防卫预算紧缩，日本政府在交付了10架AH64D“长弓·阿帕奇”直升机后，在同一时期首次取消了总共62架该飞机的采购订单，导致富士重工起诉政府，索赔已经向波音公司支付的400亿日元的许可费。④一些日本公司现在开始完全退出国防市场。⑤自2003年以来，已有20家战斗机生产分包公司放弃了军事采购；在坦克生产方面，35家企业退出分包，13家企业破产。⑥日本防卫省在2010年的报告中称，自2005年以来，另有56家分包公司退出了战斗机和坦克生产。⑦防卫生产委员会的成员从1997年的84个减少到2002年的66家。⑧

日本甚至出现了大型企业退出防卫市场，寻求在民用部门改善前景。日本企业越来越关注民用航空的机会，军用飞机生产占飞机总产量的比例从20世纪80年代的超过80%下降到近十年的30%左右。日本防卫航空航天的冠军企业三菱重工、川崎重工和富士重工，现在越来越多地从事民用航空航天业务，以弥补日益萎

① Bōei Kenkyūjo, Waga Kuni no Bōei Gijutsu Kiban ga Sōbihin Shutokunioyabosu Kōkanikansuru Chōsa Kenkyū: Tokyo: Bōei Kenkyūjo, 2006, p. 34.

② Kiyotani Shinichi, BōeiHatan: ‘GarapagosukaSuruJieitaiSōbi’, Tokyo: Chūō Shinsho Rakure, 2010, pp. 185-188.

③ SatōHeigo, ‘Japan’s arms export and defense production policy’, CSIS Strategic Japan Working Papers, 2015, http://csis.org/files/publication/150331_Sato_Japa nArmsExport.pdf, pp. 1-13.

④ ‘Fujijū ga Bōeishōteisōherihacchūchūshi de 350okuen motomeru’, Asahi Shimbun, 15 January 2010, http://asahi.com/politics/update/0115/TKY201001150358.html.

⑤ Asahi Shimbun Jieitai 50nen Shuzaiha, Jieitai Shirarezaru Henyō, Tokyo: Asahi Shimbunsha, 2005, pp. 269-270.

⑥ Bōeisangyō, ‘tettaiaitsuguyosansakugen de sōbihin no hacchūgen’, Asahi Shimbun, 24 August 2009, http://asahi.com/politics/update/0820/TKY2000908200165.html.

⑦ Bōeishō, Bōei Seisan, Gijutsu Kiban, April 2010, www.kantei.go.jp/jp/singi/shin-ampobouei2010/dai5/siryou1.pdf, p. 7.

⑧ Richard J. Samuels, Securing Japan: Tokyo’s Grand Strategy and the Future of East Asia, Ithaca, New York: Cornell University Press, 2007, p. 148.

缩的军事市场，商业市场并不会妨碍国际合作和更大的规模经济，并允许它们使用最初为军事用途开发的技术重点用于民用客机上，如复合材料。[①]

日本防卫省鼓励防卫工业整合，以实现规模经济。2000年7月，日产汽车(Nissan Motors)在被雷诺收购后退出了防卫工业，将其航空航天部门转移给了石川岛哈里马重工，而东洋通信机械公司(Toyo Tsushinki)在2004年5月将其防卫电子部门转移给了日本电气公司。[②]2000年10月，石川岛重工和住友重工将其军事造船活动转移至石川岛重工海洋联合公司(IHI Marine United)；2001年9月，川岛重工、川崎重工和三井造船(Mitsui Zōsen)达成了一份工作分享协议；2002年10月，长野工业株式会社(NKK)和日立将其军用造船并入环球造船公司(Universal Shipbuilding)中；2002年10月，川崎重工成立了一家新的造船子公司川崎汽船株式会社(Kawasaki Zōsen)。[③]然而，日本防卫省的整合政策因以下情况而受挫：由于大多数制造商都以民用生产为导向的，其军民两用的双向溢出模式无法轻易地将民用和军用生产设施分开，因此，它们没有动力使自己的业务合理化，以适应防卫生产的需要。

19.5　防卫工业的前景：国内改革与国际合作

19.5.1　新的国家项目和采购实践

日本政府希望通过支持新的“自力更生”项目来解决防卫工业基础面临的这些生存挑战这些项目包括P-1巡逻机、C-2运输机(甚至希望C-2可以转换为一个可用于民用市场的版本)和先进技术演示验证-X(Advanced Technology emonstration-X，ATD-X)，也就是现在的F-3隐形战斗机的原型机。日本还通过军民两用技术建立了一个具有军事应用的非常有效的空间项目，形成了开发新技术的另一条途径。[④]尽管如此，日本对主战坦克、驱逐舰和战斗机前线平台的采购在持续减少。

在20世纪90年代中期发生了一系列腐败丑闻之后，日本试图进一步通过更高效的系统和国内外竞争性采购招标来扩展防卫工业的可用资源，并于2015年设立了防卫装备厅(Acquisition, Technology and Logistics Agency，ATLA)，试图更有效地

---

① “‘un-kokusan’ kōkūki, ōsora e”, Asahi Shimbun, 12 May 2007, p. 13; SeishiKimura, The Challenges of Late Industrialization: The Global Economy and the Japanese Commercial Aircraft Industry, Basingstoke: Palgrave Macmillan, 2007, pp. 134-171.

② Nihon Keizai Dantai Rengōkai, Teigen ‘Kongo no Bōeiryoku Seibi no Arikatanitsuite’: Shiryō, 20 July 2004, p. 8.

③ Nihon Keizai Dantai Rengōkai Bōei Seisan Iinkai, Waga Kuni Bōei Sangyōno Genjō Nadoni Tsuite, p. 33.

④ Paul Kallender and Christopher W. Hughes, ‘Hiding in plain sight? Japan’s mili-tarization of space and challenges to the Yoshida doctrine’, Asian Security, 2018.

整合和管理采购。[①]然而，这些改革仍处于初步阶段，似乎还未取得什么成果，而且由于日本不断增加对美国昂贵武器系统的进口，这些改革变得更加复杂。例如，2018年6月公布的数据显示，日本国产C-2运输机的单位成本比预期高出40%；同样，F35As的对外军事销售单位成本已经上升了50%；对外军事享受的宙斯盾登陆系统的成本翻了一番，达到36亿美元。[②]

19.5.2 国际合作与结束武器出口禁令

日本的政策制定者们虽然仍然认为维护本国防卫生产基础是国家自治的一个重要组成部分，但已经意识到单单依靠"自力更生"的做法是不可行的。决策者们已经开始尝试通过探索加强与美国和当前其他国际伙伴的国际合作来振兴防卫生产基础，以配合其全面扩大安全政策。[③]日本的主要推动力不可避免地会加强与美国防卫生产的联系，如联合开发和生产用于弹道导弹防御的SM3 BlockII-A拦截导弹，以及采购F-35A战斗机，还包括一些现货采购和最终组装与检验（Final Assembly and Checkout，FACO），开发战斗机发动机部件、雷达和光电分布式孔径系统（electro-optical distributed aperture systems，EODAS），参与自主后勤全球维持（Autonomic Logistics Global Sustainment，ALGS）。[④]其中，自主后勤全球维持系统在美国和主要承包商洛克希德·马丁公司的统一指导下，为部署F-35联合攻击战斗机平台的国家创建了一个全球供应链，能够相互提供零部件（这些国家可能包括美国本身，还有英国、意大利和荷兰、澳大利亚、加拿大、丹麦、挪威和土耳其作为第一级、第二级和第三级合作伙伴，新加坡和以色列作为安全合作伙伴）。

然而，日本自2014年以来违反了自行实施的武器出口禁令，为探索更多合作伙伴共同开发、生产和出口武器技术开辟了道路。日本和英国在2013年签署了《防卫装备合作框架》（*Defence Equipment Cooperation Framework*），并在2014年7月表示有意共同开发流星空对空导弹。据说日本还试图向英国推销P-1，尽管英国在2015年选择采购波音的P-8波塞冬（Poseidon）海上巡逻机。[⑤]2017年3月，日

①Bōei Nenkan Kankōkaihen, Bōei Nenkan 2016, Tokyo: DMC, 2018, pp. 8 – 43;Tamura Shigenobu, BōeiSōbicho to SōbiSeisaku no Kaisetsu, Tokyo: Naigai Shup-pan, 2016.

② 'C2 yusōki 1ki 700okuzō 2011dohi buhinkōtōsanteinikadai', Asahi Shimbun,22 June 2018, p. 3; 'Kūji F35A junjihaibisōteiyorikagakujōshō, zaisei no futanni', Asahi Shimbun, 24 February 2018, p. 2.

③ Japan Ministry of Defence, "Strategy on defense production and technologicalbases: toward strengthening the bases to support defense forces and 'proactivecontribution to peace'", June 2014, www.mod.go.jp/j/approach/others/equipment/pdf/2606_e_honbun. pdf, pp. 7-8, 15; Nishiyama Jun 'Nihon no bōeitogijutsukaihatsu', in Morimoto Satoshi (ed.) KironiTatsu Nihon no Anzen: Anzen Hoshō, Kikikanri Seisaku no Jissai to Tenbō, Tokyo: Hokuseidō, 2008, p. 353.

④ Bōeishōhen, Bōei Hakusho 2015, Tokyo: Zaimushō Insatsukyoku, 2015, pp.266-267.

⑤ Japan Times, 'Japan wants UK to buy sub-hunter jet', 8 January 2014, www.japantimes.co.jp/news/2015/01/08/national/japan-wants-u-k-buy-sub-hunter-jet/#.VK7BQRaqzFI.

本防卫省宣布，将与英国国防部就未来战斗机系统进行联合研究。[①]日本自2012年以来一直在探索与法国在无人潜艇技术方面进行类似的防务和军事技术合作。[②]日本与德国已开始讨论装甲车辆技术的交流问题。[③]2017年5月，日本与意大利签署了一项国防技术共享协议，重点是海军在舰炮、雷达和巡逻机方面的能力。[④]据报道，日本防卫省有意与瑞典签订一项类似的协议，重点是潜艇技术。[⑤]

日本一直与印度商讨目前由日本海上自卫队使用的搜救水上飞机"新明和"(Shin Maywa)US-2的转让事宜。两国成立了联合工作组(Joint Working Group，JWG)，探索US-2的出口或许可生产。2014年9月的日印峰会达成了一份《防卫领域合作与交流备忘录》(Memorandum of Cooperation and Exchanges in the Field of Defence)，并指示联合工作组加快推进飞机及其技术转让的"路线图"。2015年12月的峰会签署了"防卫设备和技术转让协议"(Agreement on the Transfer of Defence Equipment and Technology)，进一步推进关于US-2的谈判。

在美日同盟之外，日本转让武器技术的主要政治和商业努力，以及转让整个武器平台的最佳机会都集中在与澳大利亚的关系上。作为2014年7月签署的"战略伙伴关系"(Strategic Partnership)的一部分，日本和澳大利亚签署了《防卫设备和技术转让的协议》(Agreement Concerning the Transfer of Defence Equipment and Technology)。[⑥]日本随后参与了澳大利亚的竞标，以在2030年前用多达12艘价值500亿澳元的新舰艇替换其6艘柯林斯级潜艇。在安倍政府的大力支持下，三菱重工和川崎造船公司(Kawasaki Shipbuilding Corporation)寻求出口苍龙级(Sōryū-class)不依赖空气推进的先进潜艇技术。然而，日本出口潜艇的尝试于2016年4月以失败告终，输给了法国国有船舶制造企业(DCNS)，失去了合同。日本的失败由多种因素造成，其中包括对该技术是否适合澳大利亚的防卫需求存在质疑，因为可能需要一艘航程更远的舰船，此外，随着高度亲日的托尼·阿博特(Tony Abbott)

---

① Bōei Sōbichō, 'Shōrai Sentōkiniokeru Eikoku to no kyōryoku no kanōseinikakawaru Niichieikyōdōsutadeinikansurutorikime no teiketsuni tsuite',16 March 2017, www.mod.go.jp/atla/pinup/pinup290316.pdf.

② Bōeishōhen, Bōei Hakusho 2015, Tokyo: Zaimushō Insatsukyoku, 2015, p. 268.

③ Asahi Shimbun, 'Japan quietly inks deal with Germany on defense sharing', Asahi Shimbun, 19 July 2017, www.asahi.com/ajw/articles/AJ201707190028.html.

④ Ministry of Foreign Affairs Japan, 'Agreement between the Government of Japanand the Government of the Italian Republic concerning the transfer of defenceequipment and technology', 22 May 2017, www.mofa.go.jp/mofaj/files/000262376.pdf.

⑤ Nikkei Asian Review, 'Japan bolsters defense-technology cooperation withEurope', 11 May 2017, https://asia. nikkei. com/Politics-Economy/International-Relations/Japan-bolsters-defense-technology-cooperation-with-Europe.

⑥ Ministry of Foreign Affairs Japan, 'Agreement Between the Government of Japanand the Government of Australia Considering the Transfer of DefenceEquipmentand Technology', 8 July 2014, www. mofa. go. jp/files/000044447.pdf.

政府于2015年9月倒台，澳大利亚国内的政治支持减弱了，最关键的是，日本防卫承包商缺乏在国际市场上竞争的经验，表现为投标技巧有限、缺乏补偿贸易策略、对许可生产持谨慎态度以及不愿分享先进技术。①

19.6 结论：日本防卫工业的未来前景

日本防卫工业又一次站在了重要关头，关系到它能否继续保持活力，甚至生存下去。日本决策者和防卫生产商在战后重建、维持国内防卫生产模式以及高度本土化方面，表现出了令人印象深刻的复原力。然而，政府和产业界逐渐意识到，现有的“技术民族主义”模式面临着极大风险，因为与国际技术同步发展所需要的国家资源和能力远远超出了日本所能提供的，因此，有必要找到一种新的方式，在维持国内生产与寻求国际合作之间取得平衡，以便在美日同盟和更广泛的战略背景下保持一定程度的战略自主和影响力。日本国内对采购流程的改革可能会给日元带来更大的冲击，国际合作开发和出口增长被视为维持现有模式的途径，尽管日本走这条路并判断其有效性还为时尚早。

长期来看，日本防卫生产政策的演变可能会朝着更激进的方向发展，这很大程度上取决于外部安全环境及其对日本战略选择的影响。日本最有可能遵循的战略方向就是继续当前的战略方向，即加强与美国的同盟关系，并在这一框架内增加其贡献，包括防卫生产。这可能意味着会增加一些额外的防卫支出，以满足美国“分担负担”的要求，这使日本能够像过去一样支持本土防卫工业。但这也可能意味着日本防卫工业与美国防卫工业在一系列联合项目上的深度融合，如果日本被迫越来越多地从美国承包商那里购买昂贵的现成武器平台，美国甚至可能占领或摧毁日本自主的生产基础。对日本来说，另一种可能的补充路径，也是可能的选择路径，是在美日同盟框架外发展一系列双边和多边防务生产伙伴关系。在日本与欧洲主要国家、澳大利亚和印度发展合作关系的努力中，我们已经看到了对这一选择的探索。这些可能提供必要的共享技术和资金，以维持或进一步提升日本作为真正具有国际竞争力的防务生产国的地位，并提高对其美国盟友和其他国家的影响力。然而，由于这种防务关系刚刚出现，日本在同盟外的国际安全合作方面相对缺乏经验，由于美日安保条约，美国对日本具有压倒性的战略政治影响力，这种选择肯定很难实现。事实上，可供日本共同开发的最重要的武器平台是美国的先进战斗机和主战坦克。对日本来说，目前最不可能的另一项选择，而且基本上取决于其安全环境的重大转变，那就是试图以更为雄心勃勃的规模真正独立自主地进行防卫生产。如果日本在未来实际被美国放弃作为安全同盟国，或许在美国承认朝鲜

① Franz-Stefan Gady, ‘Why Japan lost Aussie sub bid’, The Japan Times,29 April 2016, www.japantimes.co. jp/opinion/2016/04/29/commentary/japan-commentary/japan-lost-aussie-sub-id/#. WFvnilfPz-Y; Mochizuki Isoko, BukiYushutsu Nihon Kigyō, Tokyo: Kakugawa Shinsho, 2016, pp. 72-94.

为核国家或与中国达成战略妥协而不考虑日本的安全利益，那么，在这种情况下，日本可能会试图将自己转变为一个成熟的军事大国。这将为更大规模的采购新型武器系统开辟道路，以增强威慑力，包括通过惩罚施加威慑。因此，日本可能会大幅增加防卫预算，发展自己的下一代战斗机、外固定翼航空母舰、远程导弹以及网络能力，最重要的是核武器能力。显然，这对日本防卫工业来说将是一次变革，并将充分检验日本已经开发出潜在技术，使其能够跃升为一个能够完全自卫的军事大国的主张。尽管如此，如上所述，这种情况仍然不太可能出现，目前可能的路径是，日本试图通过与美国和其他大国开展更多合作来维持现有模式，但仍希望保持其长期的选择权。

第20章 加拿大国防工业

宾扬·所罗门 克里斯托弗·E·彭尼

20.1 引 言

2018年10月19日，加拿大政府宣布以洛克希德·马丁公司(Lockheed Martin)为首的军工集团将成为加拿大新一代战舰的首选设计者。该项目被称为“加拿大水面战斗舰艇项目”(Canadian Surface Combatantproject)，是有史以来政府军事采购中最复杂、最大的项目(约600亿加元，即450亿美元①)。不到两周后，即2018年2月11日，政府宣布购买第六艘北极近海巡逻舰(Arctic and Offshore Patrol Ship，AOPS)，推翻了此前将采购项目限制在5艘的承诺。这一改变是为了让欧文造船公司(Irving Shipbuilding)在向海军提供装备的同时“最大限度地稳定就业水平”。②

这些声明是《强大、安全和参与》(Strong，Secureand Engaged，SSE)发布以来，加拿大国防政策的第一个重大发展。《强大、安全和参与》是新的政府政策，旨在指导国防部和加拿大武装部队顺利进入下一个十年。除了承诺稳定、可预测的资金外，该政策还宣布在未来十年资金会增长70%以上。《强大、安全和参与》包括了主要用于更新和替换老化军事平台一项资本支出，其增长是史无前例的，其中最值得注意的是购买第五代战斗机舰队和采购海军水面战斗舰艇。

这些公告预示着国防部(Department of National Defence，DND)、加拿大武装部队(Canadian Armed Forces，CAF)和国防工业基础的未来发展更加光明。然而，加拿大媒体和智库很快指出，前次的国防政策也承诺了重大的资本采购资本和长期稳定的资金，只是两年后就进行了修改(Perry，2013)。还有人担心，采购系统过于烦琐，无法采购多个复杂的军事项目。③

由于加拿大没有迫在眉睫和直接的威胁，而且在其南部边界有一个强大盟友，

① 本章所表达的观点是作者自己的，并不一定反映国防部或议会预算官的观点。除非另有说明，本章所有财务数据均以加元为单位。为了章节间进行比较，2018年1美元=1.183加元。

② 如《渥太华公民报》(Ottawa Citizen)所述，https://ottawacitizen.com/news/national/defencewatch/ irving-to-build-sixth-arctic-and-offshore-patrol-ship. 2018年11月8日访问。

③ 社论包括 Craig Stone, “Strong Secure Engaged: A Positive New Opportunity for Defence or Another Meaningless Defence Policy Statement.” Inside Policy (Ottawa; McDonald-Laurier Institute, June 8, 2017); www.macdonal dlaurier. ca/strong-secure-and-engaged-a-positive-new-opportunity-or-anothermeaningless- defence-statement-craig-stone-for-inside-policy/; R. Fetterly, Implementing Strong, Secure, Engaged: The Challenges ahead www.cgai.ca/implemen ting_strong_secure_engaged_the_challenges_ahead，2018年11月8日访问。

加拿大历届政府很自然地在相对和平的时期将资源从军队转移出来。如图20.1所示，在20世纪90年代初经济衰退和2008年金融危机这样的经济紧缩时期，加拿大国防部承担了更大比例的政府预算削减；在经济增长时期，加拿大国防部的预算则只是适度增长。例如，在20世纪90年代初，国防部预算实际削减了30%，相比之下，其他联邦部门只削减了11%。对加拿大国防部是否有能力使用其资金的担忧同样存在。所罗门和斯通（Solomon & Stone，2013）显示，2007—2011年，加拿大国防部的资金预算有27%~46%没有支出。

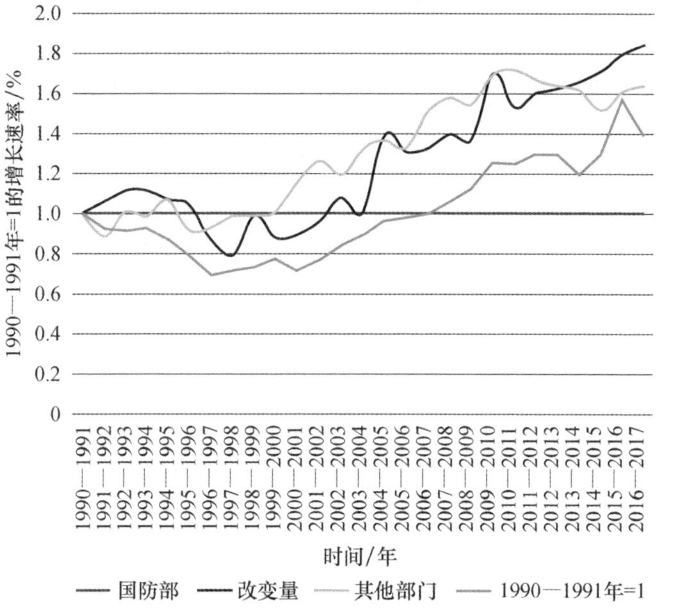

图20.1　竞争性需求和选择

尽管上述讨论强调了政府资金面临的挑战，但它对供应商和加拿大国防工业基础（Canadian Defence Industrial Base，CDIB）产生了实质性影响。在20.2节中，我们会正式评估需求方，考察对加拿大国防工业基础可能造成的影响，并探讨以下问题：加拿大国防工业基础是否能够很好地满足《强大、安全和参与》提出的新需求，以及国防工业基础是否具有足够的多样性和灵活性，以适应国内需求随时间的变化。在20.3节，我们利用最近对加拿大国防工业基础的调查统计数据来检验其对国内采购、国际情况和整体盈利能力的依赖程度。在20.4节，我们评估了支持加拿大国防工业基础的工业和经济发展政策及其总体效果。在本章的最后，我们将重新审视最新的国防政策及其对加拿大国防工业基础未来的影响。

20.2　背　　景

根据北大西洋公约组织（North Atlantic Treaty Organization，NATO）2018年的官

方统计数据，2018年加拿大国防支出预计为216亿美元。其中，军事装备支出占18%。国防支出估计约为国内生产总值的1.2%。[①]

表20.1提供了加拿大国防负担（军事支出占国内生产总值的百分比）以及政府对国防装备和国防研发的预算拨款历史数据。这些是国防生产需求方面的重要指标。表20.1中所列数据的主要来源是经济合作与发展组织（Organization of Economic Co-operationand Development，OECD）和斯德哥尔摩国际和平研究所（Stockholm International Peace Research Institute，SIPRI）。这些数据来源使用共同的定义，如北约关于国防支出的定义，以方便进行国家间比较。[②]

表20.1　1981—2017年加拿大国防数据

时间/年	国防负担/%	国防研发占比/%	采购额/2018年不变价亿美元
1981	1.7	5.5	2034
1982	1.9	5.8	2361
1983	2.0	5.8	2975
1984	2.1	6.4	3203
1985	2.0	6.8	2899
1986	2.1	6.9	3041
1987	2.0	7.8	3461
1988	2.0	8.3	3648
1989	1.9	6.7	3487
1990	1.9	6.4	3300
1991	1.9	5.1	3198
1992	1.8	5.3	3153
1993	1.8	4.8	3075
1994	1.7	4.8	2649
1995	1.5	4.7	2534
1996	1.4	4.8	2094
1997	1.2	5.7	1588
1998	1.2	5.3	1311
1999	1.2	5.4	1058
2000	1.1	4.8	1307

① www.nato.int/cps/em/natohq/news_156770.html,2018年10月31日访问。PDF版本包括了对于定义的讨论(第13页)。www.nato.int/ nato_static_fl2014/assets/pdf/pdf_2017_06/20170629_170629-pr2017-111-en.pdf.

② 对于研发的统计，国际公认的方法称为《弗拉斯卡蒂手册》(*Frascati manual*)。具体可参见www.oecd.org/sti/inno/frascati-manual.htm，2018年11月2日访问。

（续表）

时间/年	国防负担/%	国防研发占比/%	采购额/2018年不变价亿美元
2001	1.1	4.2	1306
2002	1.1	3.7	1511
2003	1.1	3.8	1777
2004	1.1	3.7	1959
2005	1.1	4.1	1953
2006	1.1	4.0	2087
2007	1.2	3.2	2828
2008	1.2	3.2	2891
2009	1.4	2.7	2767
2010	1.2	3.2	2893
2011	1.2	3.0	2451
2012	1.1	3.4	1871
2013	1.0	3.0	2014
2014	1.0	2.9	2290
2015	1.2	2.6	2052
2016	1.2	NA	1961
2017	1.2	NA	2245

数据来源：OECD（2018），NATO（2018）和作者的计算。

1981—2017年，加拿大实际（经通货膨胀调整）国防装备支出增长约10%，即平均年增长率仅为0.3%。在此期间，一些时期的装备支出出现小幅加速增长，反映出国防采购出现了明显的盛衰周期。例如，1980—1988年，支出增长了80%。而在冷战结束后的第一个十年（1990—1999年）中，国防装备支出下降了68%。

国防支出占国内生产总值的比例并不必然反映出一国军事能力的任何有用信息。然而，它是衡量军事负担的一个重要指标，也是北约或其他军事联盟内可比较的一个相对指标。同样，如果在国家之间进行比较时，则可以更好地理解政府国防相关研发支出占比这一比例。图20.2显示了北约成员国既定年份的国防负担值。冷战结束后，北约最大的7个成员国（按国内生产总值计算）以不同速度减少了国防负担。例如，加拿大和英国在1991—2001年，国防负担减少了约40%，而意大利的国防负担仅减少了10%。2001年全球反恐战争开始后，美国的国防负担增加了27%，而意大利下降了13%。加拿大是除美国外，唯一一个在2001—2011年国防负担增加（7%）的国家。

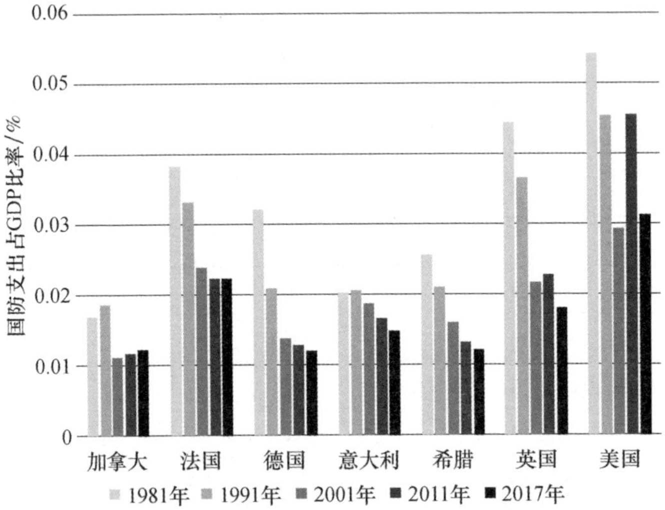

图 20.2 部分北约成员国的国防负担

在图20.3中，将加拿大研发支出中国防研发支出占比与选定的一组国家进行了比较。在这里，国家的选择考虑了加拿大在北约和“五眼联盟”（Five-Eyes community）中的安全伙伴（特别是澳大利亚）。①1981—2015年，前五大北约国家的国防研发支出占政府研发支出比重有了大幅下降。例如，德国和法国下降超过60%，而英国和加拿大则分别下降了54%和46%。美国和澳大利亚可能是这一时期中维持或增加这一比例仅有的两个国家。加拿大的国防研发支出占政府研发支出比例约为3%，排名几乎垫底（意大利为0.8%，最低）。美国约有一半的政府研发支出与国防相关，而英国大约将16%用于国防研发。法国和澳大利亚将接近7%政府研发资金用于国防。

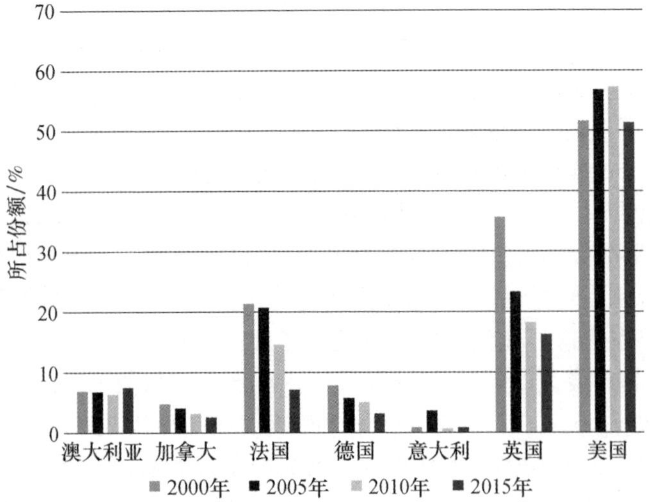

图 20.3 研发支出中的国防研发所占份额（选取部分北约和五眼联盟国家）

① “五眼联盟”是一个情报联盟，由北约成员国加拿大、英国和美国，还有澳大利亚和新西兰组成。

20.2.1 国防工业

自1990年斯德哥尔摩国际和平研究所百强军火公司数据库建立以来,加拿大只有少数公司进入了百强名单。这些公司包括航空航天公司庞巴迪(Bombardier)、模拟器和训练系统供应商加拿大航空电子设备公司(CAE),以及战车制造商加拿大通用动力陆地系统公司(General Dynamics Land Systems Canada)。

庞巴迪公司的主要业务面向民用市场,制造支线客机和运输设备。在国防销售方面,该公司主要向加拿大武装部队提供训练机和服务。加拿大通用动力陆地系统公司的前身是通用汽车的柴油事业部(GeneralMotors' Diesel Division),是轻型装甲车(Light Armoured Vehicles,LAV)的主要制造商。随着向北约盟国和美国销售额的增加,该公司在SIPRI百强公司中排名高达第43位(见表20.2)。该公司最近还签署了一份向沙特阿拉伯提供和维护装甲车的合同,价值150亿加元。

表20.2 SIPRI100大武器生产公司数据库中的加拿大公司(1990—2017年)

时间/年	排名	公司	武器销售额/当前年份加元	武器销售额/2018年不变价加元	武器销售占总销售额百分比/%	总就业当前年份/人
1996	90	庞巴迪	340	506	6	41,450
1996	93	加拿大通用汽车(美国通用汽车)	320	476	2	—
2002	43	加拿大通用汽车(美国通用汽车)	900	1237	—	—
2002	82	加拿大航空电子设备公司	390	536	54	
2003	84	加拿大航空电子设备公司	450	601	58	5000
2004	89	加拿大航空电子设备公司通用动力陆地系统	460	599	61	4800
2006	61	加拿大(通用动力陆地系统)	820	1001	—	1700
2006	100	加拿大航空电子设备公司	500	611	45	5000
2007	92	加拿大航空电子设备公司	570	677	43	6000
2008	89	加拿大航空电子设备公司	680	780	44	7000

（续表）

时间/年	排名	公司	武器销售额/当前年份加元	武器销售额/2018年不变价加元	武器销售占总销售额百分比/%	总就业当前年份/人
2009	96	加拿大航空电子设备公司	710	797	53	7000
2010	81	加拿大航空电子设备公司	840	949	53	7500
2011	84	加拿大航空电子设备公司	900	992	49	8000
2012	91	加拿大航空电子设备公司	840	898	40	7670
2013	100	加拿大航空电子设备公司	800	845	39	8000
2015	96	加拿大航空电子设备公司	760	780	39	8000
2016	89	加拿大航空电子设备公司	780	805	38	8500

来源：SIPRI武器工业数据库（2018年11月8日）和作者换算成2018年固定美元的计算。

1998年，通用动力任务系统公司（General Dynamics Mission Systems）收购了另外一家在进入百强名单的加拿大公司，即加拿大计算设备公司（Computing Devices Canada）。加拿大航空电子设备公司（CAE）是唯一一家始终位于百强名单中的加拿大公司。尽管如此，2004—2016年，该公司国防业务占总销售额的比例也从61%降到38%（表20.2）。

下面我们基于2016年的调查数据，简单描述加拿大国防工业的研发强度。从加拿大商业部门更广泛的研究支出趋势来看，可以发现某些工业部门的研发支出比例过高。我们查阅了研究信息源公司（Research Infosource Inc）[①]的数据，其中包括2001—2018年加拿大研发支最多的100家企业的信息。

表20.3列出了名单上排名在前的国防和航空航天公司，以及按2018年不变美元和汇率计算的相关研发支出。表格中只有三家公司一直跻身于前100强公司之中。需要注意的是，外国公司的子公司，如L3WESCAM和洛克希德·马丁也出现在百强名单中，尽管是偶尔出现。加拿大航天公司麦克唐纳·迪特维利联合有限公司（Macdonald Dettwilerand Associates）在21世纪的第一个10年中期也曾几次出现在榜单中。庞巴迪公司已成为加拿大研发支出最多的公司，2001—2017年研发支出

① https://researchinfosource.com/news/2018，2018年11月12日访问。

增长了853%。加拿大航空电子设备公司在此期间实际研发支出也增长了11%。外国子公司惠普公司(Pratt & Whitney)在此期间研发支出则下降了15%。

表20.3　加拿大各年最高研发支出

惠普加拿大公司				庞巴迪有限公司			加拿大航空电子设备公司		
时间/年	排名	研发(2018年)/美元	研发强度	排名	研发(2018年)/美元	研发强度	排名	研发(2018年)/美元	研发强度
2001		463			130			128.50	
2002	3	441	18%	8	241	1%	20	120.59	10%
2006		441			180			87.97	
2007	4	394	14%	14	132	1%	21	78.92	7%
2011		390			1103			96.57	
2012	5	428		1	1545	11%	19	116.93	8%
2014		428			1596			117.60	
2015	6	409		1	1812	10%	22	109.73	6%
2016		400			1542			117.49	
2017	5	395		1	1234	8%	19	143.13	7%

来源:www.researchinfosource.com/top-100-corporate-rd-spenders/2018/list(各年)和作者计算。

研发支出百强公司数据库还体现了加拿大三个关键的统计数据。首先,百强企业往往是由一家或两家大公司占据主导地位。例如,2001—2008年,通信公司北电网络(Nortel Networks)占据榜首。2009—2011年,另一家电信巨头黑莓(Blackberry)排名第一。这些公司在各自领域已不再具有竞争力(北电网络于2009年申请破产)。在过去六年里,航空航天公司庞巴迪一直在排名中占据领先地位。其次,大型外国子公司占据了加拿大研发活动的大部分。除了庞巴迪和加拿大航空电子设备公司外,大多数航空航天公司都是外国的子公司。最后,正如下一节所要详细讨论的那样,大多数加拿大防务公司都是中小规模的公司。正如崔和李(Choi & Lee,2018)所指出的,中小型企业在研发支出方面往往低于大型企业。

20.3　产业结构和特点

20.3.1　概述

加拿大国防工业的最新调查是加拿大国防、航空航天和海洋工业调查(Canadian Defence, Aerospaceand Marine Industry Survey, CDAMIS),由加拿大统计局代表加拿大创新、科学和经济发展局(Innovation, Scienceand Economic Development, ISED)于2016年进行。[①][②]加拿大国防、航空航天和海洋工业调查涵盖了与销售军事平台、子系统、在役支持、训练等相关的所有产品和服务的公司,可以认为这些公司定义了加拿大的国防工业。需要注意的是,这与之前加拿大国防工业基础的研究中使用的定义一致,如特雷德尼克(Treddenick, 1987)、贝里科克(Berikok, 1987)和所罗门(2009)。

这些最新调查结果显示,加拿大国防工业由664家公司组成[③],工业销售总额约104亿加元(76亿美元)[④],直接就业人数达到27000人。相比之下,洛克希德·马丁2016年的军火销售额共计408亿美元,雇佣员工97000人。利用投入-产出模型方法,加拿大创新、科学和经济发展局(ISED)估计这为加拿大的国内生产总值贡献了64亿加元,直接和间接提供了59800个全职工作。在64亿的经济影响中,31亿加元直接来自国防工业,15.5亿加元与就业人员的消费支出有关,17.5亿加元与中间投入的供应商有关(图20.4)。

加拿大国防工业的664家公司中,大多数是中小型企业,664家公司中只有32家的员工人数超过500人。然而,这些大型企业占国防工业销售额、出口额和就业人数的60%以上,占整个工业研发支出的75%。这证实了之前讨论的崔和李(2018)的研究发现。

20.3.2 加拿大防务公司的国内外所有权分配

大多数加拿大防务公司(550家)要么是加拿大政府所有,要么是由总部设在加拿大的母公司所有,但有68家公司的总部设在美国,其余46家属于英国等其他国家。有趣的是,加拿大所有的公司占整个行业总销售额的不到一半,大约45.8亿加元,美国拥有的公司销售额为46.5亿加元,其他外资公司的销售额为11.8亿加元(图20.5)。

---

① Statistics Canada, Canadian Defence, Aerospace and Marine Industries Survey (CDAMIS), 2016. 可从www.23.statcan.gc.ca/imdb/p2SV.pl?Function=getSur vey & SDDS=2933 & lang=en & db=imdb & adm=8 & dis=2获取,2018年11月6日访问。

② Innovation, Science and Economic Development Canada, Government of Canada, State of Canada's Defence Industry, 2018 Report. 可从www.ic.gc. ca/eic/site/ad-ad.nsf/eng/h_ad03978.html获取,2018年11月6日访问。

③ 该调查对“防务企业”的定义相当宽泛,包括在2016日历年内有任何国防产品和服务销售记录的公司。

④ 所有数字都以2018年不变美元价格表示。

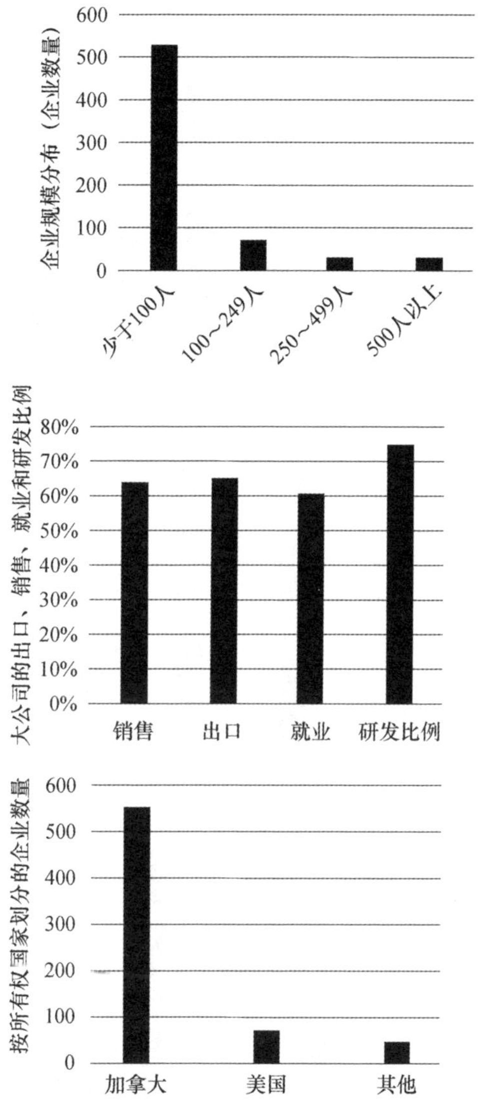

图20.4　公司结构和特点

20.3.3　公司绩效

1. 出口强度和目的地

加拿大国防工业是出口密集型产业，在104亿加元的总销售额中有60亿加元都是销往外国贸易伙伴的（约占57.5%）。

美国自然是加拿大国防产品的最大出口目的地，向其出口总额大约为21.4亿加元。中东和非洲国家进口加拿大国防物资约22.7亿加元，而向欧洲的出口总额约为8.3亿加元。

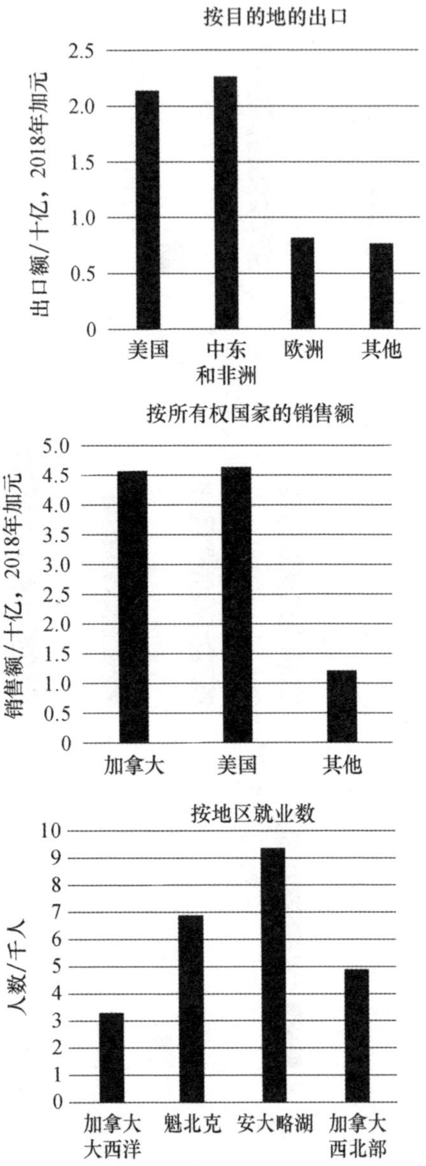

图20.5　公司所有权和区域特征

如图20.6所示，美国、中东以及北非国家是加拿大武器出口的主要目的地。这是根据斯德哥尔摩国际和平研究所的趋势指标值（Trend Indicator Values，TIV：本质上是贸易量指标）得到的。趋势指标值是比较贸易伙伴关系趋势的有用指标。美国是加拿大武器出口的主要目的地，平均约占总贸易额的26%（1981—2017年），而中东和北非（Middle East and North Africa，MENA）在此期间内占加拿大国防出口总额的20%（图20.6）。

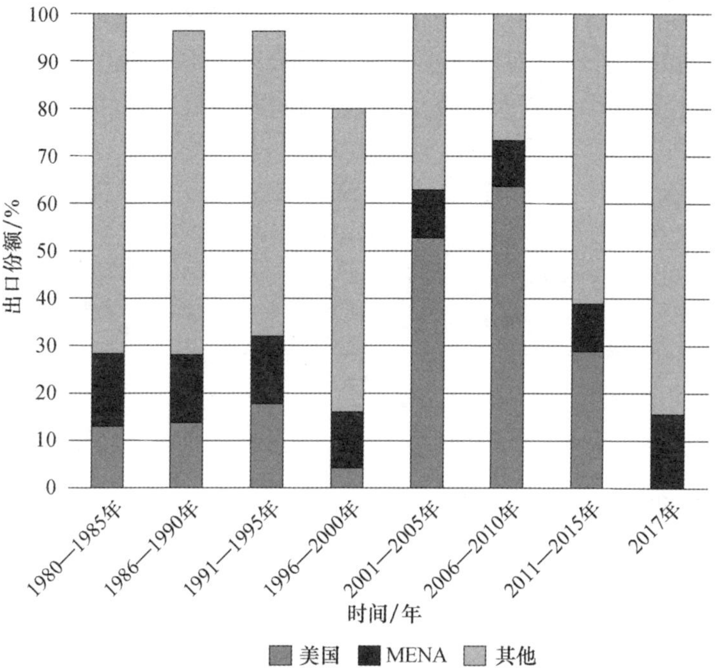

图20.6 基于SIPRI趋势指标值的加拿大出口量

加拿大平均大约70%的国防物资从美国进口(图20.7)。冷战期间,从美国进口的比例(超过85%)高于其他任何时期。加拿大经济与美国经济紧密结合,美国–加拿大国防生产共享协议(Defence Production Sharing Arrangement,DPSA)进一步规范了这种关系。

通过国防发展共享协议(Defence Development Sharing Arrangement,DDSA)和国防生产共享协议,加拿大可以通过两种方式进入美国的军事采购:①

一是通过美国国防部在加拿大商业公司(Canadian Commercial Corporation,CCC)的协助下,向加拿大国防工业部门授予的合同。

二是通过加拿大公司和美国商定的商业分包合同。这些分包合同占美国和加拿大之间贸易的大部分(详见20.3.2节)。

这两种进入世界最大国防市场的重要途径会不时地被双方之间的争端而打断。一些美国公司认为,加拿大政府(通过加拿大商业公司)承担责任,使它们处于不利地位。②同时,1999年美国《国际武器运输条例》(International Traf-

① 创新、科学和经济发展局www.ic.gc.ca/eic/site/ad–ad. nsf/eng/ad00271.html 。还可从www.ccc.ca/en/canad ian–exporters/~/media/9513A3BD3C1448FE8970C22641DD337C.ashx?la=en查看原始协议,2018年11月12日访问。

② Redesigning Defense: Planning the Transition to the Future US Defense Industrial Base, Appendix A, The North American Defense Industrial Base: Canadian and Mexican Contributions. Congress of the United States, Office of Technological Assessment, 1991.

ficin Arms Regulations, ITAR)的变化也令加拿大防务公司继续感到担忧。具体来说,国务院的监管改革意味着向加拿大要求出口许可证的项目数量增加了。这影响了与美国母公司以及加拿大子公司和相关供应链之间紧密结合的主要分包商关系。

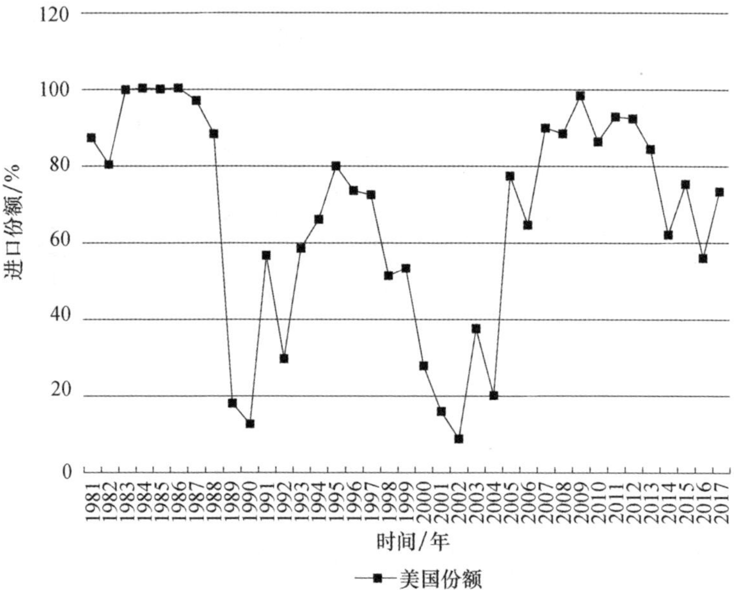

图 20.7　根据SIPRI趋势指标值计算的加拿大国防进口额中美国所占份额

2. 国防工业生产和多样化

在生产方面,加拿大最大的单一类别是制造(陆基)作战车辆和部件;这包括通用动力陆地系统公司制造的轻型装甲车(LAV)Ⅲ,该系统目前也在美国、哥伦比亚和新西兰使用,沙特阿拉伯不久将成为另一个出口目的地。在陆地和其他国防制造部门51亿加元的销售总额中,作战车辆和部件类别总计占到24.3亿加元。

在104.1亿加元的国防工业销售总额中,航空航天和海洋工业分别占33.5亿加元和19.8亿加元。在这些行业中,维护、维修和大修(Maintenance, Repairand Overhaul, MRO)是销售额份额最大的类别;在航空航天业领域,销售额排名第二的类别是电子产品、软件和相关零部件[①],销售额总计约为11亿加元。在航空航天和海洋工业的军事平台制造方面,飞机结构和部件制造的销售额是7.4亿加元,造船和海军改装的销售额约为6.5亿加元。

① 这一类别代表了加拿大国防、航空航天和海洋工业调查中两个电子产品类别的集合;这些是"主要机载通信和导航系统以及其他信息系统、软件、电子和组件"类别,以及"主要机载光电、雷达、声呐和其他传感器/信息收集系统、火控、预警和对策系统及相关部件"类别。

20.3.4　加拿大国防工业的区域分布

加拿大国防、航空航天和海洋工业调查包括各地区的国防工业就业情况，并列出了每个地区进行的主要制造活动。在国防工业直接就业的27000人中，加拿大人口最多的安大略省和魁北克省占总就业人数的60%以上，加拿大西部、北部和加拿大大西洋地区分别占19%和12%。[①]

在主要的制造活动中，造船、海军改造和海军维护、维修和大修活动自然集中在加拿大的东海岸和西海岸。安大略省最大的销售活动包括陆基作战车辆制造、飞机制造和支持国防系统的电子产品制造。魁北克省主要的国防工业活动包括生产弹药、飞机模拟系统和机载电子设备(图20.8)。

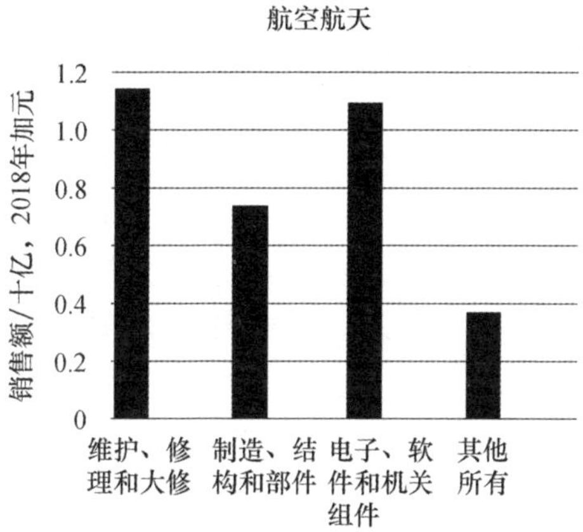

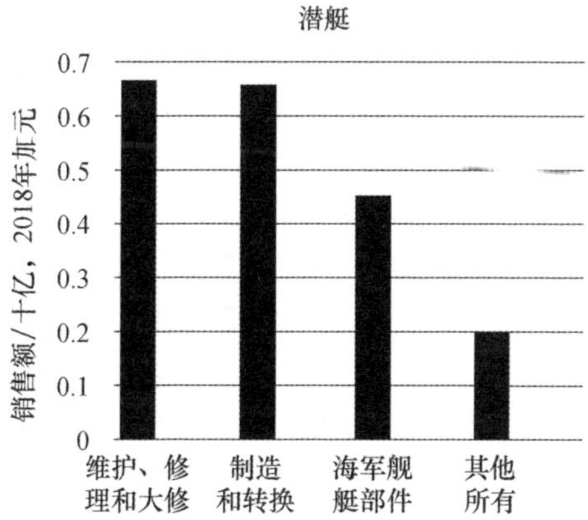

① 另外9%的总就业被列为“未指定细类”，由于四舍五入的原因，总计可能无法达到100%。

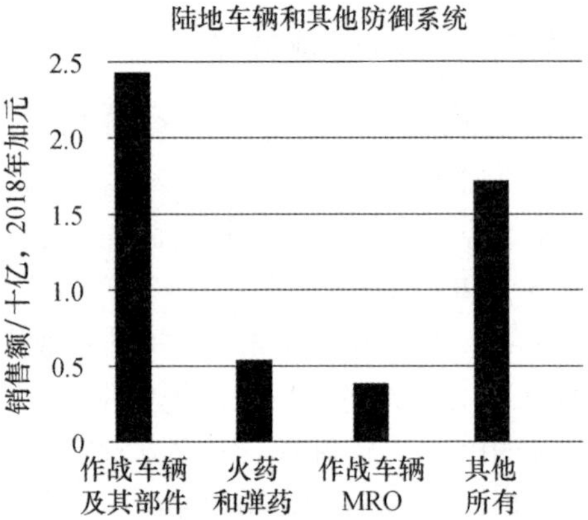

图 20.8　生产和服务

为了将加拿大国防工业基础的规模放在更广泛的加拿大经济中来分析，我们使用2016年（与调查统计数据同一年）按行业划分的国内生产总值数据。表20.4显示了按行业列示的选定行业国内生产总值，以基础价格表示（不包括产品税和补贴）。与大多数发达经济体一样，加拿大主要是一个以服务业为主的经济体：服务业约占工业总产出的71%。相比之下，制造业产值为1980亿加元，占经济总量的10%。公共部门的规模几乎是制造业的两倍，超过3650亿加元（18%）。

表 20.4　部分部门的 GDP 份额（加拿大）

行业名称	行业总产值/百万加元，2018 年基本价格	占比/%
全行业	1,903,030	100
服务业	1,344,098	70.6
公共部门	365,039	19.2
采矿、采石和油气开采	141,046	7.4
制造业	198,033	10.4
金融保险	126,874	6.7
房地产及租赁	253,973	12.8
国防服务	12,318	0.6
加油站	6299	0.3
加拿大国防工业基础*	3218	0.2

说明：加拿大国防工业基础数字转换为2018年不变价格。转换会使加拿大国防工业基础份额发生偏差，因为原始数据用市场价格表示，而不是基础价格。

资料来源：加拿大统计局表36-10-0434-03，以基本价格计算的国内生产总值，按行业分类，年平均值（百万加元），作者计算转换为2018基准年。

国防工业基础直接贡献的国内生产总值估计为32亿加元(这一数据不具有直接可比性,因为它不同于基本价格),约为0.2%。相比之下,仅是加油站就贡献了63亿加元。这些结果与过去的研究相一致,包括罗斯布鲁斯(Rosebluth,1967)对加拿大国防工业的初步开创性研究,该研究确定了相同的区域分布,利基市场的专业化以及加拿大国防领域相对而言不那么重要。①

考虑到几项政府推动的旨在发展国防部门的工业举措,这种相对一致性是显著的,例如国内重大的发展和采购项目(第二次世界大战之后)、国防官僚机构的重组(20世纪60年代)、贸易补偿和相关战略(自20世纪70年代以来)以及最近的综合性国防工业战略(2014年启动)。20.4节将简要介绍这些政策。

20.4　行为和政策

20.4.1　行为

泰勒(Taylor,2011)记录了政府在加拿大建立军事能力的几项倡议。这些早期的尝试采用了成本加成合同,利润率高达5%(论成本:Taylor,2011)。CF-100项目(Canuckaircraft,卡努克飞机)、CF105(Arrow,"箭"式战斗机)的开发,以及与易洛奎(Iroquois)喷气发动机相关的开发都是早期的例子。然而,不断变化的地缘战略关系和成本超支结束了成本加成和国内的开发试验。

20世纪50年代,对步兵运输船("山猫"(Bobcat)和"博纳文特"(Bonaventure)的改装)等竞争性投标表明,不断的设计变更和合同修改并不能控制成本。正如阿森诺特(Arseneault,1989)和博伊洛(Boileau,2004)所指出的,竞争性投标会被"低价揽客"和"大宗买进"所劫持。公司降低初始成本获得垄断优势后,可以提高备件和改造价格。同样,军队作为代理人会首先对一个项目做出小额承诺,直到发生了足够的投资,会以"沉没成本谬论"说服政府继续为更高的成本投入资金,从而导致委托人(政府)的"大宗买进"。

我们使用一个关于政府采购的公共数据集来对近期情况进行说明。具体而言,表20.5显示了2009年到2018年初,所有政府合同的汇总统计数据。②在所选期间,数据集显示总合同价值为1390亿加元。其中国防部合同约为520亿加元,占37%。单一来源合同约占总合同的22%。然而,国防部占这些单一来源合同的一半。

① 请注意,这些早期研究利用基于投入产出模型得到该部门的经济和就业影响。

② Source Public Service and Procurement Canada (PSPC) https://open.canada.ca/data/ en/dataset/53753f06-8b28-42d7-89f7-04cd014323b0,2018年11月12日访问。

表 20.5　2009—2017 年政府承包战略

2009—2018 年合同	金额/2018 年不变价，加元	占比/%
合同总价值	143,718,742,760	
国防部合同总额	53,397,458,309	37
竞争性投标合同总额	112,766,156,642	
单一来源合同总额	30,952,586,118	22
国防部单一来源合同总额	15,151,107,263	
大型皇冠项目总额	67,425,149,178	47
国防部大型皇冠项目合同总额	27,715,702,800	41
大型皇冠项目单一来源合同总额	14,310,963,510	46
大型皇冠项目国防部单一来源合同总额	6,583,798,196	
包括加拿大商业公司*	11,131,162,507	78

注：*加拿大商业公司（促进国防系统出口）。

数据来源：加拿大：公共服务和采购 https://open.canada.ca/en/open-data（2018 年 10 月 31 日访问），作者计算。

价值超过 1 亿加元的大型皇冠项目（Major Crown Projects，MCPs）或政府采购合同往往与国防工业发展政策有关，接下来我们重点分析这些合同。大型皇冠项目在 2009—2018 年，占政府合同的 47%。仅国防部就占大型皇冠项目的 41%。重要的是，单一来源合同占所有大型皇冠项目的 46%。其中，加拿大国防部及相关采购占 78%。

尽管大部分政府合同都符合国家竞争性投标的既定目标，但大型皇冠项目和军事能力往往是单一来源的。新的国家造船战略（National Shipbuilding Strategy，NSS）也标志着成本加成定价的回归。这一战略旨在巩固造船厂，并最大限度减少造船业固有的繁荣-萧条周期。该战略引入了一些绩效激励措施，但选定的造船厂预期利润高达 14.5%（按成本计算）。欧文造船厂和塞斯潘（Seaspan）公司是为加拿大国防部和加拿大海岸警卫队建造最多 28 艘船只的首选制造商。该项目的成本估计为 380 亿加元。①

20.4.2　国防工业政策

加拿大放弃了国内军事能力的发展，现在依赖补偿贸易和相关政策工具（Berkok，2010; Solomon，2009）。其他相关政策包括《工业和地区利益》（Industrial and Regional Benefits，IRB）以及最近的《工业和技术利益》（Industrialand Technological Benefits，ITB）计划。这些计划也是对国防预算和国内总需求不断下降的合理反应。

① 最近一项研究表明，28 艘舰船中有 15 艘造价可能超过 600 亿美元（Story，2017）。

工业补偿贸易战略并非加拿大所独有。马丁和哈特利(Martin & Hartley, 1996)以及贝里科克等(Berkok et al., 2012)对于加拿大外其他国家补偿贸易进行了研究。工业补偿贸易表面上是为了"补偿"由于外部采购造成的就业和其他经济利益损失。从经济学角度看,这是一种由于对国际贸易的基本误解而造成的糟糕政策。如果一个国家在生产国防商品和服务中有比较优势,那么其他国家就应该从该国家进口。尼尔森(Nielsen, 1985)在1985年对补偿贸易项目的评述中得出结论,政策收益微乎其微。具体来说,尼尔森的报告称,一个主要承包商(麦克唐纳·道格拉斯)所报告的57%的收益都发生在没有授予合同的情况下。

《工业和地区利益》政策明确阐述了长期的工业利益条款,是对尼尔森报告后的"改进"。然而,如果实现这个目标的机制依旧模糊不清(Solomon, 2009),无法执行。该政策将国防生产重新分配给欠发达地区的目标也同样模棱两可。所罗门(Solomon, 2009)表明,加拿大的一些省份设法在没有《工业和地区利益》政策好处的情况下,提高国防工业销售额。上一节讨论的2016年的调查证实,尽管有此类工业和地区发展举措,安大略省和魁北克省仍然是加拿大主要的工业地区。

泰勒(2011)利用委托-代理-监督框架表明,《工业和地区利益》政策给政府提供了一种手段,以缓解选民关于外国采购有害于本地产业的担忧,而国防部官员则通过调整范围以适应《工业和地区利益》的要求,来获得新的军事能力。在采购博弈中,委托人(政府)和代理人(国防部)之间的这种交换是帕累托有效的,但正如泰勒(2011)所指出的,其结果并不是社会最优的。监管者(加拿大审计署,Office of the Auditor General)负责对"物有所值"进行评估,经常发现这些国家工业政策的低效率是根深蒂固的(Taylor, 2011)。

加拿大对工业政策另外一个独特视角是其管理军火生产的方法。加拿大的弹药供给项目(Munitions Supply Program, MSP)自1978年以来以多种形式存在,由政府支持的特许专营垄断权发放给不同类型弹药的供给商。这些市场不受竞争的影响,基本上是在成本加成合同的基础上运营,也就是说,政府要求供给商提供弹药,并保证他们得到生产成本加商定利润率的全额补偿。作为回报,企业通常需要向政府做出某些保证,特别是围绕"供应安全"和激增需求方面。前者涉及在冲突时期需要向加拿大武装部队(Canadian Armed Forces, CAF)提供弹药以及增加弹药需求的情况;后者反映了在短期内需要大量弹药的可能性,正如加拿大在阿富汗战争中发作最大作用时那样。①总之,加拿大的弹药工业占其国防工业基础的相当大比例,2011年的销售额为16亿加元。

关于弹药供给项目是否成功实现既定的供应安全目标,看法是多种多样的。《2007年评审处处长报告》(Chief of Review Servicesreport)指出,当时加拿大军方仍

① 贝里科克和彭尼(2014)对加拿大弹药供给项目进行了全面论述,范·巴维尔(Van Bavel, 2015)对弹药供给项目的激增能力进行了评估。

然在很大程度上依赖海外提供的关键弹药,如用于海军平台和飞机的弹药。最近,彭尼(Penney,2016)估计加拿大武装部队弹药的进口量约为50%。

20.4.3 国防工业战略

加拿大当前的《国防采购政策》(2014年制定)确定了三个目标:“及时向加拿大武装部队和加拿大海岸警卫队提供正确的装备;利用我们对国防装备的采购,在加拿大创造就业机会和经济增长;简化国防采购流程。”[①]该战略还认识到,防务企业在研发投资和资本收购方面面临不确定性。除此之外,这项战略还明确表明通过国防采购的早期行业参与和稳定资金,以减少不确定性。值得注意的是,这项政策明确承认了由于国防资金和需求环境的不确定,而带来的风险和潜在阻碍。最后两项国防政策公开宣布了明确的长期资金和国防投资计划,是减少这些不确定性的有益举措。

然而,上述三个目标可能是相互排斥的。鼓励本国发展国防工业能力与及时、具有成本效益地交付复杂的军事能力是不一致的。正如前几节所充分阐述的那样,加拿大没有承担复杂军事能力的主承包商或集成商。同样地,精简采购流程需要改变治理方式和其他政府措施。例如,当前的政府采购过程涉及三个独立的政府部门,每个部门都有自己的任务、重点和激励措施:国防部希望获得最大化军事效益的能力;加拿大创新、科学和经济发展局(ISED)的任务是促进国内工业和技术发展;加拿大公共服务和采购部门负责管理合同流程。对于任何打算进入国防市场的新公司或中小型企业而言,主导采购过程的代价都十分高昂。

在复杂的项目管理中,有限的熟练劳动力的优化分配也存在问题。斯通(Stone,2015)提议了一个部分解决方案,即通过一个独立的采购机构充分利用能够理解和带领复杂军事采购的有限人员。

加拿大国防采购战略还引入了新一轮的《工业和地区利益》政策,现在更名为《工业和技术利益》政策。这项新政策的核心是通过“价值主张”的方法对补偿贸易方案进行评级和评估。这就要求潜在的贸易伙伴从几个方面描述他们的提议,特别是在“关键工业能力(Key Industrial Capabilities,KICs)”方面。政府根据他们的总体期望,对每个关键工业能力进行加权;就像新政策名称所表明的那样,这些权重将重点放在补偿贸易的技术转让部分,以激励对国内研发活动的投资。这些政策的其他重要内容包括国内经济活动、供应商发展、技能发展和加拿大出口能力的发展。

除了技术转让之外,确定和维持关键工业能力也是为了改善加拿大在生产力和创新方面长期的不佳表现。然而,根据德拉蒙德(Drummond,2011)和加拿大科

① Public Works and Government Services Canada, Leveraging Defence Procurement to Create Jobs and Benefit the Economy Press Release February 5, 2014. Ottawa; PWGSC, 2014,可从http://news.gc.ca/web/article-en.do?mthd=tp & crtr. page=1 & nid=813789 & crtr.tp1D=1获取,2018年11月6日访问。

学院委员会(Council of Canadian Academies,2013)的研究,私营部门的商业行为可以解释生产率之谜。正如委员会所指出的,“加拿大企业已经像他们所需要的那样具有创新能力了。”[①]如果生产率之谜的解决方案是对商业激励进行微观经济评估,那么政府干预可能就是徒劳的。

即使我们承认,政府干预对支持关键工业能力是必要的,但对项目的管理和监督也需要透明。目前,我们无法了解评估指标、预期基准以及对未达到预期结果的可能处罚。

20.5　加拿大国防工业的未来展望

在目前状态下,加拿大的国防工业基础或许可以最好地描述为一个由少数外国子公司主导、政府支持的产业。加拿大为数不多的国防工业巨头,如加拿大航空电子设备公司和庞巴迪公司,通常会为成品系统或为支持服务提供投入品;如欧文和塞斯潘等造船厂公司主要专注于组装,而不是建造海军平台的高科技部件。加拿大政府历来赞成利用国防工业作为分配财富和经济活动的手段,如弹药供给项目(MSP)和加拿大创新、科学和经济发展局(ISED)的“加拿大指定地区”这样的政策证明了这一点(ISED,2018)。政府对国内经济利益和保护主义的关注是以牺牲成本和效率为代价的。尽管存在这些缺点,加拿大国防工业仍然具有国际竞争力,大多数国防部门的大部分产品都是出口给外国贸易伙伴的。

展望未来,2017年《强大、安全和参与》的国防政策如果得到全面落实,有望在未来15年内成为加拿大历史上最大一笔和平时期的防务投资。正如本章所述,在此期间,计划主要采购高规格的防务平台,包括新一代海军护卫舰和下一代战斗机。这些项目以及其他主要采购项目对加拿大工业的相关影响确实可能会相当大,特别是如果加拿大国防工业设法将自己作为这些先进国防系统全球供应链的一部分。然而,由于加拿大国防部在重大国防采购的时间安排和全面执行力方面历来都存在困难,因此仍然会有很多不确定因素,我们只需要回顾一下正在进行的未来战斗机能力项目的曲折历程。该项目于1997年正式开始,拟采购洛克希德·马丁公司的F-35战斗机,经过了几轮更新换代,还没有为采购真正的下一代战斗机制定出被认可的前进方向。

因此,图20.9显示了2007—2008年至2026—2027年间历史和预计的国防资本支出,以及根据加拿大公共账户数据报告的支出失误。在这段时间里,平均失误率约为20%;根据《强大、安全和参与》政策雄心勃勃的支出计划,即使是与拟议支出成比例的轻微失误也可能造成加拿大每年数十亿加元的亏损。下面的预测假设失误率为20%,与加拿大国防部历史失误情况一致。在这种程度的资金失效情况下,

① Council of Canadian Academies (2013). Paradox Lost, p. 11.

由于官僚主义惯性、政府更迭和预算重新分配,国防部会在履行其对重要国防平台现代化的承诺上可能会遇到困难。

加拿大国防工业的长期前景很难预测。如果以历史为鉴,加拿大政府会继续支持国内国防工业,以确保实现其经济效益、区域专业化和技术溢出的政策目标。这就留下了一个问题,即加拿大是否会发展一种不来自政府补贴的比较优势。目前,数据显示,加拿大国防工业的比较优势在于向高端国防平台,如电子、软件和其他支持系统,提供中间投入品。可以说,我们可能会将轻型装甲车的生产加入这一类别中,而轻型装甲车(LAV)Ⅲ仍然是其他国家需要的一个武器平台。这些优势是否是人为的,是否依赖于加拿大的补贴和保护主义,仍是持续存在的问题。

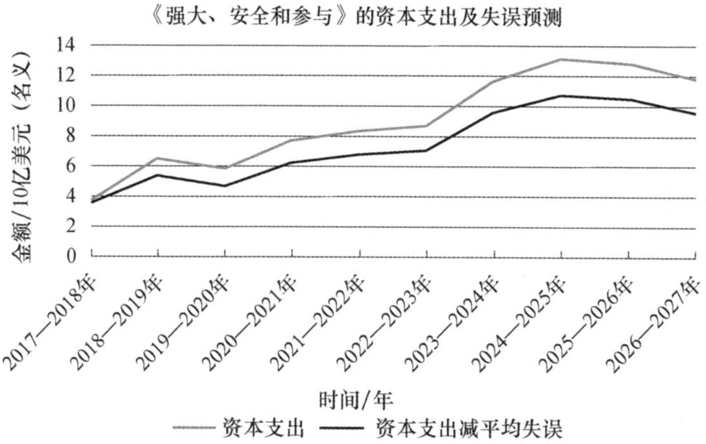

图 20.9 《强大、安全和参与》未来趋势

资料来源:PSPC,Perry(2018)和作者推断。

参考文献

Arseneault, J. (1989). "The DDH 280 Program: A Case Study of Government Expenditure Decision-Making." in *Canada's Defence Industrial Base*, edited by David G. Haglund, 118—136. Kingston, Ontario: Ronald P. Frye and Company.

Berkok, U. (2010). "Canadian Defence Procurement". in *Defence Procurement and Industry Policy: A Small Country Perspective*. Edited by Robert Wylie and Stefan Markowski. New York: Routledge.

Berkok, Ugurhan and Christopher Penney (2014). *The Political Economy of the Munitions Supply Program, Defence R&D Canada, Contract Report*. DRDC-RDDC-2014-C92.

Berkok, Ugurhan, Christopher Penney and Karl Skogstad (2012). *Defense Industrial Policy Approaches and Instruments, Aerospace Review*. www.econ.queensu.ca/files/ other/Defence%20Industrial%20Policy%20Approaches%20and%20Instruments.pdf accessed 15 November 2018.

Boileau, J. (2004). *Fastest in the World: The Saga of Canada's Revolutionary Hydrofoils*. Halifax, Nova Scotia: Formac Publishing Company.

Canada (Various years). Receiver General of Canada. Public Accounts of Canada Volumes 1-3, Ottawa: PSPC.

Canada, Department of National Defence (2017). *Strong, Secure, Engaged: Canada's Defence Policy*. Ottawa: Department of National Defence.

Canada, Department of National Defence, Chief of Review Services (2007). *Evaluation of the Munitions Supply Program*, 1258-101-4 (CRS).

Choi J. and J. Lee. (2018). Firm size and Compositions of R&D Expenditures: Evidence from a Panel of R&D Performing Manufacturing Firms. *Industry and Innovation* 25(5) 459-481.

Council of Canadian Academies (2013). *PARADOX LOST: Explaining Canada's Research Strength and Innovation Weakness*. Ottawa (ON): Advisory Group, Council of Canadian Academies.

Drummond, D. (2011). Confessions of a Serial Productivity Researcher. *International Productivity Monitor* Number 22 (Fall) 3-10.

Fetterly, R. (2018). *Implementing Strong, Secure, Engaged: The Challenges Ahead* www. cgai. ca/implementing_strong_secure_engaged_the_challenges_ahead accessed November 15th 2018.

Innovation, Science and Economic Development Canada (ISED) (2018). Industrial and Technological Benefits Policy: Value Proposition Guide. www.ic.gc.ca/eic/site/086. nsf/eng/00006.html accessed 30 Nov 2018.

Innovation, Science and Economic Development Canada (ISED) (2018). State of Canada's Aerospace Industry 2016 Report Ottawa; ISED and AIAC, 2016 www. ic. gc. ca/ eic/site/ad-ad. nsf/eng/ h_ad03964.html accessed November 15th 2018.

Martin, S. and Keith Hartley. (1996). UK Firms Experience and Perceptions of Defence Offsets: Survey Results. *Defence and Peace Economics* 6(2) 123-139.

Nielsen, Erik. (1985). *Management of Government: Procurement.* Canada: Minister of Supply and Services.

North Atlantic Treaty Organization (NATO) Information on Defence Expenditures www.nato.int/ nato_static_fl2014/assets/pdf/pdf_2017_06/20170629_170629- pr2017-111-en. pdf accessed October 31st 2018.

Organization for Economic Development and Co-operation (OECD) Main Science and Technology Indicators www. oecd. org/sti/inno/researchanddevelopmentstatis ticsrds. htm accessed November 20th 2018.

Penney, C. E. (2016). *A Brief Assessment of the Import Content of CAF Munitions*, DRDC-RDDC 2016-L222.

Perry, D. (2013). A Return to Realism: Canadian Defence Policy after the Great Recession. *Defence Studies* 13(3) 338-360.

Perry, D. (2018). *Strong, Secure, Engaged So Far, Policy Update*. Canadian Global Affairs Institute.

Research Infosource Inc. (2018). Canada's Top 100 Corporate R&D Spender List www. oecd. org/sti/inno/researchanddevelopmentstatisticsrds.htm accessed November 13th 2018.

Rosenbluth, Gideon. (1967). *The Canadian Economy and Disarmament.* Toronto: Macmillan of

Canada.

Solomon, B. (2009). "The Defence Industrial Base in Canada." Chapter 6 in *The Public Management of Defence in Canada,* edited by Craig Stone, 111-139. Toronto: Breakout Educational Network.

Solomon, B. and Stone, C. (2013). "Accrual Budgeting and Defence Funding: Theory and Simulations", *Defence and Peace Economics,* 24:3, 211-227.

Statistics Canada Table 36-10-0434-06 Gross Domestic Product (GDP) at Basic prices, by Industry, Annual Average, Industry Detail (x 1,000,000) www.150.statcan.gc.ca/ t1/tbl1/en/tv.action?pid=3610043406.

Stockholm International Peace Research institute (SIPRI) Arms Industry Database www.sipri.org/databases/armsindustry; www. sipri. org/databases/armstransfers/ sources-and-methods accessed October 3rd 2018.

Stockholm International Peace Research institute (SIPRI) Arms Transfers Database www.sipri.org/databases/armstransfers accessed October 3rd 2018.

Stone, Craig. (2017). *Strong Secure Engaged: A Positive New Opportunity for Defence or Another Meaningless Defence Policy Statement.* Inside Policy. Ottawa: McDonald- Laurier Institute, 8 June 2017 www. macdonaldlaurier. ca/strong-secure-and- engaged-a-positive-new-opportunity-or-another-meaningless-defence-statement- craig-stone-for-inside-policy/ accessed November 21st 2018.

Stone, J.C. (2015). *Improving the Acquisition process* in Canada School of Public Policy Research papers 8 (16) University of Calgary www. policyschool. ca/wp-content/ uploads/2016/03/improving-acquisition-process-stone.pdf accessed November 21st 2018.

Story, R. (2017). *The Cost of Canada's Surface Combatants. Ottawa*: Parliamentary Budget Officer.

Taylor, Ivan (2011). *Cost Estimation and Performance Measurement in Canadian Defence: A Principal-Agent-Monitor Perspective.* Ph D Dissertation Order No. NR81550. Canada: Carleton University, 151. http://search. proquest. com/docview/917457503? accountid=9867 accessed November 2nd 2018.

Treddenick, J.M. (1987). *The Economic Significance of the Canadian Defence Industrial Base,* CSDRM, No. 5, Ontario: Kingston.

Van Bavel, G. (2015). *The Munitions Supply Program during Canada's Participation in the NATO International Security Assistance Force in Afghanistan. A look at the effect of a surge in demand on selected calibres* DRDC-RDDC 2015-L316.

第21章　澳大利亚国防工业

斯特凡·马科夫斯基　罗伯·伯克　罗伯特·怀利

21.1　引　　言

澳大利亚国防工业是澳大利亚政府为澳大利亚国防部队(Australian Defence Force)支付采购和维持物资的产物,在很大程度上,也是他们认为必须从国内供应商采购军事必需品的结果。在2018—2019财年,澳大利亚国防支出①预算为364亿澳元,相当于该国国内生产总值的1.91%,是澳大利亚政府预算总支出的6.4%。

国防部通常将其年度预算的三分之一用于采购和维持澳大利亚国防军队的装备。其中一半以上用于从本地和海外供应商出采购平台和系统(2018—2019年的预算为76亿澳元)。其余资金则分配给维持费用(主要是这些平台和系统的维修、维护和改装,2018—2019年估计为63亿澳元:Hellyer,2018,表5.1,63)。在购买平台和系统的总支出中,超过三分之一的支出将用于澳大利亚本国。维持费用的相应数字是71%。

国防部在国内采购和维持总支出最多占国内生产总值的0.2%。澳大利亚国防工业雇佣的劳动力在制造业中所占比例也相对较小,约为2.9%。2017年,前40大国防供应商雇佣了20343人,其中一些人只从事非国防生产活动(同上,表5.5,70)。然而,展望未来,随着国内大型造船和军用车辆组装项目的发展势头增强,地方国防工业对经济活动的影响可能会增大。

正如下文会详细讨论的,澳大利亚国防工业主要为外资所有:在澳大利亚注册的前40大国防承包商(包括物资供应商和服务提供商)中,有27家为外资所有,有11家是澳大利亚拥有的企业,1家是澳大利亚政府的企业(Hinze,2018)。前10大物资供应商中有9家是外商独资企业(政府所有的澳大利亚潜艇公司(Australian Submarine Corporation,ASC)是唯一的例外)。

在这种背景下,21.2节考察自20世纪70年代中期以来澳大利亚国防政策的演变,特别提到了物资采购、供应安全/自力更生和国防工业发展之间的关系。21.3节讨论了国防工业目前的结构、行为和绩效,21.4节则分析了该行业的未来前景。

① 包括澳大利亚信号局(Australian Signals Directorate,ASD),它于2018年7月1日成为法定机构,仍然是国防部门的一部分,向国防部部长报告,但不再是国防部的一部分,它有自己的预算。这使得国防部的资金减少了8.27亿美元,因此,对在时间维度上比较国防支出提出了一些挑战(Hellyer,2018: 28)。

21.2 澳大利亚国防工业的演变:政策和采购

澳大利亚国防工业目前的结构、行为和绩效是澳大利亚国防政策、相关国防采购和商业投资转变的产物。自20世纪80年代以来,这些趋势可被视为一系列重叠但基本上连续的阶段,包括国防工业的商业化、追求国防工业自力更生、强调高效率和有效的国防采购,以及最近开始关注优先的国防工业能力,但这已被更广泛的工业主权概念所取代。

21.2.1 国防工业的商业化

在20世纪70年代中期,澳大利亚政府分别对美国从东南亚撤军和英国从苏伊士运河以东撤军做出了回应,改革了国防管理,宣布了一项更加自力更生的国防政策(Killen,1976)。对国防能力发展(包括资本装备的采购)与政府背书的战略和财政指导之间更好的协调一致的需求推动了上述这些改革(Tange,1973: 47-49;Andrews,2001: 193-211)。国防独立自主的重点在于必须拥有军事能力,可在不依赖其他国家战斗援助的情况下能够抵御可信的威胁(Brabin-Smith,2005)。对本国国防工业而言,这项政策并不意味着国防的自给自足,相反,它会优先利用本国工业能力来维护、修理、更新和升级澳大利亚国防军的资本性装备,“本地工业部门、精选控股公司和可靠的海外供应来源相结合,用于提供装备和物资”(Killen,1976:51)。

进入20世纪80年代,澳大利亚本土国防工业的所有权在政府和私人相关利益者之间分配。作为两次世界大战的遗留产物,联邦政府拥有三个海军船坞,雇佣了超过5400名海军和文职人员,另外还有15个政府的工程,雇佣了7200名文职人员,生产如弹药、军用服装或组装海外设计的战斗飞机。然而,私营公司占据了重要的市场领域。例如,霍克德哈维兰德公司(Hawker de Havilland)不仅维护军用飞机发动机和航空电子设备,还制造F/A-18机身部件,作为当时国防补偿贸易计划的一部分。本国公司,主要是海外电信供应商的子公司满足了日益增长的对电子雷达、水下传感器和通信系统的军事需求。然而,在这么做的过程中,它们几乎没有动力进行独立的研究和开发,而是依靠澳大利亚政府机构或海外企业寻求必要的知识产权。

向防务独立转变以及相关的行政改革是一个有争议的过程,这延误了采购(Andrews,2001:217-221)。政府工厂和船坞产能过剩问题因管理不善和长期的工业纠纷而变得更加严重,尤其是在造船和修理方面(Coulthard-Clark,1999:59-60;Holland,2014:259-260)。对公有工业资产的商业化管理以及随后的私有化改革越来越被视为解决寻租、劳动力逆向选择和地方采购中道德风险等固有问题的可能的办法。

国防相关的研究和开发主要集中在国防科学技术组织(Defence Science and Technology Organisation,DSTO),它超越了针对澳大利亚特定要求的高风险/高回报研究,如声纳技术,以开发技术演示和原型来满足澳大利亚国防军的要求(如纳尔卡(Nulka)反舰导弹防御系统)。国防科学技术组织还提供获取海外(尤其是美国和英国)军事技术创新的渠道。这样获取技术对当地的技术发展至关重要,例如,用于监视澳大利亚北部海上航道的金达利超视距雷达网(JINDALEE Over-the-horizon Radar Network,JORN)。人们清楚地认识到,鉴于澳大利亚人口少和制造业基础小,技术知识对于制定满足该国军事需求的本地解决方案来说,既非常稀缺,又至关重要。知识建设和持续保障的范围经济的最佳实现方式是将大部分现有专门知识集中在一个单一的国防技术中心,再以辐射方式延伸到当地的工业部门和学术界,以利用网络化的效率。

到1987年,私有化被普遍认为是政府工厂和船坞改革的关键。这一为期十年的进程始于1988年1月,威廉斯敦海军造船厂(Williamstown Naval Dockyard)被出售给一个私人财团。完成当时正在建造的两艘制导导弹护卫舰(FFGs)的合同提供了现金流,并为工作实践和管理的初步改革提供了支撑。随后,该财团在政府和更广泛的工会运动支持下,开始了更为雄心勃勃的改革,着眼于即将到来的竞争,即赢得一项为期15年的合同,为澳大利亚和新西兰海军建造10艘德国设计的澳新军团级护卫舰(ANZAC Class Frigates)(Holland,2014:258)。

在这种激励下,政府成立了澳大利亚国防工业公司(Australian Defence Industries,ADI),作为一家国有公司,它负责对军工厂和其他海军造船厂进行合理化改革。它将政府的飞机工厂企业化,然后分别出售给霍克德哈维兰德公司(后来被英国宇航系统公司收购)和罗克韦尔公司(Rockwell,后来被波音防务系统公司(Boeing Defence Systems)收购)(Hill,1998:238-239)。1996年,政府授予澳大利亚国防工业公司一份长期合同,为澳大利亚国防军提供弹药,在1998年,它入围了一个10亿美元的合同,以升级海军导弹护卫舰。1999年,政府将澳大利亚国防工业公司出售了一个法澳财团,并于2006年政府同意由法国合作伙伴泰利斯公司(Thales)全权控制(Parliament,1999)。这些交易标志着澳大利亚政府准许的主要海外供应商收购澳大利亚防务公司的浪潮。在十年内,澳大利亚前五大国防供应商中的四家——泰利斯公司、英国宇航系统公司、雷神公司和波音公司——都是外国公司(Hall & Wylie,2008)。

一旦政府工厂和造船厂的私有化进展顺利,政策的注意力就转移到对澳大利亚国防军的支持上。在商业支持项目(Commercial Support Program)的支持下,对陆军,海军和空军车间和仓库提供服务的市场进行了测试(Ray,1994:118-119)。该项目最终实现了对澳大利亚国防军支持能力的全面外包,以及相关军事人员的重新分配(McIntosh et al.,1997:29-37)。到21世纪初,商业支持对于澳大利亚国防军的战备工作至关重要,例如,波音澳大利亚公司运营澳大利亚国防军的固定通信系统，而信佳集团（SERCO）提供驻军支持服务（Wylie，2006：50-63）。

21.2.2 追求国防工业的独立自主

1983年，随着新一届政府当选，澳大利亚开始积极利用用国防采购来实施国防工业政策。1984年，新政府颁布了《澳大利亚工业国防政策原则》（*Defence Policy Principles for Australian Industry*）（Commonwealth，1985），指导本国工业部门参与当时设想的更加自立的澳大利亚国防军主要的再装备工作。1984年的原则随后在时任国防部长委托并于1986年出版的澳大利亚国防能力的广泛审查中得到了精炼和详述（参见迪博（Dibb，1986）：112-113）。1987年的《国防白皮书》中正式确定了防务独立、国防工业政策和国防资本装备采购之间的关系（Beazley，1987：75-89）。在随后的战略审查中提到了更多的细微差别（Ray，1993：69-73）。1994年的《国防白皮书》开辟了新的领域，规定了包括战斗系统软件和支持、数据管理和信号处理、指挥、控制和通信系统、主要武器和监视平台的系统集成、维修和维护等优先发展的本地国防工业能力（Ray，1994：115-116）。

这个政策周期有以下几个主题。首先，历届政府都明确认识到，本国工业部门参与澳大利亚国防军的供给和支持常常涉及成本溢价。国防部应根据具体情况确定这种成本是否可以接受，一方面，要考虑到由此产生的支持能力的防务价值，另一方面，要考虑到相关的惩罚，包括额外成本、能力减弱或可用性降低。

第二，然而，当代政策声明也反映了对依靠海外支持可靠性存在虽不强烈但却持续的担忧。澳大利亚想要获取1984年购买的F/A-18飞机中嵌入的电子战和其他传感器系统进行改装所需的软件，但这一请求被美国拒绝了（Hall & Wylie，2010）。1986年对澳大利亚国防能力的审查主张限制澳大利亚对海外提供维修和维护支持的依赖，尤其是支持现代武器系统所需的电子设备和软件方面。它还重申了国防科学技术组织在培养有限的本土设计技能方面的作用，澳大利亚需要这些技能来满足澳大利亚的具体要求，并促进海外装备的选择和改造（Dibb，1986：112-113）。政府随后呼吁，对于参与为国防科学技术组织率先开发的、特定的、具有战略敏感性的技术提供供给和支持的公司，澳大利亚要有高度的所有权和控制权，这些技术包括超视距离雷达和努尔卡（NULKA）反舰导弹防御系统（Beazley，1987：82-83）。

最后，对管理与非国防利益影响业务运作相关风险的担忧，限制了澳大利亚工业部门高度参与国防资本设备采购的呼声，导致政府声明：

> 除非有令人信服的相反的理由，否则国防工作将以竞争基础进行分配，采用固定价格（而不是成本加成）合同，根据重要阶段节点（而不是花费的时间）进行支付，并在适当情况下采用其他激励措施提高绩效。
>
> （出处同上：第82页，参见第5章）

然而,事后看来,澳大利亚国防政策的制定者显然低估了在诸如“柯林斯”级(COLLINS Class)潜艇和“金达利”超视距雷达系统这样复杂和创新型开发项目中,这种不干涉采购方式与自力更生引发的对高水平本地参与的需求相协调的内在挑战。这些以及与之类似的发展项目遇到了广发宣传和高度政治化的困难,这将削弱政府和议会对国防和地方工业管理国防采购和国防工业政策之间关系的能力的信心,从而开启了澳大利亚国防工业下一阶段的发展。

21.2.3　有效的国防采购

在21世纪初,政府委托澳大利亚知名商人调查国防采购政策和程序,并接受了他们的建议,即采用更加商业化的方式开展国防业务。为此,它建立了一个更加自主的国防物资组织(Defence Material Organisation,DMO),通过一系列特定项目和特定任务的采购商-供应商安排,与国防客户保持一定距离(Kinnaird et al.,2003)。在考虑潜在的风险和成本的情况下,能力规划者和采购者必须证明装备的“澳大利亚化”是合理的(同上:19),同时注意到购买现货装备将使澳大利亚能够利用更大的规模经济,避免开发新武器系统固有的成本和进度方面的巨大风险(Mortimer,2008:17)。这种商业逻辑并不妨碍当地工业部门参与对澳大利亚国防军所需物资的供给和支持。例如,2007年,澳大利亚潜艇公司(Australian Submarine Corporation,ASC)、国防部和澳大利亚雷神公司结成联盟,在南澳大利亚建造了三艘西班牙设计的“空战破坏者”(Air Warfare Destroyers),澳大利亚潜艇公司负责集成在当地几个造船厂建造的船体模块,雷神公司负责系统的集成(包括“宙斯盾”导弹防御系统)。但是,如果采取更严格的澳大利亚化方式,当地工业部门就无法参与相对成熟的飞机的供给了,如EA-18G“咆哮者”(Growler)电子战飞机和C-17A“环球空中霸王”(Globemaster)飞机,这些飞机是在军事现货(Military-Off-The-Shelf,MOTS)的基础上采购的,当地工业部门的参与仅限于国内支持(波音澳大利亚防务公司是主承包商)。

在这一阶段,澳大利亚继续为其军事能力要求寻求发展解决方案,但承担当地工业部门参与固有风险的意愿大大降低了。例如,国防物资组织与波音公司签订合同,在西雅图按照澳大利亚要求的规格设计和建造“楔尾”(Wedgetail)机载预警与控制飞机,波音公司承担了大部分成本、进度和技术风险。2013年,波音澳大利亚防务公司获得了为澳大利亚皇家空军(RAAF)服役的“楔尾”飞机提供支持的多个合同中的第一份合同。到21世纪10年代末,这种新的商业模式导致外国控制的供应商占到在澳大利亚生产的国防物资的80%以上(DMO,2008)。海外主承包商不仅在当地建立了子公司,还通过并购当地企业扩大了它们在澳大利亚的业务范围。英国宇航系统澳大利亚公司是这方面的领导,它的前身是为英国在乌美拉镇进行武器测试提供支持的承包商,通过在20世纪90年代中期收购AWA国防工业公司(AWA Defence Industries)和西门子普莱西公司(Siemens Plessy),在国防电子领域的业务翻了一番,同时在商业支持项目(Commercial Support Program)的支持下,将其业务扩展到为澳大利亚国防军提供基本的飞行训练服务,然后,在2008年收购特尼克思防御系统公司(Tenix Defence Systems,之前为Transfield),实现造船业务的多元化。

2007年,美国和澳大利亚政府签署了《澳大利亚-美国防务贸易合作条约》(*Australia- United States Treaty on Defense Trade Cooperation*),以促进本地对澳大利亚国防军采购的美国生产平台和系统提供支持。这项条约与同英国签订的条约一样,旨在加快美国国务院向澳大利亚出口军事和军事相关技术的许可。然而,该条约并未涵盖隐形、传感器融合、电子战和卫星等美国关键技术。这些关键技术仍然需要美国国务院的逐案许可,几乎所有美国来源的重要军事平台和系统的软件源代码也是如此(Wylie,2008:123-127)。

21.2.4 从优先工业能力到自主工业能力

2007年,时任国防部长指示国防部确定那些优先工业能力(priority industry capabilities,PIC),这些能力可以通过在国内发展而带来基本的国家安全和战略优势(Nelson,2007:10)。国防部还需要监督已确定的优先工业能力的健康和持续性,并在必要时采取与采购有关的行动来弥补能力不足。这些行动可能包括重新安排国防需求、捆绑项目和限制招标(Wylie,2007)。国防采购官员最初拒绝公开发布优先工业能力,从表面上来看是出于道德风险的理由,即认为这样做将使那些拥有优先工业能力的公司向政府施加难以控制的压力,要求政府优先购买。

2010年,新政府抛开这些顾虑,发布了一份非机密(措辞谨慎)的优先工业能力清单,以便尽可能清晰地向当地供应商传达其国防工业的优先事项(Combet,2010:38-39)。在早期,优先工业能力侧重于维持和升级澳大利亚国防军装备关键任务要素的能力,尤其是当地工业部门重新编程陆军直升机上飞行安全软件、继续改进和升级金达利超视距雷达网(JORN)以及生产特定弹药(包括小型武器)的能力。更新的优先工业能力清单大体覆盖了当地国防工业能力的20%(Bourke,2019)。2007年优先工业能力清单中一项特别有启发意义的内容是,两名前海军军官冒着商业风险,在当地开发了有源相控阵技术。对于这些企业家来说,克服当前普遍存在的对本土国防创新能力怀疑态度的关键在于,海军原则上支持使用有源相控阵雷达来增强澳新军团级舰船的反舰导弹防御能力(Macklin,2017)。

2013年,国防部发布了一份关于优先工业能力健康状况的高水平调查报告,报告指出,除了与金达利超视距雷达网有关的优先工业能力外,被调查的公司有足够的国防业务,因此在短期内不需要进行大规模国防干预。在金达利超视距雷达网(JORN)的案例中,国防部通过与相关公司签订合同(被视为签订合同)进行干预,使其能够留住高度专业化的劳动力(Wylie,2013:116)。但此后,优先工业能力倡议陷入僵局,因为国防部未能为维持该计划提供必要的行政和财政资源,而另一项政府政策倡议也使它丧失了重要性,另一项政策正式将澳大利亚国防工业认定为能力的基本投入(Fundamental Input to Capability,FIC),并引入“工业主权”概念作为决定哪些装备应当在澳大利亚而不是在海外建造的基础(Payne,2016:108-111)。“工业主权”概念不仅限于军事战略上的必要性,还可以为澳大利亚带来更广泛的经济利益。两年后,澳大利亚又提出“主权工业能力优先事项”(Sovereign Industrial Capability Priorities)的概念(见下文)。

由于当地国防工业被赋予了能力基本投入的地位,对国防资本设备采购的投标价值在2000万澳元或以上的公司,有义务为澳大利亚工业能力发展提供具体的项目计划,包括该公司打算如何支持技术转让并促进澳大利亚国防工业的创新。国防部有义务根据提案的质量和对澳大利亚国防工业的好处来评估这些计划。而且,一旦签订合同,国防部将执行合同中的澳大利亚工业能力计划,以确保利益得以实现(DoD,2016:49)。

根据当地国防工业能力基本投入的地位,可以为大幅度淡化国防战略、国防工业政策和国防采购之间的联系铺平道路。在2016年联邦大选前夕,时任澳大利亚总理宣布,“柯林斯”级(COLLINS Class)潜艇将被12艘法国设计、在南澳大利亚建造新常规潜艇所取代。这个耗资500亿澳元、耗时20年的项目不仅是为了满足澳大利亚的国防需求,也是为了重振澳大利亚的制造业。不出所料的是,该声明提到要为澳大利亚创造2800个新的高科技工作岗位,主要集中在受当地汽车工业崩溃冲击的南澳大利亚州(Turnbull,2016)。

宣布在当地建造新潜艇只是政府在2017年发布的雄心勃勃且公开干预海军造船计划的序幕。该计划的基础是“自第二次世界大战以来澳大利亚皇家海军最大的资本重组”,包括三个连续的海军建设项目,分别针对新潜艇、大型水面战斗舰和小型海军舰艇,这些工作分配给了在南澳大利亚的奥斯本海军造船厂(Osborne Naval Shipyard)和西澳大利亚的亨德森海事分局(Henderson Maritime Precinct)(Turnbull & Pyne,2017: 11)。

2018年,澳大利亚政府发布了《国防工业能力规划》(Defence Industrial Capability Plan),旨在未来20年内实现澳大利亚国防工业的能力、态势和弹性,以满足澳大利亚的国防需求(Pyne & Payne,2018: 14)。该规划取决于发展和维持主权工业能力优先事项(SICP)。后者包括旧的优先工业能力,但范围更广,还包括被认为对实现中短期资本投资综合计划至关重要的当地工业能力,或“由于其工业复杂性,需要更专门的监督、管理和支持,政府在多个能力项目中的优先权和要求,包括非国防方面的考虑”(出处同上:19)。

从优先发展到主权工业能力的转变,使澳大利亚远远超越了长期以来对自力更生的关注,这种自力更生以维护、修理、改造和调整国防装备以适应澳大利亚环境为基础。早期的优先工业能力覆盖了澳大利亚国防工业大约20%的生产,而新的主权工业能力优先事项覆盖了大约80%的生产。与20世纪80年代和90年代初盛行的想法相比，这意味着一个根本性的转变，那时澳大利亚国防军的物资需求由本国提供的比例要高得多，这些需求对所涉及的额外成本不那么敏感。

追求如此规模的国防工业主权促使生产力委员会（Productivity Commission）（2016：37）观察到：

在没有足够战略防御和溢出效应来抵消额外成本的情况下，为当地建筑支付更多费用，将导致生产资源（劳动力、资本和土地）从相对更有效（较少援助）的用途中转移出来。它还会形成将有更多这种高成本工作的永久预期，如最近海军造船业中大力推广的“死亡谷”（valley of death）就是例证。这种扭曲削弱了澳大利亚利用社会资源实现经济和社会福利最大化的能力。最近决定以30%的成本溢价在本地建造新潜艇，以及倾向于使用本地钢材，提供了一个说明性的例子，它表明本地成本溢价如何为国防承包商以及供应主要钢铁投入的公司提供了非常高的有效援助率。

在这种情况下，一个关键问题是，国防部在其最近的大型采购项目的招标阶段已停止收集价格溢价数据，这些项目包括近海巡逻舰（30亿~40亿澳元）、未来护卫舰（超过350亿澳元）和作战侦察车（50亿澳元）。如果在项目投标阶段没有收集溢价数据，则也不可能在后期采购过程中通过汇编得到。从目前情况看，国防部现在只会收集大型资本装备项目的经济效益数据，不会尝试衡量这些项目的经济成本，也不会估算它们的价格溢价。在当前的政策背景下，鉴于普遍存在的治理安排，缺乏透明度是主权工业能力的特征，这使得国防采购容易被相关的商业、工业和政治利益所俘获，从而导致公众对采购过程的诚信丧失信心。

21.3 澳大利亚国防工业的结构、行为和绩效

有关澳大利亚国防工业结构、行为和绩效的定量信息相对较少。公开数据的主要官方来源是1994年工业委员会和2008年国防部进行的一次性调查。《澳大利亚国防杂志》（*Australian Defence Magazine*）对澳大利亚排名前40名的国防承包商进行的年度审查是这些稀少官方来源信息的有益补充（参见，欣茨（Hinze，2018））。澳大利亚国家审计署（Australian National Audit Office）发布的定期报告是有关特定国防项目和规划定量信息的最佳来源，但将这些项目的具体数据转化为有关整个国防工业绩效的可靠信息，却存在着难以克服的困难。

也就是说，国防工业部门有许多易于识别的特征，这与人们期望会在一个小型开放经济体中发现的情况相吻合，这个经济体的国防政策以工业自力更生、偏好于从私营部门采购军事物资，以及接受在本国国防工业的关键存在外资所有权为基础。这些特征包括：

（1）供应商高度集中；

（2）以海洋为导向的国防工业；

(3) 高技能劳动力;
(4) 高度的外国所有权;
(5) 本土工业研发水平低;
(6) 出口水平低;
(7) 工业活动在地理上聚集,近期集中在南澳大利亚;
(8) 相对较高的盈利水平。

下面的讨论将分别阐述每个特征。

21.3.1 供应商集中

2008年,澳大利亚国防工业四大公司集中率的简单平均值约为60%,相比而言,制造业作为一个整体的可比集中率约为9%,国防相关产业作为制造业的一个子集,其可比集中率约为30%(DMO,2008)。这种相对较高的集中率可以归因为国内国防需求规模较小,以及国防部倾向于与数量相对较少的大型主承包商开展业务。前十大国防供应商直接销售给国防物资组织(DMO)的国防物资,占通过位于澳大利亚公司所销售的国内外生产国防物资总价值的84%(同上:2)。

采购本国生产物资的国防支出中的70%最初用于国防工业最大的十家公司,这些公司将至少一部分国防支出转移给分包商,这些分包商中有许多是中小型企业,雇员不超过200人。这些二、三级供应商最终获得了国内国防支出的50%左右,30%直接来自国防部门,另外20%通过大公司获得。这反映出这样一个事实,即澳大利亚在很大程度上避免了国防工业的高度纵向一体化,通过主要由外资拥有的军事主承包商,结合要求大量军事物资来自本国的政策驱动,形成了一种更为松散的纵向联系。因此,在澳大利亚注册的主承包商似乎更愿意专注于系统组装、集成和整体项目管理,而将相当大比例的专业组件和服务供给留给国内规模较小的公司。一级供应商(直接和国防物资组织签订合同)向国防物资组织交付了总销售额的77%,二级供应商(由一级公司分包)交付了23%(同上:2)。

看起来,国防供应链往往相对集中,少数主承包商和原始设备制造商(OEM)控制交付过程,抵消了技术复杂、由双边垄断主导大型项目的利基领域中ADO买方垄断力量。鉴于在国内运行的主承包商数量相对较多,在一级供应商水平上似乎存在着合理的市场竞争,但一旦授予了主合同,市场可竞争的空间就会小得多(在该水平上更换供应商的机会有限)。因此,国防部不得不依赖一个或很少的上游国内供应来源,并利用直接进口的威胁来确保物有所值。

在缺乏直接进口竞争的情况下,国防部被迫对相当一部分行业进行价格管制,以达到经济有效的结果。有效监管已被证明是一项具有挑战性的任务,而与该行业盈利能力相关的调查数据表明,监管可能并非完全成功。尽管由于断断续续的国防需求和国防专用生产的技术复杂性,国防工业可能面临着比许多其他制造业领域更高水平的风险,但它似乎仍享有相对较高的盈利水平。

21.3.2 国防物资部门构成

2008年，电子产品占澳大利亚国防物资总产值的33%，海事产品占25%，航空航天占23%，“陆地产品”(如车辆和服装)占15%，武器和弹药占4%。换句话说，国防物资组织在2008年的采购占国内造船和海上修理业的近63%，飞机制造和修理业(航空航天)的31%，电子和计算机行业的4%以上，以及所有“陆地产品”的1.4%(同上:第3页)。可以认为，国防部越是在某一特定部门占主导地位，就越不能在必要时依靠经济的其他部门提供支持，在以着眼于该工业发展时，就必须更加谨慎地管理支出。这表明，海军造船业是澳大利亚国防工业中最脆弱的部分，尤其是因为高技能的人力资源很容易因其他部门或海外竞争而流失。此外，国内海上平台建设创造的就业机会相对较少，每项工作的成本较高，而且似乎没有提供太多战略军事优势(Davies et al.,2012)。相比之下，在电子和计算领域，国防业务在本国销售和生产中只占很小一部分(尽管国防业务可能在某些特定领域占主导地位)。这意味着，在紧急情况下，可以从民用部门吸引流动资源，为紧急问题即时提出创新型解决方案。

21.3.3 熟练劳动力

2008年，最大的10家公司在国防物资组织项目中雇佣了12000多人，而最大的50家供应商部署了近15000人(DMO,2008)。这些劳动力的技能和教育水平也相对较高:2008年的前10大供应商中，拥有高等教育或职业资格的员工平均可达85%，排名第11~50位的承包商中，这一比例约为80%，前50名供应商中，这一比例接近85%。相比之下，澳大利亚制造业中国防相关领域的平均比例为70%，而整个澳大利亚制造业的平均比例不到60%(同上:第4页)。这些数字表明，澳大利亚国防工业必须通过与国民经济的其他部门竞争以至少满足其对高素质工人部分需求(Davies et al.,2012)，在这种情况下，主张当地建造军舰和其他平台产生更多经济利益就合理了。

21.3.4 外国所有权

2008年，排名前50位的供应商在澳大利亚为国防物资组织生产的国防物资中有82%是受外国控制的(DMO,2008)。在国防物资组织的十大供应商中，有九家是外资所有或控股的。接下来排名第41~50位国防供应商中这一数字超过50%，而澳大利亚整个制造业的这一比例接近60%。因此，尽管前十大公司大多为外国所有，并由海外主承包商(如英国宇航系统、泰利斯或波音)控制，但二级国内防务供应商的所有权/控制权和整个制造业大致相同。澳大利亚国防工业依赖于外资和相关专业知识的流入，特别是在私有化后，依赖度与整个澳大利亚经济的依赖度是一致的。一个普遍看法是，尽管几乎所有的主承包都是外资企业，但它们旗下的公司却不是。

尽管有一些明显的例外，对于第二层级的供应商来说，情况显然不是这样。因此，澳大利亚在这一领域对外国直接投资的依赖程度远远高于表明上看到的。总的来说，接受了加强本地国防工业澳大利亚化的呼吁，将损害国防工业的自主性。

21.3.5　工业研究和开发

历史上，澳大利亚国防工业进行的研发工作相对较少。这主要是因为国防部门长期以来一直通过国防科学技术组织为内部研发提供资助，而不是鼓励当地私营部门参与。然而，国防科学技术组织作为内部技术顾问的角色加剧了这种做法的后果，使其无法与竞争本地国防开发合同的公司合作。其他因素还包括澳大利亚国内市场相对较小，需要专注于其自然环境所特有、但不适用于其他国家环境的新技术。最后，在所有其他条件相同的情况下，外资公司更有可能从其海外母公司进口专有技术，而不是从事自主创新（有关附带收益的证据，参见21.4节）。

21.3.6　出口

2008年，澳大利亚前50大国防供应商生产的全部国防物资中有6%用于出口。按价值计算，出口额占十大国防物资组织供应商销售额的6.5%，在接下来排名第41~50位的公司中出口占销售额的5.7%，占前50名供应商销售额的6.4%。相比之下，澳大利亚制造业国防相关的出口了其产量的28%以上，而整个澳大利亚制造业的份额为22.5%（同上：4）。适度的国防出口情况可归因于海外国防市场的高贸易壁垒、有限的国内需求、有限的国际竞争力，外国主承包商不愿用澳大利亚分包商替代海外较低级别的供应商，以及可以说是国防部对出口管制相对严格。出口显然不是解决起起落落需求模式的灵丹妙药，这种需求模式历来是国防投资的特点，在当前的国防工业政策环境和采购规划下，这种情况是否会发生改变还有待观察。

21.3.7　位置

2008年，在国防物资组织从前50大国防供应商的国内采购总额中，昆士兰州占交付总额的25%，南澳大利亚州占24%，新南威尔士州占19.5%，维多利亚州占14%，西澳大利亚州占9%，北领地占6%，澳大利亚首都领地（ACT）占2%，塔斯马尼亚州占1%。这些数字表明，南澳大利亚州获得的国防支出占比过高，国防工业分布于几个集群中，包括莫森湖区的电子设备和邻近爱丁堡的国防科学技术组织，以及奥斯本的造船/维修中心。这种产业集群似乎反映了政治选择和经济激励的共同作用，偶尔也会受到其他国家的批评。

21.3.8　盈利能力

历史上断断续续的国防需求和技术复杂性可能表明，与许多其他制造业领域相比，本土国防供应商面临着更高的风险。然而，2008年的调查数据表明，国防供应商享有相较高的盈利水平：国防物资组织的前十大供应商在2008年的税前会计利润占专业防务公司（其总销售额的70%或以上销往国防物资组织）销售额的比例平均为8.8%，在排名前41~50位的7家专业公司中这一比例平均为19.2%，排名前50位的17家专业公司中，这一比例平均为9.3%。相比之下，澳大利亚制造业国防相关领域的平均税前会计利润率为5%，而整个澳大利亚制造业的平均税前会计利润率为7.5%（同上：4）。总的来说，尽管受到上述军事现货、商业现货和海外采购的威胁，国防工业似乎还是有利润的。

21.4 结论：新的国防工业政策议程

在撰写本章内容时，现任政府国防工业议程的所有四项主要内容均已到位：《国防工业政策声明》（*Defence Industry Policy Statement*）、《海军造船计划》（*Naval Shipbuilding Plan*）、《国防工业能力规划》（*Defence Industrial Capability Plan*）和《国防出口战略》（*Defence Export Strategy*）。这些构成了新的政策议程，它们将在未来20年内塑造澳大利亚国防工业的发展。新议程希望与过去四年发来起来的两党制下国防工业自立政策完全不同，它们以主权工业能力优先事项（SICP）概念为基础，超越了此前具有较强选择性和狭隘关注优先工业能力（PICs），以"涵盖几乎所有可能属于澳大利亚的技术能力范围"（Bourke，2019）。虽然重新划分的优先工业能力"构成了新工业主权框架的支柱"，但似乎"来自优先工业能力覆盖的（国防）工业约占20%"，也就是说，在新的议程下，"只有20%的工业被失去了主权地位（主权工业能力优先事项SICP）"（同上）。这意味着，一项重要的进口替代战略旨在在澳大利亚建立和储存澳大利亚国防军采购军事平台和武器系统中的更大比例。

显然，在未来几年里，要保证这种广泛界定的工业优先事项的经济可行性（健康）是非常具有挑战性的。然而，新议程的支持者认为这方面没有问题，因为澳大利亚即将在和平时期开始最大规模的军事能力建设，预计通过投入2000亿澳元的纳税人资金来利用和维持广义的工业"必备"能力，否则这一机会将流失到国外，"为其他国家创造就业机会和生产机会"（国防工业部长、国防部连线，2018年5月14日）。随之而来的需求趋于平稳以及工作量更均匀的分散，将会提高该行业的生产率，从而大大降低（可能减半）进口替代所需支付的成本溢价，尽管受保护的国防工业基础增加了四倍。预期将会有更稳定、更持续的工作量，这将提高国内国防生产商的价格竞争力，这不仅能够降低国防军用物资的国内采购成本，而且还将使该行业在出口市场上更有竞争力。从而形成供需互动的良性循环，需求平稳将减少了供给的变化，这反过来又会降低本国生产物资的单位成本，使其更容易负担得起，并产生更大需求。任何国内需求的不足都将被增加的出口部分所抵消，这也将有助于提高澳大利亚国防供应商的生产率。并且，如果这还不足够，那么适度的补贴将使澳大利亚的出口品对外国买家更具吸引力。

没有任何证据支持所有这些主张,国防经济学家对这些说法持一定程度的怀疑态度也就不足为奇了。正如戴维斯等(Davies et al.,2012:1)回应生产力委员会(2016)的早期评论时所观察到的,拟定国防工业议程的总体结果是:

> 扭曲资源分配,不仅存在于整体经济中,也存在于国防领域自身中,因为该项目的高成本降低了为澳大利亚国防所需能力提供资金的能力。此外,(我们的)分析表明,与澳大利亚生产相关的成本处罚在未来不大可能减少。国防自主的目标并不能为承担这些过高的费用提供合理理由。

长期以来,本国国防工业倡导者一直声称,在澳大利亚建造新的军事平台可以为该国经济的其他领域带来技术利益。特别是在20世纪80年代和90年代,国内组装F-18和"柯林斯"级潜艇项目等备受瞩目的项目尤其如此。这两个项目都没能实现早期所预期的,对民用部门有重大的技术外溢效应。这并不奇怪,因为军事技术转让和改造的成本很高,而且可能从这种转让中受益最多的制造业部门在澳大利亚并不如日本或韩国的那样发达(参见第18章和第19章)。此外,为了确保技术转让给整体经济带来好处,民用部门必须拥有足够的吸收能力,才能传播和使用军事技术。因此,几乎没有证据表明,两用和(或)前国防技术扩散到了更广泛的民用经济中。如果说有什么不同的话,那就是民用部门增加了其支持国防特定工业活动的能力,大量中小型企业作为国防主承包商和原始设备制造商的分包商就证明了这一点。澳大利亚最大的国防主承包商和军事原始设备制造商主要都由外国所有,也不可能有利于更广泛的技术扩散。处于技术前沿的知识是高度专有的,公司不可能把他们宝贵的技术财富提供给其潜在的竞争对手。尽管如此,新的工业议程遵循了这条惯常的道路,即通过进口和国产的军事技术扩散使民用部门实现经济收益,对此给予厚望,尽管民用部门经验丰富,这意味着有必要保持一定程度的合理怀疑和谨慎态度。

2016年《国防工业政策声明》重申,"澳大利亚的国防能力优势是基于国防部署、运营和维持(在该地区)技术优势的能力"。(DoD,2016:19)。但随着地区强大国变得更加富裕,它们不仅增加军费支出,还会投资于技术更先进的作战能力。在未来的20年里,这种情况可能会加剧,因为预计各地区大国将购买包括舰载导弹在内的远程精确制导导弹。2016年《国防白皮书》预测:

> 先进的情报、监视和侦察系统,包括太空和高空能力,将是普遍存在的,从而降低了隐身能力的有效性。该地区将看到更多的自主系统,如在水下、水面和空中环境中运行的无人驾驶战斗车辆。
>
> (Payne,2016:49-50)

该地区的其他技术进步将包括“量子计算、创新制造、高超音速技术、定向能武器和无人系统”。此外，在未来20年内，“世界上一半的潜艇”和“世界上至少一半装备了远程导弹并由高度复杂信息网络的支持的先进战斗机将在该区域作战”（同上）。

随着第四次技术革命的展开，这种技术观点与更广泛的军事文献中有关军事技术发展可能方向的情景产生了很好的共鸣（例如，Hammes，2015，2018）。自20世纪80年代早期以来，美国一直拥有全自主武器，美国海军部署了一枚固定在船底的鱼雷，当舰载传感器确认指定目标在射程内时，该鱼雷就发射（Hammes，2018）。使用人工智能（AI）的致命自主武器系统（Lethal autonomous weapon systems，LAWS）也已经试验了几十年（Truffer，2018）。然而，尽管一些系统，特别是防空系统，几乎是自主的，但使用致命武器的最终决定权依然在操作人员手中。因此，未来的自主武器很可能经常会在发射后禁止人类监督的条件下运作。技术进步迅速扩大了需要以机器速度进行的操作范围，但人工操作情况除外（Hammes，2018）。美国海军在30年前为“宙斯盾”战斗系统开发自主模式时就认识到了这一点。目前，美国拥有大量的智能水雷和鱼雷，执行小型任务的自主微型无人机，以及在攻击目标之前可以绕轨道飞行的弹药。所有这些系统都符合美国国防部的现行政策，即“自主和半自主武器系统的设计应允许指挥官和作战行动在使用武力方面行使适当程度的人类判断”（同上）。其他国家在致命自主武器系统方面的投资也与美国不相上下了。[①]使用人工智能设备的智能武器系统、无人机和军用机器人正在迅速原型化，并逐渐在许多国家投入使用，包括亚太地区的中国、日本、台湾地区和韩国。由于这些系统也可能在没有通信的环境中运行，所以它们仅受到最小传感器引导的限制，以便在决定攻击时自动确认目标（同上）。

其他进展包括强大但节省空间的纳米炸药、增材制造/3D打印技术，这些将使无人机等复杂武器系统及其部件的制造和组装可以在偏远地区快速进行。它们可以用作位于敌区以及海陆平台和地面飞机上潜在爆炸系统的弹药和移动雷管。监视和导航卫星已经在许多中小国家的能力范围内（同上）。

很少有公开迹象表明，澳大利亚国内创新和本土能力发展可能会如何应对这些发展。然而，国防部的下一代技术基金（Next Generation Technologies Fund，NGTF）作为新工业议程的一部分，其优先事项领域具有启发性，以下就是这些领域的具体例子：

(1) 综合情报、监视和侦察；

(2) 空间能力；

(3) 增强人类性能；

① 例如，以色列长期部署“哈比”（Harpy）无人机，这是一种完全自主的无人驾驶飞机，在发射前经过编程，可以飞到指定区域，然后使用机载传感器搜索预先指定的目标（同上）。

（4）医药反措施产品；
（5）多学科材料科学；
（6）量子技术；
（7）可信自主系统；
（8）网络；
（9）先进的传感器、高超音速和定向能能力。

（DoD，2016：32）

这些广义的转型技术领域旨在让澳大利亚保持对对手的技术“优势”，并为未来提供“改变游戏规则”的防御能力。它们将得到7.3亿澳元的10年预算支持，与海军平台和陆地车辆建设的预计支出相比，这只是一笔相当适度的支出。此外，与旧的国防研发政策不同，下一代技术基金拟定的目标更加广泛地界定了由工业部门和学术机构以及国防部门进行的研发，而不是旧政策优先考虑以国防科学技术组织为基础的活动。

总的来说，在当前政策背景下，澳大利亚的国防工业能否为该国在应对亚太地区日益严峻的军事技术挑战方面做出有意义的贡献，仍有待观察。与20世纪80年代末和90年代有一些相似之处，因为拟定的平台建设项目和维持传统产业能力被设定为主导新产业议程，而最关键的技术领域可能与下一代技术的开发和传播有关，这将有助于技术在众多、低成本的平台上应用，使未来战场以节省劳动力和半自主作战装备为主导。由于资源将被转移到传统行业中，在未来很可能仍然像现在一样，这些尖端技术中的大多数仍不得不进口。

参考文献

Andrews, E. (2001) *The Department of Defence, Volume V of the Australian Centenary History of Defence*, Melbourne: Oxford University Press.

Beazley, The Hon K.C. (1987) *The Defence of Australia*, Canberra: Department of Defence, Australian Government Publishing Service.

Bourke, R. (2019) *Defence Projects and the Economy*, Canberra: Australian Strategic Policy Institute.

Brabin-Smith, R. (2005) ‘The Heartland of Australia’s Defence Policies’, Working Paper no 396, Strategic and Defence Studies Centre, Australian National University.

Combet, The Hon G. (2010) *Building Defence Capability: A Policy for a Smarter and More Agile Defence Industry Base*, Canberra: Department of Defence.

Commonwealth. (1985) *Year Book 1984*, Canberra: Commonwealth of Australia, Australian Government Publishing Service.

Coulthard-Clark, C. (1999) *Breaking Free: Transforming Australia’s Defence Industry*, Kew: Australian Scholarly Publishing.

Davies, A., Ergas, H. and Thomson, M. (2012) *Should Australia Build Warships? An Economic and Strategic Analysis*, Canberra: Australian Strategic Policy Institute.

Dibb, P. (1986) *Review of Australia's Defence Capabilities*, Canberra: Australian Government Publishing Service.

DMO. (2008) *Profile of Australian Defence Industry Major Australian-based Suppliers of Defence Materiel to DMO FY2007-08*, Canberra: Defence Materiel Organisation.

DoD. (2016) *Defence Industry Policy Statement 2016*, Canberra: Department of Defence, Commonwealth of Australia.

Hall, P. and Wylie, R. (2008) 'The Revolution in Military Affairs and Australia's Defence Industry Base, 1996—2006', *Security Challenges*, 4(4): 57-80.

Hall, P. and Wylie, R. (2010) 'Arms Export Controls and the Proliferation of Military Technology', Chapter 4 in Goldsmith, B. and Brauer, J. (eds.) *Economics of War and Peace: Economic, Legal and Political Perspectives*, Bingley, UK: Emerald, 53-68.

Hammes, T.X. (2015) 'Small, Smart and Many: How Drones Will Defeat Legacy Platforms on the Battlefield', *RUSI Defence Systems*, 17(July).

Hammes, T.X. (2018) 'Reality in Autonomous Systems: It Starts the Loop', *The Cove*, available at www. cove. org. au/unit-pme/article-reality-in-autonomous-systems-it- starts-the-loop/, accessed 2 December 2018.

Hellyer, M. (2018) *The Cost of Defence, ASPI Defence Budget Brief 2018—19,* Canberra: Australian Strategic Policy Institute.

Hill, B.L. (1998) *Wirraway to Hornet-A History of the Commonwealth Aircraft Corporation,* Bulleen, Victoria: Southern Cross Publications.

Hinze, J. (2018) 'ADM's Top Forty Defence Contractors 2017', *Australian Defence Magazine,* available at www.australiandefence.com.au/top-40/adm-s-top-40- defence-contractors-2017, accessed 16 November 2018.

Holland, P. (2014) 'Reforming and Restructuring the Australian Workplace: A Study of the Williamstown Naval Dockyard 1983—1993', *Labour History, 55*(3): 251-270.

Killen, The Hon D.J. (1976) *Australian Defence*, Canberra: Australian Government Publishing Service.

Kinnaird, M., Early, L. and Schofield, B. (2003) *Defence Procurement Review 2003*, Canberra: Department of Defence.

Macklin, R. (2017) *Rearming the ANZACS*, Canberra: Australian Strategic Policy Institute.

McIntosh, M., Michelmore, A., Brabin-Smith, R., Stone, J., Burgess, I. and Walls, R. (1997) *Future Directions for the Management of Australia's Defence-Report of the Defence Efficiency Review,* Canberra: Commonwealth of Australia.

Mortimer, D. (2008) *Going to the next level - The Report of the Defence Procurement and Sustainment Review,* Canberra: Commonwealth of Australia.

Nelson, The Hon B. (2007) *Defence and Industry Policy Statement 2007*, Canberra: Department of Defence.

Parliament (1999) 'The ADI Sale Process', Senate Standing Committee of Foreign Affairs, Defence and Trade, Canberra: Parliament of Australia, available at www.aph. gov.au/Parliamentary_Business/Committees/Senate/Foreign_Affairs_Defence_and_ Trade/Completed_inquiries/1999-02/adi, accessed 5 Nov. 2018.

Payne, The Hon M. (2016) *Defence White Paper 2016*, Canberra: Commonwealth of Australia.

Productivity Commission. (2016) *Trade & Assistance Review 2014-15*, Canberra: Commonwealth of Australia.

Pyne, The Hon C. and Payne, The Hon M. (2018) *Defence Industrial Capability Plan 2018*, Canberra: Commonwealth of Australia, available at www. defence. gov. au/SPI/Industry/ CapabilityPlan/Docs/DefenceIndustrialCapabilityPlan-web.pdf, accessed 5 Nov. 2018.

Ray, The Hon R. (1993) *Strategic Review 1993*, Canberra: Defence Publishing Service.

Ray, The Hon R. (1994) *Defending Australia-The Defence White Paper*, Canberra: Australian Government Publishing Service.

Tange, A. (1973) *Australian Defence-Report on the Reorganisation of the Defence Group of Departments*, Canberra: Department of Defence.

Truffer, P. (2018) 'Lethal Autonomous Weapon Systems and Artificial Intelligence in Future Conflicts', *The Cove*, October, available at www.cove.org.au/war-room/link- lethal-autonomous-weapon-systems-and-artificial-intelligence-in-future-conflicts- by-patrick-truffer-via-offizier, accessed 2 Nov. 2018.

Turnbull, The Rt Hon M. (2016) 'Australia's Future Fleet of Submarines', transcript of speech on 26 April 2016 available at www.malcolmturnbull.com.au/media.doorstop- australias-future-fleet-of-submarines.

Turnbull, The Rt Hon M. and Pyne, The Hon C. (2017) *Naval Ship Building Plan*, Canberra: Commonwealth of Australia.

Wylie, R. (2006) 'Supplying and Supporting Australia's Military Capability', *in CEDA (2006): The Business of Defence Sustaining Capability*, Melbourne: Committee for Economic Development of Australia, 50-63.

Wylie, R. (2007) 'A Defence Policy for Australian Industry: Are We There Yet?', *Security Challenges*, **3**(2): 53-71.

Wylie, R. (2008) 'Facilitating Defence Trade between Australia and the United States: A Vital Work in Progress', *Security Challenges*, **4**(3): 115-134.

Wylie, R. (2013) 'Defence Industry and Innovation Policy', *Security Challenges*, **9**(2): 107-119.

第22章 巴西国防工业

迭戈·洛佩斯·达·席尔瓦

22.1 引　　言

巴西是国防经济学中一个有趣的例子。在20世纪80年代,巴西成为世界上最大的军事装备出口国之一。从各种标准来衡量,这是一个第三世界国家成为武器生产国的成功案例。尽管如此,有利于巴西武器生产商发展的环境在短短十多年间就发生了巨大变化,导致其国防工业在20世纪90年代崩溃了。在一份经常被引用的关于巴西国防工业危机的研究报告中,康卡(Conca,1997,5)准确地写道:"如果说巴西的崛起暴露出人们对于第三世界国家军事工业化的可能性缺乏共识,那么它随后的衰落则表明人们对其国防工业的可持续性认识不足"。

自21世纪初以来,巴西政府提出了一系列政策以恢复其曾经强大的军火工业。政治家和学者一致认为,有必要加强武器生产能力,以支持巴西作为一个崛起中的大国地位。这项战略建立在四个主要指导方针之上:一是来自外国防务伙伴的技术转让;二是扩大国防工业;三是重组国防工业;四是国防硬件和软件的现代化。根据古韦阿(Gouvea,2015)的研究,巴西的目标是开发本土技术,以取代进口装备并与之竞争。

考虑到巴西最近重建其武器工业所付出的努力,本章有两个目标。第一,概述巴西自1980年以来军火工业的情况。然而,应更多地注意最近关于复兴国防工业部门的发展情况。绝大多数文献都致力于分析巴西军火工业的全盛时期,大多数研究都发表于20世纪80年代末至90年代初。尽管自21世纪00年代中期以来,学术界重新燃起了研究兴趣,但仍需要对近期与前期情况进行比较研究。第二,本章还会用1960—2015年巴西国内武器采购数据,重新评估对过去和现在发展变化的一些主要解释,主要是武器出口所发挥的作用。

本章的结构如下:22.2节讨论了巴西军费支出的一些主要特点。它说明了在巴西不稳定的经济表现和政治决定因素(如1985年恢复民主)下,军费支出是如何波动的。22.3节简要介绍了巴西现在和以前武器生产情况。接下来的三节讨论了巴西军火工业的结构、行为和绩效。最后一节讨论了该行业面临的挑战和前景。

22.2　军费支出

巴西的军费支出主要由政治因素决定。1985年独裁统治结束时，军事预算占国内生产总值的比例从1.4%大幅上升至1989年的2.7%。这一增长与巴西独裁时期的财政行为形成了鲜明对比。正如洛文塔尔和斯蒂芬(Lowenthal & Stepan,1988)所观察到的，在军事独裁统治下，巴西的军事负担急剧减少。在1965年，军费支出为巴西国内生产总值的3.4%，而在独裁统治时期结束时，这一比例降至1.4%。军事负担的减少被经济的快速增长所抵消：1967—1974年，即被称为“巴西奇迹”(Veloso,Villela & Giambiagi,2008)期间，巴西经济以平均每年10.15%的惊人速度增长。

20世纪80年代末军费支出的增长与民主国家军费支出较少的理论预期背道而驰。为了保住他们的任期，政客们减少军费支出，以便为教育和卫生提供更多资源，这一观点得到了经验证据的广泛支持(Albate,Bel & Elias,2012;Brauner,2015;Fordham & Walker,2005;Hunter,1997;Töngür,Hsu & Elveren,2015)。亨特(Hunter,1997)的研究与这一论点一致，其声称，巴西恢复民主制度将削弱武装部队争取资源的讨价还价能力，从而导致预算减少，这也是拉塞特和奥尼尔(Russet & Oneal,2001)的观点。

然而，正如扎维鲁查和达·库尼亚·雷泽德(Zaverucha & da Cunha Rezende,2009)所讨论的那样，巴西是这种模式的一个例外；尽管巴西恢复了民主，但无论是绝对支出还是在总支出中的份额，军费支出继续增加。将政治权力移交给文职官员在很大程度上是由军方控制的，这能够保障武装部队在关键领域有足够的讨价还价能力，特别是在制定预算方面。在很大程度上，巴西文职政府增加了军事预算，以此作为建立控制军队的手段。

20世纪90年代，军费支出模式有些不同。1989—1992年，军费支出大幅减少。不过到1994年，预算拨款迅速恢复到1989年前的水平。在随后几年里，军费支出一直处于相对停滞状态，直到20世纪末。在20世纪90年代，巴西实施了一系列新自由主义政策，促进私有化，制定了影响军费支出的预算约束。梅洛(Melo,2015)认为，新自由主义政府在20世纪90年代提出的紧缩措施导致了预算削减，会阻碍长期的国防规划。

尽管如此，在21世纪第一个十年中，巴西的财政状况发生了重大变化。大宗商品价格急剧上涨使巴西经济再度提振，年增长率达到了7.4%。巴西在2000—2010年间向中国的出口增长了四倍，从而缓解了中国对大宗商品需求的冲击。这种由大宗商品带动的增长(Ocampo,2017,2007)对军事部门也非常有利。事实上，出口收入为大幅增加军费提供了足够的资源：2003—2014年，军费支出增长了53.68%。在这种经济环境下，武器生产项目恢复了，巴西政府制定了一套新的政策来振兴军火工业。

军费支出在巴西受到严重限制。首先，巴西经济存在宏观经济结构脆弱性，这会影响军事预算的稳定。武器生产方案需要长期规划和稳定的资源供应。巴西对大宗商品出口的依赖使其经济容易受到市场波动的影响,而巴西政府一直无法保护本国不受市场波动的影响。自2013年以来,大宗商品价格下跌,到目前为止,巴西政府的支出活动仍然受到限制。贬值已经影响到军费支出,2016年实际预算减少了7.2%。随着经济形势的恶化,一些军事项目因缺乏资金而被推迟(见图22.1)。

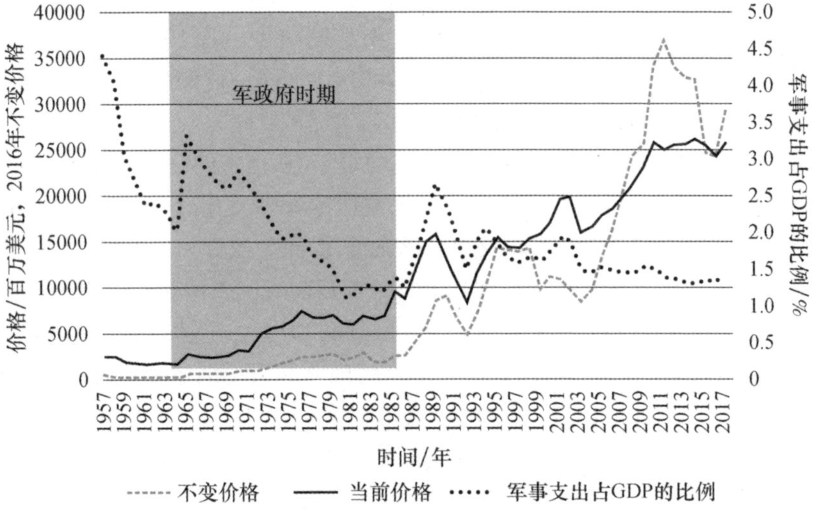

图22.1 巴西的军费支出

数据来源:SIPRI军费支出数据库;单位:百万美元,2016年不变价格。

第二个制约因素是军事预算中的人员费用占绝大部分。无法获得长时间序列的巴西军事支出分类数据。然而尽管有限,表22.1概述了巴西国防支出的主要特点。人员费用是主要支出类别。平均而言,人员费用占所有费用的77.3%。采购所占份额很小,只有5.5%。采购费用有限,使得巴西的武器库存基本过时,状况不佳。

表22.1 各分类军事支出占比(%)

种类	1992年	1993年	1994年	1995年	1996年	1997年	1998年	1999年	2000年	2001年	2002年	2003年	2004年	平均值
人员成本	72.46	72.67	71.52	75.69	81.75	56.27	80.51	73.86	81.22	81.20	85.01	87.00	86.17	77.33
运营和维护	18.58	19.07	12.92	12.50	11.32	25.63	13.60	20.36	12.20	11.21	9.58	10.50	11.50	14.40
采购	7.45	6.47	11.03	9.39	4.09	11.69	3.77	2.77	2.63	5.18	3.49	1.87	1.72	5.50
军事建设	1.14	0.00	3.78	1.96	1.99	5.36	0.87	1.95	3.03	1.59	1.27	0.09	0.09	1.78
研发	0.37	1.78	0.75	0.45	0.85	3.05	1.25	0.79	0.91	0.82	0.65	0.53	0.53	0.98

数据来源:SIPRI内部数据库。

在所有类别中,研究和发展支出最低:1992—2004年,研发支出占比平均不足1%。巴西用于研发投资的稀缺资源远远低于发达国家水平。哈特利(Hartley,2007,1154)指出,2001年,瑞典将其军事预算的6.8%用于研发;国内生产总值接近巴西的意大利为1.8%。国防研发资源匮乏是巴西武器工业发展的主要障碍之一。正如克劳斯(Clause,1990,1992)所说,大多数发展中国家都遇到了这样一个停滞期,即有限的本地研发和有限的独立生产先进武器。巴西就是这种情况的一个明显例子(见表22.1)。

22.3 巴西国防工业的发展

巴西将国防工业基础定义为:

> 一系列国有和私营公司,这些公司参与战略性国防产品的研究、开发、生产、分销和维护的一个或多个阶段,鉴于其特殊性,可能有助于实现国家安全和国防目标。
>
> (巴西,2005b)

自21世纪初以来,巴西为促进这一领域的发展做出了巨大努力,特别是在路易斯·伊纳西奥·卢拉·达席尔瓦(Luis Inácio Lula da Silva)第一届总统任期内(2002—2005年),国防事务再次受到政界重视。除给武装部队分配更多资源外,还构想了一个促进军事生产的体制机构。2005年,巴西政府发布了《国防工业政策》(*National Defence Industrial Policy*,NDIP:Brazil,2005b)和修订了《国防政策》(*National Defence Policy*,NDP:Brazil,2005a)。特别是在武器生产方面,《国防政策》寻求"使国防工业具备足够能力,以便在不可或缺的国防技术方面取得必要的自主权"(Brazil,2005a,30)。在卢拉总统的第二个任期(2006—2009年)内,于2008年颁布了《国防战略》(Brazil,2008),为实现《国防政策》提出的目标设计了必要的政策工具。

在过去十年中,巴西为恢复曾经强大的国防工业做出了巨大努力。20世纪80年代,巴西成为主要的发展中国家武器出口国。巴西作为武器生产国崛起于20世纪70年代中期,当时巴西政府推动成立国际合资企业,以此作为提高本国能力的手段。签订了大量许可协议,使得许多巴西公司进入了国防工业。例如,土木工程公司恩格萨(Engesa)和巴西航天工业公司(Avibrás)分别开始生产装甲车和导弹。巴西航空工业公司(Embraer)生产的"哈特班人"武装教练机获得了意大利阿尔马基公司(Aermacchi)的许可,"塞内卡"(Seneca)轻型飞机获得了北美派珀公司(Piper)的许可。巴西航天工业公司生产"阿斯特罗斯"(Astros)Ⅱ系列多管火箭发射器是本土化武器生产的一项重要努力。在这一进程中,巴西政府积极参与,为研究和开发以及发放特别信贷提供了强有力的财政支持。

尽管如此,在短短10年多里,这种有利的环境发生了巨大变化:巴西军火工业在20世纪90年代崩溃了。一些防务公司破产,另一些则实现了私有化。巴西航空工业公司创建于1969年,是一家国有企业,在国家支持减少和国际民用航空部门需求下降的新环境下,遭受了严重冲击。在此之前,巴西航空工业公司一直通过研究和采购预算拨款获得政府的持续支持(Dagnino,1989)。为了应对经济损失,该公司后来于1994年私有化。在这十年中,国防事务得到的政治关注和支持少了很多,这是由于巴西近年来的文职政府和军方之间仍然互不信任造成的。

20世纪90年代的行业危机使当前巴西国防工业的复苏进程成为一个极具挑战性的事业。巴西克服20世纪90年代所面临困难的能力仍然不确定。此外,目前的国际国防工业结构与巴西作为生产国在繁荣时期的国防工业结构大不相同。正如古韦阿(Gouvea,2015)所强调的那样,巴西防务生产商现在在国际武器市场上面临着比以前更激烈的竞争。正在发生的国防工业集中化过程(Bitzinger,2009;Devore,2013;Dunne,2009)可能会阻碍巴西在国外市场的竞争力。这是一个相当大的挑战,克服这一挑战需要国家和私营部门进行扎实的规划。

22.4 巴西国防工业的结构

巴西国防工业可分为三类(Imai,2011)。第一类是国有企业,一般指"通过开发常规企业无法在短期或中期内可盈利地完成或获得的技术,在技术上限之下运营"的企业(Brazil,2008)。因此,这些公司必须能够承担因保证战略装备供给所造成的赤字。例如,国有企业海军工程总公司(Empresa Gerencial de Projetos Navais,Emgepron)是参与巴西海军现代化的主承包商之一。海军工程总公司的子公司"蓝色亚马逊"(Amazul)成立于2012年,负责监督巴西国防关键项目——核推进项目(Nuclear Propulsion Program)(Brazil,2012)。同样在海军领域,海军陆战队兵工厂造船厂(Arsenal da Marinha shipyard)是巴西历史上重要的造船厂。另一家值得注意的国有公司是轻武器生产商巴西军用物资工业公司(Imbel),负责为巴西军队开发iA2 5.56毫米步枪。

第二类是私人公司,但其资本主要来自国家。这一类别中最重要的公司是巴西航空工业公司(Embraer)。KC-390是巴西国防战略关键项目,由巴西航空工业公司与英国宇航系统公司(BAE Systems)共同实施。另一家重要的公司是巴西航天工业公司(Avibrás),该公司负责监督阿斯特罗斯(Astros)2020多管火箭,并负责对这款火箭的前身阿斯特罗斯(Astros)Ⅱ进行成功的商业运作。奥德布雷希特国防科技公司(Odebrecht Defence and Technology)、阿格雷尔(Agrale)和金牛座(Forjas Taurus)也是重要公司,它们的控制权与外资共享。

第三类公司的资本主要来自国外。依维柯(Iveco)是菲亚特(Fiat)的子公司,负责为陆军生产2044辆"瓜拉尼"(Guarani)装甲车。此外,空中客车集团的子公司海利布拉公司(Helibrás)参与了EC-725直升机的生产,它是H-XBR项目的一部分。目前海利布拉公司是拉丁美洲唯一的直升机生产商。这一类中的其他公司还有透博梅卡巴西公司(Turbomeca do Brasil),这是一家生产直升机用中小型动力涡轮机的公司,生产重型卡车和军用特种车辆的戴姆勒克莱斯勒巴西公司(Daimler Chrysler do Brasil)也在这个类比中。

2013年,应用经济研究所(Institute for Applied Economic Research,IPEA)对202家参与国防工业的公司进行了非随机抽样调查(Silva Filho et al.,2013,见表22.2)。这些数据体现了国防工业行业结构的重要信息,如资本构成和收入来源。关于投资于该部门的资本来源,62.3%是国家资本。拥有外资的私营企业占少数,不到2%。大约70%的公司是独立的,而28%的公司属于一个更大的集团。①

此外,2013年的调查还提供了市场部门的数据。不到10%的公司高度依赖国防市场。大多数情况下,公司试图使其业务多样化,为公共安全和民用部门提供商品和服务(见表22.3)。

表22.2　资本来源

资本组成	占比/%
独立、有国家资本	62.3
独立、有国家和外国资本	5.7
独立、有外国资本	1.9
集团的一部分、国家资本控股	13.2
集团的一部分、外资控股	15.1
未回答	1.9

资料来源:Silva Filho, et al.(2013)。

表22.3　最终市场

市场	占比/%
国防和其他	45.2
国防、公共安全和其他	32.1
国防	9.4
其他	3.8
国防和公共安全	1.9
不清楚	9.4

资料来源:Silva Filho, et al. (2013)。

① 国防包括向海军、陆军、空军和国防部提供的物资。公共安全包括向民警、宪兵、联邦警察、联邦公路警察和市政警卫挺的物资。其他则包括国防和公共安全市场以外市场的供给。

22.5 市场行为

过去十年，巴西出台了一套新的财政激励措施来促进本国武器生产。2010年，颁布了《巴西航空业特别制度》(Special Regime for the Brazilian Aeronautic Industry，葡萄牙语缩写为Retaero)，免除了航空工业的多项税收。虽然这是一项重要举措，但《巴西航空业特别制度》仍然局限于航空领域。2012年，通过了第12.598号法律，确立了覆盖整个国防工业的全面财政安排，扩大了激励措施的范围(Brazil，2012，2013a，2013b)。《国防工业特别附属制度》(Special Tributary Regime for Defence Industry，葡萄牙语缩写为RETID)规定了采购、承包和产品开发的特殊规则。

为了促进国内采购，《国防工业特别附属制度》免除了被界定为战略防务产品(Strategic Defence Products，SDP)和战略防务公司(Strategic Defence Firms，SDF)的全部税收，并给予它们优先采购权。要纳入《国防工业特别附属制度》，公司收入中必须至少有70%来自国防相关活动。2014年，86种产品被列为《国防工业特别附属制度》产品，这一数字在第二年增加到103种。目前，《国防工业特别附属制度》覆盖了63家战略防务公司。免税政策通过抵消转换成本，鼓励民用企业在国防工业中开设子公司(Cepik & Bertol，2016，12)。一个典型例子是奥德布雷希特公司(Odebrecht)，这家民用基础设施承包商创建了一个国防部门，拥有如布拉达(Bradar)和迈创特隆(Mectron)这样的国防子公司。[①]

值得注意的是，巴西缺乏针对陆海空军队的正式的国家采购政策。军队各部门都向国防部下属的国防产品部长(Secretary of Defence Products，SEPROD)提出自己的要求，国防部整合所有的装备采办要求。国防产品部长的成就之一是提出了未来国防采购政策基本原则。2012年，巴西的《国防白皮书》阐明了制定这一政策的意图。2015年，时任国防部长雅克·瓦格纳(Jacques Wagner)起草了一份《国防产品联合采购政策》(*Joint Procurement Policy for Defence Products*)草案，但迄今为止，没有取得重大进展。

《国防工业特别附属制度》的目标之一是增加国有企业在《巴西国防装备连接计划》(*Brazil's Defence Equipment Articulation Plan*，PAED)的参与度，这一目标相对成功(Brick，2012)。席尔瓦(Silva，2015)提供了一些有趣的数字。1999—2014年，所有涉及装备现代化的军事合同中，有63.2%是与巴西公司签订的，仅巴西航空工业公司就占总数的12.9%(见表22.4)。

① 迈创特隆(Mectron)公司于2016年被以色列埃尔比特系统公司(Elbit Systems)收购。这项交易发生在奥德布雷希特公司(Odebrecht)因一项腐败指控牵涉该公司而陷入财政危机之后。埃尔比特公司将继续迈创特隆公司在军事通信领域的项目，包括为无人机开机基于任务的计算机。

表22.4　1999—2014年巴西国防承包商前15名

公司	合同数量	城市	州/省	所有权
巴西航空工业公司	12	圣若泽杜斯坎普斯	圣保罗	私人
巴西航天工业公司	10	圣若泽杜斯坎普斯	圣保罗	私人
迈克特隆(Mectron)	10	圣保罗	圣保罗	私人
里卡多基金会	5	里约热内卢	里约热内卢	私人
巴西军用物资工业公司	4	巴西利亚	联邦区	国有
轨道卫星公司(Orbisat)	4	扎卡瑞	圣保罗	私人
安泰技术公司(Atech)	3	圣保罗	圣保罗	私人
海军工程公司	3	里约热内卢	里约热内卢	国有
研究发展基金会(FUNDEP)	3	贝洛奥里藏特	米纳斯吉拉斯	私人
桑托斯实验室	3	桑托斯	圣保罗	私人
海洋研究基金会(FEMAR)	2	里约热内卢	里约热内卢	私人
海洋海军工业公司(INACE)	2	福塔莱萨	凯拉	国有
小岛造船厂(EataleiroIlha S.A)	1	里约热内卢	里约热内卢	私人
设计和管理工程公司(Genpro-Engenharia)	1	圣保罗	圣保罗	私人
布拉达公司(Bradar)	1	圣若泽杜斯坎普斯	圣保罗	私人

资料来源:P. F. da Silva (2014)。

虽然国内承包商一直积极参与武器项目,但参与程度远远不够。因此,巴西诉诸外国公司来执行《巴西国防装备连接计划》规定的项目。表22.5中的数据(也可参见席尔瓦(2015))提供了一个衡量巴西武器工业国际化程度的指标。自20世纪80年代后期以来,产能过剩和研发成本上升的趋势导致国防工业日益依赖外国直接投资和国际合作维持其能力(Bitzinger,1994;Dunne,2009;Sköns & Wulf,1994)。巴西并没有免于这一过程。在这种趋势下,近来国外公司大量参与了武器生产。例如,空中客车集团子公司海利布拉公司生产了16架EC-725直升机。塞佩蒂巴湾集团(Baía de Sepetiba Consortium)是奥德布雷希特国防技术公司与法国国有船舶制造企业(DCNS)的合作伙伴,是参与建造4艘常规潜艇和1艘核动力潜艇的主要承包商之一。

表22.5　1999—2014年前15名外国国防承包商

公司	合同数量	国家
法国国有船舶制造企业	4	法国
外国军事销售	4	美国
埃尔比特公司(Elbit)	3	以色列

（续表）

公司	合同数量	国家
依维柯/菲亚特	3	意大利
萨博公司	3	瑞典
英国宇航系统公司	2	联合王国
海布利拉/空中客车直升机	2	西班牙
欧洲宇航防务集团西班牙分公司/空中客车集团	2	法国
法国诺曼底机械制造公司	1	法国
埃尔比特公司	1	以色列
奥古斯塔·韦斯兰特公司	1	意大利
阿姆斯科公司	1	南非
ASK	1	俄罗斯
宾士域(Brunswick)	1	美国
以色列航空工业公司	1	以色列

资料来源：P.F.da Silva(2014)。

补偿贸易协议也推动了巴西国防工业的国际化(Cepik & Bertol,2016)。2002年推出了一项新的旨在提高生产能力的补偿贸易政策(Brazail,2002)。这一战略并不新奇，因为巴西几十年来一直在寻求通过技术吸收来促进本国工业的发展。正如佩洛·弗里曼(Perlo Freeman,2004)所强调的，20世纪60年代在意大利阿尔马基公司的许可下，生产“哈特班人”(Xavante)飞机是巴西航空工业公司早期发展的关键。最近，BAE系统公司与巴西航空工业公司签署了一份价值13亿美元的合同，用于巴西KC-390中轻型飞机采购项目，同意为该飞机提供商用飞行控制电子设备和主动侧杆作为补偿贸易条款的一部分(见表22.6)。

表22.6　巴西补偿贸易政策评估

部门	使用补偿贸易	技术成功	商业成功
固定翼飞机(巴西航空工业公司)	很高	很高	存在不同情况；军事生产遇到麻烦，民用生产强劲
直升机(海利布拉)	很高	低	一般
导弹(巴西航天工业公司)	低	很高	陷入严重的麻烦中，但多样化策略使其幸存
陆地车辆(恩格萨公司)	低	很高	破产
主要海军舰艇(AMJR；其他)	很高	低	成本高昂；私营公司退出

资料来源：Perlo-Freeman(2004)。

巴西补偿贸易政策的另一个例子是2013年从萨博(Saab)公司采购了36架JAS-39“鹰狮”-E(Gripen-E)多用途战斗机。这家瑞典公司提供了一个相当大的补偿贸易方案,价值相当于合同价值的175%。此外,萨博公司承诺100%的技术转让,并在巴西建造约80%的战斗机机身。瑞典的投标胜过了法国“阵风”(Rafale)、F-35“闪电”(Lightning)、F/A-18E/F“超级大黄蜂”(Super Hornet)、F-16BR和俄罗斯“苏霍伊苏”-35(Sukhoi SU-35)战斗机(Herrera & Matthews,2014)。因此,巴西的武器工业振兴进程与其补偿贸易政策有着密切联系。然而,这一战略的净效果尚不清楚。以前分析认为,巴西补偿贸易产生的经济效益微不足道(Perlo-Freeman,2004):与现货采购相比,开发和生产成本要高得多。此外,市场绩效和技术转让的结果好坏参半:补偿贸易因行业而异,其中飞机生产最为成功(Perlo-Freeman, 2004)。

22.6 巴西国防工业的绩效

22.6.1 合同履行

《国防装备连接计划》下的几个项目存在成本超支,这使巴西武器工业现代化变得更为复杂。下面的表22.7呈现了席尔瓦(2015)对合同执行情况的估计。例如,E-99飞机的现代化成本上涨了30%。同样,VBR-MR 8×8装甲车辆的开发成本也增加了。但必须承认的是,巴西政府没有就计划建造的单位数量提供初步估计。2015年修订了VBR-MR 8×8的成本数据,相关产量为408辆。因此,初始成本与2015年成本间的差异可能与产量增加有关。

表22.7 每个项目的合同业绩

项目	初始成本估计/雷亚尔	2015年成本估计/雷亚尔
E-99飞机的现代化	500,000,000	650,000,000
30M113车辆的现代化	14,900,000	15,850,000
建造马卡埃(Macae)舰船	2,200,000,000	2,200,000,000
PROSUPER水面舰艇采办项目	12,000,000,000	12,000,000,000
VBR-MR 8×8装甲车	84,694,040	110,000,000
VBR-MR 6×6装甲车	6,515,904,080	4,424,694,169
iA2 5.56毫米步枪	55,000,000	110,000,000
阿斯特罗斯2020发射平台	1,246,000,000	1,411,000,000
VLS-1	305,500,000	303,700,000

注:数字以当前值表示。

另一个成本超支项目是阿斯特罗斯2020发射平台。阿斯特罗斯2020旨在取代阿斯特罗斯Ⅱ,其成本估计上调了13%,交付时间推迟到2019年,而非最初计划的2018年。这些成本和交付延误完全符合哈特利(Hartley,2007,1157)说明时间与成本关系的分析框架。然而,值得注意的是,并不是所有的成本估计都上升了:一些项目,如VBTP-MR 6×6装甲车,价格变得更低了。成本调整的原因是生产数量减少了,这也反映出资源减少的后果。

资源的或然性直接影响合同绩效。如前所述,由于近年来经济放缓,一些项目获得的资金远低于计划水平。虽然没有一个项目面临被取消的风险,但资源减少会导致生产数量和截止期限做出调整。2013年,综合边境监测系统项目(Integrated Border Monitoring System Program,SISFRON)需要5亿美元预算,然而,该项目得到的资金不足1亿美元。预算削减肯定会影响最初提出的10年期限的要求。同样,保护巴西战略基础设施的"防御"(Proteger)项目也在同一年大幅削减了预算,从预计的4亿美元削减到约2000万美元(Gouvea,2015)。

22.6.2 生产力和盈利能力

巴西政府提供财政支持与在促进海外销售方面的积极态度,共同使公司利润获得了一些改善。由于濒临破产,巴西航天工业公司(Avibrás)在2012—2015年的总收入增加为原来的六倍。该公司约90%的收入来自出口(Magalhães,2018)。弹药供应商CBC也从巴西的经济繁荣时期(尽管短暂)获益。表22.8显示了选定防务公司的净收入和利润。

表22.8 2016年净收入和利润

公司	净收入/百万雷亚尔	净利润/百万雷亚尔
巴西航天工业公司	13447	236
CBC全球弹药公司	7297	1222
金牛座(Taurus)	8303	-103
巴西航空公司	214,357	5918
海利布拉	4992	589
阿格拉尔公司(Agrale)	5393	-67

资料来源:《经济价值》(Valor Econômico)。

注:数值以2016年货币价格表示,单位为百万雷亚尔。

如表22.8所示,巴西航空工业公司是巴西最大的军工企业。在斯德哥尔摩国际和平研究所2017年100家最大的防务公司中,巴西航空工业公司位列第81位(Fleurant et al., 2017)。巴西航空工业公司创建于1969年,从建立之初就有惊人的发展,1971—1976年,该公司的产量从5台增加到469台。由于同时期雇员人数仅扩大为原来的四倍,即从1128人增至4225人,巴西航空工业公司成功地提高了生产率(Maldifassi & Abetti,1994,46)。

在经历了最初的快速增长之后,巴西航空工业公司的市场表现随着巴西经济的波动而波动。表22.9显示了巴西航空工业公司在20世纪90年代中期的亏损情况。在这十年中，巴西航空工业公司的销售额仅为20世纪80年代强劲表现的一小部分。然而，该公司设法扭转了其累积的赤字，从1998年起恢复盈利。

表22.9　巴西航空工业公司的市场绩效（2016年价格，百万美元）

时间/年	总销售	外国销售	武器销售		武器出口	利润	雇员/人	研发
			武器销售总额	在总销售额中占比				
1994	344						3800	
1995	444	232	133	30.0		-375		
1996	438	283	132	30.2		-43		
1997	785	692	154	19.6		-13	3200	
1998	1391	1390	170	12.3		111	6737	
1999	3012	3269	211	7.0		367	8302	135
2000	4385		149	3.4	44	415		
2001	5303		224	4.2	147			
2002	5227		264	5.0	180			
2003	4074		497	12.2	329	258	12,941	
2004	5941	11,060	614	10.3		728	14,648	
2005	4952	8430	511	10.3		384	16,953	
2006	4341	8008	256	5.9		324	19,265	
2007	5013	9484	331	6.6		330	21,077	
2008	5582	11,277	447	8.0		204	23,509	
2009	4899	10,056	430	8.8	160	406	16,853	
2010	4070	8238	508	12.5		262	17,149	55*
2011	3988	818	585	14.7		63	17,265	
2012	4675		794	17.0		268	18,032	
2013	4928	10,772	940	19.1		281	19,278	57*
2014	5076		1165	23.0		271	19,167	
2015	6042		841	13.9		71		
2016	6218		932	15.0		168	18,506	1269**

资料来源：SIPRI内部数据库。

说明：*公司提供的资金；**国家发展银行提供的外部资金。

巴西航空工业公司的军事部门发挥的作用也有所不同。直至20世纪90年代中期，军火销售额占公司总销售额的三分之一。在这十年中，公司开始稳步降低其军事部门的经济重要性，将其活动转向民用市场。2000年，该公司武器销售仅占总销售额的3.4%，这一数字与20世纪80年代或90年代初的数字形成了鲜明对比。随着巴西政府恢复对该行业的公共投资，这一比例在21世纪第一个十年中有所扩大。然而,值得注意的是,尽管巴西航空工业公司一直是巴西军火工业复兴的重要利益相关者,但这一时期的武器销售占总销售额的比重远低于20世纪80年代甚至20世纪90年代初。看上去该公司似乎对在国防领域的大规模投资持谨慎态度,就像过去一样。

22.6.3 出口

武器出口被认为是国防工业通过规模生产减少固定成本的一种重要方式(Hartley & Sandler, 2003; Kurç & Neuman, 2017; Neuman, 2006, 1984; Sandler & Hartley, 1995)。这一理论在文献中得到广泛应用,可以解释巴西军火工业的兴起和衰退[①](Gouvea, 2015; Franko, 2014; Kapstein, 1991)。有人断言,出口是巴西武器生产的主要推动力,因为财政拮据不允许扩大国内采购。古韦阿(Gouvea, 2015, 143)证实了这一评价,他认为巴西的国防工业是通过出口带动增长的。同样,该行业在20世纪90年代的崩溃很大程度上要归因于1988年两伊战争结束后导致的需求下降(Moraes, 2012; Dagnino, 2010)。

巴西武器出口业绩在20世纪80年代中期达到顶峰,占世界出口总额的0.65%。虽然与法国或英国等大型武器出口国相比微不足道,但这一数字高于印度和埃及等其他发展中国家。从20世纪70年代中期开始,出口呈上升趋势,最初是由向利比亚的销售推动的。1969年穆阿迈尔·卡扎菲(Muammar al-Qaddafi)上台后,寻求扩大利比亚的军事力量,使巴西有了一个可靠的伙伴。巴西成为利比亚第三大军火供应国,仅次于苏联和法国,但1983年两国外交关系紧张后,巴西出口陷入停顿(见表22.10)。

表22.10 巴西武器出口

1975—1988年			1950—2017年		
国家	TIV总值	全部武器出口份额	国家	TIV总值	全部武器出口份额
伊拉克	609	28.12	伊拉克	609	17.4
利比亚	398	18.37	利比亚	398	11.4
法国	119	5.49	哥伦比亚	245	7.0
哥伦比亚	105	4.85	英国	221	6.3
智利	105	4.85	法国	201	5.7
塞浦路斯	99	4.57	智利	163	4.7
巴拉圭	95	4.39	厄瓜多尔	122	5.7
阿根廷	84	3.88	印度尼西亚	106	3.0

① 然而,有一些相互矛盾的假说。康卡(Conca, 1997)将经济衰退归因于曾经支持武器生产的体制结构的解体。卡普斯坦(Kapstein, 1991, 595)与康卡强调国内因素不同,他认为巴西作为武器出口国相对成功的原因是国际体系提供的机会和制约因素。然而,出口依赖论在文献中无疑占大多数。

（续表）

1975—1988年			1950—2017年		
国家	TIV总值	全部武器出口份额	国家	TIV总值	全部武器出口份额
埃及	67	3.09	巴拉圭	99	2.8
津巴布韦	65	3.00	塞浦路斯	99	2.8
委内瑞拉	59	2.72	沙特阿拉伯	99	2.8
英国	43	1.99	埃及	90	2.6
秘鲁	33	1.52	阿富汗	88	2.5
沙特阿拉伯	31	1.43	阿根廷	85	2.4
玻利维亚	31	1.43	津巴布韦	65	1.9
其他	223	10.30	其他	815	23.3
总计	2166	—	总计	3505	—

资料来源：SIPRI武器转让数据库，以1990年不变价格表示的SIPRI趋势指标值，单位为百万美元。

伊拉克是巴西武器的最大接收国，在整个对伊朗的战争期间，伊拉克获得了超过483亿美元。与苏联、中国和法国一样，巴西也从这种需求中获利，主要出口装甲车，如“卡斯卡维尔”（Cascavel）和“乌鲁图”（Urutu），以及“阿斯特罗斯”（Astros）Ⅱ系统。这场冲突成为展示巴西制造的军事装备的机会（Dagnino，1989，67）。于是，由于出口高度集中在伊拉克，巴西开始依赖伊拉克的采购。1975—1988年，巴西全部武器转让中有28.1%流向伊拉克。战争结束后，需求的突然下降被认为是造成巴西国防工业危机的主要因素（Brigagão，1986；Dagnino，2010，1989；Franko-Jones，1991；Moraes，2012：见图22.2）。

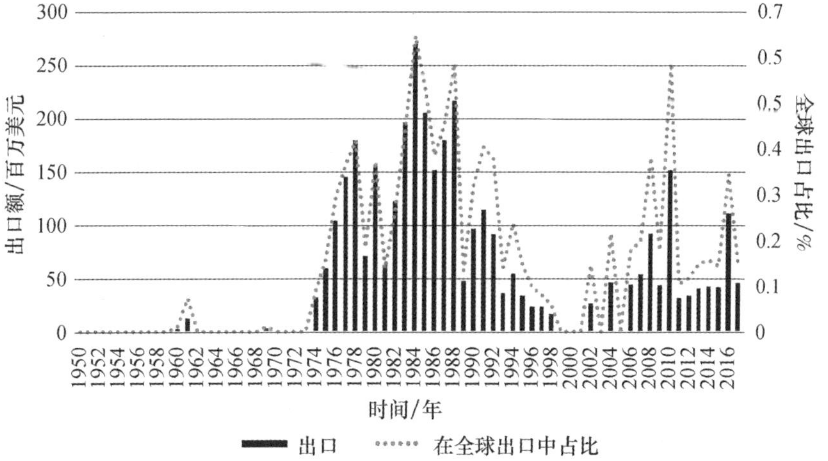

图22.2 巴西武器出口

资料来源：SIPRI武器转让数据库。数字是以1990年不变价格表示的SIPRI趋势指标值。

22.6.4 国内市场

出口依赖的观点经常在官方文件中提到，这一直是巴西国防工业振兴进程的核心问题(Dagnino，2016, 2010)。马加尔西斯(Magalhães，2016，2018)显示了军事部门如何利用巴西对武器出口的依赖，游说政府采取更大的财政刺激措施，并在促进海外军售方面发挥更积极的作用。此外，巴西对外国市场的依赖成了相当宽松的武器出口管制政策的背书，但这偶尔会导致与该国促进和平的外交政策指导方针产生冲突(Magalhães，2018，272)。

需要对武器出口依赖的观点进行适当的评估。事实上，有相当多的经验证据表明出口武器的重要性。然而，对国内采购所起作用的关注却少得多。一些值得关注的研究包括穆扎基斯(Mouzakis，2002)、莫拉斯·加勒特(Molas Gallart，1998)、马可夫斯基和霍尔(Markowski & Hall，1998)以及霍尔、马可夫斯基和汤姆逊(Hall、Markowski & Thomson，1998)。令人惊讶的是，出口依赖的论据并没有涉及国内采购数据。对于巴西的情况，没有任何经验证据表明，相对于国内需求，国外市场是占主导地位的。在某种程度上，缺乏数据证明了这一点。目前，最权威的信息来源——斯德哥尔摩国际和平研究所(SIPRI)提供的武器贸易和军火工业数据库都不包括国内采购的数据。

实证研究正努力试图修正或绕过这一障碍。波夫和卡瓦托塔(Bove & Cavatorta，2012)试图估计国内采购在军费支出中所占比例，方法是假设库存变化可忽略不计，国内采购等于国内武器生产加上武器进口减武器出口。史密斯和塔什兰(Smith & Tasiran，2010)采用随机系数法来解释未观察到的国内生产能力对武器进口倾向的影响。针对巴西，马尔迪法西和阿贝蒂(Maldifassi & Abetti，1994)提供了1969—1988年国内采购数据，它们以每名士兵的最低成本计算得到。然而，这些估计并不精确，因为估计的基础值大多是假设的。①

为解决国内武器生产方面缺乏可靠数据的问题，我介绍了巴西1960年至2015年武器生产的新数据集。这些数据是从军事领域的多个专业出版物中收集的，例如简氏《全世界的飞机》(*Jane's All the World's Aircraft*)、简氏《全世界的战舰》(*Jane's All the World's Fighting Ships*)和康威的《全世界的飞机》(*Conway's All the World's Aircraft*)以及国际战略研究所的《军事平衡》(*IISS Military Balance*)。应当注意的是，斯德哥尔摩国际和平研究所也使用这些出版物来补充其数据库。此外，笔者还访问了斯德哥尔摩国际和平研究所的内部数据库，其中也列出了一些国内采购数据，

① 马尔迪法西和阿贝蒂(Maldifassi & Abetti，1994)计算的国内武器生产水平，用士兵人均美元数(Dollars Per Soldier，DPS)表示，士兵人均美元=(国防预算-武器进口)/军事人员数量。在他们的研究所覆盖的20年中，所发现最低的DPS值被假定为代表允许武装部队使用的平均至每名士兵的可能的最低支出。作者假设，当DPS处于最低点时，国防支出中用于武器进口、最低作战支出、军事人员工资和基础设施维护，此时没有采购本国武器。

但并未公开。[1]上述出版物中确定的本地生产装备已转换为趋势指标值(Trend Indicator Values,TIV)。趋势指标值是以一套核心武器的已知单位生产成本为基础,它代表的是军事资源的转移,而不是资金价值。根据武器的尺寸和性能特点,与核心武器进行比较,得到未知成本武器的成本估计值。这种方法旨在提供一个标准单位,以便衡量武器随时间流向各国和各区域的趋势。通过使用趋势指标值跟踪国内采购,可以通过将国内采购与出口相加来估算武器总产量。出口价值不包括非本地生产或组装的装备。[2]从数据中可以看出一些有趣的趋势。首先,巴西的国防工业规模比通常描述的要大。如图22.3所示,我们的数据揭示了迄今未被注意到的一个重要国内市场,突显了国家在维持对本国生产的军事装备的稳定需求方面所发挥的作用。事实上,绝大多数的转让数据都是在本地进行的。与主要解释一致,莫莱斯(Moraes,2012)认为,巴西的军火工业在历史上对外国市场有着强烈的依赖。为了支持他的论点,莫莱斯使用了克劳斯(Krause,1992,164)关于20世纪80年代中期军事装备出口占总产量的比例。对巴西来说,这一比例为70%~80%,与我们的数据相符。尽管如此,莫莱斯(2012)将这一数字一般化至整个时间序列。事实上,两伊战争结束后,出口大幅下降;然而,直到20世纪90年代中期,巴西国内市场才能够吸收绝大部分武器生产。当然,巴西对外国市场的依赖是其国防工业的一个重要特点,其他发展中的武器生产国也是如此。然而,它的重要性被高估了。我们的数据可以比较20世纪80年代全盛时期的国防工业产出与21世纪第一个10年中期以后进行比较。尽管政府做出了努力,巴西国防工业的复苏仍处于初级阶段。有关这一问题的政策文件和部分学术著作对巴西国防工业的复苏表现出明显的乐观态度。产出水平并不高,与20世纪90年代相似。可以说,复苏是政治上的,而不是实际的生产水平。

必须谨慎考虑在这里提出的估计值,并牢记一些注意事项。首先,尽管这些是可用的最佳估计值,但我并不认为数据集是完整的。当然,有些国内采购无法找到可靠来源。然而,我确实认为,这些未经登记的武器转让数量很少,不会改变目前的总体情况。其次,使用趋势指示值记录国内采购不会产生任何新的方法问题,因为它使用的工具已经成熟,并被学术界和决策者广泛接受。然而,它确实再次体现了目前的一些缺点和脆弱性,主要是忽视了相同装备生产成本的变化(Silva,2018)。最后,表22.10给出了该行业的总的趋势指示值。然而,每个具体的部分都有其特殊性。巴西的海军工业主要面向国内,而大部分装甲车是用来出口的。由

---

① 我要对斯德哥尔摩国际和平研究所武器转让和军费支出项目(Arms Transfers and Military Spending Programme,AMEX)表示感谢,感谢它们在进行这项研究时向我提供的所有帮助。我在斯德哥尔摩国际和平研究所做了12个月的客座研究员。在此期间,武器转让和军费支出项目帮助我将国内采购转化为趋势指示值,对此我深表感谢。

② 使用趋势指示值登记国内采购并没有带来任何方法上的新问题,但它肯定存在已有的问题,比如它无法考虑不断变化的生产成本。关于国内采购使用趋势指示值及其局限性的讨论,参见席尔瓦(2018)。

于船舶的趋势指示值较高，这在一定程度上抬高了国内采购数值。尽管这是需要记住的一个方面，但武器出口的测度也会出现同样的偏差。

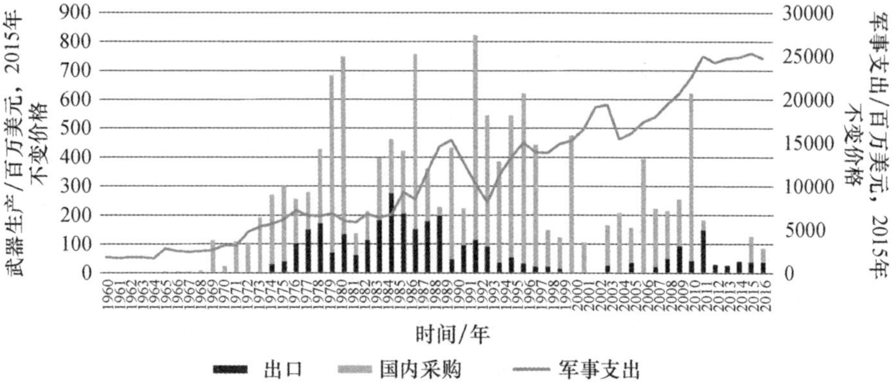

图 22.3　巴西武器生产情况

资料来源：SIPRI武器转让数据库、SIPRI军事支出数据库和作者自己的计算结果。

22.7　结论和前景

必须审慎分析巴西振兴其国防工业的目标。国防工业中大量投资的成本和潜在收益都不清楚。通常，国家支持武器生产的理由是该行业能够对经济和(或)技术发展做出贡献。但这种理由往往低估了军事项目占用大量资源所产生的挤出效应。当然，使陈旧的军事装备现代化是各国政府应当追求的一个重要目标。然而，巴西仍然是一个面临重大社会挑战的发展中国家。必须在这个更大的背景下，考虑巴西的国防事务。

目前振兴巴西国防工业的努力正面临重大挑战。首先，进来复兴国防工业所处的经济条件似乎正在变差。在体制和经济危机中，巴西的国内生产总值增长率自2010年以来大幅下降。如前所述，这将导致巴西政府采取应急措施，严格限制军事项目的资源。作为2014年以来控制该国遭遇经济危机的紧缩计划的一部分，国会于2017年批准了《宪法修正案95》(*Constitutional Amendment 95*，CA 95)，这是一项新的财政制度，限制政府在未来20年的支出。《宪法修正案95》规定的财政上限是一个总体限制，这会引发官僚机构间对预算份额更加激烈的竞争。卢拉总统在2000年初制定的军事现代化计划如果要继续下去，需要大量资源。在这种情况下，巴西军事项目的持续性将受到《宪法修正案95》的限制，促进经济增长的有效性相当值得怀疑。否则，军费的增加只会以牺牲其他领域为代价。

另一个值得注意的挑战是，巴西目前正在经历去工业化进程。自20世纪80年代末以来，制造业增加值占国内生产总值的比重一直在急剧下降。21世纪初，第一产业的扩张对巴西工业能力造成了不利影响。正如奥坎波(Ocampo，2017)所言，巴西及其他南美国家一直未能从大宗商品的繁荣中获益。相反，它受到这种依赖性的结构性负面影响，特别是去工业化。大量经验证据表明，强大的工业能力对武器生产十分重要（Brauer，2003；Kinsella，2000；Neuman，1984；Yesilyurt，et al.，2014）。因此，工业部门疲软是一个障碍。

有一种看法认为，巴西力图在国际事务中发挥更重要的作用，而这一愿望应该与强大的国防工业相匹配。因此，正如西皮克和贝托尔（Cepik & Bertol，2016）所言，巴西目前的军事手段与所宣称的政治目的之间存在差距。除非巴西对其经济政策做出重大改变，否则这一差距将继续存在。在过去30年里，该国经历了严重的去工业化，这对国防工业的生存构成了重大挑战。同样，反复出现的宏观经济不稳定也会影响军事资源分配的稳定性。如前所述，预算削减导致武器生产项目数次延迟。更为困难的是，巴西在2014年进入了最严重的经济衰退期，这使得任何支持军事项目的努力变得更加复杂。

政治变迁也起着重要作用。最近发生的事件给政治领域带来了巨大的不确定性，如2016年前总统迪尔玛·罗塞夫（Dilma Rousseff）被弹劾。这种突如其来的经济和政治变化不断影响巴西的国防事务，例如，1964年的军事政变，20世纪80年代末和90年代初的“债务危机”及其影响，1985年的民主化以及随后对国防事务的忽视。如果目前的趋势继续发展下去，资金和政治支持都不稳定，巴西国防工业的未来是艰难的。为了重振其武器生产能力并确保其可持续性，巴西必须解决超越国防事务的结构性问题。这是这个国家面临的最根本挑战。

参考文献

Albalate, Daniel, Germà Bel, and Ferran Elias. 2012. “Institutional Determinants of Military Spending.” *Journal of Comparative Economics* 40(2). Association for Comparative Economic Studies: 279-290. 10.1016/jjce.2011.12.006.

Bitzinger, Richard A. 1994. “The Globalization of the Arms Industry: The Next Proliferation Challenge.” *International Security* 19(2): 170–198.

———. 2009. *The Modern Defense Industry: Political, Economic, and Technological Issues*, edited by Richard A Bitzinger. Santa Barbara: Praeger.

Brauer, Jurgen. 2003. “Potential and Actual Arms Production: Implications for the Arms Trade Debate.” *Arms Trade, Security and Conflict* 21–36. 10.4324/ 9780203477168.

Brauer, Jurgen, and John Paul Dunne. 2011. “Arms Trade Offsets: What Do We Know?” In *Handbook on the Political Economy of War*, 243-265. http://ideas.repec. org/p/uwe/wpaper/0910.html.

Brauner, Jennifer. 2015. “Military Spending and Democracy.” *Defence and Peace Economics* 26(4): 409–423. 10.1080/10242694.2014.960245.

Brazil. 2002. “Portaria Normativa No 764/MD.”

———. 2005a. “Decreto No 5484.”

———. 2005b. “Portaria Normativa No 899/MD.”

———. 2008. “Decreto No 6703.”

———. 2012. "Lei N° 12598."

———. 2013a. "Decreto N° 7970."

———. 2013b. "Decreto N° 8122."

Brick, Eduardo Siqueira. 2012. "Qual é o Plano de Articulação e Equipamentos de Defesa (PAED) Que o Brasil Necessita?" Niterói.

Brigagão, Clóvis. 1986. "The Brazilian Arms Industry." *Journal of International Affairs* 40(1): 101-114.

Cepik, Marco, and Frederico Licks Bertol. 2016. "Defense Policy in Brazil: Bridging the Gap between Ends and Means?" *Defence Studies* 16(3): 229–247. 10.1080/ 14702436.2016.1180959.

Conca, Ken. 1997. *Manufacturing Insecurity: The Rise and Fall of Brazil's Military-Industrial Complex*. London: Lynne Rienner.

Dagnino, Renato. 1989. *A Indústria de Armamentos Brasileira: Uma Tentativa de Avaliação*. PhD thesis. Departamento de Economia, Universidade Estadual de Campinas, Campinas.

———. 2010. *A Indústria de Defesa No Governo Lula*. São Paulo: Expressão Popular.

———. 2016. "Sobre a Revitalização Da Indústria De Defesa Brasileira,"no. January 2007.

Devore, Marc R. 2013. "Arms Production in the Global Village: Options for Adapting to Defense-Industrial Globalization." *Security Studies* 22(3): 532–572. 10.1080/ 09636412.2013.816118.

Dunne, John Paul. 2009. "Developments in the Global Arms Industry from the End of the Cold War to the Mid-2000's." In *The Modern Defense Industry: Political, Economic, and Technological Issues*, edited by Richard A Bitzinger. Santa Barbara: PRA.

Fleurant, Aude, Alexandra Kuimova, Nan Tian, Pieter D. Wezeman, and Siemon T. Wezeman. 2017. "SIPRI Top 100 Arms-producing and Military Services Companies." Stockholm.

Fordham, Benjamin O., and Thomas C. Walker. 2005. "Kantian Liberalism, Regime Type, and Military Resource Allocation: Do Democracies Spend Less?" *International Studies Quarterly* 49(1): 141–157. 10.1111/j.0020-8833.2005.00338.x.

Franko, Patrice M. 2014. "The Defense Acquisition Trilemma: The Case of Brazil." *Energy* (262): 1–12. 10.1111/j.1539-6975.2009.01318.x.

Franko-Jones, P. 1991. *The Brazilian Defense Industry*. Boulder: Wesview.

Gouvea, Raul. 2015. "Brazil's New Defense Paradigm." *Defense and Security Analysis*. 31(2). Taylor&Francis. 137–151. 10.1080/14751798.2015.1038452.

Hall, Peter, Stefan Markowski, and Douglas Thomson. 1998. "Defence Procurement and Domestic Industry: The Australian Experience." *Defence and Peace Economics* 9 (1–2): 137–165. 10.1080/10430719808404898.

Hartley, Keith. 2007. "The Arms Industry, Procurement and Industrial Policies." In *Handbook of Defense Economics Volume 2*, edited by Todd Sandler and Keith Hartley, 1139–1176. Amsterdam: Elsevier B.V.

Hartley, Keith, and Todd Sandler. 2003. "The Future of the Defence Firm." *Kyklos* 3: 361–380. 10.1080/1024269042000246666.

Herrera, Monica, and Ron Matthews. 2014. "Latin America in Step with Global Defence Offset

Phenomenon." *RUSI Journal* 159(6): 50-57. 10.1080/03071847.2014.990815.

Hunter, Wendy. 1997. *Eroding Military Influence in Brazil*. Chapel Hill: University of North Carolina Press.

Imai, A. K. 2011. "Base Industrial de Defesa: Estratégias de Desenvolvimento Tecnológico." Rio de Janeiro: Escola Superior de Guerra. www.esg.br/images/Monografias/2011/IMAI.pdf.

Kapstein, Ethan B. 1991. "The Brazilian Defense Industry and the International System." *Political Science Quarterly* 105(4): 579-596.

Kinsella, David. 2000. "Arms Production in the Third Tier: An Analysis of Opportunity and Willingness." *International Interactions* 26(3): 253-286. 10.1080/03050620008434968.

Krause, Keith. 1990. "The Political Economy of the International Arms Transfer System: The Diffusion of Military Technique via Arms Transfers." *International Journal of the Canadian International Council* 45(3): 687-722.

———. 1992. *Arms and the State: Patterns of Military Production and Trade*. Cambridge: Cambridge University Press.

Kurç, Çağlar, and Stephanie G. Neuman. 2017. "Defence Industries in the 21st Century:A Comparative Analysis." *Defence Studies*. 17(3). Routledge. 219-227. 10.1080/14702436.2017.1350105.

Lowenthal, Abraham F., and Alfred Stepan. 1988. *Rethinking Military Politics: Brazil and the Southern Cone. Foreign Affairs*. Vol. 67. Princeton: Princeton University Press. 10.2307/20043828.

———. 2016. "A Política Brasileira de Exportação de Armas No Contexto Da Revitalização Da Base Industrial de Defesa." Pontifícia Universidade Católica de São Paulo.

Magalhães, D. A. M. 2018. *A Política Brasileira de Exportação de Armas (2003-2014)*. 1st ed. São Paulo: Cultura Acadêmica.

Maldifassi, José Alberto, and Pier Abetti. 1994. *Defense Industries in Latin American Countries: Argentina, Brasil and Chile*. Westport: Praeger.

Markowski, Stefan, and Peter Hall. 1998. "Challenges of Defence Procurement." *Defence and Peace Economics* 9(1-2): 3-37. 10.1080/10430719808404892.

Melo, R. 2015. *Indústria de Defesa e Desenvolvimento Estratégico: Estudo Comparado França-Brasil*. Brasília: Funag.

Molas-Gallart, Jordi. 1998. "Defence Procurement as an Industrial Policy Tool: The Spanish Experience." *Defence and Peace Economics* 9(1-2): 63-81. 10.1080/ 10430719808404894.

Moraes, Rodrigo Fracalossi de. 2012. "A Inserção Externa Da Indústria Brasileira de Defesa: 1975-2010." *Texto Para Discussão Nº 1715*. www. ipea. gov. br/portal/images/stories/PDFs/TDs/td_1715.pdf.

Mouzakis, Fotis. 2002. "Domestic Production as an Alternative to Importing Arms." In *Arming the South: The Economics of Miltiary Expenditure, Arms Produciton and Arms Trade in Developing Countries*, edited by Jurgen Brauer and John Paul Dunne, 129-160. Hampshire: Palgrave Macmillan.

Neuman, Stephanie G. 1984. "International Stratification and Third World Military Industries." *International Organization* 38(1): 167-197. 10.1017/S0020818300004306.

———. 2006. "Defense Industries and Global Dependency." *Orbis* 50(3): 429-451. 10.1016/

j.orbis.2006.04.004.

Ocampo, Jose Antonio 2007. "The Macroeconomics of the Latin American Economic Boom." *CEPAL Review* 93: 7-28.

———. 2017. "Commodity-Led Development Latin America." In *Alternative Pathways to Sustainable Development: Lessons from Latin America*, edited by Gilles Carbonnier, Humberto Campodónico, and Sergio Tezanos Vásquez Leiden: Brill Nijhoff.

Perlo-Freeman, Sam. 2004. "Offsets and the Development of the Brazilian Arms Industry." In *Arms Trade and Economic Development: Theory, Policy, and Cases in Arms Trade Offsets*, edited by Jurgen Brauer and John Paul Dunne. London: Routledge.

Russet, Bruce, and John Oneal. 2001. *Triangulating Peace: Democracy, Interdependence, and International Organization*. New York: W. W. W Norton.

Sandler, Todd, and Keith Hartley. 1995. *Handbook of Defence Economics Vol. 2*, edited by Todd Sandler and Keith Hartley. Vol. 2. Elsevier B.V.. 10.1016/S0221-8747(81) 80028-8.

Silva, Peterson Ferreira da. 2015. "A política industrial de defesa no Brasil (1999—2014): intersetorialidade e dinâmica de seus principais atores". Ph.D. thesis. Instituto de Relações Internacionais, Universidade de São Paulo, São Paulo.

Silva, Diego Lopes 2018. "Filling Arms Production Data Gaps: South America as a Case in Point." *Economics of Peace and Security Journal* 13(2): 20-27. 10.15355/epsj.13.2.5.

Silva Filho, E. B., F. H. Schmidt, II. O. Andrade, and R. F. Moraes. 2013. "Base Industrial de Defesa Brasileira: Características Das Firmas e Percepção Dos Empresários Do Setor." 10. Brasília: Nota Técnica.

Sköns, Elizabeth, and Herbert Wulf. 1994. "The Internationalization of the Arms Industry." *The Annals of the American Academy of Political and Social Science* 535: 43-57.

Töngür, Ünal, Sara Hsu, and Adem Yavuz Elveren. 2015. "Military Expenditures and Political Regimes: Evidence from Global Data, 1963-2000." *Economic Modelling* 44. Elsevier B.V. 68-79. 10.1016/j.econmod.2014.10.004.

Veloso, Fernando A, André Villela, and Fabio Giambiagi. 2008. "Determinantes Do 'Milagre' Econômico Brasileiro (1968-1973): Uma Análise Empírica." *Revista Brasileira De Economia* 62(2): 221-246. 10.1590/S0034-71402008000200006.

Yesilyurt, Filiz, Bülent Güloğlu, Ensar Yesilyurt, and Şennur Sezgin. 2014. "The Determinants of Arms Production." Defence and Peace Economics 25(2): 205-211. 10.1080/10242694.2013.804670.

Zaverucha, Jorge. 2000. *Frágil Democracia: Collor, Itamar, FHC e Os Militares(1990—1998)*. Rio de Janeiro: Civilização Brasileira.

Zaverucha, Jorge, and Flávio da Cunha Rezende. 2009. "How the Military Competes for Expenditure in Brazilian Democracy: Arguments for an Outlier." *International Political Science Review* 30 (4): 407-429. 10.1177/0192512109342689.

第23章 印度国防工业

拉克斯曼·库 马尔·贝赫拉[①]

23.1 引 言

多年来，印度形成了规模庞大的国防工业基础，由数百个生产和研发机构组成。这些机构从事各种武器的设计、开发和/或生产，从坦克到战斗机、直升机、潜艇和其他军舰、国防电子设备和导弹。然而，在创新和效率方面，印度国防工业并没有达到预期，造成印度对外国武器具有很强的依赖，削弱了印度的自力更生能力。

本章考察了1980年以来印度国防工业近40年的发展。在此过程中，还审视了印度国防生产从公共部门向私营部门转变的性质，以及印度国防工业的绩效。本章还考察了印度政府近年来采取的一系列改革措施，特别是在"印度制造"倡议下的改革措施，展望了该行业的未来前景。本章首先回顾印度国防支出，重点关注国防工业发展相关的研发和采购支出。

23.2 国防支出

印度没有恰当地界定国防支出。在缺乏正式定义的情况下，通常所说的印度官方国防支出是国防部财务司年度出版物《国防服务预算》(*Defence Services Estimates*, DSE)提供的数据。但《国防服务预算》不包括国防支出的全部费用。截至2018—2019年，该报告包含了国防部(Ministry of Defence, MoD)一半拨款需求(Demands for Grants, DfG)[②]的支出明细。最新的《国防服务预算》中包括的两个拨款需求涵盖了三支武装部队(陆军、海军和空军)以及其他一些组织，如军械厂(Ordnance Factories, OFs)和国防研究与发展组织(Defence Research and Development Organisation, DRDO)的支出明细。与印度政府所有其他支出一样，通过《国防服务预算》的所有支出都分为两类：收入支出(Revenue Expenditure)与资本支出(Capital Expenditure)。前者满足运营或操作费用(如工资、运输、维修等)，资本支出则用于创造资产。资本支出的主要项目通常被称为现代化预算或资本采购。

---

① 作者是新德里国防研究与分析研究所(Institute for Defence Studies and Analyses, IDSA)的研究员。电子邮件：laxmanbehera@gmail.com。

② 对拨款的需求包括各部委和部门的支出预算，需要印度议会下院进行投票表决。

有两项拨款需求属于国防部但不在《国防服务预算》之中，即国防部（杂项）支出和国防养老金。前者用于分配给印度边境道路组织（Border Roads Organisation）、海岸警卫队（Coast Guard）、国防房地产组织（Defence Estates Organisation）、军事公司（Military Firms）和退役军人健康支付计划（Ex-Servicemen Contributory Health Scheme）等组织/要素。此外，它还支付国防部各办公室秘书处的一般费用。国防养老金用于支付军事人员的退休福利。

需要注意的是，在国防部职权范围之外，还有一些支出与印度国防有直接关系，通过内政部（Ministry of Home Affairs，MHA）单独提供。主要支出用于四支边防部队（BFG），即阿萨姆步枪队（Assam Rifles，AR）、印度-西藏边防警察（Indo-Tibetan Border Police，ITBP）、印度武装边防部队（Sashastra Seema Bal）和边境安全部队（Border Security Force，BSF），它们负责在和平时期保卫印度边境。

内政部还提供与边境管理和基础设施及边防部队资本采购有关的某些其他国防支出。如果将所有这些拨款都加到国防部更大的预算中，按照当前价格计算，印度的总防务支出（官方和非官方）达43940亿印度卢比（654亿美元[①]）（表23.1），使印度成为世界第五大军事支出国。国防支出总额比官方国防预算（或国防服务预算）高57%，比国防部拨款高出9%。

为了数据的简便性和一致性，本章使用《国防服务预算》记录的官方国防支出。图23.1总结了1980—1981年至2018—2019年支出趋势和年度增长以及国防支出占国内生产总值和中央政府支出（Central Government Expenditure，CGE）比例。国防支出和年度增长以不变价格表示，后两个数据以当前价格为基础。采用印度国内生产总值平减指数计算不变价格。[②]

在1980—1981年至2018—2019年，尽管每年波动很大，以不变价格计算的印度国防支出增长了六倍，从3470亿卢比增加到20750亿卢比。在1981—1982年和2018—2019年的38年中，有27年年度增长率为正，而其余11年则出现下降。20世纪80年代是唯一一个十年，实际年增长率至少有5年保持在5%或以上。这也是唯一年增长率最高的十年（1986—1987年为23%）。20世纪80年代经济实际较高的增长部分是由于20世纪70年代苏联入侵阿富汗，以及美国对印度主要的竞争对手巴基斯坦进行军事援助后，印度开始了大规模军事建设。

表23.1　2018—2019年度印度官方和非官方国防支付规模

部门	要素	当前价格/10亿美元
国防部	国防服务预算	41.55
	国防部的其他支出	18.61

① 印度卢比根据2018—2019年前9个月的汇率换算成美元。

② International Monetary Fund, World Economic Outlook Database, October 2018.

（续表）

部门	要素	当前价格/10亿美元
国防部	养老金	16.19
	国防部（杂项）	2.41
	国防部支出总额	**60.16**
内政部	阿萨姆步枪队	0.83
	边境安全部队	2.55
	印度-西藏边境警察	0.82
	印度武装边防部队（SSB）	0.73
	边境基础设施和管理	0.26
	边境安全部队空军联队、飞机、内河船和直升机基地	0.03
	内政部支出总额	**2.21**
总计（国防部和内政部）		65.37

资料来源：Ministry of Finance, *Union Budget 2018—2019.*

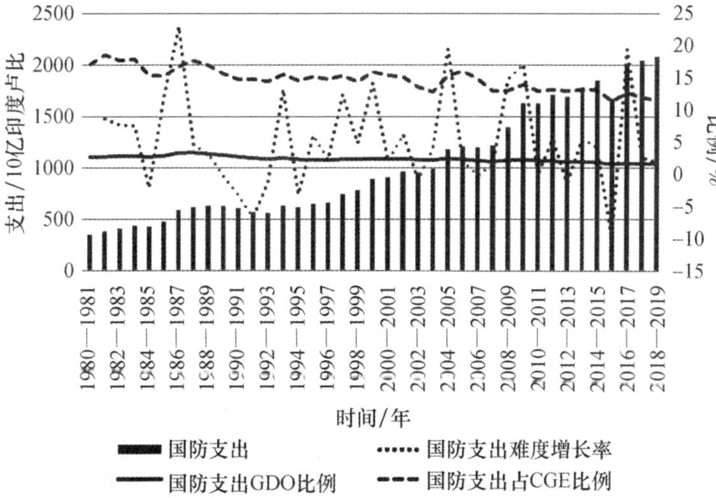

图23.1　国防支出、年度增长以及国防支出占GDP与CGE的百分比

在20世纪80年代的大部分时间里，国防支出出现大幅度增长后，在这个十年的最后一年有所下降，进入20世纪90年代，连续三年继续呈现负增长势头。值得注意的是，20世纪90年代初国防支出的收缩并不是由于冷战结束后导致世界军事支出下降的“和平红利”。印度国防支出放缓主要是由于经济原因，它在1991年面临严重的国际收支危机，卢比连续两年大幅贬值。

由于印度的主要安全威胁来自其传统竞争对手（巴基斯坦和中国），这一点没有改变，国防支出在1993—1994年再次上升，印度经济在20年代90年代早期进行了重大改革，经济状况的改善支持了国防支出的增长。从那时起，国防支出在一些年份中有所减少，但减少的时期未超过一年。然而，1993—1994年后的所有主要增长并不一定是由印度武装部队的现代化驱动的。除2004—2015年增长19.4%，主要是由于采购支出的大幅增加，其他所有的主要增长主要是由于人力成本增加。另外，人力成本驱动的增长是印度国防支出在最近几年反复出现的特征，最明显的是在2008—2009年、2009—2010年和2016—2017年，当时国防支出大幅增长，主要是为了应对推行中央薪酬委员会(Central Pay Commission)的建议而增加的薪酬支出。如后文所述，人力成本的增加对采购预算产生了最明显的影响，过去几年来，采购预算在国防支出中所占的份额大大减少。

1980—1981年至2018—2019年，印度国防支出的一个显著特点是在国内生产总值和中央政府支出(CGE)中的份额持续下降。国防支出占中央政府支出的比例从20世纪80年代初的18%降至2018—2019年的11%，国防支出占国内生产总值的比例从1986—1987年的3.25%下降到2018—2019年的1.49%。国防支出占国内生产总值比例急剧下降的主要原因是印度国内生产总值比国防支出增长得更快。①

与国防支出一样，采购预算也没有正式在文件中给出定义。然而，人们普遍把印度的采购预算认为是资本支出的一部分，用于采购和升级武器系统和其他平台，如坦克和其他重型车辆、飞机和直升机、导弹、雷达、舰艇、潜艇等。然而，应当指出的是，即使是这种宽松的采购预算定义，也经过了一段时间演变而来。在1987—1988年之前，支出的主要部分(目前称为资本采购)已列入收入支出中。这就是为什么1987—1988年前的采购数据与后来几年的数据不具可比性的原因。然而，图23.2提供了自1980年以来采购预算及其在国防支出中所占份额的趋势。可以

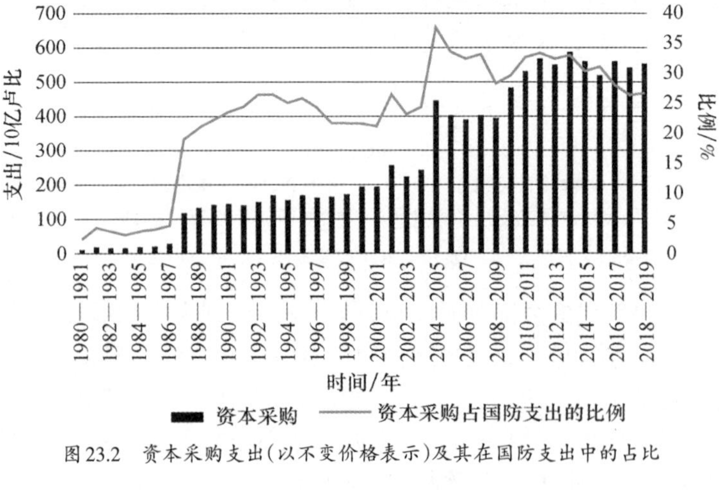

图23.2 资本采购支出(以不变价格表示)及其在国防支出中的占比

① 对于1947年以来印度国防支出的调查，参见Laxman Kumar Behera, ‘Changing Contours of Indian Defence Expenditure: Past as Prologue?’, in Harsh V. Pant(ed.), Handbook of Indian Defence Policy: Themes, Structures and Doctrines, Routledge: New Delhi, 2016, pp. 235-251.

看到，采购预算增长了65倍，从80亿卢比增长到5520亿卢比，而其份额在2004—2005年上升到历史最高水平38%，然后在2017—2018年下降到26%。后几年下降主要原因是人力成本的大幅增长，它目前几乎占国防支出的一半，高于2007—2008年的26%，这是最早可获得全面人力资源数据的一年。[①]

印度国防采购预算的大部分用于进口，尽管官方统计数据显示并非如此。造成这种差异的部分原因是印度的间接武器进口没有包括在内，这些进口是由国内工业不买以技术、零部件、分系统和原材料的形式进行的，用于生产目的。根据印度最新的官方数据，在2015—2016年至2017—2018年间，印度三大军队占国防进口的比例为37%~40%(表23.2)。官方数据所隐藏的是前面提到的间接进口。根据2013年的一项研究，国营防务企业和军械厂作为印度国防生产的主要部门，间接进口占营业额的近35%。[②]如果从国内供应中扣除间接进口，国内净份额约为40%，这远远低于20世纪90年代初设立的高水平自力更生委员会提出到2005年应达到的70%的目标。

大量的直接和间接进口使印度成为世界上最大的武器进口国之一。根据斯德哥尔摩国际和平研究所的数据，在2013—2017年间，印度在全球武器进口中所占份额为12%，是这时期最大的进口国。[③]1980—2017年，印度的进口总额达到900亿美元的趋势指标值，占全球进口总额的8%，也领先于其他国家。

表23.2　印度来自国内外的国防资本采购

年份/年	国内货源/10亿美元（当前价格）	进口/10亿美元（当前价格）	总量/10亿美元（当前价格）	国内货源份额/%	进口份额/%
2015—2016	6.0	3.5	9.5	63	37
2016—2017	6.2	4.1	10.3	61	39
2017—2018	6.8	4.5	11.3	60	40

说明：数据根据年平均汇率由印度卢比为单位转换为以美元为单位。

资料来源：Rajya Sabha, ‘Indigenous Manufacturing of Defence Equipment’, Unstarred Question No. 2097, Answered on August 06, 2018.

与国防支出或资本采购相比，国防研发支出更为明确。国防部提供的国防研发支出几乎全部由国防研究与发展组织(DRDO)负责，该组织成立于20世纪50年代后期。自成立以来，它经历了一段时间的演变。直到20世纪80年代，其支出约占国防预算的2%或更少。这一比例从20世纪80年代中期开始增长，当时政府任命了几位高级工程师，特别是在导弹和战斗机领域实现自力更生。在2018—2019

① Ministry of Defence, Defence Services Estimates(relevant years).

② Laxman Kumar Behera, ‘Indian Defence Industry: Issues of Self-Reliance’, IDSA Monograph, July 2013.

③ Pieter D. Wezeman et al., ‘Trends in International Arms Transfers, 2017’, SIPRI Fact Sheet, March 2018, www.sipri.org/sites/default/files/2018-03/fssipri_at2017_0.pdf.

年,国防研发预算为1330亿卢比(按当前价格计算为1790亿卢比或27亿美元),占国防预算的6.4%(图23.3)。加上资本采购,国防研发支出按名义价格计算约为9220亿卢比(140亿美元),约占2018—2019年国防支出的33%。

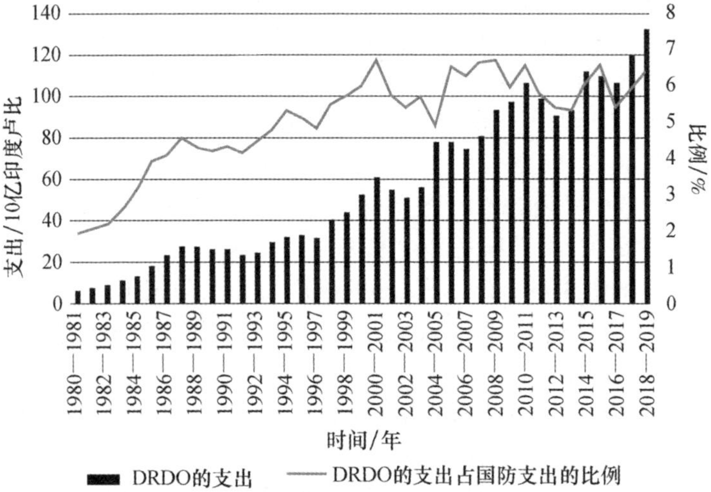

图23.3 国防研究与发展组织的支出(以不变价格计算)及占国防支出的比例

23.3 印度国防工业:历史和统计概述

印度国防生产可追溯到19世纪初,1801年印度成立了枪支运输署(Gun Carriage Agency)。此后,特别是1947年印度独立后,印度国防工业的规模和能力都在增长。目前,该行业由数百个公共和私营部门实体组成,公共部门继续在研发和生产方面发挥主导作用。公共部门的主要参与者是军械厂(Ordnance Factories,OFs)、国营防务企业(Defence Public Sector Undertakings,DPSUs)和国防研究与发展组织,它们在国防部的行政控制下运作。军械厂与国营防务企业参与生产,国防研究与发展组织是国防部专门的国防研发部门。在私营部门,有许多公司从事国防生产,有70多家公司获得了生产国防产品的许可证。[①]

虽然上述实体是印度国防工业的主要参与者,但它们得到许多其他参与者的支持,包括中小型企业,这些企业在向既定参与者提供生产或发展方案的各种零部件、组件和子系统方面发挥着关键作用。仅国防研究与发展组织在其发展方案中就与1000多个公司合作。[②]在国防部管辖范围以外的大型公司中,科钦造船厂有限公司(Cochin Shipyard Ltd)在航运部(Ministry of Shipping)的行政控制下运作。它目前正在建造印度第一艘本土航空母舰。在私营部门,布拉莫斯航空航天公司

① http://pib.nic.in/newsite/PrintRelease.aspx?relid=180694, July 18, 2018.

② DRDO Annual Report 2017, p. 107.

(BrahMos Aerospace)是一个主要参与者。它是由国防研究与发展组织与俄罗斯合作组建的合资企业,股权比例为50.5:49.5,生产强力超音速巡航导弹。在2017—2018年,其营业额为212亿印度卢比(3.28亿美元)。

23.3.1 军械厂

军械厂是国防部下最古老的部门制生产机构。它们在总部设在加尔各答的军械厂委员会(Ordnance Factory Board,OFB),在其管理下运作。这些工厂主要提供中低端技术。它们的起源可以追溯到1801年,当时殖民统治者在加尔各答开设了第一家工厂。当英国人离开一年度次大陆时,已建立了18家工厂,由于它们的位置,这些工厂由印度继承。多年来,工厂数量不断增加,尽管大部分扩张发生在印度1962年战争的军事溃败之后,以满足对国防硬件需求日益增长的需求。自1962年以来,新增了18家工厂,其中包括1980年后新设立的8家,使工厂总数达到41家。这些工厂分布在24个不同的地点。马哈拉施特拉邦的工厂数量最多(10家),其次是北方邦(9家)。所有41家工厂被分为5个集群或运营集团:弹药和爆炸物(11家),武器、车辆和装备(11家),材料和部件(8家),装甲车(6家),军械装备厂(5家)。军械厂的主要客户是印度陆军,2017—2018年印度陆军的采购占其总产出的接近80%。表23.3提供了军械厂委员会和国营防务企业的最新情况,而表23.4和表23.5提供了这些实体在1980—1981年至2017—2018年间的产值和员工人数。

表23.3 国营防务企业和军械厂委员会:概况

国营防务企业	成立时间	营业额/百万美元	雇员人数	研发支出/百万美元	出口额/百万美元
印度斯坦航空有限公司	1964	2837	29,035	250	49
巴拉特电子有限公司	1954	1565	9726	153	27
巴拉特动力有限公司	1970	712	2788	6	0
贝姆勒公司	1964	513	7722	16	4
印度合金有限公司	1973	103	850	2	0
马扎冈造船有限公司	1934	526*	8655	11	0
加登里奇造船工程有限公司	1960	209	2214	1	0
果阿造船有限公司	1967	157*	1655	1	59
印度斯坦造船有限公司	1952	94*	1352	1	0
军械厂委员会	1802	2300#	87,474	16	37

说明:印度斯坦航空有限公司、巴拉特电子有限公司、巴拉特动力有限公司、贝姆勒公司、印度合金有限公司、加登里奇造船工程有限公司和军械厂委员会的财务数据和就业数据为2017—2018年,马扎冈造船有限公司、果阿造船有限公司和印度斯坦造船有限公司的财务数据和就业数据为2016—2017年。财务数字以当前价格表示。

*表示业务收入。#表示销售值。

资料来源:IDSA数据库。

23.3.2 国营防务企业（Defence Public Sector Undertakings，DPSU）

共有9家国营防务企业：印度斯坦航空有限公司（Hindustan Aeronautics Ltd，HAL）、巴拉特电子有限公司（Bharat Electronics Ltd，BEL）、巴拉特动力有限公司（Bharat Dynamics Ltd，BDL）、贝姆勒公司（BEML）、印度合金有限公司（Mishra Dhatu Nigam Ltd，MIDHANI）、马扎冈造船有限公司（Mazagon Dock Shipbuilders Ltd，MDSL）、加登里奇造船工程有限公司（Garden Reach Shipbuilders and Engineers Ltd，GRSE）、果阿造船有限公司（Goa Shipyard Ltd，GSL）和印度斯坦造船有限公司（Hindustan Shipyard Ltd，HSL）。与军械厂委员会不同，军械厂委员会不同是作为部门运作组织的公共军械厂，国营防务企业是企业实体，其中6家（印度斯坦航空有限公司、巴拉特电子有限公司、巴拉特动力有限公司、贝姆勒公司、印度合金有限公司和加登里奇造船工程有限公司）在证券交易所上市。三个国营防务企业（印度斯坦航空有限公司、巴拉特电子有限公司和巴拉特动力有限公司）位列2017年SIPRI前100大军工企业之中[①]（表23.4）。

表23.4 1980/1981—2017/2018年军械厂委员会与国营防务企业的产值（当期价格，百万美元）

名称	1980/1981年	1985/1986年	1990/1991年	1995/1996年	2000/2001年	2005/2006年	2010/2011年	2015/2016年	2016/2017年	2017/2018年
印度斯坦航空有限公司	200	476	499	475.0	569.8	1336	3611	2620	2550	2723
巴拉特电子有限公司	102	185	390	313.9	391.4	779	1212	1412	1378	1506
巴拉特动力有限公司	5	28	67	60.7	47.9	121	218	656	747	720
贝姆勒公司	124	403	434	308.5	294.0	492	833	486	442	510
印度合金有限公司	3	18	26	27.5	25.0	40	106	110	109	109
马扎冈造船有限公司	110	282	172	107.0	155.9	117	573	627	525	*
加登里奇造船工程有限公司	49	61	104	55.6	107.5	150	231	142	138	208
果阿造船有限公司	10	28	38	48.4	41.6	56	217	111	154	*
PTL	11	15	—	—	—	—	—	—	—	—
印度斯坦造船有限公司	—	—	—	—	—	—	132	91	94	—

① 除三家国营防务企业外，军械厂也跻身前100大之列。SIPRI, www.sipri.org/sites/default/files/2018-12/fs_arms_industry_2017_0.pdf。

（续表）

名称	1980/1981年	1985/1986年	1990/1991年	1995/1996年	2000/2001年	2005/2006年	2010/2011年	2015/2016年	2016/2017年	2017/2018年
军械厂委员会	848	1111	1477	690.0	1208.7	1553	2461	1993	2210	2301
总量	1463	2606	3209	2087	2842	4645	9595	8248	8347	8077

说明：

(1) 印度斯坦造船有限公司于2010—2011年成为国营防务企业之一；在1986—1987年，PTL公司被转移到HMT，不再是一家国营防务企业。*表示数据不可获得；—表示不适用。

(2) 产值是指一年内生产物品的资金价值，与销售额不同。在某些年份，该行业，特别是造船公司，不提供销售数据，因为它们的销售额低于生产价值。例如，一家船厂可能在一年内建造一艘潜艇的10%，那一年的销售额为零，但产值为10%。

来源：IDSA数据库。

表23.5 1980/1981—2017/2018年军械厂委员会与国营防务企业雇员数量

名称	1980/1981年	1985/1986年	1990/1991年	1995/1996年	2000/2001年	2005/2006年	2010/2011年	2015/2016年	2016/2017年	2017/2018年
印度斯坦航空有限公司	40,903	42,993	41,530	35,245	32,642	29,668	33,681	30,300	29,526	29,035
巴拉特电子有限公司	17,229	18,711	19,357	17,044	14,177	12,262	11,180	9848	9716	9726
巴拉特动力有限公司	1255	1329	*	3123	3178	2814	2897	3132	3182	3095
贝姆勒公司	11,483	14,526	*	*	14,357	11,975	11,798	8827	8221	7722
印度合金有限公司	777	1532	1522	1456	1366	1319	1121	768	752	850
马扎冈造船有限公司	8324	16,050	*	*	*	*	8090	8945	8655	*
加登里奇造船工程有限公司	10,750	10,639	10,080	8882	7350	5088	4117	2592	2401	2214
果阿造船有限公司	1459	2105	—	—	2047	1543	1667	1605	1655	*
PTL	2018	2005	…	…	…	…	…	…	…	…
印度斯坦造船有限公司	*	—	—	—	—	—	3348	1548	1352	*
军械厂委员会	174,000	185,000	173,340	162,792	138,551	115,237	98,914	88,541	88,474	*

（续表）

名称	1980/1981年	1985/1986年	1990/1991年	1995/1996年	2000/2001年	2005/2006年	2010/2011年	2015/2016年	2016/2017年	2017/2018年
总量	268,198	294,890	245,829	228,542	213,668	179,906	176,813	156,106	153,934	52,642

说明：*表示数据不可获得；—表示不适用；…表示不可用。

在国营防务企业中，印度斯坦航空有限公司是最大的一个，除满足航天部门的一些需求外，它几乎提供了印度军用飞机以及相关航空电子设备和附件生产的所有方面。该公司的起源可以追溯到1940年，当时富有远见的实业家瓦尔昌德·希拉昌德（Walchand Hirachand）建立了印度斯坦飞机有限公司，目的是促进印度航空工业的发展。两年后，该公司被当时统治印度的英国政府接管，随后在第二次世界大战期间又将其移交给美国陆军航空兵（US Army Air Force），以满足后者对飞机维修和大修的要求。印度独立后，印度政府继承了该公司，并于1954年将其置于国防部的行政控制之下。1964年，印度斯坦飞机有限公司与印度航空有限公司合并，形成现在的印度斯坦航空有限公司。

印度斯坦航空有限公司的总部位于卡纳塔克邦的班加罗尔，拥有20个生产部门、11个研发中心和遍布全国的设备管理部门。它还有14家合资企业，与印度和外国的合作者合作。到目前为止，该公司已经通过内部研发生产了15种飞机，通过外国技术转让生产了14种飞机。第一个国产设计是20世纪40年代末的HT-2基本教练机，随后是HPT-32、Kiran Mk-Ⅰ和Mk-Ⅱ教练机。20世纪80年代后，印度斯坦航空有限公司一直致力于直升机的本土开发和生产。迄今为止，印度斯坦航空有限公司最复杂的设计是HF-24“风神”（Marut）战斗机，它在20世纪60年代首次飞行。印度斯坦航空有限公司目前的产品包括苏-30MKI战斗机、鹰式高级（Hawk-Advanced）喷气式教练机、轻型战斗飞机（LCA），道尼尔-228（Dornier）轻型运输机、极地（Dhruv）高级轻型直升机和猎豹（Cheetal）直升机。

巴拉特电子有限公司成立于1954年，与法国进行技术合作生产国防电子产品。公司从制造基础通信设备开始，多年来已涉足雷达、声呐、通信设备、电子战设备、光电子、坦克电子和C4I系统等领域。该公司总部位于班加罗尔，除两家子公司和与通用电气的一家合资企业外，还拥有9个生产单位。最近，它在安得拉邦的帕拉萨穆德兰（Palasamudran）开设了一个新的综合设施，以满足导弹系统和有源相控阵（AESA）雷达的业务需求。在所有的国营防务企业中，巴拉特电子有限公司在研发方面是最为积极的，其第一个研发活动可以追溯到1958年。该公司拥有2162名研发人员（其中1863名是工程师），2017—2018年研发支出接近营业额的10%，而且该公司的本土化程度也很高。其营业额的50%~60%来自自己设计的产品，另外20%~25%来自其他国内厂商，其余15%~30%来自进口设计。

巴拉特动力有限公司由国防研究与发展组织创建，并在1970年作为一个国营防务企业成立，目的是根据技术转让或国防研究与发展组织提供的技术来建造各种导弹系统。20世纪70年代早期，在技术转让的引导下，开始生产第一代反坦克导弹(ATGMs)，即法国的SS11B1型。随后是第二代反坦克导弹，即法国Milan-2和俄罗斯Konkurs的授权生产。在20世纪80年代早期，随着印度一体化制导导弹开发项目(India's Integrated Guided Missile DevelopmentProgramme)启动，该公司崭露头角，在该项目下，巴拉特动力有限公司被指定为主要生产机构。目前，除了反坦克导弹和战略导弹外，它还生产阿卡什(Akash)地对空导弹、重型鱼雷、诱饵和测试设备。此外，该公司还参与了K-15潜基弹道导弹(印度核潜艇"歼敌者"(Arihant)的一部分，该潜艇于2018年11月进行了首次威慑巡逻)和阿斯特拉(ASTRA)空对空导弹的研制。公司总部设在海得拉巴，有三个生产中心。

贝姆勒公司(前身为巴特拉环球搬运有限公司(Bharat Earth Movers Ltd))成立于1965年，主要是印度斯坦航空有限公司的铁路客车部门。公司下设三个业务部门，即采矿与建筑、国防以及铁路与地铁。总部位于班加罗尔，有9个制造单位。在国防领域，其主要产品包括：高机动卡车、回收车辆、桥梁系统、导弹项目车辆和坦克运输拖车。在国营防务企业中，贝姆勒公司在国防领域的业务最少。2016年，国防业务占总收入的比例不到20%。[①] 2016年，政府原则上批准了该公司的私有化，但直到2019年9月中旬，这方面的进展仍相当缓慢。

在国防部下属的四个造船厂中，马扎冈造船有限公司是最引人注目的一个。它于1960年被国防部从私人所有者手中收购。在收购时，马扎冈造船有限公司主要是一家修船厂。自从被收购以来，该公司已扩大到建造军舰和潜艇。它的主要造船项目开始于20世纪60年代，当时它被委托在英国的帮助下建造利安德级护卫舰(Leander class frigates)。20世纪80年代，当政府决定为海军建造潜艇时，马扎冈造船有限公司的造船能力得到了提升。基于德国的技术，它分别于1992年与1994年成功提供了两艘潜艇。[②]目前，除导弹驱逐舰和隐形护卫舰等一系列军舰外，它还正在建造"鲉鱼"(Scorpene)级潜艇。

果阿造船有限公司是1957年根据葡萄牙法律成立的一家小型驳船修理厂，原名果阿海军机构(Estalerio Navais de Goa)。在1961年果阿(Goa)解放后，该工厂被移交给马扎冈造船有限公司，1967年又独立出来成为一个独立的国防造船厂。多年来，该造船厂已经开始为海军、海岸警卫队和其他机构设计和建造中型船舶。1966—2017年，共建造了200多艘船舶。[③]造船厂的防务产品包括近海巡逻艇、导弹艇、帆船训练船和拖船。2016—2017年，该公司的出口额达到40亿卢比(5900万美元)。

加登里奇造船工程有限公司于1960年被印度政府接管，以发展第二条军舰建

① BEML, Annual Report 2016-17, p. iii.

② Indian Navy, www.indiannavy.nic.in/content/submarines-active(2018年10月9日访问)。

③ GSL, https://goashipyard.in/products/product-history/.

造生产线。该造船厂位于印度东岸的西孟加拉邦，具有为印度海军建造第一艘本土军舰的独特优势。[①]加登里奇造船工程有限公司也是印度唯一拥有自己的工程和发动机制造部门的造船厂。它的主要军舰建造活动已从20世纪80年代建造巡逻艇、测量船和登陆舰坦克发展到20世纪90年代建造导弹护卫舰、快速巡逻舰和便携式钢桥。[②]目前正在建造19艘军舰，其中包括3艘隐形护卫舰、2艘反潜战护卫舰、7艘通用登陆艇(LCU)、2艘喷水推进快速攻击艇(water jet fast attack crafts, WJFAC)和5艘快速巡逻艇。[③]

印度斯坦造船有限公司是印度历史最悠久、规模最大的公共部门船厂，位于安得拉邦的维萨卡帕特南。1952年，印度政府从私人所有者手中收购了该造船厂，并于2010年归国防部控制，目的是建造“战略资产和军舰”。到目前为止，它已建造了181艘舰船，维修了超过1960艘船舶。[④]迄今为止，该公司在国防领域的业务仅限于建造小型船舶(如巡逻舰和拖船)和修理潜艇。在被国防部收购后，它已经收到了几份建造高级战舰的订单。国防部已经提名印度斯坦造船有限公司建造5艘舰队支援舰，耗资900亿卢比。

印度合金有限公司公司成立于1973年，旨在实现国防、核和航空航天等战略部门所需特殊合金的自力更生。公司总部位于海得拉巴，提供了超过100种特殊金属合金，包括超级合金、钛和钛合金和特殊用途钢等。

23.3.3 私人部门

与军械厂和国营防务企业相比，私营部门是印度国防生产中相对较新的进入者。直到2001年政府决定放开国防工业，允许私人通过许可证制度参与之前，私营部门一直被禁止生产国防产品。截至2018年6月，印度政府已向230家印度公司发放了379份工业许可证(ILs)，其中70家公司(涉及114份许可证)已开始生产。[⑤]颁发的许可证几乎涵盖了国防生产的所有环节，从小型武器到陆地系统、飞机、海军平台、导弹、雷达和电子设备。然而，与军械厂委员会和国营防务企业不同的是，国防部没有公布这些私营企业的营业额和其他财务细节，因此很难准确评估这个新兴行业对印度国防生产的贡献。

在私营企业中，一些大的参与者是塔塔(TATA)、拉森特博洛(L & T)、巴拉特锻造公司(Bharat Forge)、马亨德拉(Mahindra)和阿斯霍克雷兰德(Ashok Leyland)，

---

① GRSE, http://grse.in/index.php/our-company/about-us.html(2018年10月9日访问)。

② GRSE, ‘Achievement Highlights’, http://grse. in/index. php/achievements/achievement-highlights. html (2018年10月9日访问)。

③ Committee on Estimates 2018-19, p. 43.

④ HSL, ‘Profile’, www.hslvizag.in/content/7_1_Profile.aspx(2018年10月9日访问)。

⑤ PIB, ‘Privatisation of Defence Production’, 18 July 2018, http://pib.nic.in/newsite/PrintRelease.aspx?relid=180694.

它们赢得了国防部的国防合同，其中包括一些与国际巨头竞争的合同。例如，塔塔公司在全球竞争中赢得了两份重要合同：一份是空军机场现代化的合同，在竞争合同中，塔塔公司击败了一家意大利公司；另一份是通过打败以色列的埃尔塔（Elta）公司，为印度军队提供电子战系统。到目前为止，赢得最大订单的私营公司是拉森特博洛（L&T）公司，它在2015年击败了俄罗斯供应商，赢得了为印度军队提供100门榴弹炮的价值7.5亿美元的合同。

23.3.4　国防研究与发展组织（DRDO）

国防研究与发展组织是成立于1958年，由国防科学组织（Defence Science Organisation，DSO）与陆军技术发展机构（Technical Development Establishments of the Army）合并而成。在成立之初，该组织只是一个拥有大约10个实验室的小实体。多年来，它已经发展成为一个拥有超过52个实验室和其他机构的大型组织。2018—2019年，该组织拥有超过24500名员工，其中包括7400名科学家，预算超过27亿美元。尽管该组织成立于20世纪50年代末，但它在20世纪80年代开始崭露头角，政府批准了一系列引人注目的研发项目，其中主要有轻型战斗机（LCA）和一体化制导导弹发展项目（IGMDP），在这样的情况下，该组织被委托开发五种不同级别的导弹。

目前，国防研究与发展组织的兴趣几乎覆盖了国防技术的所有方面：航空、武器、作战车辆和工程、电子和计算机科学、材料、导弹和战略系统、微电子与器件、海军研究与发展、生命科学。截至2017年底，国防研究与发展组织拥有338个项目，总价值为7000亿卢比（104亿美元）。它的一些大项目是，包括海军的轻型战斗机、Rustom-Ⅱ中高空长航时（Medium Altitude Long Endurance，MALE）无人机、155毫米/52口径拖曳火炮系统、1500马力发动机和有源相控阵雷达，每个项目的成本都在10亿卢比以上。

尽管有巨大的投资，国防研究与发展组织经常因为时间和成本超支，以及它所承担的许多项目的绩效不佳而受到批评。时间和成本超支在一些最引人注目的项目中最为明显，包括轻型战斗机、阿琼主战坦克（MBT Arjun）、航空发动机、Kaveri发动机（用于轻型战斗机）和空对空导弹系统（Astra）。尽管存在批评，但对印度国防作战准备最显著的贡献是在战略系统领域，即远程弹道导弹。到2017年，已经投入生产的系统价值超过410亿美元（表23.6）。

表23.6　国防研究与发展组织开发的系统（截至2017年12月）

系统	已服役*/10亿美元（现值）	未服役#/10亿美元（现值）
导弹系统	3.6	11.2
电子和雷达系统	2.0	3.2
先进材料与复合材料	0.7	0.3
武器装备体系	1.3	3.0

（续表）

系统	已服役*/10亿美元(现值)	未服役#/10亿美元(现值)
航空系统	0.2	12.1
战斗车辆 & 工程系统	0.8	1.8
生命科学体系	0.1	0.0
海军系统	0.2	0.6
微电子设备和计算系统	0.04	0.0
总计	8.9	32.2
汇总	41.1	

说明：战略系统不包含在上述系统中。

*表示已完成生产并已在军队服役的项目。#表示已完成生产但尚未进入服务的项目。

来源：国防常务委员会(Standing Committee on Defence)。

23.4 国防工业结构与行为

历史上，军械厂委员会和国营防务企业一直是印度国防生产领域的主要参与者，尽管它们各自的重要性多来年发生了变化，至少从生产价值的角度来看是如此。20世纪80年代，军械厂作为一个整体是印度最大的单一国防实体，占总产量的59%。它已将领先地位拱手让给印度斯坦航空有限公司，后者目前占印度军械厂和国营防务企业总产量的39%左右，已成为印度最大的防务公司。在国营防务企业内部，公司的相对重要性也发生了变化。导弹制造商巴拉特动力有限公司已成为一个强大的参与者，在国营防务企业总产量中的占比从1980年的1%上升到12%。巴拉特电子有限公司也将其市场份额从17%提高到22%。然而，这四家造船公司的市场份额从29%下降到了15%(表23.4)。

传统上，国防生产一直由国营防务企业和军械厂委员会主导，它们在各自领域几乎是垄断者：飞机由印度斯坦航空有限公司垄断，弹药、坦克和轻型车辆由军械厂委员会垄断，电子设备由巴拉特电子有限公司垄断，护卫舰和驱逐舰由马扎冈造船有限公司垄断，巡逻舰由果阿造船有限公司垄断。在某些产能和能力重叠的领域，国防部是选择承包商及其订单规模的仲裁员。国防部在能力评估和专业知识的基础上，利用其购买力将国防合同授予这些实体。目前，军械厂委员会和国营防务企业的大部分订单，如阿琼主战坦克(MBT)、步兵战车(ICV)、苏-30MKI战斗机、幻影和美洲虎战斗机的升级、鹰式教练机、阿卡什导弹、鲉鱼潜艇、反潜护卫舰，都是通过提名方式授予这些实体的，在授予这些合同时绕过了任何形式的竞争。

然而，尽管印度对改革的抵制根深蒂固，但随着2001年的自由化，印度国防工业的结构开始发生变化。私营部门现在被允许制造各种类型的国防装备，但必须通过许可证获得官方许可。通过定期修订《国防采购程序》(*Defence Procurement Procedures*,DPP)——国防部为武装部队采购武器和平台制定的规则手册,为私营部门的参与提供了越来越多益便利。这本手册最早是在20世纪90年代初被提出的,此后经过多次修订。

自21世纪初以来,《国防采购程序》扩大了采购种类,试图从直接进口转向本土生产。与2008年之前的《国防采购程序》相比,目前更有利于直接进口和/或由国营防务企业/军械厂委员会的许可生产,自2008年起,《国防采购程序》有了新的类别来支持印度私营企业,这些企业也需要在采购合同中实现一定程度的本土化(见表23.7)。此外,自2013年起,《国防采购程序》将所有类别按优先性从大到小排序。根据2016年《国防采购程序》,一个新的类别被给予最高优先权,即“购买”(Buy)(购买印度本土设计、开发和制造的产品,IDDM)。其次是“购买印度货”(Buy Indian)(其中40%必须从自印度),“购买和制造”(印度产品)(Buy and MakeIndia)50%的印度产品,以及“购买和制造以及全球采购”(Buy and Make and Buy(Global)),最后一项优先级最低。优先顺序是为了确保当局在审查对国内产业有利的较高类别之前,先审查对本地产业不利的较低类别。对较高类别的任何排除,都应记录在案,并由当局证明其合理性。这使得采购当局有责任审查使用国内能力为印度武装部队提供装备的所有可能性。这与以前的做法有很大不同,在以前,军械厂委员会/国营防务企业的进口或许可生产是默认选项。

然而,尽管《国防采购程序》为私营部门提供了机会,但迄今为止,它的贡献微乎其微。在产业自由化以来的17年中,私营企业赢得的最大订单是拉森特博洛(L & T)公司获得了不到10亿美元的合同,为印度军队提供履带式火炮,而军械厂委员会与国营防务企业继,续获得更大的订单。公共部门实体仍然继续享有特权地位,他们可以不参与竞争的情况下获得大量订单,而私营企业不仅要为每一份合同进行竞争,而且如何合同真的签订了,大多数情况下还必须等待很长时间才能看到合同带来的结果。

表23.7　国防采购类型的显著特征

优先采购类别	采用年份/年	最低本土化要求	RFP发放对象
“购买”(印度本土设计、开发和制造的产品)	2016	40%(本土设计的条件下)	印度公司
		60%(本土生产的条件下)	印度公司
“购买印度货”	2015	40%	印度公司
“购买和制造”(印度产品)	2008	50%	印度公司
“购买和制造”*	2003	技术转让的范围和深度由具体情况决定	外国公司
全球采购*	2002	不适用	外国/印度公司

注:*表示当采购价值达到200亿卢比或以上时,要求在这些类别中的补偿贸易占到30%。

资料来源:表格数据根据国防部《国防采购程序》(有关年份)推算而来。

23.5 行业绩效

直到2001年,国营防务企业和军械厂几乎垄断了印度的武器生产。即使在2001年后的时间里,由于各种因素的影响,垄断仍未被削弱,私营部门仍然难以有所作为。同其他部门一样,国营防务企业和军械厂的垄断造成了效率低下,这反映在它们的运作和绩效上。从创新、生产率、出口成功率和订单及时执行等方面来衡量,它们的总体表现都非常差。

作为军队的专属供应商,国营防务企业和军械厂几乎没有任何动力通过其创新去获得订单。多年来,它们一直局限于根据他人提供的设计和技术生产产品。对创新缺乏关注,从研发支出较低可见一斑。2016—2017年,9个国营防务企业的研发支出合计为300亿印度卢比,仅占其产值的5%。此外,大部分研发费用由两家实体承担,印度斯坦航空有限公司和巴拉特电子有限公司,其他实体的支出不到1%。军械厂的情况类似。2017—2018年,它们在研发上的支出仅占销售额的0.5%。对研发的重视如此之差,它们不可能开发出有价值的新产品,这是一个不争的结论。

国营防务企业的综合劳动生产率还不到一些全球领先企业的四分之一。对劳动力的严重管理不善的现象在军械厂也很明显,军械厂为每三名直接产业员工雇用了两名主管。[①]实际上,劳动生产率低下是军队预算的负担,显著地降低了军队的采购能力,阻碍了其能力发展。

出口是任何企业全球竞争力的一个关键指标,在国营防务企业或军械厂中几乎是不存在的。一些全球竞争对手20%~80%的收入来自出口,相比之下,国营防务企业和军械厂的出口很难达到总销售额的3%。国营防务企业和军械厂不仅没能在全球市场上销售它们的产品,而且在维持其所取得的微小成功方面也是惨败。由于出口绩效不佳,这些实体无法扩大规模,实现规模效益,也无法为武装部队降低单位采购成本。

在2016年7月提交给议会的一份报告中,印度审计署(Comptroller and Auditor General of India,CAG)严厉批评国防国营企业在"第十一次陆军计划(2007—2012年)期间,过度拖延关键武器和装备的供应",阻碍了"印度军队的现代化和能力提升计划。"[②]印度审计署观察到,国防部与国营防务企业签署的中,总价值60%的合同被推迟了,价值为3010亿卢比。印度审计署在它的其他报告中也谴责了军械厂严重拖延向武装部队的供给。在2015年12月提交给议会的一份报告中,最高审计

---

① CAG, Union Government(Defence Services): Army, Ordnance Factories and Defence Public Sector Undertakings, Report No. 19 of 2016, p. 75.

② CAG, Union Government(Defence Services): Army, Ordnance Factories and Defence Public Sector Undertakings, Report No. 19 of 2016, p. xi.

官发现，军械厂的目标实现率不足占61%。[①]目标实现情况不佳，其他表现指标也是如此，反映了这些实体总体效率低下，这对于印度实现国防生产自给自足的愿望来说不是一个好兆头。

23.6　印度制造倡议

2014年9月，印度总理纳伦德拉·莫迪（Narendra Modi）发起了印度制造倡议（Make in India initiative），旨在改造印度的制造业和创新部门，国防工业已被列为该倡议下的25个部门之一。由于国防工业两位数的增长和巨大的就业潜力，它也是在这一倡议确定的10大“冠军行业”之一。[②]在印度制造倡议下，政府推出了一系列改革措施，包括一系列营商便利措施；以及一系列倡议，为私营部门提供在面对国营防务企业/军械厂委员会时相对公平的竞争环境；国内工业友好的采购程序，改革公共部门生产实体的倡议，以及一系列吸引投资的措施。

在国防生产方面营商便利措施旨在加深参，特别是印度私营部门实体和外国公司参与国防生产。为此，政府简化了许可证发放程序，放宽了国防领域外国直接投资的限额，明确了国防出口政策，并开放了政府现有的供其他人使用的试验/测试设施。许可证程序的简化消除了一些官僚和程序上的障碍，这些障碍限制了在一定时间限度内向私营部门发放工业许可证。简化的程序不仅解决了这一问题，而且还使得发放的工业许可证从2014—2015年底的107个大幅跃升到2017—2018年的348个。[③]

国防领域自从2001年首次向外资开放以来，外国直接投资上限十多年来一直保持在26%的水平，现阶段在自动审批路径下提高到49%，在政府审批路径下根据个案情况提高到49%以上，至100%。尽管到目前为止，其影响还不明显，但不能排除它会带来大量投资的可能性，因为已有几家外国公司表示有兴趣与印度公司合作，在印度投资。

为了让印度工业从规模经济中受益并开发国际武器市场，印度政府首次明确了国防出口政策。这项政策也是印度对国际出口管制制度承诺的一部分，特别是《瓦森纳协议》（*Wassenaar Arrangement*）（印度于2017年加入该协议），它规定了向印度工业部门颁发出口许可证的时间和程序约束。尽管与世界主要武器出口国相比，印度武器出口量仍然很低，但政策措施的明确已经取得了一些明显的成功。印度国防工业出口总额从2014—2015年的3.17亿美元跃升至2017—2018年

① CAG, Union Government (Defence Services): Army, Ordnance Factories and Defence Public Sector Undertakings, Report No. 44 of 2015, p. 134.

② Ministry of Finance, Government of India, Economic Survey 2017-18, Vol. 2,p. 125.

③ Ministry of Defence, ‘India Stands Strong: Major Achievements of the Ministry of Defence in Narendra Modi Government’, May 2018.

的7.26亿美元。[①]

政府机构，如武装部队、国营防务企业、军械厂委员会和国防研究与发展组织等经营的试验和测试设施，特别是开放给私营部门的企业使用，对后者是一个重大推动，因为其中一些公司被迫将设备带到国外进行测试，导致时间和成本的增加。[②]随着这些设施的开放，私营部门现在可以支付必要的费用，并在用户对其设备进行评估或出口之前对其进行测试。

为了进一步鼓励私营部门从事国防生产，政府在税收和付款条件方面提供了在面对公共部门时非常需要的公平竞争环境。以前，私营部门被要求缴纳某些税收和关税，而公共部门的相应部门则被减免。这导致私营部门投标的潜在成本更高，缺乏竞争力。政府现在规定每家企业都要缴纳必要的税收和关税，让每个参与者都能平等竞争。同样，政府也将长期合同中的外汇变动优惠扩大到私营部门，而这些优惠以前只提供给国有部门。这些好处将使它们免受汇率波动的影响，使它们的投标更具竞争力。

作为与印度制造倡议相一致的精简《国防采购程序》的一部分，政府已经采取了两个关键步骤。首先，如上所述，阐明了新的采购程序，购买(购买印度本土设计、开发和制造的产品，IDDM)。其次，与“制造”程序有关，该程序于2006年首次宣布，目的是促进工业界，特别是私营部门的设计和开发活动。根据“制造”程序，政府承诺为原型开发提供高达80%的财政援助。然而，由于程序上的困难，没有一个“制造”项目可以中标。政府不仅简化了整个程序，而且根据修订后的程序提出了一份执行项目清单，并将财政援助扩大到90%。此外，还引入了一个新的子类别，允许工业界能够提供创新的解决方案，供政府评估。

作为改革国有国防生产实体最大的胆措施之一，除开始取消军械厂委员会在某些领域的垄断地位外，政府还对国营防务企业开始撤资/私有化。对于前者，政府通过在证券交易所上市的方式，出售了在印度斯坦航空有限公司、加登里奇造船工程有限公司、巴拉特动力有限公司和马扎冈造船有限公司的部分股权，并在“原则上”批准了贝姆勒公司的私有化。在证券交易所上市，除了为最终的私有化(如果将来有这样的决定的话)创造条件外，还意在引进更大程度的公司治理。就军械厂委员会而言，政府在其生产的600多件产品中确定了275件为“非核心”产品。这将使印度军队能够通过竞争性招标过程来采购这些物资，并在此过程中终结军械厂委员会的垄断地位，后者现在被迫与其他机构竞争以赢得这些物资的投标。

① Ministry of Defence, ‘India Stands Strong: Major Achievements of the Ministry of Defence in Narendra Modi Government’, May 2018.

② https://economictimes.indiatimes.com/news/defence/test-in-india-militaryranges-labs-opened-to-private-players-to-test-equipment/articleshow/50212027.cms.

23.7　印度国防工业的前景

印度制造倡议通过一系列改革措施无疑给原本奄奄一息的印度国防生产部门带来了新的生机，该部门一直以效率低下和缺乏创新而闻名。近年来采取的所有改革措施都可能对印度国防工业产生积极影响，特别是私营部门。尽管私营部门相对于军械厂委员会/国营防务企业存在某些不利因素，但它现在有一个更好的经营环境。特别是，私营部门预计将发挥更大的作用，特别是在其拥有更多专门知识的陆地系统方面。

尽管印度国防工业有望在未来发挥更大的作用，但它的贡献不太可能根本改变印度的自力更生目标。主要原因是缺乏强大的研发基础，印度国防工业过度依赖外部技术转让，尤其是与主要平台相关的技术转让。对印度当前采购计划进行的一项调查显示，印度的主要系统仍将依赖外部资源，如现代战斗机、直升机、常规潜艇和远程导弹防御系统。考虑到这些系统30~50年的使用寿命，印度国防工业在这些平台的生产中所发挥的作用是微不足道的。

第24章　新加坡国防工业

罗恩·马修　斯柯林·柯

24.1　引　　言

新加坡国防工业的起源可追溯至1965年新加坡脱离英国独立。尽管殖民主义抑制了这个岛国的经济转型，但它也注入了强大的积极力量，推动该国建设强大的国防经济。这些力量包括运行良好的公务员制度、法治和使用英语。在一个90%的人口是华裔的国家，主要的语言是英语，而不是普通话。然而，在国防领域，由于武器一直来自殖民国家，英国几乎没有留下任何有价值的军事能力。1968年，英国军队最后撤离独立的新加坡时，新加坡没有空军和海军，只有一支主要由马来西亚人组成的脆弱军队。撤军的同时，英国关闭了在新加坡的庞大军事基地，导致当地失去了4万个工作岗位以及新加坡五分之一的国民收入。① 这给新加坡带来了毁灭性的经济打击，也使其面临战略性灾难。因为新加坡周围都是伊斯兰国家，这些国家在过去和现在都被认为是对新加坡主权的生存威胁。在新加坡独立后的最初几十年里，马来西亚和印度尼西亚的反华暴乱和杀戮加剧了这种担忧。此外，新加坡还因断断续续的地区冲突而饱受不安全之苦，这些冲突包括渔业和海洋领土争端、与马来西亚的“水资源战争”（water wars）以及在激烈的马印冲突时期（Konfrontasi era），与印度尼西亚武装部队的实际军事冲突。因此，新加坡感到自身很脆弱，并寻求迅速发展本国的军事能力，包括国防工业能力。

新加坡第一任总理李光耀（Lee Kuan Yew）是一位强有力、富有远见的领导人，他的当选加强了新加坡对国家安全威胁的反应。李光耀认为，必须捍卫新加坡的发展，并为建设新加坡武装部队（Singapore's Armed Forces，SAF）提供资源。新加坡制定了威慑策略，使侵略者将新加坡视为“毒虾”，也就是，尽管国土面积很小，但潜在对手会因强大的新加坡武装部队对他们造成的无法接受的人员伤亡和伤害而不

① Ron Matthews and Nellie Zhang Yan, 'Small Country "Total Defence": A Case Study of Singapore', in Stefan Markowski, Peter Hall and Robert Wylie (eds), Defence Procurement and Industry Policy - A Small Country Perspective, Routledge, 2010, p. 255; original source: J. Drysdale, Singapore: Struggle for Success, North Sydney, George Allen & Unwin, 1984.

敢进攻,即“容易吞掉,但无法消化”。[①]新加坡还制定了一项适当的战略,以克服人口的限制,强调通过先进军事技术这一“力量倍增器”,实现变革性国防创新。[②]军民融合(Civil-military fusion)是通过高价值两用技术协同作用实现的预期结果。技术是新加坡成功的一个关键因素,对人力资本进行投资有助于加速和强化创新进程。新加坡工程师和科学家的活力和创造力是一个重要的影响因素,部分受到新加坡因国土面积小而产生的战略需求的影响,同时也受中国社会经济文化诸如“面子”等特征的影响。[③]

新加坡国防工业从约50年前依赖国外的局面,发展到目前具有竞争力和创新力的成熟工业状态,证明了这个小国的国防工业模式是非常成功的。随着商业经济的广度和深度的增长,新加坡潜在国防工业实力同样得到了扩大。表24.1显示了新加坡作为国防经济强国在当前是相对成功的。新加坡是一个自然资源匮乏的小国,人口只有600万左右,但新加坡已建立起强大的经济实力,支撑其高额的军事预算,并拥有排名世界第40位的国防工业公司。这些国防经济指标使所有其他东南亚主要邻国都黯然失色,与得益于长期工业发展和/或拥有大量石油和能源资源的其他小国相比,新加坡也是胜出一筹。

表24.1 2017年新加坡国防经济的相对表现

国家		国防支出/10亿美元(当前价格)	名义GDP/10亿美元	人口/百万	名义人均GDP/美元	国防支出/GDP/%	全球百强防务企业数量
新加坡		10.1	324	5.6	55,236	3.3	1(40)
东南亚国家	马来西亚	3.5	315	31.6	9945	1.1	0
	印度尼西亚	7.9	1016	264.0	3847	0.8	0
	泰国	6.1	455	69.0	6594	1.4	0
	越南	4.9	224	95.5	2343	2.3	0
	文莱	0.3	12	0.43	28,290	2.9	0

① Bernard Loo, ‘From Poisoned Shrimp to Porcupine to Dolphin: Cultural and Geographic Perspectives of the Evolution of Singapore’s Strategic Posture,’ in Amitav Acharya and Lee Lai To (eds.), Asia in the New Millennium: APISA First Congress Proceedings, 27 – 30 November 2003, Singapore: Marshall Cavendish Academic, 2004, pp. 352 – 375, and Evan A. Laksmana, ‘Threats and Civil- Military Relations: Explaining Singapore’s “Trickle Down” Military Innovation’, Journal Of Defense and Security Analysis 33:4, 2017, p. 354; original source: Bilveer Singh, Arming the Singapore Armed Forces (SAF: Trends and Implications, Canberra: Strategic and Defense Studies Center, ANU, 2003, p. 26.

② Michael Raska, ‘Singapore’s Next frontier: In Search of defence Innovation’, RSIS Commentary, 105, 25 June 2018.

③ See, With Nellie Zhang, ‘Small Country Total Defence: The Case of Singapore’, Journal of Defence Studies, JSCSC, (September 2007).

（续表）

国家		国防支出/10亿美元(当前价格)	名义GDP/10亿美元	人口/百万	名义人均GDP/美元	国防支出/GDP/%	全球百强防务企业数量
其他小国	科威特	6.7	120	4.1	29,040	5.8	0
	挪威	6.3	399	5.3	75,505	1.6	2(81、95)
	阿曼	8.4	73	4.6	15,668	12.1	0
	卡塔尔	3.4	166	2.3	71,991	(N/A)	0
	瑞典	5.5	538	9.9	53,442	1.0	1(32)
	瑞士	4.6	679	8.4	80,190	0.7	1(73)

数据来源：SIPRI，2018年数据库(国防支出和国防支出/GDP)、世界银行2017年(人口、GDP、人均GDP)、国防新闻2018年(百强公司)。

考虑到新加坡的战略和政策环境，本章旨在探讨在更广泛的国防经济背景下，新加坡国防工业基础的发展。本章首先概述新加坡国防支出、采购和国防工业发展模式。然后阐述了影响新加坡国防经济发展主要因素的四边形国防工业模型。随后依次解释和分析了包括战略远见、技术吸收能力、贸易和对外伙伴关系风险，以及国防补偿贸易等核心组成部分。本章最后对新加坡国防工业的未来前景进行简要预测。

24.2 国防工业结构的演变

除第二次世界大战期间为英国和盟军在国内提供一些基本的维护、维修和大修(maintenance, repair and overhaul，MRO)外，新加坡直到20世纪60年代末才拥有与国防相关的制造能力。转折点是李光耀当选以及他决心在本国能力允许范围内捍卫独立。当政治考虑超越战略伙伴关系时，外国势力反复无常地实施武器禁运并不会损害国家主权。因此，鼓励国防工业发展是不可避免的，但从一开始，本国国防工业公司并不会从政府的直接补贴中获益。①

国防工业发展进程始于1967年，建立了特许工业(Chartered Industries，CI)，后来(1989年)成为国有的新加坡技术公司(Singapore Technology，ST)三个部门中的第一个部门。特许工业起初生产几种不同类型的弹药和小型武器，之后逐步扩大生产能力，包括为AMX-13坦克主炮提供炮弹和穿甲弹。1976年，特许公司从英国斯特林军火公司(Britain's Sterling Armament Company)购买了SAR-80突击步枪的生产权，并进行了升级，共生产了约10万支国产改装的SAR-80供本国和出口使

① Andrew T. H. Tan, 'Singapore's Defence Industry: Its Development and Prospects', Security Challenges 9: 1, 2013, p. 80.

用。[①]新加坡技术公司的第二部门成立于1973年,负责在本国设计和生产来自芬兰的迫击炮。该部门后来生产了以色列提供的M68 155毫米榴弹炮,在当地改装后以FH-88型号出口。最后,在1971年,新科汽车工程公司(ST Automotive Engineering)开始为进口的梅赛德斯重型三吨卡车改装成军用标准。汽车工程公司进一步改装了外国装甲运兵车,如美国提供的M-113,作为本国制造的迫击炮和外国提供的地对空导弹系统的平台。

1974年,新加坡政府成立了胜利控股公司(Sheng-LiHoldings),对新加坡迅速扩张的国防工业进行战略监督和管理。政策重点不仅放在陆地系统上,还将重点放在独立和迅速发展的海军和航空航天领域的实体上。在海军领域,1968年新加坡造船工程公司(Singapore Shipbuilding and Engineering)成立,并通过海外技术转让协议,迅速开展军舰生产。该公司的一个主要合作伙伴是西德的吕森造船厂(LürssenWerft),在该公司的许可之下,于1974—1975年生产TNC-45型导弹艇,这种导弹艇可容纳以色列生产的加布里埃尔(Gabriel)导弹。1989年,这家德国公司为新加坡建造的五艘可搭载美国"鱼叉"(Harpoon)舰对舰导弹的轻型护卫舰提供了设计和原型船。新加坡航空航天公司(Singapore Aerospace Corporation)提供航空航天领域的服务。该公司成立于1981年,在新加坡国内组装意大利提供的马基S-211(SIAI Marchetti S-211)教练机,并为多种军用飞机、发动机和航空电子设备提供维护、维修和大修服务,包括翻新美国提供的A-4S"天鹰"(Skyhawk)战斗机以及为C-130运输机提供基地级维修。

1990年,为了提升组织协同效应,胜利控股公司进行重组,并更名为新加坡科技控股公司。此次重组旨在将公司业务商业化,1994年,新加坡科技公司由国家投资公司淡马锡公司控股。通过并购活动,新加坡科技公司迅速发展了包括电信、金融服务、旅游和运输在内的商业业务。新加坡国防工业集聚在新加坡技术工程公司中,这是一项深思熟虑的计划的一部分,旨在使国防工业多样化,并将其融入不断扩张的新加坡科技集团的商业活动中。新加坡技术工程公司上市后,淡马锡控股拥有51%的控股权。新加坡技术工程公司目前分为四大公司,即新科航空航天公司(ST Aerospace)、新科海事公司(ST Marine)、新科电子公司(ST Electronics)和新科动力公司(ST Kinetics)。在过去五年中,这家控股公司的大部分收入和净利润来自航空航天部门,其次是电子、陆地系统和海事部门。[②]值得注意的是,新加坡技术工程公司已从一家只专注于国内市场的公司发展成为一家全球性的跨国防务公司,业务遍及全球。2017年,新加坡技术工程公司在22个国家雇佣了22000名

① 参见新加坡国防工业, www.globalsecurity.org/military/world/singa pore/industry-defense.htm. 2018年10月28日访问。

② 参见新加坡技术工程有限公司2017年年报,第3页。www.stengg.com/media/520426/st-engineering-annual-report-engineering-your-future.pdf. 2018年10月28日访问。

员工，创造了66.2亿新元的收入和5.119亿新元的利润。[①]该公司是一个成功案例，在全球百强防务公司中排名第40位。

24.3 国防采购

尽管面临国防资金压力，新加坡技术工程公司已着手制定一个雄心勃勃的2030年后“路线图”，以更少的投入做更多的事情，提高人力资源匮乏条件下的军事能力。[②]由于新加坡的国防采购支出是保密的，这些数字从未公开过，因此不可能对项目成本进行详细分析。不过，很明显，从外国供应商那里持续、昂贵地“大综”采购武器平台是一项重大任务，新加坡技术工程公司集团与这些供应商间的合作发挥着重要作用。除了通过与外国供应商的合作，为陆、空和海军系统领域的各种项目做出贡献外，新加坡技术工程公司还承担着本国主要平台开发的主承包商角色。其中包括新一代装甲战车（Next-Generation Armoured Fighting Vehicle），它将是新科动力公司“比奥克尼斯”（Bionix）步兵战车的升级版，能力更强。[③]该公司还有可能在当地建造海军多用途战斗舰（Multi-Role Combat Vessel，MRCV），该舰将取代久负盛名的胜利级（Victory-class）导弹护卫舰（自20世纪80年代末开始服役），还有，计划中的联合多任务舰（Joint Multi-Mission Ship，JMMS）将提供比新加坡国产的耐久级（Endurance-class）登陆平台码头船更大、更强的航运能力。这些舰船的采购过程可能会遵循传统模式，即在国外造船厂建造首批舰艇，其余舰艇在获得生产许可后在国内生产。新加坡自1980年以来的主要武器采购情况见表24.2。到目前为止，没有启动大型平台本国项目的计划。这既是因为新加坡缺乏规模经济，也是因为出口前景较差，新加坡武装部队是此复杂系统和平台的唯一可靠客户。

表24.2　1980—2017年新加坡主要武器采购项目

购买年份/年	供给国	项目	数量	附注
1980	美国	A-4S“天鹰”地面攻击战斗机	16	
1980	美国	F-5E“虎”Ⅱ战斗轰炸机	6	3400万美元的交易
1981	美国	F-5F“虎”Ⅱ战斗轰炸机/教练机	3	1600万美元的交易

① 新加坡技术工程有限公司2017年年报，第3页。www.stengg.com/media/520426/st-engineering-annual-report-engineering-your-future.pdf. 2018年10月28日访问。

② ThrinaTham, ‘Doing more with less, SAF plans for smart platforms and tech: Dr Ng,’ Ministry of Defence, Singapore, 30 June 2018.

③ 2017年3月，新加坡国防部将生产和供应新一代装甲战车的合同授予新加坡技术工程公司，以取代老化的ULTRA M113，从2019年开始交付。

（续表）

购买年份/年	供给国	项目	数量	附注
1983	美国	A-4S“天鹰”地面攻击战斗机	8	
1983	美国	E-2C“鹰眼”机载预警控制飞机	4	4.37亿万美元的交易
1984	美国	F-5E“虎”Ⅱ战斗轰炸机	6	
1985	美国	F-16A/B“战隼”多功能战斗机	8	2.8亿美元“和平卡文一号项目”交易
1986	德国（西）	MGB-62型护卫舰	6	
1986	美国	F-5E“虎”Ⅱ战斗轰炸机	5	
1986	美国	KC-130H“大力神”加油机/战术运输机	1	
1987	美国	C-130H“大力神”战术运输机	1	
1987	美国	F-5F“虎”Ⅱ战斗轰炸机/教练机	3	
1989	美国	A-4B“天鹰”地面攻击战斗机	24	
1991	瑞典	“兰特索尔特”级(Landsort-class)猎雷艇	4	
1992	美国	F-16C/D“鹰隼”多功能战斗机	18	8.9亿美元“和平卡文二号项目”交易
1994	美国	CH-47D“支奴干”重型直升机	6	
1994	美国	F-16A/B“鹰隼”多功能战斗机	8	2.8亿美元“和平卡文一号项目”交易
1995	瑞典	海蛇级(Sjöormen-class)潜艇	1	
1996	美国	F-16CJ“鹰隼”多功能战斗机	12	先租赁,后购买
1997	瑞典	海蛇级(Sjöormen-class)潜艇	3	
1997	美国	F-16CJ/DJ“鹰隼”多功能战斗机	12	3.5亿美元的“和平卡文三号项目”交易
1997	美国	KC-135“同温层”加油机	4	2.8亿~5亿美元的“和平卫士项目”交易
1998	美国	CH-47SD“支奴干”重型运输直升机	6	
1999	美国	AH-64D“阿帕奇长弓”攻击直升机	8	6.29亿美元“和平先锋计划”交易的一部分

（续表）

购买年份/年	供给国	项目	数量	附注
1999	美国	CH-47SD“支奴干”重型运输直升机	4	
2000	法国	拉斐特级护卫舰	6	7.5亿美元的交易（16亿美元“三角洲项目”的一部分）
2000	美国	F-16D“鹰隼”多功能战斗机	20	“和平计划卡文四号”交易
2001	美国	AH-64D“阿帕奇长弓”攻击直升机	12	6.17亿美元的“和平先锋计划”交易
2005	瑞典	西约特兰级潜艇	2	1.28亿美元“北极光计划”交易
2005	美国	F-15SG“攻击鹰”多用途战斗机	12	10亿美元的“和平计划卡文四号”交易
2005	美国	S-70B“海鹰”舰载直升机	6	
2007	德国	豹-2A4主战坦克	182	
2007	美国	F-15SG“攻击鹰”多用途战斗机	12	10亿美元交易
2007	美国	G-550机载预警控制飞机	4	通过以色列订购和交付，在以色列安装任务系统
2008	美国	M-142 HiMARS多管火箭发射器	18	
2010	美国	F-15SG“攻击鹰”多用途战斗机	8	
2012	德国	豹-2A7主战坦克	12	
2013	德国	218SG型潜艇	2	
2013	美国	S-70B“海鹰”舰载直升机	2	
2014	西班牙	A330多用途加油机	6	
2014	美国	F-15SG“攻击鹰”多用途战斗机	8	
2016	美国	CH-47F“支奴干”重型运输直升机	10	
2017	德国	218SG型潜艇	2	

资料来源：SIPRI武器转让数据库，www.sipri.org/databases/armstransfers（2018年10月22日查阅）。

说明：卡尔文（Carvin）I~V项目构成新加坡共和国空军（Republic of Singapore Air Force）采购美国F-16战斗机的一部分，包括在亚利桑那州卢克空军基地提供训练。

24.4　独特的国防工业“生态系统”

新加坡国防工业生态系统是参照国家安全的扩展定义来构建的。这种模式很可能受到日本自19世纪明治时期(1868—1912年)开始实行的“综合”安全政策的影响。[①]日本人将安全理解为经济、技术、军事、外交、政治和其他相关领域的综合能力。综合安全涵盖国防,包括国防工业能力,但这只是多种安全能力之一,并不等同于国家安全本身。新加坡有一个类似的全面防卫(Total Defence)概念,是在同样的国家安全概念上形成的,涵盖了经济、民事和军事防卫等常规要素,但另外还包括了社会和心理防卫,反映了该国不同少数民族群体。从本章的角度来看,全面防卫反映了新加坡政府希望将国防(安全)和经济(繁荣)目标融合在一起,以确保国防投入不会从更广泛的经济体中隔离开来。因此,很有启发性的是,在新加坡技术工程的四个子公司中,只有新科动力公司专门进行军事生产。其他三家公司航空航天、海事和电子公司,都是军民两用性质的,有职能性的组织架构,这样在军事项目中获得的技能和知识就可以转化为新加坡科技公司在更广泛的商业领域中更有利可图的业务。[②]

新加坡的“国防生态系统”位于全面防卫体系之内。这一概念最早由负责技术和转型的国防部副部长郭忠文(Quek Tong Boon)于2006年提出。他将其定义为新加坡国防装备的用户、开发者和生产商之间相互依赖和共同发展。[③]虽然“用户”(即新加坡武装部队)确实参与了系统设计、后勤需求和其他相关问题,但由于缺乏作战经验导致其贡献有限,还可能对国防出口前景产生负面影响。因此,在本章中,也许更相关的概念是新加坡“国防工业生态系统”,它反映了四方利益相关者之间的关系:一是政策制定者和资助者(政府),二是开发者,包括错综复杂的国防相关研发机构,三是生产者(国防工业企业),四是在全球化环境中运作的贸易伙伴和合作伙伴网络。虽然这些组成部分之间也存在高度的相互依赖性,但重要的是,国防工业在将思想和设计转化为“尖端”技术能力方面扮演着关键角色。事实上,这支持了比尔维尔·辛格(Bilveer Singh)提出的观点,即国防工业是全面防卫的第五

---

① 关于这一概念的一个博学的解释,参见J. Chapman, R. Drifte and I. Gow, Japan's Quest for Comprehensive Security: Defence, Diplomacy and Dependence, London: Pinter, 1983。

② 关于新加坡技术文明化的讨论,参见Tim Huxley, Defending the Lion City - The Armed Forces of Singapore, Allen & Unwin, 2000, p. 191。

③ 摘自于罗伯特·卡尼尔(Robert Karniol)(2018年11月1日)的个人通信,他提供了他的开创性文章‘Industry Briefing: Singapore Defence Ecosystem’, Jane's Defence Weekly, February 2006. 同样具有启发性的是,郭忠文将国防生态系统的概念解释为是可塑的。引用卡尼尔(Karniol)2006年的文章,郭忠文解释说:“……国防生态系统的核心是新加坡国防部、新加坡武装部队、国防科学技术局和国防科学组织,然后是淡马锡的两个实验室,我们的国防工业,以及可以从我们的高等院校和研究机构获得军民两用研发专业知识。我们还认为,我们的国际伙伴和私营部门的相关部分是我们国防技术生态系统的组成部分。”(作者做了强调)。

支力量（与军事有关）。[①]新加坡国防工业的核心是新加坡技术工程公司，它支持本国国防技术的积累和不断演进，使之成熟发展为“秘密技术优势”来应对潜在侵略者。[②]这种方法避免了全面开发和生产武器平台，致力于开发科技集成到从国外采购的武器平台上的高技术防务系统。然而，为了确保这种技术优势发挥威慑作用，拥有和部署此类技术必须是秘密的。新加坡前总统纳丹（S.R. Nathan）恰当地描述了这种战略态势，他说：“我们必须自主开发……技术优势……而且必须秘密开发——严格保密——这样就没有人知道我们开发的国防相关技术和能力了。”[③]然而，从逻辑上讲，拥有技术优势必须是一个“公开的秘密”，因为要阻止潜在侵略者，必须使他们意识到所面临的强大防御能力，尽管准确的配置和影响尚未明确。

图24.1表明，通过国防工业“生态系统”四边形关系的内部相互作用，特别是政府所激发的战略远见和研发投资，形成了本国的国防技术优势。国防工业生态系统还包括外部驱动因素，如海外贸易伙伴和合作者（面临竞争压力）和国防补偿贸易（引进技术），这些都有助于实现技术“优势”目标。另一个影响来自前面提到的国防政策，即要求重视通过从海外采购先进武器系统实现技术倍增，以此作为弥补军事人员数量有限的手段。追求技术优势是新加坡发展战略的一个特点，是通过政府干预的作用来实施的。这是一个积极主动的中央计划过程，在这个过程中，通过从农业、制造业、服务业最终到知识密集型转型的连续发展，经济得到培育，迅速发展。该战略鼓励培育新兴高技术产业，如信息、计算机、电信、国防和航空航天。通过外国直接投资和技术伙伴关系推动这些“战略性”产业的发展。政府政策的重点一直是获取海外技术，以维持和创造本国的技术和创新。这一发展战略的结果是，确保了最好的、可以用“富国强军”来形容军与民之间的关系。[④]

24.4.1 战略远见

新加坡政府在确定和支持本国经济“领先”部门的增长和发展方面一直发挥着积极作用。这些部门可以被描述为增长极、行业支柱、冠军产业，或者一般的“战略”产业。这些产业被视为强大的发展催化剂，因为它们对技术就业、高销售额、增加附加值、知识密集型产出和强大的后向产业联系做出了重要贡献。这种干预主义的发展进程可以追溯到新加坡独立初期，但1991年启动的《战略经济规划》

① Bilveer Singh, Singapore's Defence Industries, Canberra Papers on Strategy and Defence, ANU, 1990, p. 49.

② Evan A. Laksmana, 'Threats and Civil-Military Relations: Explaining Singapore's "Trickle Down" Military Innovation', Journal Of Defense and Security Analysis 33:4, 2017, p. 348.

③ S. R. Nathan, 'Creating the Technology Edge', Singapore 1972-2003, Singapore: DSO Laboratories, 2002.

④ See, Richard Samuels, Rich Nation, Strong Army: National Security and the Technological Transformation of Japan, Cornell Studies in Political Economy), May 1996.

(Strategic Economic Plan)加速了这一进程。[①]该规划强调了八项战略重点,包括人力资源开发、国际伙伴关系和投资、研发和促进工业和技术集群等。作为战略规划的补充,还有一项投资数十亿新加坡元的科技计划,用于增加民防部门的研究人员数量和研发能力。国防和航空航天作为综合性战略产业,具有跨越军民鸿沟的技术协同效应。经济发展局(Economic Development Board,EDB)在新加坡扮演的角色,相当于日本在第二次世界大战后贸易和工业部(Ministry of Trade and Industry,MITI)的角色,经济发展局致力于确定和协调战略性产业部门的发展。例如,经济发展局的发展模式促进了在第二次世界大战实里达(Seletar)旧机场所在地,创建先进的航空航天工业集群。这吸引了大量国内外高科技企业,包括通用电气(美国)、洛克希德·马丁(美国)、波音(美国)、泰利斯(法国)和劳斯莱斯(英国)等全球性公司,其中劳斯莱斯公司为其特伦特(Trent)系列航空发动机建立了装配和测试工厂,创造了2000多个技术就业岗位。[②]在培育实里达集群方面,经济发展局"看得见的手"的干预被证明是项目成功的主要因素。地平线扫描(Horizon scanning)是经济发展局的另一项重要任务,目的是确定未来将出现的新兴、有活力的军事和/或民用战略领域。

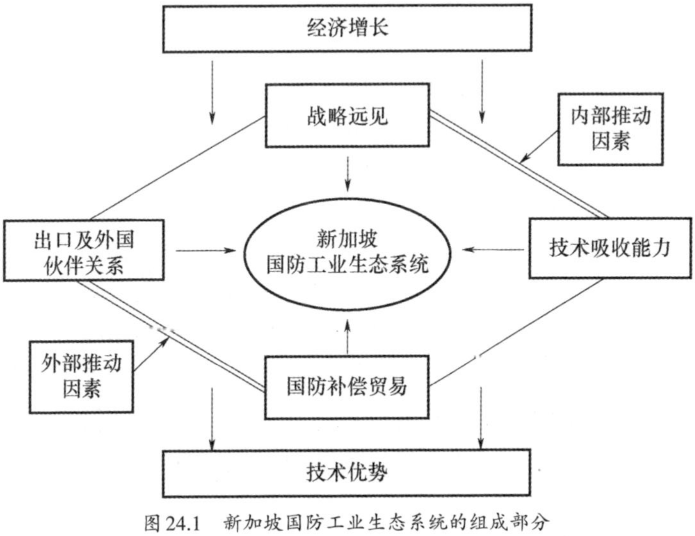

图24.1　新加坡国防工业生态系统的组成部分

航天工业就是一个很好的例子。新加坡是这一高科技产业的"后来者",但被该行业显而易见的高科技和高能力的附属产品所吸引。新加坡进入航天领域是从

① Ron Matthews, 'Singapore's defence-Industrial "Model"', Asia-Pacific Defence Reporter, April/May 1999, p. 22.

② 劳斯莱斯于2010年2月1日在实里达航空航天公园(Seletar Aerospace Park)开始建造。www.rolls-royce.com/media/press-releases-archive/yr-2010/100201-construction-seletar-aerospace-park.aspx。2018年10月28日访问。

2003年建造了一颗X-SAT卫星开始的。此后,新加坡发射了一系列重量从1千克到400千克不等的小型卫星,特别是并让当地大学生参与了卫星的研发过程。[①]目前,新加坡国内航天工业的30家公司雇用了1000名员工。它的主要资助者是经济发展局,经济发展局于2013年设立了空间技术和工业办公室(Office for Space Technologyand Industry,OSTIn)。在利用本国和外国专家久经考验的方法上,新加坡在航天探索领域取得了一些初步的成功。例如,新加坡南洋理工大学的科学家研发出一种新型微型雷达相机芯片,比目前200千克重的雷达相机小100倍,无论光线和天气状况如何,它都能捕捉到雷达图像。据称,这种芯片的生产成本约可减少20倍,耗电量减少75%。[②]2018年1月,国防科学组织国家实验室(DSO National Laboratories)和南洋理工大学联合启动了卫星技术和研究中心(Satellite Technology andResearch Centre,STAR),开发分布式卫星系统能力,重点是多颗小型卫星,无论编队还是星座,每颗卫星的重量都是常规卫星的十分之一。新研究中心还将培养本科生和研究生,以满足国家航天事业的人才需求。[③]国防科学技术局(DSTA)和新加坡技术工程公司还于2018年初合作,采购了一颗新的地球观测卫星DS-SAR,该卫星装配了合成孔径雷达。

24.4.2 技术吸收能力

技术吸收能力的概念与促进地方创新的经济体能力范围有关。这主要包括高水平科学家、工程师和设计人员、知识机构、科技型大学和专门机构、供应链和研发能力等。自独立以来,新加坡将人力资本投资列为优先事项,创建了世界一流大学,鼓励其最优秀的学者赴海外深造,并大力扶持中小型企业的快速发展,以深化创新型供应链和研发的发展。由于新加坡规模较小,缺乏规模经济,新加坡一直在推行雄心勃勃的计划,以提升技术进步的作用,特别是在国防科学和技术前沿的进步。新加坡国防部长黄永宏(Ng)2017年表示,"尽管我们是小国,但新加坡可以在国防技术方面处于领先低位。"他透露,新加坡拥有5000多名国防工程师和科学家,并计划在2025年前将奖学金和奖金提高40%。[④]国防科学技术局(Defence Science and Technology Agency,DSTA)是推动新加坡成为全球防务技术参与者的一个

① 在新加坡国立大学工程学院工作骆凯松(Low Kay Son)教授撰写的一篇评论中,可以找到新加坡航天工业发展的详细历史和未来规划,骆凯松教授还负责管理该学院的卫星技术和研究中心。Low Kay Soon, 'Commentary: How Singapore can be a space power, with small satellites,' Channel NewsAsia, 8 October 2017.

② 2016年2月22日,亚洲新闻频道(Channel NewsAsia)称,"南洋理工大学的科学家们将200千克的雷达相机技术缩合到一个微型芯片中"。

③ Deyana Goh, 'Singapore's NUS and national defense research agency launch satellite centre,' Space Tech Asia, 25 January 2018.

④ 国防部长黄永宏博士于2017年3月3日在新加坡国防部2017年供应辩论委员会的演讲,2017年3月3日。

关键因素。它是新加坡国防部(MINDEF)下属的一个法定机构,其目标是利用和开发科学技术,为新加坡国防和国家安全需求提供技术和工程支持。该机构执行国防技术规划,采购国防装备和补给,并为国防部建设国防基础设施。国防科学技术局与国防科学组织国家实验室密切合作。这是新加坡最大的国防研发机构,旨在开发技术解决方案,以提升新加坡国家安全的最高水平。这些研究机构是新加坡国内大学、科学技术与研究局(Agency forScience, Technology and Research, A*STAR)以及其他相关政府机构,如新加坡政府技术局(Government Technology Agency of Singapore, GovTech)、新加坡网络安全局(Cyber Security Agency of Singapore)、国家研究基金会(National Research Foundation)和新加坡教育局(EDB)等组成的技术网络的一个组成部分。

新加坡政府没有披露年度国防研发支出。但在2001年11月,时任副总理兼国防部长陈庆炎(Tony Tan)博士透露,新加坡将国防预算的约4%用于长期研发工作。①鉴于新加坡优先发展前沿国防技术,这一较高比例似乎是可信的。4%的比例是指通过新加坡国防部领导下的机构,特别是国防科学技术局与国防科学组织国家实验室进行的直接国防研发。此外,新加坡技术工程公司也对研发进行投资,但很难区区分军事还是民用投资,特别是考虑到该公司在开发和生产两用技术方面处于领先地位。新科电子公司首席执行官兼总裁佘文民(Seah Moon Ming)在2007年底表示,公司年收入的7%用于客户资助的研究项目。例如,新加坡武装部队向新加坡技术工程公司支付费用,以寻找和开发特定的解决方案,并允许其将技术用于原始项目以外的用途。在内部,新加坡技术工程公司将其年度收入的约3%用于研发,不过某些部门,如电子部门的支出更多。佘文民认为,研发投资是企业的关键动力,如果低于5%,则无法更新产品、系统和能力。②

国防相关研发资金第三个来源是新加坡政府向大学和理工院校的研发拨款。自2002年以来,主要的地方研发机构,如新加坡国内大学、科学技术与研究局(A*STAR)和新加坡技术工程公司等的预算为8000万新元。此外,国防科学技术局还设立了一个2000万新元的技术创新基金,将国防相关的研发资助扩展到中小型企业。③最近,在2014年初,新加坡国防部与南洋理工大学合作,成立了国防安全研究与技术办公室,协调五所大学研究机构的120多个国防与安全项目,总价值约1.3亿新元。④新加坡技术工程公司还与地方大学合作,促进具有军事

① 这一数字不包括对如新加坡南洋理工大学和新加坡国立大学等大学研发设施的单独投资。参见2001年11月6日,在南洋理工大学南洋礼堂举行的国防科技奖颁奖典礼上,新加坡副总理兼国防部长陈庆炎博士的主旨发言,由新加坡政府新闻和艺术部媒体司供稿。

② Matthew Phan, ‘Designing research at ST Engineering,’ Business Times Singapore, 5 November 2007.

③ David Boey, ‘Sharp rise in contenders for defence science awards,’ Business Times Singapore, 30 November 2002.

④ Lee Jian Xuan, ‘New office to oversee defence projects,’ Straits Times, 16 January 2014.

和民用应用的研发。例如,2012年5月,新科动力公司向新加坡共和国理工学院(Singapore Republic Polytechnic)投资300万新元,建立了先进复合材料工程实验室(Advanced Composite Engineering Lab, ACEL)。该实验室专门从事复合材料的科学研究和生产,可能是东南亚第一个专门从事天然纤维研究的实验室。国防工业生态系统还积极推动国际合作,从外国研究机构获取专业知识。例如,国家研究基金会于2007年在新加坡国立大学(National University of Singapore, NUS)设立了卓越研究与技术企业园(Campus for Research Excellence and Technological Enterprise, CREATE),以促进本地和主要外国研究机构之间进行安全相关的研发合作。[①]2017年2月,在国家研究基金会(NRF)国家网络安全研发项目(National Cybersecurity R&D Programme)的支持下,新加坡国立大学启动了国家网络安全研发实验室(National Cybersecurity R&D Laboratory, NCL),它是创新网络安全解决方案的试验平台,是一个为网络安全研究和培训提供即时可用工具和环境的一站式平台。

当前的研发项目反映了新加坡的长期国家安全观念和可预见的市场机遇,这在很大程度上归因于新加坡长期担心其军事人力资源困境。因此,政策重点是促进关键利基领域的研发能力,包括:①新兴技术,包括人工智能(AI)、机器人、网络和增材制造(更常被称为3D打印);②无人系统;③商业航天技术。为了实现研发项目国产化的最终目标,新加坡国防部每年向国防科学技术局和国防科学组织国家实验室提供4500万新元的种子资金,用于人工智能和机器人技术的研发。[②]这些利基领域的研发项目旨在开发当地六所大学的专业知识潜力,特别是在无人驾驶系统和相关技术创新方面,已经取得了初步成功。例如,新加坡国立大学的研究人员开发了一种无人机,"魔鬼鱼"(Manta Droid),它看起来和游动起来都像魔鬼鱼,只使用单一发动机和灵活的鳍推动它在水中穿行。[③]南洋理工大学一直在研究如何开发作为空中交通管理系统的无人机。[④]国防科学技术局和新加坡技术工程公司也正在合作开发技术,以尽量减少海军"独立"级濒海任务舰(Littoral Mission Vessels, LMVs)上的人员配备要求。此外,国防科学技术局和新科动力公司于2016年底发布了包含10款车型的贝尔克雷斯(Belrex)系列战斗防护支持车(Protected

---

① 例如,与外国机构合作提出的最新项目之一是开发网络物理安全系统,以保护关键的基础设施。Lester Hio, 'New research programmes, governing council set up,' The New Paper, 2 December 2017.

② 国防科学技术局的基金将扩大规模,包括一个分析和人工智能实验室,旨在利用从物联网和平台获得的实时信息,在海上安全领域有重要应用。Singapore to invest S$45m a year in new defence tech labs for robotics, AI,' Channel News Asia, 3 March 2017.

③ 虽然不是第一种,但新加坡国立大学声称它是第一个使用单个电机为每个鳍,并依赖流体和鳍的相互作用模仿动物的生物运动。'Singapore: NUS-developed manta ray robot swims faster and operates up to 10 hours,' New Vision, 9 November 2017; 'Singapore researchers' underwater robot inspired by manta ray,' Reuters News, 4 December 2017.

④ 'Singapore's NTU Developing ATM System for Drones,' Aviation Week, 6 February 2018.

Combat Support Vehicles, PCSVs），初步瞄准了出口市场。[1]最后，为了宣传新加坡在开发和生产无人机、地面和海上系统方面的能力，国防科学组织国家实验室已经开发了Meredith 400自主式水下航行器（Autonomous Underwater Vehicle, AUV），用于反水雷行动。

24.4.3　出口和外国伙伴关系

新加坡不是世界主要的国防出口国之一，特别因为新加坡海外武器销售被视为一种平衡手段，出口所带来的经济利益往往服从于政府在国际事务和冲突中保持中立立场的外交要求。因此，新加坡武器出口的表现喜忧参半。在维护、维修和大修（MRO）领域，新加坡是世界领先的供应商之一，尤其是航空航天领域，但在更广泛的军事领域中表现得并不那么引人注目。表24.3呈现了一些突出的特点。在冷战期间，新加坡几乎所有的出口都是由新科海事公司建造的军舰，如简单的海岸巡逻艇和登陆艇，以及其他各种各样的舰队辅助设备，但建造的数量并不多。直到冷战结束后，武器出口才多样化，从海军领域扩大到包括一些陆地系统。这似乎是以海军出口量为代价的，即使是更为先进的船只销售，仅取得了有限成功。例如，为泰国建造了一艘"忍耐级"船坞登陆舰（Endurance-class LPD）"红统"号（HTMS Ang Thong），但由于曼谷的资金限制，对第二艘的选择权还未行使。这是新加坡有史以来出口的最大战舰。一个规模小得多的出口项目是向阿曼皇家海军出售的四艘"阿尔·奥富凯"级（Al-Ofouq class）近海巡逻舰，该项目于2016年完成。

表24.3　新加坡主要武器出口

年份/年	进口国	武器	数量	备注
1969	马来西亚	"杜勇"（Duyong）级潜水支援艇	1	
1973	菲律宾	"巴丹"（Bataan）级巡逻艇	2	
1976	达鲁萨兰国	"瓦斯帕达"（Waspada）级导弹快速攻击艇	3	
1978	科威特	LC-32m登陆艇	3	
1979	泰国	"丘拉"（Chula）级补给舰	1	
1980	阿曼	"萨巴阿尔巴哈尔"（Saba Al Bahr）级登陆艇	1	
1982	阿曼	"萨巴阿尔巴哈尔"级登陆艇	2	
	阿拉伯联合酋长国	"巴拉库达"（Baracuda）级支持舰	1	
1983	孟加拉国	PB-46巡逻艇	2	

① 'New Protected Combat Support Vehicles Enhances the Army's Precision Manoeuvre Capabilities,' Ministry of Defence, Singapore, 25 November 2016.

（续表）

年份/年	进口国	武器	数量	备注
1984	斯里兰卡	“阿比赫塔”(Abheetha)级货船	3	二手
		“马哈韦勒”(Mahawele)级支持舰	3	二手
1985	斯里兰卡	LC-33m登陆艇	2	
1986	印度	“塔拉白”(Tara Bai)级巡逻艇	6	包括在印度建造的4个单元
	斯里兰卡	“汉萨亚”(Hansaya)级运输艇	2	
	阿拉伯联合酋长国	“阿尔费伊”(Al Feyi)级登陆艇	1	
		“巴拉库达”(Baracuda)级支援舰	2	
1987	巴西	“格拉焦”(Grajau)级巡逻艇	4	
1988	瑞典	斯密特马尼拉(Smit Manila)货船	1	
1990	斯里兰卡	LC-33m登陆艇	2	
1993	科威特	“塔哈迪”级登陆艇	2	
1995	巴布亚新几内亚	“标准”120mm迫击炮	3	
1996	印度尼西亚	FH-88 155mm牵战榴弹炮	5	可能是二手
	巴布亚新几内亚	沃斯珀A/B导弹艇	3	二手
2000	斯里兰卡	“标准”120mm迫击炮	9	二手
2002	印度尼西亚	“木星”级潜水支援艇	1	二手
2007	尼日利亚	FPB-38巡逻艇	2	来自马来西亚生产线
	阿拉伯联合酋长国	SRAMS 120mm自行迫击炮	48	
2008	泰国	Bronco全地形履带车	10	
	泰国	“耐久”级登陆舰	1	
	英国	Bronco全地形履带车	115	指定“野猪”
2011	阿拉伯联合酋长国	SRAMS 120mm自行迫击炮	72	
2012	阿曼	“无畏75”级滨海巡逻艇	4	阿尔·奥富凯项目
	未知	SRAMS 120mm自行迫击炮	25	
2015	阿拉伯联合酋长国	SRAMS 120mm自行迫击炮	24	

数据来源：斯德哥尔摩国际和平研究所武器转让数据库，www.sipri.org/databases/armstransfers（2018年9月16日访问）。

其他最近成功的出口包括一项大型合同，为英军在阿富汗的部署提供新科动力公司“野马”(Bronco)全地形履带装甲车(all-terrain tracked carrier，ATTC)的改进型号，被命名为“疣猪”(Warthog)。新加坡的120毫米超快速先进迫击炮系统(Super Rapid Advanced Mortar System，SRAMS)也被回头客户阿拉伯联合酋长国订购了96台。据报道,还有一些未明确的出口,特别是向外国客户销售了轻小型武器(small arms and light weapons,SALWs)。新加坡制造的轻小型武器出口比较成功,主要是向发展中国家出口。但并非所有此类销售都有适当的记录,这意味着新加坡轻小型武器出口可能会超过截至目前所报告的数量。例如,新加坡制造的轻小型武器数量不详,如阿姆布鲁斯特(Armbrust)步兵轻型反坦克和杀伤人员武器,在20世纪90年代进入了冲突不断的巴尔干地区。[①]据报道,1998年,新加坡特许工业公司(Chartered Industries of Singapore)向缅甸运送了一整座预制武器工厂,并在以色列咨询公司的协助下建立了军政府统治下的轻小型武器开发和生产能力。[②]2005年,巴布亚新几内亚当局对一批非法托运的新加坡制SAR-21突击步枪以及6个30发圆形弹夹和500发5.56毫米SS109弹药展开调查,巴布亚新几内亚航空公司的安保人员在杰克逊国际机场查获了这些枪械弹药。[③]

在20世纪90年代末和21世纪初,新加坡开始寻求通过一系列并购活动开拓新的海外市场。然而,这些并购活动的特点是其中一些重大交易未能达成,例如,班尼克斯步兵战车(BionixIFV)竞标价值70亿美元的陆军临时装甲车项目(Army Interim Armored Vehicle)。新加坡技术工程公司还寻求收购美国公司,包括新科海事公司2002年收购VT霍尔顿海事船厂(VT Halter Marine),2009年收购美国子公司VT Miltope。此类并购活动反映了允许直接"进入"美国市场,外国实体可以拥有所有权。与外国工业通力合作的另一种形式是通过技术伙伴关系。新加坡在这方面表现非常出色,与如以色列等其他"小国"在包括军用飞机改装、升级和民用改装等利基业务领域进行合作。新加坡技术工程公司已获得公开竞争升级土耳其和新西兰空军C-130J重型飞机的合同。这是新科航空航天公司开发的一项能力,尽管它不生产飞机(除了通过与中国和法国的合资企业生产EC-120 Colibri轻型直升机,在出口方面取得了一些成功)。新科航空航天公司在升级外国某些空军服役的传统战斗机方面也取得了重大成功。例如,1999年,它与其他外国公司合作升级巴西和土耳其的F-5战机。此外,新科航空航天公司还与泰国航空工业公司合作,执行"鹰隼一号"驾驶舱和航空电子设备升级项目,使得在2006年对泰国皇家空军F-16A/B"鹰隼"多用途战斗机机队部分进行现代化改造。

24.4.4　国防补偿贸易

从20世纪70年代开始,新加坡开始着手建设一个强大和多样化的本国国防工

① Steve Coll, 'Despite U.N. Embargo, Weapons Flood Into Balkans,' The Washington Post, 14 February 1993.

② 'Singapore ships arms factory to Myanmar: report,' Agence France Presse, 22 July 1998.

③ 'Papua New Guinea police query import of firearms seized at airport,' BBC Monitoring, 1 June 2005.

业基础，政府很快意识到，国防补偿贸易可以为此做出贡献，[①]尤其是在培养创新能力和提高工人技能方面。新加坡国防部采用了一种非典型的补偿贸易方法，不同于设计和公布一项规定性的政策，允许海外国防承包商看到这些规定，而是制定一份只供内部使用的政策文件。这意味着补偿贸易部门和海外供应商就每一个采购方案开始谈判时都无任何规则约束。可以预见的是，新加坡人的谈判立场始终是严格和苛刻的，但根据采购规模的不同，可能存在较大的妥协机会。新加坡的国防补偿贸易投资从一开始就有了相当大的增长，大多数补偿贸易的观察人士认为，新加坡目前拥有世界上最成功的补偿贸易制度。

最早的补偿贸易计划发生在1970年，当时特许工业公司达成一项为期9年的协议，获得许可为新加坡武装部队生产8万支美国M16突击步枪。[②]此后几十年中，新加坡签订了更为雄心勃勃的补偿贸易协议。例如，在法国拉斐特级护卫舰设计的基础上，建造六艘"可畏"级(Formidable)隐身护卫舰，这一海军项目与一项补偿贸易协议有关，它不仅允许新加坡在获得许可的情况下在国内建造五艘此类军舰，而且还允许新加坡的主要国防技术机构，即国防科学技术局和国防科学组织国家实验室与法国合作伙伴在前沿隐身技术研发方面进行合作。正如所预料的那样，这些"新技术"(银弹，silver bullet)国防研发项目是在完全保密的情况下进行的。另一个有趣的案例研究是新加坡国防部规则者在采购潜艇时采取的战略方法，以获取并吸收海外技术来发展本地的国防能力。新加坡最初购买的潜艇是从瑞典皇家海军(Royal Swedish Navy，RSN)获得的二手"海蛇"级A12(A12Sjöormen class)潜艇，它主要作为训练平台，支持瑞典皇家海军尝试建立海底作战能力。为了适应新加坡的操作环境，这些潜艇被重新翻新以适应热带地区的环境，然后作为挑战者级重新进入瑞典皇家海军服役。从瑞典获得的第二批潜艇是一对"西约特兰"级A18(A18Västergotland class)潜艇，比A12大，建造于20世纪80年代，因此比较新。它们经过翻新和现代化改造，达到与瑞典海军"索德蒙兰"级(Södermanland class)潜艇同样的标准，在作为"射手"级(Archer class)重新服役为之前，这些潜艇中插入了不依赖空气推进系统(Air Independent Propulsion，AIP)。新加坡科学技术工程公司海事公司从与瑞典潜艇工程师的互动中，特别是在现代电子系统集成方面的合作，获得了相当多的专业知识。这种学习进步使新加坡能够扩展专业潜艇技术，为下一个更高的学习阶段做好准备，最近收购德国造船厂TKMS，建造海军定制的Type-218SG型潜艇就是这方面的体现。[③]

① 国防补偿贸易最好被解释为互惠投资，即购买国政府要求海外供应商在购买国防装备的基础上，提供经济利益。

② 参见新加坡国防工业，www.globalsecurity.org/military/world/singa pore/industry-defense.htm.2018年10月28日访问。

③ 国防工业代表拒绝了有关潜艇项目细节的要求，强调必须严格遵守规定不泄露信息的合同义务。

24.5 未来展望

本章探讨和评估了新加坡独特的国防工业生态系统的主要特征。战略脆弱性成功推动了新加坡国防工业化发展。对国家安全的诠释强调了经济、技术和军事各组成部分的重要性,确保高水平的经济增长能够为国防和航空航天的高成本发展提供资金。此外,注重促进军民协同发展和技术一体化的平行政策也有助于寻求技术安全。政府积极支持战略性产业,通过密集投资建立深度技术吸收能力,特别是高水平的研发能力,推动国防和航空航天部门进入更高的技术阶段。新加坡国防工业生态系统的核心是新加坡技术工程公司,该公司通过提高竞争力和创新水平,促进市场的迅速扩张,并使公司进入世界百强防务企业,排名第40位。新加坡国防工业基础的发展也得益于先进技术的注入和在国防补偿贸易过程中的学习。事实证明,与这些补偿贸易相关联的技术转让的扩散和吸收是有效的,主要是因为各种技术能力渗透到新加坡的技术吸收能力中。本章提出了四边形国防工业生态系统的概念,其中一个令人失望的组成部分是国防出口绩效。这个现象可能会在未来几年出现显著改善,因为新加坡技术工程公司将会努力打造出一个国际"品牌"。预计该公司将继续致力于利基军民融合领域,不仅专注于高价值的升级项目、维护、维修和大修项目以及改装项目的出口,还将专注于更广泛的航空、航天和人工智能系统方面与安全相关的销售。要改变新加坡国防工业成功背后的政策机制是没有道理的,通过持续的本地和海外战略伙伴关系,人们希望成功的故事可以延续下去。本章最后提出了一个显而易见的问题,即新加坡模式是否可以移植。这是可能的,但不仅要效仿新加坡的政策框架和体制结构,还需要效仿新加坡的文化理论。

第25章　南非国防工业

J. 保罗·邓恩　盖伊·兰姆　埃夫蒂西亚·尼古拉伊杜[①]

25.1 引　　言

南非是非洲第二大经济体(仅次于尼日利亚),也是非洲大陆工业化程度最高的国家之一,被世界银行列为中上等收入经济体。根据斯德哥尔摩国际和平研究所(Stockholm International Peace Research Institute,SIPRI)的数据,它也是撒哈拉以南非洲第二大军事支出国。此外,它拥有非洲次大陆最发达的军火工业以及一系列能力,自1948—1994年"种族隔离"[②]制度结束以来经历了相当大的变化。

同样,如果不了解冷战时期军火工业的发展背景,就无法理解冷战时期的军火工业,因此,只有了解南非过去的"种族隔离"背景才能了解其国防工业。社会和经济的高度军事化维系了白人少数群体的统治,南非在1986—1991年间经历了部分贸易制裁,1977—1994年经历了联合国武器禁运。随着向民主制度过渡,1996—1999年所谓的"武器交易",即通过与国际武器生产商的补偿交易对武器装备进行必要的升级,对国防工业和公司的腐败程度产生了重大影响(Dunne & Lamb,2004;Feinstein,2011)。所有这些都意味着,在分析南非国防工业时,历史背景非常重要。

本章概述了南非国防工业的演变,并分析了其目前形势。25.2节讨论了上述各阶段国防支出、武器出口和进口模式。25.3节侧重于国防工业的演变。25.4节和25.5节分别讨论了国防工业的现状及其绩效和行为。最后,25.6节提供了对南非国防工业的一些结论,并就其未来提出了一些见解和建议。

25.2 南非的军事部门

从20世纪60年代到20世纪90年代南非开始向民主制度过渡,它一直保持着高水平且不断增加的军事负担,以支持这个种族隔离国家。20世纪70年代中期,南非国防工业和政策取得了重要进展。具体而言,1977年11月,联合国对南非的武器禁运促使南非政府着手重构本国国防工业,以实现军备的自给自足。南非军

① 我们感谢安东尼·布莱克(Anthony Black)、基思·哈特利(Keith Hartley)和保罗·霍顿(Paul Holden)的评议,但他们不用对本文负责。

② 种族隔离制度是白人少数统治下基于种族隔离的政治和社会制度。

备公司(Armaments Corporation of South Africa)成立于1968年,负责为南非国防军(South African Defence Force,SADF)采购和生产武器装备。

如图25.1所示,1972—1977年,军事负担(军事支出占国内生产总值的比例)翻了一倍多(从1972年略低于国内生产总值的2.5%,增加到1977年的5.3%),主要原因是国内外反对种族隔离的呼声日益高涨,安哥拉和莫桑比克于1974年独立,以及南非卷入内战。这反映了在1977年强制实施联合国武器禁运之前,南非进口了大量武器,并实施了一项"全面战略",并打击南部非洲扩张主义的"全面进攻"。随着维持国内外安全产生对武器装备需求的增长,以及对国际制裁的预期,种族隔离政权对建设国内国防工业进行了大量投资。在20世纪70年代,以当前价格计算的国内采购支出增加了六倍(Dunne & Lamb,2004)。

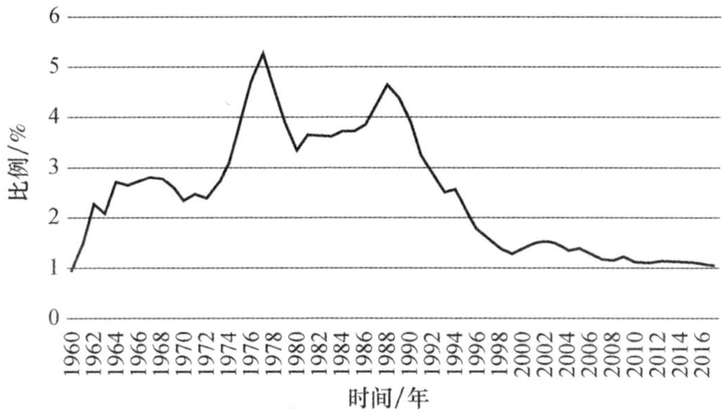

图25.1　军费支出占GDP的比重(1960—2017年)

自20世纪80年代以来,阿姆斯科公司(Armscor)与私营部门相关产业迅速扩张。20世纪80年代,由于南非卷入大量地区冲突(如与安哥拉的冲突),用于采购和军备的国防预算大幅增加。直到1988年,军事负担仍然很高(见图25.1)。自那以后,军费负担逐步下降,在1994年(种族隔离结束时)下降为国内生产总值的2.5%。于是,伴随着冷战结束,许多非洲国家间紧张局势和冲突缓和了,南非种族隔离制度也终结了。这些事态发展导致该地区大多数冲突得以解决,实际军事支出也减少了。这对于已经走向民主并面临更少威胁的南非来说尤其如此。此外,南非还从安哥拉和纳米比亚撤军(Batchelor, Dunne & Lamb,2002)。

如图25.2所示,南非国防预算自1989年以来明显下降。在1989/1990年至1997/1998年间,实际国防预算下降了50%以上,实际采购预算下降了80%以上。这对该国国防相关行业产生了重大影响,它们规模减小,并进行了重组。公共部门重组并商业化,1992年,阿姆斯科公司拆分为一家新国有工业企业丹尼尔公司(Denel)和阿姆斯科公司,后者继续负责南非国防军的采购。从那时起,南非国防工业不得不面对军事支出在国内生产总值和中央政府支出中占比缓慢下降的趋势,因为对资源的其他要求拥有优先地位(如图25.1和图25.2)。

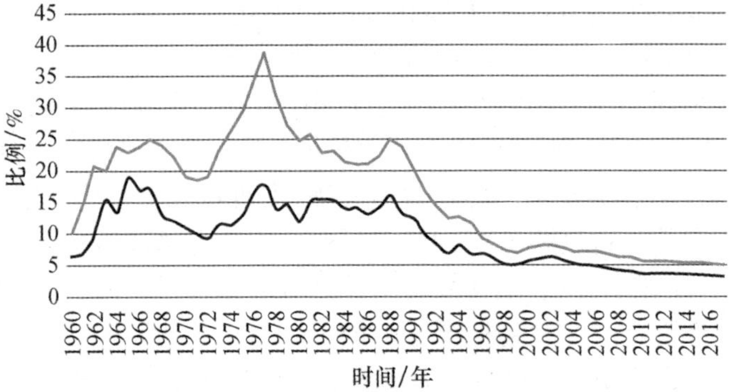

图25.2　军事支出占政府支出的比重(1960—2017年)

图25.3和图25.4显示了斯德哥尔摩国际和平研究所公布的南非武器进出口的趋势指标值。这些数字是根据一套核心武器已知单位生产成本计算得到的,目的是反映军事资源的转移,而不是资金价值。[①]如图25.3所示,随着武器禁运生效,进口下降。阿姆斯科公司于1982年进入出口市场,如图25.4所示,自20世纪80年代初以来,国防出口值大幅度增加。国防相关产业成为南非最大的制成品出口行业。

随着种族隔离制度的结束,虽然参与所谓的"武器交易"受到了限制,但随着限制放松,出口有所增加。外国武器公司就向南非国防军提供主要装备订单进行谈判,并提供补偿贸易(一种反向贸易形式)。这些最终于1999年完成,此后一直备受争议。2005年后,国防出口进一步大幅增加,这得益于英国、法国和德国的主要国际军火公司入股国内公司,由此建立了不断发展的国际联系(见图25.4)。

自2005年以来,南非武器出口的实际价值不仅有所增加,而且进口南非武器和国防相关装备的国家数量也有了显著增长。也就是说,出口目的地(国家)的数量从2001年的50个增加到2009年的96个,如图25.5所示。然而,南非工业高度依赖少数几个进口国,特别是美国,在1997年至2017年间,美国进口了南非武器出口总量的四分之一。这种依赖性导致南非武器出口收入同比变化很大。在2007年至2012年间,对美国的武器出口占南非所有武器出口总值的40%,但自2013年以来,出口到美国的武器非常威少,这是南非武器出口的美元价值在2012年至2013年下降41%的主要原因之一。南非武器的其他主要进口国是印度、瑞典、德国、阿拉伯联合酋长国和沙特阿拉伯。值得注意的是,从这一时期开始时,武器进口也有所增加(见图25.3),因此,外国净收入并没有那么可观。

① www.sipri.org/databases/armstransfers/background.

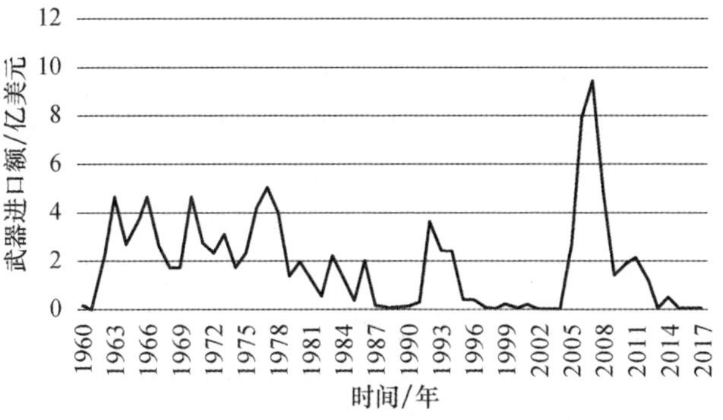

图25.3　以1990年不变价美元表示的武器进口(SIPRI趋势指标值)

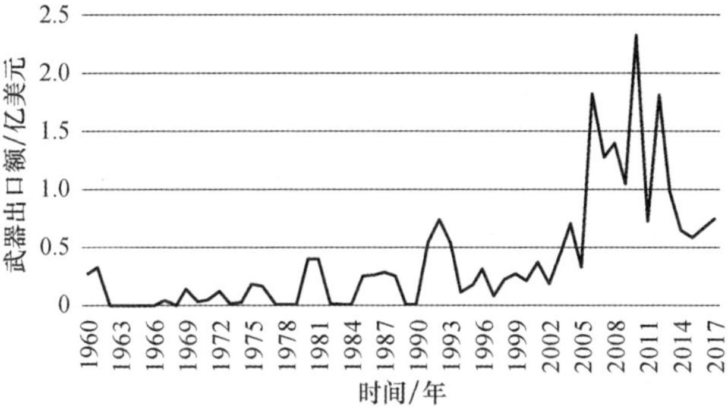

图25.4　以1990年不变价美元表示的武器出口(SIPRI趋势指标值)

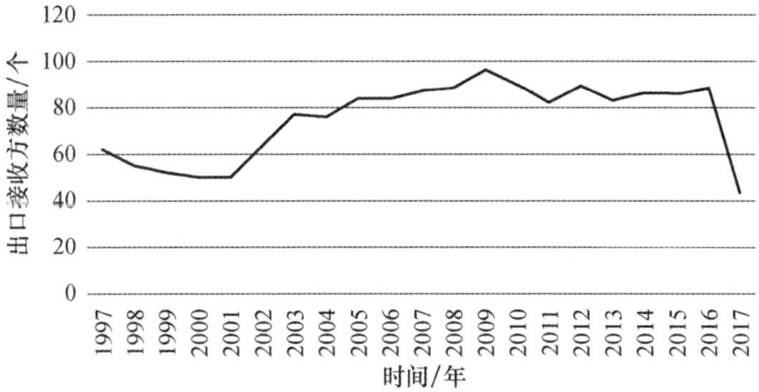

图25.5　出口接收方数量

25.3　国防工业的演变

从20世纪60年代到20世纪90年代开始向民主制度过渡,南非一直保持着高昂且不断增加的军事负担,以支持这个实行种族隔离的国家。1972年,国内外反对种族隔离的呼声日益高涨,安哥拉和莫桑比克于1974年独立,南非卷入内战,导致军费支出大幅增加,1977年军事负担达到顶峰,略低于国内生产总值的5%。种族隔离政权为建立国内国防工业投入了大量资金(Dunne & Lamb,2004)。

如此大的变化对制造业部门产生了重大影响,使制造业在1972—1979年间严重依赖武器生产。由此还形成了一个所谓的军事工业综合体(Military Industrial Complex,MIC),它以国有武器生产商和采购商阿姆斯科公司为中心,私营公司作为包销商。在国家大量投资下,阿姆斯科公司发展成为南非最大的工业集团之一,到1981年,它拥有20亿南非兰特的资产,以当前价格表示的年营业额为15亿南非兰特,雇员超过25000人。它还与私营部门的900多家公司签订了合同,这些公司雇用了约120000人。阿姆斯科公司建立了系统开发能力,建设了作战研究和系统工程设施,并在国防工业基础上开发系统供应商的想法。喷气式战斗机、攻击直升机、装甲车、通信系统、制导系统、移动火炮和无人侦察机等先进产品必须在本国生产或非法采购,因此产业政策有利于军火工业,鼓励进口替代的高科技生产。

在联合国武器禁运的背景下,根据许可证生产的武器变成了国内独立生产的武器,必须发展部件开发、维修和维护的能力。这使得南非建立了发展中国家武器生产所特有的技术先进性和独立性(Batchelor,Dunne & Lamb,2002)。资源涌入武器和其他战略行业,创造了经济增长,但正如巴彻勒、邓恩和萨尔(Batchelor,Dunne & Saal,2000)所言,这造成投资的低效分配和效率低下,致使20世纪80年代出现了严重的经济问题。

情况在种族隔离结束时发生了变化,在1989—1997年间,南非实际国防支出下降了50%以上。这始于南非从安哥拉和纳米比亚撤军,随着南非的政治转型而继续,导致南非军事机构规模缩小。这对南非国防相关行业产生了巨大影响,该行业规模缩小并重组,正如我们所看到的,公共部门进行重组和商业化,阿姆斯科公司拆分为丹尼尔公司和阿姆斯科公司,后者继续负责南非国防军的采购任务(Batchelor,Dunne & Lamb,2002)。

阿姆斯科公司的采购政策,包括从本国和外国供应商更透明和更具竞争力的进行采购,从根本上改变了种族隔离时代公共和私营部门之间明显存在的"舒适"关系。从1994年起,非洲国民大会(African National Congress,ANC)倡导政府给予黑人经济权利的承诺。这使得(主要是白人的)私营部门防务公司之间出现了一些权利交易和股权合作关系。

南非重新进入国际社会,联合国于1994年5月解除了强制性武器禁运,使南非自1977年以来第一次合法地从外国供应商购买武器装备。国内采购支出下降以及国际市场萎缩,导致公共部门和私营部门大幅裁员,进口在采购支出总额中所占比例保持相对稳定。

为了应对需求的下降,南非本国的防务公司采取了一些供应侧调整策略。丹尼尔公司和三个最大的私营部门国防集团(鲁纳特(Reunert)、格林泰克(Grintek)和阿尔泰克(Altech))都遇到了财务问题,但它们都将对国防业务的依赖度降低到营业额的20%以下,并通过大幅增加非国防业务和出口订单来抵消国内国防业务的下降。

本国国防工业规模缩小和重组是在某种程度的政策真空情况下进行的，随着军费支出减少，政府对国防工业的调整采取了“放手”的方式。1996年的“国防审查”改变了这种情况，这是对南非国防需求和能力的全国审查。这为南非国防军的武力设计提供了四种选择。在1998年4月，内阁和议会批准了强调减少人力和增加资本强度的方案。该方案认识到，南非不存在短期或中期军事威胁，国防预算将在长期受到限制。然而，由于装备老化，该方案确实设想为南非国防军采购一系列主要国防装备，但这些采购需要得到内阁和议会的批准。这为随后1999年9月所谓的“战略防御一揽子计划”（Strategic Defence Package，SDP）奠定了基础，这是一个价值299亿南非兰特的武器采购方案。①

为了证明从外国供应商购买武器决策的合理性，并为了赢得公众对该项交易的支持，南非政府强调，卖方提出的工业参与方案（补偿贸易）对南非国防相关工业和整个国民经济的投资、创造就业机会和增长有着潜在的积极影响。在批准该计划时，南非政府表示，外国供应商做出的提供了价值1040亿兰特的补偿贸易要约，是武器交易本身价值的三倍还多。这将在7年内创造超过65000个就业机会。从那时起，这项交易就一直深陷争议之中，经历了相当多的辩论和公众审查，这在某种程度上是任何其他国家都是无法可及的（Dunne & Lamb，2003；Feinstein，2011）。

撇开武器支出基于安全考虑是否必要的问题不谈，选择具有补偿贸易的武器进口是有风险的。当时，人们对所谓的补偿贸易经济利益提出了质疑，现有的少量经验证据表明，补偿贸易对当地经济的影响往往比通常承诺的要小得多（Brauer & Dunne，2005）。由于国防市场上没有标准化的商品和固定价格，因此很难判断武器价格是否合理。此外，还不清楚补偿贸易所附带的工作是否是真正的新工作，也不清楚一旦武器交易期限到期，这些工作是否可以持续。还需要注意的是，补偿贸易是偏向于风险较高的民用补偿，正如1999年8月《可承受能力报告》（Affordability Report）所指出的那样，民用补偿被认为比直接国防补偿贸易的风险大得多。因此，人们对以政治为代价带来的好处和担忧产生了相当大的怀疑（Dunne & Lamb，2005；Feinstein，2011；Holden，2008；Sylvester & Segers，2008）。

1999年宣布了中标者，英国、瑞典、意大利和德国的国防承包商被选中。据报道，这笔交易总共要花费300亿兰特（按1999年价格计算）。此后不久，有关腐败、欺诈和不当行为的指控浮出水面，涉及南非和外国国防承包商（及其代表）。鉴于这些指控，英国、德国、南非和瑞典对南非武器交易进行了调查。英国的严重欺诈办公室（Serious Fraud Office）对英国宇航系统公司（British Aerospace Sys-

① 事实上，1998年批准《国防评论》并不代表批准了战略防御一揽子计划，因为它明确指出，每项采购都需要议会批准。这既未尝试也未通过战略防御一揽子计划，该计划于1999年12月才提交给众议院。

tems,BAE System)的行动进行了调查,可以说最好地揭示了武器经纪人在为英国宇航系统公司争取合同方面发挥了不好的作用。英国宇航系统公司和萨博(Saab)(瑞典)一起中标,向南非空军提供喷气式教练机和战斗机。这项调查显示存在一批军火经纪人,据称,他们与英国宇航系统公司的幌子公司秘密签约,代表英国宇航系统公司游说南非政府。[①]1998年,英国宇航系统公司在英属维尔京群岛成立的红色钻石贸易有限公司(Red Diamond Trading Ltd)就是一家这样的公司。调查人员表示,有合理理由指控这些经纪人行贿并从事其他腐败活动,以便在投标过程中获得比竞争对手更大的优势。[②]此外,有人怀疑,将竞标授予英国宇航系统公司和萨博公司的决定主要是时任国防部长乔·莫迪思(Joe Modise)蓄意干预的结果。[③]

在瑞典,萨博公司承认通过在南非的子公司南非国家工业参与公司(SANIP)支付了2400万兰特,他们表示,SANIP当时由英国宇航系统公司控制,英国宇航系统公司最终负责支付款项。[④]此外,一名瑞典高级工会成员牵涉协助向一个有影响力的南非工会——南非金属工人全国联盟(National Union of Metalworkers of-South Africa)(它与非洲人国民大会结盟(ANC))支付资金。[⑤]在德国,由美国的德普(Debevoise & Plimpton)律师事务所对富乐斯多(Ferrostaal)(该公司获得了向南非海军提供潜艇的合同)进行审计,他们发现,与南非潜艇交易有关的"可疑"付款超过3亿兰特。[⑥]南非高级政客涉嫌收受贿赂,包括前总统雅各布·祖马(Jacob Zuma)。这一争议导致2011年成立了塞里蒂委员会(Seriti Commission)。尽管如此,该委员会的工作仍受到争议的困扰,其调查结果并未表明前总统祖马有任何不当行为。委员会的工作受到了广泛的批评,被反腐败活动家和评论员视为一

---

① StefaansBrümmer and Sam Sole, How arms "bribes" were paid, Mail and Guardian, 5 December 2008, 2-3.

② 事实上,正是通过红色钻石贸易公司向南非的中间商和代理商支付了款项,体重包括乔·莫迪塞(JoeModise)的特别顾问。总之,严重欺诈办公司共追踪到1.15亿英镑,通过公开和秘密的(红色钻石毛衣公司)渠道转移给交易代理人。

③ William John Downer, Founding affidavit, In the High Court of South Africa (North Gauteng High Court, Pretoria) in the matter between the National Director of Public Prosecutions (applicant) and Fana Hlongwane (respondent) for an ex parte order in terms of section 38(1) of the Prevention of Organised Crime Act 121 of 1998, Cape Town, 2 March 2010.

④ 参见"Saab completes internal investigation regarding consultant contract in South Africa", Saab Press Statement, 16 June 2011, https://saabgroup. com/media/newspress/ news/2011-06/saab-completes-internal-investigation-regardingconsultantcontract- in-south-africa/and Saab admits R24-million bribe paid to clinch arms deal, Mail and Guardian, 16 June 2011.

⑤ TabeloTimse et al., Swedish TV reveals fresh claims in South Africa's arms deal,Mail and Guardian, 22 November 2012.

⑥ Paul Kirk, The Citizen, More dirty arms deal money, 5 August 2011.

个骗局。[①]

诸如议会和审计长的各种调查和法律诉讼进一步暴露了武器经纪人的作用问题。[②]调查和许多媒体报道指出,许多其他武器经纪人和实体涉嫌参与贿赂(Feinstein,2011)。

丹尼尔公司继续主导国内国防市场,1992—2000年平均占国内市场的48%,明显低于20世纪80年代,当时阿姆斯科公司的前子公司(现为丹尼尔公司的一部分)占据了近70%的国内市场。丹尼尔公司还继续主导国内国防市场七个主要部门中的大部分,特别是航空航天、弹药(小、中、大口径)、武器系统(包括步兵武器、大炮、火炮系统和导弹)以及军用车辆(Dunne,2006)。

国内国防市场的其他主要部门,即电子、海事和支持装备,由三家最大的私营防务公司主导,即鲁纳特、阿尔泰克(现与非洲国防组织(ADS)合并)和格林泰克。1996年,这三家私营公司占国内国防市场私营部门80%以上的份额。自20世纪90年代初期以来,这三家公司收购了许多中小型私营防务企业,试图巩固它们在国内市场的地位。这些公司,像丹尼尔公司一样,也试图通过将远少于过去的国防业务外包出去来实现纵向整合。丹尼尔公司还主导了国内国防市场的许多子部门,如信息技术和测试。

纵向一体化进程对数百家小型防务公司产生了负面影响,尤其是那些充当大型防务公司供应商和分包商的公司。许多中小型私营防务企业退出了国防市场,与大型防务企业合并或被其收购(例如,鲁纳特公司于1997年初收购了TFM的装甲车部门)。因此,国内国防市场(不包括进口)日益集中。2000年,阿尔泰克的国防业务被黑人经济赋权组织非洲国防组织(African Defence Systems,ADS)接管。非洲国防组织转而成为总部位于法国的汤姆森CSF集团(Thomson CSF)的子公司,后者于2001年更名为泰利斯(Thales)。

然而,自1992年成立以来,丹尼尔公司的财务状况相当糟糕。1992—1996年间,其实际营业额平均每年下降近6%,而同期,三大私营公司鲁纳特、阿尔泰克和格林泰克的实际营业额均出现增长。20世纪90年代末的情况更为复杂,公司进行了内部重组,鲁纳特公司的营业额也出现下降(作为泰利斯的子公司,非洲国防组织的营业额现被纳入母公司的财务报告中)。从1992年到2000年,丹尼尔公司的总就业数从15572人下降到11090人,下降了近9%。该公司在2005年继续裁员,就业人数约为10000人,到2017年几乎减少了一半。鉴于南非的高失业率,这是一

① www.corruptionwatch.org.za/corruption-blind-seriti-commission-zero/.

② 沙比尔·沙伊克(Schabir Shaik)就是这样一个经纪人。在武器交易时,他是雅各布·祖马的财务顾问,雅各布·祖马是武器交易的关键政府决策者,从2009年到2018年担任南非总统。2005年,沙伊克因从法国武器制造商汤姆逊-CSF公司为雅各布·祖马索取贿赂。(J. Squires, The State versus Schabir Shaik and 11 other, Judgment, 31 May 2005, Durban.)沙伊克以腐败和欺诈罪于2008年被判处15年监禁,但在第二年被假释。

个重大问题。

规模较大的私营企业在21世纪的第一个10年初期和中期表现良好，这在一定程度上反映了国防补偿贸易项目的影响。鲁纳特和格林泰克在2003年和2004年取得了特别可观的财务业绩。2005年下半年，萨博收购了格林泰克公司的多数股权。

显然，国防市场的改变在某种程度上反映了国际环境的变化，但也存在明显差异。正如我们所看到的那样，种族隔离的终结导致了国防部门的重大变化，但也给它留下了一个大型公共部门生产者和一个强大的私营部门企业集团。1998年以来，重组和私有化丹尼尔的努力与武器采购一揽子计划和相关工业参与方案，以及寻找一家大型国际防务公司与丹尼尔公司建立战略股权伙伴关系的决定密切相关。英国宇航系统公司和丹尼尔公司于1998年签署了一项谅解备忘录，2000年，内阁批准英国宇航系统公司作为丹尼尔航空航天(Denel Aerospace)和军械集团的首选战略股权合作伙伴。人们希望能在2001年3月前形成与英国宇航系统公司的战略股权合作伙伴关系，但由于种种原因，未能达成协议，使两家公司正式、全面但脆弱的合作关系中，在某种程度上英国宇航系统公司入股了，但并没有实质性股权和管理参与。在丹尼尔航空航天公司内部，斯奈克玛/透博梅卡(Snecma/Turbomeca)公司被批准为空用动力(Airmotive)业务部门在部门级别上的战略合作伙伴。同样，在丹尼尔军械公司内部，英国烟火制造商佩尼斯·韦塞克斯防务公司(Pains Wessex Defense)被确定为斯瓦特克利普(Swartklip)部门的战略股权合作伙伴(Dunne,2003)。

2006年，丹尼尔-萨博航空航天公司的创立被广泛吹嘘为战略防御一揽子计划的巨大“回报”。作为对10亿美元(民用)补偿贸易预付信贷的回报，萨博公司同意入股丹尼尔航空航天公司，将其整合到它们的供应链中，并转变管理。这个项目完全失败了(萨博仍获得了它们的贷款)，管理重新回到丹尼尔公司的控制之下。这似乎是萨博公司为了获得大量的补偿贸易贷款才同意入股丹尼尔航空航天公司，但由于这些信贷与任何形式的经济表现无关，萨博对新实体投入的努力或投资很少，并于令人失望的几年后退出了。①

截至21世纪的第一个10年中期，以当前价格计算的收入和资产水平如果有增长的话，也仅是微乎其微，如图25.6所示，按实际价值计算，它们还有所下降(按消费者价格指数进行了调整)。自2011年以来，收入和资产水平有所增长，但按实际价值计算仍低于1997年。

① “Final Report of an Impact Assessment Undertaken at Denel Saab Aerostructures (Proprietary) Limited Related to an Aerospace Project Within the National Industrial Participation Program”, NAD Auditors, 2010′. And Joint Submission of Paul Holden and Andrew Feinstein to the People’s Tribunal on Economic Crime, February 2018, pp. 237-238, https://corruptiontribunal. org. za/site/wpcontent/uploads/2018/02/AD1-Joint-Submission-to-the-Peoples-Tribunal-PaulHolden-and-Andrew-Feinstein-final.pdf.

图25.6还显示，除2001年报告的少量盈利外，在从1998年至2011年的大部分时间内，丹尼尔公司都是亏损的，这一点也不奇怪。亏损还有增加的趋势，在2006年触底。它的收入也很低，而且运营所用资产老化。在21世纪的第一个10年初期的一项应对是，重新关注于该集团所认定的传统优势，缩小诸如小型武器等领域的规模，尽管这并非没有矛盾。商业和信息技术集团(The Commercial and IT Group)于2001年从丹尼尔航空航天公司和丹尼尔军械公司分离出来，成为一个独立实体。丹尼尔公司的新商业模式将公司定位为国内市场的领先系统集成商和利基子系统和组件的国内供应商及出口商。作为这一战略的一部分，该集团被合并为三个制造业集群或工业园区，即丹尼尔航空航天、丹尼尔陆地系统(Denel Land Systems)和丹尼尔商业(Denel Commercial)(丹尼尔公司的各个报告)。

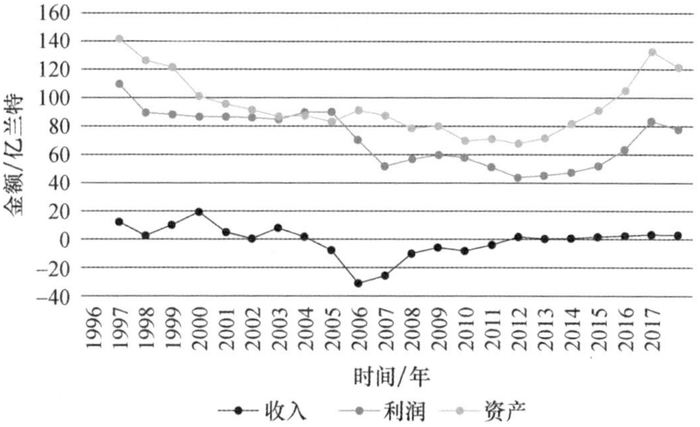

图25.6 丹尼尔公司的绩效

随着南非武器支出的减少，丹尼尔公司的目标是转型为横向一体化的全球一体化供应商，而不是纵向一体化的南非国防军的本地供应商，并致力于降低成本(丹尼尔公司的各个报告;年度报告，2013)。他认为持续存在的问题是收入低，在资产老化和持续政府补贴的情况下运作。自20世纪的第一个10年中期以来，各种战略、节约成本和重组计划使丹尼尔公司从2011年开始获得了正利润，但很有限。此外，正如2005年关于国有企业业绩的一份报告所称，公共企业部(Department of Public Enterprises)表示关切的是，丹尼尔公司通过专注于出口市场来增加收入的努力“造成了一个不聚焦的企业集团”，“缺乏全球供应链一体化的明确战略”(Department of Public Enterprises, 2005: 26)。这仍然是公司面临的一个问题，限制了对研发和营运资金的投资，使其仍然依赖政府救助。在2017/2018财年，丹尼尔公司报告了17亿兰特的损失，难以支付员工工资，履行着约180亿兰特的未完成订单(Reuters，2018)。在这方面，南非政府于2018年10月宣布，它将提供43亿兰特的担保，以协助丹尼尔公司进行必要的重组，帮助解决其现有的财政困难(Defence Web，2018a)(图25.7)。

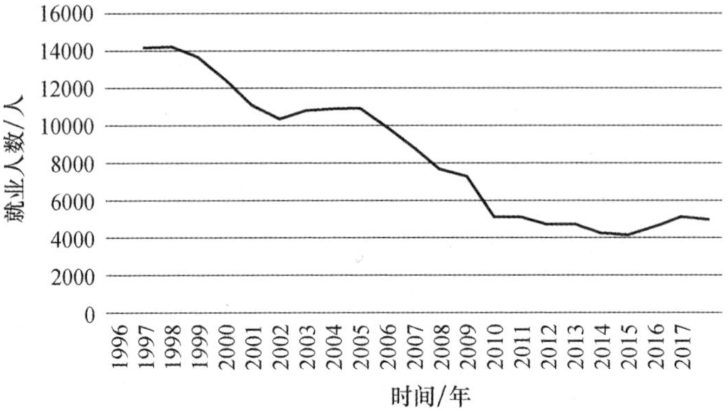

图25.7 丹尼尔公司的就业

从图25.8还可以清楚地看出,恢复盈利与出口占收入份额不断增长有关,这引发了大量问题,如依赖一些国家,出口需求与现有武器出口管制条例之间存在紧张关系。最近,日益引起争议的是对美国的出口下降,以及中东重要性日益增加,武器接收国数量减少并不意味着未来的出口前景是好的。

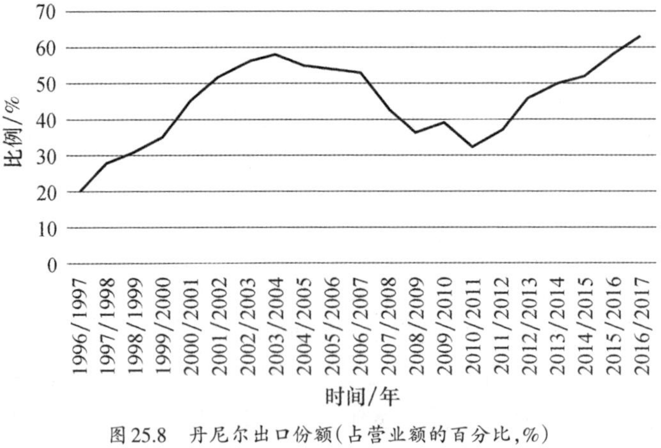

图25.8 丹尼尔出口份额(占营业额的百分比,%)

就工业部门而言,市场驱动的规模减小和重组进程导致能力丧失,包括熟练的人力资源。集中在德班和开普敦的南非海军及其造船业规模急剧缩小,随之而来的是失去了宝贵的能力和技能。南非唯一的海军造船厂多尔比尔·马林(Dorbyl-Marine)在20世纪90年代初因贸易状况不佳关闭。因此,尽管少数公司有能力设计和制造小型港口巡逻艇,南非仍缺乏设计和制造包括潜艇在内的大型海军舰艇的能力。南非海军部门在海军电子设备(包括舰载雷达系统)、系统集成(作战套件)、弹药(包括海军炸弹和水雷)、研发和船舶维修和维护方面的能力有限。巴切洛和邓恩(Batchelor & Dunne,2000)认为,如果没有大量投资来提升和扩展现有能力,该部门就无法从海军的采购项目中受益。其中一些预测已成为现实。

相比之下，南非的航空航天工业集中在豪登的少数几家公司中，在设计和制造导弹、航空发动机以及固定翼和旋转翼军用飞机方面有相对发达的能力。该行业在电子（包括雷达）、航空电子、系统集成、武器系统和弹药方面也有着重要的能力。同样，巴切洛和邓恩关于航空航天公司完全可以从武器交易项目中受益的观点再次被证明是正确的。

南非政府仍然致力于支持国防工业。在这方面，《2015年国防评估》（2015 Defence Review）指出："南非需要有效的国防能力来支持主权能力并保持基本的战略独立水平，国防能力包括不可或缺的国防工业"。（Department of Defence，2015：15-2）。根据《国防评估》文件，这包括帮助南非国防相关产品进行市场营销，并进入海外潜在可盈利的市场（Department of Defence，2015：7-6）。在这方面，国防工业基金（Defence Industry Fund）成立于2018年7月，旨在支持中小企业提高全球竞争力（Defence Web，2018b）。

然而，南非国防工业仍然受到腐败指控和证据的影响，这些腐败问题主要是由战略防御一揽子计划的补偿贸易安排造成的。最近，丹尼尔公司卷入了"国家俘获"的问题，据称，这是前总统祖马与一些同伙，特别是古普塔（Gupta）家族之间的腐败交易，非法获取国家合同并从中获得可观收入。①在过去几年里，由于与古普塔旗下一家最近宣布破产的VR激光服务公司（VR Laser Services）合作在亚洲设立了一家分公司，丹尼尔公司已经失去了两位总裁和一位董事长主席。这些事态发展引发政府内部，特别是议会国防联合常设委员会（Parliamentary Joint Standing Committee on Defence）内部讨论将丹尼尔公司的管理从公共企业部转移到国防部（Parliamentary Monitoring Group，2018）。

25.4　当前的国防工业结构

在2017年丹尼尔公司年度报告中，该公司报告了在整合航空航天业务实体，包括维护火炮、机动步兵、弹药和精确制导武器等传统领域以及扩展主要是网络安全、指挥和控制方面能力的进展。丹尼尔航天航空业务在肯普顿·帕克园区（Kempton Park）得到巩固，丹尼尔航空航天公司继续致力于空中客车A400M项目，并正在收购透博梅卡非洲公司（Turbomeca Africa），以提供直升机发动机零部件。它还与国防部讨论对石茶隼（Rooivalk）攻击直升机进行升级（见附录）。该公司超过60%的收入来自出口以及与一家中国国有防务企业在当地海事部门的新合作。丹尼尔海事公司还接管了南非海军船坞的管理。尽管比前身公司相比，能力范围

① 古普塔兄弟是富有的印度商人，他们通过与时任总统的联系，在南非获得了所谓的"国家俘获"的影响力。随着国防联合常设委员会发表了声明，以及由此产生的腐败和持续停电造成的破坏性影响，这种情况的严重程度越来越明显。参见 www.businesslive.co.za/fm/features/2018-09-06-counting-the-cost-of-state-capture/。

狭窄了很多,但丹尼尔公司具备了一系列令人印象深刻的能力。

如表25.1所列,丹尼尔公司保留了相对较多的业务部门,它们对出口收入的依赖程度差异很大,南非陆地机动技术(LMT)公司承担了空中客车的合同,其总收入的99%来自出口,而比勒陀利亚金属冲压公司(Pretoria Metal Pressings)的出口收入仅占27%。丹尼尔公司还拥有5家联营公司的大量股份,但所有权比例不到50%,其中包括与德国集团的合资企业莱茵金属丹尼尔弹药公司(Rheinmetall Denel Munition),它即将全面收购透博梅卡非洲公司。

表25.1　2017年丹尼尔公司的结构

	就业/人	收入/百万兰特,当前价格	出口/%
丹尼尔航空结构公司	440	553	97
丹尼尔航空公司	605	1092	33
丹尼尔动力公司	803	1627	62
丹尼尔陆地系统	761	2675	73
丹尼尔车辆系统	654	1171	74
南非陆地机动技术控股有限公司	204	1171	99
丹尼尔·奥弗伯格	158	137	31
比勒陀利亚金属冲压公司	1093	583	27

资料来源:丹尼尔综合报告2016/2017年。

丹尼尔公司仍然是南非军火工业的主要参与者。它得到了国家支持,主要产品没有当地竞争。采购支出和进口意愿的减少导致了出口重要性日益增加,许多私营公司实际上是大型公司国际供应链的一部分。该行业的大部分业务都集中在利基市场上,减轻了国家的负担。

国防制造商协会(Defence Manufacturers Association,AMD)的成员资格很好地说明了国防工业的性质。这个协会是在种族隔离结束和阿姆斯科公司解体后创建的,是为南非国防工业各组成部分进行游说而运营的部门。其成员包括一系列在利基市场中相对较小的公司,通常提供支持和零部件、外国公司子公司、外国公司合资企业,以及与当地公司有联系的公司。它们涉及许多工业部门,包括航空航天、海事、车辆、工程、服装、物流和咨询服务。具有国际联系的企业通常是国际供应链的一部分。表25.2提供了2018年宣称为其成员的公司的完整列表。

表25.2　2018年国防制造商协会(AMD)的成员公司

公司名称	专业能力
先进海事运输公司(AMT:Advanced Maritime Transports)	运输、物流
艾罗桑航空公司(Aerosud Aviation)	飞机维修配件,雇员800人

（续表）

公司名称	专业能力
亨索尔特:空中客车国防和航空航天光学公司(Hensoldt: Airbus DS Optronics)	德国:保护/监视,雇员4000人
阿瑟尔森公司(Aselsan SA)	土耳其: 无线电电子,雇员5335人
澳昱冠公司(Aurecon SA)	工程咨询,雇员 7500人
阿兹特克电子公司(Aztec Electronics)	电力系统
比德维斯特·泛亚班拿公司(BPL: Bidvest Panalpina)	物流/供应链
博拉贝拉有限公司(Bohlabela Ltd)	车轮
CCII系统公司(CCII Systems)	海军系统
赛诺丰公司(Cernofon CC)	技术咨询抵消
合规性与安全性公司(Compliance and Security)	咨询服务
科学和工业研究委员会国防和平安全分会(CSIR Defence Peace Safety)	研发
塞比康·阿特拉斯防务公司(Cybicom Atlas Defense)	海军系统
达门造船厂(Damens Shipyards Cape)	造船和维修
DCD保护移动能力公司(DCD Protected Mobility)	装甲车-探雷器
丹尼尔公司	丹尼尔,雇员4941人
沙漠之狼咨询公司(Desert Wolf Consulting)	工程、项目
伊曼齐工程公司(EmanziEngineering)	咨询工程师
易信公司(前安世公司)(ETION,was Ansys)	数字技术
F & R卡泰运输解决方案公司(F & R Catai Transport)	运输解决方案
弗洛伊达工程公司(Floida Engineering)	航空航天、雷达通信
FMM & TGT建筑公司(FMM and TGT Construction)	循环、建筑
GEW技术公司(GEW Technologies)	智能与安全设备
伊卡洛斯海洋公司(Icarus Marine)	水翼艇/巡逻/拦截器
ILC勒鲁莫公司(ILC Lerumo)	工程支持
帝国装甲公司(Imperial Armour)	个人防护配件
一体化护卫队(Integrated Convoy)	装甲运兵车RIVA
多种技术承包公司(Intertechnic Contracting)	炮兵支援服务
卡特来戈全球公司(KatlegoGlobal)	后勤
罗瑞·东科尔顾问公司(Lorris DunckerConsultancy)	军备控制顾问/补偿
泰克公司(M-Tek)	机电元件子系统
麦格锐公司(Megaray)	美国光学和热学

（续表）

公司名称	专业能力
米尔科姆公司（Milkor）	多榴弹发射器
摩天宇南非公司（MTU）	柴油机
耐特康集团电子系统公司（Natcom Group: Electronic Systems）	电子产品（在商业救援）
纳迪克南非公司（NauticSouth Africa）	造船支持
北方公园集团（North Park Group）	雷达电子战技术
补偿与咨询公司（Offsets and Consulting）	国家工业参与（NIP）和国防工业参与（DIP）建议
光电技术南非公司（Optronics Africa CC）	进出口技术支持
奥斯佩拉物流公司（Osprea Logistics SA）	维持和平行动支持
OTT 解决方案公司（OTT Solutions）	提供服务
OTT 技术公司（OTT Technologies）	装甲和防雷车
丘特系统公司（ChuteSystem）	降落车
派拉蒙集团（Paramount Group）	海军系统
珍珠珊瑚公司 1173 T/A 南非试飞学院(Pearl Coral 1173 T/A TFASA)	安全咨询
PGSI 集团	BEEE 投资
Protoclea 高级图像工程公司	影像工程/监控
可部署营地系统（Reployable Camp Systems）	营地系统
陆泰克公司（Reutech）	雷达、通信、电子
RGC 工程公司	精密工程
莱茵金属丹尼尔公司	弹药
里佩尔效应系统（Rippel Effect Systems）	榴弹发射器
S 飞机自动化公司（S Plane Automation）	控制航空航天/无人驾驶
萨博南非公司	电子
西门子公司	工程电子学
南部非洲造船厂	造船、修理、保养
Tau 航空航天公司	萨福马尔 BEE 航空航天（Safomar BEEaerospace）的一部分
泰卢马特防御公司（Tellumat Defence）	电子系统
泰利斯系统南非公司	电子/工程护卫舰战斗管理，雇员 160 人
TMI 动力公司（TMI Dynamatics）	航空航天设计与集成
特鲁维罗制造公司（TruveloManufacturers）	武器弹药

（续表）

公司名称	专业能力
洛奇服务与物流（Twiga Services and Logistics）	军车
威派克电子公司（Vepac Electronics）	电力供应
维列格马吉恩（Vliegmasjien）	水下自航行飞机（AUVplane）
VR激光服务	2018年7月破产，由古普塔公司所有，与丹尼尔公司联系
斑马太阳公司（Zebra Sun）	防弹衣

资料来源：会员列表www.amd.org.za以及各个公司网站。

目前没有现成的关于国防工业规模变化的系统数据，但最近一份国防工业战略文件中的数字提供了一个概貌。这表明，以2017年兰特价格计算，南非国防军从南非国防工业采购的金额从1989/1990年的262亿兰特降至2017年的70亿兰特，研发资金从1989/1990年的61亿兰特降至2017年的8.5亿兰特，国防工业营业额从1989/1990年的316亿兰特下降到2016年的190亿兰特。就业从1990年3000家公司的约130万人（占制造业就业人数的9%和制造业公司数量的10%）下降到120家公司的约1.5万人。这表明该部门大幅收缩了，尽管核心能力被认为没有受到影响，但能力在广度和深度两方面遭受了损失。[①]

25.5 国防工业行为

正如我们所看到的，南非国防工业是在受武器禁运困扰的种族隔离制度国家中开始运作的。政府作为客户，阿姆斯科公司作为采购商和生产商，还有少数私营公司，共同构成南非国防工业。它发展成为一个大型工业，其复杂程度对一个发展中国家来说是未知的，但经济代价相当高。它的结构是一个垄断的国有供应商，向一些私营部门采购，几乎没有竞争。

随着种族隔离制度的结束，需求下降了，政府采取了不干涉的做法，除了将阿姆斯科公司拆分为独立的采购者和生产者（丹尼尔公司）之外，情况也发生了变化。这些技术技能以应对较低的成本存在，使得当时正在实现供应链国际化的西方防务企业对南非产生了兴趣。因此，公司缩小规模，与外国公司建立了联系。

国防工业在21世纪初发生了重大变化，政府决定为从外国供应商那里为南非国防军采购武器系统。政府明确表示，维持军事生产总体能力是不可行的。一旦做出了这一决定，就要付出相当大的努力，尽可能多地从潜在供应商那里获得利

① 参见 www.dod.mil.za/advert/ndic/doc/Defence%20Industry%20Strategy%20Draft_ v5.8_Internet.pdf，以及 www.defenceweb.co.za/index.php?option=com_content & view=article & id=52310:sa-defence-industry-fund-officially-launched & catid=7: Industry & Itemid=116。

益，争取本国国防相关行业和非国防部门有更多参与机会，以保持行业的竞争优势。一揽子计划存在的主要理由是通过这些故常贸易获得经济利益。

国防工业参与（Defence Industrial Participation，DIP）部分为南非国防工业提供了一条生命线，同时削弱了南非维持自己国防工业基础的任何意愿（Dunne & Haines，2006）。国防工业最初的反应总体上是积极的，它们开始与外国供应商建立联系。

在实施武器采购一揽子计划的早期阶段，巴切洛和邓恩（2010）对南非本国产业从这些交易中获益的能力表示担忧。他们认为，虽然航空航天部门似乎最有可能受益，并证明自己对外国公司具有吸引力，但电子行业可能会遇到困难，海事部门可能会陷入困境。这似乎已经得到了证实（Dunne & Lamb，2004）。当然，在非国防工业参与计划往往令人失望的情况下，补偿贸易措施中的国防工业参与方面就显示出了最大的成功。丹尼尔公司和一些私营公司通过直接和间接的国防工业参与项目进入国际国防生产网络，但技术转让或使用改进的本地技术的情况并不多见。某些国防工业参与合同的性质迫使承包商重新考虑其利基业务及其形式（例如，Eloptro公司和Tellumat公司）。

大部分投资涉及股权购买，而不是对工厂和资本的固定投资。这些股权投资与从德国、意大利、瑞典和英国等国购买武器有关，但部分也与欧洲各国政府为促进南非与自己国家之间的贸易增长而采取的更大举措有关。欧洲防务集团和投资者越来越多地参与南非工业，主要在主承包商和分包商层面上，如欧洲宇航防务集团（EADS）、泰利斯公司和英国宇航系统等国际防务集团，是正在进行的重组与扩张计划的一部分。这使本地公司有机会通过与外国公司的联系，在国际市场上开头市场。在私营部门内部，战略防务一揽子计划倾向于支持较大的防务公司，最终促成了它们的收购。欧洲和南非防务公司之间建立了许多合资企业，使南非防务公司成为这些欧洲公司全球供应链的一部分。随着国内采购的减少，国防部门萎缩，小型企业的人员流失尤为明显。

丹尼尔公司还在中东建立了合资企业。在阿拉伯联合酋长国，它与国际黄金集团（International Golden Group，IGG）于2006年成立了一家合资企业，名为亚洲丹尼尔（Denel Asia），专注于火炮和航空航天系统的生产和销售。在沙特阿拉伯，莱茵金属丹尼尔弹药公司（Rheinmetall Denel Munition）于2016年与沙特军事工业公司（Saudi Militany Industries Corporation）合资成立了一个弹药制造厂。莱茵金属丹尼尔弹药公司是德国莱茵金属华夫弹药有限公司（Heinmetall Waffe Munition

GmbH)与丹尼尔公司持股49%建立的合资子公司。[①]私营部门防务公司还与中东的商业实体建立合资企业,如派拉蒙集团(Paramount Group)与国际黄金集团(阿联酋)之间建立了伙伴关系,派拉蒙集团与阿卜杜拉国王二世设计开发局(King Abdullah Ⅱ Design Development Bureau)和约旦制造服务解决方案(Jordan Manufacturing Services Solutions)间建立了伙伴关系。还有一些证据表明,这对南非国防出口产生了重大影响。尽管受到国内国防工业的批评,但一些欧洲政府还是“被促使”购买南非国防产品,而非本国产品。一些首选的欧洲供应商与南非防务公司在投标外国国防合同时联合在一起。[②]

近年来,境况不佳的丹尼尔公司实现了盈利,但只有在政府的支持下才能生存下来,并且通过其建立的联系,越来越依赖非竞争性合同已确定关系的出口。唯一真正的竞争是购买外国产品的意愿,这被维护丹尼尔公司的意愿所限制。较大的私营公司不再是纯粹的本地公司,一些外国公司也是重要的影响,尽管也有一些较新的本国公司,如派拉蒙集团。对于一个处于发展中水平的国家来说,南非的国防工业是一个令人印象深刻的复杂工业部门,但它绝不是一个全面的国防工业基础。然而,它确实保留了大多数大型武器系统技术能力,使南非成为一个明智的客户。一个主要问题是南非建立的国际化、出口增长和令人印象深刻的武器出口管制之间的动态关系。尽管规模明显缩小和重组,但南非国防相关产业仍是资本、技能、进口和研究高度密集的产业,与民用经济的联系相对有限。

25.6　结束语

南非国防工业经历了重大的结构调整,在一定程度上反映了国际环境的变化。从1989年至1998年,军费支出占国内生产总值的比重明显下降,尽管保持稳定,但仍呈下降趋势。自种族隔离制度结束以来,南非国防工业确实已经衰落并发生了很大变化,且尽管代价令人怀疑,但确实从“战略防御一揽子计划”的补偿贸易中获得了一些好处。武器交易现在被视为根本上是腐败的,一直在损害年轻的民主国

① 事实上,莱茵金属公司明确表示,他们已经在丹尼尔(和其他子公司)进行了投资,这样他们就可以避免《德国出口法》的限制,特别是德国禁止向沙特阿拉伯出口的事实。莱茵金属丹尼尔弹药公司允许莱茵金属从南非向沙特阿拉伯出售武器,这是因为南非的武器出口几乎没有受到控制,而且可能涉及腐败。事实上,沙特阿拉伯政府在购买丹尼尔公司的股份时已经做好了准备(www.reuters.com/article/ussaudi-safrica-arms-exclusive/exclusive-saudi-makes-1-billion-bid-for-partnership-withsouth-africa-defense-group-denel-idUSKCN1ND14Q)。随着人们日益担忧,以及对国家俘获的进行调查所营造的氛围,政府已经停止了这种做法。

② 本国产业融入全球航空航天产业原始设备制造商(OME)供应链中,包括奥古斯塔·韦斯特兰、空客集团、阿莱尼亚航空公司、英国宇航系统公司、波音、达索、湾流(通用动力的一部分)、洛克希德·马丁、劳斯莱斯、萨博和赛峰集团。另一个例子是丹尼尔陆地系统与帕特里亚公司(Patria)和英国宇航系统的联系。www.engineeringnews.co.za/printversion/south-african-defence-industry-moves-to-collaborate-at-home-and-abroad-tothrive-2014-10-24.

家。随着南非公司成为国际供应链的一部分，外国防务公司的参与越来越多，国有丹尼尔公司是唯一一家大型综合系统集成商，但正处于衰落和困境中。丹尼尔公司最近也陷入了“国家俘获”的丑闻中。国内采购不断减少，给出口带来了压力，这导致目前给武器出口管制条例造成了问题和压力。

目前军火工业是其以前的影子，但对于处于南非发展水平的国家来说，却令人印象深刻。它拥有与主要承包商合作的公司，并在利基市场扮演供应商角色。尽管如此，国防工业在制造业产出中所占份额相对较小，其中约一半是丹尼尔公司的产出，该公司虽然盈利，却存在严重的流动性问题。这给政府施加了压力，要求政府向丹尼尔公司提供合同，而不是寻求竞争性投标，唯一的潜在竞争通常来自外国承包商。鉴于政府俘获、经济增长率相对较低以及极高的失业率所导致的公共部门问题，政府不太可能在短期内取消对丹尼尔公司的支持。

附录

石茶隼（Rooivalk）。

南非在1984年开始研制攻击型直升机“石茶隼”（Rooivalk）。但1988年安哥拉战争结束国防预算开始缩减时，它仍在研制阶段。预算削减进一步影响了该项目，计划的采购量从36架减少至12架。这使项目失去了规模经济的好处。

第一架原型机在1990年才进行了首航。但由于延误，当它终于在1998年开始交付给南非空军时，就已经过时了。作为一种飞行器，它受到了赞誉，但它的航空电子系统已经过时。

目前，只生产了12架标准飞机，全部为南非空军生产，没有获得任何出口订单。这是由于缺乏规模经济，价格相对昂贵；外国对丹尼尔公司的未来支持和长期生存能力表示担忧；事实上，“石茶隼”严重依赖法国技术，现在归欧洲直升机公司（Eurocopter）所有。丹尼尔公司试图在没有欧洲直升机公司协议和支持的情况下进行出口，警告潜在客户说，他们无法保证得到支持发动机和动力系统所需的支持。这实际上扼杀了对“石茶隼”飞机仅存的兴趣。根据南非合乎道德的武器贸易政策，最近对南非武器感兴趣的国家往往是南非不对其出口的国家。①

参考文献

AMD (various) “Defence Manufacturers Directory”. www.amd.org.za/

Batchelor, Peter and J Paul Dunne (1998) “The Restructuring of South Africa’s Defence Industry”, *African Security Review,* Volume 7, No. 6, pp. 27-43.

Batchelor, Peter and J Paul Dunne (2000a) “Industrial Participation, Investment and Growth: The Case of South Africa’s Defence Related Industry”, *Development Southern Africa,* Volume 17, No. 3, September, pp. 417-435.

① Keith Campbell（2017）What went wrong with the Rooivalk? Engineering News，www.engineeringnews.co.za/article/what-went-wrong-with-the-rooivalk-2007-06-08.

Batchelor, Peter and J Paul Dunne (2000b) "The Peace Dividend in South Africa", Chapter 2 in Joern Broemmelhorster (ed.) *Demystifying the Peace Dividend*, Bonn International Conversion Centre and Baden-Baden, Nomos Verlagsgesellschraft, pp. 25-46.

Batchelor, Peter, J Paul Dunne and Guy Lamb (2002) "The Demand for Military Spending in South Africa", *Journal of Peace Research*. Vol. 39, No. 3, pp. 315-330.

Batchelor, Peter J Paul Dunne and David Saal (2000) "Military Spending and Economic Growth in South Africa", *Defence and Peace Economics,* Volume 11, No. 6, pp. 553-571. ISSN 1024 2694.

Batchelor, Peter, J Paul Dunne and Sepideh Parsa (2000) "Corporate Performance and Military Production in South Africa", *Defence and Peace Economics*, Volume 11, No. 6, pp. 615-641. ISSN 1024 2694.

Birdi, Alvin, J Paul Dunne and David Saal (2000) "The Impact of Arms Production on the South African Manufacturing Industry", *Defence and Peace Economics*, Volume 11, No. 6, pp. 597-613. ISSN 1024 2694.

Brauer, Jurgen and J Paul Dunne (2005) "Arms Trade Offsets and Development", *Africanus: Journal of Development Studies*, Volume 35, No. 1, pp. 14-24. ISSN 0304-615X.

Brauer, Jurgen and J Paul Dunne (eds.) (2004a). *Arming the South: The Economics of Military Expenditures, Arms Production and Trade in Developing Countries.* Basingstoke: Palgrave, April 2002. ISBN: 0-333-75440-9.

Brauer, Jurgen and J Paul Dunne (eds.) (2004b). *Arms Trade and Economic Development: Theory, Policy, and Cases in Arms Trade Offsets*, September 2004. London: Routledge. ISBN: 0-415-33106-4.

DefenceWeb. (2018a). "Denel's government guarantee extended to 2023", DefenceWeb, 30 October 2018, www. defenceweb. co. za/index. php? option=com_content& view=article&id=53567: denels-government-guarantee-extended-to-2023&catid=7: Industry&Itemid=116.

DefenceWeb. (2018b). "SA Defence Industry Fund officially launched", 6 July, www. defenceweb.co.za/index.php?option=com_content&view= article&id= 52310&& catid=74&Itemid=30.

Denel (various) "Annual Reports".

Department of Defence. (2015). *South African Defence Review 2015.* Pretoria: Department of Defence.

Department of Public Enterprises. (2005). *An Analysis of the Financial Performance of State Owned Enterprises.* Pretoria: Department of Public Enterprises.

Dunne, J Paul (2003) "The Making of Arms in South Africa", *Economists Allied for Arms Reduction (ECAAR) Review,* Volume 1, January.

Dunne, J Paul (2006) "The Making of Arms in South Africa", *Economics of Peace and Security Journal,* Volume 1, No. 1, January. ISSN 1749-852X.

Dunne, J Paul and Eamon Surry (2006) "Arms Production", Chapter 9 in *The Stockholm International Peace Research Institute (SIPRI), Yearbook, 2006: Armaments, Disarmament and International Security,* Oxford: Oxford University Press, pp. 387-418.

Dunne, J Paul and Guy Lamb (2004). "Defence Industrial Participation: The Experience of

South Africa", Chapter 19 in Jurgen Brauer and Paul Dunne (eds.) *Arms Trade and Economic Development: Theory Policy and Cases in Arms Trade Offsets*, London, Routledge, September 2004, pp. 284-298. ISBN: 0-415-33106-4.

Dunne, J Paul and Richard Haines (2006) "Transformation or Stagnation? The South African Defence Industry in the Early 21st Century", *Defence Studies*, Volume 6, No. 3.

Feinstein, Andrew (2011). *The Shadow World: Inside the Global Arms Trade*. London: Hamish Hamilton/ Penguin.

Holden, Paul (2008). *The Arms Deal in Your Pocket*. Jeppestown, RSA: Jonathan Ball.

Holden, Paul (2017). *Indefensible: Seven Myths that Sustain the Global Arms Trade*. Chicago: Zed Books and University of Chicago Press. Collected by Paul Holden.

Parliamentary Monitoring Group. (2018). NCACC Annual Reports: 2016 & 2017, with Ministers of Defence & Energy; Deployment resources funding; Mozambique Channel piracy, Department of Military Veterans status, 7 June 2018, https://pmg. org.za/committee-meeting/26606/

Reuters. (2018). "Union Demands Bailout for Denel", DefenceWeb, 12 November 2018, www. defenceweb.co.za/index.php?option=com_content&view=article&id=53718: union-demands-bailout-for-denel&catid=7:Industry&Itemid=116

SIPRI (various years) *SIPRI Yearbook: Armaments, Disarmament and International Security*. Oxford: Oxford University Press.

Sköns, E. and J Paul Dunne (2007) "Arms Production, Economics of", in Lester Kurtz (ed.) *Encyclopaedia of Violence, Peace and Conflict*, 2nd edition. Amsterdam: Elsevier.

Sköns, E. et al. (1998) "Military Expenditure and Arms Production", in *SIPRI Yearbook 1998: Armaments, Disarmament and International Security,* Oxford: Oxford University Press, pp. 185-213.

Smith, Ron P. (2009). *Military Economics*. Basingstoke: Palgrave.

Sylvester, Justin and Annette Seegers (2008) "South Africa's Strategic Arms Package: A Critical Analysis", *Scientia Militaria, South African Journal of Military Studies*, Volume 36, No. Nr 1. doi: 10.5787/36-1-45

第26章　总结论

基斯·哈特利　简·贝林

我们在本书的开篇提出了三个问题，即我们已知什么，未知什么，为了更好地了解世界国防工业我们需要知道什么。这本书提供了已知的内容。书中的每一章都呈现了关于世界国防工业的大量信息。这些信息包含有关国防工业规模、结构、行为、绩效和所有权的信息，并展望了未来的挑战和前景。

26.1　数　　据

本书的一项主要发现是普遍缺乏政府提供的有关其国防工业规模的数据。作者们提供了各种来源的可用数据，包括以销售额和就业衡量的行业规模。然而，确保所有的规模数据都以国防工业、军火销售和就业以统一定义为基础是不可能的。销售数据需要包括对国家武装部队的销售和出口销售的标准定义。基于直接、间接和引致工作机会的就业数据各不相同，使用哪种定义并不总是明确的。

就就业人数而言，英国是一个例外，其国防工业就业数据由政府提供。日本则完全相反，缺乏反映日本国防生产模式的一致就业数据集，其武器生产嵌入在民用部门中（例如，三菱重工业公司的坦克生产，制造坦克的工人也是在同一工厂内制造推土机的工人）。①

为了表示相对和绝对规模，表26.1总结了本书研究中各国国防工业就业人数。根据销售额估计工业规模更为困难，因为需要将向国防部的销售与国防出口销售汇总，所有这些都要使用标准定义。国防工业就业主要分布在美国、俄罗斯和朝鲜，共有600万~700多万国防工业工作岗位。欧洲的总额数据是有误导性的，因为它代表的是所有欧盟成员国的总额，而不仅是跨欧公司的总额。总的来说，在本书的研究中，国防工业雇佣了530万~930万员工；还有一些其他国家的国防工业没有涵盖在本书中。这个庞大的数字表明，全球国防工业雇用了大量具有其他用途的稀缺劳动力资源。

① 这些评论基于与克里斯·休斯（Chris Hughes）的通信。

表 26.1　国防工业就业情况

国家	雇员数量
美国	230万~414.1万
俄罗斯	130万~200万
英国	260,000
法国	200,000
跨欧洲	151.3万
意大利	50,000
德国	90,000~120,000
西班牙	40,000
希腊	5210+
波兰	20,000
瑞士	10,000
乌克兰	80,000
瑞典	30,000
挪威	6700
土耳其	44,740
以色列	45,000+
韩国	28,000+
日本	NA
加拿大	27,000~59,800
澳大利亚	20,343+
巴西	18,506+
印度	153,934
新加坡	22,000+
南非	15,000
总计	530万~930万

说明：

(1)NA表示数据无法获得。

(2)+表示实际数字更大。

(3)数据是2016/2017年数据。由于使用了单个国家的数据，因此总计数据中不包括跨欧洲的数据。

(4)数字范围表示为直接就业(数值较小)和直接加间接就业。数字是四舍五入得到。

(5)根据本书提到的各国估计值得到这些数字。

26.2　结构、所有权和国籍

通常，国防工业是各国国内的垄断企业，但主要国家的武器工业在其本国国防市场上竞争力更强，表现为双寡头垄断和寡头垄断（如俄罗斯、美国）。相比之下，世界市场更具竞争性。长期的发展趋势是数量较少的较大规模公司，且这种趋势可能会继续下去。在世界范围内，私有和国有产权并存。

防务企业私有制在澳大利亚、加拿大、德国、日本、新加坡、瑞士、英国和美国等国家普遍存在。而在希腊、印度、俄罗斯和朝鲜，防务企业的国有制则普遍存在，这些公司可能追求多种非盈利目标（如销售、就业、增长、区位布局、带给国家声望的项目）。但私人部门和公共部门的区别要复杂得多。私人部门包括国内外个人和公司、家庭和金融机构、公众股份制公司和业主管理的公司。例如，私人所有的瑞典和瑞士国防工业拥有大量的外国产权。同样，国有部门的范围从政府部门到贸易基金等机构，以及公共公司和国有化的企业和行业。私人部门和公共部门之间还存在更复杂的区别。资本和产品市场提供了效率激励。在私人资本市场，股东通常追求利润目标，这限制了管理层的非营利行为。公共部门组织更有可能由政治家和政府任命的管理人员进行管理，他们关注的公共事业问责和终身任期，这可能不利于具有企业家精神的活动。公有制和私有制也可能在不同竞争和垄断程度的产品市场上发挥作用。这样的例子包括国有和私营的垄断企业，以及竞争市场中的私营企业。

国防工业企业的组织形式多种多样。私有企业和逐利的企业采用最小化其交易成本的组织结构（如纵向一体化、多部门公司）。这些企业还受到资本市场的影响，比如接管和破产威胁。相比之下，国有企业不受此类资本市场的约束：它们可能面临“软预算”约束，它们会选择不一定有效的组织形式。未来公司数量较少、规模更大的趋势可能会导致本国更高的市场集中度，更多的跨国并购，国家和政府之间的联盟将成为支持跨国合并的核心力量。

26.3　政府的角色

无论是私营还是国有，政府都是决定国防工业规模、结构、行为、绩效和所有权的关键因素。各国政府通过具体说明本国武装部队的作战要求来决定技术发展；它们决定国家订单分配给本国的防务企业还是海外竞争对手（新进入者）；它们的订单决定了行业规模；它们决定了竞争的形式；它们“监督”行业业绩（国家对利润和出口实行管制）；它们还允许或防止本国及跨国合并。

26.4 国防工业的未来

政府是国防工业未来的核心要素,分析国防工业必须考虑政府这一国家维度。例如,印度、以色列和朝鲜政府有影响其国防工业的特定国家考量:出于安全和独立的原因,它们愿意支持本国国防工业,几乎不计代价。同样,瑞典和瑞士对中立的承诺决定了其国防经济。国家维度的考量还反映在公司总部的位置和外国所有权的机会上。某些政府倾向于国有制,其国防工业不可以出现外国所有权。

政府的职责是保护公民及其财产免受外部威胁。政府提供了影响其武器工业未来的购买力,更多的销售为武器工业的生存提供了前景。威胁可能继续意味着未来仍需要防务企业。但未来的威胁很难预测。它们有不同且不断变化的形式。例如,2000年至2019年,各种类型的恐怖主义组织造成的恐怖主义威胁占主导地位,这些恐怖主义组织具有不同的规模和军事专长(如轰炸、自杀式袭击、绑架)。还有如阿富汗、伊拉克、利比亚和也门等地区冲突。技术进步带来新的武器系统,这将产生新的威胁和对武器的新需求(如无人空中、陆地和海上系统)。核扩散将继续,特别是如果新技术降低了核系统的价格。太空也不能被忽视:存在着发展和部署太空武器的动力,包括太空军事基地(如月球基地)。虽然存在着已知、未知和不可知的威胁,但也会有相应的促成和平的激励(如来自伊朗和朝鲜的核威胁)。然而,创造和平的努力需要国际集体行动,这涉及大量的交易成本及“搭便车”问题。和平不是没有代价的,它将产生对武器的新需求,以装备和平部队(如监视系统)。

众所周知,对未来的预测是不确定的,而且很可能是错误的!然而,一些广泛的规律是可能的。未来国家的武装力量将会发生变革。陆、海和空军之后将会完全不同,因为它们会欣然接受新技术,并对新威胁作出反应。到2050年,军队将拥有新型装备、新技能要求和新角色。这些变化将影响到国防工业,因为它们要适应武装部队的新需求,进而塑造新的国防工业。未来的国防工业很可能只拥有更少量的、有更大研发部门的规模更大的公司。对国防业务的日益依赖可能导致武器公司与民用公司合并,但实际情况可能因航空、陆地和海洋部门而异。新技术可能会导致国防工业有新的进入者,老牌公司退出,特别是未能适应新技术的公司(Dombrowski et al.,2002)。新技术将是昂贵的。

26.5 成本攀升

武器装备成本上升的趋势可能会持续下去,会导致这样的情景:只有一支坦克陆军,一支舰艇海军,对空军而言只有一艘企业号宇宙飞船(Starship Enterprise)。成本上升和有限的国防预算意味着武器装备的订购数量会减少,国防工业产量也会减少,但实际销售价格会更高。

诺曼·奥古斯丁(Norman Augustine,1987)指出了武器装备实际单位成本上升的历史趋势。他提出了两条重要规律。第一,“最后10%的性能造成了三分之一的成本和三分之二的问题”(Augustine,1987, 138)。第二,即将到来的厄运或经济性裁军法则:

> 在2054年,全部国防预算将只能购买一架飞机。这架飞机将必须由空军和海军共享……除了闰年,海军陆战队可以在闰年额外的一天使用它。
>
> (奥古斯丁,1987年, 143页)

单位成本上升遵循了一个历史性的上升趋势,并影响了所有类型的国防装备。代际成本上升的例子包括,航空母舰年实际成本增长为6%,战斗机为8%,坦克为11%(Kirkpatrick & Pugh,1983)。单位成本的上升反映了更高的开发成本和更高的单位生产成本。例如,对于战斗机而言,开发成本可能是单位生产成本的100~200倍(Pugh,2007)。

单位成本上升有多种解决办法。为了抵消单位生产成本的上升,武装部队将减少购买飞机、舰船和坦克,并通过减少资助的新项目数量来应对不断上升的开发成本。武器装备将服役更长时间,从而导致更高的维护成本,降低了作战效率。或者,合作似乎可以节省成本,但往往无法减缓单位成本增长的长期趋势。或者,增加出口可以通过延长生产周期和征收出口税降低开发成本,达到节约成本的目的,但出口的贡献通常很小。另一个选择是国家放弃大型、昂贵的军事能力。例如,新西兰放弃了为其空军购买新式战斗机。或者,开发和生产过程中的新技术可以节约成本(Kirkpatrick & Pugh,1983)。看上去可以“解决”这个问题的新的采购政策也是一种乐观的主张。无论采用何种解决方案,单位成本的持续上升都会对军队和国防工业产生重大影响。

防务企业将越来越注重获取新技术(研发)和提升其生产人员的技能。为了尽量降低成本,企业也将改变并采用新的组织形式和“做生意”的方法。例如,防务企业在本国内和国家间进行合并。美国仍将是主要而有吸引力的防务市场,因此增加了公司与美国军火公司合并的动因。同样,如果欧盟发展了单一国防装备市场(Single Defence Equipment Market),将为跨欧洲的并购提供激励。

26.6 结论:一项研究议程

对国防工业进行新的研究仍存在相当多的机会。例如包括:

第一,对本书中所涉及的国防工业进行更为深入的研究。例如,国防工业结构和行为及其对企业和行业绩效影响的理论和实证研究。以国防工业的博弈论模型以及产业和政府间互动的市场模型为基础,理论和实证研究有很大空间。需要更多关于国防工业劳动力的信息:如国防工业劳动力的人力资本构成(科学家和技术人员的人数、类型和技能)。

第二,扩大研究范围覆盖更多国家。例如非洲、南美洲和中美洲、中东和其他欧洲国家的国防工业。对于伊朗显然是未知的。

第三,新的威胁,包括恐怖分子组织在多大程度上促进国防工业,并代表了新的军事能力。例如,发生在美国的"9·11"恐怖袭击是由恐怖分子的空中力量将客机作为精确巡航导弹("飞弹")发动的袭击。同样,恐怖组织经常将民用装备用于军事用途:如将小型卡车用作装甲战车。此外,恐怖组织建立他们自己的武器供给来源,如可以制造小武器、自杀背心和简易爆炸装置的住宅、车库和村庄。恐怖集团规模不一,通过盗窃和非法(黑市)交易非法地获取武器。

第四,保持国防工业能力。未来新开发项目减少、生产周期缩短的前景引发了一个问题:在发展和生产处于"低谷"的期间,各国将如何维持其国防工业。解决办法包括增加生产订单,以维持生产能力并留住熟练劳动力;支持开发团队的演示项目;在产能过剩时期通过出口订单提供生产任务。更为激进的解决方案评估了"搁置",即在需求恢复之前保持工业产能的情况。例如,钢铁厂、水泥厂和造船厂等行业就发生过被封存搁置的情况。但是搁置并不是没有成本的,它涉及管理和维护成本:需要维护物理设备和机械,并且必须保护房屋不会损坏。更重要的是,搁置保留的是实物资本,而不是所需的人力资本。例如,飞机装配厂可以封存,但开发和生产所需的熟练劳动力必须经过招聘和培训,这涉及成本,并要花费时间。

第五,国际集体行动的范围。保留国防工业能力可以被视为国际集体行动的一个机会。例如,创建欧洲国防工业的努力将面对保持国防工业能力并非没有成本的挑战。这些成本可能由欧盟成员国分担,尽管人们认识到国际集体行动遇到分担负担和搭便车的问题。

不确定性是不容忽视的。未来是不确定的,没有人能准确预测:今天增长的行业可能是明天衰退的部门。新技术将影响军队和国防工业,这在很大程度上取决于他们的代理人适应变化的意愿和能力。从历史上看,军队和军火工业必须进行调整,以坦克取代骑兵,航空母舰取代战舰。在冲突中,无法适应变化很可能会导致失败。这表明关于国防工业的研究范围应对新技术做出反应。例如,新技术是否必须国家资助,或者由私人市场决定?技术发展必需大公司参与,小公司有空间吗?在现有的国防工业之外,是否出现了革命性的技术变革?

变化是不可避免的,这也是国防工业的一个特点。哪种市场结构和企业规模最有利于技术变革,所有权是否重要?例如,国防工业的技术变革需要大型国有垄断企业还是寡头垄断行业的私营企业?或者,来自民用工业的新进入者是否更有可能促进国防工业的技术变革(通过技术的引入)?如果有,哪些民用工业为武器工业提供新技术(如电子工业、汽车行业)? 关于国防工业,不乏需要理论和实证研究的研究议题。

参考文献

Augustine, N.R. (1987). *Augustine's Laws*, Penguin Books, Harmondsworth, England.

Dombrowski, P.J., Gholz, E. and Ross, A.L. (2002). *Military Transformation and the Defense Industry After Next*, Naval War College Newport Papers, Newport, Rhode Island.

Kirkpatrick, D.L. and Pugh, P.G. (1983). "Towards the Starship Enterprise" *Aerospace*, 16-23, May.

Pugh, P.G. (2007). *Source Book of Defence Equipment Costs*, Dandy Booksellers, London.

内容简介

本书对我们了解世界主要国家的国防工业做出了独到贡献。来自多个不同国家的专家对包括从北美、西欧的主要经济体到发展中国家，以及印度、新加坡、南非等一些独特国家的国防工业结构、行为和绩效进行了描述和分析。

每一章的开篇会首先给出这个国家1980—2017年的国防支出、国防研发和采购支出的统计数据，以便对冷战结束后国防工业的变化进行分析。展示国防工业基本情况后，作者对国防行业的结构、行为和绩效进行描述和分析。"结构"分析包括对进入条件、国内垄断/寡头垄断结构和竞争机会进行讨论。"行为"部分分析价格/非价格竞争，包括私人和国家资助的研发，"绩效"部分包括对盈利性、进口和出口以及衍生效应和技术进步的分析。结论部分则探讨了各国国防工业的未来前景。国防工业有前途吗？大约50年后，未来防务企业和国防工业会是什么样子？

本书为对国防经济学、产业经济学、国际关系、战略研究和公共采购感兴趣的读者提供了重要的资源和参考。

基斯·哈特利(Keith Hartley)，英国约克大学经济学名誉教授。

简·贝林(Jean Belin)，高等国防研究所(Institute of Higher National Defence Studies, IHEDN)国防经济系主任，法国波尔多大学助理教授。